学以致用

Animate CC 2017 动画制作案例教程

李 娟 主 编

徐海燕 周 伟 副主编

電子工業出版社

Publishing House of Electronics Industry

北京•BEIJING

内 容 简 介

本书由浅入深、循序渐进地介绍了 Animate CC 2017 的使用方法和操作技巧。本书每一章都围绕综合实例来介绍，便于提高和拓宽读者对 Animate CC 2017 基本功能的掌握与应用。

全书共 9 章，包括绘制基本图形、素材文件的导入、图形的编辑与操作、色彩工具的使用、文本的编辑与应用、元件与实例、制作简单的动画、补间与多场景动画的制作、ActionScript 基础与基本语句。

本书内容翔实、结构清晰、语言流畅、实例分析透彻、操作步骤简洁实用，适合广大初学 Animate CC 2017 的用户使用，也可作为各类高等院校相关专业的教材。

图书在版编目（CIP）数据

Animate CC 2017 动画制作案例教程 / 李娟主编. —北京：电子工业出版社，2021.4

ISBN 978-7-121-40742-0

Ⅰ. ①A… Ⅱ. ①李… Ⅲ. ①超文本标记语言－程序设计－中等专业学校－教材 Ⅳ. ①TP312.8

中国版本图书馆 CIP 数据核字（2021）第 042318 号

责任编辑：罗美娜　　特约编辑：田学清
印　　刷：三河市君旺印务有限公司
装　　订：三河市君旺印务有限公司
出版发行：电子工业出版社
　　　　　北京市海淀区万寿路 173 信箱　　邮编　100036
开　　本：787×1092　1/16　印张：23　字数：588.8 千字
版　　次：2021 年 4 月第 1 版
印　　次：2025 年 2 月第 2 次印刷
定　　价：48.00 元

凡所购买电子工业出版社图书有缺损问题，请向购买书店调换。若书店售缺，请与本社发行部联系，联系及邮购电话：（010）88254888，88258888。

质量投诉请发邮件至 zlts@phei.com.cn，盗版侵权举报请发邮件至 dbqq@phei.com.cn。

本书咨询联系方式：（010）88254617，luomn@phei.com.cn。

前　言

作为新媒介，网站最大的魅力在于可以真正实现动感和交互，在网页中添加 Animate 动画是进行网页交互设计的重要内容。Animate 具有强大的交互功能和人性化风格，吸引了越来越多的用户。Animate 是二维动画软件，其文件包括用于设计和编辑的 Animate 文档（格式为 FLA），以及用于播放的 Animate 文档（格式为 SWF）。其生成的影片文件占用的存储空间较小，是大量应用于互联网网页的矢量动画文件。

本书以认知规律为指导思想，在充分考虑了初学者需要的同时，系统全面地讲解了利用 Animate CC 2017 进行设计和创作的技能与方法。全书共 9 章，包括绘制基本图形、素材文件的导入、图形的编辑与操作、色彩工具的使用、文本的编辑与应用、元件与实例、制作简单的动画、补间与多场景动画的制作、ActionScript 基础与基本语句。书中每一章都围绕综合实例来介绍，便于提高和拓宽读者对 Animate CC 2017 基本功能的掌握与应用。

本书知识体系完整，将 Animate 在日常生活和工作中的广泛应用作为重点，结合实例来讲解、分析功能，使功能和实例达到完美融合。本书的中间和最后穿插了综合实例的练习，可以帮助读者巩固和灵活掌握相关知识点，提高读者的实际应用能力。编者在总结了多年积累的经验和实践技巧后编写本书，可以帮助读者提高效率，并提升解决问题的能力。

本书由德州职业技术学院的李娟老师主编，徐海燕、周伟老师担任副主编。参与本书编写的人员还有朱晓文、刘蒙蒙、刘峥、李少勇、陈月霞、刘希林、黄健、黄永生等，编者在此一并表示感谢。

由于编者水平有限，加之时间仓促，书中难免有不足之处，敬请读者批评指正。

编　者

目　录

第1章 绘制基本图形

01

Chapter

本章导读:

基础知识
- ◈ 隐藏工具箱
- ◈ 选择并使用复合工具

重点知识
- ◈ 线条工具的使用
- ◈ 椭圆工具的使用

提高知识
- ◈ 钢笔工具的使用
- ◈ 多角星形工具的使用

本章通过使用 Animate CC 软件绘制简单的图形详细介绍了线条工具、铅笔工具、钢笔工具等的设置和使用方式，介绍了怎样使用椭圆工具、矩形工具和多角星形工具绘制几何图形。

1.1　任务1：绘制柠檬——工具的使用

下面介绍如何绘制柠檬。在本任务中使用了工具箱中的【椭圆工具】、【钢笔工具】等，通过对本任务的学习，读者应了解和学会使用以上工具。完成的柠檬效果如图1-1所示。

图1-1　完成的柠檬效果

1.1.1　任务实施

（1）启动Animate CC 2017，按Ctrl+N组合键，在弹出的【新建文档】对话框中选择【ActionScript 3.0】选项，将【宽】、【高】分别设置为302像素、330像素，如图1-2所示。

（2）设置完成后，单击【确定】按钮，按Ctrl+R组合键，在弹出的【导入】对话框中选择教学资料包中的素材文件，如图1-3所示。

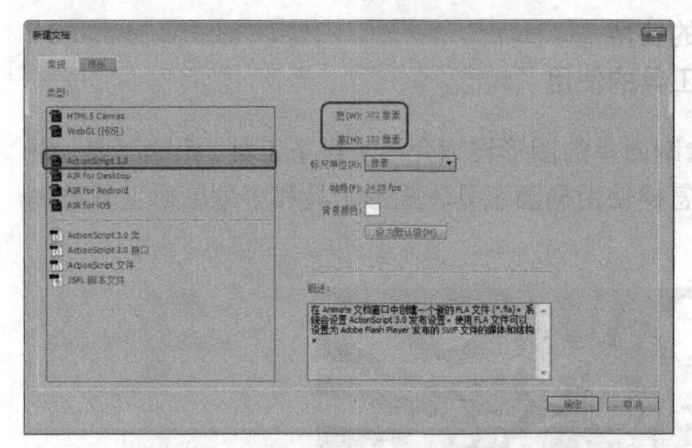
图1-2　【新建文档】对话框

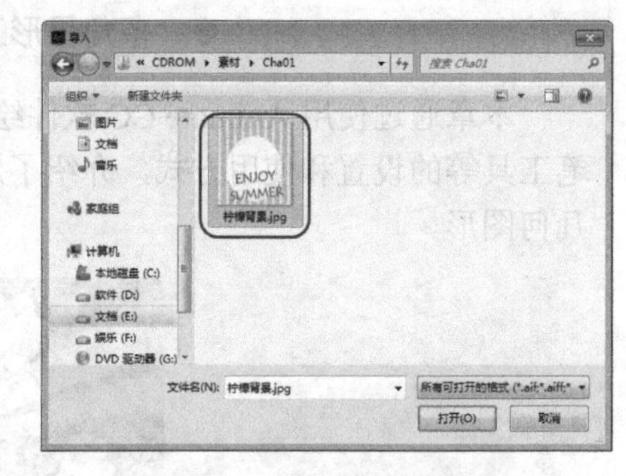
图1-3　选择素材文件

（3）单击【打开】按钮，选中导入的素材文件，在【属性】面板中将【宽】设置为302像素，如图1-4所示。

（4）使用【基本椭圆工具】，按住Shift键在舞台中绘制一个正圆，在【属性】面板中将【宽】、【高】都设置为158像素，将填充颜色设置为#FEEEB2，将笔触颜色设置为#FEB713，将【笔触】设置为4.5pts，将【X】、【Y】分别设置为24.80像素、24.55像素，如图1-5所示。

图1-4　设置素材文件的属性

图1-5　绘制正圆

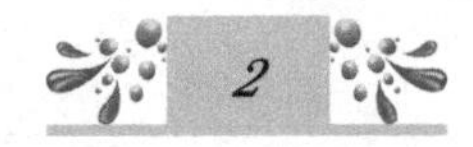

技术看板：

Animate CC 中的基本术语

初次接触 Animate CC 软件的读者需要了解一些 Animate CC 软件的基本术语，以便于后面章节的学习，如矢量图形、位图图像、场景、帧等都是初学者需要掌握的。

1. 矢量图形和位图图像

计算机的图像格式有矢量图形和位图图像两种。在 Animate CC 中用绘图工具绘制的是矢量图形，而在使用 Animate CC 时会经常接触到矢量图形和位图图像，这两种格式经常会交叉使用。

1）矢量图形

矢量图形是用包含颜色和位置属性的点和线描述的图像。以直线为例，它利用两端的端点坐标和粗细、颜色来表示直线，因此无论怎样放大图像，都不会影响画质，依旧保持其原有的清晰度。在通常情况下，矢量图形的文件体积要比位图图像的体积小，但是对于构图复杂的图像来说，矢量图形的文件体积比位图图像的体积更大。另外，矢量图形具有独立的分辨率，它能以不同的分辨率显示和输出，即可以在不损失图像质量的前提下，以各种各样的分辨率显示在输出设备中。图 1-6 所示为矢量图形及其放大后的效果。

2）位图图像

位图图像是通过像素点来记录图像的。许多不同色彩的点组合在一起后，就形成了一幅完整的图像。位图图像存在的方式及所占空间的大小是由像素点的数量来控制的。图像像素点越多，即分辨率越大，图像所占容量就越大。位图图像能够精确地记录图像丰富的色调，因而它弥补了矢量图形的缺陷，可以逼真地表现自然图像。在对位图进行放大时，实际上是对像素进行放大，因此放大到一定程度时就会出现马赛克现象。图 1-7 所示为位图图像及其放大后的效果。

图 1-6 矢量图形及其放大后的效果

图 1-7 位图图像及其放大后的效果

2. 场景和帧

1）场景

场景是设计者直接绘制帧图或者从外部导入图形之后进行编辑处理，形成单独的帧图，再将单独的帧图合成为动画的场所。它需要有固定的长、宽、分辨率、帧的播放速率等。

2）帧

帧是一个数据传输中的发送单位，帧内包含一条信息，在 Flash 中，帧是指时间轴面板中窗格内一个个的小格子，由左至右编号。每帧内都包含图像信息，在播放时，每帧内容会随时间轴一个个地放映而改变，最后形成连续的动画效果。帧又称为静态帧，是依赖于关键帧的普通帧。普通帧中不可以添加新的内容。有内容的静态帧呈灰色，空白的静态帧呈白色。

关键帧是定义了动画变化的帧，也可以是包含了帧动作的帧。在默认情况下，每一层的第一帧是关键帧，在时间轴上关键帧以黑点表示。关键帧可以是空白的，可以使用空白的关键帧作为停止显示指定图层中已有内容的一种方法。时间轴上的空白关键帧以空心小圆圈表示。

帧序列是从某一层中的一个关键帧到下一个关键帧之间的静态帧，不包括下一个关键帧。帧序列可以选择为一个实体，这意味着它们容易复制和在时间轴中移动。

（5）使用【钢笔工具】在舞台中绘制一个如图 1-8 所示的图形，并将其填充颜色设置为#FEB713，将笔触设置为无，将【宽】、【高】分别设置为 40.95 像素、62 像素，将【X】、【Y】分别设置为 107.8 像素、41.55 像素。

（6）使用【钢笔工具】在舞台中绘制一个如图 1-9 所示的图形，将其填充颜色设置为#FE981B，并在舞台中调整其位置。

图 1-8　绘制其他图形

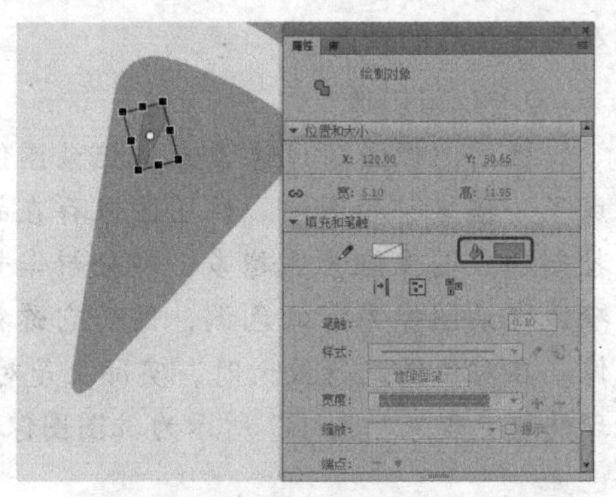

图 1-9　绘制图形并设置其填充颜色

（7）使用【任意变形工具】选中新绘制的图形，按住 Alt+Ctrl 组合键对选中的图形进行拖动复制，并调整复制后的对象的角度，如图 1-10 所示。

（8）使用相同的方法对绘制的对象进行复制，如图 1-11 所示。

图 1-10　复制图形并进行调整

图 1-11　复制其他图形

知识链接：

使用工具箱中的工具可以绘图、上色、选择和修改插图，并可以更改舞台的视图。工具箱分为以下4个部分。

【工具】：包含绘图、上色和选择工具。

【查看】：包含在应用程序窗口中进行缩放和平移的工具。

【颜色】：包含用于笔触颜色和填充颜色的功能键。

【选项】：包含用于当前所选工具的功能键。功能键影响工具的上色或编辑操作。

（9）在舞台中选中绘制的所有对象，选择【修改】|【组合】命令，如图1-12所示。

（10）选中组合后的对象，按住Alt+Ctrl组合键对其进行向右拖动复制，如图1-13所示。

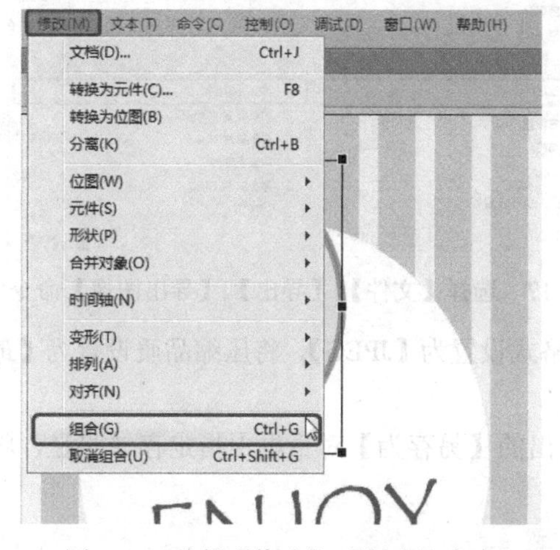

图1-12 选择【修改】|【组合】命令

图1-13 复制对象

（11）使用【钢笔工具】在舞台中绘制一个如图1-14所示的图形，在【属性】面板中将填充颜色设置为#FEB414，将笔触设置为无。

（12）再次使用【钢笔工具】在如图1-15所示的位置绘制一个图形，在【属性】面板中将填充颜色设置为#FFFFFF，将【Alpha】设置为60%。

图1-14 绘制图形

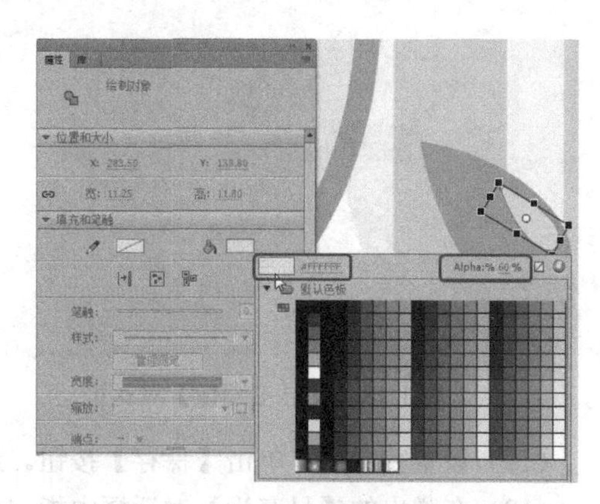

图1-15 设置图形参数

（13）选中绘制的两个图形，对其进行复制，并调整其位置及角度，如图 1-16 所示。

> **提示：** 用户可以按 Ctrl+T 组合键，在打开的【变形】面板中设置旋转角度。

（14）选择【文件】|【导出】|【导出图像】命令，如图 1-17 所示。

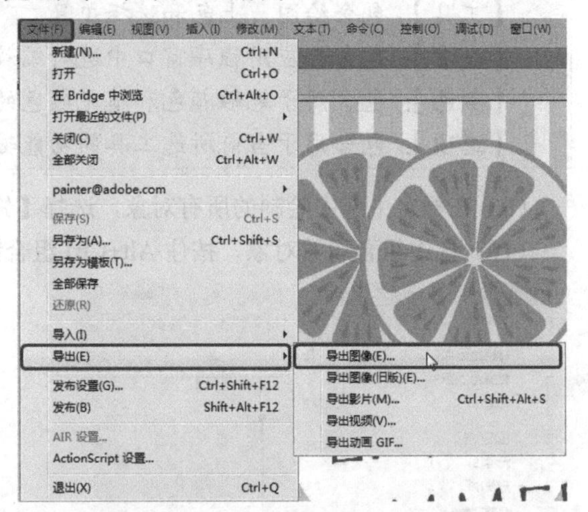

图 1-16　复制图形并调整其位置及角度　　图 1-17　选择【文件】|【导出】|【导出图像】命令

（15）在弹出的【导出图像】对话框中将文件格式设置为【JPEG】，将压缩品质设置为【最大】，如图 1-18 所示。

（16）设置完成后，单击【保存】按钮，在弹出的【另存为】对话框中指定存储路径，将【文件名】设置为【柠檬】，如图 1-19 所示。

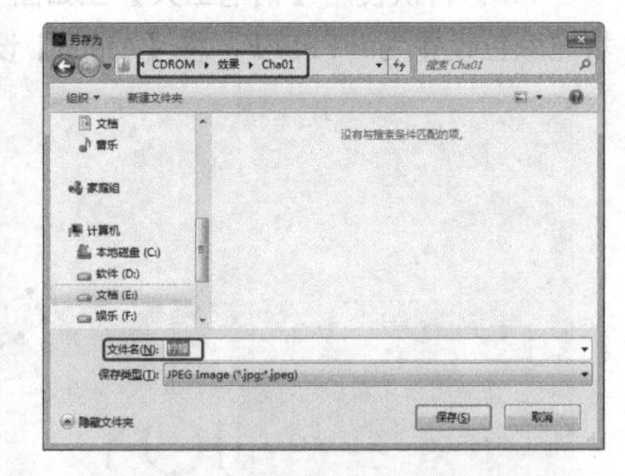

图 1-18　【导出图像】对话框　　图 1-19　【另存为】对话框

（17）设置完成后，单击【保存】按钮。选择【文件】|【保存】命令，如图 1-20 所示。

（18）在弹出的【另存为】对话框中指定保存路径，将【文件名】设置为【柠檬】，将【保存类型】设置为【Animate 文档（*.fla)】，如图 1-21 所示。

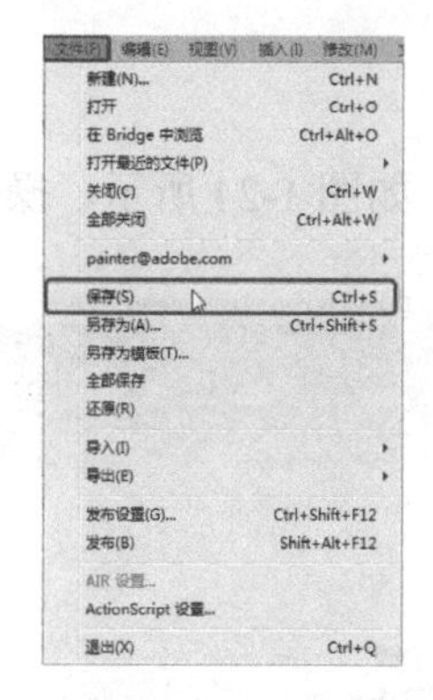

图 1-20 选择【文件】|【保存】命令

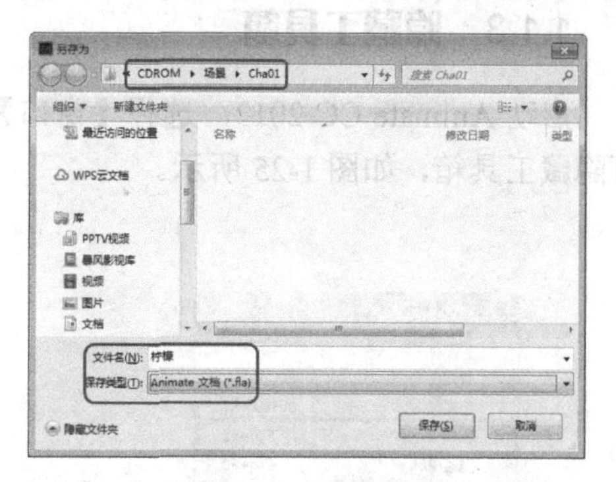

图 1-21 保存设置

知识链接：

当工作完成后，需要及时保存文件，其方法如下。

方法一：选择【文件】|【保存】命令，在弹出的【另存为】对话框中设置文件的保存位置，在【文件名】文本框中输入文件名，单击【保存】按钮。

方法二：当单击文件窗口右上角的【关闭】按钮时，系统会自动提示文件是否保存，单击【是】按钮，在弹出的【另存为】对话框中设置文件的保存位置，单击【保存】按钮。

方法三：按 Ctrl+S 组合键即可保存当前文档。

如果文件之前已经保存，进行修改后不想进行覆盖，则可选择【文件】|【另存为】命令，对文件进行另存为操作，步骤和直接保存文件相同，即设置文件保存的位置并输入文件名，最后单击【保存】按钮。

1.1.2 移动工具箱

工具箱位于界面的最右侧，如图 1-22 所示，其中包括一套完整的 Animate CC 图形创作工具，与 Photoshop 等其他图像处理软件的绘图工具非常类似，其中放置了编辑图形和文本的各种工具。在使用某一工具时，其对应的附加选项会在工具箱下面出现。附加选项的作用是改变相应工具对图形处理的效果。启动 Animate CC 2017，新建一个文件夹，将光标移动到右侧的【工具箱】上方的灰色区域并按住，再向左移动到适当的位置，即可移动工具箱，如图 1-23 所示。

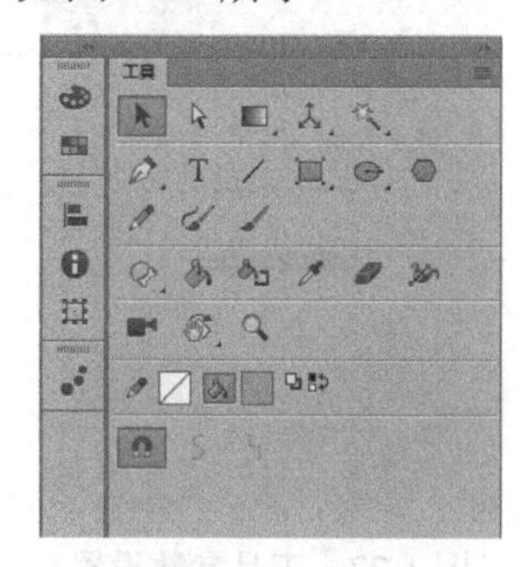

图 1-22 工具箱

图 1-23 移动工具箱

1.1.3 隐藏工具箱

启动 Animate CC 2017，选择【窗口】|【工具】命令，如图 1-24 所示，操作完成后即可隐藏工具箱，如图 1-25 所示。

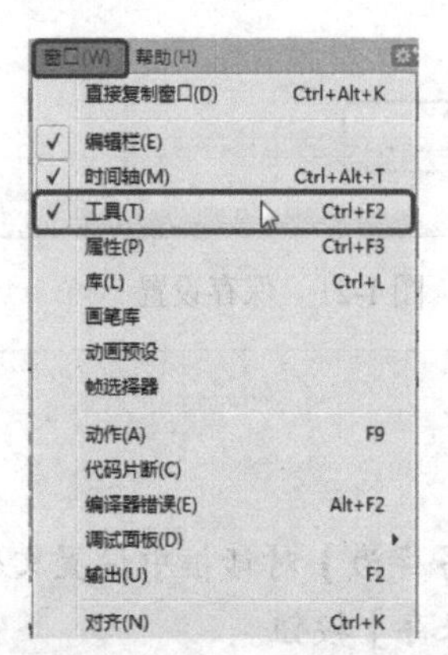

图 1-24　选择【窗口】|【工具】命令

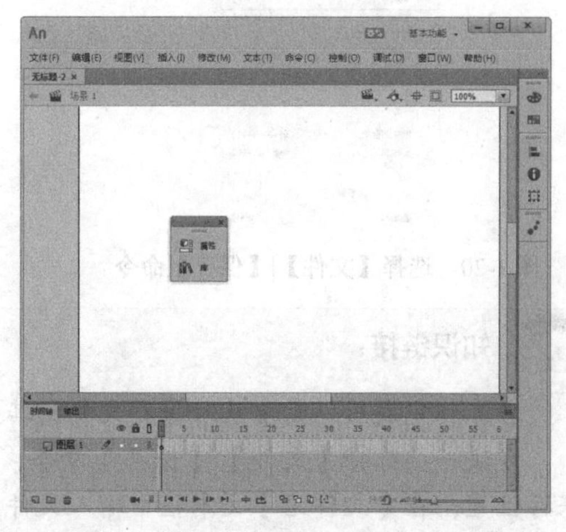

图 1-25　隐藏工具箱

提示：除此之外，用户还可以通过按 Ctrl+F2 组合键关闭/打开工具箱。

1.1.4 选择复合工具

启动 Animate CC 2017，将光标移动到工具箱中的【钢笔工具】上，按住鼠标左键不放，在展开的复合工具组中选择需要的工具，如图 1-26 所示。

1.1.5 设置工具参数

启动 Animate CC 2017，在工具箱中选中【矩形工具】，打开【属性】面板，在【属性】面板中将显示矩形工具的各类参数，用户可以在该面板中设置笔触颜色、填充颜色及笔触粗细等，如图 1-27 所示。

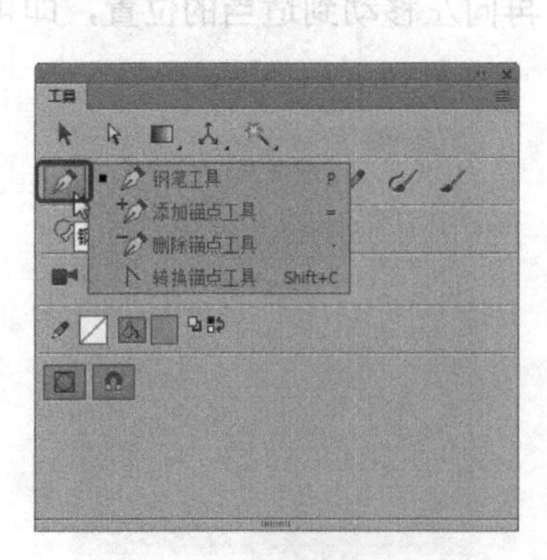

图 1-26　选择复合工具

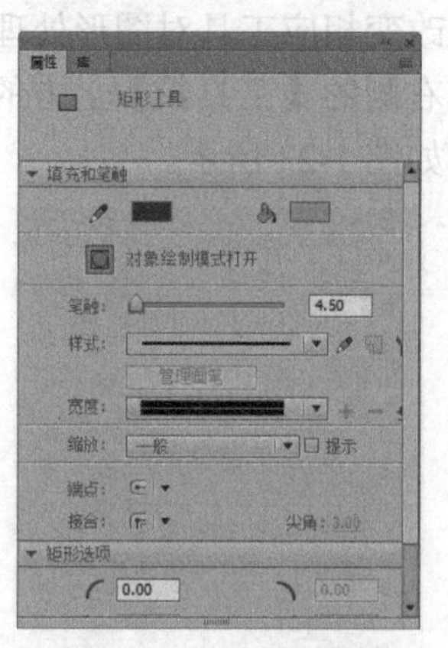

图 1-27　工具参数设置

技术看板：

Animate CC 动画

从简单的动画效果到动态的网页设计、短篇音乐剧、广告、电子贺卡、游戏的制作，Animate CC 的应用领域日趋广泛。毋庸置疑，便捷的操作和不断升级的功能使其引领着整个网络动画时代。

1. Animate CC 的历史与现状

Animate CC 是目前非常优秀的网络动画编辑软件之一，已经得到了整个网络界的广泛认可，并逐渐占据了网络广告的主体地位，学好 Animate CC 已经成为衡量网站设计师的重要标准。

1）Animate CC 的历史

在 Animate CC 出现之前，基于网络的带宽不足和浏览器支持等原因，通常网页中所播放的动画只有两种：一种是借助软件厂商推出的附加到浏览器中的各种插件，观看特定格式的动画，但效果并不理想；另一种是观看 GI 格式图像实现的动画效果，由于该格式只有 256 色，加上动画效果单调，已经不能满足网民的视觉需求，网民强烈地希望网上的内容更丰富、更精彩、更富有互动性。

Macromedia 公司利用自己在多媒体软件开发上的优势，对收至麾下的矢量动画软件 FutoreSplash 进行了修改，并将其命名为 Animate。由于网络技术的局限性，Animate 1.0 和 Animate 2.0 均未得到业界的重视。1998 年，Macromedia 公司推出了 Animate 3.0，它与同时推出的 Dreamweaver 2.0 和 Fireworks 2.0 被称为 DreamTeam，即网页三剑客。1999 年，Macromedia 公司推出了 Animate 4.0，Flash 技术在网页动画制作中得到了广泛应用，并逐渐被广大用户认识和接受。2000 年，Animate 5.0 掀起了全球的闪客旋风，其把矢量图的精确性、灵活性与位图、声音、动画巧妙地融合在一起，功能有了显著的增强，使用它可以独立制作出具有冲击力效果的网页和个性化的站点。图 1-28 所示为含有 Animate CC 技术的网站。

图 1-28　含有 Animate CC 技术的网站

Animate 5.0 开始了对 XML 和 Smart Clip（智能影片剪辑）的支持。ActionScript 的语法已经开始发展成为一种完整的面向对象的语言，并且遵循 EcMASc-npt 的标准，就像 JavaScript 那样。后来，Macromedia 公司又陆续发布了新一代的网络多媒体动画制作软件——Animate MX。2003 年秋，其又推出了 Animate MX 2004。这些激动人心的产品给国内网民，尤其是网页制作人员和多媒体动画创作人员，带来了很大的冲击。Macromedia 公司为 Animate 加入了流媒体（FLV）的支持，使得 Animate 可以处理基于 0n6v 编/解码标准的压缩视频。

后来，Animate 发展到了 8.0 版本，与之前的版本相比，它具有更强大的功能和更好的灵活性。从 Animate 8.0 开始，Animate 已不能再被称为矢量图形软件，因为它的处理能力已延伸到了视频、矢量、位图和声音。

2）Animate CC 的现状

2006 年，Macromedia 公司被 Adobe 公司收购，由此带来了 Animate 的巨大变革。2007 年 3 月 27 日发布的 Animate CS 3 成为 Adobe Creative Studio（CS 3）中的一员，与 Adobe 公司的矢量图形软件 Illustrator 和被称为业界标准的位图图像处理软件 Photoshop 完美地结合在一起，三者之间不仅实现了用户界面上的互通，还实现了文件的互相转换。

2015 年 12 月 2 日，Adobe 宣布 Animate Professional 更名为 Animate CC，其在支持 Animate SWF 文件的基础上，加入了对 HTML 5 的支持。

Animate CC 的动画播放器目前在全世界计算机上的普及率达到了 98.8%，这是迄今为止市场占有率最高的软件产品（超过了 Windows、Dos 和 Office，以及任何一种输入法）。通过 Animate Player，开发者制作的影片能够在不同的平台上以同样的效果运行。

对于网页设计师而言，Animate CC 是一个完美的工具，用于设计交互式媒体页面，或专业开发多媒体内容，它强调对多种媒体的导入和控制。针对高级的网络设计师和应用程序开发人员，Animate CC 是不同于其他任何应用程序的组合式应用程序。它的功能比简单的组合强大很多，它是一种交互式的多媒体创作程序，也是如今最为成熟的动画制作程序，适用于各种各样的动画制作——从简单的网页修饰到广播品质的卡通片。另外，Animate 支持强大、完整的 ActionScript 语言，其 Runtime 还支持 XML、JavaScript、HTML 和其他内容，并能够以多种方式联合使用。因此，它也是一种能够和 Web 的其他部分通信的脚本语言。Animate CC 也可作为前台和图形的引擎，作为一种杰出、稳健的解决方案，从数据库和其他后台资源中获得信息，生成动态 Web 内容（图形、图表、声音和个性化的 Animate 动画）。

2. Animate CC 动画的发展前景

矢量图形的用户界面设计与开发将在未来成为数字艺术领域的一个越来越重要的分支。无论是创建动画、广告、短片还是创建整个 Animate CC 站点，Animate CC 都是最佳选择，因为它是目前最专业的网络矢量动画软件。不管未来会如何发展，矢量图形界面已被公认是未来操作系统、网站、应用程序、RIA 的发展方向，矢量图形界面能够给用户带来更丰富的交互体验。

3. Animate CC 动画的特点

Animate CC 在维持原有 Animate 开发工具支持的同时，新增了 HTML 5 创作工具，为网页开发者提供更适应现有网页应用的音频、图片、视频、动画等创作支持。Animate CC 将拥有大量的新特性，特别是在继续支持 Animate SWF、AIR 格式的同时，还会支持 HTML 5 Canvas、WebGL，并能通过可扩展架构去支持包括 SVG 在内的几乎任何动画格式。

从简单的动画到复杂的交互式 Web 应用程序，Animate CC 几乎可以帮助用户完成任何作品。作为当前业界最流行的动画制作软件，Animate CC 必定有其独特的技术优势，了解这些知识对于今后学习和制作动画有很大帮助。

1）矢量格式

使用 Animate CC 绘制的图形可以保存为矢量图形，这种类型的图像文件包含独立的分离图像，可以自由无限制地重新组合。

其特点是放大后图像不会失真，和分辨率无关，文件占用空间较小，非常有利于在网络上进行传播。

2）支持多种图像格式文件导入

在动画设计中，前期必然会使用到多种图像处理软件，如 Photoshop、Illustrator 等制作图形和图像，当在这些软件中制作好图像后，可以先使用 Animate CC 中的导入命令将它们导入到 Animate CC 中，再进行动画的制作。图 1-29 所示为 Animate CC 可以导入的文件类型。

Adobe Illustrator (*.ai)
SVG (*.svg)
Photoshop (*.psd)
AIFF 声音 (*.aif,*.aiff,*.aifc)
WAV 声音 (*.wav)
MP3 声音 (*.mp3)
Adobe 声音文档 (*.asnd)
Sun AU (*.au,*.snd)
Sound Designer II (*.sd2)
Ogg Vorbis (*.ogg,*.oga)
无损音频编码 (*.flac)
JPEG 图像 (*.jpg ; *.jpeg)
GIF 图像 (*.gif)
PNG 图像 (*.png)
SWF 影片 (*.swf)
位图 (*.bmp ; *.dib)
所有可打开的格式 (*.aif;*.aiff;*.aifc;*.wav;*.mp3;*.asnd;*.au;*.snd;*.sd2;*.ogg;*.oga;*.flac;*.jpg;*.jpeg;*.gif;*.png;*.bmp;*.dib;*.flv;*.ai;*.svg;*.psd;*.swf)
所有文件 (*.*)

图 1-29 Animate CC 可以导入的文件类型

3）支持视/音频文件导入

Animate CC 支持声音文件的导入，在 Animate CC 中可以使用 MP3。MP3 是一种压缩性能比很高的音频格式，能很好地还原声音，从而保证在 Animate CC 中添加的声音文件既有很好的音质，又有很小的文件体积。

Animate CC 提供了功能强大的视频导入功能，可使用户设计的 Animate CC 作品更加丰富多彩，并做到现实场景和动画场景的结合。

4）平台的广泛支持

任何安装有 Animate Player 插件的网页浏览器都可以观看 Animate CC 动画，目前已有 95%以上的浏览器安装了 Animate Player，这几乎跨越了所有的浏览器和操作系统，因此，Animate CC 动画已经逐渐成为应用最为广泛的多媒体形式。

5）Animate CC 动画文件容量小

通过关键帧和组件技术的使用，使得 Animate CC 输出的动画文件体积非常小，通常一个简短的动画只有几百千字节，这就可以在打开网页的很短的时间内对动画进行播放，也节省了上传和下载时间。

6）制作简单且观赏性强

相对于实拍短片，Animate CC 动画有着操作相对简单、制作周期短、易于修改和成本低等特点，其不受现实空间的制约，有利于运用各种创意思维和夸张手法创作出观赏性极强的动画。

7）支持流式下载

对于 GIF、AVI 等格式的传统动画文件，由于必须在文件全部下载后才能开始播放，因此需要等待很长时间，而 Animate CC 支持流式下载，可以一边下载一边播放，大大节省了浏览时间。若制作的 Animate 动画比较大，则可以在大动画的前面放置一个小动画，在播放小动画的过程中，检测大动画的下载情况，从而避免出现等待的情况。

8）交互性强

在传统视频文件中，用户只有观看的权利，并不能和动画进行交流，而 Animate CC 可以在一段动画中添加一个小游戏，它内置的 ActionScript 运行机制可以使用户添加任何复杂的程序，这样就可以实现炫目的效果，以增强对于交互时间的动作控制。

另外，脚本程序语言在动态数据交互方面有了重大改进，ASP 功能的全面嵌入使得制作一个完整意义上的 Animate CC 动态商务网站成为可能，用户甚至还可以用它来开发一个功能完备的虚拟社区。

1.2 任务 2：绘制卡通爆炸图案——绘制生动的线条

本任务将介绍如何绘制卡通爆炸图案，主要使用【钢笔工具】等进行绘制并设置，完成的卡通爆炸图案效果如图 1-30 所示。

图 1-30　完成的卡通爆炸图案效果

1.2.1 任务实施

（1）按 Ctrl+N 组合键，在弹出的【新建文档】对话框中将【宽】、【高】分别设置为 808 像素、562 像素，如图 1-31 所示。

（2）设置完成后，单击【确定】按钮，按 Ctrl+R 组合键，在弹出的【导入】对话框中选择教学资料包中的素材文件，如图 1-32 所示。

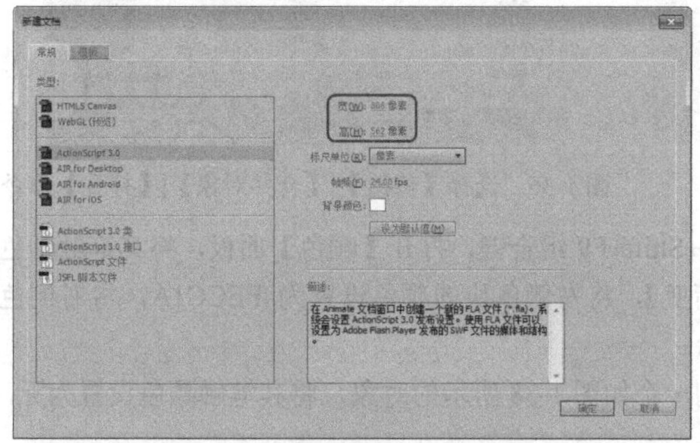

图 1-31　【新建文档】对话框

图 1-32　选择素材文件

（3）单击【打开】按钮，选中该素材文件，在【属性】面板中将【宽】、【高】分别设置为 808 像素、562 像素，如图 1-33 所示。

（4）使用【钢笔工具】在舞台中绘制一个如图 1-34 所示的图形，将其填充颜色设置为白色。

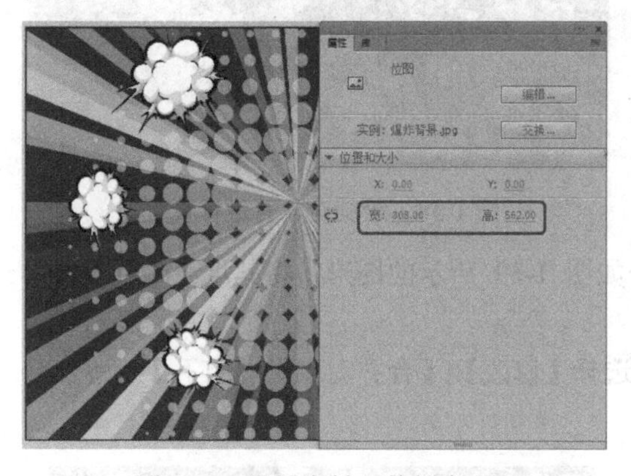

图 1-33　设置素材文件的大小

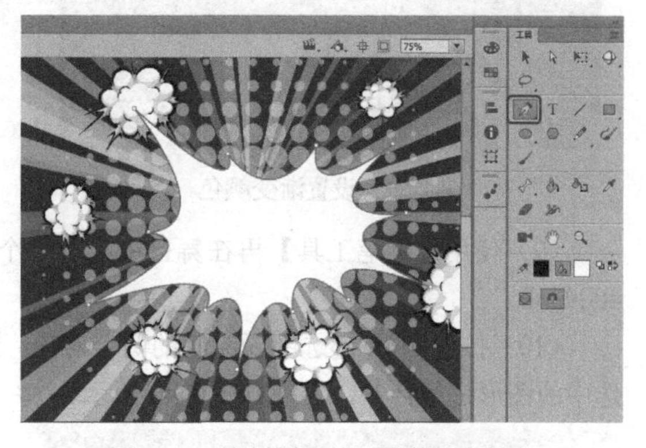

图 1-34　绘制图形并设置其填充颜色

（5）绘制完成后，再次使用【钢笔工具】在舞台中绘制一个如图 1-35 所示的图形。

> **提示：** 在此绘制图形时，应确保图形带有填充颜色，否则在对图形进行合并操作时效果会出现偏差。

（6）使用【选择工具】，按住 Shift 键选中绘制的两个图形对象，选择【修改】|【合并对象】|【打孔】命令，如图 1-36 所示。

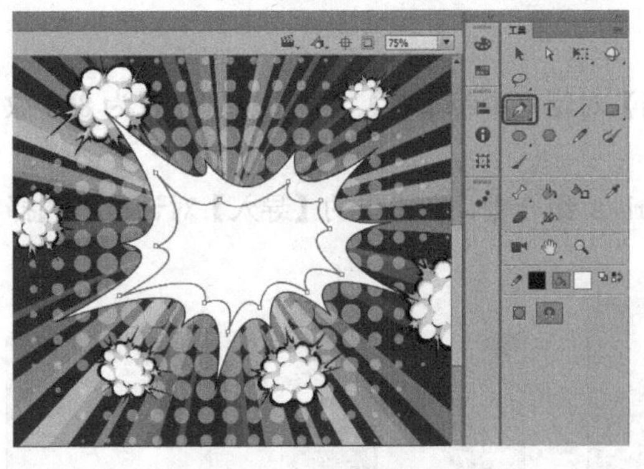

图 1-35　再次绘制图形

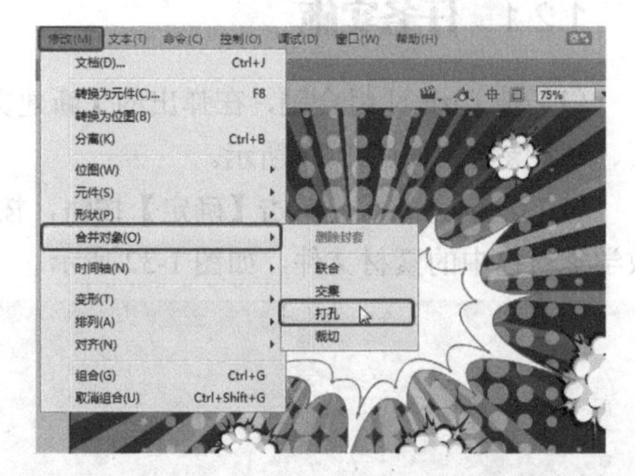

图 1-36　选择【修改】|【合并对象】|【打孔】命令

（7）继续选中合并后的对象，按 Ctrl+Shift+F9 组合键，打开【颜色】面板，将其笔触颜色设置为无，将其填充颜色设置为【线性渐变】，将左侧色块的颜色设置为#FECC1A，将右侧色块的颜色设置为#F26B23，如图 1-37 所示。

（8）使用【钢笔工具】在舞台中绘制一个如图 1-38 所示的对象，将其笔触颜色设置为无，将其填充颜色设置为#000000。

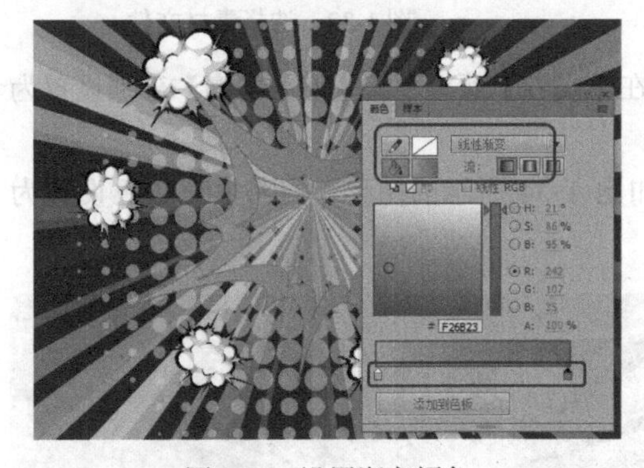

图 1-37　设置渐变颜色

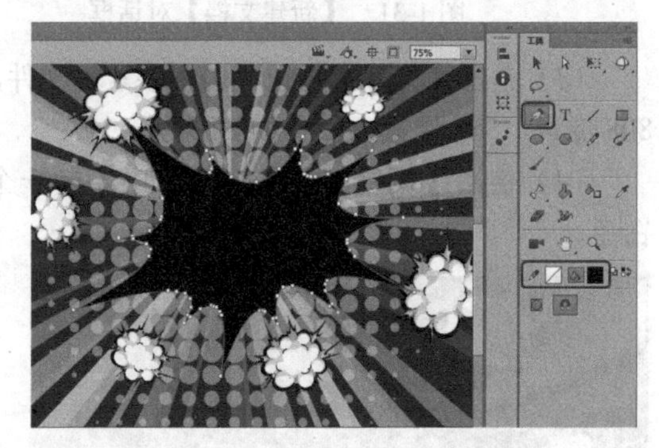

图 1-38　绘制对象并进行设置

（9）使用【钢笔工具】再在舞台中绘制一个如图 1-39 所示的图形，将其填充颜色设置为#00936B。

（10）按住 Shift 键选中新绘制的两个对象，选择【修改】|【合并对象】|【打孔】命令，将选中的图形进行合并，效果如图 1-40 所示。

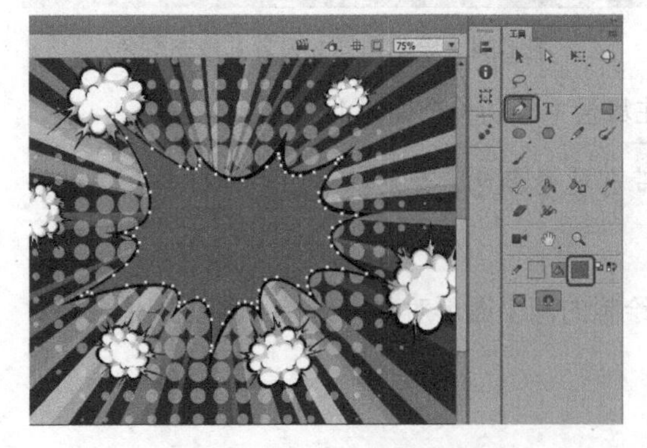

图 1-39　绘制图形并设置填充颜色

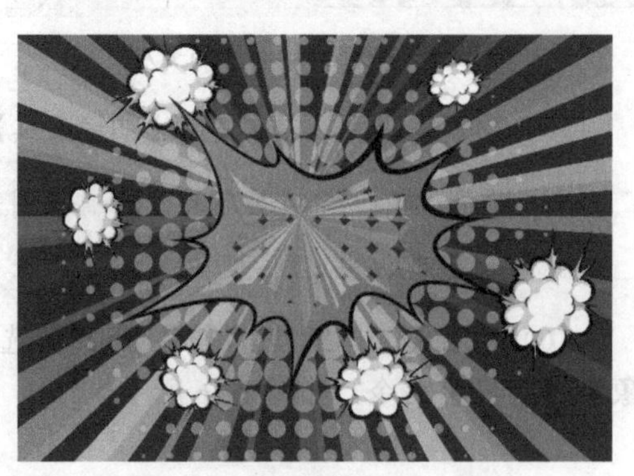

图 1-40　合并图形后的效果

（11）使用【钢笔工具】在舞台中绘制一个如图 1-41 所示的图形，将其填充颜色设置为#000000。

（12）再次使用【钢笔工具】在舞台中绘制一个如图 1-42 所示的图形，将其填充颜色设置为#FFFF00。

图 1-41　绘制图形并设置其填充颜色 1

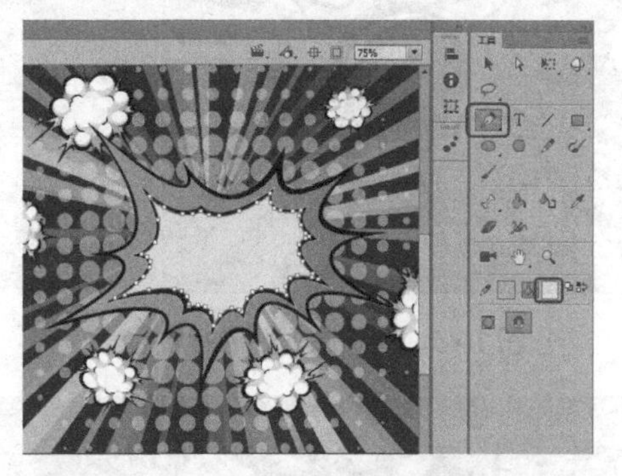

图 1-42　绘制图形并设置其填充颜色 2

（13）使用【选择工具】选中舞台中新绘制的两个图形，选择【修改】|【合并对象】|【打孔】命令，将选中的图形进行合并，如图 1-43 所示。

（14）使用【椭圆工具】，按住 Shift 键绘制一个正圆，将其填充颜色设置为#000000，将其笔触颜色设置为无，如图 1-44 所示。

图 1-43　合并图形

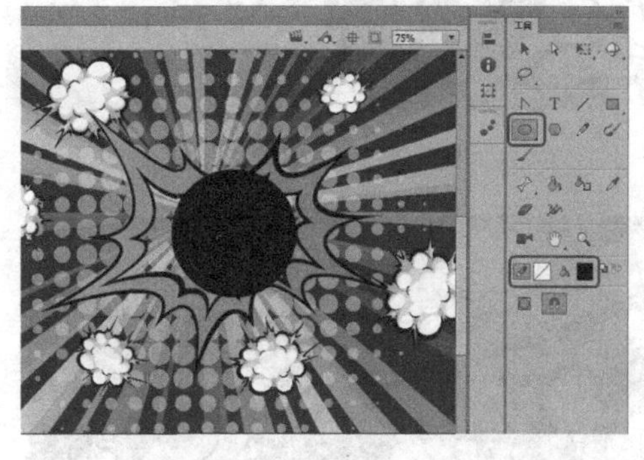

图 1-44　绘制正圆

（15）使用【钢笔工具】在舞台中绘制一个如图 1-45 所示的图形，将其填充颜色设置为#FFFFFF，将其笔触颜色设置为无。

（16）使用【钢笔工具】在舞台中绘制一个如图 1-46 所示的对象，将其填充颜色设置为#000000，将其笔触颜色设置为无。

（17）使用【钢笔工具】在舞台中绘制一个如图 1-47 所示的图形，将其填充颜色设置为#FFFFFF，将其笔触颜色设置为无。

（18）使用【钢笔工具】在舞台中绘制一个如图 1-48 所示的图形，将其填充颜色设置为#000000，将其笔触颜色设置为无。

（19）根据前面所绘制的方法绘制其他图形，绘制完成后的效果如图 1-49 所示。

（20）使用【文本工具】在舞台中单击，输入文字。选中输入的文字，在【属性】面板中将字体设置为 Eras Bold ITC，将字体大小设置为 140 磅，如图 1-50 所示。

图 1-45　绘制图形并进行设置

图 1-46　绘制对象

图 1-47　绘制图形

图 1-48　绘制图形并设置其填充颜色及笔触颜色

图 1-49　绘制完成后的效果

图 1-50　输入文字并进行设置

（21）选中文字，选择【修改】|【分离】命令，如图 1-51 所示。

（22）选中分离后的文字，按住鼠标左键将其拖动到舞台下方的空白位置，按 Ctrl+B 组合键对文字再次进行分离操作，其效果如图 1-52 所示。

（23）在舞台中选中【B】，选择【修改】|【合并对象】|【联合】命令，如图 1-53 所示。

（24）使用同样的方法对其他对象进行联合，调整其位置，如图 1-54 所示。

图1-51 选择【修改】|【分离】命令

图1-52 再次分离文字后的效果

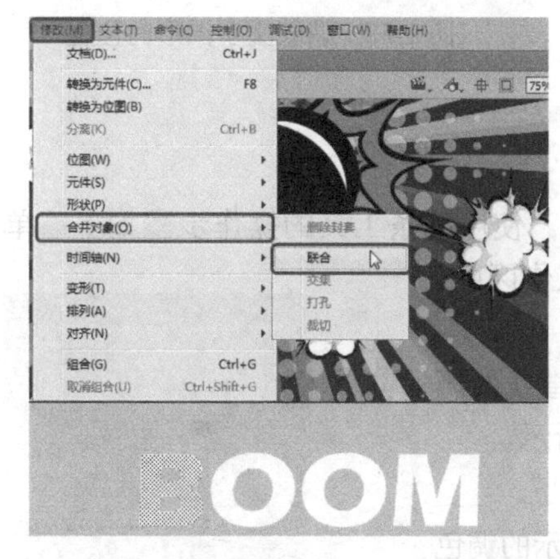

图1-53 选择【修改】|【合并对象】|【联合】命令

图1-54 联合对象并调整其位置

（25）使用【部分选取工具】在舞台中调整文字的形状，如图1-55所示。

（26）继续选中4个文字图形，在【颜色】面板中将其笔触颜色设置为#000000，将其填充颜色设置为#F60C07，在【属性】面板中将【笔触】设置为3.5pts，如图1-56所示。

图1-55 调整文字的形状

图1-56 设置文字图形的参数

（27）在舞台中选中【B】、【O】两个文字图形并右击，在弹出的快捷菜单中选择【排列】|【移至顶层】命令，如图1-57所示。

（28）进行该操作后，可将选中的两个文字图形移至顶层。再在舞台中选中【B】文字图形并右击，在弹出的快捷菜单中选择【排列】|【移至顶层】命令，在舞台中调整文字图形的位置，

如图 1-58 所示。最后，对完成后的场景进行保存及导出即可。

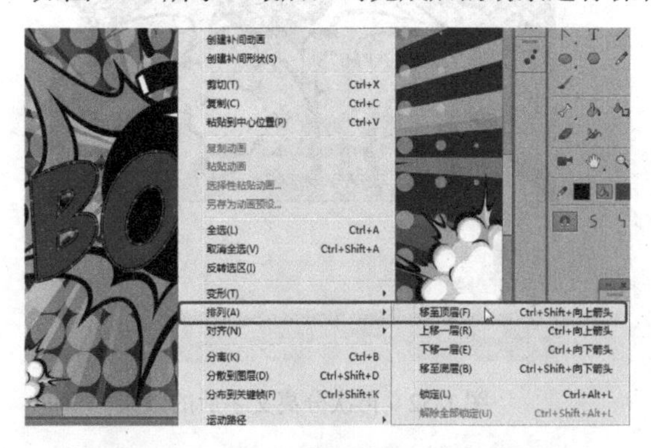

图 1-57　选择【排列】|【移至顶层】命令

图 1-58　调整文字图形的位置

1.2.2　线条工具

使用线条工具可以轻松地绘制出平滑的直线。使用线条工具的操作步骤如下：单击工具箱中的【线条工具】按钮，将光标移动到工作区中，若发现光标变为十字状态，则可绘制直线。

在绘制直线前，可以在【属性】面板中设置直线的属性，如直线的颜色、粗细和类型等，如图 1-59 所示。

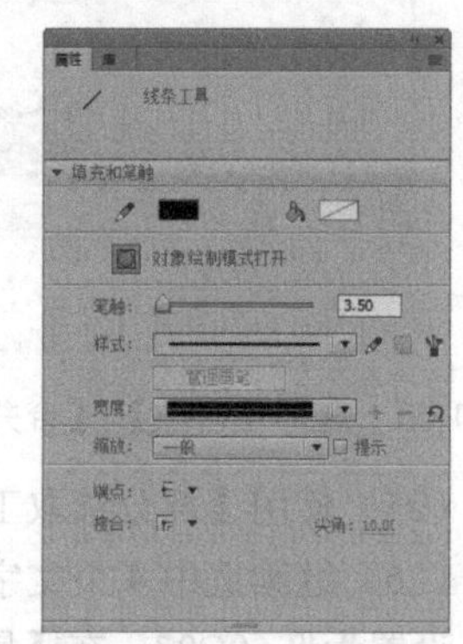

图 1-59　线条工具的【属性】面板

线条工具的【属性】面板中的各选项说明如下。

（1）笔触颜色：单击色块即可打开如图 1-60 所示的调色板，调色板中有一些预先设置好的颜色，用户可以直接选择某种颜色作为所绘线条的颜色，也可以在文本框中输入线条颜色的十六进制 RGB 值，如#00FF00。如果预设颜色不能满足用户的需求，则可以通过单击右上角的【颜色】按钮，弹出如图 1-61 所示的【颜色选择器】对话框，用户可以在该对话框中详细设置颜色值。

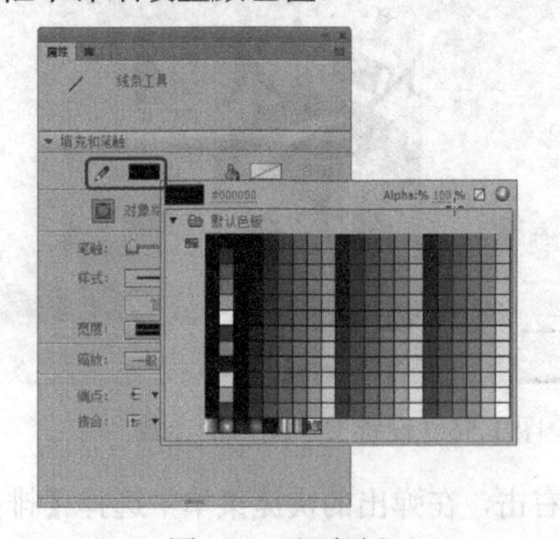

图 1-60　调色板

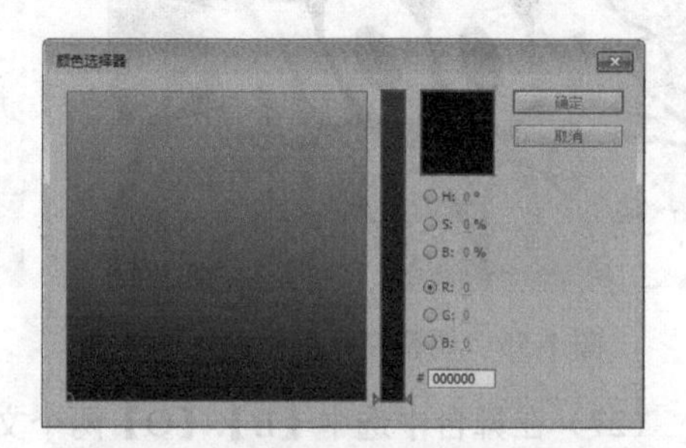

图 1-61　【颜色选择器】对话框

（2）笔触：用于设置所绘线条的粗细，可以直接在文本框中输入参数以设置笔触大小，其值为 0.10～200，也可以通过调节滑块来改变笔触的大小，Animate CC 中的线条粗细是以像素

为单位的。

(3) 样式：用于选择所绘的线条类型，Animate CC 中预置了一些常用的线条类型，如实线、虚线、点状线、锯齿线和斑马线等。也可以单击其右侧的【编辑笔触样式】按钮，在弹出的【笔触样式】对话框中设置笔触样式，如图 1-62 所示。

(4) 宽度：用户可以在该下拉列表中选择线条的宽度。

(5) 缩放：用于在播放器中保持笔触缩放，可以选择【一般】、【水平】、【垂直】或【无】选项。

(6) 端点：用于设置直线端点的 3 种状态——无、圆角或方形。图 1-63 所示为绘制直线的效果，上方为方形端点，下方为圆角端点。

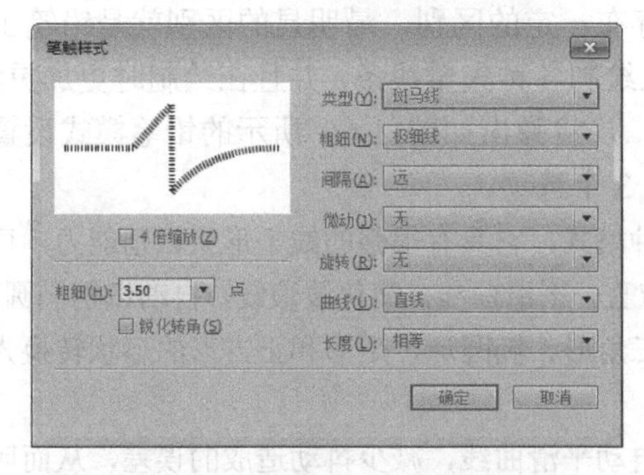

图 1-62 【笔触样式】对话框

图 1-63 绘制直线的效果

(7) 接合：用于设置两个线段的相接方式——尖角、圆角或斜角，其效果如图 1-64 所示。

图 1-64 接合效果

知识链接：

在使用接合效果时，需要对绘制的两条相接的线段进行合并，才会显示相应的效果，如绘制两条 90° 的直线，应选择【修改】|【合并对象】|【联合】命令，将两条直线进行合并，在【属性】面板中设置好接合效果后即可发生变化。如图 1-64 所示，自左侧起分别为尖角、圆角、斜角的接合效果。

根据需要设置好【属性】面板中的参数后即可开始绘制直线。将光标移动到工作区中，按住鼠标左键不放，沿着要绘制的直线的方向拖动鼠标，在需要作为直线终点的位置释放鼠标左键，即可在工作区中绘制出一条直线。

提示：如果在绘制的过程中按 Shift 键，则可以绘制出垂直、水平的直线，或者 45° 的斜线，这给绘制特殊直线提供了方便。按住 Ctrl 键可以暂时切换到【选择工具】，对工作区中的对象进行选取；当释放 Ctrl 键时，又会自动切换回【线条工具】。Shift 键和 Ctrl 键在绘图工具中经常会用到，它们被用作许多工具的辅助键。

1.2.3 铅笔工具

要绘制线条和形状，可以使用铅笔工具，它们的使用方法和真实铅笔的使用方法大致相同。要在绘画时平滑或伸直线条，则可以给铅笔工具选择一种绘画模式。铅笔工具和线条工具在使用方法上有许多相同点，但是也存在一定的区别，最明显的区别就是铅笔工具可以绘制出比较柔和的曲线。铅笔工具也可以绘制各种矢量线条，并且在绘制时更加灵活。使用【铅笔工具】，单击【铅笔模式】按钮，将弹出如图 1-65 所示的铅笔模式设置菜单，其中包括【伸直】、【平滑】和【墨水】3 个选项。

（1）伸直：这是铅笔工具中功能最强的一种模式，它具有很强的线条形状识别能力，可以对所绘线条进行自动校正，将画出的近似直线取直，平滑曲线，简化波浪线，自动识别椭圆形、矩形和半圆形等。它还可以绘制直线并将接近三角形、椭圆形、矩形和正方形的形状转换为这些常见的几何形状。

（2）平滑：使用此模式绘制线条时，可以自动平滑曲线，减少抖动造成的误差，从而明显地减少线条中的“碎片”，得到一种平滑的线条效果。

（3）墨水：使用此模式绘制的线条就是绘制过程中光标所经过的实际轨迹，此模式可以最大限度地保持实际绘出的线条形状，而只做轻微的平滑处理。

铅笔工具模式不同时的效果如图 1-66 所示，从左至右分别为伸直模式、平滑模式和墨水模式的效果。

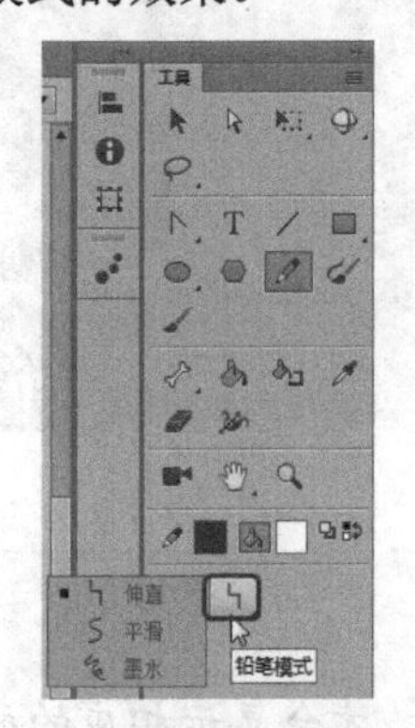

图 1-65　铅笔模式设置菜单

图 1-66　铅笔工具模式不同时的效果

1.2.4 钢笔工具

钢笔工具又称贝塞尔曲线工具，它是许多绘图软件广泛使用的一种重要工具。Animate 引入这种工具之后，充分增强了其绘图功能。

要绘制精确的路径，如直线或者平滑、流动的曲线，则可以使用钢笔工具。用户可以

先创建直线或曲线段，再调整直线段的角度、长度及曲线段的斜率。

钢笔工具可以像线条工具一样绘制出用户所需要的直线，甚至可以对绘制好的直线进行曲率调整，使之变为相应的曲线。但钢笔工具并不能完全取代线条工具和铅笔工具，毕竟它在画直线和各种曲线的时候没有线条工具和铅笔工具方便。在绘制一些要求很高的曲线时，最好使用钢笔工具。

使用钢笔工具的具体操作步骤如下。

（1）在【工具】面板中选择【钢笔工具】，鼠标指针在工作区中会变为钢笔样式。

（2）用户可以在【属性】面板中设置钢笔工具的属性，包括所绘制的曲线的颜色、粗细、样式等，如图 1-67 所示。

（3）设置好钢笔工具的属性后即可绘制曲线。将鼠标指针移动到工作区中，在所绘曲线的起点按住鼠标左键不放，沿着要绘制曲线的轨迹拖动鼠标，在需要作为曲线终点的位置释放鼠标左键，这样即可在工作区中绘制出一条曲线。图 1-68 所示为使用钢笔工具绘制线条的过程，图 1-69 所示为绘制的曲线效果。

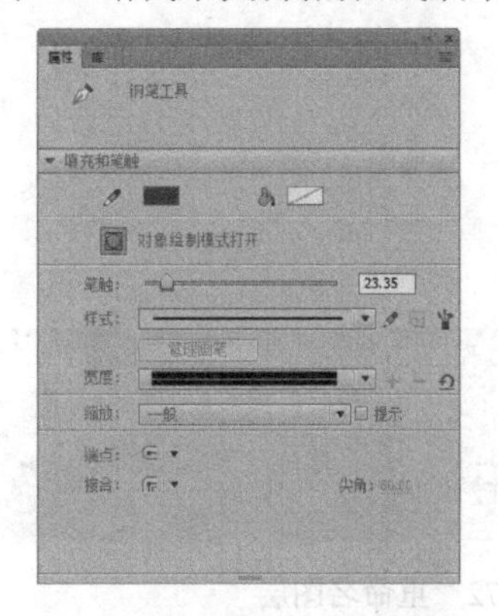

图 1-67　设置钢笔工具的属性

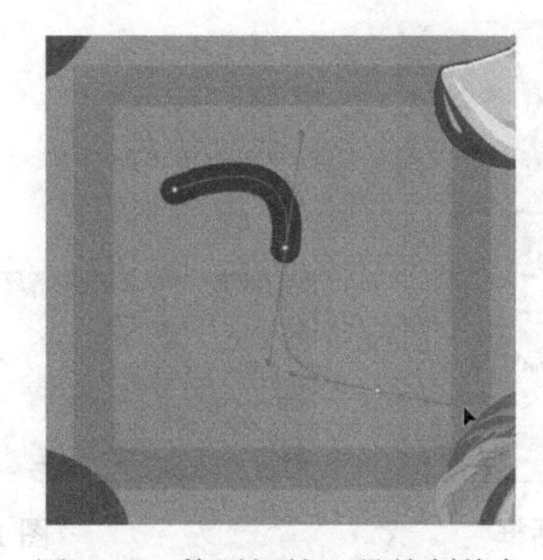

图 1-68　使用钢笔工具绘制线条的过程

图 1-69　绘制的曲线效果

提示：在使用钢笔工具绘制曲线时，会出现许多控制点和曲率调节杆，通过它们可以方便地进行曲率调整，绘制出各种形状的曲线。也可以将光标放到某个控制点上，当出现“-”时，单击即可删除不必要的控制点。当所有控制点都被删除后，曲线将变为一条直线。将光标放到曲线上没有控制点的地方会出现“+”，单击即可增加新的控制点。

当使用钢笔工具绘画时，单击和拖动可以在曲线段上创建点。通过这些点可以调整直线段和曲线段，可以将曲线转换为直线，反之亦然。也可以使用其他 Animate CC 绘画工具，如铅笔、画笔、线条、椭圆或矩形工具，在线条上创建点，以调整这些线条。

使用钢笔工具还可以对存在的图形轮廓进行修改。当使用钢笔工具单击某个矢量图形的轮廓线时，轮廓的所有节点会自动出现，此后即可进行调整。可以调整直线段以更改线段的角度或长度，或者调整曲线段以更改曲线的斜率和方向。移动曲线点上的切线手柄可以调整该点两侧的曲线。移动转角点上的切线手柄只能调整该点的切线手柄所在的那一侧的曲线。

1.3 任务3：绘制卡通长颈鹿——绘制几何图形

本任务将介绍卡通长颈鹿的绘制，在绘制卡通长颈鹿时，要在【时间轴】面板中创建各个图层，并使用【钢笔工具】和【椭圆工具】等来绘制图形。完成的卡通长颈鹿效果如图1-70所示。

图1-70 完成的卡通长颈鹿效果

1.3.1 任务实施

（1）选择【文件】|【新建】命令，在弹出的【新建文档】对话框中选择【ActionScript 3.0】选项，将【宽】设置为465像素，将【高】设置为637像素，如图1-71所示。

（2）单击【确定】按钮，在新建文档的【时间轴】面板中双击【图层1】，并将其重命名为【背景】，如图1-72所示。

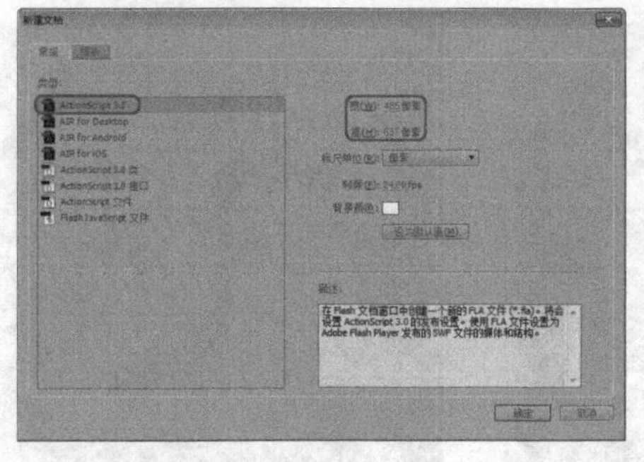

图1-71 【新建文档】对话框

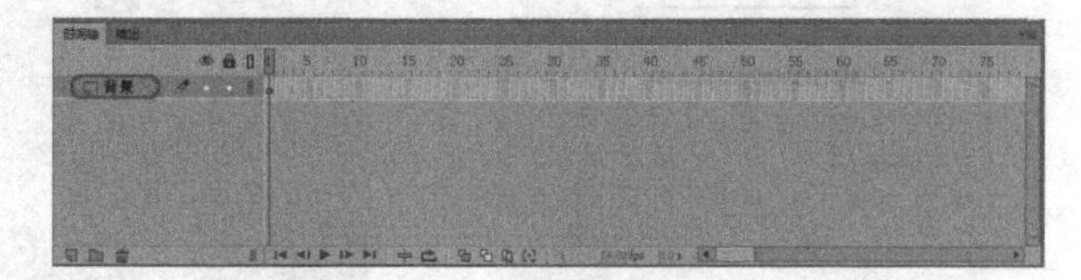

图1-72 重命名图层

（3）按Ctrl+R组合键，在弹出的【导入】对话框中选择【长颈鹿】素材文件，单击【打开】按钮，如图1-73所示。

（4）选择导入的素材文件，在【对齐】面板中单击【水平中齐】按钮、【垂直中齐】按钮和【匹配宽和高】按钮，如图1-74所示。

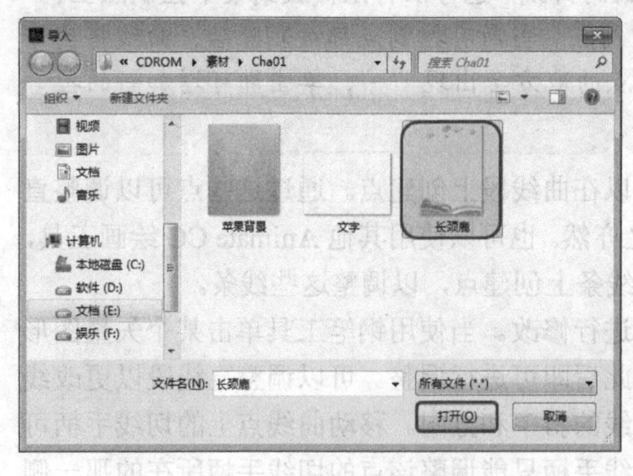

图1-73 选择素材文件

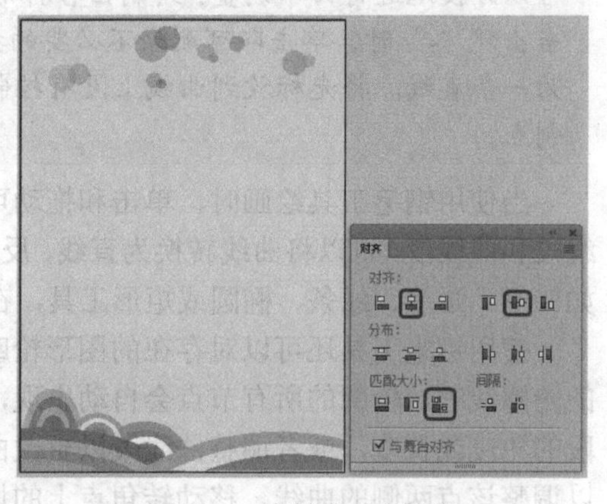

图1-74 素材的对齐操作

（5）在【时间轴】面板中单击【新建图层】按钮，新建【身体】图层，使用【钢笔工具】，单击【对象绘制】按钮，绘制长颈鹿的身体部分，如图1-75所示。

（6）选中绘制的对象，在【属性】面板中，将其笔触颜色设置为无，将其填充颜色设置为#FE9C41，如图1-76所示。

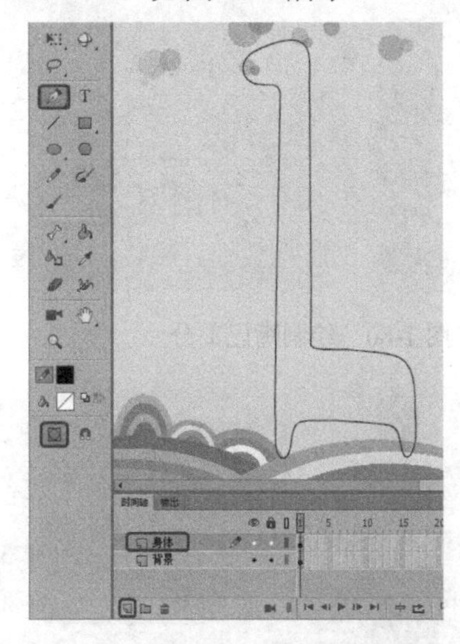

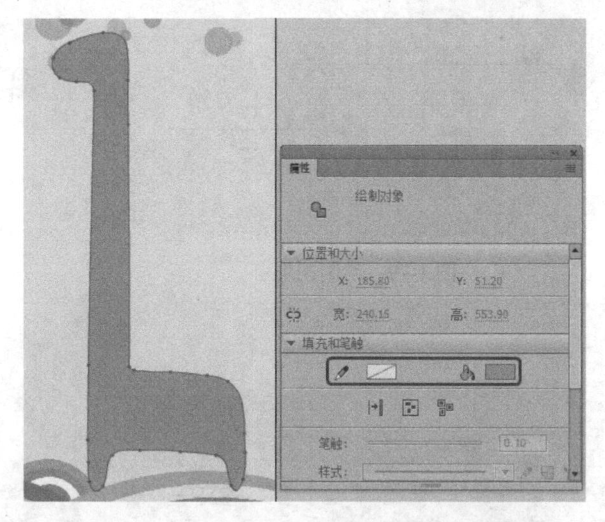

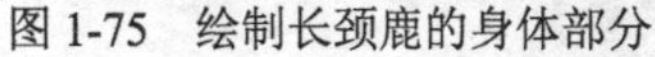

图1-75　绘制长颈鹿的身体部分　　图1-76　设置身体部分的笔触颜色和填充颜色

（7）新建【头部】图层，使用【钢笔工具】绘制耳朵部分，将其笔触颜色设置为无，将其填充颜色设置为#FF7B2D，如图1-77所示。

（8）使用【钢笔工具】绘制如图1-78所示的图形，将其笔触颜色设置为无，将其填充颜色设置为#FF7B2D。

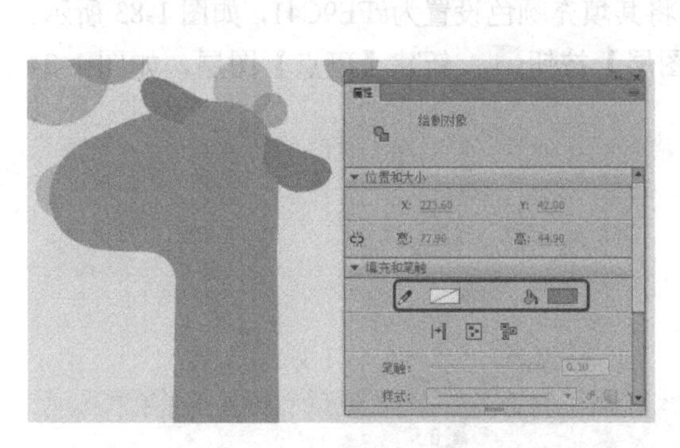

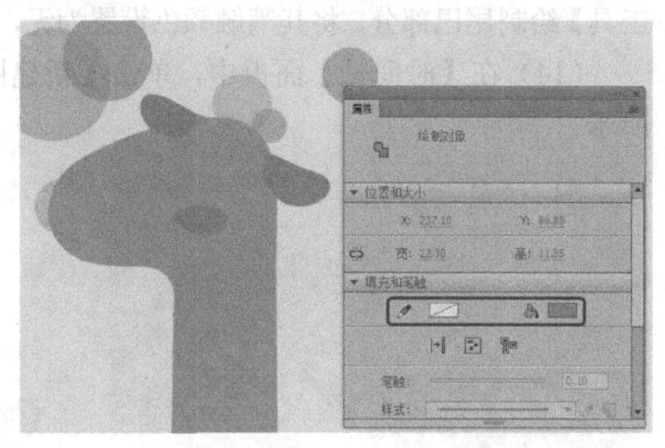

图1-77　绘制耳朵部分　　图1-78　绘制图形并设置其笔触颜色和填充颜色

（9）使用【钢笔工具】绘制图形，将其笔触颜色设置为无，将其填充颜色设置为#FE9C41，如图1-79所示。

（10）使用【钢笔工具】绘制嘴巴部分，将其笔触颜色设置为无，将其填充颜色设置为#B0551F，如图1-80所示。

（11）使用【椭圆工具】绘制眼睛部分，在【属性】面板中，将【宽】和【高】均设置为5像素，将其笔触颜色设置为无，将其填充颜色设置为#B0551F，如图1-81所示。

（12）使用【椭圆工具】绘制图形，在【属性】面板中，将【宽】和【高】均设置为17像素，将其笔触颜色设置为无，将其填充颜色设置为#B0551F，如图 1-82 所示。

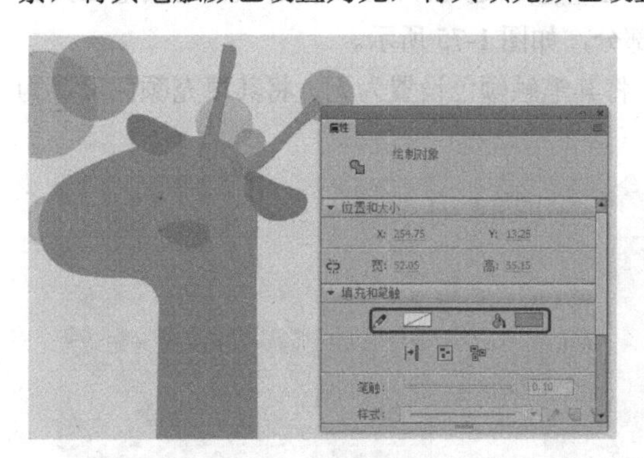

图 1-79　绘制图形

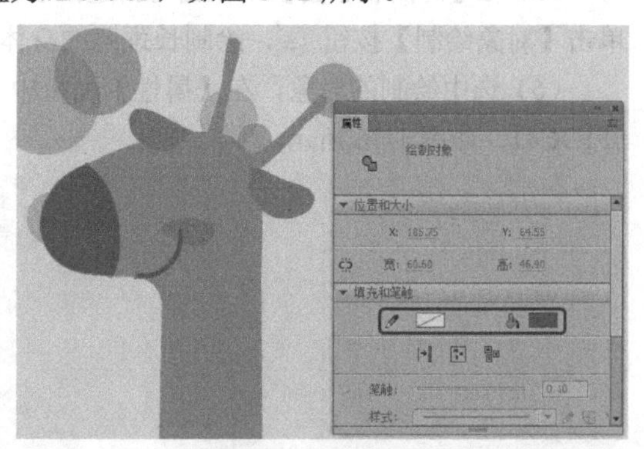

图 1-80　绘制嘴巴部分

图 1-81　绘制眼睛部分

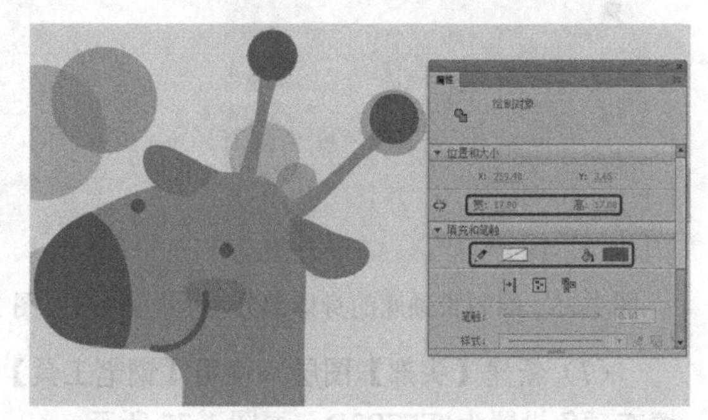

图 1-82　使用【椭圆工具】绘制图形并进行设置

（13）在【时间轴】面板中，单击【新建图层】按钮，新建【尾巴】图层，使用【钢笔工具】绘制尾巴部分，将其笔触颜色设置为无，将其填充颜色设置为#FE9C41，如图 1-83 所示。

（14）在【时间轴】面板中，单击【新建图层】按钮，新建【斑点】图层，如图 1-84 所示。

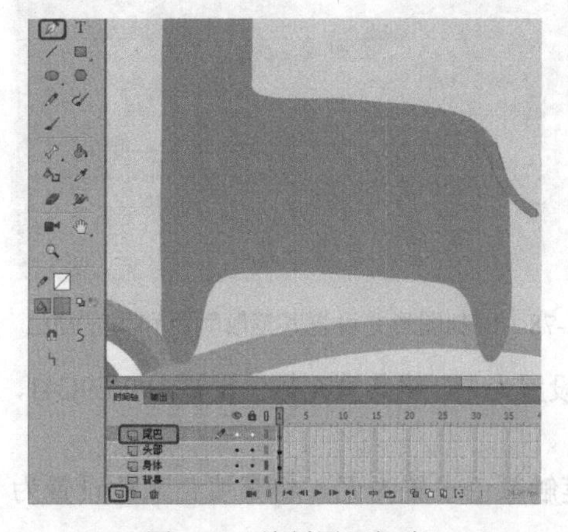

图 1-83　绘制尾巴部分

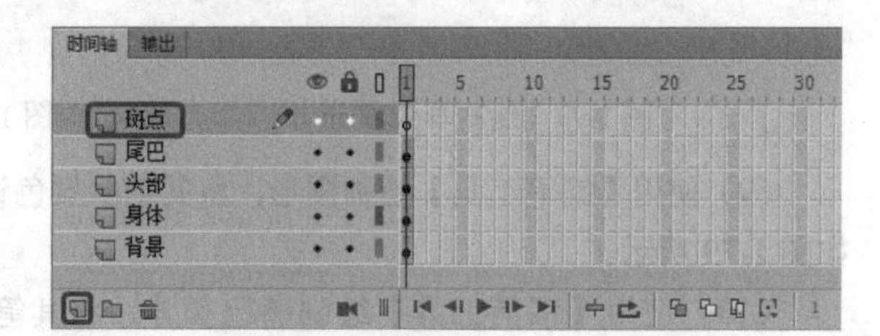

图 1-84　新建【斑点】图层

（15）使用【钢笔工具】绘制斑点部分，将其笔触颜色设置为无，将其填充颜色设置为#B0551F，如图 1-85 所示。

图 1-85　绘制斑点部分

1.3.2　椭圆工具和基本椭圆工具

使用椭圆工具绘制的图形是椭圆形或圆形图案，虽然使用钢笔工具和铅笔工具有时也能绘制出椭圆形，但在具体使用过程中，如要绘制椭圆形，直接利用椭圆工具可提高绘图的效率。另外，用户不仅可以任意设置笔触、线宽和线型，还可以任意选择轮廓线的颜色和椭圆形的填充色。

使用椭圆工具，将鼠标指针移动到工作区中，当指针变成“十”字时，即可在工作区中绘制椭圆形。如果不想使用默认的绘制属性进行绘制，则可以在如图 1-86 所示的【属性】面板中进行相关设置。

除与绘制线条时使用相同的属性外，利用如下设置还可以绘制出扇形图案。

（1）开始角度：设置扇形的开始角度。

（2）结束角度：设置扇形的结束角度。

（3）内径：设置扇形内角的半径。

（4）闭合路径：使绘制出的扇形为闭合扇形。

（5）重置：恢复角度、半径的初始值。

设置好所绘椭圆形的属性后，将鼠标指针移动到工作区中，按住鼠标左键不放，沿着要绘制的椭圆形方向拖动鼠标，在适当位置释放鼠标左键，即可在工作区中绘制出一个有填充色和轮廓的椭圆形。图 1-87 所示为椭圆形绘制完成后的效果。

> **提示**：如果在绘制椭圆形的同时按 Shift 键，则在工作区中将绘制出一个正圆；按 Ctrl 键可以暂时切换到【选择工具】，对工作区中的对象进行选取。

相对于椭圆工具来讲，基本椭圆工具绘制的是更加易于控制的扇形对象。

用户可以在【属性】面板中更改基本椭圆工具的绘制属性，如图 1-88 所示。

使用基本椭圆工具绘制图形的方法与使用椭圆工具是相同的，但绘制出的图形有区别。使用基本椭圆工具绘制出的图形具有节点，通过使用选择工具拖动图形上的节点，可以绘制多种形状，如图 1-89 所示。

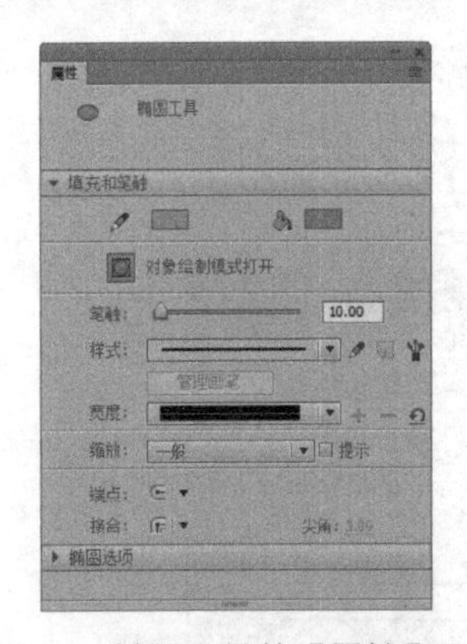

图 1-86　椭圆工具的【属性】面板

图 1-87　椭圆形绘制完成后的效果

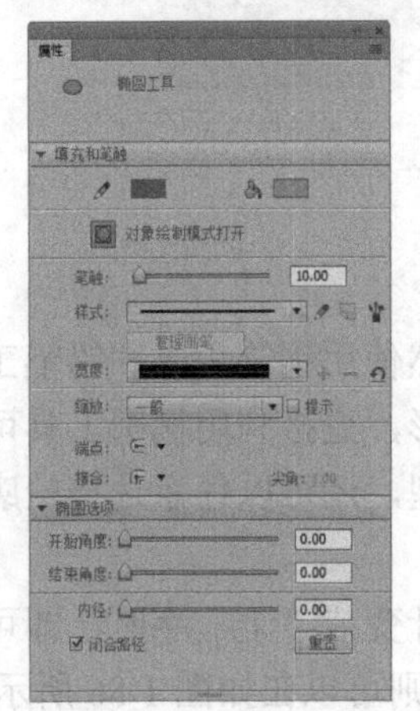

图 1-88　基本椭圆工具的【属性】面板

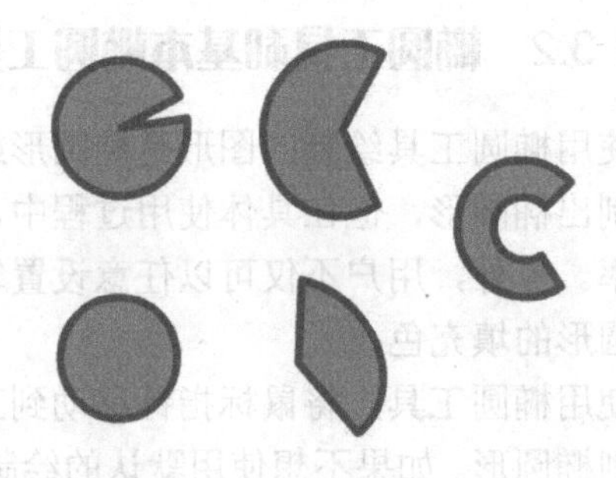

图 1-89　绘制的多种形状

1.3.3　矩形工具和基本矩形工具

顾名思义，矩形工具就是用于绘制矩形图形的工具。矩形工具是从椭圆工具扩展出来的一种绘图工具，其用法与椭圆工具基本相同，利用它也可以绘制出带有一定圆角的矩形，而要使用其他工具则会非常麻烦。

在工具箱中单击【矩形】按钮，当鼠标指针在工作区中变成“十”字时，即可在工作区中绘制矩形。用户可以在【属性】面板中设置矩形工具的绘制参数，包括所绘制矩形的轮廓色、填充色、矩形轮廓线的粗细和矩形的轮廓类型。图 1-90 所示为矩形工具的【属性】面板。

除与绘制线条时使用相同的属性外，利用如下设置还可以绘制出圆角矩形。

（1）角度：可以分别设置圆角矩形 4 个角的角度值，范围为-100～100，数字越小，绘制的矩形的 4 个角上的圆角弧度就越小，默认值为 0，即没有弧度，表示 4 个角为直角。也可以通过拖动其下方的滑块来调整角度的大小。单击【将边角半径控件锁定为一个控件】按钮，使其变为【将边角控件锁定为一个控件】状态，这样用户可为 4 个角设置不同的值。

（2）重置：单击【重置】按钮，即可恢复矩形角度的初始值。

设置好所绘矩形的属性后即可开始绘制矩形。将鼠标指针移动到工作区中，按住鼠标左键不放，沿着要绘制的矩形方向拖动鼠标，在适当位置释放鼠标左键，即可在工作区中绘制出一

个矩形。图1-91所示为矩形绘制完成后的效果。

图1-90　矩形工具的【属性】面板

图1-91 矩形绘制完成后的效果

提示：如果在绘制矩形的同时按Shift键，则在工作区中将绘制出一个正方形；按Ctrl键可以暂时切换到【选择工具】，对工作区中的对象进行选取。

在工具箱中单击【基本矩形工具】按钮，当工作区中的鼠标指针变成“十”字时，即可在工作区中绘制矩形。用户可以在其【属性】面板中修改默认的绘制属性，如图1-92所示。

设置好所绘矩形的属性后即可开始绘制矩形。将鼠标指针移动到工作区中，在所绘矩形的大概位置按住鼠标左键不放，沿着要绘制的矩形方向拖动鼠标，在适当位置释放鼠标左键。完成上述操作后，工作区中就会自动绘制出一个有填充色和轮廓的矩形对象。使用选择工具可以拖动矩形对象上的节点，从而改变矩形对角外观，使其成为不同形状的圆角矩形，如图1-93所示。

使用基本矩形工具绘制图形的方法与使用矩形工具相同，但绘制出的图形有区别。使用基本矩形工具绘制的图形上面有节点，通过使用选择工具拖动图形上的节点，可以改变矩形圆角的大小。

图1-92　基本矩形工具的【属性】面板

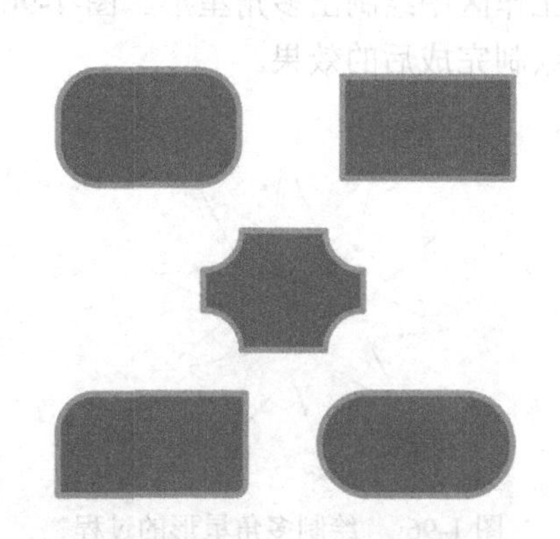

图1-93　不同形状的圆角矩形

1.3.4 多角星形工具

多角星形工具用于绘制多边形或星形，根据设置样式的不同，可以选择要绘制的是多边形还是星形。

在工具箱中单击【多角星形工具】按钮，当工作区中的鼠标指针变成“十”字时，即可在工作区中绘制多角星形。用户可以在其【属性】面板中设置多角星形工具的绘制参数，包括多角星形的轮廓色、填充色，以及轮廓线的粗细、类型等，如图 1-94 所示。

在【属性】面板中，单击【选项】按钮，在弹出的【工具设置】对话框（见图 1-95）中可设置以下选项。

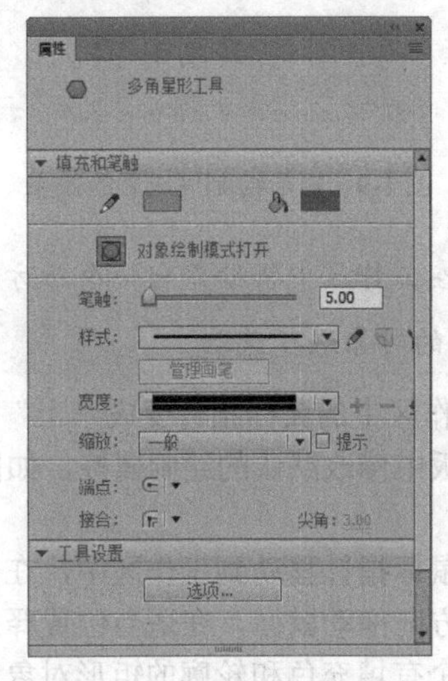

图 1-94　多角星形工具的【属性】面板

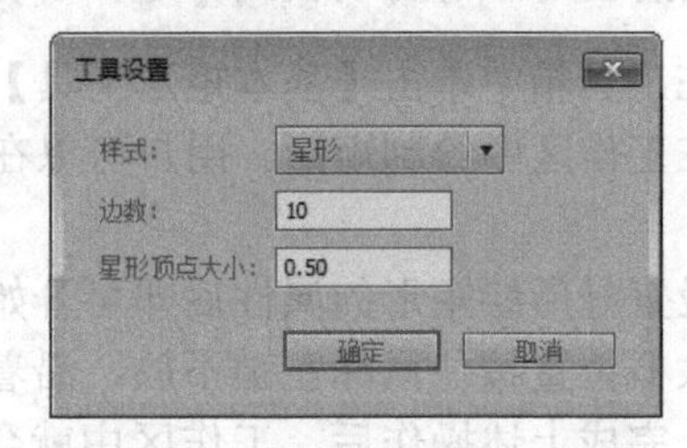

图 1-95　【工具设置】对话框

（1）样式：可选择【多边形】或【星形】两个选项。

（2）边数：用于设置多边形或星形的边数。

（3）星形顶点大小：用于设置星形顶点的大小。

设置好所绘多角星形的属性后即可开始绘制多角星形。将鼠标指针移动到工作区中，按住鼠标左键不放，沿着要绘制的多角星形方向拖动鼠标，在适当位置释放鼠标左键，即可在工作区中绘制出多角星形。图 1-96 所示为绘制多角星形的过程，图 1-97 所示为多角星形绘制完成后的效果。

图 1-96　绘制多角星形的过程

图 1-97　多角星形绘制完成后的效果

1.4 上机练习

1.4.1 绘制苹果

下面将介绍如何绘制苹果，主要使用【钢笔工具】绘制图形，并在其【属性】面板中进行相应的设置。绘制的苹果效果如图 1-98 所示。

图 1-98 绘制的苹果效果

（1）选择【文件】|【新建】命令，在弹出的【新建文档】对话框中，在【类型】列表框中选择【ActionScript 3.0】选项，将【宽】、【高】分别设置为 404 像素、486 像素，如图 1-99 示。

（2）单击【确定】按钮，按 Ctrl+R 组合键，在弹出的【导入】对话框中选择【苹果背景】素材文件，单击【打开】按钮，如图 1-100 所示。

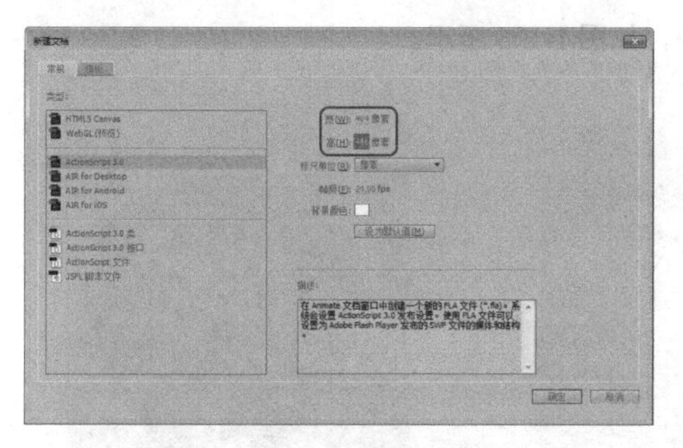

图 1-99 【新建文档】对话框

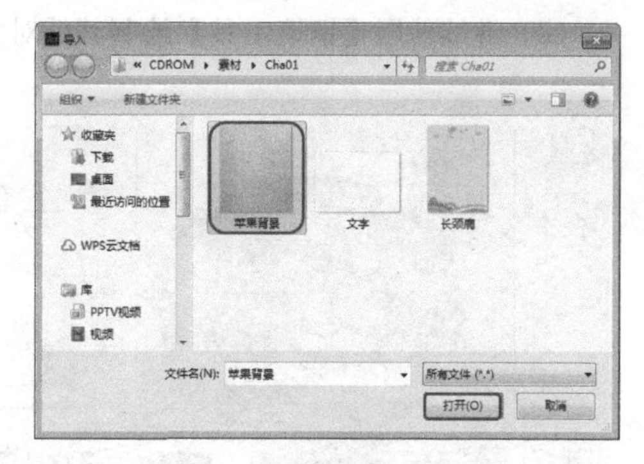

图 1-100 选择素材文件

（3）选中导入的素材文件，在【对齐】面板中，单击【水平中齐】按钮、【垂直中齐】按钮和【匹配宽和高】按钮，如图 1-101 所示。

（4）将【图层 1】重命名为【背景】，并新建【苹果】图层，如图 1-102 所示。

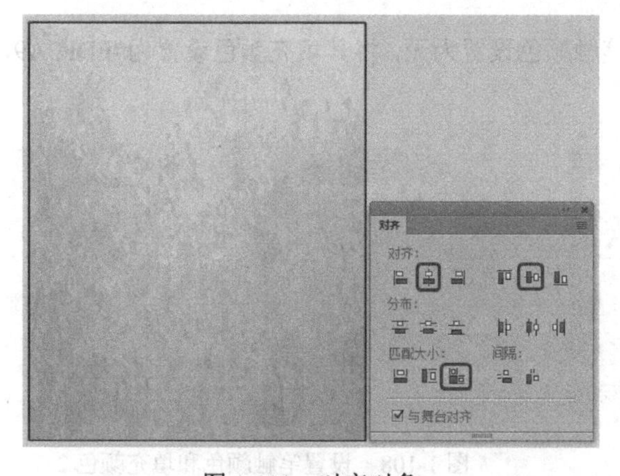

图 1-101 对齐对象

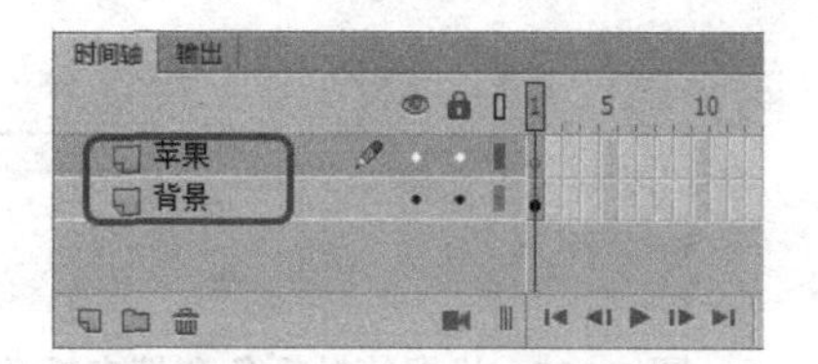

图 1-102 新建图层

（5）使用【钢笔工具】绘制图形，在【属性】面板中，将其笔触颜色设置为无，将其填充

颜色设置为#EB2027，如图 1-103 所示。

（6）使用【钢笔工具】绘制图形，在【属性】面板中，将其笔触颜色设置为无，将其填充颜色设置为#D61F26，如图 1-104 所示。

图 1-103　绘制图形 1

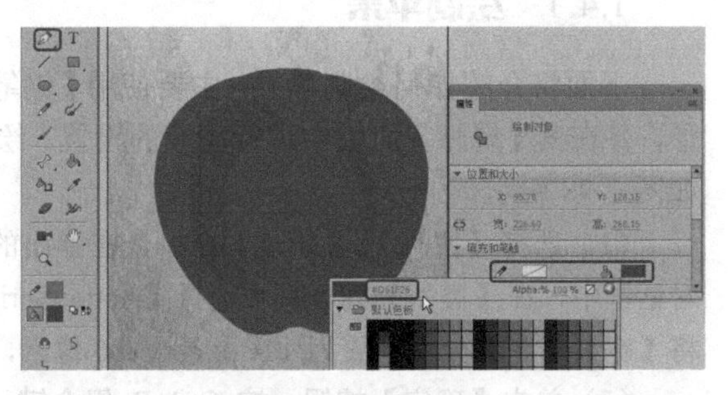

图 1-104　绘制图形 2

（7）使用【钢笔工具】绘制图形，在【属性】面板中，将其笔触颜色设置为无，将其填充颜色设置为#D91F25，如图 1-105 所示。

（8）继续使用【钢笔工具】绘制其他对象，如图 1-106 所示。

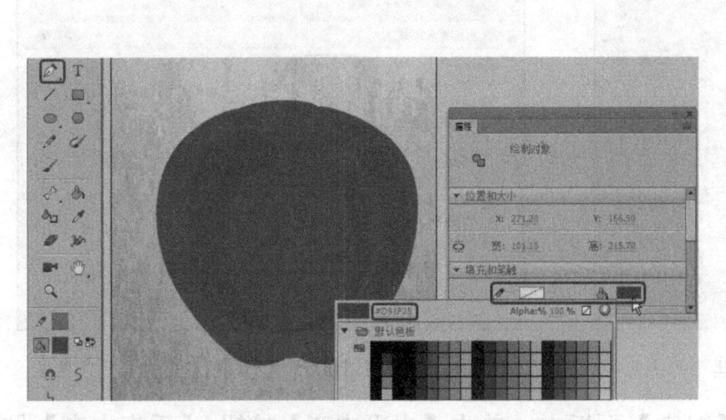

图 1-105　绘制图形 3

图 1-106　绘制其他对象

（9）使用【钢笔工具】绘制图形，将其笔触颜色设置为无，将其填充颜色设置为白色，如图 1-107 所示。

（10）使用【钢笔工具】绘制图形，将其笔触颜色设置为无，将其填充颜色设置为#FDF5A9，如图 1-108 所示。

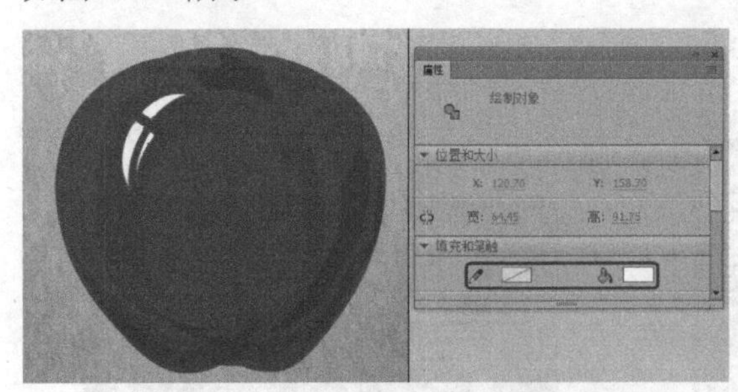

图 1-107　设置笔触颜色和填充颜色 1

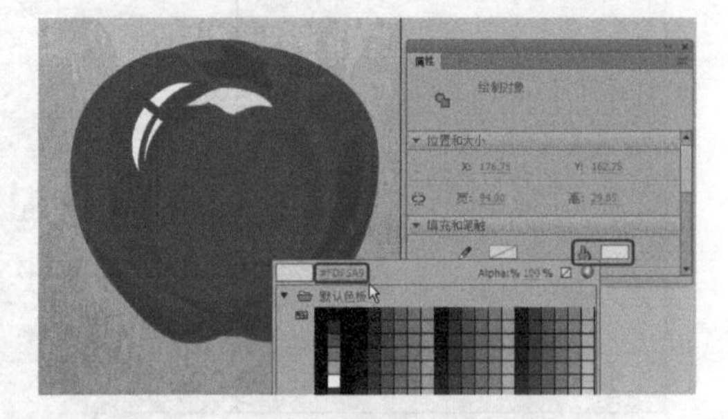

图 1-108　设置笔触颜色和填充颜色 2

（11）使用【钢笔工具】绘制其他图形，将其笔触颜色设置为无，将其填充颜色设置为

#F9A622，如图 1-109 所示。

（12）使用【钢笔工具】绘制其他图形，将其笔触颜色设置为无，将其填充颜色设置为#FDD318，如图 1-110 所示。

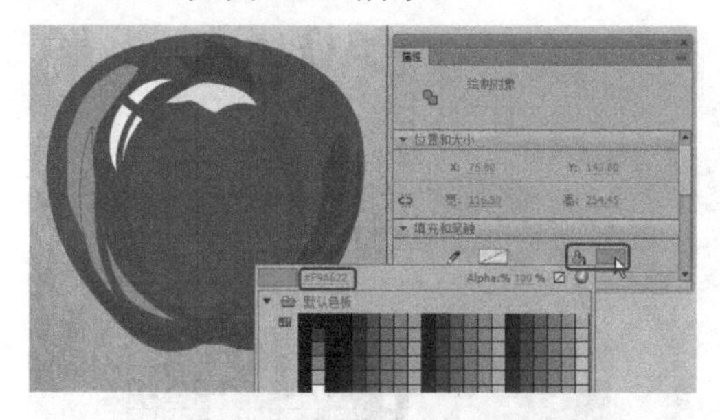

图 1-109 设置笔触颜色和填充颜色 3

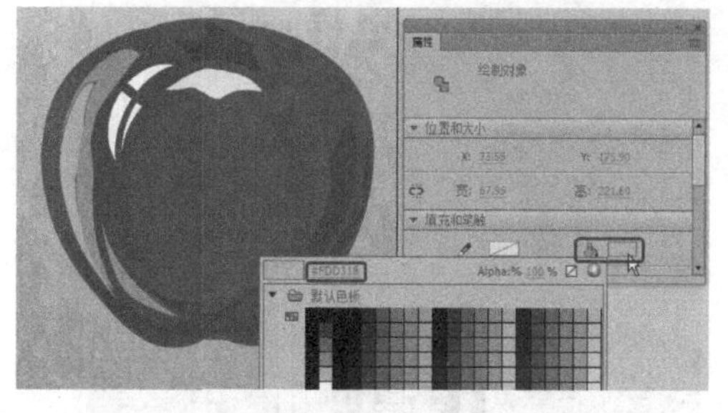

图 1-110 设置笔触颜色和填充颜色 4

（13）新建【苹果把】图层，使用【钢笔工具】，将其笔触颜色设置为#865122，将其填充颜色设置为无，将【笔触】设置为 2.3pts，如图 1-111 所示。

（14）在舞台中绘制图形，如图 1-112 所示。

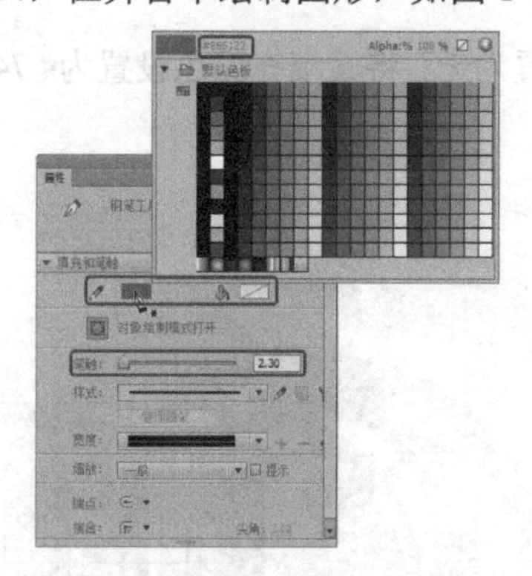

图 1-111 设置属性参数

图 1-112 绘制图形

（15）使用【钢笔工具】绘制图形，将其笔触颜色设置为无，将其填充颜色设置为#A36847，如图 1-113 所示。

（16）使用【钢笔工具】绘制图形，将其笔触颜色设置为无，将其填充颜色设置为#FECA1B，如图 1-114 所示。

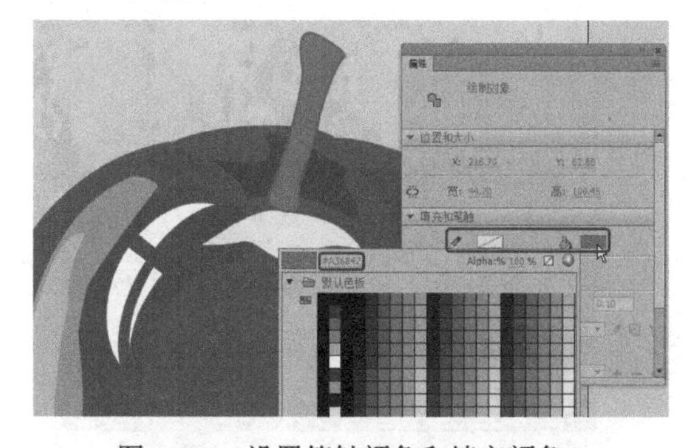

图 1-113 设置笔触颜色和填充颜色 5

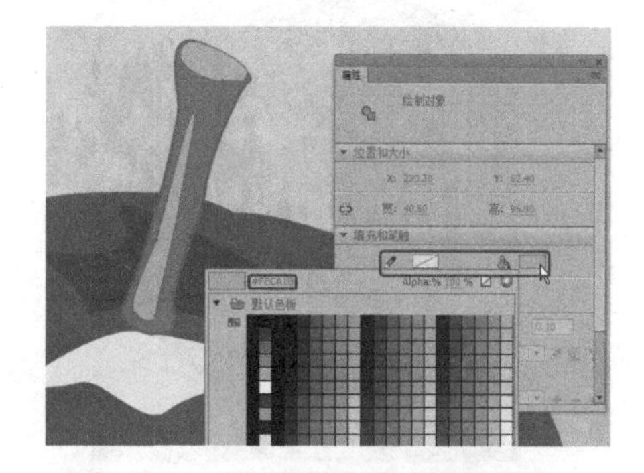

图 1-114 设置笔触颜色和填充颜色 6

（17）使用【钢笔工具】绘制图形，将其笔触颜色设置为无，将其填充颜色设置为#865122，

如图 1-115 所示。

（18）新建【叶子】图层，使用【钢笔工具】绘制图形，将其笔触颜色设置为无，将其填充颜色设置为#008B46，如图 1-116 所示。

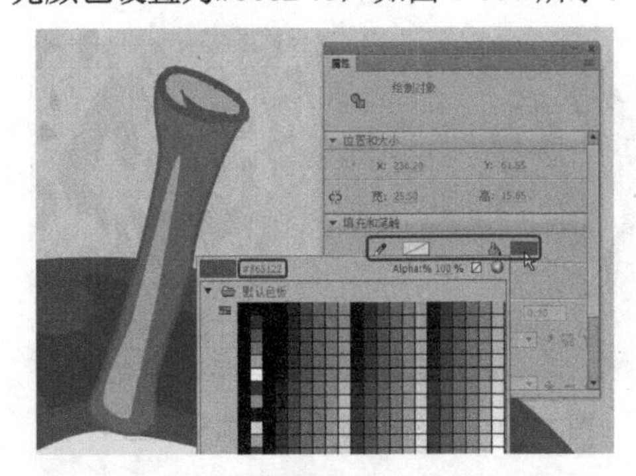

图 1-115　设置笔触颜色和填充颜色 7

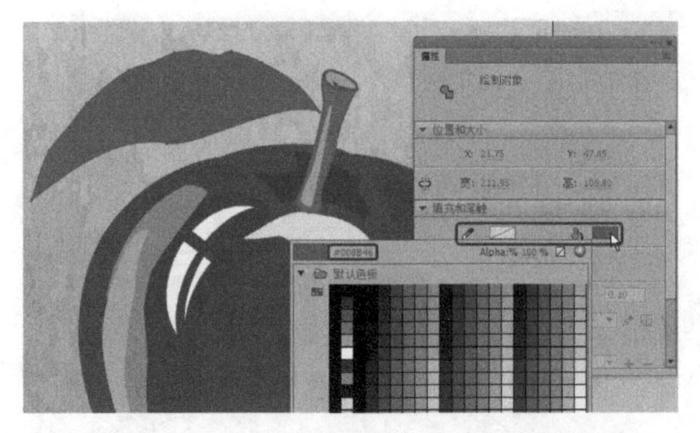

图 1-116　设置笔触颜色和填充颜色 8

（19）使用【钢笔工具】绘制图形，将其笔触颜色设置为无，将其填充颜色设置为# 3BB44C，如图 1-117 所示。

（20）使用【钢笔工具】绘制图形，将其笔触颜色设置为无，将其填充颜色设置为# 74BF47，如图 1-118 所示。

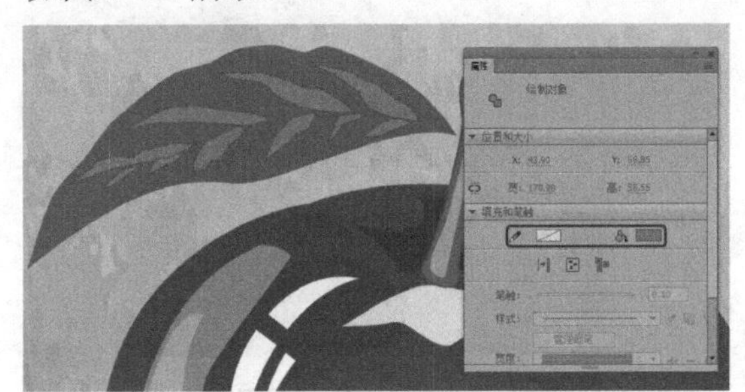

图 1-117　设置笔触颜色和填充颜色 9

图 1-118　设置笔触颜色和填充颜色 10

（21）使用【钢笔工具】绘制其他叶子对象，如图 1-119 所示。

（22）将【叶子】图层移动到【苹果把】图层的下方，如图 1-120 所示。

图 1-119　绘制其他叶子对象

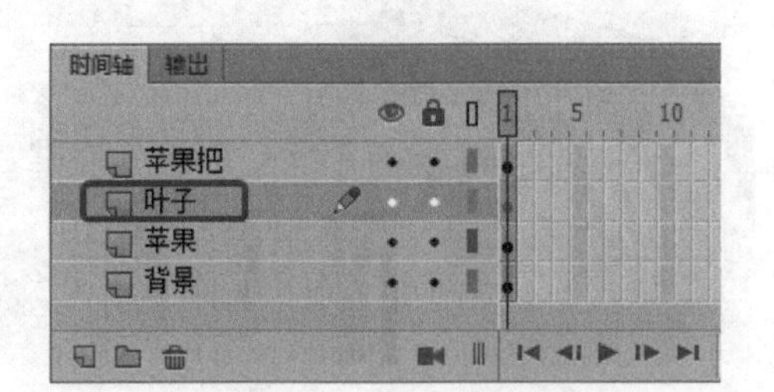

图 1-120　调整图层位置

（23）选中【苹果把】图层，使用【钢笔工具】绘制图形，将其笔触颜色设置为无，将其填充颜色设置为#EB2027，如图1-121所示。

（24）新建【文字】图层，如图1-122所示。

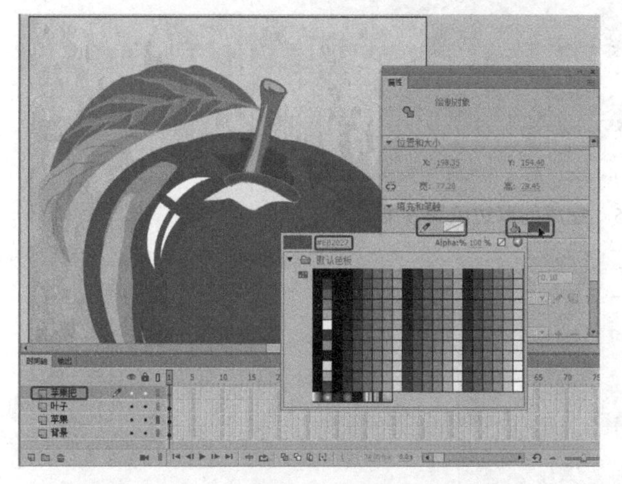

图1-121　设置笔触颜色和填充颜色11

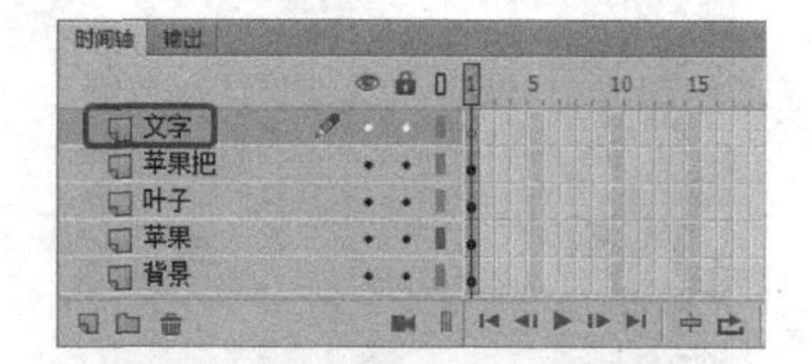

图1-122　新建【文字】图层

（25）按Ctrl+R组合键，在弹出的【导入】对话框中选择【文字】素材文件，单击【打开】按钮，如图1-123所示。

（26）选中导入的素材，打开【变形】面板，将【缩放宽度】和【缩放高度】都设置为24%，如图1-124所示。

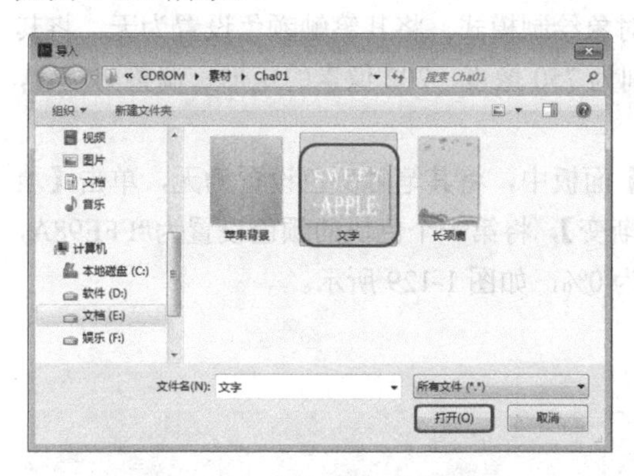

图1-123　导入文字素材文件

图1-124　设置参数

1.4.2　绘制海边风景

下面将介绍海边风景的绘制，先使用【钢笔工具】绘制风景，再对图层进行遮罩。完成的海边风景效果如图1-125所示。

（1）选择【文件】|【新建】命令，在弹出的【新建文档】对话框中，在【类型】列表框中选择【ActionScript 3.0】选项，将【宽】、【高】分别设置为748像素、492像素，将【背景颜色】设置为#69DBF7，如图1-126所示。

（2）单击【确定】按钮，将【图层1】重命名为【背景】，如图1-127所示。

图 1-125　完成的海边风景效果

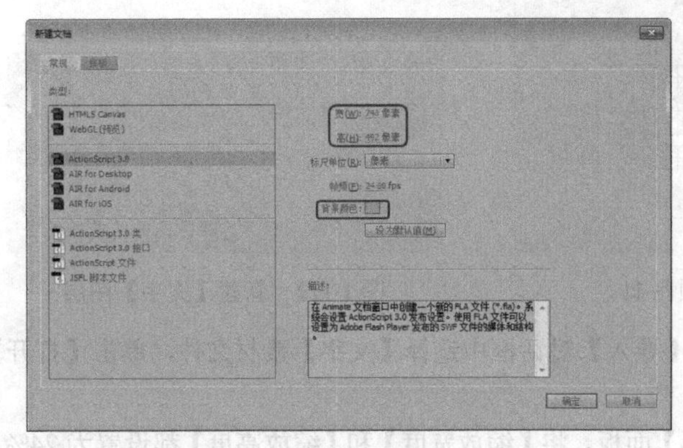

图 1-126　【新建文档】对话框

图 1-127　更改图层名称

（3）使用【矩形工具】，单击 按钮，启用对象绘制模式，将其笔触颜色设置为无，将其填充颜色设置为#FFCB5E，绘制【宽】、【高】分别为 750 像素、202 像素的矩形，调整其位置，如图 1-128 所示。

（4）使用【钢笔工具】绘制图形，在【颜色】面板中，将其笔触颜色设置为无，单击【填充颜色】按钮 ，将【填充类型】设置为【径向渐变】，将第一个色块的颜色设置为#FFE98A，将第二个色块的颜色设置为#FFE98A，将 A 设置为 0%，如图 1-129 所示。

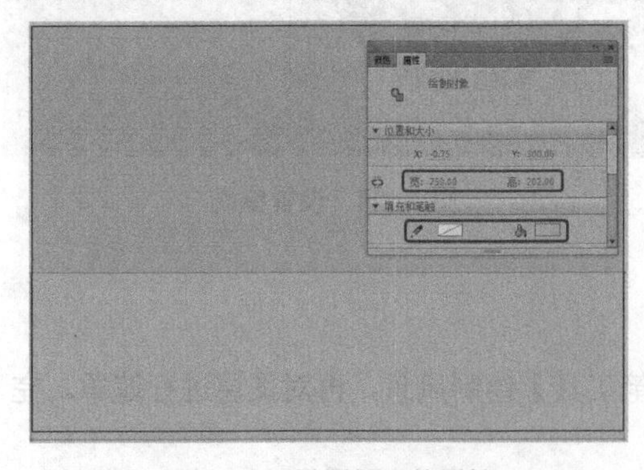

图 1-128　设置矩形的属性

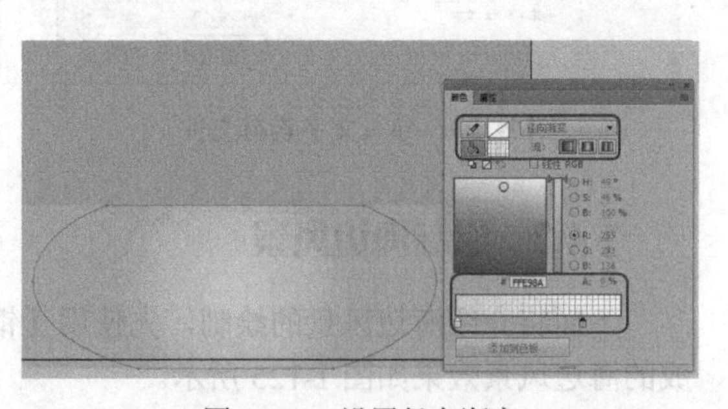

图 1-129　设置径向渐变

（5）打开【风景素材.fla】，选中素材文件并复制到当前文档中，调整其位置，如图 1-130 所示。

（6）使用【钢笔工具】绘制其他图形，分别设置其颜色，黄色为#FFE98A、橙色为#FF992B，

按 Ctrl+G 组合键，使对象成组，如图 1-131 所示。

图 1-130　调整素材的位置

图 1-131　绘制其他图形并进行设置

（7）使用【钢笔工具】绘制图形，在【颜色】面板中，将其笔触颜色设置为无，将【填充类型】设置为【径向渐变】，将其填充颜色的第一个色块的颜色设置为#FFA918，将 A 设置为 0%，将第二个色块的颜色设置为#FFA918，如图 1-132 所示。

（8）使用【钢笔工具】绘制图形，将其笔触颜色设置为无，将其填充颜色设置为#FF4F77，如图 1-133 所示。

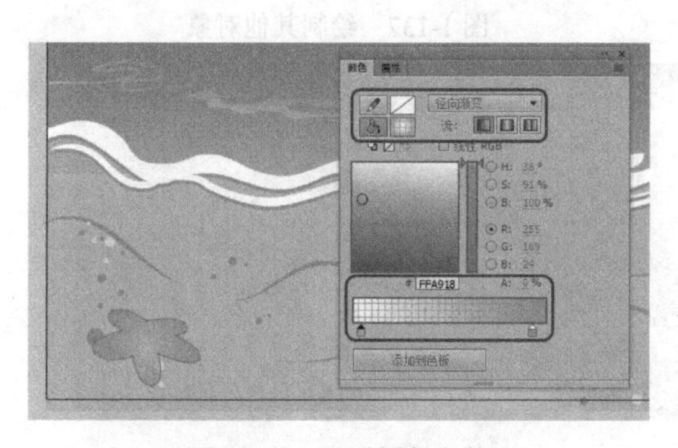

图 1-132　设置颜色参数

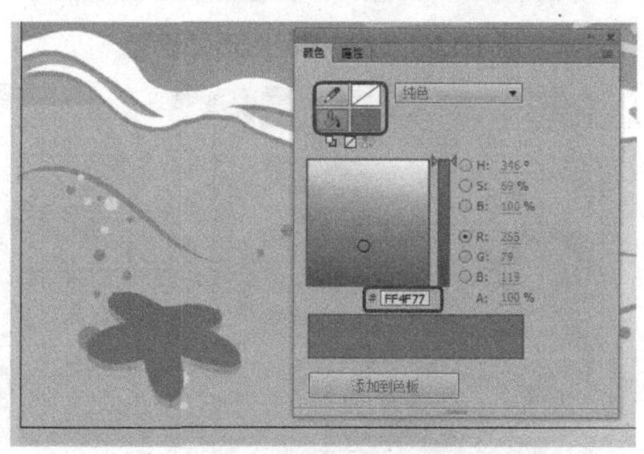

图 1-133　设置图形的笔触颜色和填充颜色

（9）使用【钢笔工具】绘制图形，将其笔触颜色设置为无，将其填充颜色设置为# FF1951，如图 1-134 所示。

（10）使用【钢笔工具】绘制图形，在【颜色】面板中，将其笔触颜色设置为无，将【填充类型】设置为【径向渐变】，将其填充颜色的第一个色块的颜色设置为# FEFE32，将 A 设置为 30%，将第二个色块的颜色设置为# FEFE31，将 A 设置为 10%，如图 1-135 所示。

（11）使用【椭圆工具】绘制多个椭圆图形，将其笔触颜色设置为无，将其填充颜色设置为#FFED6D，如图 1-136 所示。

（12）按 Ctrl+G 组合键，使对象成组，使用同样的方法，绘制如图 1-137 所示的对象。

（13）使用同样的方法绘制叶子对象，并填充其颜色，使对象成组，如图 1-138 所示。

（14）新建【太阳】图层，使用【钢笔工具】绘制图形，将其笔触颜色设置为无，将其填充颜色设置为# EFA538，如图 1-139 所示。

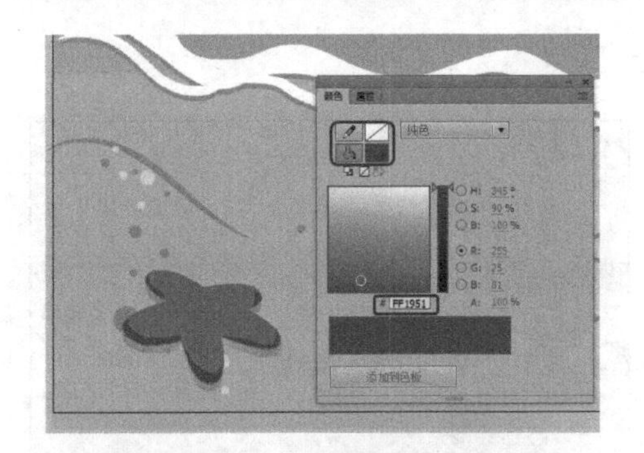

图 1-134 绘制图形并设置

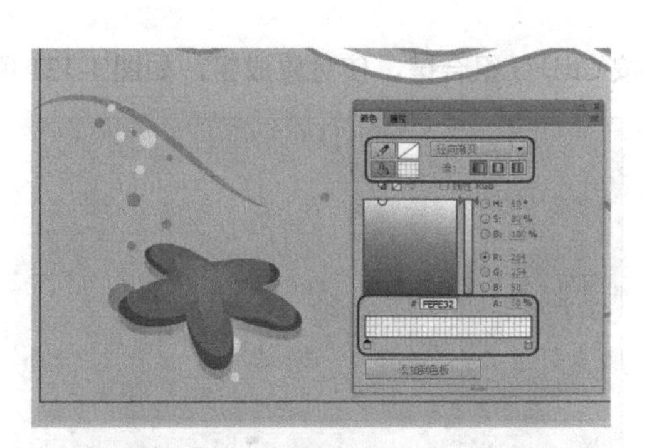

图 1-135 设置图形的径向渐变

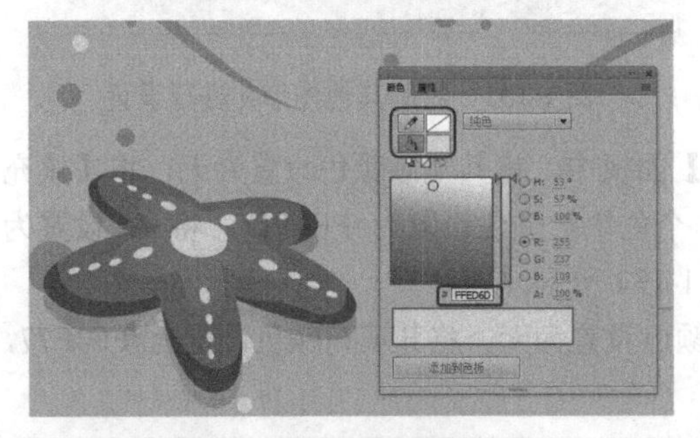

图 1-136 绘制椭圆图形并设置

图 1-137 绘制其他对象

图 1-138 绘制叶子对象

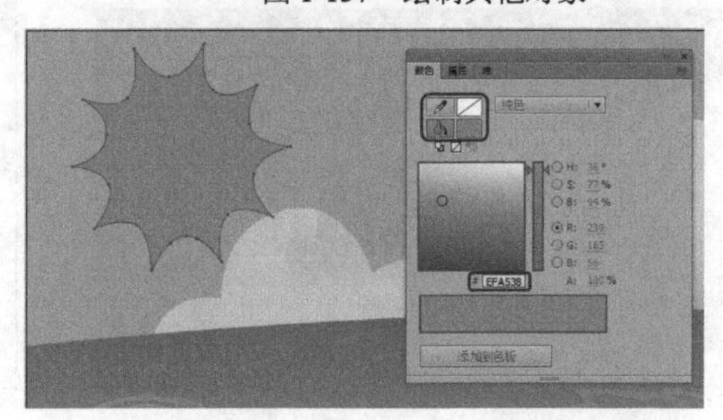

图 1-139 绘制图形并设置其颜色参数

（15）使用【钢笔工具】绘制多个图形，将其笔触颜色设置为无，将其填充颜色设置为 # FBCE63，如图 1-140 所示。

（16）使用【钢笔工具】绘制不规则圆形，将其笔触颜色设置为无，将其填充颜色设置为 # F6D748，如图 1-141 所示。

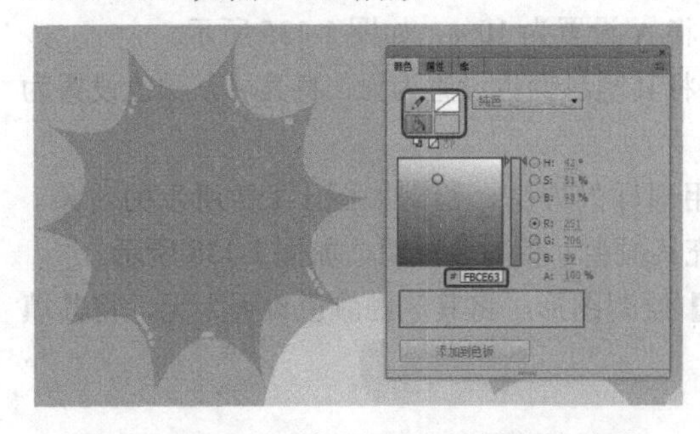

图 1-140 绘制多个图形并设置其颜色参数

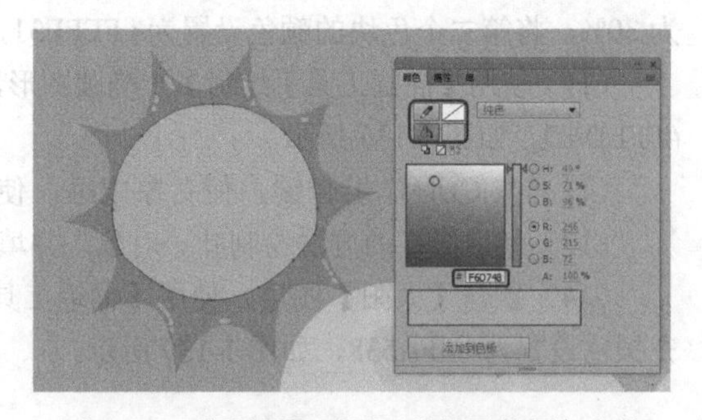

图 1-141 绘制不规则圆形并设置其颜色参数

(17) 使用【钢笔工具】绘制图形，将其笔触颜色设置为无，将其填充颜色设置为# F6AF46，如图 1-142 所示。

(18) 使用【钢笔工具】绘制图形，将其笔触颜色设置为无，将其填充颜色设置为# FEE884，如图 1-143 所示。

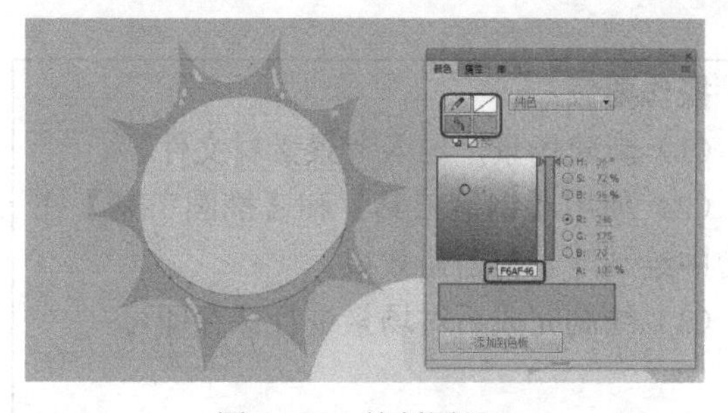

图 1-142　绘制图形 1

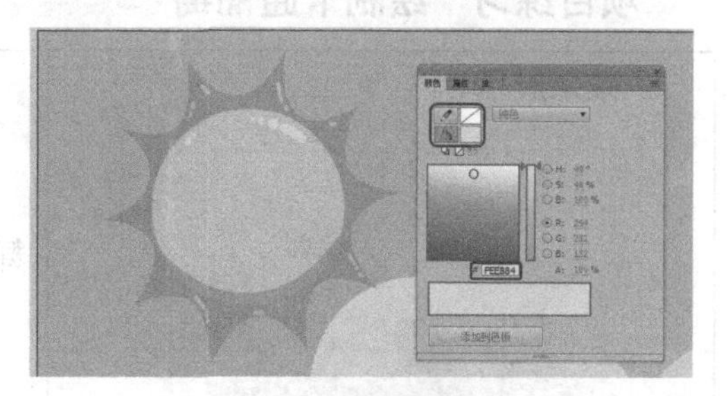

图 1-143　绘制图形 2

(19) 在【背景】图层上方新建【白色图层】，使用【矩形工具】绘制与舞台大小相同的白色矩形，如图 1-144 所示。

(20) 在【白色图层】图层上右击，在弹出的快捷菜单中选择【遮罩层】命令，其效果如图 1-145 所示。

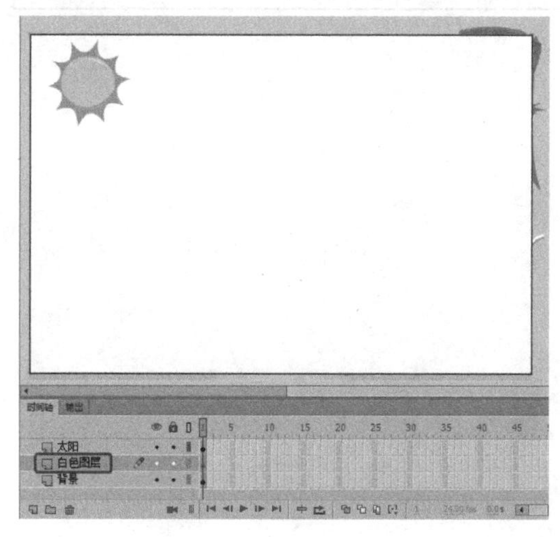

图 1-144　绘制白色矩形

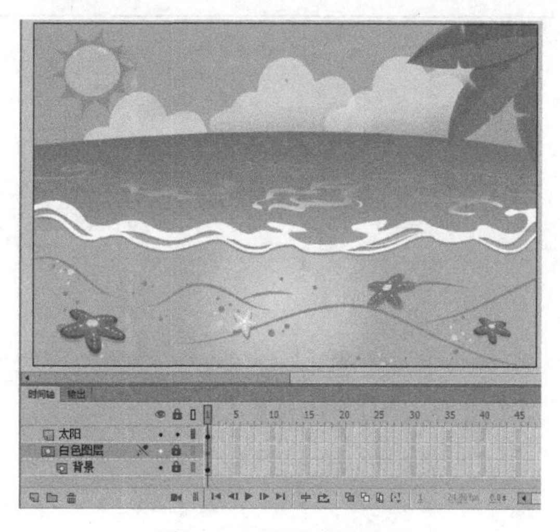

图 1-145　遮罩后的效果

【课后习题】

1. 在使用【线条工具】绘制图形时，利用 Ctrl 键和 Shift 键分别可以起到什么作用？
2. 如何利用【椭圆工具】绘制正圆？
3. 如何利用【多角星形工具】绘制五角星？

【课后练习】

项目练习　绘制卡通葡萄

效果展示：	操作要领：
	（1）新建场景，导入背景素材文件。 （2）使用【钢笔工具】和【椭圆工具】在舞台中绘制叶子与葡萄效果。 （3）绘制完成后对场景进行保存即可

第2章

素材文件的导入

02

Chapter

本章导读：

基础知识

- ◈ 导入图像文件
- ◈ 导入视频文件

重点知识

- ◈ 制作数字倒计时动画
- ◈ 制作音乐波形频谱

提高知识

- ◈ 导入其他格式的图形
- ◈ 素材的导出

Animate CC 2017 的各项功能都很完善，但是其本身无法产生一些素材文件，因此本章介绍怎样导入图像文件，并对导入的位图进行压缩和转换，其中介绍了导入 AI、PSD 和 FreeHand 等格式的文件的方法；介绍了导入视频文件和音频文件的方式，并介绍了对音频文件进行编辑和压缩的方法。

2.1 任务 4：制作数字倒计时动画——导入图像文件

本任务介绍数字倒计时动画的制作，主要用到了关键帧的编辑，通过在不同的帧中设置不同的数字来得到数字倒计时动画效果，如图 2-1 所示。

图 2-1　数字倒计时动画效果

2.1.1 任务实施

（1）启动 Animate CC 2017，按 Ctrl+N 组合键，在弹出的【新建文档】对话框中，将【宽】、【高】分别设置为 720 像素、1000 像素，将【帧频】设置为 1fps，将【背景颜色】设置为白色，单击【确定】按钮，如图 2-2 所示。

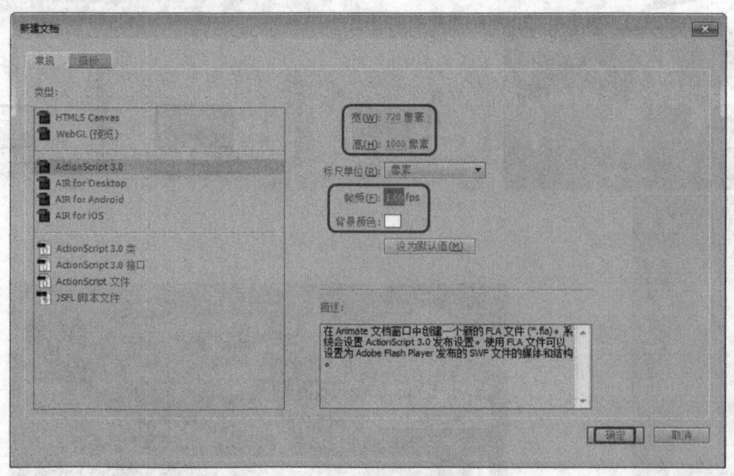

图 2-2　【新建文档】对话框

（2）选择【文件】|【导入】|【导入到舞台】命令，在弹出的【导入】对话框中选择素材中的【倒计时背景.jpg】文件，将背景图片导入到舞台中，单击【打开】按钮。在【对齐】面板中，单击【水平中齐】按钮和【垂直中齐】按钮，将背景图片调整到舞台的中央，如图 2-3 所示。

（3）在【时间轴】面板中，选择【图层 1】的第 6 帧并右击，在弹出的快捷菜单中选择【插入帧】命令，如图 2-4 所示。

图 2-3 导入素材并调整其位置

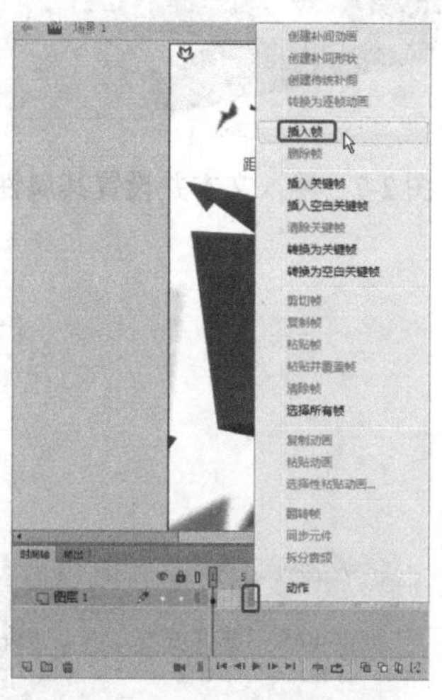

图 2-4 选择【插入帧】命令

（4）在【时间轴】面板中，将【图层 1】重命名为【背景】并将其锁定。单击【时间轴】面板下方的【新建图层】按钮，新建一个图层，并将其命名为【数字】，如图 2-5 所示。

（5）确定新建的【数字】图层处于选中状态，选择第 1 个关键帧，如图 2-6 所示。

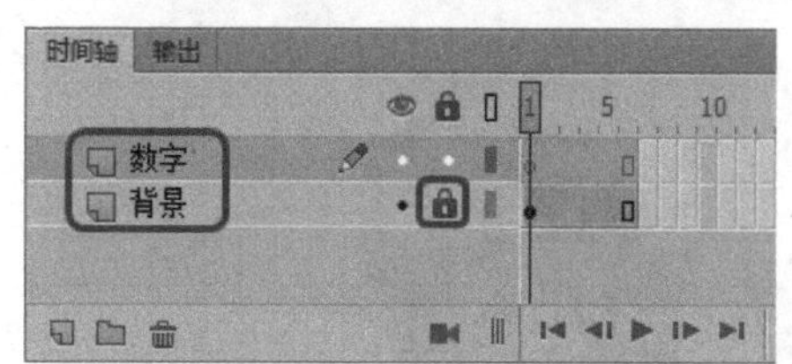

图 2-5 新建【数字】图层

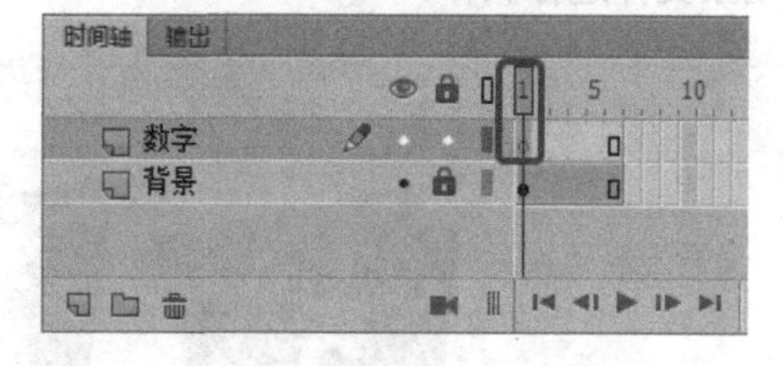

图 2-6 选择第 1 个关键帧

（6）使用【文本工具】在舞台中输入文本【5】。确定新建的文本处于选中状态。在【属性】面板中，在【字符】区域中将【系列】设置为【方正大黑简体】，【大小】设置为 280 磅，【颜色】设置为白色，将【X】设置为 243.2 像素，【Y】设置为 477.2 像素，如图 2-7 所示。

（7）在舞台中选中文本【5】，在【属性】面板中，在【滤镜】区域中单击【添加滤镜】按钮，在弹出的菜单中选择【投影】命令。在【投影】区域中将【模糊 X】和【模糊 Y】都设置为 20 像素，其他参数使用默认值，如图 2-8 所示。

（8）在【时间轴】面板中，选择【数字】图层的第 2 帧并右击，在弹出的快捷菜单中选择【插入关键帧】命令，为第 2 帧添加关键帧，如图 2-9 所示。

（9）使用【选择工具】在舞台中双击文本【5】，使其处于编辑状态，并将【5】改为【4】，如图 2-10 所示。

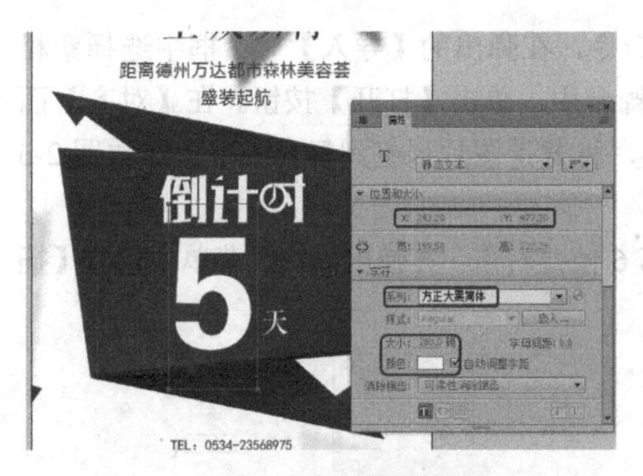

图 2-7　输入文本并设置其属性参数

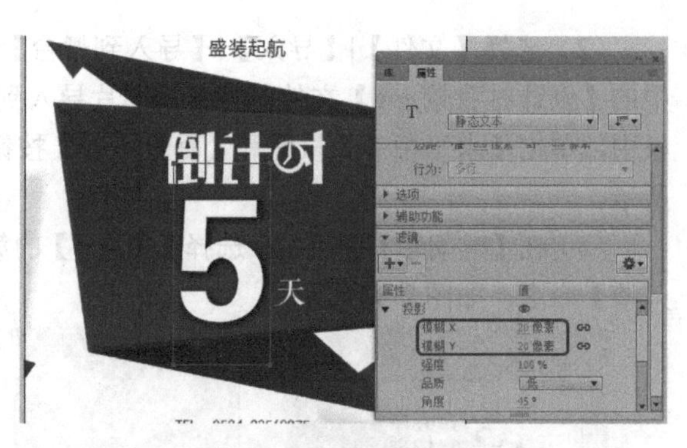

图 2-8　设置投影的参数

图 2-9　添加关键帧

图 2-10　更改文本

（10）使用相同的方法，在其他帧中插入关键帧并更改文本数字，如图 2-11 所示。最终，对场景文件进行保存。

图 2-11　在其他帧中插入关键帧并更改文本数字

2.1.2 导入位图

在 Animate CC 2017 中可以导入位图图像，操作步骤如下。

（1）选择【文件】|【导入】|【导入到舞台】命令，弹出【导入】对话框，如图 2-12 所示。

图 2-12　【导入】对话框

（2）在弹出的【导入】对话框中选择需要导入的文件，单击【打开】按钮，即可将图像导入到场景中。

如果导入的是图像序列中的某一个文件，则 Animate 会自动将其识别为图像序列，并弹出提示对话框，如图 2-13 所示。

如果要将一个图像序列导入到 Animate 中，那么在场景中显示的只是选中的图像，其他图像不会显示。如果要使用序列中的其他图像，则可以选择【窗口】|【库】命令，打开【库】面板，在其中选择需要的图像，如图 2-14 所示。

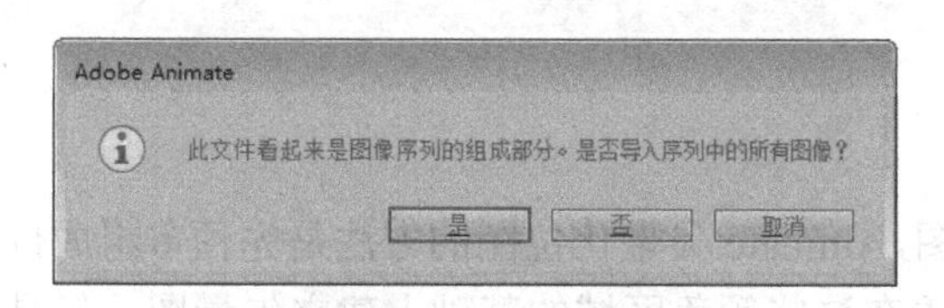

图 2-13　提示对话框

图 2-14　【库】面板

2.1.3 压缩位图

Animate CC 虽然可以很方便地导入图像素材，但是有一个重要的问题经常被使用者忽略，即导入图像的容量大小。大多数人认为导入的图像容量会随着图片在舞台中的缩小而减少，其实这是错误的想法，导入图像的容量和缩放的比例毫无关系。要想减少导入图像的容量，就必须对图像进行压缩，操作步骤如下。

（1）在【库】面板中找到导入的图像素材，在该图像上右击，在弹出的快捷菜单中选择【属性】命令，弹出【位图属性】对话框，如图 2-15 所示。

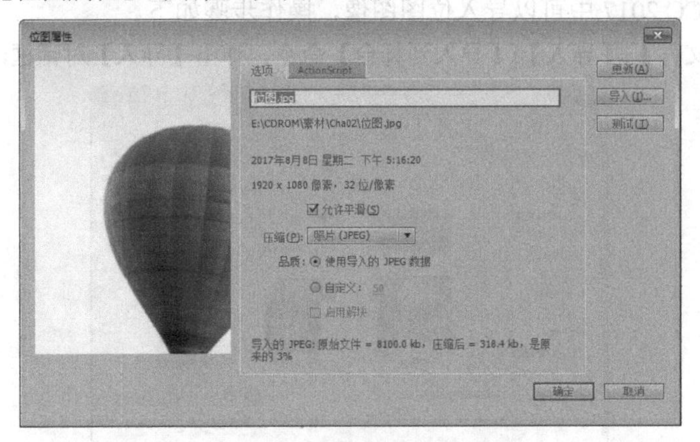

图 2-15　【位图属性】对话框

（2）在弹出的【位图属性】对话框中勾选【允许平滑】复选框，可以消除图像的锯齿，从而平滑位图的边缘。

（3）在【压缩】下拉列表中选择【照片（JPEG）】选项，在【品质】选项组中选中【使用导入的 JPEG 数据】单选按钮，为图像指定默认压缩品质。

提示：用户可以在【品质】选项组中选中【自定义】单选按钮，并在其文本框中输入品质数值，最大值可为 100。设置的数值越大，得到的图形的显示效果就越好，而文件占用的空间也会相应增大。

（4）单击【测试】按钮，可查看当前设置的 JPEG 品质、原始文件及压缩后文件的大小、图像的压缩比率。

提示：对于具有复杂颜色或色调变化的图像，如具有渐变填充的照片或图像，建议使用【照片（JPEG）】压缩方式。对于具有简单形状和颜色较少的图像，建议使用【无损（PNG/GIF）】压缩方式。

2.1.4　转换位图

在 Animate 中可以将位图转换为矢量图，Animate 矢量化位图的方法是先预审组成位图的像素，将近似的颜色划在一个区域中，再在这些颜色区域的基础上建立矢量图。但是用户只能对没有分离的位图进行转换，尤其对色彩少、没有色彩层次感的位图，即非照片的图像运用转换功能，会得到更好的效果。如果对照片进行转换，则不但会增加计算机的负担，而且得到的矢量图的体积比原图还大，会得不偿失。

将位图转换为矢量图的操作步骤如下。

（1）选择【文件】|【导入】|【导入到舞台】命令，在弹出的【导入】对话框中选择一幅位图图像，将其导入到场景中。

（2）选择【修改】|【位图】|【转换位图为矢量图】命令，弹出【转换位图为矢量图】对

话框，如图 2-16 所示。

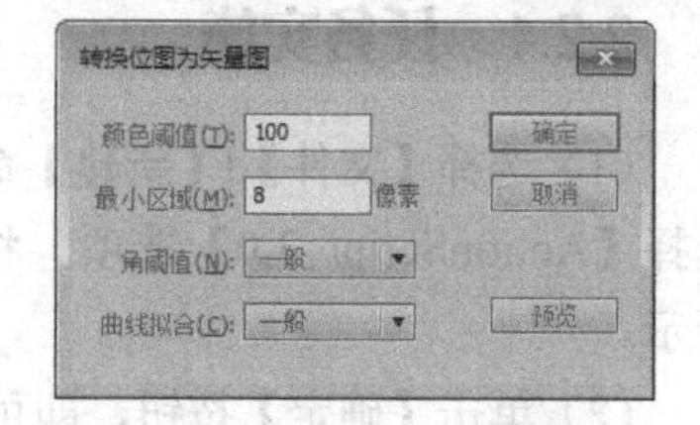

图 2-16 【转换位图为矢量图】对话框

【转换位图为矢量图】对话框中各参数的功能如下。

① 颜色阈值：设置位图中每个像素的颜色与其他像素的颜色在多大程度上的不同可以被当作不同颜色。其值是 1～500 中的整数，数值越大，创建的矢量图就越小，但与原图的差别也越大；数值越小，颜色转换越多，与原图的差别越小。

② 最小区域：设定以多少像素为单位来转换成一种色彩。其值为 1～1000，数值越小，转换后的色彩与原图越接近，但是会浪费较多的时间。

③ 角阈值：设定转换为矢量图后，曲线的弯度要达到多大才能转化为拐点。

④ 曲线拟合：设定转换为矢量图后曲线的平滑程度，包括【像素】、【非常紧密】、【紧密】、【一般】、【平滑】和【非常平滑】等选项。

（3）设置完成后，单击【预览】按钮可以预览转换的效果，单击【确定】按钮即可将位图转换为矢量图。在图 2-17 中，左侧图为位图，右侧图为转换后的矢量图。

图 2-17 将位图转换为矢量图

> **提示**：并不是所有的位图转换为矢量图后都能减小文件的大小。将图像转换为矢量图后，有时会发现转换后的文件比原文件还要大，这是由于在转换过程中，要产生较多的矢量图来匹配它。

2.2 任务 5：制作气球飘动动画——导入其他格式的图形

下面将介绍如何制作气球飘动动画，主要通过创建影片剪辑元件并导入序列图片来实现。完成的气球飘动动画效果如图 2-18 所示。

图 2-18 完成的气球飘动动画效果

2.2.1 任务实施

（1）选择【文件】|【新建】命令，在弹出的【新建文档】对话框中，在【类型】列表框中选择【ActionScript 3.0】选项，将【宽】、【高】分别设置为 384 像素、606 像素，如图 2-19 所示。

（2）单击【确定】按钮，即可新建一个文档。按 Ctrl+F8 组合键，在弹出的【创建新元件】对话框中将【名称】设置为【背景图像】，将【类型】设置为【影片剪辑】，如图 2-20 所示。

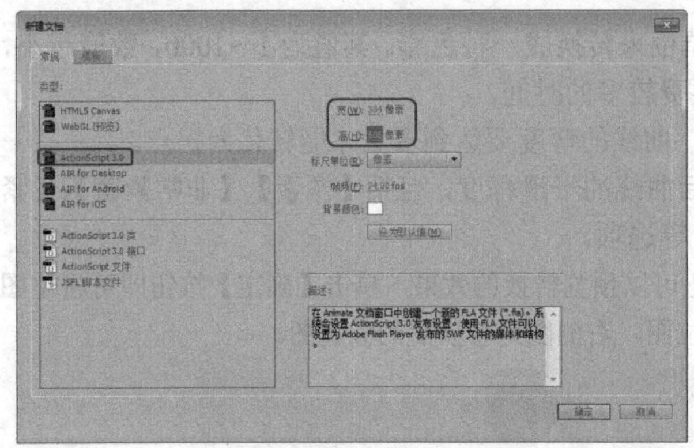

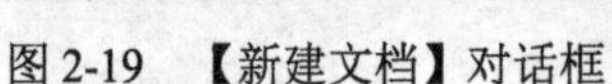

图 2-19 【新建文档】对话框　　图 2-20 【创建新元件】对话框

（3）设置完成后，单击【确定】按钮。选择【文件】|【导入】|【导入到舞台】命令，在弹出的【导入】对话框中选择【背景图像】文件夹中的【002000200.png】素材文件，如图 2-21 所示。

（4）单击【打开】按钮，在弹出的对话框中单击【是】按钮，返回到场景 1 中。在【时间轴】面板中单击【新建图层】按钮，在【库】面板中选中【背景图像】元件，按住鼠标左键将其拖动到舞台中，并调整其位置，如图 2-22 所示。

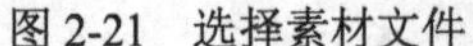

图 2-21 选择素材文件　　图 2-22 将【背景图像】元件拖动到舞台中并调整其位置

（5）使用同样的方法，制作【气球飘动】影片剪辑元件。在【时间轴】面板中单击【新建图层】按钮，在【库】面板中选中【气球飘动】元件，按住鼠标左键将其拖动到舞台中，并调

整其大小和位置，如图2-23所示。

（6）按Ctrl+Enter组合键，测试影片效果，如图2-24所示。

图2-23　将【气球飘动】元件拖动到舞台中并调整其大小和位置

图2-24　测试影片效果

知识链接：

在长期的发展过程中，动画的基本原理未发生过很大的变化，不论是早期的手绘动画还是现代的电脑动画，都是由若干张图片连续放映产生的。一部普通的动画片要绘制几十张图片，工作量相当繁重，从而形成了逐帧动画。逐帧动画是一种常见的动画形式，其原理是在连续的关键帧中分解动画动作，即在时间轴的每帧上绘制不同的内容，使其连续播放而形成动画。逐帧动画的帧序列内容不一样，这给制作增加了负担，最终输出的文件量也很大，但是它的优势也很明显：逐帧动画具有非常大的灵活性，几乎可以表现任何想表现的内容，而其类似于电影的播放模式很适合表现细腻的动画，如人物或动物急剧转身，头发及衣服的飘动，人物或动物走路、说话，以及精致的3D效果等。

2.2.2　导入AI文件

Animate可以导入和导出Illustrator生成的AI格式的文件。当AI格式的文件导入到Animate中后，可以像其他Animate对象一样进行处理。

导入AI文件的操作步骤如下。

（1）在弹出的【导入】对话框中选择要导入的AI文件。

（2）单击【打开】按钮，弹出【将“……”导入到舞台】对话框，如图2-25所示。

【将“……”导入到舞台】对话框中各参数的功能如下。

① 图层转换：若选择【保持可编辑路径和效果】单选按钮，则可以将选中的素材文件以可编辑路径的模式进行导入；若选择【单个平面化位图】单选按钮，则会将选中的素材文件导入为单一的位图图像。

② 文本转换：若选择【可编辑文本】单选按钮，则可以对导入的文本进行编辑；若选择【矢量轮廓】单选按钮，则导入的文本会变为路径轮廓状态；若选择【平面化位图图像】单选按钮，则导入的文本会转换为位图图像。

③ 将图层转换为：选择【Animate 图层】选项，会将 Illustrator 文件中的每个层都转换为 Animate 文件中的一个层；选择【关键帧】选项，会将 Illustrator 文件中的每个层都转换为 Animate 文件中的一个关键帧；选择【单一 Animate 图层】选项，会将 Illustrator 文件中的所有层都转换为 Animate 文件中的单个平面化的层。

④ 将舞台大小设置为与 Illustrator 画板同样大小：在导入后，将舞台和 Illustrator 的画板设置为相同的大小。

⑤ 导入未使用的元件：在导入时，将未使用的元件一并导入。

（3）设置完成后，单击【确定】按钮，即可将 AI 文件导入到 Animate 中，如图 2-26 所示。

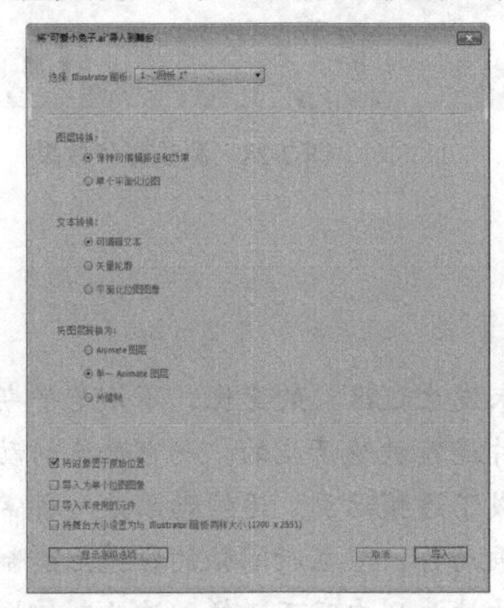

图 2-25 【将“……”导入到舞台】对话框（导入 AI 文件）

图 2-26 导入的文件

2.2.3 导入 PSD 文件

Photoshop 产生的 PSD 文件也可以导入到 Animate 中，并可以像其他 Animate 对象一样进行处理。

导入 PSD 文件的操作步骤如下。

（1）在弹出的【导入】对话框中选择要导入的 PSD 文件。

（2）单击【打开】按钮，弹出【将“……”导入到舞台】对话框，如图 2-27 所示。

此对话框中的参数与导入 AI 文件时弹出的对话框中的参数是相同的，下面介绍一下不同参数。

① 导入为单个位图图像：可将所有图层显示在一个位图中。

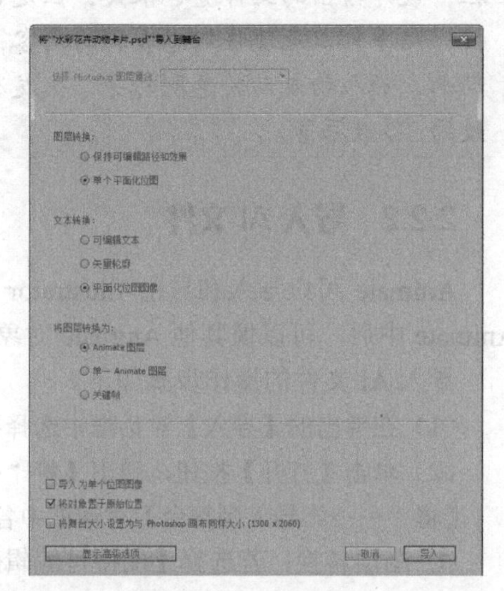

图 2-27 【将“……”导入到舞台】对话框（导入 PSD 文件）

② 图层转换：选择【保持可编辑路径和效果】选项，可将图层中的路径和效果保留下来以供编辑；选择【单个平面化位图】选项，可将所有图层导入为单一的位图图像。

③ 文本转换：选中【可编辑文本】单选按钮，可以对图层中的文本保留编辑效果；选中【矢量轮廓】单选按钮，可以将图层中的文本转换为矢量轮廓；选中【平面化位图图像】单选按钮，可将所有图层导入为单一的位图图像。

④ 将图层转换为：选择【Animate 图层】选项，可将 Photoshop 文件中的每个层都转换为 Animate 文件中的一个层；选择【单一 Animate 图层】选项，可以将 Photoshop 文件中所有的分层图层合并为一个图层进行导入；选择【关键帧】选项，可将 Photoshop 文件中的每个层都转换为 Animate 文件中的一个关键帧。

⑤ 将对象置于原始位置：在 Photoshop 文件中的原始位置放置导入的对象。

⑥ 将舞台大小设置为与 Photoshop 画布同样大小：在导入后，将舞台和 Photoshop 的画布设置为相同的大小。

(3) 设置完成后，单击【确定】按钮，即可将 PSD 文件导入到 Animate 中，如图 2-28 所示。

图 2-28　导入到 Animate 中的 PSD 文件

2.2.4　导入 PNG 文件

Fireworks 生成的 PNG 文件可以作为平面化图像或可编辑对象导入到 Animate 中。将 PNG 文件作为平面化图像导入时，整个文件（包括所有矢量图）会进行栅格化，或转换为位图图像。将 PNG 文件作为可编辑对象导入时，该文件中的矢量图会保留矢量格式。将 PNG 文件作为可编辑对象导入时，可以选择保留 PNG 文件中存在的位图、文本和辅助线。

如果将 PNG 文件作为平面化图像导入，则可以从 Animate 中启动 Fireworks，并编辑原始的 PNG 文件（具有矢量数据）。当成批导入多个 PNG 文件时，只需进行一次导入设置，Animate 就会对一批中的所有文件使用同样的设置。可以在 Animate 中编辑位图图像，方法是将位图图像转换为矢量图或将位图图像分离。

图 2-29　导入到 Animate 中的 PNG 文件

导入 PNG 文件的操作步骤如下。

(1) 在弹出的【导入】对话框中选择要导入的 PNG 文件。

(2) 单击【打开】按钮，即可将 PNG 文件导入到 Animate 中，如图 2-29 所示。

2.3　任务 6：制作视频播放器——导入视频文件

下面介绍如何制作视频播放器，这里使用了软件自带的播放组件来加载外部的视频，通过对本任务的学习，读者应学会使用播放组件。完成的视频播放器效果如图 2-30 所示。

图 2-30　完成的视频播放器效果

2.3.1　任务实施

（1）启动 Animate CC 2017 欢迎界面，选择【新建】选项组中的【ActionScript 3.0】选项，如图 2-31 所示，即可新建场景。

（2）进入工作界面后，在工具箱中单击【属性】按钮，在【属性】面板中，将【属性】区域中的【宽】、【高】分别设置为 400 像素、267 像素，如图 2-32 所示。

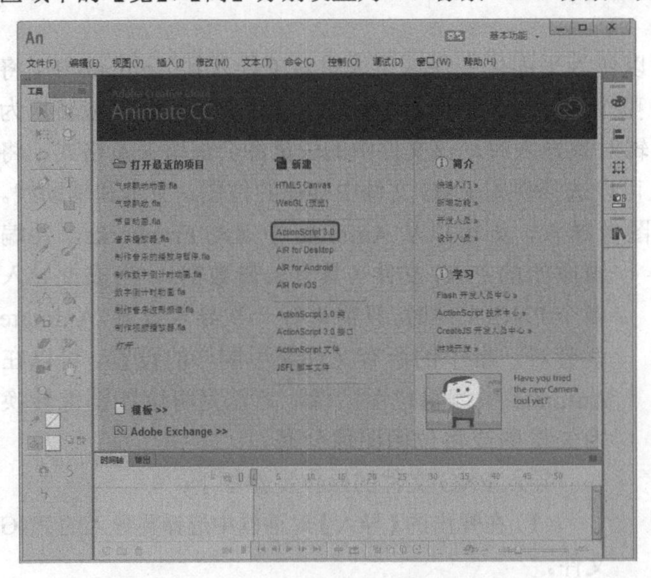

图 2-31　选择新建类型

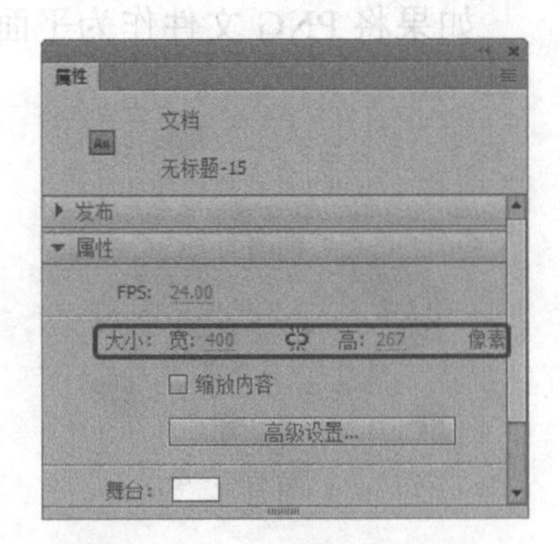

图 2-32　设置场景大小

（3）选择【文件】|【导入】|【导入到舞台】命令，如图 2-33 所示。

（4）在弹出的【导入】对话框中选择素材文件【播放器背景.jpg】，单击【打开】按钮，并使素材对齐舞台，如图 2-34 所示。

（5）选择【文件】|【导入】|【导入视频】命令，在弹出的【导入视频】对话框中，选中【使用播放组件加载外部视频】单选按钮，单击【浏览】按钮，如图 2-35 所示。

（6）在弹出的【打开】对话框中选择素材文件【播放器视频素材】，单击【打开】按钮，如图 2-36 所示。

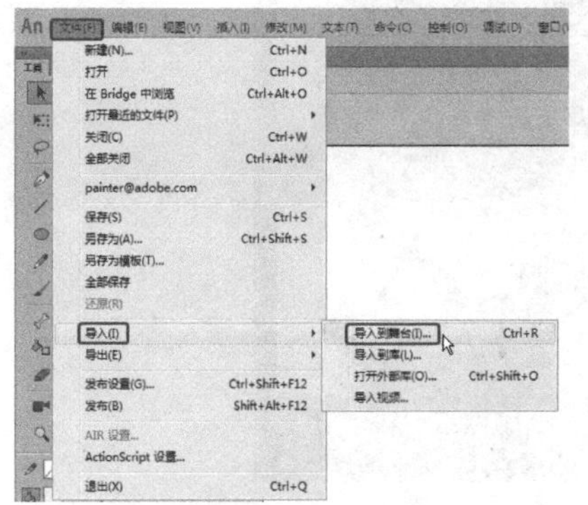

图 2-33 选择【文件】|【导入】|【导入到舞台】命令

图 2-34 导入图片

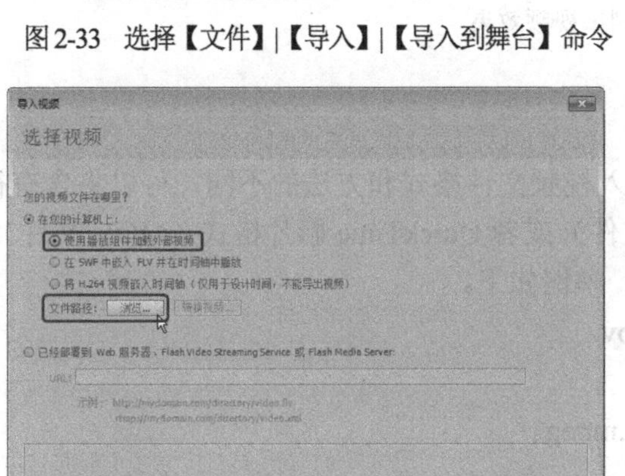

图 2-35 【导入视频】对话框

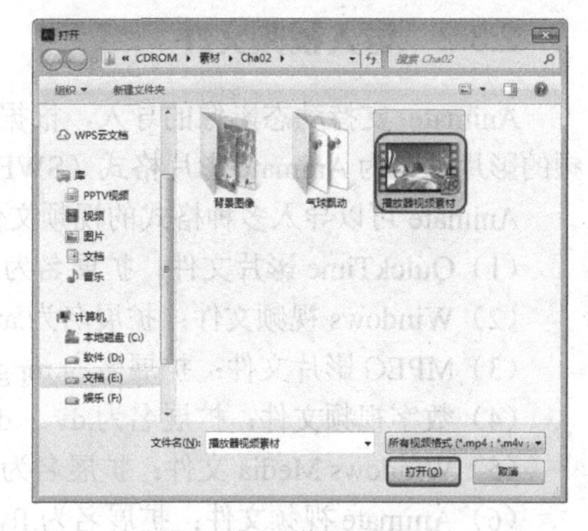

图 2-36 打开外部视频

（7）返回到【导入视频】对话框，单击【下一步】按钮，在进入的界面中选择一种外观，单击【下一步】按钮，如图 2-37 所示。

（8）在再次进入的界面中单击【完成】按钮，即可将视频素材导入到舞台中。选中视频素材，使用【任意变形工具】调整其大小及位置，如图 2-38 所示。

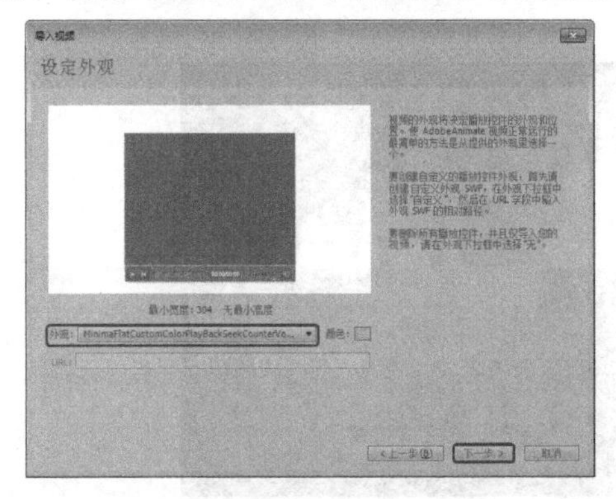

图 2-37 选择外观

图 2-38 调整组件和视频的大小及位置

（9）调整完成后，按 Ctrl+Enter 组合键，测试视频效果，如图 2-39 所示。

图 2-39 测试视频效果

2.3.2 导入视频文件

Animate 支持动态影像的导入，根据导入视频文件格式和方法的不同，可以将含有视频的影片发布为 Animate 影片格式（SWF 文件）或者 QuickTime 影片格式（MOV 文件）。

Animate 可以导入多种格式的视频文件，举例如下。

（1）QuickTime 影片文件：扩展名为.mov。

（2）Windows 视频文件：扩展名为.avi。

（3）MPEG 影片文件：扩展名为.mpg、.mpeg。

（4）数字视频文件：扩展名为.dv、.dvi。

（5）Windows Media 文件：扩展名为.asf、.wmv。

（6）Animate 视频文件：扩展名为.flv。

2.4 任务 7：制作音乐波形频谱——导入音频文件

下面介绍如何制作音乐波形频谱，这里主要通过脚本代码显示音乐波形频谱，完成的音乐波形频谱效果如图 2-40 所示。

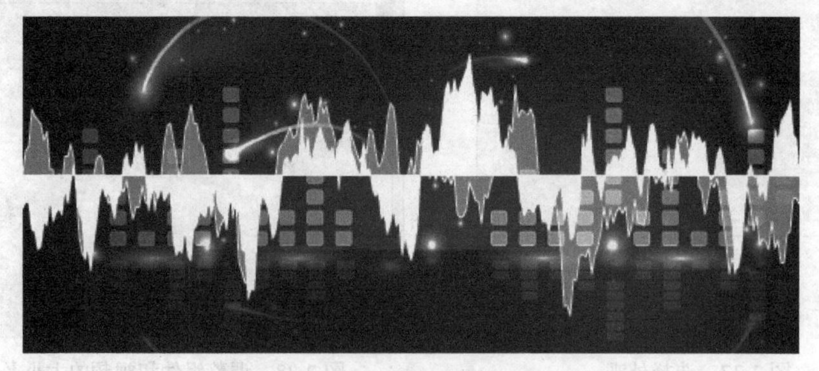

图 2-40 完成的音乐波形频谱效果

2.4.1 任务实施

（1）启动 Animate CC 2017，进入欢迎界面，选择【新建】选项组中的【ActionScript 3.0】选项，如图 2-41 所示，即可新建场景。

（2）进入工作界面后，在工具箱中单击【属性】按钮，打开【属性】面板，将【属性】区域中的【宽】、【高】分别设置为 512 像素、213 像素，如图 2-42 所示。

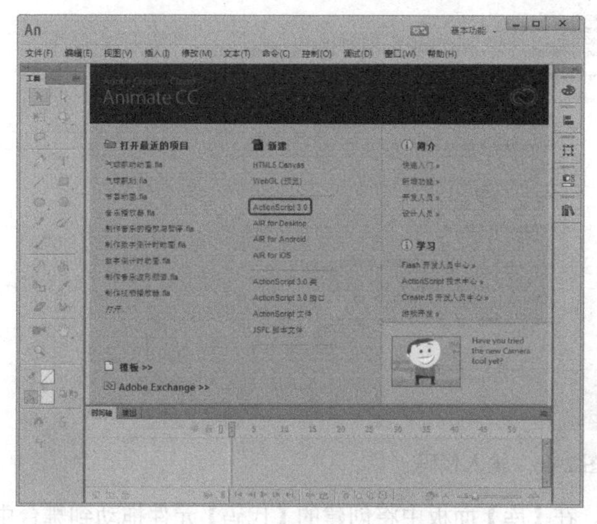

图 2-41 选择新建类型

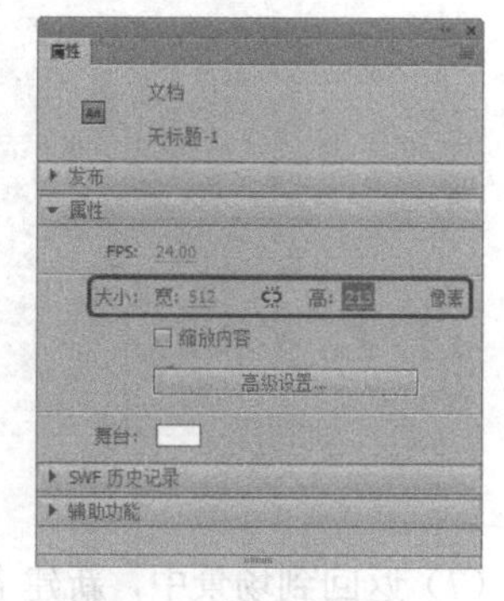

图 2-42 设置场景大小

（3）选择【文件】|【导入】|【导入到舞台】命令，如图 2-43 所示。

（4）在弹出的【导入】对话框中选择素材文件【播放器背景 1.jpg】，单击【打开】按钮，并使素材对齐舞台，如图 2-44 所示。

（5）按 Ctrl+F8 组合键，在弹出的【创建新元件】对话框中，将【名称】设置为【代码】，将【类型】设置为【影片剪辑】，如图 2-45 所示。

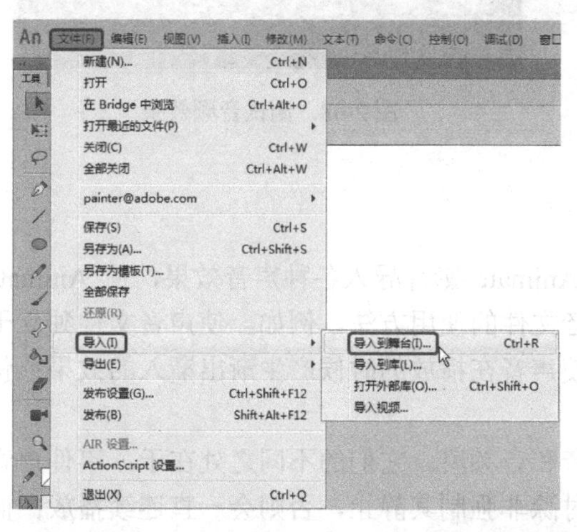

图 2-43 选择【文件】|【导入】|【导入到舞台】命令

图 2-44 导入图片

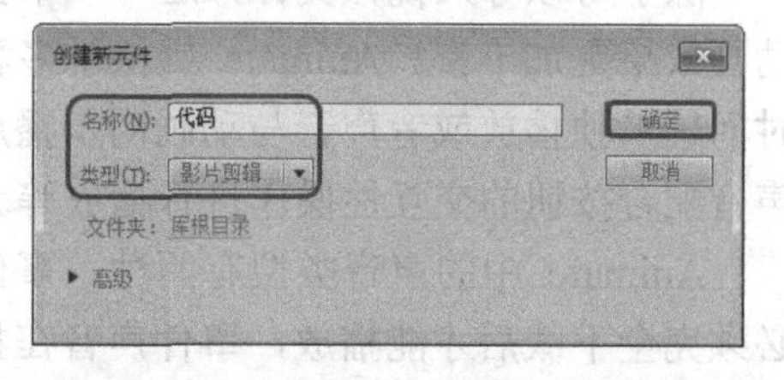

图 2-45 【创建新元件】对话框

（6）进入元件后，按 F9 键，打开【动作】面板，输入代码，如图 2-46 所示，输入完成后关闭面板即可。

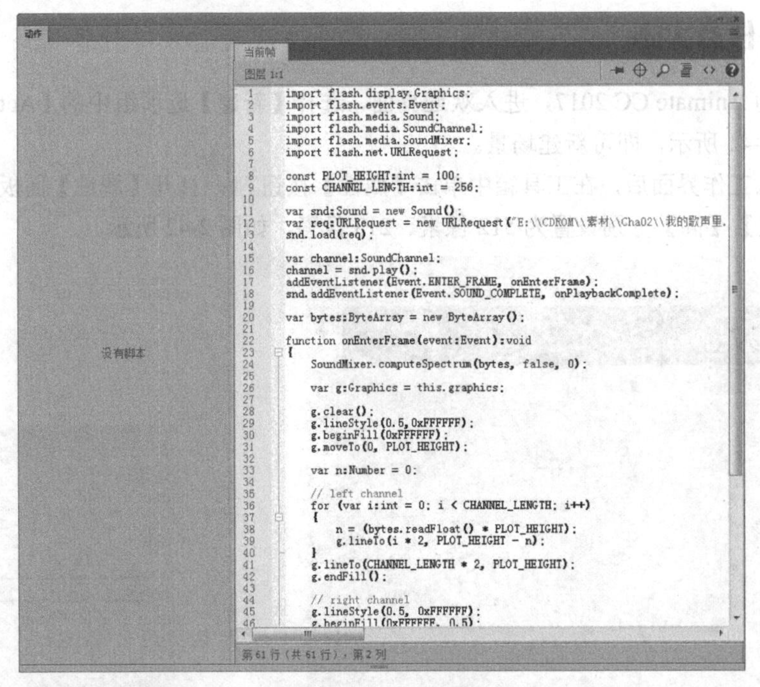

图 2-46　输入代码

（7）返回到场景中，新建【图层 2】，在【库】面板中将创建的【代码】元件拖动到舞台中，在【属性】面板中将【X】和【Y】都设置为 0 像素，如图 2-47 所示。

（8）调整完成后，按 Ctrl+Enter 组合键，测试音频效果，如图 2-48 所示。

图 2-47　设置元件的位置

图 2-48　测试音频效果

2.4.2　导入音频文件

除了可以导入视频文件，还可以单独为 Animate 影片导入各种声音效果，使 Animate 动画效果更加丰富。Animate 提供了多种声音文件的使用方法，例如，使声音文件独立于时间轴单独播放或者声音与动画同步播放；使声音在播放的时候产生渐出渐入的效果；使声音配合按钮的交互性操作进行播放等。

Animate 中的声音类型有两种：事件声音和音频流。它们的不同之处在于：事件声音必须完全下载后才能播放，事件声音在播放时除非强制其静止，否则会一直连续播放；而音频流的播放与 Animate 动画息息相关，它随动画的播放而播放，随动画的停止而停止，即只要下载足够的数据就可播放，而不必等待数据全部读取完毕，可以做到实时播放。

由于有时导入的声音文件很大，会对 Animate 影片的播放有很大的影响，因此 Animate

专门提供了音频压缩功能，有效地控制了最后导出的 SWF 文件中的声音品质和大小。

在 Animate 中导入声音的操作步骤如下。

（1）选择【插入】|【时间轴】|【图层】命令，为音频文件创建一个独立的图层。如果要同时播放多个音频文件，则可以创建多个图层。

> 提示：直接在【时间轴】面板中单击【新建图层】按钮，即可新建图层。

（2）选择【文件】|【导入】|【导入到舞台】命令。

> 提示：用户也可以选择【文件】|【导入】|【导入到库】命令，直接将音频文件导入到影片的库中。音频被加入用户的【库】面板中后，最初并不会显示在【时间轴】面板中，还需要对插入音频的帧进行设置。用户既可以使用全部音频文件，又可以将其中的一部分重复放入电影的不同位置，这并不会显著地影响文件的大小。

（3）在弹出的【导入】对话框中，选择一个要导入的音频文件，单击【打开】按钮将其导入，如图 2-49 所示。

（4）导入的音频文件会自动添加到【库】面板中，在【库】面板中选择一个音频文件，在【预览】窗口中即可观察到音频的波形，如图 2-50 所示。

图 2-49 【导入】对话框

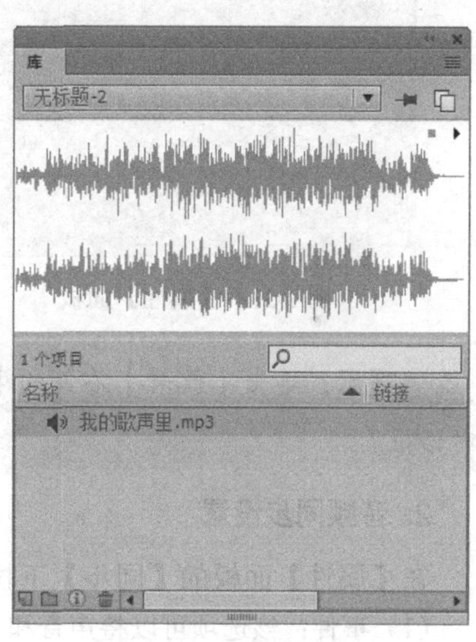

图 2-50 【库】面板

单击【库】面板的【预览】窗口中的【播放】按钮，即可试听导入的音频效果。音频文件被导入到 Animate 中之后，就成为 Animate 文件的一部分，也就是说，声音或音轨文件会使 Animate 文件的体积变大。

2.4.3 编辑音频

用户可以在【属性】面板中对导入的音频文件的属性进行编辑，如图 2-51 所示。

1. 设置音频效果

在音频图层中任意选择一帧（含有声音数据的），并打开【属性】面板，用户可以在【效果】下拉列表中选择一种效果。

（1）左声道：只用左声道播放声音。

（2）右声道：只用右声道播放声音。

（3）从左到右淡出：声音从左声道转换到右声道。

（4）从右到左淡出：声音从右声道转换到左声道。

（5）淡入：音量从无逐渐增大到正常。

（6）淡出：音量从正常逐渐减小到无。

（7）自定义：选择该选项后，会弹出【编辑封套】对话框，通过使用编辑封套自定义声音效果，如图 2-52 所示。

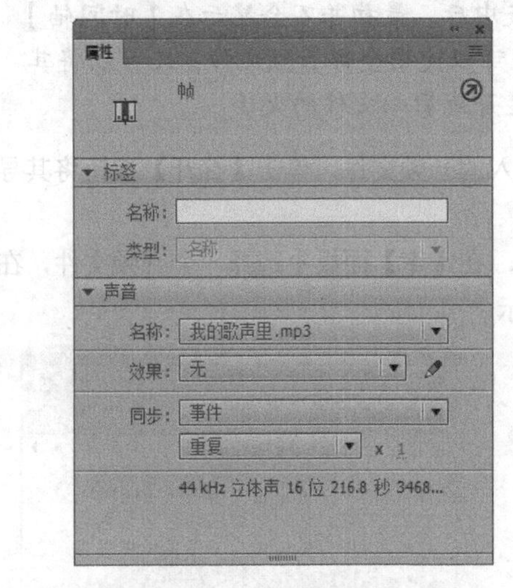

图 2-51 【属性】面板

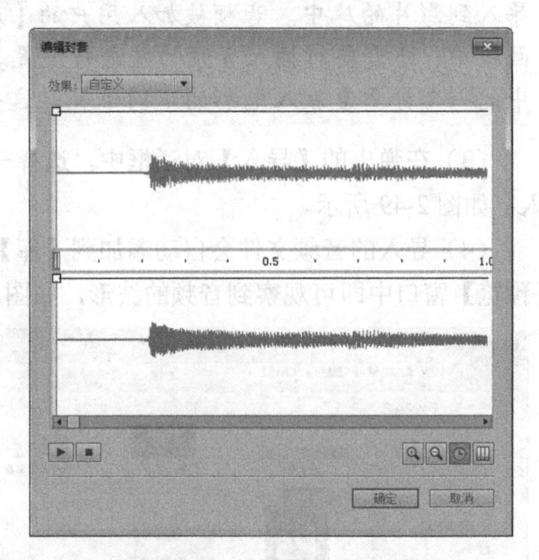

图 2-52 【编辑封套】对话框

提示：单击【效果】右侧的【编辑声音封套】按钮，也可以弹出【编辑封套】对话框。

2. 音频同步设置

在【属性】面板的【同步】下拉列表中可以选择音频的同步类型。

（1）事件：该选项可以将声音和一个事件的发生过程同步。事件声音在其开始关键帧开始显示时播放，并独立于时间轴播放完整声音，即使 SWF 文件停止也继续播放。当播放发布的 SWF 文件时，事件和声音也同步进行播放。事件声音的一个实例就是当用户单击一个按钮时播放的声音。如果事件声音正在播放，而声音再次被实例化（如用户再次单击按钮），则第一个声音实例继续播放，而第二个声音实例也开始播放。

（2）开始：与【事件】选项的功能相近，但是如果原有的声音正在播放，则选择【开始】选项后不会播放新的声音实例。

（3）停止：使指定的声音静音。

（4）数据流：用于同步声音，以便在 Web 站点上播放。选择该选项后，Animate 将强制动画和音频流同步。如果 Animate 不能流畅地运行动画帧，则跳过该帧。与事件声音不同，音频流会随着 SWF 文件的停止而停止。此外，音频流的播放时间绝对不会比帧的播放时间长。当发

布 SWF 文件时，音频流会混合在一起播放。

3. 音频循环设置

在一般情况下，音频文件的字节较多，如果在一个较长的动画中引用很多音频文件，就会使得文件过大。为了避免这种情况发生，可以使用音频重复播放的方法，在动画中重复播放一个音频文件。

在【属性】面板的【声音】区域中，可设置音频重复播放的次数，如果要连续播放音频，则可以选择【循环】选项，以便在一段持续时间内一直播放音频。

2.4.4 压缩音频

在【库】面板中选择一个音频文件并右击，在弹出的快捷菜单中选择【属性】命令，在弹出的【声音属性】对话框中，单击【压缩】右侧的下拉按钮，在弹出的下拉列表中可选择压缩选项，如图 2-53 所示。其各选项的功能如下。

（1）默认：这是 Animate CC 2017 提供的一种通用的压缩方式，可以使整个文件中的声音以同一个压缩比进行压缩，而不用分别对文件中不同的声音进行单独的属性设置，从而避免了不必要的麻烦。

（2）ADPCM：常用于压缩诸如按钮音效、事件声音等比较简短的声音，选择该选项后，其下方将出现新的设置选项，如图 2-54 所示。

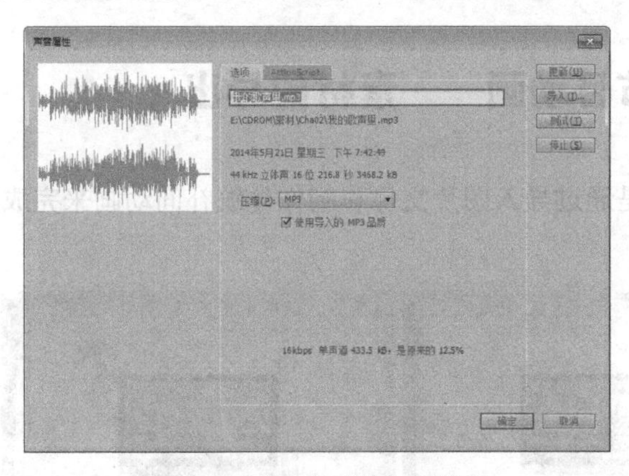

图 2-53　【声音属性】对话框

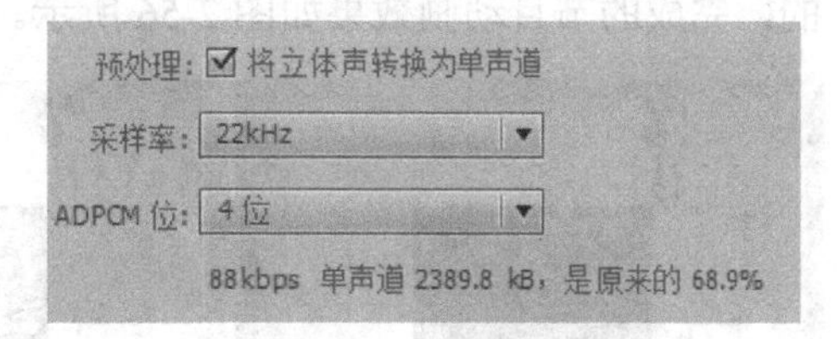

图 2-54　设置选项

① 预处理：如果勾选【将立体声转换为单声道】复选框，则可以自动将混合立体声（非立体声）转换为单声道的声音，文件大小相应减小。

② 采样率：可在此选择一个选项以控制声音的保真度和文件大小。较低的采样率可以减小文件体积，但也会降低声音的品质。5kHz 的采样率只能得到人们日常中说话时声音的质量；11kHz 的采样率是播放一小段音乐所要求的最低标准，同时，11kHz 的采样率所能达到的声音质量为 1/4 的 CD 音质；22kHz 的采样率的声音质量可达到一般的 CD 音质，也是目前众多网站所选择的播放声音的采样率，鉴于目前的网络速度，建议读者使用该采样率作为 Animate 动画中的声音标准；44kHz 的采样率是标准的 CD 音质，可以得到很好的听觉效果。

③ ADPCM 位：设置编码时的比特率。其数值越大，生成的声音的音质越好，而声音文件的容量也就越大。

（3）MP3：使用该方式压缩声音文件可使文件体积变成原来的 1/10，且基本不损害音质。这是一种高效的压缩方式，常用于压缩较长且不用循环播放的声音，这种方式在网络传输中很常用。选择这种压缩方式后，其下方会出现如图 2-55 所示的选项。

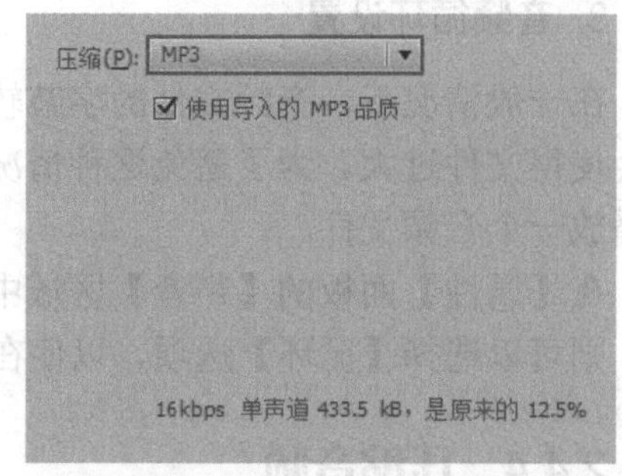

图 2-55　选择 MP3 方式后其下方出现的选项

① 比特率：MP3 压缩方式的比特率可以决定导出声音文件中每秒播放的位数。设定的数值越大，得到的音质就越好，而文件的大小就会相应增大。Animate 支持 8kb/s 到 160kb/s CBR（恒定比特率）的速率。但在导出音乐时，需将比特率设置为 16kb/s 或更高，以获得最佳效果。

② 品质：用于设置导出声音的压缩速度和质量。它有 3 个选项，分别是快速、中、最佳。【快速】可以使压缩速度加快而降低声音质量；【中】可以获得稍慢的压缩速度和较高的声音质量；【最佳】可以获得最慢的压缩速度和最佳的声音质量。

（4）原始：选择该选项后，在导出声音时不进行压缩。

（5）语音：选择该选项后，会以一种适合语音的压缩方式导出声音。

2.5　任务 8：制作节目动画——素材的导出

本任务将介绍节目动画的制作，主要是通过导入图片文件和制作传统补间动画来完成的，完成的节目动画效果如图 2-56 所示。

图 2-56　完成的节目动画效果

2.5.1　任务实施

（1）按 Ctrl+N 组合键，在弹出的【新建文档】对话框中，在【类型】列表框中选择【ActionScript 3.0】选项，将【宽】、【高】分别设置为 1024 像素、652 像素，单击【确定】按钮，如图 2-57 所示。

（2）新建空白文档后，选择【文件】|【导入】|【导入到库】命令，如图 2-58 所示。

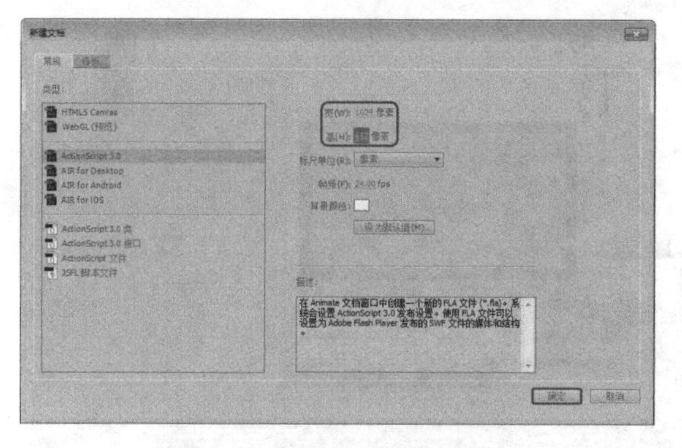
图 2-57 【新建文档】对话框

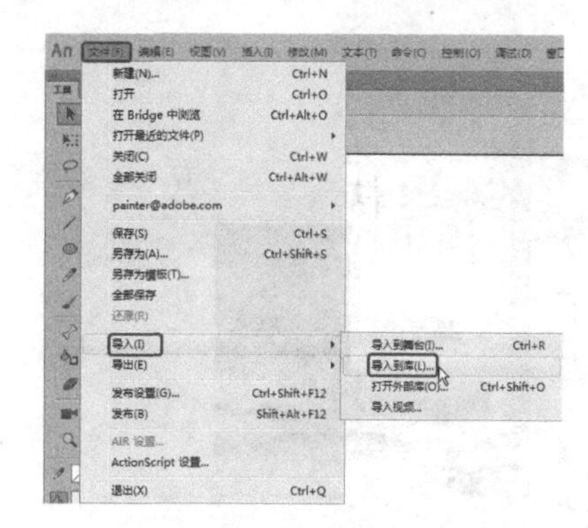
图 2-58 选择【文件】|【导入】|【导入到库】命令

（3）选择【电视背景墙.jpg】和【图片.png】素材文件，单击【打开】按钮，在【库】面板中可观察到导入的素材文件，如图 2-59 所示。

（4）将【电视背景墙.jpg】素材文件拖动到舞台中，按 Ctrl+K 组合键，打开【对齐】面板，勾选【与舞台对齐】复选框，并单击【水平中齐】按钮和【垂直中齐】按钮，如图 2-60 所示。

图 2-59 导入的素材文件

图 2-60 对齐素材

（5）选择【图层 1】的第 35 帧并右击，在弹出的快捷菜单中选择【插入关键帧】命令，如图 2-61 所示。

（6）在【时间轴】面板中，单击其左下角的【新建图层】按钮，新建【图层 2】，将【图片.png】拖动到舞台中，在第 35 帧中插入关键帧，设置第 1 帧和第 35 帧的位置和大小，如图 2-62 所示。

（7）在【时间轴】面板中，选择【图层 2】的第 16 帧并右击，在弹出的快捷菜单中选择【创建传统补间】命令，创建一个补间动画，如图 2-63 所示。

（8）选择【图层 2】的第 1 帧，选择舞台中的【图片.png】素材文件，在【属性】面板中，在【色彩效果】区域中将【样式】设置为【Alpha】，将【Alpha】设置为 0%，如图 2-64 所示。

图 2-61　选择【插入关键帧】命令

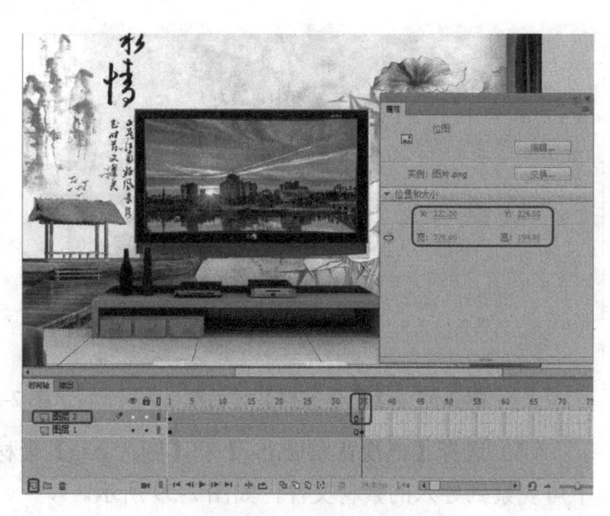

图 2-62　设置参数

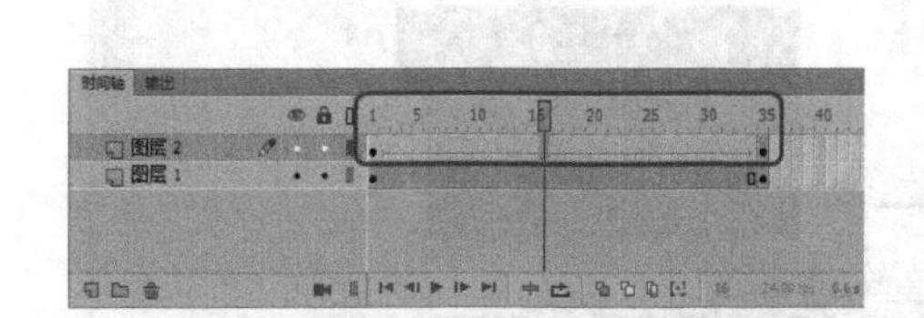

图 2-63　创建传统补间

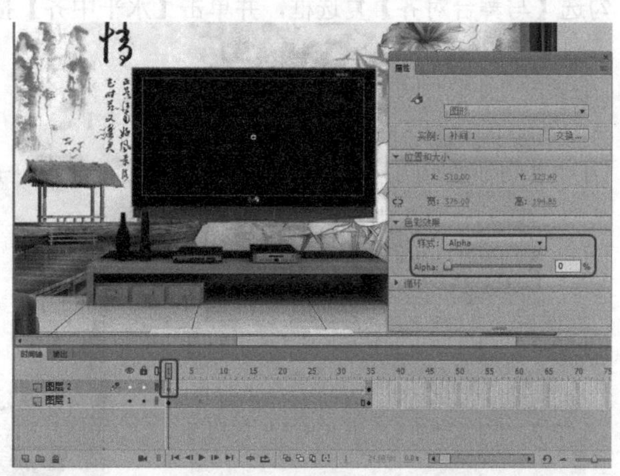

图 2-64　设置样式和 Alpha 参数值

2.5.2　导出图像文件

下面介绍如何在 Animate CC 2017 中导出图像文件。

Animate 文件可以导出为其他图像格式的文件，其操作步骤如下。

（1）使用【多角星形工具】，将其笔触颜色设置为无，并设置其填充颜色，在舞台中绘制图形，如图 2-65 所示。

（2）选择【文件】|【导出】|【导出图像】命令，如图 2-66 所示。

（3）在弹出的【另存为】对话框（见图 2-67）中，在【文件名】文本框中输入要保存的文件名，在【保存类型】下拉列表中选择要保存的格式，设置完成后单击【保存】按钮。

（4）若选择【GIF 图像（*.gif）】选项，则会弹出【导出 GIF】对话框，使用默认参数，单击【确定】按钮即可，如图 2-68 所示。

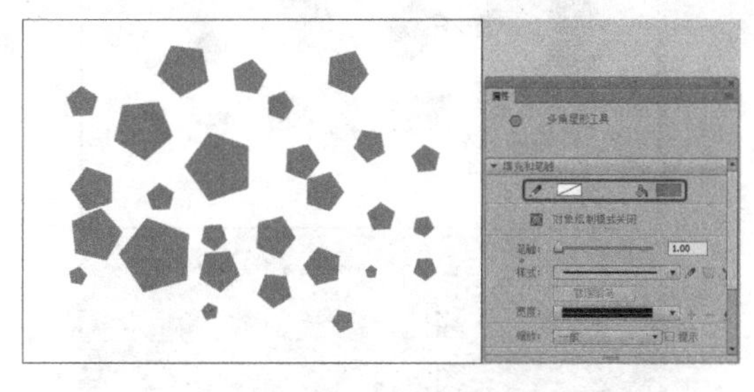

图 2-65　绘制图形

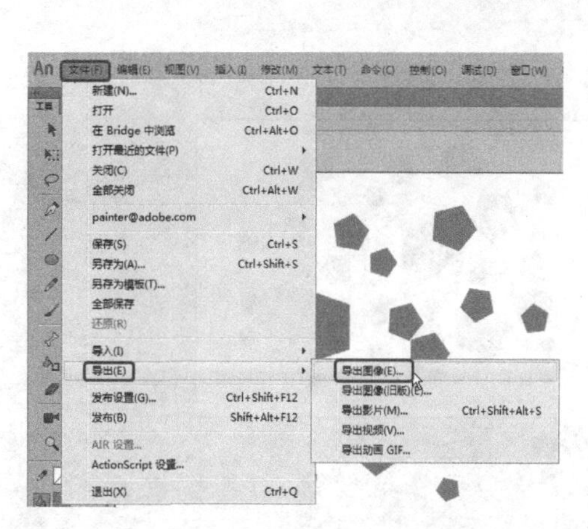

图 2-66　选择【文件】|【导出】|【导出图像】命令

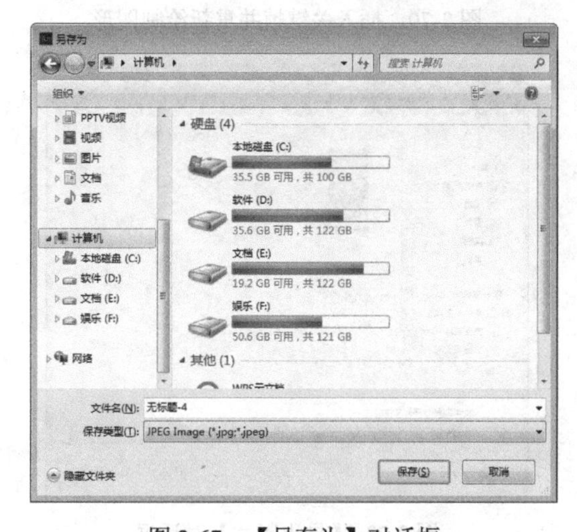

图 2-67　【另存为】对话框

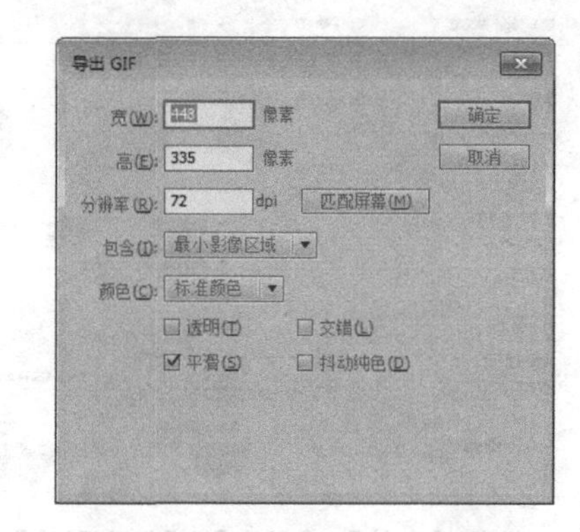

图 2-68　【导出 GIF】对话框

2.5.3　导出图像序列文件

下面介绍如何在 Animate CC 2017 中导出图像序列文件。

Animate 文件可以导出为其他图像序列文件，其操作步骤如下。

(1) 使用【多角星形工具】，将其笔触颜色设置为无，并设置其填充颜色，在舞台中绘制图形，软件会自动在【时间轴】面板的第 1 帧中插入关键帧，如图 2-69 所示。

(2) 在【时间轴】面板中选择第 2 帧，按 F6 键插入关键帧，按 Delete 键删除舞台中的图形，再重新绘制图形，如图 2-70 所示。

(3) 选择【文件】|【导出】|【导出影片】命令，如图 2-71 所示。

(4) 在弹出的【导出影片】对话框中选择保存位置，输入文件名称，在【保存类型】下拉列表中设置需要的序列文件格式，单击【保存】按钮，如图 2-72 所示。

(5) 在弹出的【导出 JPEG】对话框中，保持默认设置，单击【确定】按钮，如图 2-73 所示，即可保存文件，可在保存文件的位置查看效果。

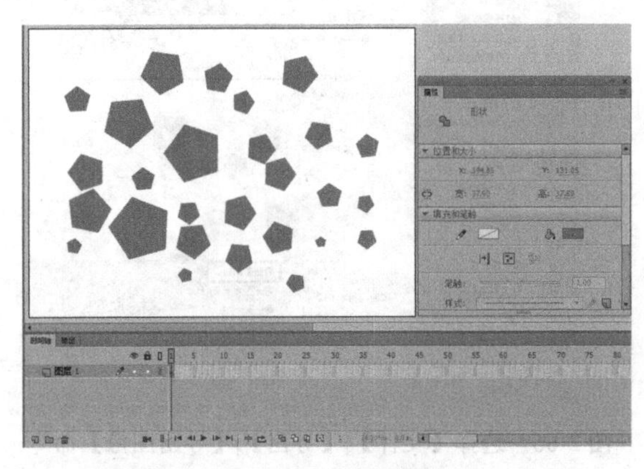

图 2-69　绘制图形

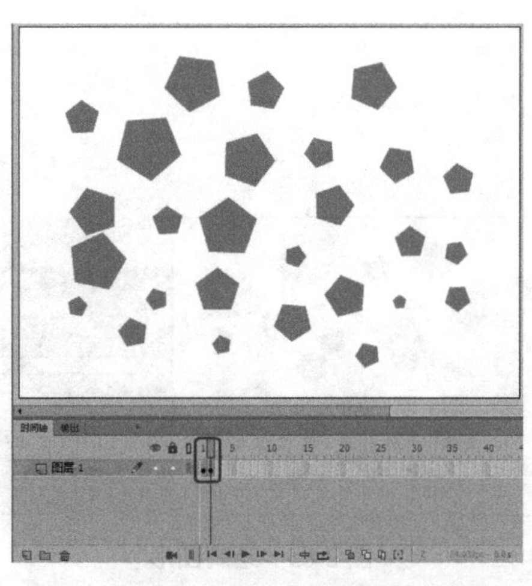

图 2-70　插入关键帧并重新绘制图形

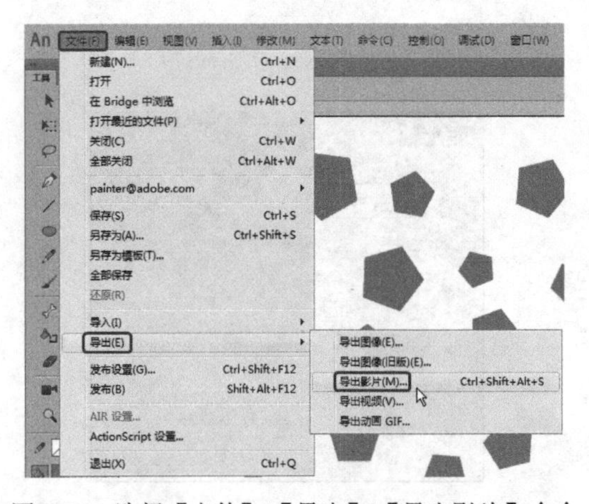

图 2-71　选择【文件】|【导出】|【导出影片】命令

图 2-72　【导出影片】对话框

2.5.4　导出 SWF 文件

下面介绍如何在 Animate CC 2017 中导出 SWF 文件。

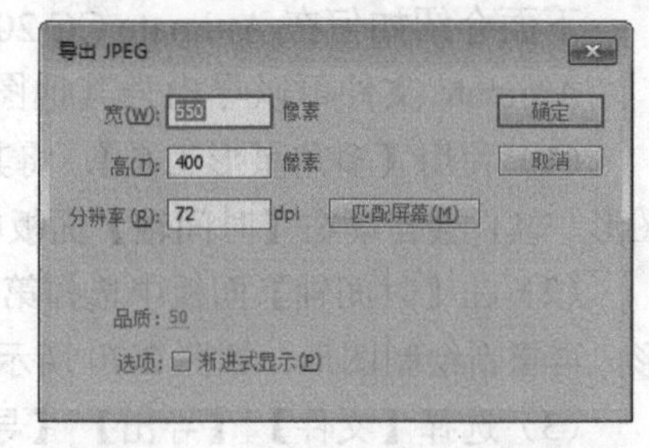

图 2-73　【导出 JPEG】对话框

Animate 文件可以导出为 SWF 格式的文件，其操作步骤如下。

(1) 在 Animate 中创建的两个不同画面的关键帧如图 2-74 所示。

(2) 选择【文件】|【导出】|【导出影片】命令，如图 2-75 所示。

(3) 在弹出的【导出影片】对话框中选择保存位置，输入文件名称，将保存类型设置为【SWF 影片（*.swf)】，单击【保存】按钮，如图 2-76 所示。

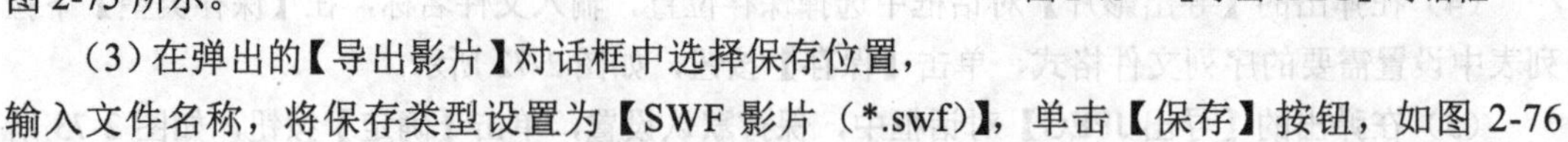

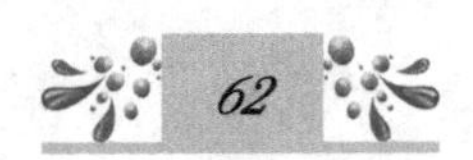

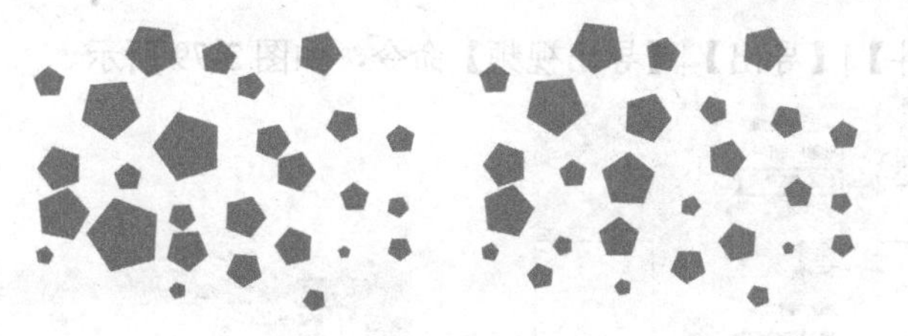

图 2-74　创建的关键帧

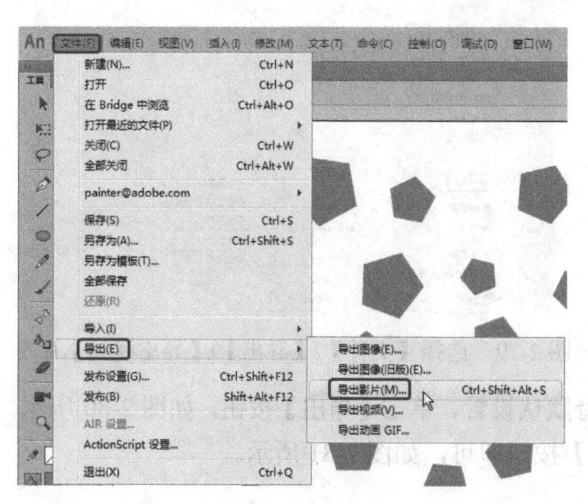

图 2-75　选择【文件】|【导出】|【导出影片】命令

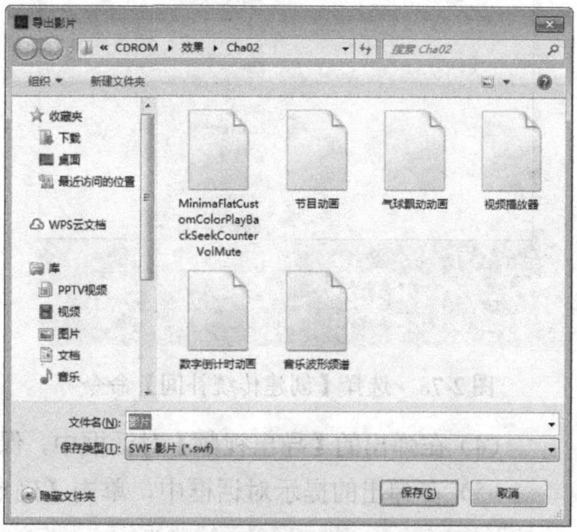

图 2-76　【导出影片】对话框

2.5.5　导出视频文件

下面介绍如何在 Animate CC 2017 中导出视频文件。

Animate 文件可以导出为视频格式的文件，其操作步骤如下。

(1) 使用【多角星形工具】在舞台中绘制图形，在【时间轴】面板中选择第 20 帧，按 F6 键插入关键帧，在舞台中再绘制一个图形，如图 2-77 所示。

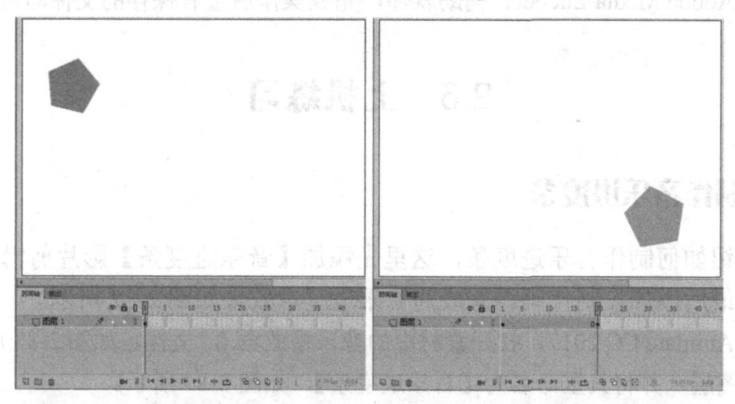

图 2-77　绘制图形

(2) 在第 1 帧与第 20 帧之间右击，在弹出的快捷菜单中选择【创建传统补间】命令，如图 2-78 所示。

（3）选择【文件】|【导出】|【导出视频】命令，如图 2-79 所示。

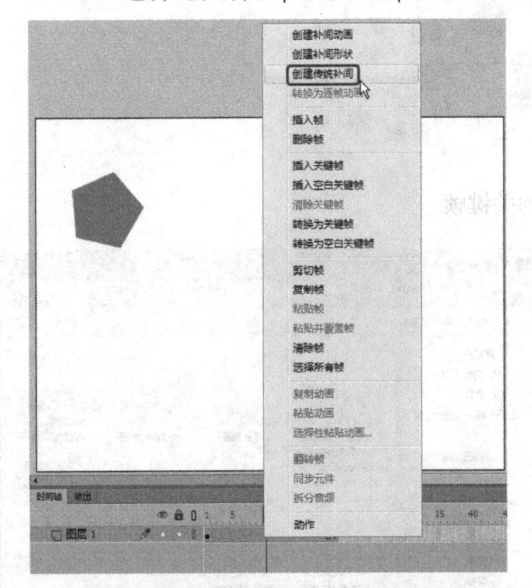

图 2-78　选择【创建传统补间】命令

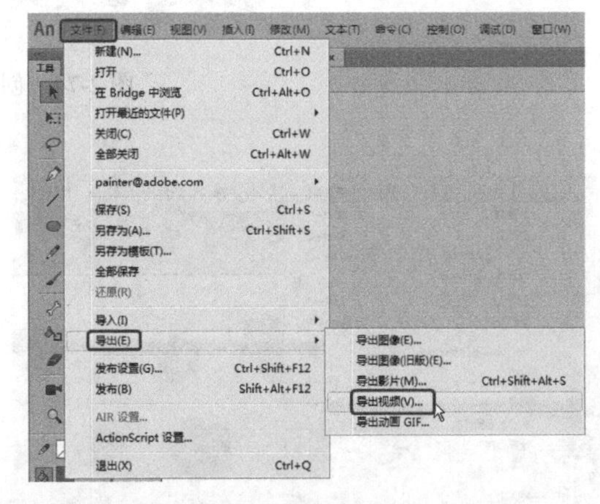

图 2-79　选择【文件】|【导出】|【导出视频】命令

（4）在弹出的【导出视频】对话框中，保持默认设置，单击【导出】按钮，如图 2-80 所示。

（5）在弹出的提示对话框中，单击【确定】按钮即可，如图 2-81 所示。

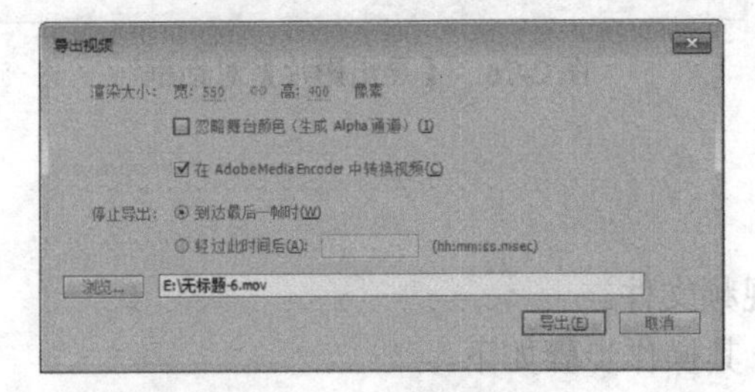

图 2-80　【导出视频】对话框

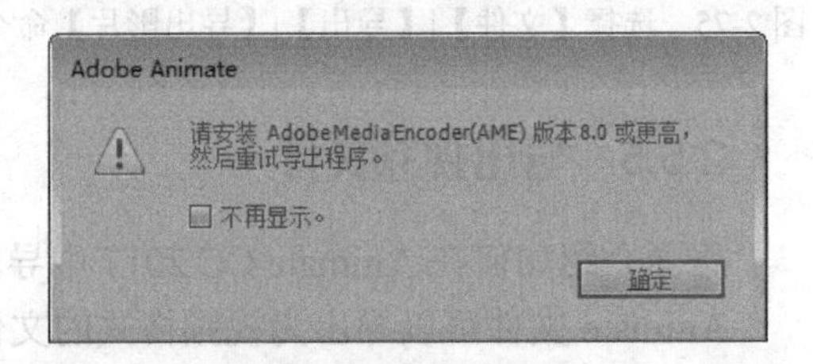

图 2-81　提示对话框

（6）启动 Adobe Media Encoder 辅助软件，完成操作后查看保存的文件即可。

2.6　上机练习

2.6.1　制作音乐进度条

下面将介绍如何制作音乐进度条，这里先添加【音乐进度条】影片剪辑元件，再为其设置遮罩层，最后添加控制代码。完成的音乐进度条效果如图 2-82 所示。

（1）启动 Animate CC 2017，打开素材中的音乐播放器.fla 文件，如图 2-83 所示。

（2）新建图层，并将其重命名为【音乐进度条】，如图 2-84 所示。

（3）在【库】面板中，将【音乐进度条】影片剪辑元件添加到舞台中，在【属性】面板中，将其实例名称设置为【bfjdt_mc】，如图 2-85 所示。

图 2-82　完成的音乐进度条效果

图 2-83　打开素材文件

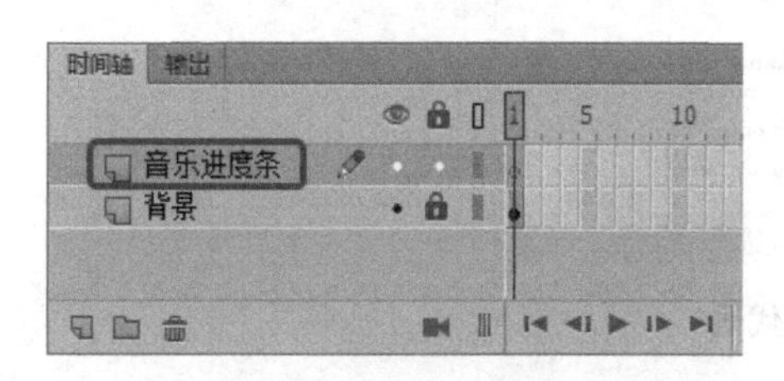

图 2-84　新建图层并重命名

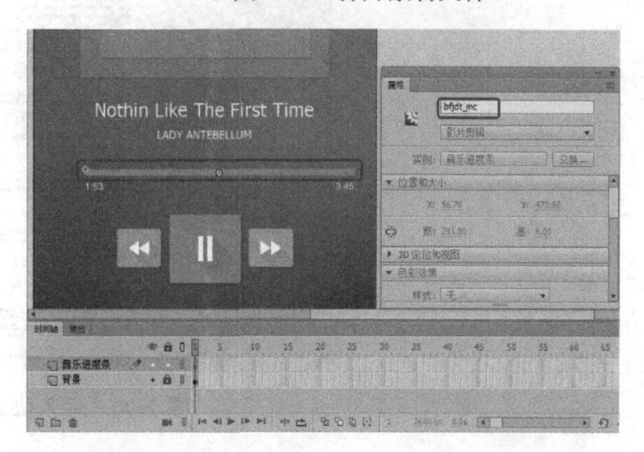

图 2-85　添加【音乐进度条】影片剪辑元件

（4）新建图层，并将其重命名为【遮罩层】，如图 2-86 所示。

（5）使用【矩形工具】，将其笔触颜色设置为无，将其填充颜色设置为任意颜色，在舞台中绘制一个矩形，将【音乐进度条】影片剪辑元件遮盖住，如图 2-87 所示。

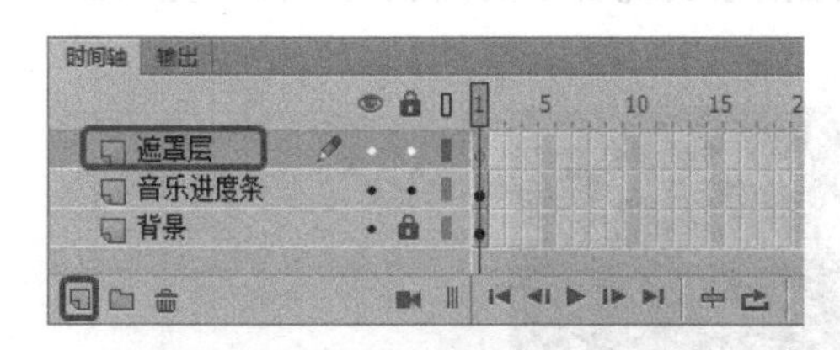

图 2-86　新建【遮罩层】图层

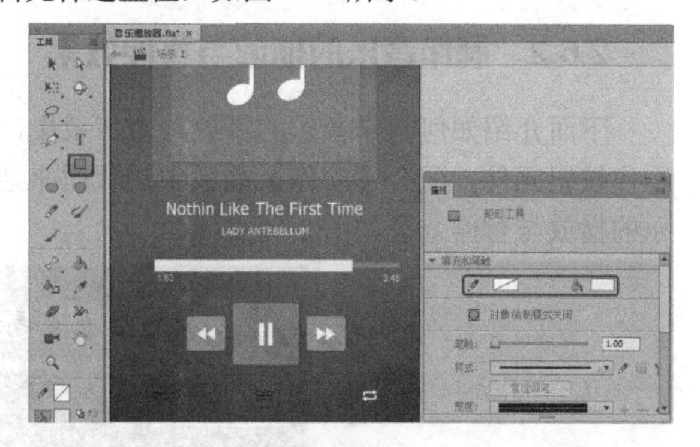

图 2-87　绘制一个矩形

（6）在【时间轴】面板中，右击【遮罩层】图层，在弹出的快捷菜单中选择【遮罩层】命令，将【遮罩层】图层转换为遮罩层，如图 2-88 所示。

（7）新建图层，并将其重命名为【AS】，如图 2-89 所示。

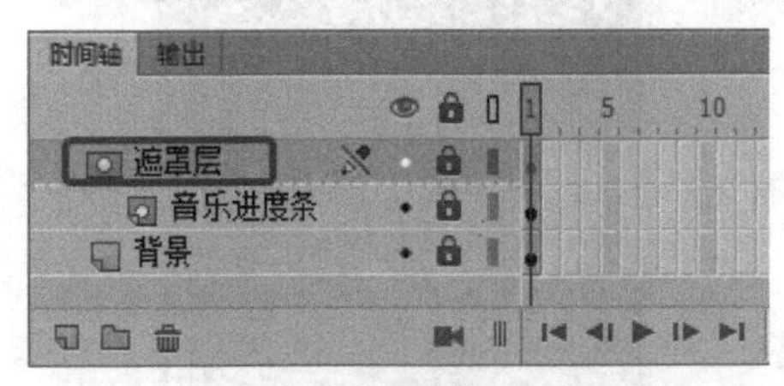

图 2-88　将【遮罩层】图层转换为遮罩层

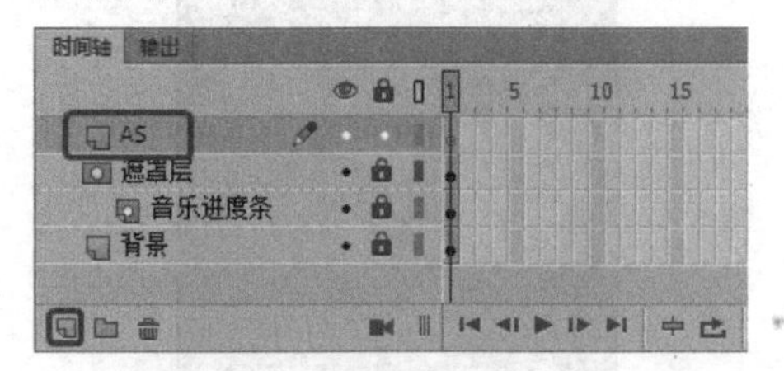

图 2-89　新建【AS】图层

（8）在【AS】图层的第 1 帧中，按 F9 键，打开【动作】面板，输入脚本代码，如图 2-90 所示。

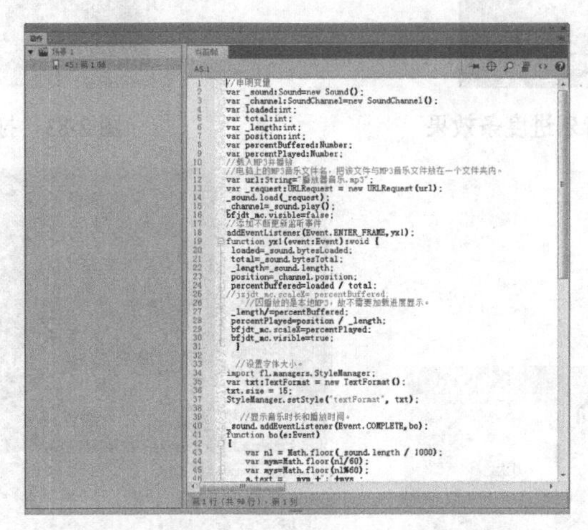

图 2-90　输入脚本代码

（9）将【动作】面板关闭，将文件另存为【音乐播放器.fla】，按 Ctrl+Enter 组合键，测试影片效果。

提示： 在测试影片效果之前，应将场景文件与音乐素材文件保存在同一个文件夹中。

2.6.2　制作音乐的播放与暂停效果

下面介绍如何制作音乐的播放与暂停效果，这里将通过代码使音乐与场景连接在一起，制作按钮元件，配合【动作】面板中的代码来通过按钮实现音乐的播放与暂停。完成的音乐的播放与暂停效果如图 2-91 所示。

图 2-91　完成的音乐的播放与暂停效果

（1）启动 Animate CC 2017，进入欢迎界面，选择【新建】选项组中的【ActionScript 3.0】选项，单击【属性】按钮，在【属性】面板中将【宽】、【高】分别设置为 800 像素、289 像素，如图 2-92 所示。

（2）选择【文件】|【导入】|【导入到库】命令，在弹出的【导入到库】对话框中选择【yinyueqi】、【AnNiu01】、【Anniu02】素材文件，单击【打开】按钮，如图 2-93 所示。

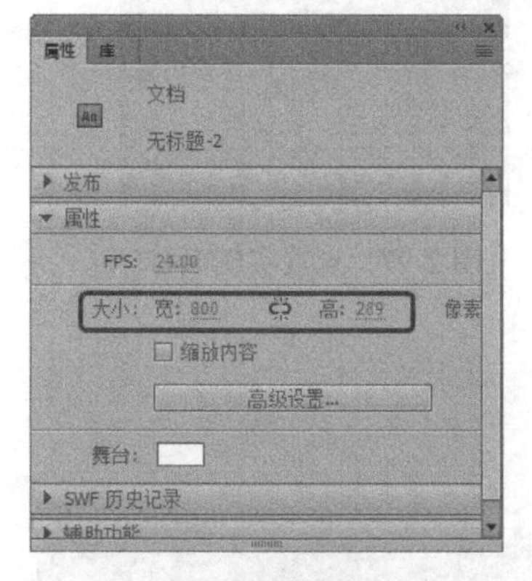

图 2-92　设置舞台大小

图 2-93　【导入到库】对话框

（3）将图层锁定并单击【新建图层】按钮，新建【图层 2】，在【库】面板中将【yinyueqi】素材文件拖动到舞台中，在【对齐】面板中单击【水平中齐】按钮和【垂直中齐】按钮，使其与舞台对齐，如图 2-94 所示。

（4）新建【图层 3】，在【库】面板中将【AnNiu01】素材文件拖动到舞台中，在舞台中调整其位置，如图 2-95 所示。

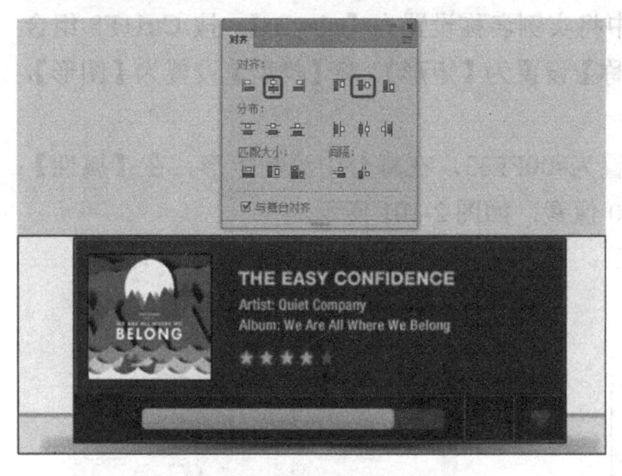

图 2-94　使对象与舞台对齐

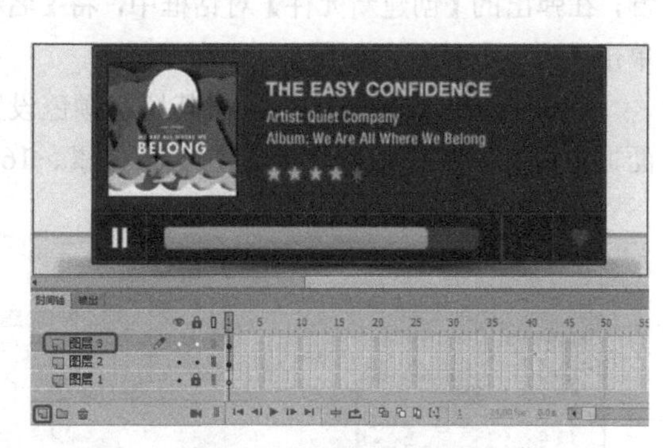

图 2-95　调整图形的位置

（5）在舞台中选择【AnNiu01】素材文件，按 F8 键，在弹出的【转换为元件】对话框中，将【名称】设置为【暂停】，将【类型】设置为【按钮】，单击【确定】按钮，如图 2-96 所示。

（6）确定对象处于选中状态，在【属性】面板中将实例名称设置为【stopBt】，如图 2-97 所示。

（7）新建【图层 4】，在【库】面板中将【Anniu02】素材文件拖动到舞台中，并使该按钮覆盖【暂停】元件，如图 2-98 所示。

（8）按 F8 键，在弹出的【转换为元件】对话框中，将【名称】设置为【播放】，将【类型】

设置为【按钮】，如图 2-99 所示。

图 2-96 【转换为元件】对话框 1

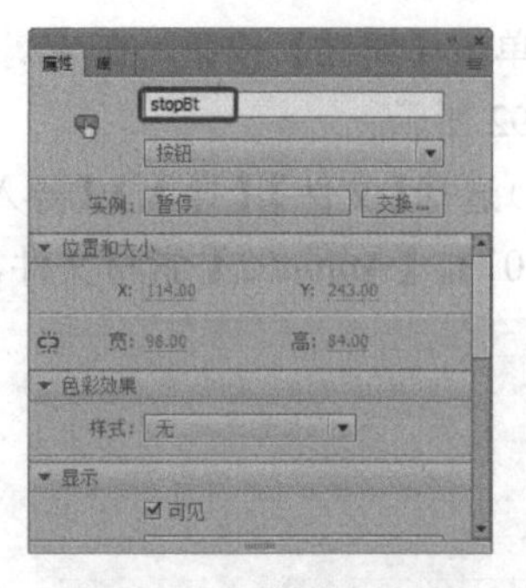

图 2-97 设置实例名称

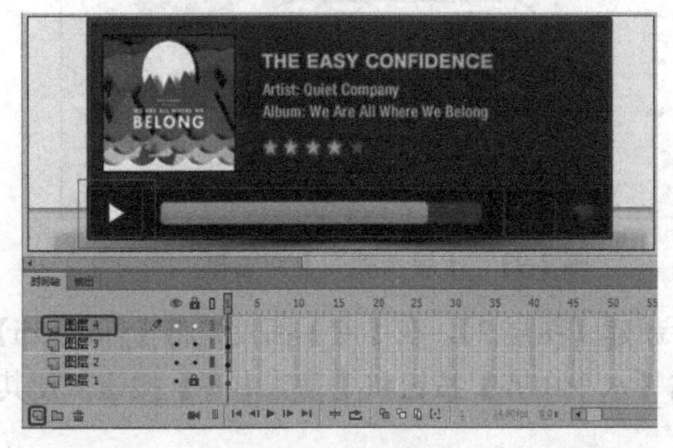

图 2-98 将【Anniu02】素材文件拖动到舞台中并覆盖【暂停】元件

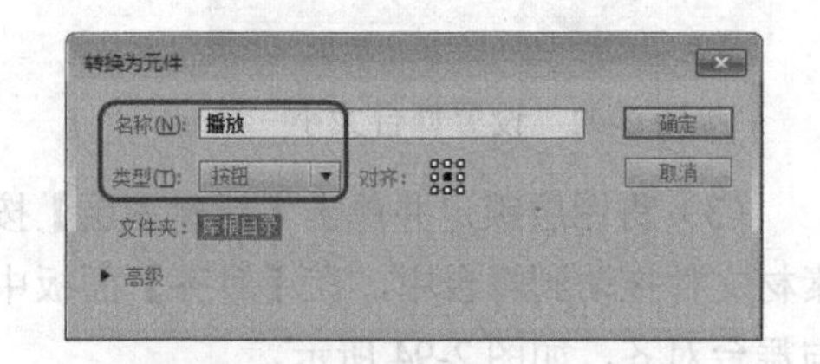

图 2-99 【转换为元件】对话框 2

（9）单击【确定】按钮，在【属性】面板中将实例名称设置为【playBt】。按 Ctrl+F8 组合键，在弹出的【创建新元件】对话框中，将【名称】设置为【矩形】，将【类型】设置为【图形】，单击【确定】按钮，如图 2-100 所示。

（10）使用【矩形工具】，将其填充颜色设置为#00FF33，在舞台中绘制矩形，在【属性】面板中将【宽】、【高】分别设置为 15 像素、160 像素，如图 2-101 所示。

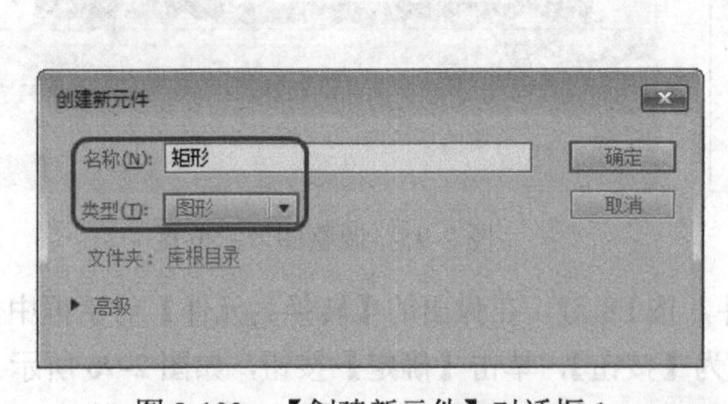

图 2-100 【创建新元件】对话框 1

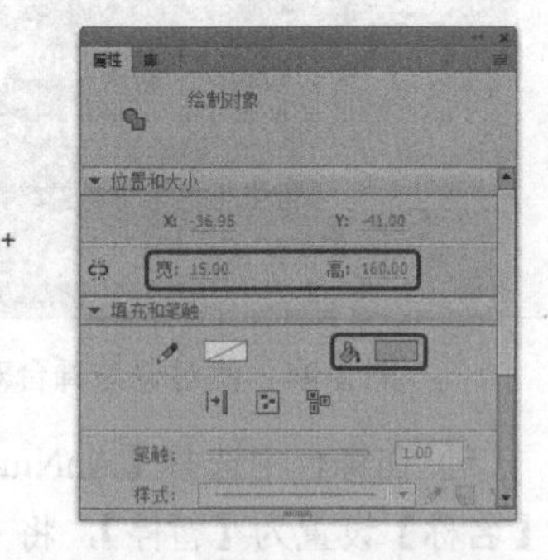

图 2-101 绘制矩形并设置其属性参数

（11）按 Ctrl+F8 组合键，在弹出的【创建新元件】对话框中，将【名称】设置为【矩形动画】，将【类型】设置为【影片剪辑】，单击【确定】按钮，如图 2-102 所示。

（12）在【库】面板中将【矩形】拖动到舞台中，使用【任意变形工具】调整矩形的中心点，如图 2-103 所示。

（13）在第7、13、19、24、29、35帧中添加关键帧，选择第7帧，调整矩形的高度，如图2-104所示。

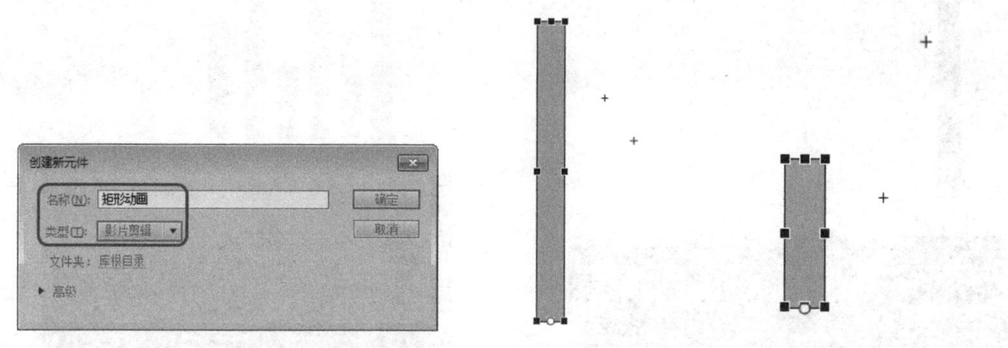

图2-102 【创建新元件】对话框2　　图2-103 调整矩形的中心点　　图2-104 调整矩形的高度

（14）选择第1帧与第7帧之间的任意一帧并右击，在弹出的快捷菜单中选择【创建传统补间】命令，创建一个传统补间动画，如图2-105所示。

（15）选择第13帧，调整矩形的高度，在第7帧与第13帧之间创建传统补间动画，如图2-106所示。

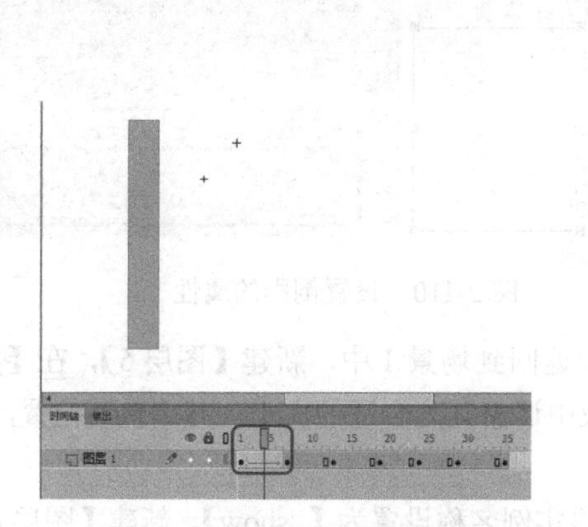

图2-105 创建传统补间动画

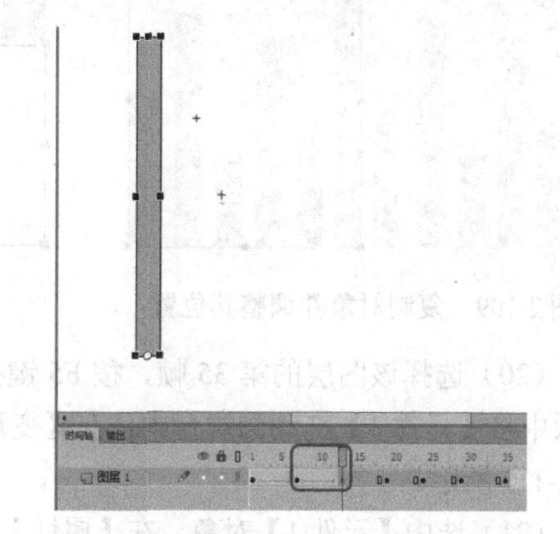

图2-106 调整矩形的高度并创建传统补间动画

（16）使用同样的方法制作该图层的其他动画，并在关键帧之间创建传统补间动画，如图2-107所示。

（17）使用同样的方法制作其他图层的动画，如图2-108所示。

（18）按Ctrl+F8组合键，在弹出的【创建新元件】对话框中保持默认设置，单击【确定】按钮，在【库】面板中将【矩形动画】影片剪辑元件拖动到舞台中，在【属性】面板中将实例名称设置为【图形】。在舞台中按住Alt键拖动【矩形动画】，对该对象进行复制，并调整其位置，如图2-109所示。

（19）选中所有的对象，对选中的对象进行复制。选中复制的对象，在【变形】面板中将【旋转】设置为180°，在【属性】面板中将【色彩效果】区域中的【样式】设置为【Alpha】，将【Alpha】的值设置为30%，并调整图形的位置，如图2-110所示。

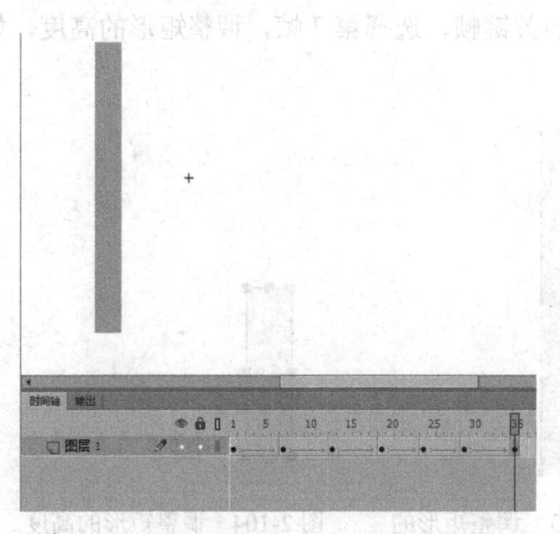

图 2-107　创建图层的其他传统补间动画

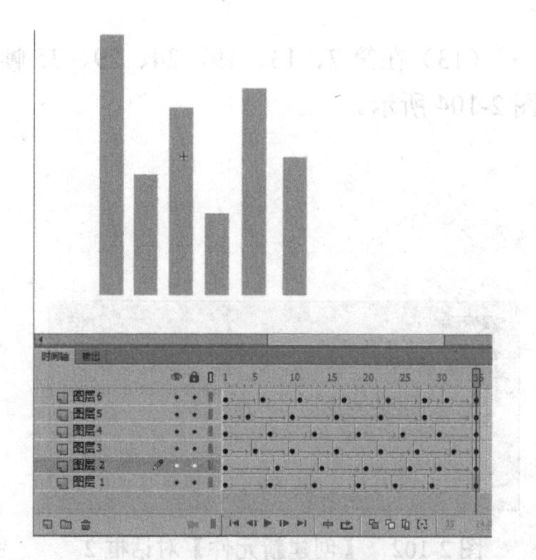

图 2-108　制作其他图层的动画

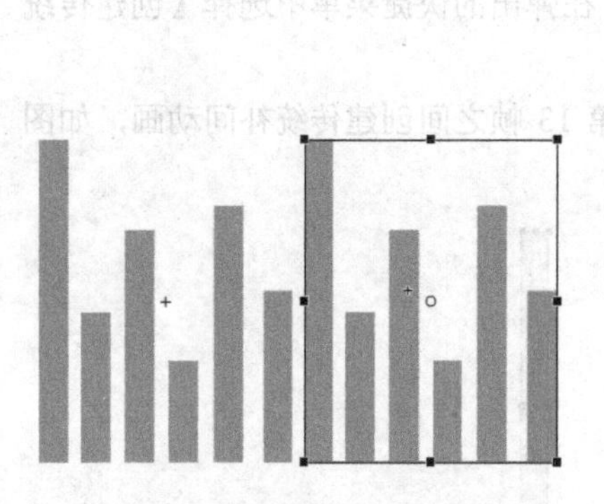

图 2-109　复制对象并调整其位置

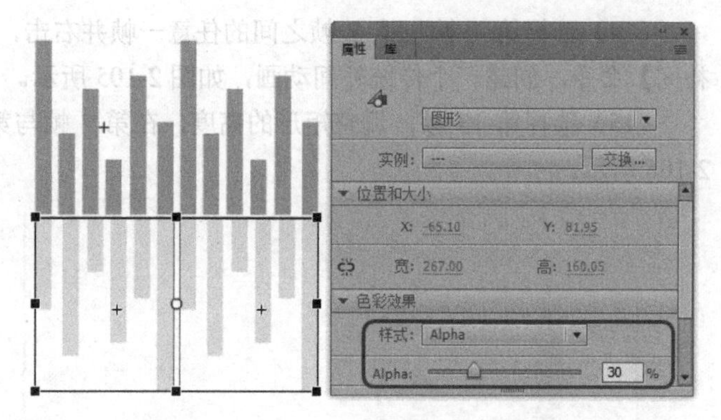

图 2-110　设置倒影的属性

（20）选择该图层的第 35 帧，按 F5 键插入帧，返回到场景 1 中，新建【图层 5】，在【库】面板中将【元件 1】拖动到舞台中，在【变形】面板中调整其为合适的大小，并调整其位置，如图 2-111 所示。

（21）选中【元件 1】对象，在【属性】面板中将实例名称设置为【_show】。新建【图层 6】，选择该图层的第 1 帧，按 F9 键，在【动作】面板中输入代码，如图 2-112 所示。

图 2-111　调整【元件 1】的大小及位置

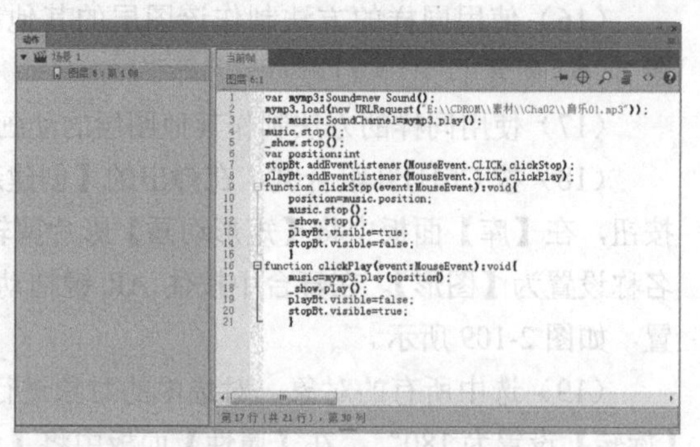

图 2-112　输入代码

（22）对【图层 4】隐藏对象，按 Ctrl+Enter 组合键测试影片效果，确认无误后选择【文件】|【导出】|【导出影片】命令，在弹出的【导出影片】对话框中，设置存储路径并将【文件名】设置为【音乐的播放与暂停】，将【保存类型】设置为【SWF 影片（*.swf)】，单击【保存】按钮，如图 2-113 所示。

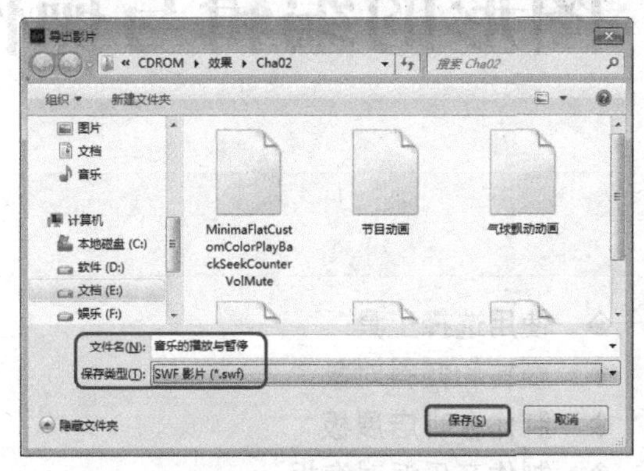

图 2-113 【导出影片】对话框

【课后习题】

1. 如何导入位图？
2. 如何设置导入音频的效果？
3. 如何将音频设置为循环播放？

【课后练习】

项目练习 制作聊天动画

效果展示：	操作要领：
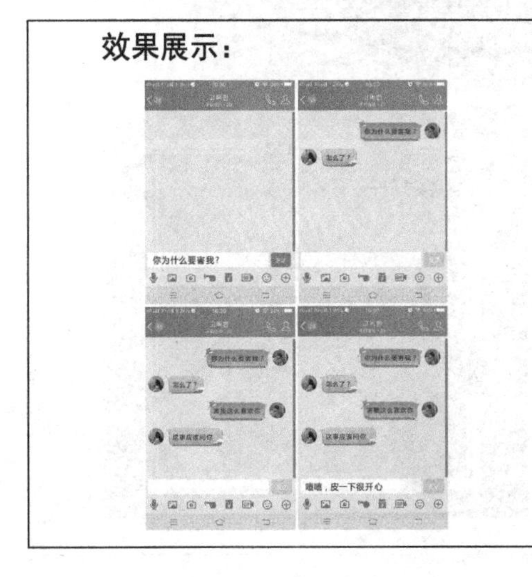	（1）导入素材文件。 （2）使用插入关键帧和空白关键帧的方法制作打字动画。 （3）完成聊天动画的制作

第3章

图形的编辑与操作

03

Chapter

本章导读：

基础知识
- ◈ 使用选择工具
- ◈ 旋转和倾斜对象

重点知识
- ◈ 制作咖啡店展板
- ◈ 制作音乐派对海报

提高知识
- ◈ 组合对象和分离对象
- ◈ 对齐对象

本章介绍了编辑图形的常用方法，包括选择工具的使用、任意变形工具的使用、图形的组合和分离、图形对象的对齐与修饰，以及缩放工具等的使用。

3.1 任务 9：制作中秋海报——选择工具的使用

选择对象是进行对象编辑和修改的前提条件件，Animate 提供了丰富的对象选取方法，理解对象的概念及清楚各种对象在选中状态下的表现形式是很有必要的。使用【选择工具】可以很轻松地选取线条、填充区域和文本等对象。完成的中秋海报效果如图 3-1 所示。

图 3-1　完成的中秋海报效果

3.1.1　任务实施

（1）打开中秋海报素材.fla 文件，如图 3-2 所示。

（2）使用【选择工具】选择文本【中】，如图 3-3 所示。

图 3-2　打开素材文件

图 3-3　选择文本

（3）将文本移动到如图 3-4 所示的位置。

（4）继续使用【选择工具】分别选择文本【秋】、【佳】、【节】，调整文本的位置，如图 3-5 所示。

图 3-4　移动文本

图 3-5　调整文本的位置

（5）使用【选择工具】选择嫦娥对象，如图 3-6 所示，调整其位置，如图 3-7 所示。

图 3-6　选择嫦娥对象

图 3-7　调整嫦娥对象的位置

3.1.2　使用选择工具

在绘图操作过程中，选择对象的过程通常就是使用【选择工具】的过程。使用【选择工具】的操作方法如下。

1. 选择对象

在工作区中使用【选择工具】选择对象的方法如下。

（1）单击图形对象的边缘部位，即可选中该对象的一条边；双击图形对象的边缘部位，即可选中该对象的所有边，如图 3-8 所示。

（2）单击图形对象的面，即可选中对象的面；双击图形对象的面，即可同时选中该对象的面和边，如图 3-9 所示。

图 3-8　选择边

图 3-9　选择面

（3）在舞台中通过拖动鼠标可以选择整个对象，如图 3-10 所示。

（4）按住 Shift 键依次单击要选择的对象，可以同时选中多个对象；如果再次单击已被选中的对象，则可以取消对该对象的选中，如图 3-11 所示。

图 3-10　选择整个对象

图 3-11　取消选择对象

2. 移动对象

使用【选择工具】也可以对图形对象进行移动操作，但是根据对象的不同属性，会有下面几种情况。

（1）双击选中图形对象的边后，拖动鼠标使图形对象的边和面分离，如图 3-12 所示。

（2）单击边线外的面，拖动选中的面可以获得边线分割面的效果，如图 3-13 所示。

图 3-12　分离对象的边和面

图 3-13　边线分割面的效果

（3）使用【选择工具】双击椭圆图形，将其拖动到矩形的上方，双击矩形进行移动，会发现覆盖的区域已经被删除，如图 3-14 所示。

（4）对两个组合后的图形对象进行叠加放置，移走覆盖的对象后，会发现下面的对象被覆盖的部分不会被删除，如图 3-15 所示。

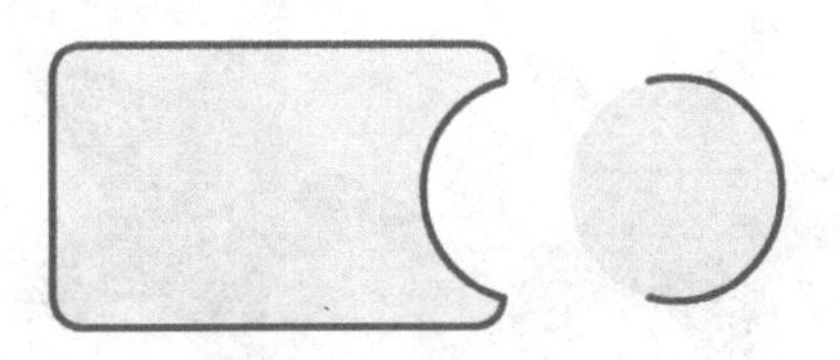

图 3-14 覆盖区域被删除

图 3-15 没有变化

3. 对象变形

使用【选择工具】除了可以选择对象，还可以对图形对象进行变形操作。当鼠标处于选择工具的状态时，指针放在对象的不同位置，会有不同的变形操作方式。

（1）当鼠标指针在对象的边角上时，指针会变为 形状，此时单击并拖动鼠标，可以实现对象的边角变形操作，如图 3-16 所示。

（2）当鼠标指针在对象的边线上时，指针会变为 形状，此时单击并拖动鼠标，可以实现对象的边线变形操作，如图 3-17 所示。

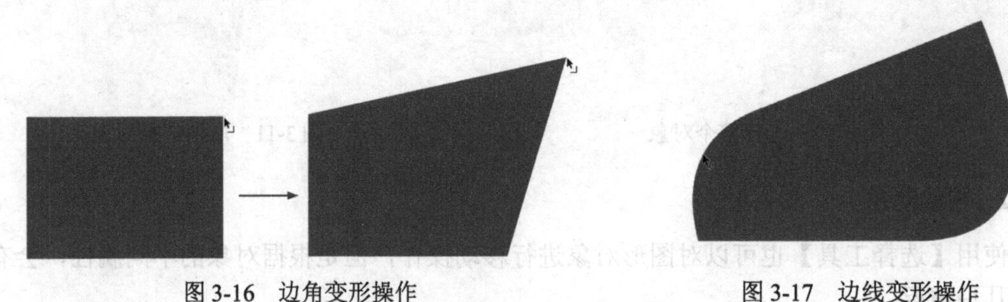

图 3-16 边角变形操作　　图 3-17 边线变形操作

3.1.3 使用部分选取工具

【部分选取工具】不仅具有【选择工具】的选择功能，还可以对图形进行变形处理，被【部分选取工具】选择的对象轮廓线上会出现很多控制点，表示该对象已被选中。

（1）使用【部分选取工具】单击矢量图的边缘部分，形状的路径和所有的锚点便会自动显示出来，如图 3-18 所示。

（2）使用【部分选取工具】选择对象的任意锚点后，拖动鼠标到任意位置即可完成对锚点的移动操作，如图 3-19 所示。

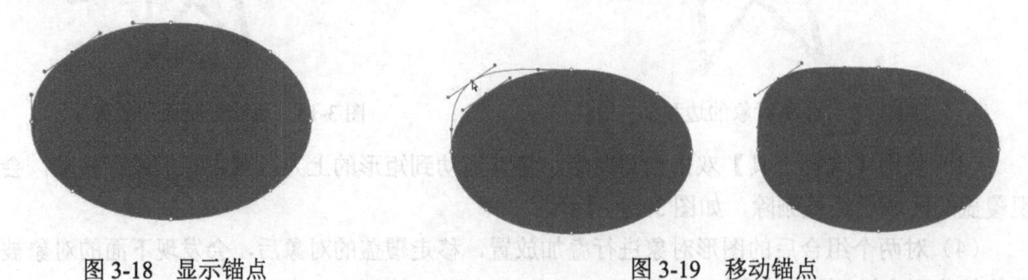

图 3-18 显示锚点　　图 3-19 移动锚点

（3）使用【部分选取工具】单击要编辑的锚点，该锚点的两侧会出现调节手柄，拖动手柄

的一端即可对曲线的形状进行编辑操作，如图 3-20 所示。

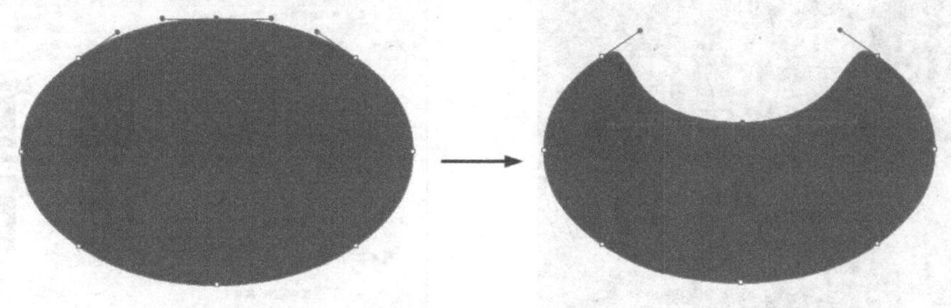

图 3-20　编辑曲线

> 提示：按住 Alt 键拖动手柄，可以只移动一侧的手柄，而使另一侧的手柄保持不动。

3.2　任务 10：制作咖啡店展板——任意变形工具的使用

使用【任意变形工具】可以对图形对象进行自由变换操作，包括旋转、倾斜、缩放和翻转图形对象。本任务要制作咖啡店展板，完成的咖啡店展板效果如图 3-21 所示。

图 3-21　完成的咖啡店展板效果

3.2.1　任务实施

（1）打开咖啡店展板素材.fla 文件，如图 3-22 所示。

（2）按 Ctrl+R 组合键，在弹出的【导入】对话框中，选择【菜单】素材文件，单击【打开】按钮，如图 3-23 所示。

（3）选择导入的素材文件，在【变形】面板中，将【缩放宽度】和【缩放高度】设置为 13%，如图 3-24 所示。

（4）使用【任意变形工具】在素材上右击，在弹出的快捷菜单中选择【变形】|【旋转与倾斜】命令，如图 3-25 所示。

图 3-22　打开素材文件

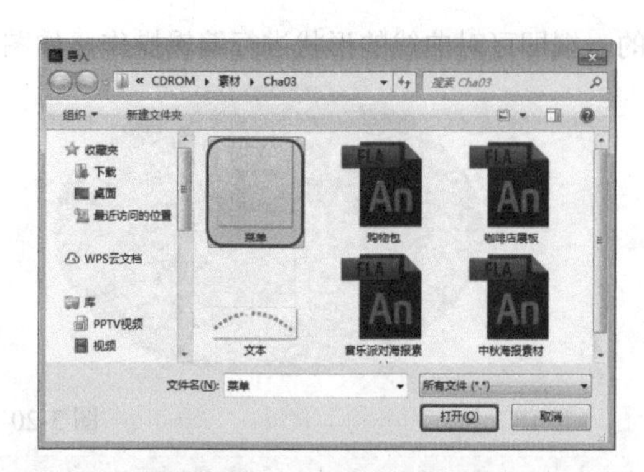

图 3-23　导入素材文件

图 3-24　设置变形参数

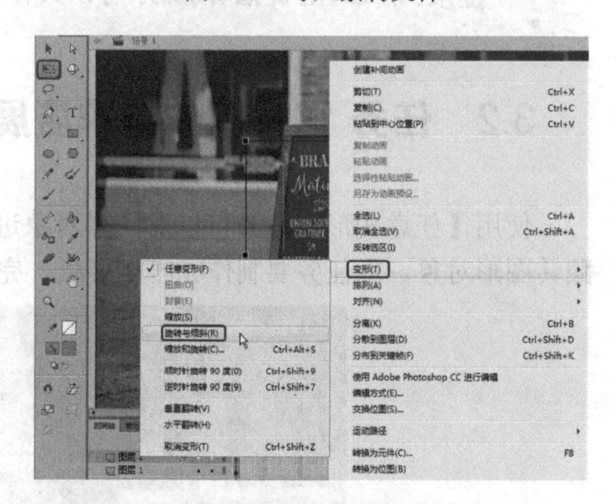

图 3-25　选择【变形】|【旋转与倾斜】命令

（5）将光标移动到控制框的左上角，此时光标变为↻形状，即可旋转对象，如图 3-26 所示。

（6）将光标移动到控制框的左侧，此时光标变为⇃形状，即可倾斜对象，如图 3-27 所示。

图 3-26　旋转对象

图 3-27　倾斜对象 1

（7）将光标移动到控制框的上方，此时光标变为⇋形状，即可倾斜对象，如图 3-28 所示。最终效果如图 3-29 所示。

图 3-28　倾斜对象 2

图 3-29　最终效果

3.2.2　旋转和倾斜对象

下面介绍如何使用【任意变形工具】对对象进行旋转和倾斜操作。

（1）在舞台中绘制一个矩形，并使用【任意变形工具】将其选中，此时图形进入端点模式，如图 3-30 所示。

（2）将光标移动到边角的部位，此时光标会发生变化，如图 3-31 所示。

图 3-30　选中矩形

图 3-31　光标发生变化

（3）按住鼠标左键进行拖动，此时图形就会进行旋转，旋转后的效果如图 3-32 所示。

（4）将光标指向对象的边线部位，当鼠标指针的形态发生变化时，按住鼠标左键并拖动，进行水平或垂直移动，即可实现对象的倾斜操作，如图 3-33 所示。

图 3-32　旋转后的效果

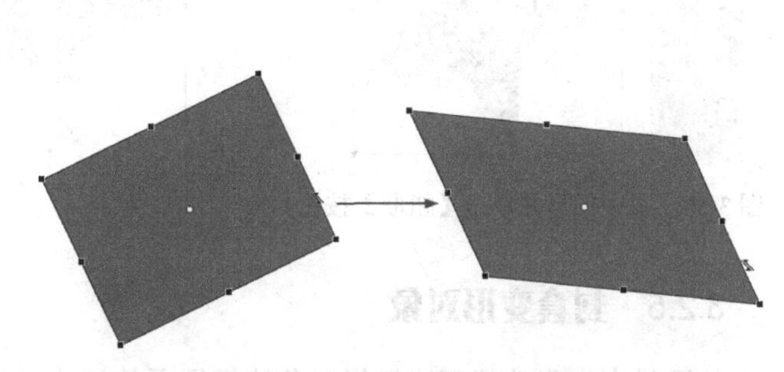

图 3-33　对象的倾斜操作

3.2.3　缩放对象

下面介绍如何使用【任意变形工具】缩放对象。

（1）使用【多角星形工具】绘制五角星，并使用【任意变形工具】将其选中，如图 3-34 所示。

（2）将光标移动到任意端点处，此时光标会变为双向箭头，按住鼠标左键进行拖动，此时图形就发生了变化，如图 3-35 所示。

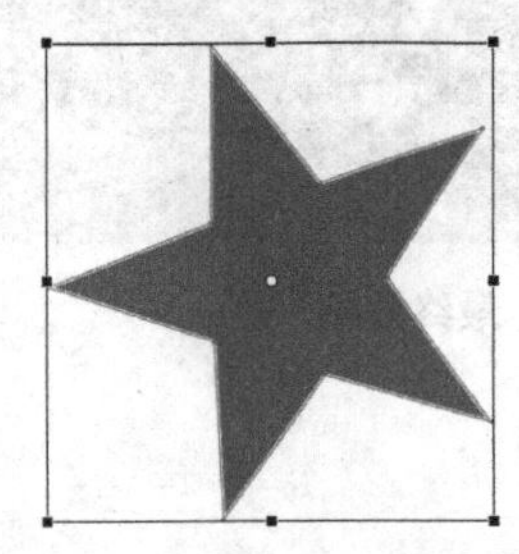

图 3-34　选中五角星

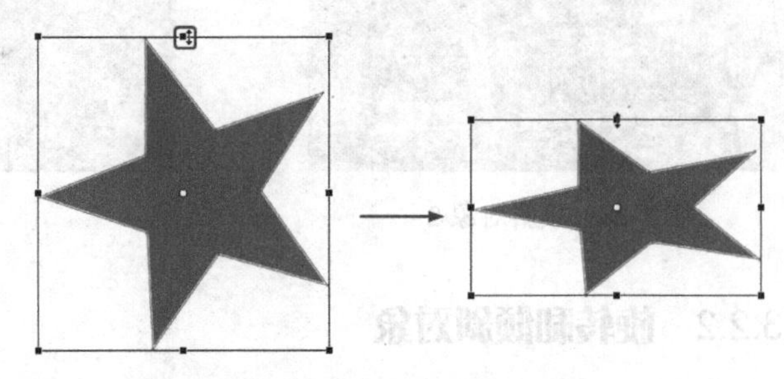

图 3-35　缩放对象

提示：按住 Shift 键进行拖动，可以对图形进行等比缩放。

3.2.4　扭曲对象

通过扭曲变形功能可以用鼠标直接编辑图形对象的锚点，从而实现多种特殊的图形变形效果。

（1）使用【多角星形工具】绘制五角星，并使用【任意变形工具】将其选中，在【工具】面板中单击【扭曲】按钮，如图 3-36 所示。

（2）将光标移动到顶点处，按住鼠标左键进行拖动，此时图形就会呈现扭曲变形，如图 3-37 所示。

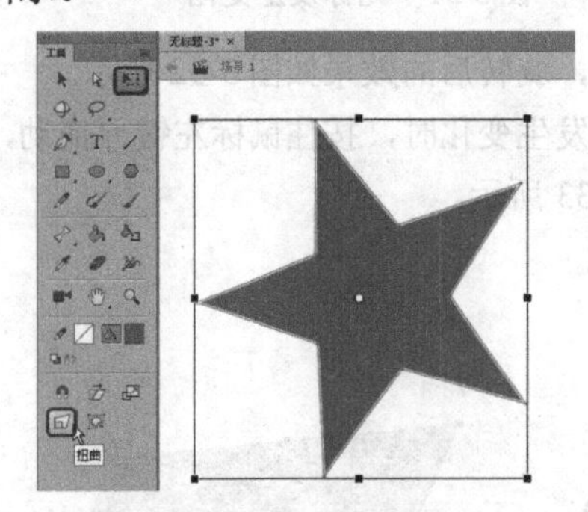

图 3-36　选中图形并单击【扭曲】按钮

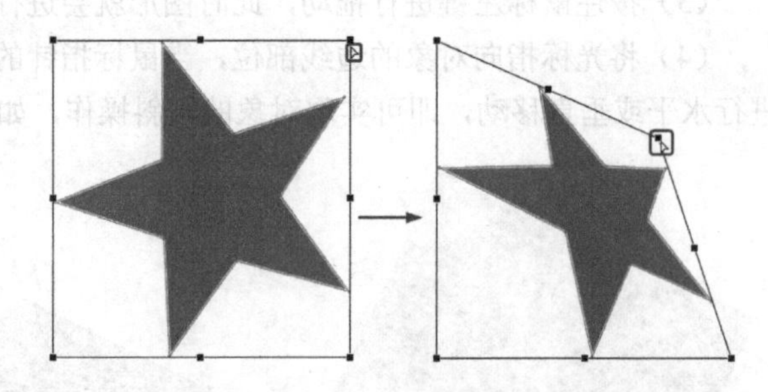

图 3-37　扭曲图形

3.2.5　封套变形对象

使用封套变形功能可以编辑对象边框周围的切线手柄，通过对切线手柄的调节可实现更复杂的对象变形效果。

（1）使用【多角星形工具】绘制五边形，并使用【任意变形工具】将其选中，在【工具】面板中单击【封套】按钮，如图 3-38 所示。

（2）按住鼠标左键并拖动对象边角锚点的切线手柄，只在单一方向上进行变形调整，如图 3-39 所示。

（3）按住 Alt 键的同时，按住鼠标左键并拖动中间锚点的切线手柄，可以只对该锚点的一个方向进行变形调整，如图 3-40 所示。

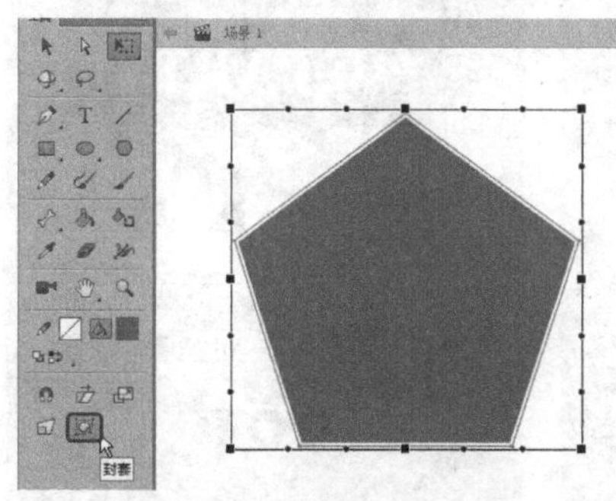

图 3-38 选中图形并单击【封套】按钮

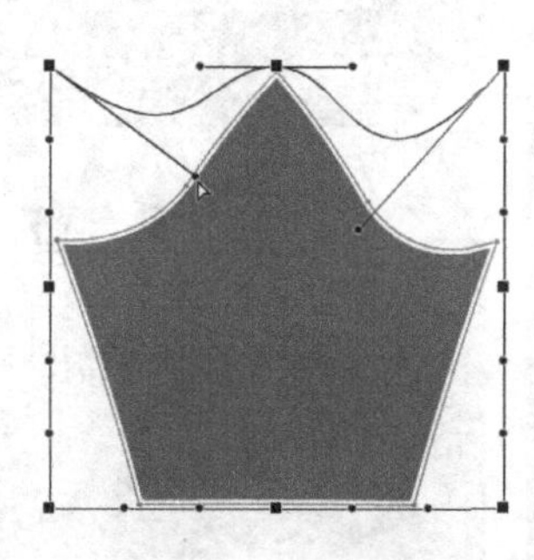
图 3-39 封套对象 1

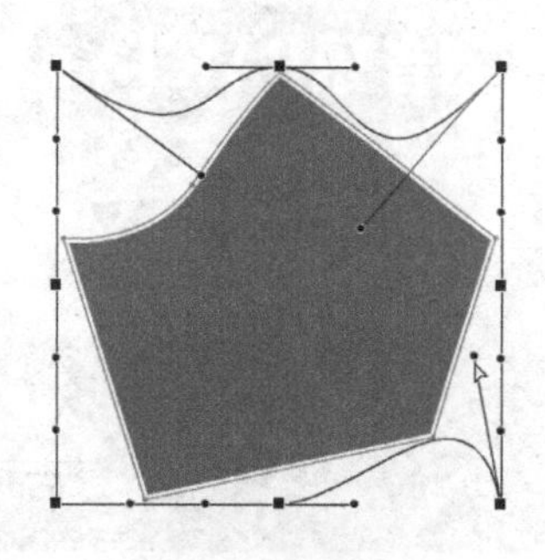
图 3-40 封套对象 2

3.3 任务 11：制作音乐派对海报——图形的其他操作

本任务讲解如何通过分离文本来制作音乐派对海报的标题部分，完成的音乐派对海报效果如图 3-41 所示。

图 3-41 完成的音乐派对海报效果

3.3.1 任务实施

（1）选择【文件】|【打开】命令，打开音乐派对海报素材.fla 文件，如图 3-42 所示。

（2）使用【选择工具】，选择【音乐 PARTY】文本，按两次 Ctrl+B 组合键将文本分离，如

图 3-43 所示。

（3）确认分离后的文本处于选中状态，按 Delete 键将对象删除，如图 3-44 所示。

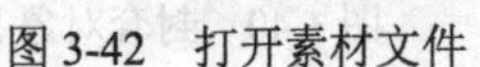
图 3-42 打开素材文件

图 3-43 分离文本对象

图 3-44 删除对象

3.3.2 组合对象和分离对象

当绘制出多个对象后，为了防止它们之间的相对位置发生改变，可以将它们“绑”在一起，此时就需要用到组合。下面介绍如何组合对象和分离对象。

（1）在舞台中绘制多个图形，此时所有图形处于分离状态，如图 3-45 所示。

（2）选中所有图形，选择【修改】|【组合】命令，此时图形处于组合状态，如图 3-46 所示。

图 3-45 绘制多个图形

图 3-46 组合对象

提示：组合对象还可以使用 Ctrl+G 组合键来实现。

（3）如果需要将组合的对象分离，则可以选择【修改】|【取消组合】命令或按 Ctrl+Shift+G 组合键，如图 3-47 所示。

（4）此时对象就被分离了，可以单独移动，如图 3-48 所示。

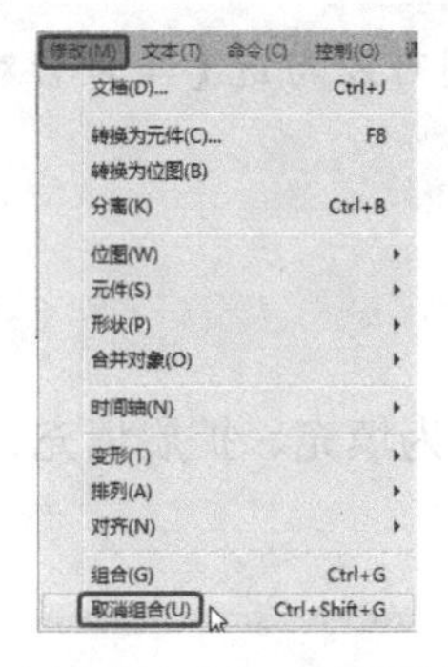

图 3-47 选择【修改】|【取消组合】命令

图 3-48 分离对象

3.3.3 对齐对象

在制作动画时，有时需要对舞台中的对象进行对齐，可以使用【对齐】面板进行操作，下面介绍如何使对象对齐。

(1) 打开对象的对齐.fla 文件，如图 3-49 所示。

(2) 选择【窗口】|【对齐】命令，打开【对齐】面板，如图 3-50 所示。

图 3-49 打开素材文件

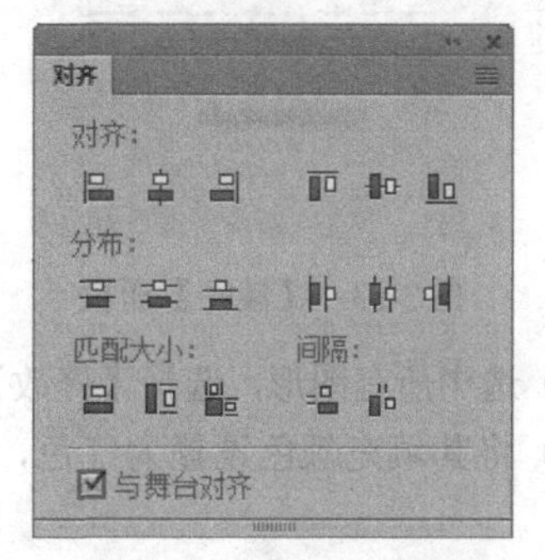

图 3-50 【对齐】面板

(3) 使用【选择工具】选中如图 3-51 所示的对象。

(4) 取消勾选【与舞台对齐】复选框，在【对齐】面板中单击【水平中齐】按钮，此时图形的位置就发生了变化，如图 3-52 所示。

图 3-51 选中对象

图 3-52 对象水平中齐

提示：若需要将图形放到整个舞台的边缘或中央，则可以勾选【与舞台对齐】复选框。

3.3.4 修饰图形

Animate 提供了几种修饰图形的方法，包括将线条转换为填充、扩展填充、优化曲线及柔化填充边缘等。

1. 将线条转换为填充

（1）使用【线条工具】，打开【属性】面板，将【笔触】大小设为 5pts，如图 3-53 所示。

（2）设置完成后，在舞台中绘制图形，如图 3-54 所示。

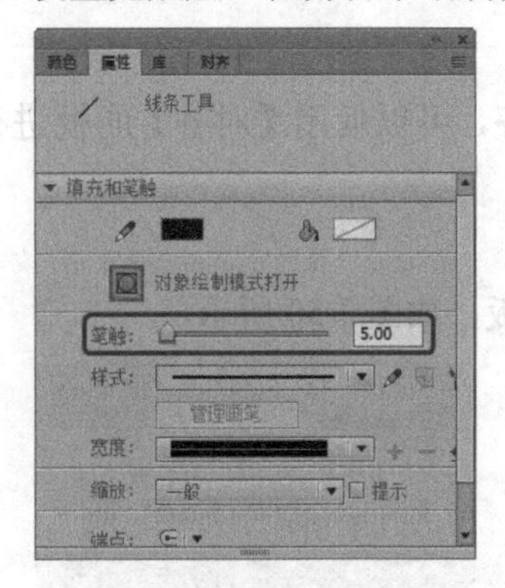

图 3-53 【属性】面板

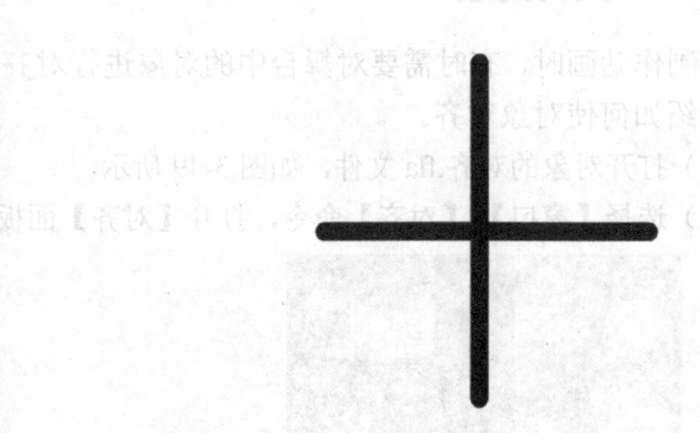

图 3-54 绘制图形

（3）选中所有图形，选择【修改】|【形状】|【将线条转换为填充】命令，如图 3-55 所示。

（4）将其填充颜色设置为红色，此时步骤（3）中绘制的线条颜色变为红色，如图 3-56 所示。

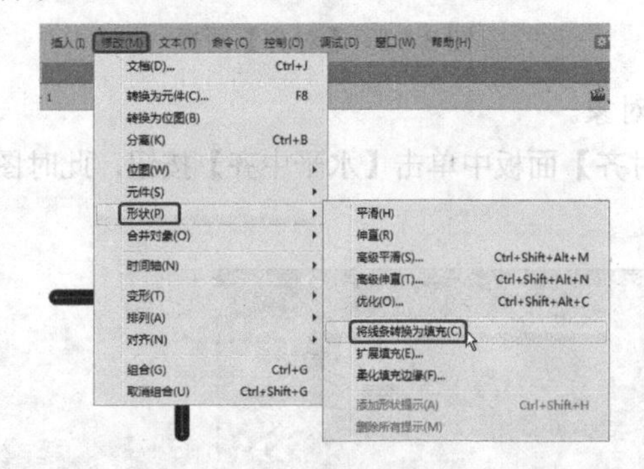

图 3-55 选择【修改】|【形状】|【将线条转换为填充】命令

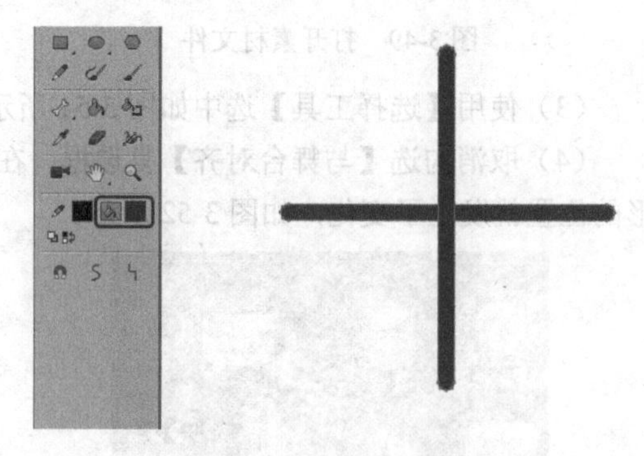

图 3-56 设置线条颜色

2. 扩展填充

通过扩展填充可以扩展填充形状。使用【选择工具】选择一个图形，选择【修改】|【形状】|【扩展填充】命令，弹出【扩展填充】对话框，如图 3-57 所示。

（1）【距离】：用于指定扩展、插入的尺寸。

（2）【方向】：如果希望扩展一个形状，则应选中【扩展】单选按钮；如果希望缩小形状，则应选中【插入】单选按钮。

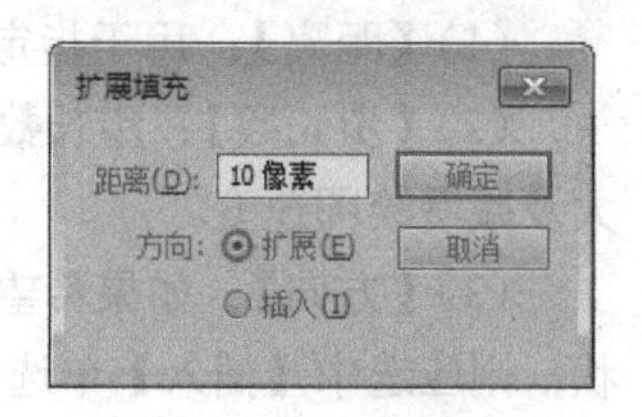

图 3-57 【扩展填充】对话框

3. 优化曲线

优化曲线通过减少用于定义这些元素的曲线数量来改进曲线和填充轮廓，这能够减小 Animate 文件的大小。优化曲线的操作步骤如下。

（1）选择优化曲线.fla 文件，单击【打开】按钮，如图 3-58 所示。

（2）打开素材文件后，选中所有对象，选择【修改】|【形状】|【优化】命令，如图 3-59 所示。

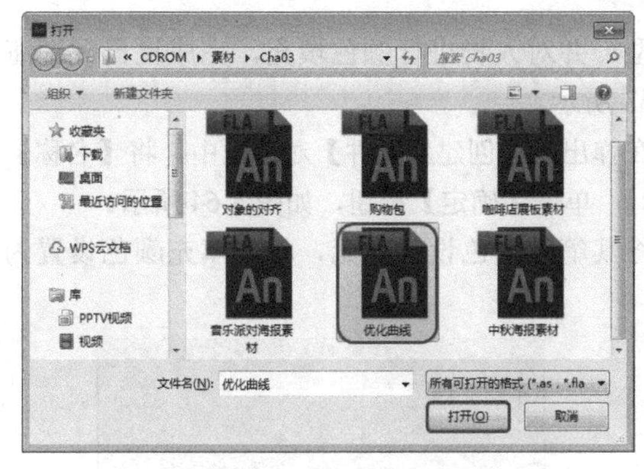

图 3-58 打开素材文件

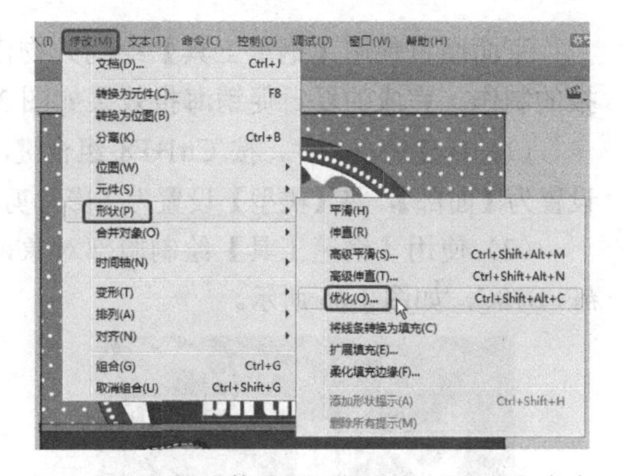

图 3-59 选择【修改】|【形状】|【优化】命令

（3）在弹出的【优化曲线】对话框中将【优化强度】设置为 10，单击【确定】按钮，如图 3-60 所示。

（4）在弹出的提示对话框中单击【确定】按钮即可，如图 3-61 所示。

图 3-60 【优化曲线】对话框

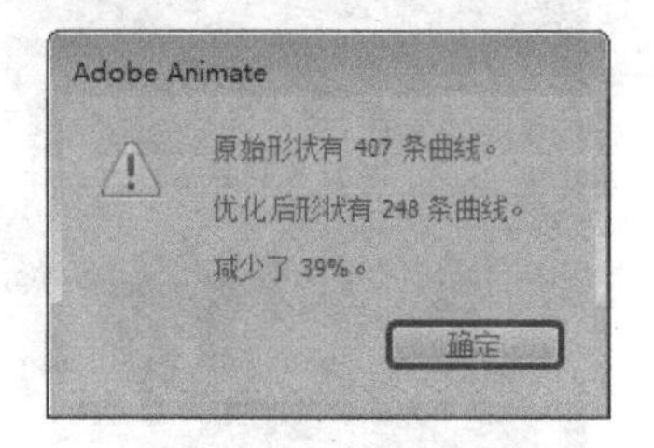

图 3-61 提示对话框

4. 柔化填充边缘

在绘图过程中，有时会遇到颜色对比非常强烈的对象，此时绘出的实体边界太过分明，会影响整个动画的效果。如果柔化一下实体的边界，效果就好多了。Animate 提供了柔化填充边缘的功能，具体操作步骤如下。

使用【选择工具】选择一个形状，选择【修改】|【形状】|【柔化填充边缘】命令，弹出【柔化填充边缘】对话框，如图 3-62 所示。

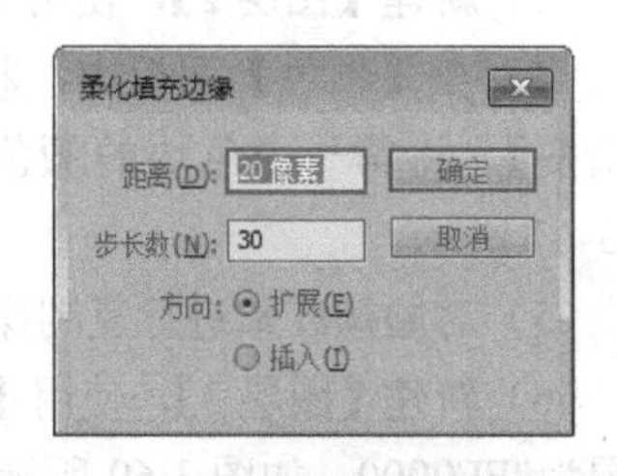

图 3-62 【柔化填充边缘】对话框

（1）【距离】：用于指定扩展、插入的尺寸。

（2）【步长数】：步长数越大，形状边界的过渡越平滑，柔化效果越好，但是会导致文件过大及减慢绘图速度。

（3）【方向】：如果希望向外柔化形状，则应选中【扩展】单选按钮；如果希望向内柔化形状，则应选中【插入】单选按钮。

3.4 上机练习

3.4.1 制作夏日促销海报

下面通过使用【钢笔工具】绘制人物模型，并对人物进行颜色填充，完成夏日促销海报的制作。完成的夏日促销海报效果如图 3-63 所示。

（1）新建空白文件，按 Ctrl+F8 组合键，在弹出的【创建新元件】对话框中，将【名称】设置为【面部】，将【类型】设置为【影片剪辑】，单击【确定】按钮，如图 3-64 所示。

（2）使用【钢笔工具】绘制脸部对象，将其笔触颜色设置为无，将其填充颜色设置为#FFB78C，如图 3-65 所示。

图 3-63　完成的夏日促销海报效果

图 3-64　【创建新元件】对话框 1

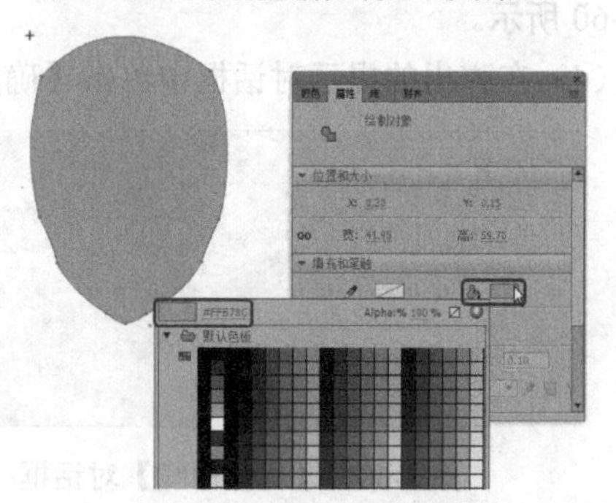

图 3-65　绘制脸部对象

（3）新建【图层 2】，使用【钢笔工具】绘制如图 3-66 所示的图形。

（4）在【颜色】面板中，将其笔触颜色设置为无，将其填充颜色的【类型】设置为【径向渐变】，将第一个色块的颜色设置为#FF887E，将第二个色块的颜色设置为#FFB78C，如图 3-67 所示。

（5）对脸颊红晕进行复制操作，并调整对象的位置，如图 3-68 所示。

（6）新建【图层 3】，使用【钢笔工具】绘制图形，将其笔触颜色设置为无，将其填充颜色设置为#FF0000，如图 3-69 所示。

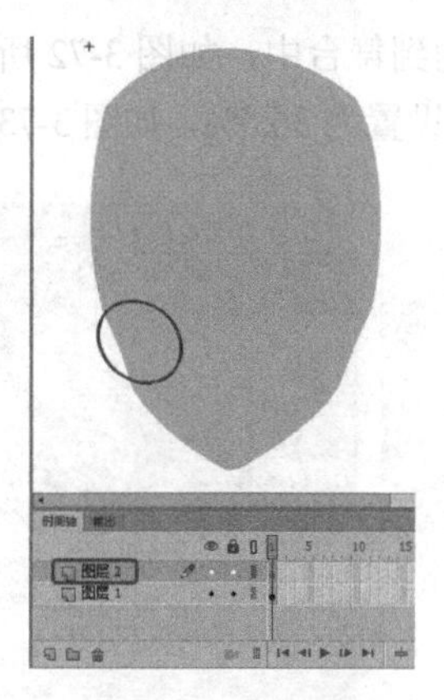

图 3-66 绘制图形

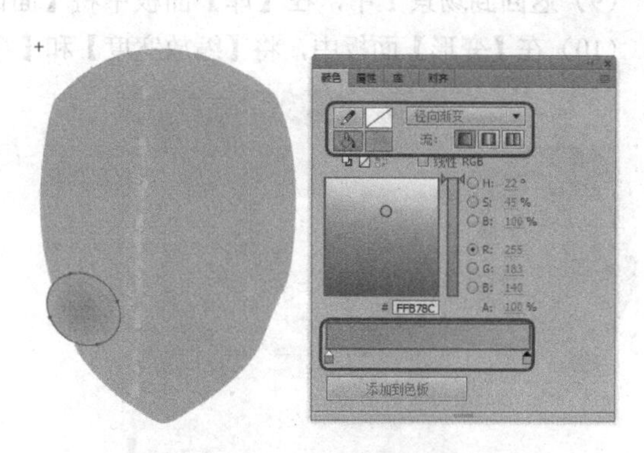

图 3-67 设置径向渐变 1

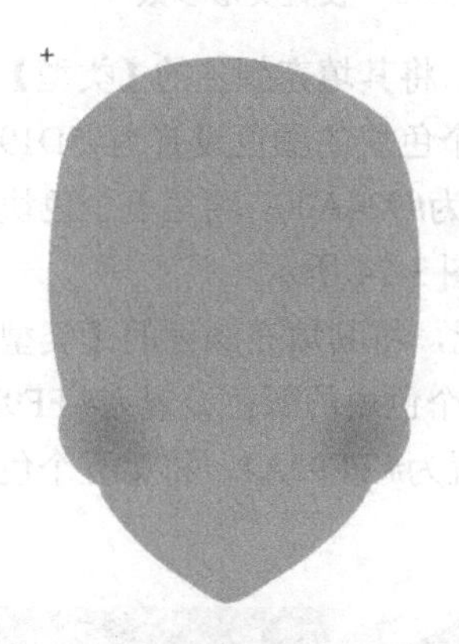

图 3-68 对脸颊红晕进行复制操作并调整对象的位置

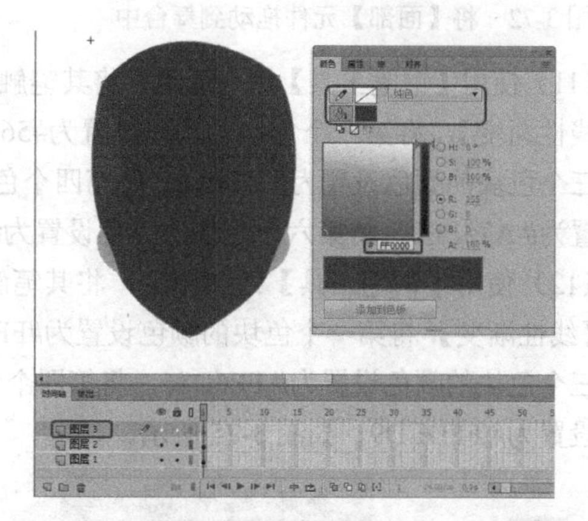

图 3-69 绘制图形并设置笔触颜色和填充颜色

（7）在【时间轴】面板中，选中【图层 3】并右击，在弹出的快捷菜单中选择【遮罩层】命令，如图 3-70 所示。

（8）新建【图层 4】，使用【钢笔工具】绘制图形，将其笔触颜色设置为#BB384E，将其填充颜色设置为无，将【笔触】设置为 0.4pts，如图 3-71 所示。

图 3-70 选择【遮罩层】命令

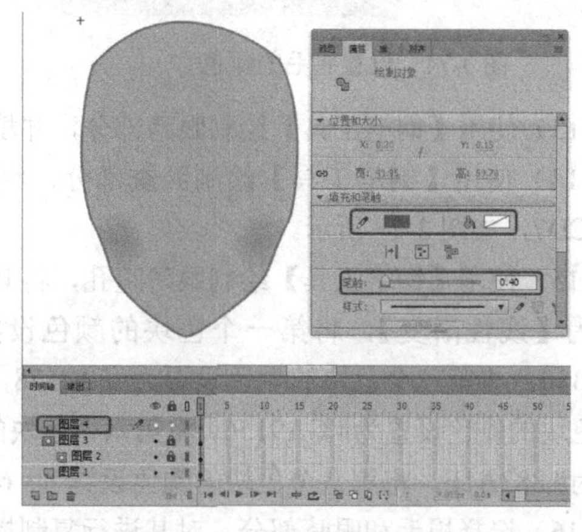

图 3-71 设置属性参数

（9）返回到场景 1 中，在【库】面板中将【面部】元件拖动到舞台中，如图 3-72 所示。

（10）在【变形】面板中，将【缩放宽度】和【缩放高度】均设置为 36.5%，如图 3-73 所示。

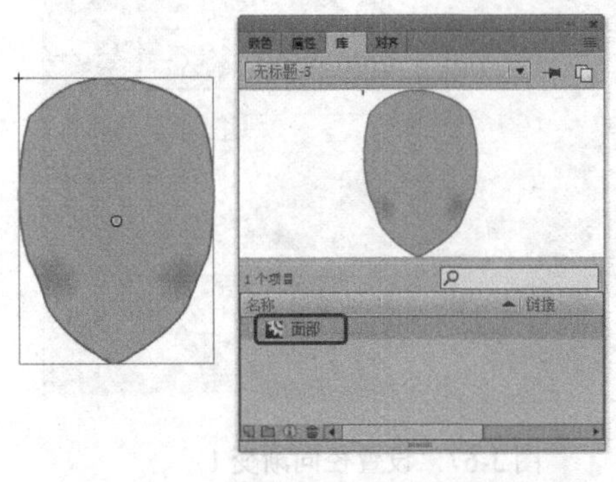

图 3-72　将【面部】元件拖动到舞台中

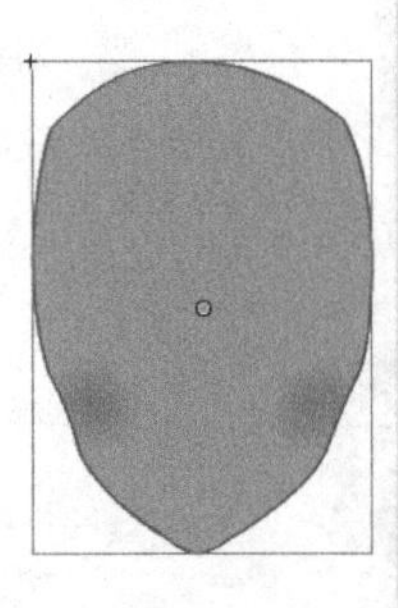

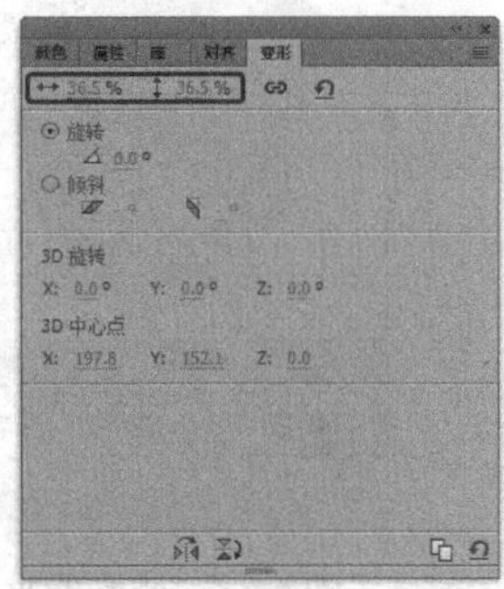

图 3-73　设置变形参数

（11）使用【钢笔工具】绘制眉毛，将其笔触颜色设置为无，将其填充颜色的【类型】设置为【线性渐变】，将第一个色块的颜色设置为#561200，将第二个色块的颜色设置为#5D1900，将第三个色块的颜色设置为#712B00，将第四个色块的颜色设置为#924A00，将第五个色块的颜色设置为# A75D00，将第六个色块的颜色设置为# D9977E，如图 3-74 所示。

（12）使用【钢笔工具】绘制图形，将其笔触颜色设置为无，将其填充颜色的【类型】设置为【线性渐变】，将第一个色块的颜色设置为#FFAE9A，将第二个色块的颜色设置为# FF9B94，将第三个色块的颜色设置为# FF6D86，将第四个色块的颜色设置为# FF92A1，将第五个色块的颜色设置为# FFDED9，如图 3-75 所示。

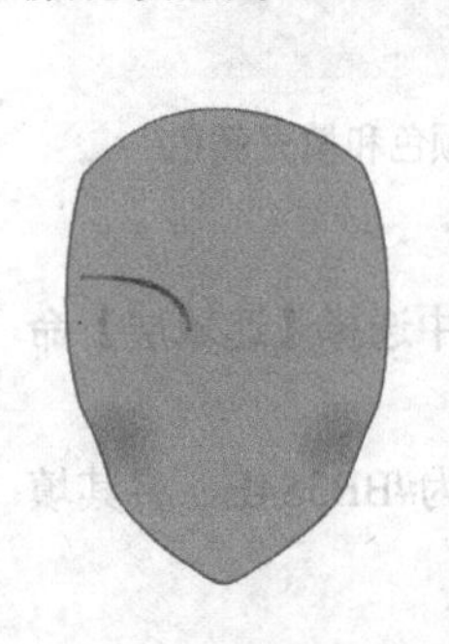

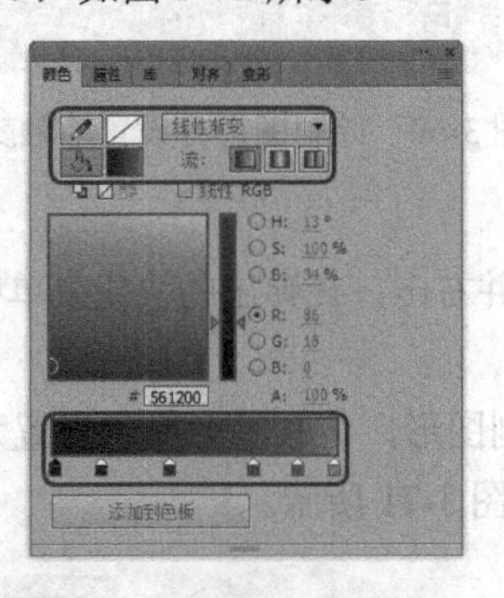

图 3-74　设置眉毛的颜色

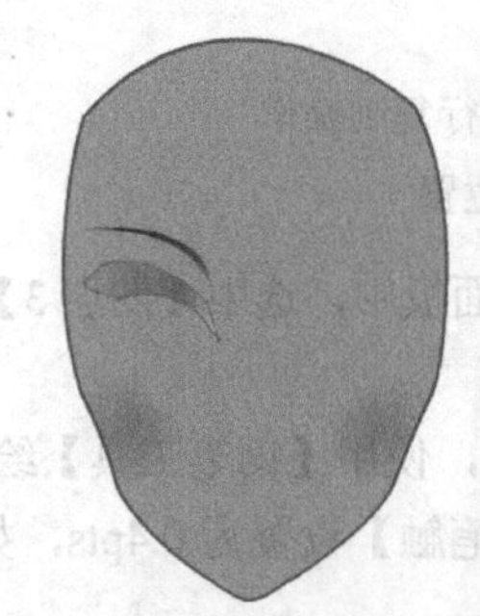

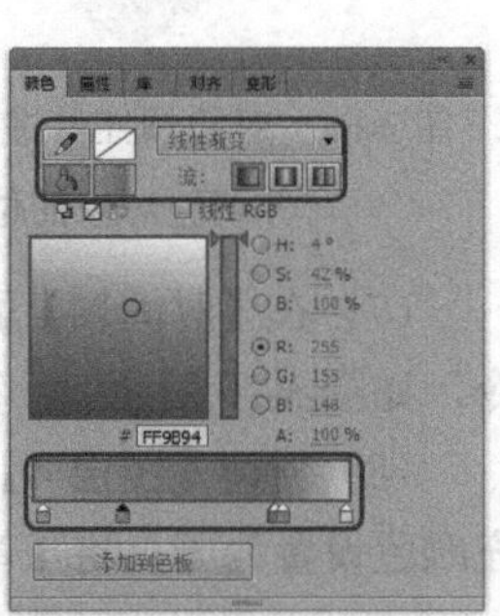

图 3-75　设置线性渐变 1

（13）使用【钢笔工具】绘制眼睛部分，并填充对象的颜色，如图 3-76 所示。

（14）使用【钢笔工具】绘制卧蚕部分，将其笔触颜色设置为无，将其填充颜色设置为#FFDCD7，如图 3-77 所示。

（15）使用【钢笔工具】绘制眼睛瞳孔，将其笔触颜色设置为无，将其填充颜色的【类型】设置为【线性渐变】，将第一个色块的颜色设置为#FFD783，将第二个色块的颜色设置为#FCD380，将第三个色块的颜色设置为#F2C578，将第四个色块的颜色设置为#E1AF6A，将第五个色块的颜色设置为# CA9156，将第六个色块的颜色设置为# AC693D，将第七个色块的颜色设置为# 883A1E，将第八个色块的颜色设置为# 640A00，如图 3-78 所示。

（16）选择眉毛和眼睛部分，对其进行复制操作，选择【修改】|【变形】|【水平翻转】命

令，调整眉毛和眼睛的位置，如图 3-79 所示。

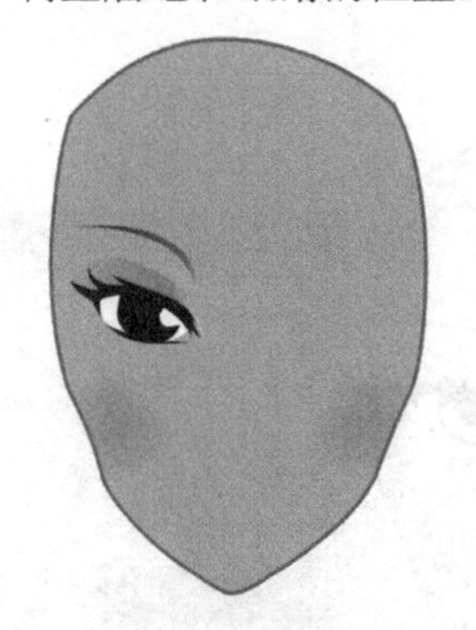

图 3-76　绘制眼睛部分并填充颜色

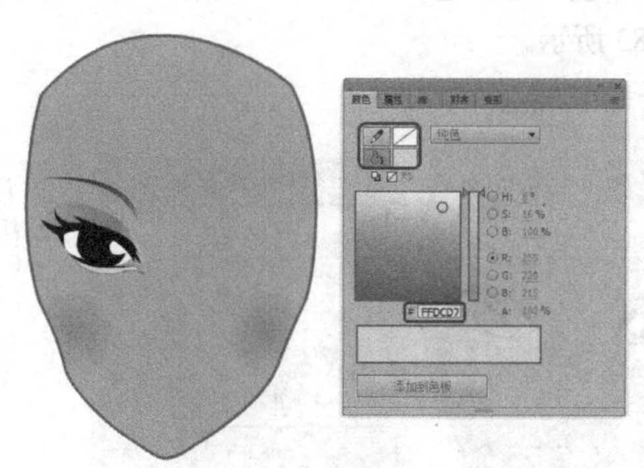

图 3-77　绘制卧蚕部分

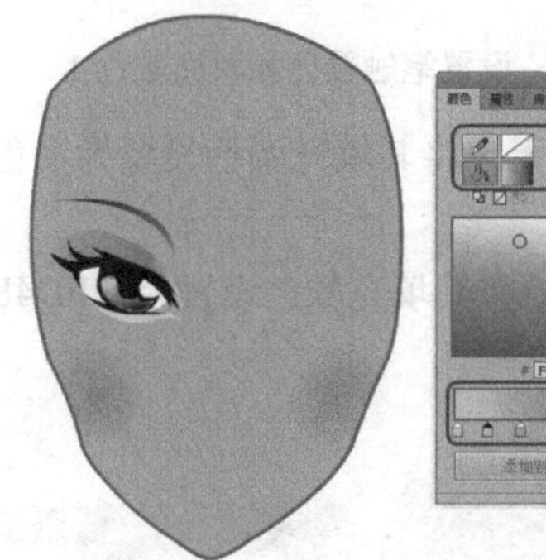

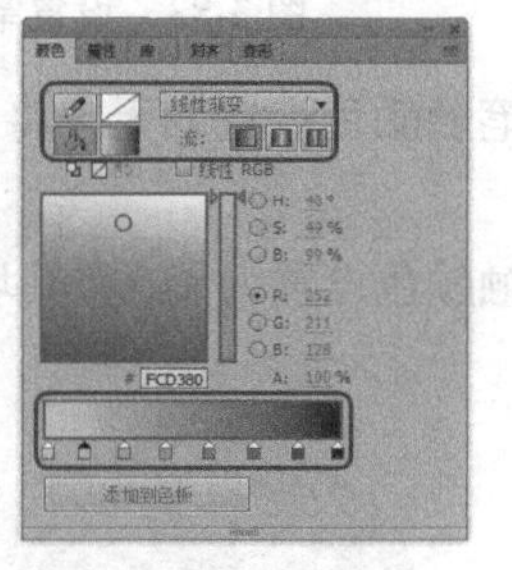

图 3-78　绘制眼睛瞳孔并设置其颜色

图 3-79　复制眉毛和眼睛部分并调整其位置

（17）使用【钢笔工具】绘制鼻子部分，并填充对象的颜色，如图 3-80 所示。

（18）使用【钢笔工具】绘制图形，将其笔触颜色设置为无，将其填充颜色的【类型】设置为【径向渐变】，将第一个色块的颜色设置为#FFA2AE，将第二个色块的颜色设置为#FC92A5，将第三个色块的颜色设置为#F87897，将第四个色块的颜色设置为#F76F92，如图 3-81 所示。

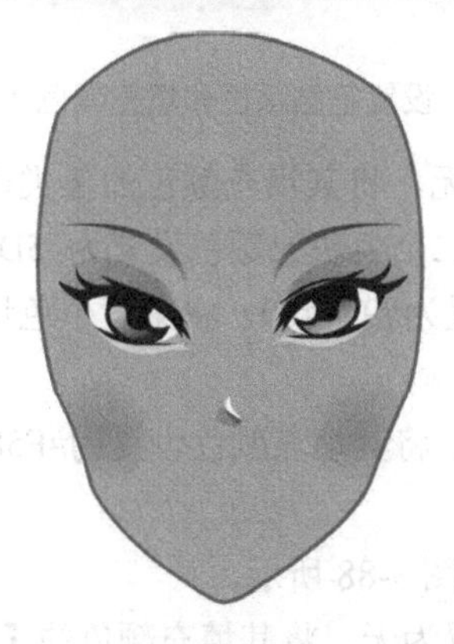

图 3-80　绘制鼻子部分并填充颜色

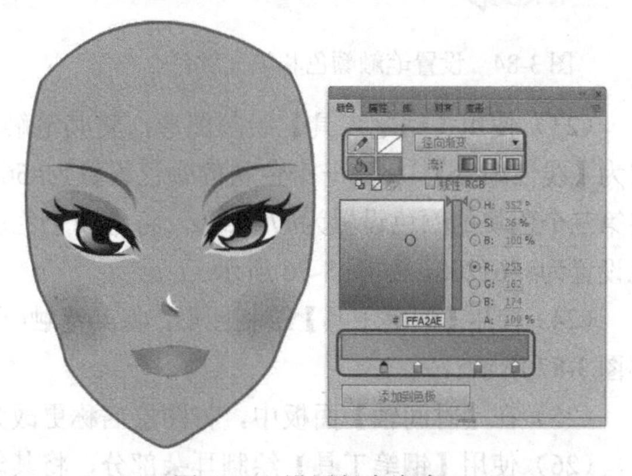

图 3-81　设置径向渐变 2

（19）使用【钢笔工具】绘制图形，将其笔触颜色设置为无，将其填充颜色的【类型】设置为【径向渐变】，将第一个色块的颜色设置为# FFA2AE，将第二个色块的颜色设置为# FF9FAD，将第三个色块的颜色设置为# FF85A3，将第四个色块的颜色设置为# FF7C9F，如图 3-82 所示。

（20）使用【钢笔工具】绘制图形，将其笔触颜色设置为无，将其填充颜色设置为#F56288，如图 3-83 所示。

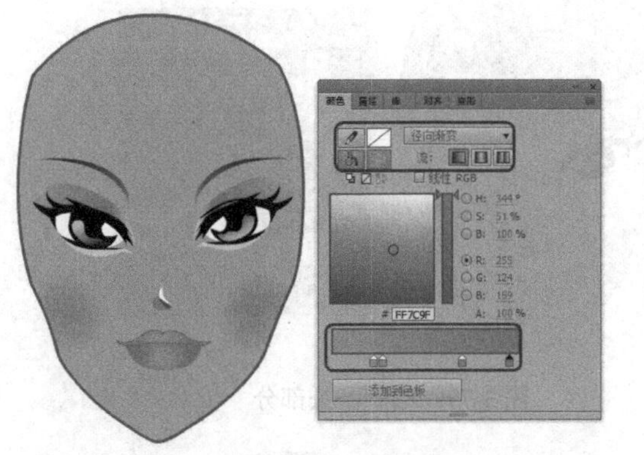

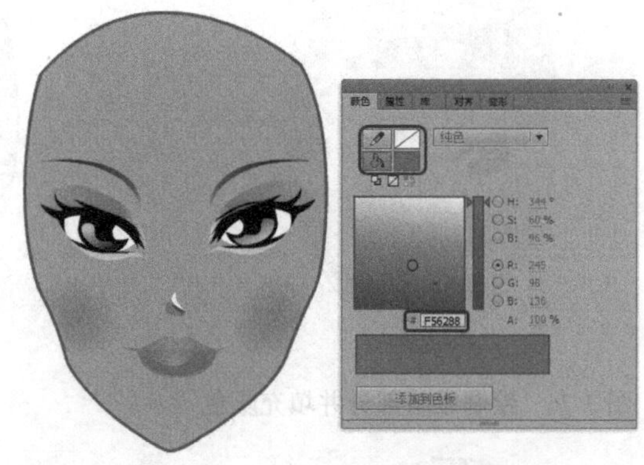

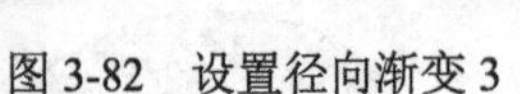
图 3-82　设置径向渐变 3

图 3-83　设置笔触颜色和填充颜色 1

（21）使用【钢笔工具】绘制图形，将其笔触颜色设置为无，将其填充颜色设置为白色，如图 3-84 所示。

（22）使用【钢笔工具】绘制图形，将其笔触颜色设置为无，将其填充颜色设置为#FFD4E1，如图 3-85 所示。

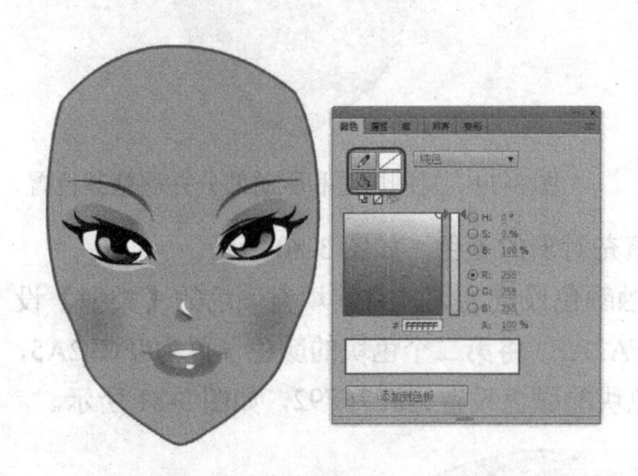

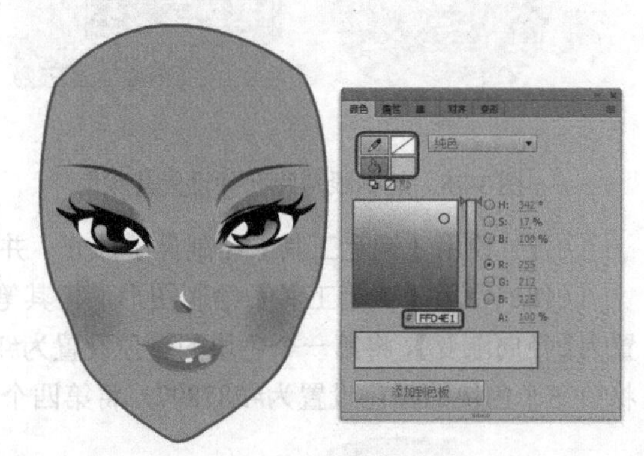

图 3-84　设置笔触颜色和填充颜色 2

图 3-85　设置笔触颜色和填充颜色 3

（23）使用【钢笔工具】绘制图形，将其笔触颜色设置为无，将其填充颜色的【类型】设置为【线性渐变】，将第一个色块的颜色设置为#561200，将第二个色块的颜色设置为#5D1800，将第三个色块的颜色设置为#712800，将第四个色块的颜色设置为#954400，将第五个色块的颜色设置为#561200，如图 3-86 所示。

（24）使用【钢笔工具】绘制图形，将其笔触颜色设置为无，将其填充颜色设置为#F58D74，如图 3-87 所示。

（25）在【时间轴】面板中，将图层名称更改为【脸】，如图 3-88 所示。

（26）使用【钢笔工具】绘制耳朵部分，将其笔触颜色设置为无，将其填充颜色的【类型】设置为【径向渐变】，将第一个色块的颜色设置为#FF8B6A，将第二个色块的颜色设置为# FF9E78，将第三个色块的颜色设置为# FFB78C，如图 3-89 所示。

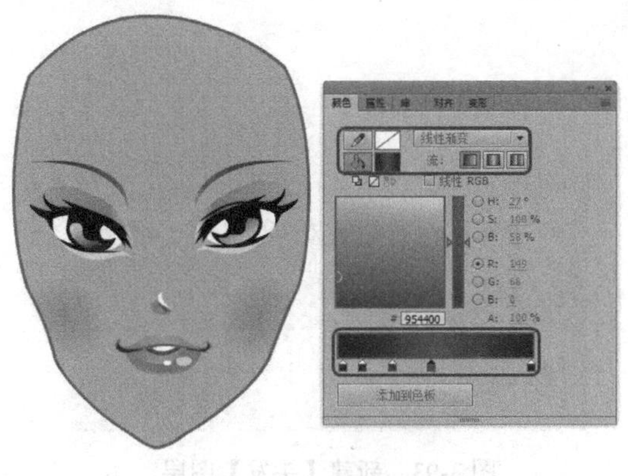

图 3-86 设置线性渐变 2

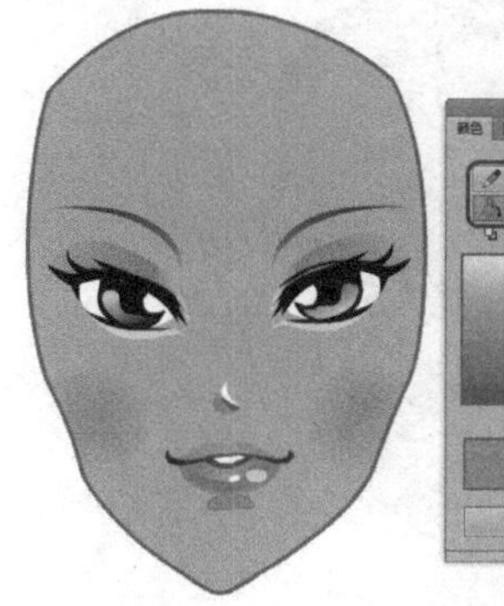
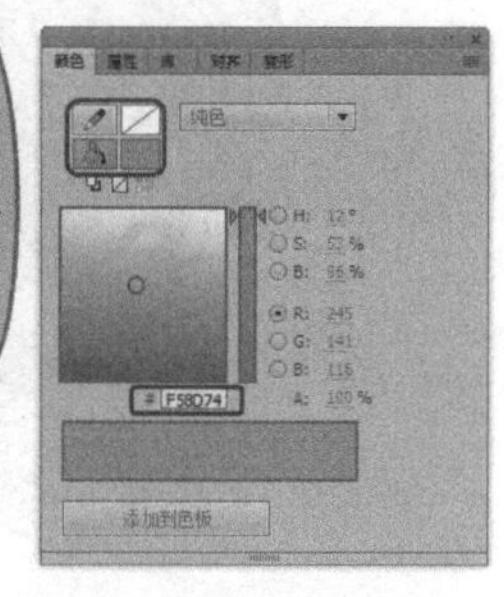

图 3-87 设置笔触颜色和填充颜色 4

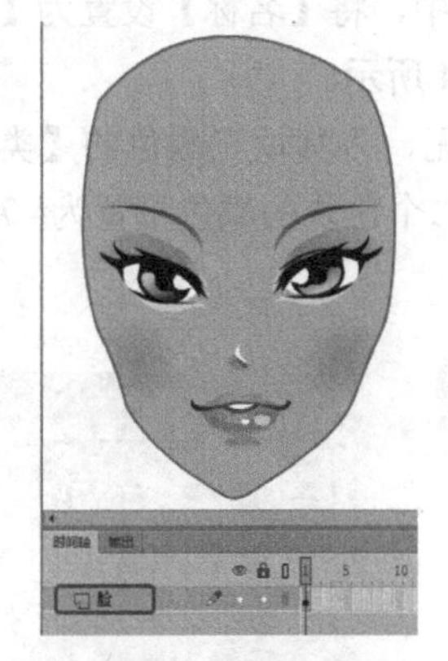

图 3-88 更改图层名称

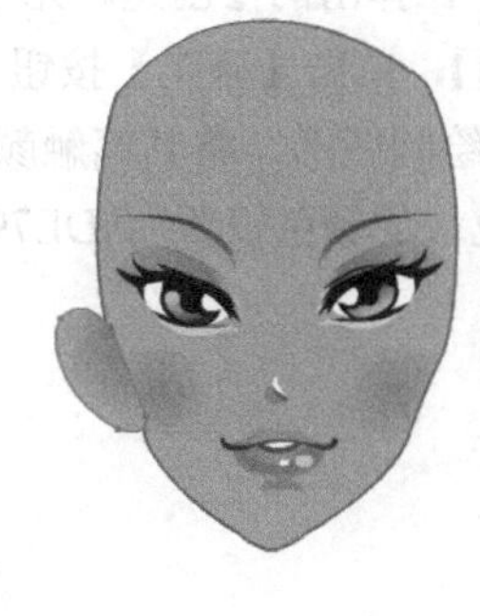
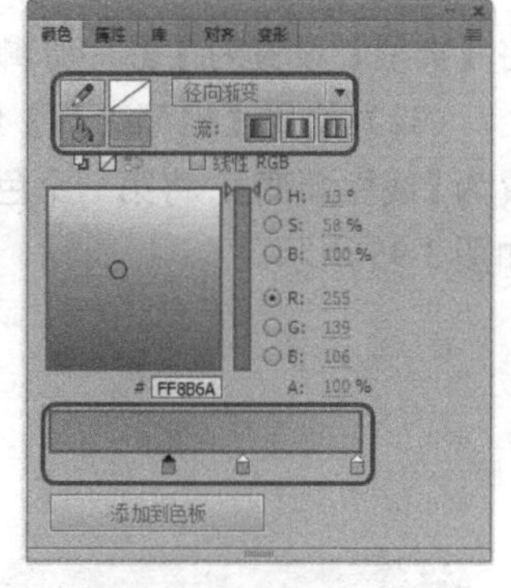

图 3-89 绘制耳朵部分并设置其颜色

（27）对耳朵进行复制操作，选择【修改】|【变形】|【水平翻转】命令，调整耳朵的位置，如图 3-90 所示。

（28）选中耳朵对象并右击，在弹出的快捷菜单中选择【排列】|【移至底层】命令，如图 3-91 所示。

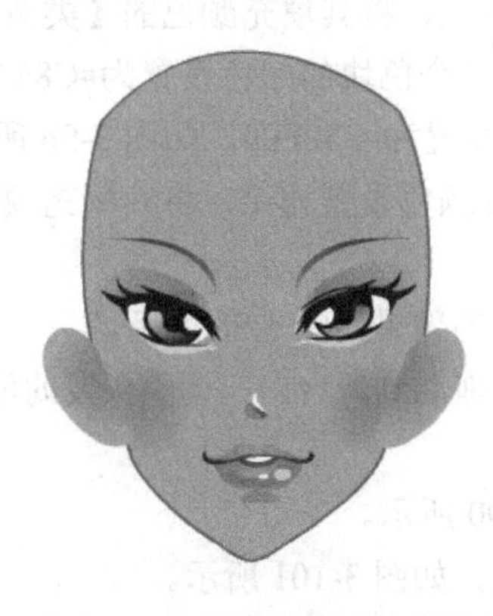

图 3-90 复制耳朵并调整其位置

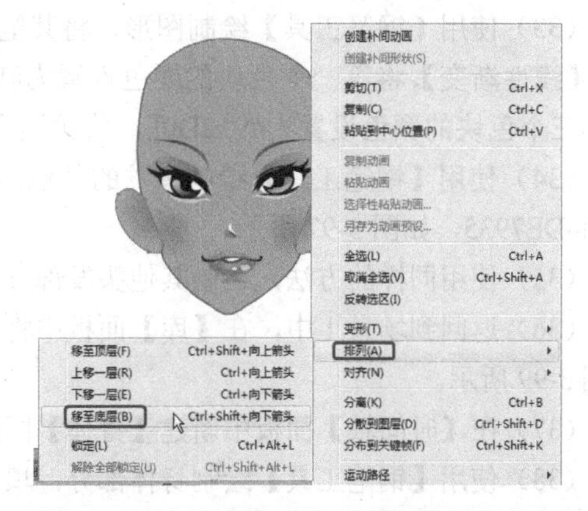

图 3-91 选择【排列】|【移至底层】命令

（29）将图层移至底层后的效果如图 3-92 所示。

（30）在【时间轴】面板中新建【头发】图层，如图 3-93 所示。

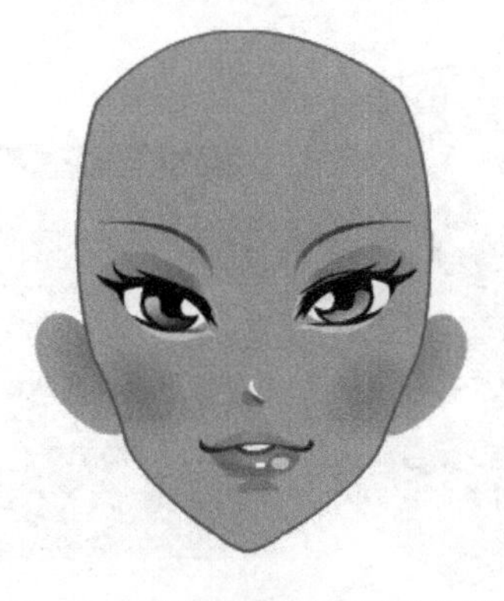

图 3-92　将图层移至底层后的效果

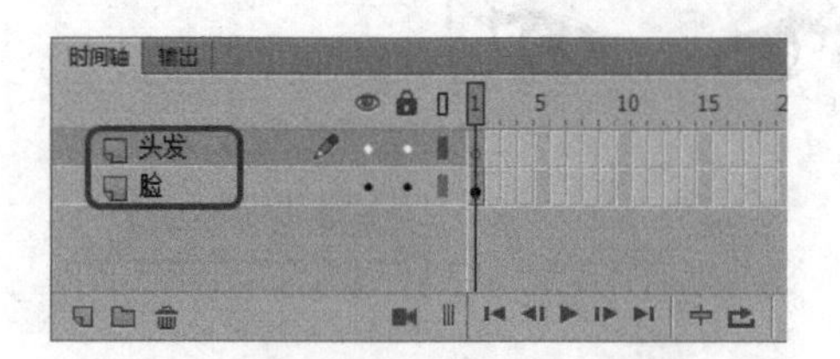

图 3-93　新建【头发】图层

（31）按 Ctrl+F8 组合键，在弹出的【创建新元件】对话框中，将【名称】设置为【头发】，将【类型】设置为【影片剪辑】，单击【确定】按钮，如图 3-94 所示。

（32）使用【钢笔工具】绘制图形，将其笔触颜色设置为无，将其填充颜色的【类型】设置为【线性渐变】，将第一个色块的颜色设置为#DE7935，将第二个色块的颜色设置为# 730F00，如图 3-95 所示。

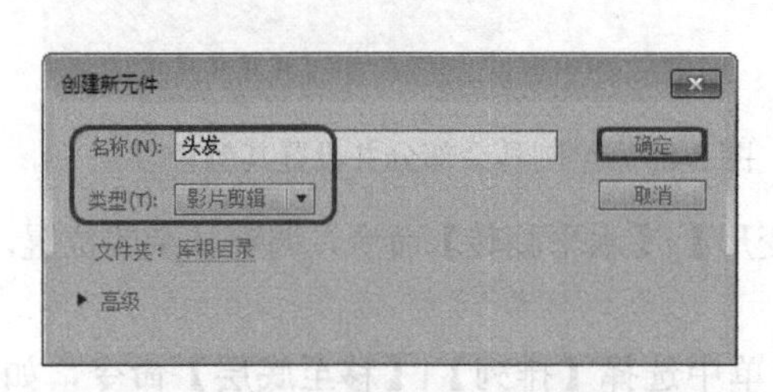

图 3-94　【创建新元件】对话框 2

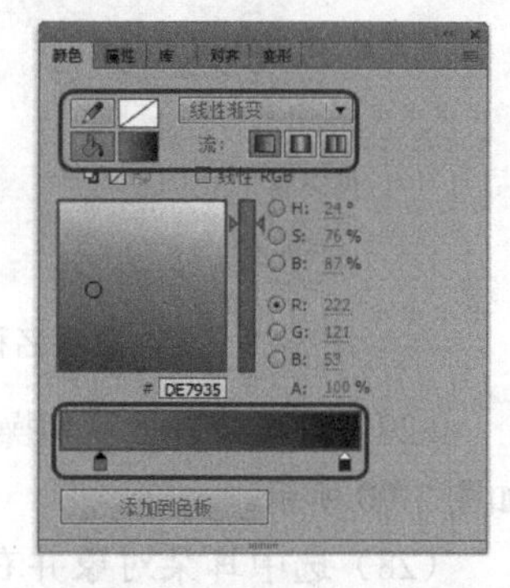

图 3-95　设置线性渐变 3

（33）使用【钢笔工具】绘制图形，将其笔触颜色设置为无，将其填充颜色的【类型】设置为【线性渐变】，将第一个色块的颜色设置为#DE7935，将第二个色块的颜色设置为#C8642A，将第三个色块的颜色设置为#912D0F，将第四个色块的颜色设置为#730F00，如图 3-96 所示。

（34）使用【钢笔工具】绘制头发的其他部分，将其笔触颜色设置为无，将其填充颜色设置为#DE7935，如图 3-97 所示。

（35）使用同样的方法，绘制其他头发部分，绘制完成后的效果如图 3-98 所示。

（36）返回到场景 1 中，在【库】面板中将【头发】元件拖动到舞台中，调整头发的位置，如图 3-99 所示。

（37）在【时间轴】面板中新建【身体】图层，如图 3-100 所示。

（38）使用【钢笔工具】绘制身体部分，填充对象的颜色，如图 3-101 所示。

（39）在【时间轴】面板中，将【身体】图层调整至底层，如图 3-102 所示。

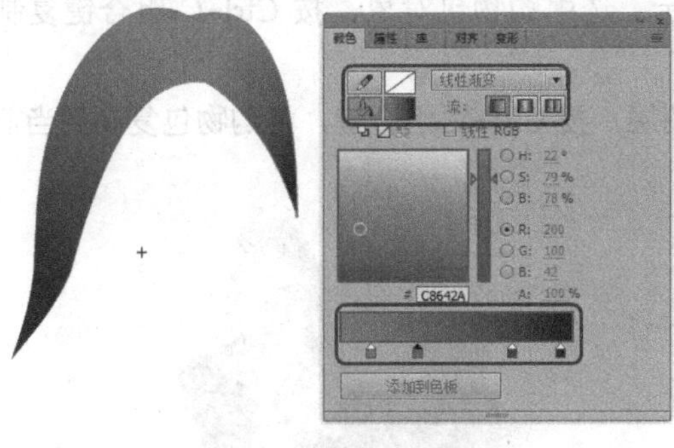

图 3-96 设置线性渐变 4

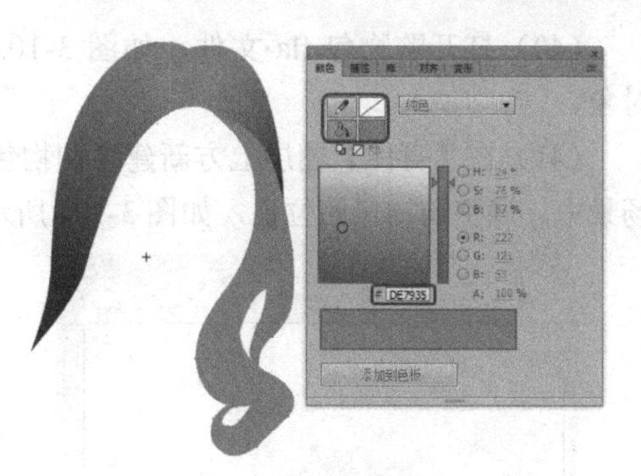

图 3-97 绘制头发的其他部分

图 3-98 头发绘制完成后的效果

图 3-99 调整头发的位置

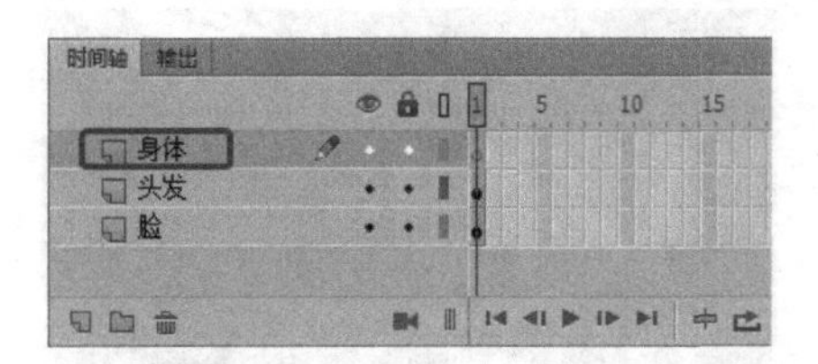

图 3-100 新建【身体】图层

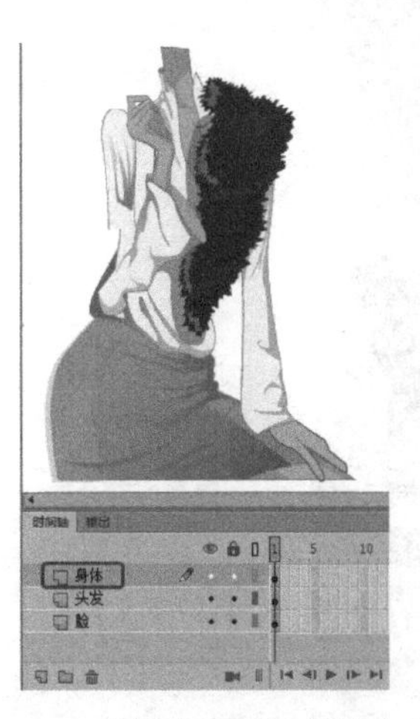

图 3-101 绘制身体部分并填充颜色

图 3-102 将【身体】图层调整至底层

（40）打开购物包.fla 文件，如图 3-103 所示。选中购物包对象，按 Ctrl+C 组合键复制对象。

（41）在【身体】图层上方新建【购物包】图层，按 Ctrl+V 组合键，将购物包复制到当前场景中，调整购物包的位置，如图 3-104 所示。

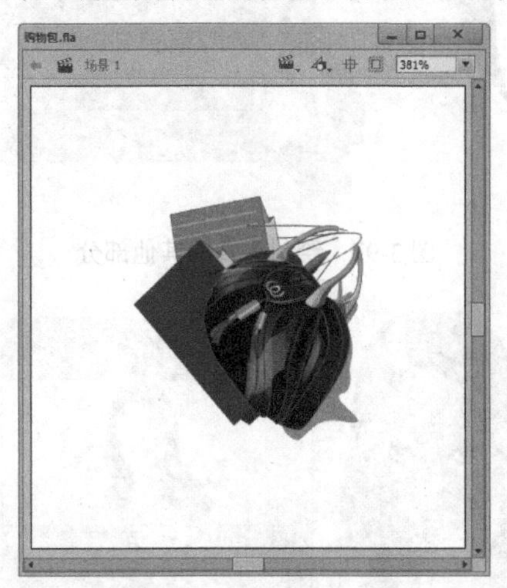

图 3-103　打开素材文件

图 3-104　新建图层并调整购物包的位置

（42）打开夏日促销海报素材.fla 文件，选择【人物】图层，将绘制的所有对象都粘贴到素材文件中，粘贴完成后的效果如图 3-105 所示。

图 3-105　粘贴完成后的效果

3.4.2 制作圣诞节海报

下面通过使用【钢笔工具】绘制雪人，并对雪人填充颜色，完成圣诞节海报的制作。完成的圣诞节海报效果如图 3-106 所示。

(1) 打开圣诞节海报素材.fla 文件，如图 3-107 所示。

(2) 选择【雪人】图层，使用【钢笔工具】绘制雪人轮廓，将其笔触颜色设置为无，将其填充颜色设置为白色，如图 3-108 所示。

(3) 使用【矩形工具】，在【属性】面板中将其笔触颜色设置为无，将其填充颜色设置为# 343434，单击【将对象绘制模式打开】按钮，在【矩形选项】区域中，将【矩形边角半径】设置为 2，如图 3-109 所示。

(4) 使用【矩形工具】绘制矩形，将【矩形边角半径】设置为 0，如图 3-110 所示。

图 3-106 完成的圣诞节海报效果

图 3-107 打开素材文件

图 3-108 绘制雪人轮廓

图 3-109 绘制圆角矩形

图 3-110 绘制矩形

(5) 使用【矩形工具】绘制两个红色的矩形，并调整其位置，如图 3-111 所示。

(6) 使用【任意变形工具】旋转并移动帽子的位置，如图 3-112 所示。

图 3-111　绘制两个红色的矩形并调整其位置

图 3-112　旋转并移动帽子的位置

（7）使用【钢笔工具】绘制眼睛部分，将其笔触颜色设置为无，将其填充颜色设置为#5E5045，如图 3-113 所示。

（8）使用【钢笔工具】绘制鼻子部分，将其笔触颜色设置为无，将其填充颜色设置为#ED7626，如图 3-114 所示。

图 3-113　绘制眼睛部分

图 3-114　绘制鼻子部分

（9）使用【钢笔工具】绘制图形，将其笔触颜色设置为无，将其填充颜色设置为#FFD7D7，将鼻子调整到图形的上方，如图 3-115 所示。

（10）使用同样的方法，绘制嘴巴部分，将其笔触颜色设置为无，将其填充颜色设置为#7C7369，如图 3-116 所示。

（11）新建【围脖】图层，使用【钢笔工具】绘制图形，将其笔触颜色设置为无，将其填充颜色设置为#009245，如图 3-117 所示。

（12）使用【钢笔工具】绘制图形，将其笔触颜色设置为无，将其填充颜色设置为#8CC63F，如图 3-118 所示。

（13）使用同样的方法绘制围脖的其他部分，如图 3-119 所示。

（14）在【雪人】图层上方新建【外褂】图层，使用【钢笔工具】绘制外褂，将其笔触颜色设置为无，将其填充颜色设置为#3F8C34，如图 3-120 所示。

图 3-115　调整鼻子的位置

图 3-116　绘制嘴巴部分

图 3-117　绘制围脖

图 3-118　绘制图形

图 3-119　绘制围脖的其他部分

图 3-120　绘制外褂

（15）使用【钢笔工具】绘制扣子部分，将其笔触颜色设置为无，将其填充颜色设置为#CC254D，如图 3-121 所示。

（16）在【雪人】图层上方新建【手臂】图层，使用【钢笔工具】绘制图形，将其笔触颜色设置为无，将其填充颜色设置为#343434，如图 3-122 所示。

（17）使用【钢笔工具】绘制积雪，将其笔触颜色设置为无，将其填充颜色设置为白色，如图 3-123 所示。

（18）在【围脖】图层上方新建【手臂 2】图层，使用【钢笔工具】绘制另一条手臂，如图 3-124 所示。

图 3-121　绘制扣子部分

图 3-122　绘制手臂

图 3-123　绘制积雪

图 3-124　绘制另一条手臂

（19）打开礼物盒.fla 文件，如图 3-125 所示，选中所有对象，按 Ctrl+C 组合键对其进行复制操作。

（20）在【手臂 2】图层上方新建【礼物盒】图层，按 Ctrl+V 组合键对其进行粘贴操作，调整对象的位置，如图 3-126 所示。

图 3-125　打开礼物盒.fla 文件

图 3-126　调整礼物盒的位置

【课后习题】

1. 【选择工具】和【任意变形工具】有何相同点和不同点？
2. 如何使用【任意变形工具】对图形进行等比缩放？
3. 优化曲线有何作用？

【课后练习】

项目练习　制作卡通木板

<table>
<tr>
<td>效果展示：

</td>
<td>操作要领：
（1）导入素材文件并进行设置。
（2）使用【钢笔工具】、【刷子工具】等进行绘制。
（3）使用【文本工具】输入文本并进行相关设置</td>
</tr>
</table>

第4章

色彩工具的使用

04

Chapter

本章导读:

基础知识

- ◈ 笔触工具和填充工具的使用
- ◈ 颜料桶工具的使用
- ◈ 滴管工具的使用

重点知识

- ◈ 渐变变形工具的使用
- ◈ 任意变形工具的使用

提高知识

- ◈ 【颜色】面板的使用
- ◈ 【样本】面板的使用

本章介绍了【滴管工具】、【渐变变形工具】和【任意变形工具】的使用，介绍了【颜色】面板、【样本】面板的设置和使用方法。

4.1 任务12：绘制牛奶广告——笔触工具和填充工具的使用

本任务将介绍如何绘制牛奶广告，其中主要使用了【钢笔工具】，并配合使用了【渐变变形工具】，完成的牛奶广告效果如图 4-1 所示。

图 4-1 完成的牛奶广告效果

4.1.1 任务实施

（1）启动 Animate CC 2017，按 Ctrl+N 组合键，弹出的【新建文档】对话框，在【类型】列表框中选择【ActionScript 3.0】选项，将【宽】、【高】分别设为 900 像素、1100 像素，单击【确定】按钮，如图 4-2 所示。

（2）在【属性】面板中将舞台的颜色设置为#7EB7BE，如图 4-3 所示。

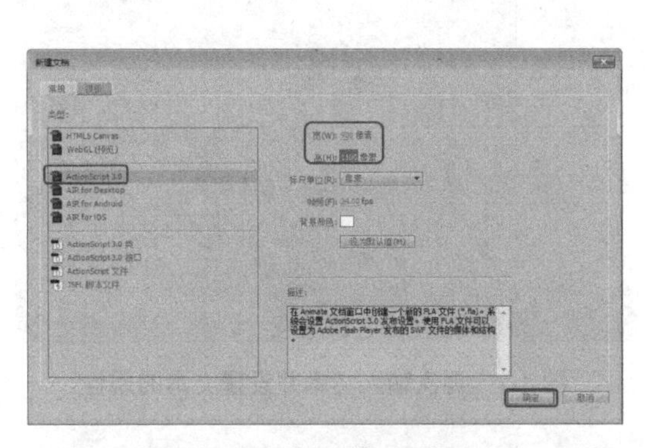

图 4-2 【新建文档】对话框

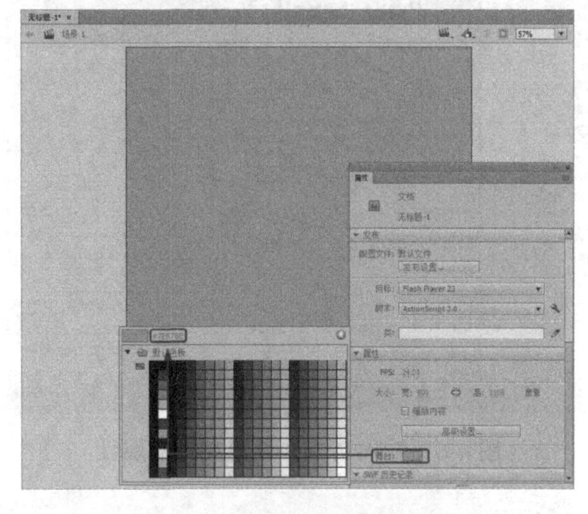

图 4-3 设置舞台的颜色

（3）新建【图层 2】，使用【钢笔工具】绘制图形，将其笔触颜色设置为无，将其填充颜色设置为#846B5F，如图 4-4 所示。

（4）设置完成后，复制该对象，将其填充颜色设置为#EC4C05，设置完成后调整对象的位置，如图 4-5 所示。

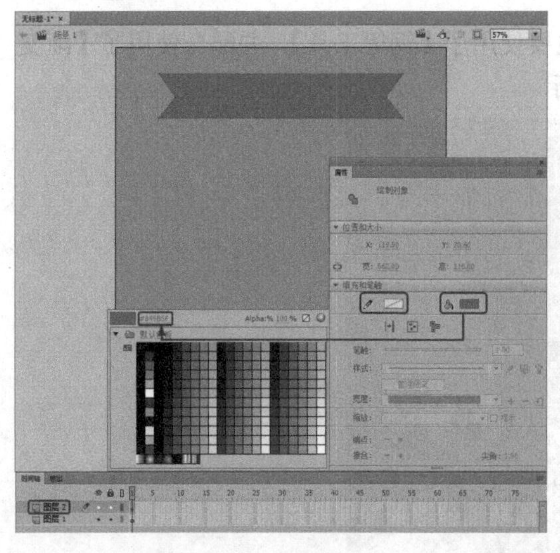

图 4-4　绘制图形

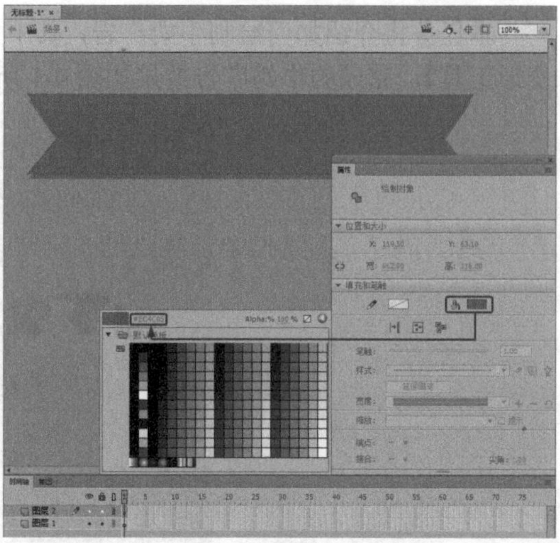

图 4-5　复制对象并设置填充颜色

（5）使用【文本工具】输入文本，在【属性】面板中将【系列】设置为迷你简中倩，将【大小】设置为 96 磅，将【字母间距】设置为 0 磅，将【颜色】设置为白色，设置完成后调整文本的位置，如图 4-6 所示。

（6）使用【文本工具】输入文本，在【属性】面板中将【系列】设置为隶书，将【大小】设置为 40 磅，将【字母间距】设置为 8.5 磅，将【颜色】设置为白色，设置完成后调整文本的位置，如图 4-7 所示。

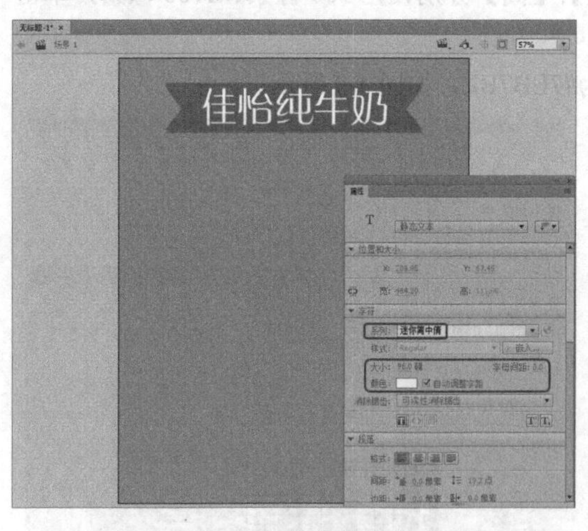

图 4-6　输入文本并设置文本的属性

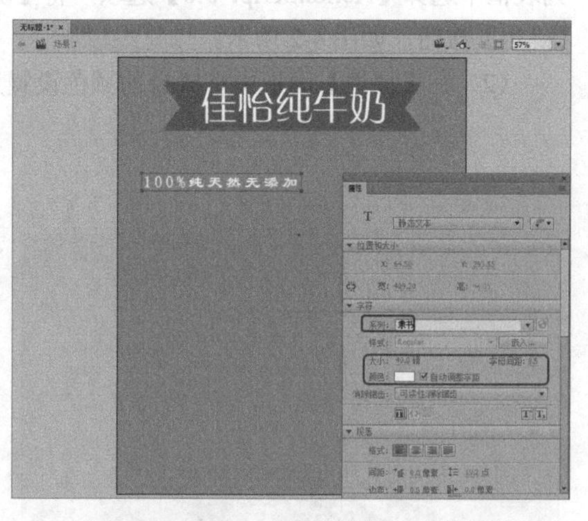

图 4-7　再次输入文本并设置文本的属性

提示：按 Ctrl+Shift+F9 组合键可以打开【颜色】面板。

（7）使用【线条工具】绘制一条直线，在【属性】面板中将【宽】设置为 450 像素，将其笔触颜色设置为白色，将【笔触】设置为 4pts，设置完成后调整该对象的位置，如图 4-8 所示。

（8）按 Ctrl+R 组合键，在弹出的【导入】对话框中选择【001】素材文件，单击【打开】按钮，如图 4-9 所示，并将对象调整到合适的位置。

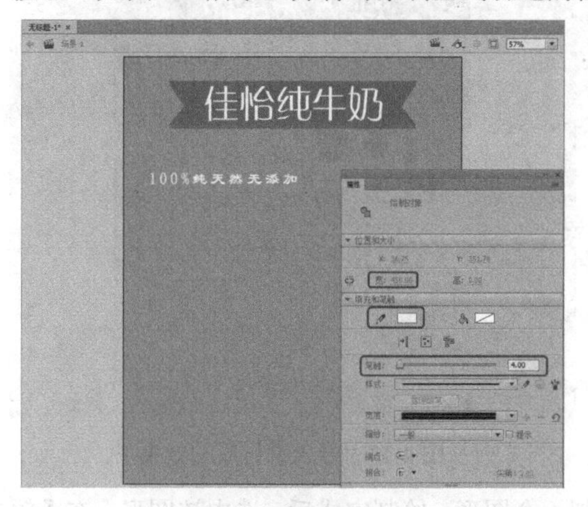

图 4-8 绘制直线

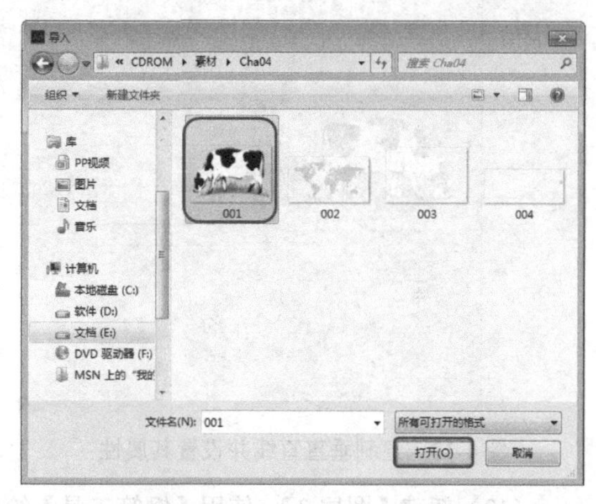

图 4-9 导入素材

（9）使用【线条工具】绘制一条直线，在【属性】面板中将【宽】设置为 440 像素，将其笔触颜色设置为白色，将【笔触】设置为 4pts，设置完成后复制该对象并调整该对象的位置，如图 4-10 所示。

（10）使用【文本工具】输入文本，在【属性】面板中将【系列】设置为隶书，将【大小】设置为 24 磅，将【字母间距】设置为 0 磅，将【颜色】设置为白色，设置完成后调整文本的位置，如图 4-11 所示。

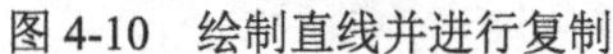
图 4-10 绘制直线并进行复制

图 4-11 输入文本并设置文本属性

（11）使用【钢笔工具】绘制一条垂直的直线，在【属性】面板中将【宽】、【高】分别设置为 3.5 像素、150 像素，将其笔触颜色设置为无，将其填充颜色设置为白色，设置完成后调整该对象的位置，如图 4-12 所示。

（12）按 Ctrl+R 组合键，在弹出的【导入】对话框中选择【002】文件，单击【打开】按钮，并将对象调整到合适的位置。使用同样的方法导入【003】和【005】文件，并在合适的位置使用前面介绍的方法绘制直线，将【宽】设置为 530 像素，导入素材后的效果如图 4-13 所示。

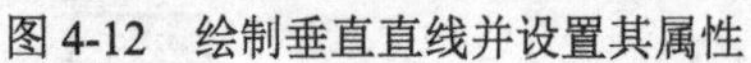
图 4-12　绘制垂直直线并设置其属性

图 4-13　导入素材后的效果

（13）新建【图层 3】，使用【钢笔工具】绘制一个图形。绘制完成后，选中该图形，在【颜色】面板中，将其笔触颜色设置为无，将其填充颜色设置为线性渐变，色块的颜色从左到右依次设置为#FBFCFC、#FDFCFB、#FDFCFA，设置完成后调整色块的位置，如图 4-14 所示。

提示：如果想删除渐变条上的色块，则选中要删除的色块，单击并将其拖动到渐变条以外的区域进行删除即可。

知识链接：

【渐变变形工具】主要用于对对象进行填充颜色的变形处理，如选择过渡色、旋转颜色和拉伸颜色等。通过使用该工具，用户可以将选择对象的填充颜色处理为自己需要的各种色彩。由于在影片制作中经常要用到颜色的填充和调整，因此，Animate 将该工具作为一个单独的工具加到绘图工具箱中，以方便用户使用。

（14）新建【图层 4】，按 Ctrl+R 组合键，在弹出的【导入】对话框中选择【牛奶瓶】文件，单击【打开】按钮，如图 4-15 所示，并将对象调整到合适的大小和位置。

图 4-14　绘制图形并调整其位置

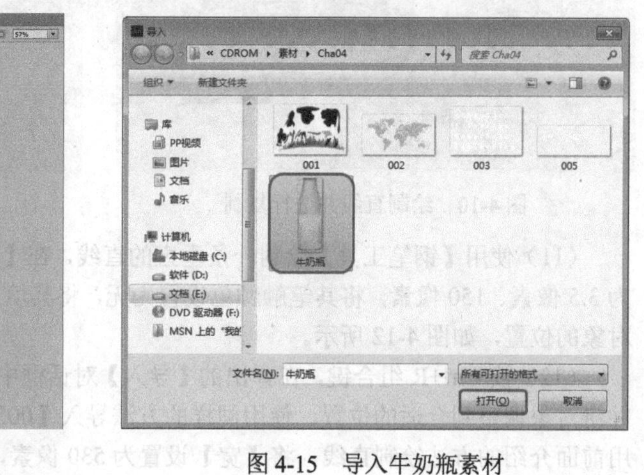

图 4-15　导入牛奶瓶素材

（15）新建【图层5】，使用【钢笔工具】绘制一个图形。绘制完成后，选中该图形，在【颜色】面板中，将其笔触颜色设置为无，将其填充颜色设置为线性渐变，色块的颜色从左到右依次设置为#E8E9EA、#FDFDFD、#EEEEEF、#C9C9C9，如图4-16所示。

知识链接：

颜色类型：当将【颜色】面板中的【类型】设置为【线性渐变】或【径向渐变】时，【颜色】面板会启用渐变色设置模式。此时需要先定义好渐变条下色块的颜色，再拖动色块来调整颜色的渐变效果。用鼠标单击渐变条还可以添加更多的色块，从而创建更复杂的渐变效果。

（16）新建【图层 6】，使用【钢笔工具】绘制一个图形，在【颜色】面板中，将其笔触颜色设置为无，将其填充颜色设置为线性渐变，如图4-17所示。

图4-16 新建【图层5】并绘制图形

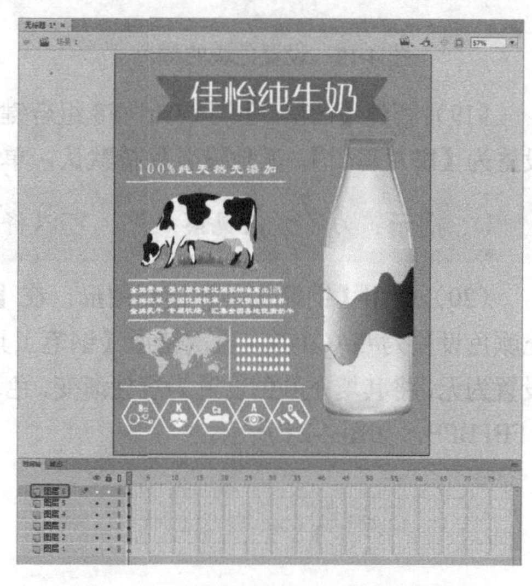

图4-17 新建【图层6】并绘制图形

（17）将【线性渐变】色块的颜色从左到右依次设置为#999999、#666666、#57585B、#353537、#999999，设置完成后，调整色块的位置，如图4-18所示。

（18）使用【椭圆工具】绘制一个椭圆，绘制完成后，选中绘制的椭圆，在【颜色】面板中将其笔触颜色设置为无，将其填充颜色设置为线性渐变，将左侧色块的颜色设置为#363638，将右侧色块的颜色设置为# 4D4D4F。设置完成后，调整椭圆的位置，并复制椭圆，调整其大小，如图4-19所示。

知识链接：

【椭圆工具】：使用【椭圆工具】可以绘制椭圆形或圆形图案。另外，用户不仅可以任意选择轮廓线的颜色、线宽和线型，还可以任意选择椭圆形或圆形的填充色。如果在绘制椭圆形的同时按住Shift键，则在工作区中将绘制出一个正圆；按Ctrl键可以暂时切换到【选择工具】，对工作区中的对象进行选取。

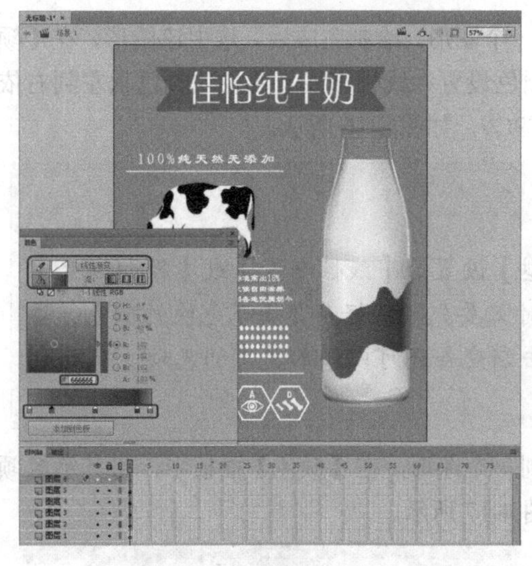

图 4-18 设置色块的颜色

图 4-19 绘制椭圆并复制

（19）新建【图层 7】，按 Ctrl+F8 组合键，在弹出的【创建新元件】对话框中，将【类型】设置为【影片剪辑】，其他设置保持默认，单击【确定】按钮，如图 4-20 所示。

提示：为了方便观察效果，可以将背景颜色设置为其他颜色。

（20）使用【钢笔工具】绘制图形，在【颜色】面板中，将其笔触颜色设置为无，将其填充颜色设置为#9AC4C9；再次使用【钢笔工具】绘制图形，在【颜色】面板中，将其笔触颜色设置为无，将其填充颜色设置为线性渐变，色块的颜色从左到右依次设置为#F7F7F7、# F9F9F9、# FBFBFB，如图 4-21 所示。

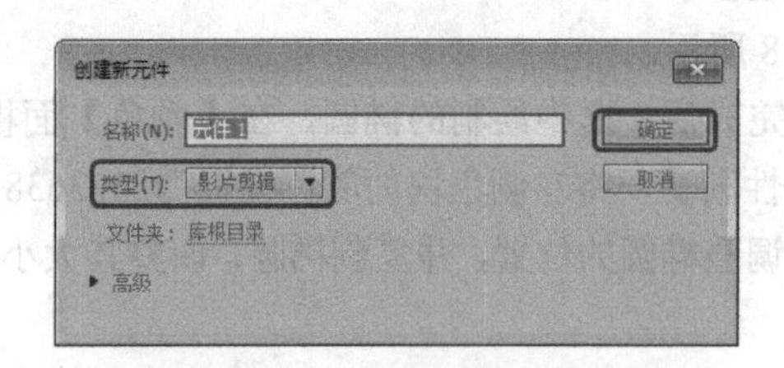

图 4-20 【创建新元件】对话框

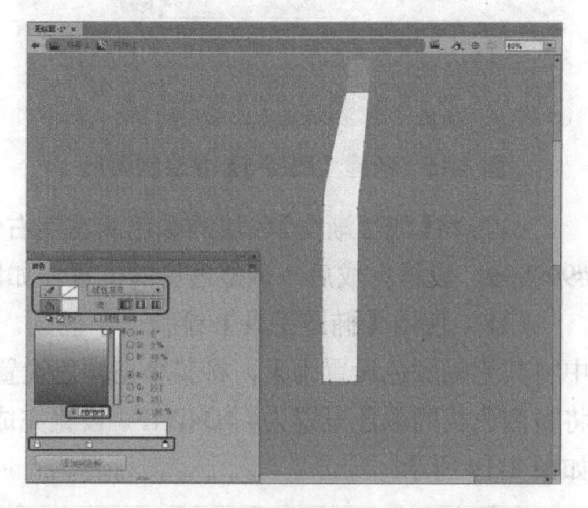

图 4-21 绘制图形 1

（21）使用【钢笔工具】绘制图形，在【颜色】面板中，将其笔触颜色设置为无，将其填充颜色设置为线性渐变，色块的颜色从左到右依次设置为#F2F2F3、#F4F4F5、#F5F5F6，如图 4-22 所示，设置完成后调整其位置。

（22）使用【钢笔工具】绘制图形，在【颜色】面板中，将其笔触颜色设置为无，将其填充颜色设置为线性渐变，色块的颜色从左到右依次设置为#747476、#67676A、#6F6F71、#6F6F72，如图 4-23 所示。

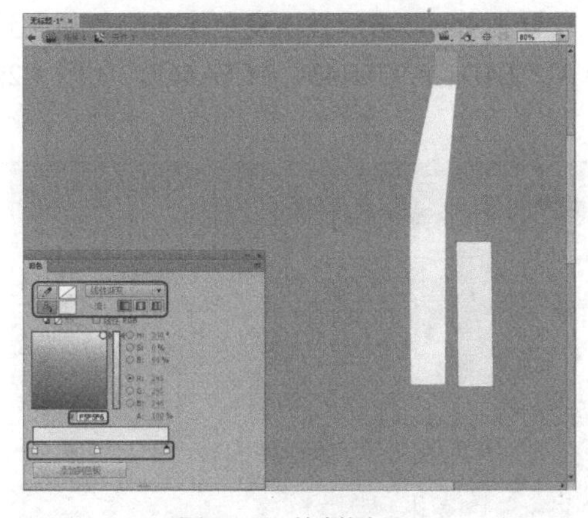

图 4-22　绘制图形 2

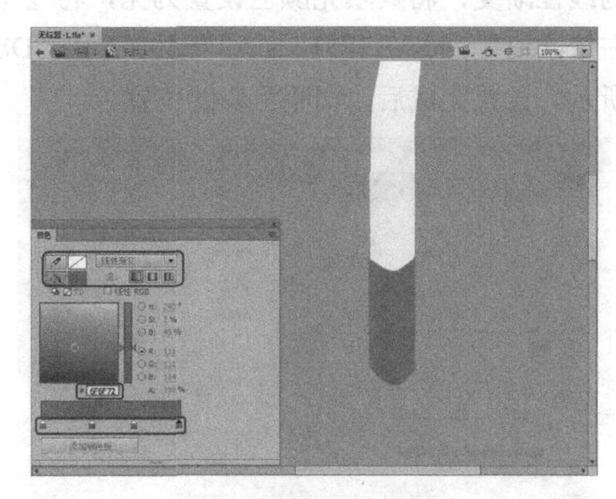

图 4-23　绘制图形 3

（23）使用【钢笔工具】绘制一个不规则的椭圆，在【颜色】面板中，将其笔触颜色设置为无，将其填充颜色设置为线性渐变，色块的颜色从左到右依次设置为#747476、#67676A、#6F6F71、#6F6F72，如图 4-24 所示。设置完成后，调整色块的位置。

（24）返回到场景 1 中，在【库】面板中，将【元件1】拖动到舞台中，并调整其位置，如图 4-25 所示。

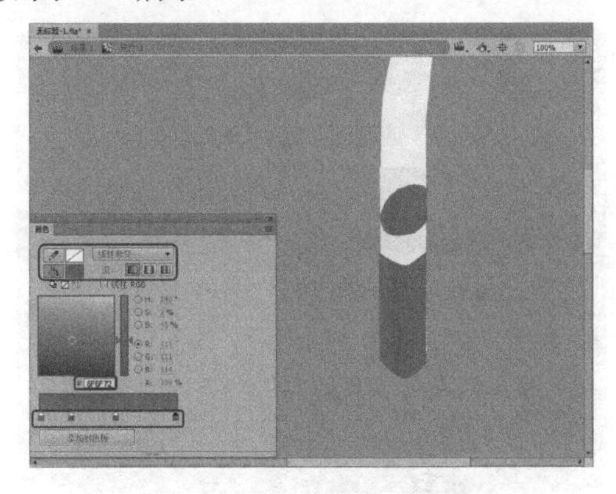

图 4-24　绘制不规则椭圆

图 4-25　将【元件 1】拖动到舞台中并调整其位置

（25）使用【钢笔工具】绘制一条曲线，在【属性】面板中，将其笔触颜色设置为黑色，将【笔触】设置为 4pts，如图 4-26 所示。

（26）按 F8 键，在弹出的【转换为元件】对话框中，将【类型】设置为【影片剪辑】，其他设置保持默认，单击【确定】按钮。在【属性】面板中为其添加【模糊】滤镜，将【模糊 X】和【模糊 Y】都设置为 20 像素，将【品质】设置为中，如图 4-27 所示。设置完成后，调整该对象的位置。

（27）新建【图层 8】，使用【钢笔工具】绘制图形，在【颜色】面板中，将其笔触颜色设置为无，将其填充颜色设置为线性渐变，色块的颜色从左到右依次设置为#B98D5E、#916440、#E6BC7E、#B78A59、#78502F、#9F7249、#D0A673，如图 4-28 所示。设置完成后，调整色块的位置。

（28）按 Ctrl+F8 组合键，在弹出的【创建新元件】对话框中，将【类型】设置为【影片剪辑】，其他设置保持默认。使用【钢笔工具】绘制线条，在【属性】面板中，将其笔触颜色设置为线性渐变，将其填充颜色设置为无，将【笔触】设置为4pts，将线性渐变色块的颜色从左到右依次设置为# AB7F51、# A97E50、# EFCD8F、# AD7E4D、# 976B43、# CFA46F，如图 4-29 所示。设置完成后，调整色块的位置。

图 4-26　设置笔触的属性

图 4-27　添加滤镜

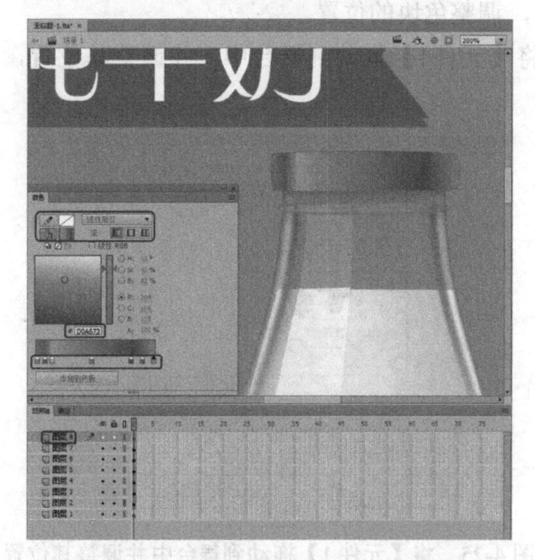

图 4-28　新建【图层 8】并绘制图形

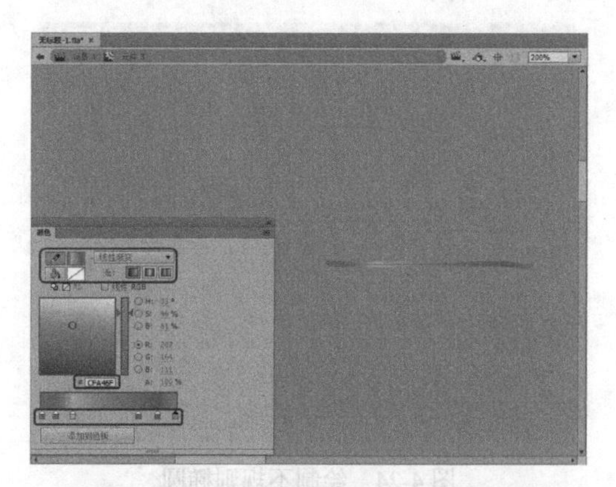

图 4-29　绘制线条并将其创建为元件

（29）返回到场景 1 中，在【库】面板中，将【元件 3】拖动到舞台中，并调整其位置，如图 4-30 所示。

（30）调整完成后，选中该元件，在【属性】面板中为其添加【模糊】滤镜，如图 4-31 所示。

（31）按 Ctrl+F8 组合键，在弹出的【创建新元件】对话框中，将【类型】设置为【影片剪辑】，其他设置保持默认。使用同样的方法设置【元件4】，将线性渐变色块的颜色从左到右依次设置为# C0A272、# ECD39F、# D2BE9D、# B1855C、# CEA46D，设置完成后为其添加【模糊】滤镜，如图 4-32 所示。

（32）使用【文本工具】在舞台中输入文本，将【系列】设置为 Ravie，将【大小】设置为 70 磅，将【颜色】设置为白色，如图 4-33 所示。最终，对场景文件进行保存。

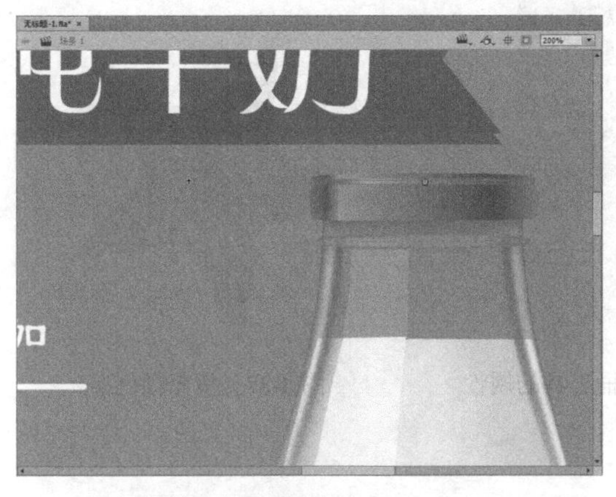

图 4-30　调整元件的位置

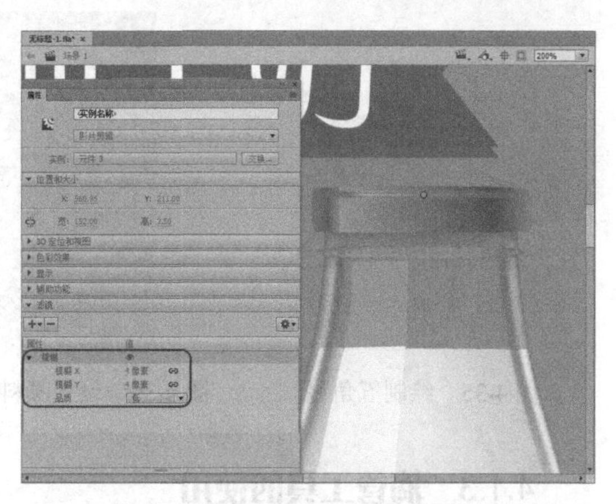

图 4-31　为元件添加【模糊】滤镜

图 4-32　创建元件并添加滤镜

图 4-33　输入并设置文本

4.1.2　颜料桶工具的使用

使用【颜料桶工具】可以给工作区内有封闭区域的图形填色。使用【颜料桶工具】还可以给一些没有完全封闭但接近于封闭的图形区域填充颜色，如图 4-34 所示。【颜料桶工具】有 3 种填充模式：单色填充、渐变填充和位图填充。通过在【颜色】面板中选择不同的填充模式，可以制作出不同的视觉效果。具体操作步骤如下。

（1）在舞台中绘制五角星，将其笔触颜色设置为紫色，将其填充颜色设置为无，如图 4-35 所示。

（2）使用【颜料桶工具】，在【属性】面板中，将填充颜色设置为红色，如图 4-36 所示。

（3）设置完成后，在舞台中单击五角星内的区域，进行颜色填充，如图 4-37 所示。

图 4-34　不完全封闭的图形区域

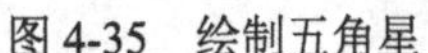

图 4-35　绘制五角星

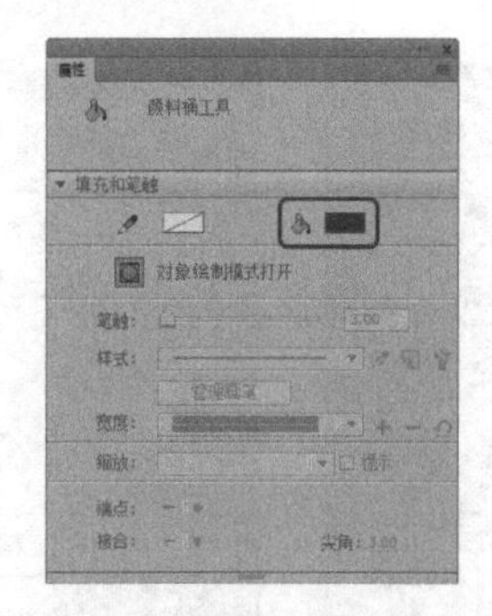

图 4-36　设置颜料桶工具的属性

图 4-37　填充颜色

4.1.3　滴管工具的使用

【滴管工具】就是吸取某种对象颜色的管状工具。在 Animate 中，【滴管工具】的作用是采集某一对象的色彩特征，以便应用到其他对象上。使用【滴管工具】的具体操作步骤如下。

（1）选择【01】文件，单击【打开】按钮，如图 4-38 所示。

（2）新建【图层 2】，使用【椭圆工具】，将其笔触颜色设置为无，将其填充颜色设置为白色，在舞台中绘制椭圆，如图 4-39 所示。

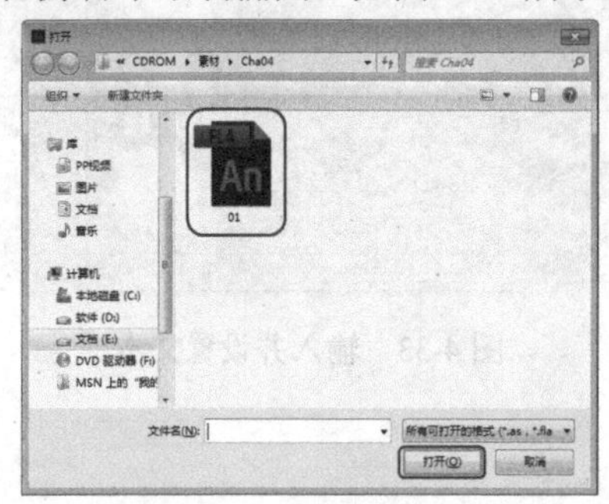

图 4-38　打开素材

图 4-39　绘制椭圆

（3）使用【滴管工具】，在舞台中吸取除黑色外的其他颜色，单击即可吸取颜色，如图 4-40 所示。

（4）此时变为【颜料桶工具】，对椭圆部分进行颜色填充。填充完成后，选择【图层 2】，选中绘制的所有椭圆，将其转换为元件，添加【模糊】滤镜，并调整【模糊】参数，完成后的效果如图 4-41 所示。

图 4-40　使用【滴管工具】吸取颜色

图 4-41　完成后的效果

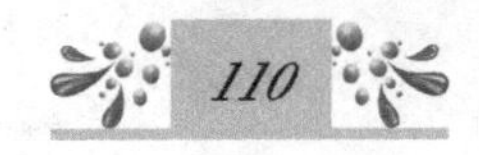

4.1.4 渐变变形工具的使用

【渐变变形工具】用于对对象进行填充颜色的变形处理，如选择过渡色、旋转颜色和拉伸颜色等。下面介绍【渐变变形工具】的使用方法。

（1）使用【渐变变形工具】，将其笔触颜色设置为黑色，将其填充颜色设置为线性渐变，在舞台中绘制一个八边形，如图 4-42 所示。

（2）使用【渐变变形工具】，将鼠标指针移动到绘制的八边形上，鼠标指针的右下角将出现一个具有梯形渐变填充的矩形，如图 4-43 所示。

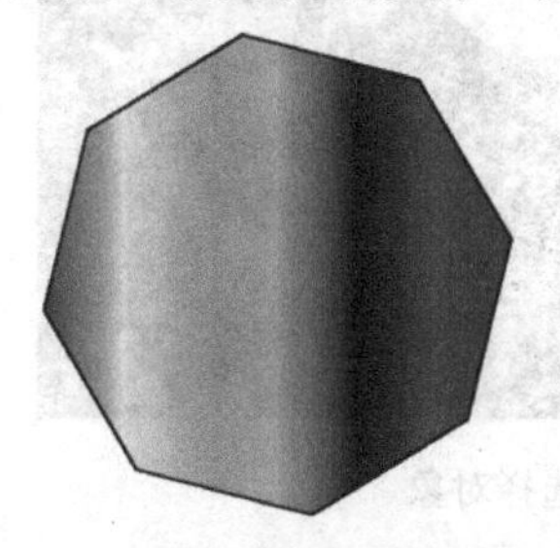

图 4-42 绘制八边形

图 4-43 具有梯形渐变填充的矩形

（3）选中绘制的八边形，将鼠标指针移动到右上侧的旋转按钮上，按住鼠标左键进行旋转，此时渐变就发生了变化，旋转后的效果如图 4-44 所示。

（4）将鼠标指针移动到图标→处并进行拖动，拖动完成后的效果如图 4-45 所示。

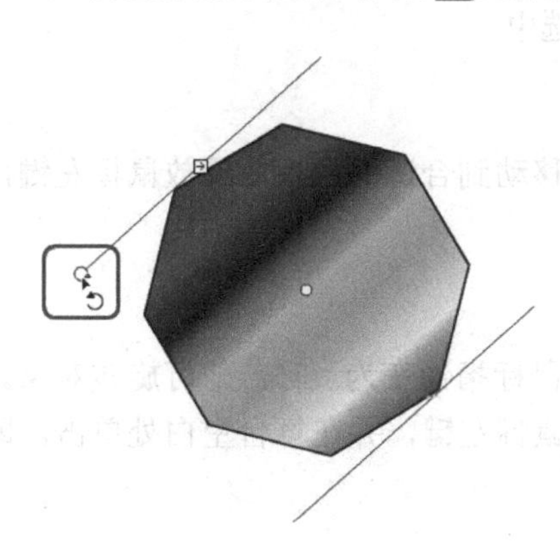

图 4-44 旋转后的效果

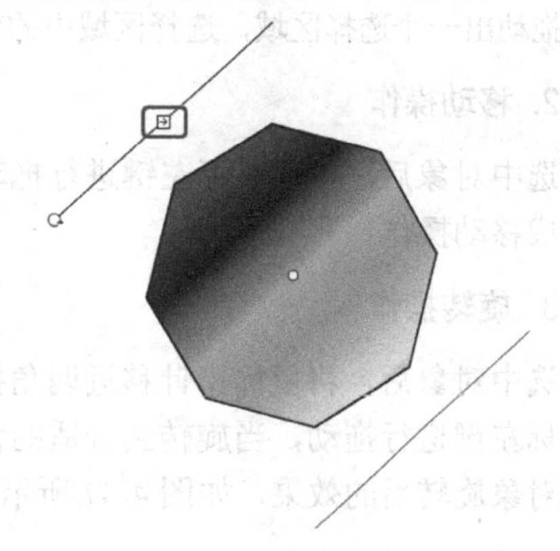

图 4-45 拖动完成后的效果

4.1.5 任意变形工具的使用

【任意变形工具】用于对图像进行选择、移动、旋转、倾斜、缩放、调整变形中心点和任意变形操作。

1. 选择操作

在对对象进行移动、旋转和各种变形操作前，需要先选中这个对象。可以使用【选择工具】进行选择，也可以直接使用【任意变形工具】进行选择。

使用【任意变形工具】对舞台中的对象进行选择与使用【选择工具】相同，先在工具箱中选择【任意变形工具】，再将鼠标指针移动到想要选择的对象上单击即可。其与使用【选择工具】选择对象不同的是，对象被选中的同时，周围会多出一个变形框，如图4-46所示。

图4-46 使用【任意变形工具】选择对象

(1)【变形控制点】：通过对变形控制点的控制，可以完成对对象的一系列变形操作。

(2)【变形框】：框选要进行一系列变形操作的对象。

(3)【变形中心】：缩放、旋转、变形等操作的中心。

如果只需要选择对象的一部分内容，则可以框选这个对象，即在舞台中按住鼠标左键并拖动，拖动出一个选择区域，选择区域中的对象都将被选中。

2. 移动操作

选中对象后，按住鼠标左键进行拖动，将对象移动到合适的位置后释放鼠标左键，即可完成移动操作。

3. 旋转操作

选中对象后，将鼠标指针移近四角控制点，当鼠标指针变为↻时，即可旋转对象。按住鼠标左键进行拖动，当旋转到合适的位置时释放鼠标左键，并在舞台空白处单击，即可看到对象旋转后的效果，如图4-47所示。

图4-47 旋转对象

4. 倾斜操作

选中对象后，将鼠标指针移动到变形框附近，当鼠标指针变为⇵时，向上拖动鼠标，对象将沿箭头方向进行水平或垂直倾斜，如图 4-48 所示。

图 4-48　倾斜对象

5. 缩放操作

选中对象后，将鼠标指针移近控制点，当鼠标指针变为⤡、↕、⤢时，向周围拖动鼠标，对象将沿箭头方向以变形框上另一列的对应控制点为基准进行缩放，如图 4-49 所示。按住 Shift 键，可以等比例缩放图形；同时按住 Alt+Shift 键，可以以图形的中心点为基准等比例缩放图形。

图 4-49　缩放对象

6. 任意变形操作

使用【任意变形工具】选择舞台中的对象，在工具选项栏中可以看到各个选项，如图 4-50 所示。

【旋转和倾斜工具】：用于使对象旋转或倾斜。

【缩放工具】：用于等比例缩小或放大对象。

【扭曲工具】：用于调整对象的形状，使对象自由扭曲变形。

【封套工具】：用于更精确地对对象进行扭曲操作。

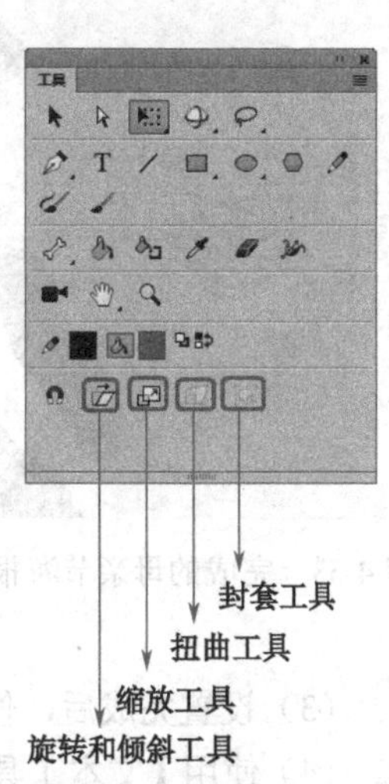

图 4-50　工具选项栏

7. 调整变形中心点

调整变形在进行变形操作前，不仅要选中对象，有时候还需要调整其变形中心点。单击变形中心点并拖动，即可改变其位置，如图 4-51 所示。

图 4-51　调整变形中心点

改变变形中心点后，对图形的变形操作将会围绕新的变形中心点进行，如旋转将围绕新的变形中心点进行，如图 4-52 所示。

图 4-52　围绕新的变形中心点旋转对象

4.2　任务 13：绘制母亲节海报——【颜色】面板和【样本】面板的使用

本任务介绍如何绘制母亲节海报，主要使用【钢笔工具】绘制海报中的各种图形，并对其进行颜色填充。完成的母亲节海报效果如图 4-53 所示。

图 4-53　完成的母亲节海报效果

4.2.1　任务实施

（1）新建一个宽为 346 像素、高为 340 像素的文件。在【时间轴】面板中，将【图层 1】重命名为【背景】。按 Ctrl+R 组合键，在弹出的【导入】对话框中选择【背景 03】文件，单击【打开】按钮，并将对象调整到合适的位置，如图 4-54 所示。单击【新建图层】按钮，新建【图层 2】。

（2）使用【钢笔工具】绘制对象，在【颜色】面板中，将其笔触颜色设置为无，将其填充颜色设置为#FF6D6D，如图 4-55 所示。

（3）设置完成后，使用同样的方法绘制其他对象，如图 4-56 所示。

（4）使用【文本工具】输入文本，在【属性】面板中，将【颜色】设置为#FFFFEE，将【系列】设置为 Times New Roman，将【样式】设置为 Regular，将【大小】设置为 10 磅，将【字母间距】设置为 2 磅，如图 4-57 所示。

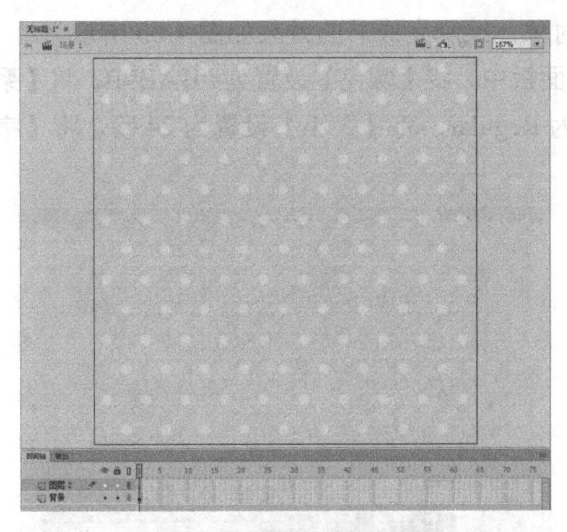
图 4-54 新建文档并导入素材

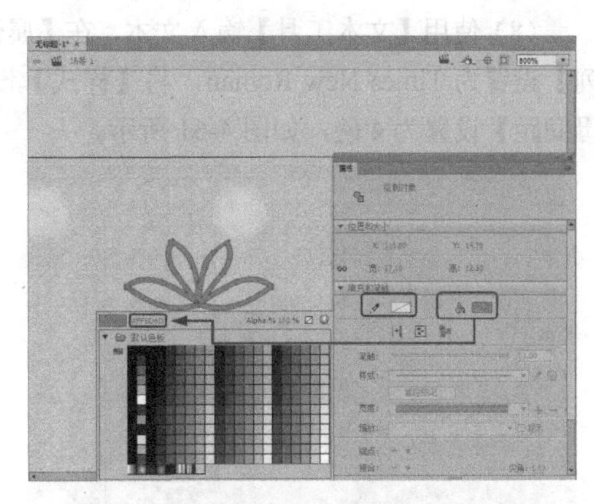
图 4-55 绘制对象

图 4-56 绘制其他对象

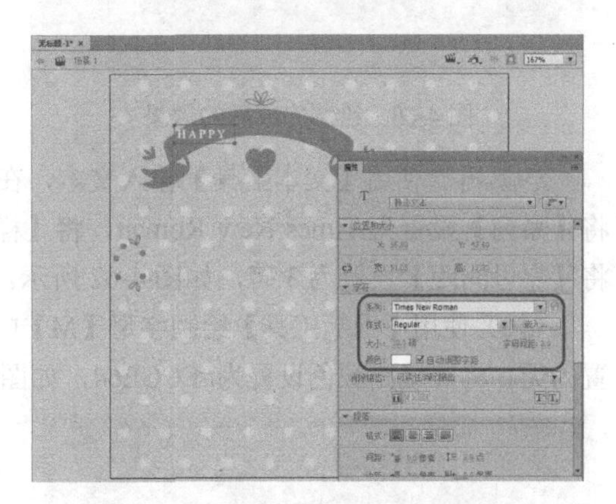

图 4-57 输入文本并设置其属性 1

（5）使用同样的方法输入其他文本，并将【变形】面板中的【旋转】角度分别设置为-23°、0、15°，如图 4-58 所示。

（6）使用【钢笔工具】绘制对象，在【属性】面板中，将其笔触颜色设置为无，将其填充颜色设置为#00AA99，如图 4-59 所示。

图 4-58 输入其他文本并设置旋转角度

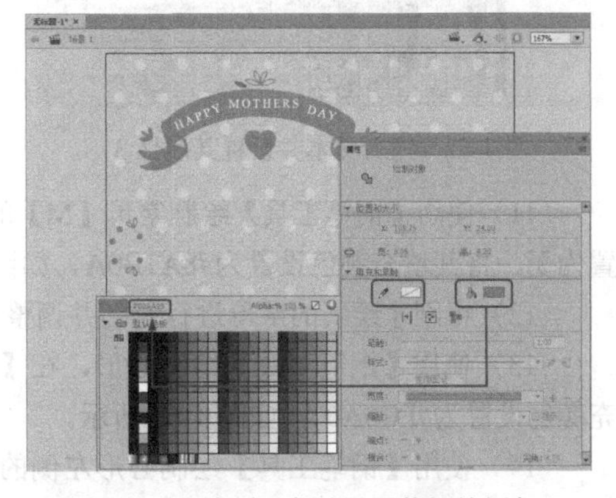

图 4-59 绘制对象并设置其相关颜色

（7）设置完成后，使用同样的方法绘制其他对象，绘制完成后的效果如图 4-60 所示。

（8）使用【文本工具】输入文本，在【属性】面板中，将【颜色】设置为#01AB9B，将【系列】设置为 Times New Roman，将【样式】设置为 Regular，将【大小】设置为 24 磅，将【字母间距】设置为 4 磅，如图 4-61 所示。

图 4-60　绘制完成后的效果

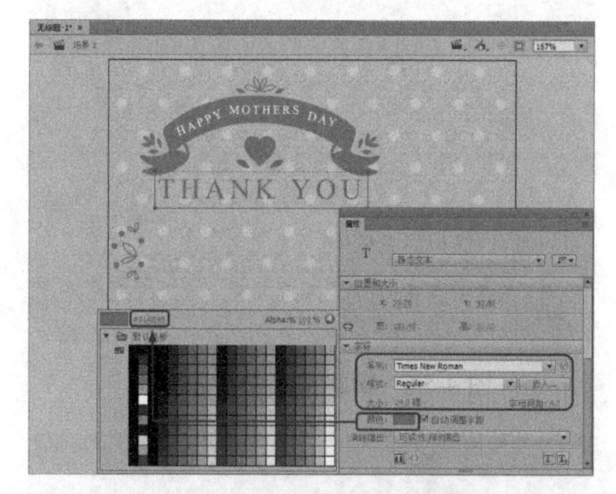

图 4-61　输入文本并设置其属性 2

（9）再次使用【文本工具】输入文本，在【属性】面板中，将【颜色】设置为#01AB9B，将【系列】设置为 Times New Roman，将【样式】设置为 Regular，将【大小】设置为 15 磅，将【字母间距】设置为 3 磅，如图 4-62 所示。

（10）使用【钢笔工具】绘制字母【M】的内侧图形，在【属性】面板中，将其笔触颜色设置为无，将其填充颜色设置为#FCCE64，如图 4-63 所示。

图 4-62　输入文本并设置其属性 3

图 4-63　绘制字母【M】的内侧图形并设置其颜色

（11）使用【钢笔工具】绘制字母【M】的外侧轮廓，在【属性】面板中，将其笔触颜色设置为无，将其填充颜色设置为#8A1B0A，如图 4-64 所示。

（12）将刚才绘制的字母进行复制并调整其位置，如图 4-65 所示。

（13）使用【钢笔工具】绘制心形，在【属性】面板中，将其笔触颜色设置为无，将其填充颜色设置为#FC6A62，如图 4-66 所示。

（14）使用【钢笔工具】绘制心形左侧的反光，在【属性】面板中，将其笔触颜色设置为无，将其填充颜色设置为#FC6A62，如图 4-67 所示。

图 4-64　绘制字母【M】的外侧轮廓并设置其颜色

图 4-65　复制对象并调整其位置

图 4-66　绘制心形并设置其颜色

图 4-67　绘制心形左侧的反光并设置其颜色

（15）绘制完成后，选中该对象，按 F8 键，弹出【转换为元件】对话框，保持默认设置，单击【确定】按钮，如图 4-68 所示。

（16）设置完成后，选中该元件，在【属性】面板中，将【样式】设置为 Alpha，将【Alpha】设置为 50%，将【混合】设置为滤色，设置完成后调整对象的位置，如图 4-69 所示。

图 4-68　【转换为元件】对话框

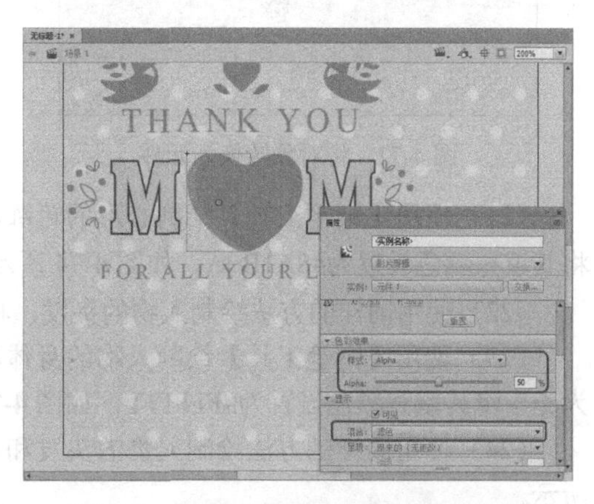

图 4-69　设置对象的属性并调整其位置

（17）使用【钢笔工具】绘制心形左侧的图形，在【属性】面板中，将其笔触颜色设置为无，将其填充颜色设置为#FCF5E6，如图 4-70 所示。使用同样的方法，绘制出另一个图形。

（18）使用【钢笔工具】绘制心形右侧的阴影，在【属性】面板中，将其笔触颜色设置为无，将其填充颜色设置为# FC6A62，如图 4-71 所示。

图 4-70　绘制心形左侧的图形并设置其颜色

图 4-71　绘制心形右侧的阴影并设置其颜色

（19）绘制完成后，选中该对象，按 F8 键，弹出【转换为元件】对话框，保持默认设置，单击【确定】按钮，如图 4-72 所示。

（20）设置完成后，选中该元件，在【属性】面板中，将【样式】设置为 Alpha，将【Alpha】设置为 50%，将【混合】设置为正片叠底，设置完成后调整对象的位置，如图 4-73 所示。

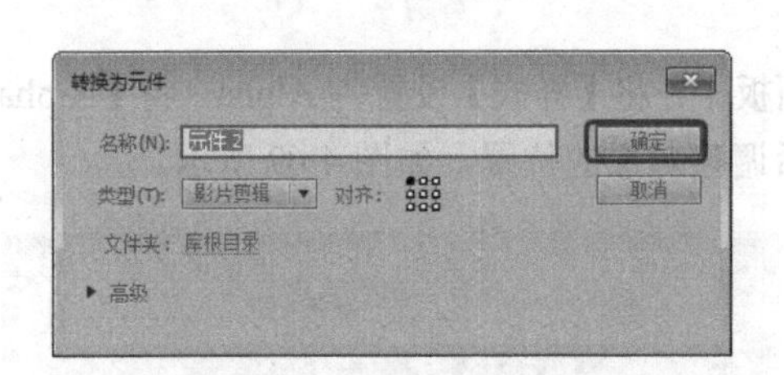

图 4-72　将对象转换为元件

图 4-73　设置心形右侧阴影的属性并调整其位置

（21）使用【钢笔工具】绘制心形的轮廓，在【属性】面板中，将其笔触颜色设置为无，将其填充颜色设置为#8A1B0A，如图 4-74 所示。

（22）使用同样的方法绘制人物的头发，将其填充颜色设置为#77021D，如图 4-75 所示。

（23）使用【钢笔工具】绘制人物的身体和头部，在【属性】面板中，将其笔触颜色设置为无，将其填充颜色设置为#FFFFFF，如图 4-76 所示。

（24）使用同样的方法绘制人物的头发和衣服，将其填充颜色设置为#77021D，如图 4-77 所示。

图 4-74　绘制心形的轮廓并设置其颜色

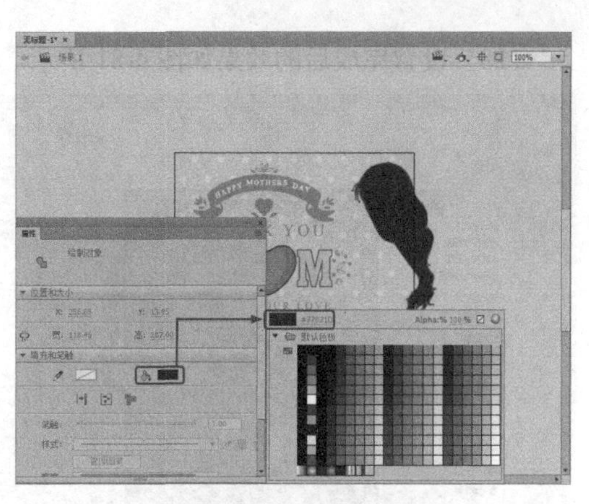

图 4-75　绘制人物的头发

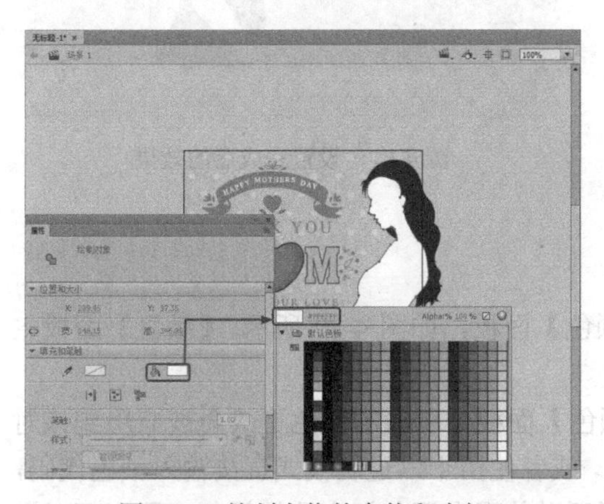

图 4-76　绘制人物的身体和头部

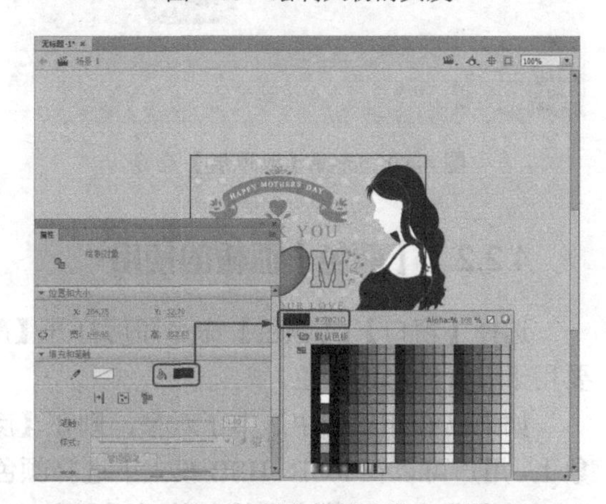

图 4-77　绘制人物的头发和衣服

（25）使用同样的方法绘制人物的手臂，将其填充颜色设置为#FFFFFF，并使用同样的颜色绘制出花朵，如图 4-78 所示。

（26）新建【图层 3】，使用【矩形工具】绘制一个与舞台同样大小的矩形，将其填充颜色设置为红色，并将其与舞台对齐，如图 4-79 所示。

图 4-78　绘制人物的手臂和花朵

图 4-79　绘制矩形并与舞台对齐

（27）选择【图层 3】并右击，在弹出的快捷菜单中选择【遮罩层】命令，如图 4-80 所示。

（28）设置完成后的效果如图 4-81 所示。最终，对场景文件进行保存。

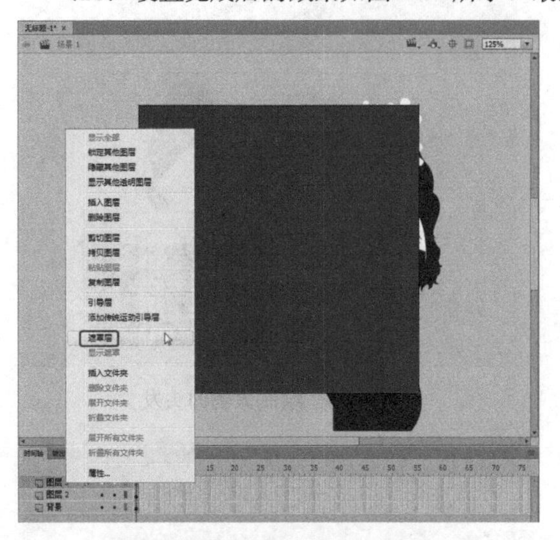

图 4-80　选择【遮罩层】命令

图 4-81　设置完成后的效果

4.2.2　【颜色】面板的使用

选择【窗口】|【颜色】命令即可打开【颜色】面板，如图 4-82 所示。【颜色】面板主要用于设置图形的颜色。

如果已经在舞台中选中了对象，则在【颜色】面板中所做的颜色更改会被应用到该对象上。用户可以在 RGB、HSB 模式下选择颜色，或者使用十六进制模式直接输入颜色代码，也可以指定 Alpha 值定义颜色的透明程度，还可以从现有调色板中选择颜色。用户可对图形应用渐变色，使用【亮度】调节控件可修改所有颜色模式下的颜色亮度。

当将【颜色】面板的填充样式设置为线性渐变或径向渐变时，【颜色】面板会启用渐变色设置模式。此时需要先定义好当前颜色，再拖动色块来调整颜色的渐变效果。单击渐变条可以添加更多的色块，从而创建更复杂的渐变效果，如图 4-83 所示。

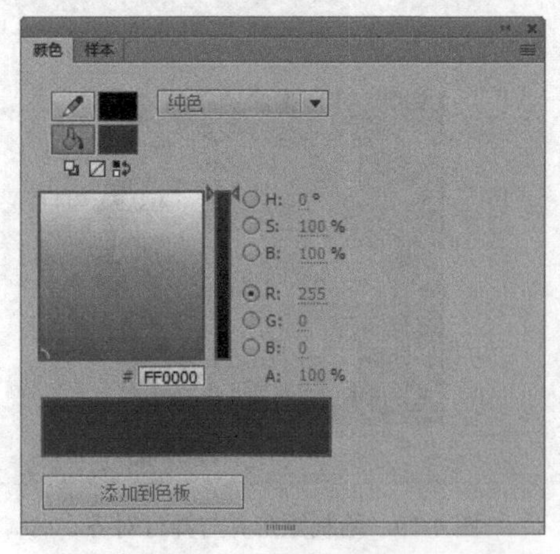

图 4-82　【颜色】面板

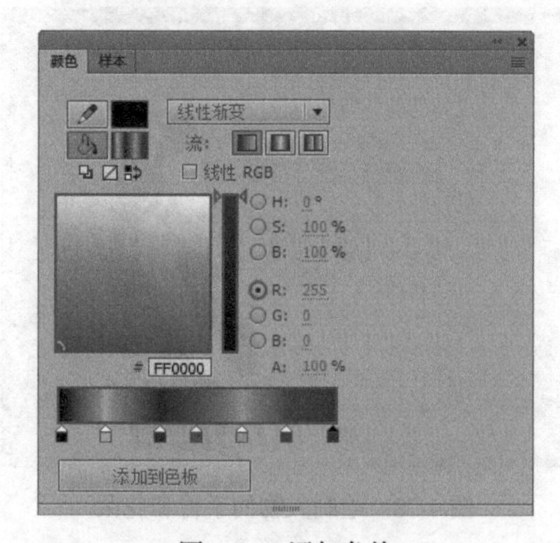

图 4-83　添加色块

4.2.3 【样本】面板的使用

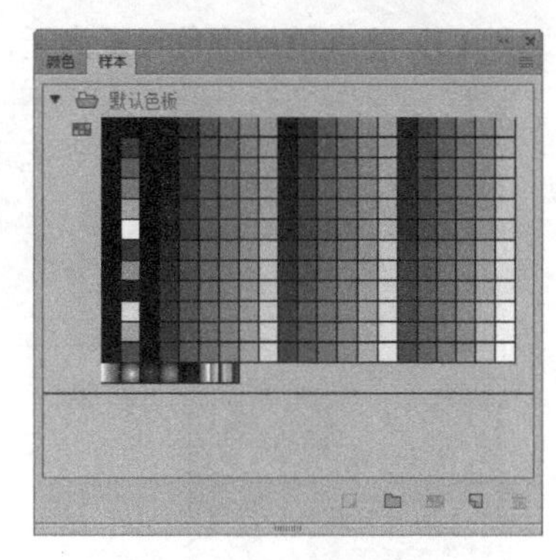

图 4-84 【样本】面板

为了便于管理图像中的颜色，Animate 文件会包含一个颜色样本。选择【窗口】|【样本】命令，可以打开【样本】面板，如图 4-84 所示。

【样本】面板用于保存软件自带的或者用户自定义的一些颜色，包括纯色和渐变色，可以作为笔触或填充的颜色，以方便重复使用。另外，可以单击标题栏右侧的面板菜单按钮，在弹出的面板菜单中提供了对颜色库中各元素的相关操作。

【样本】面板分为上下两部分：上部分是纯色样表，下部分是渐变色样表。默认纯色样表中的颜色称为“Web 安全色”。

4.3 上机练习

4.3.1 绘制招聘广告

下面将介绍招聘广告的绘制，主要使用到的工具有【钢笔工具】和【矩形工具】，并为绘制的图形填充颜色。完成的招牌广告效果如图 4-85 所示。

（1）在 Animate CC 2017 的欢迎界面中，单击【新建】选项组中的【ActionScript 3.0】按钮，如图 4-86 所示。

图 4-85 完成的招聘广告效果

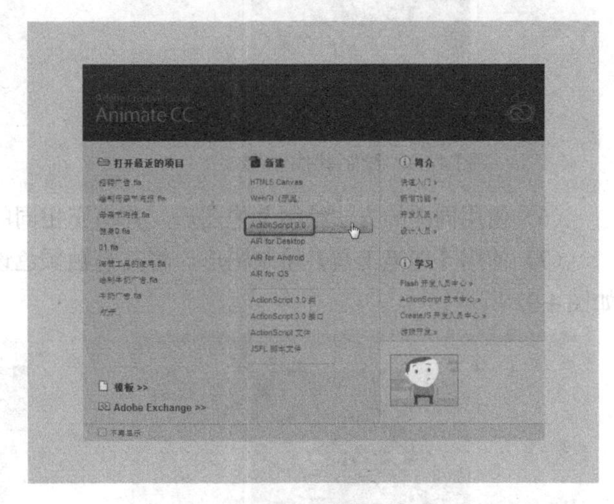

图 4-86 新建文档

（2）新建一个宽为 695 像素、高为 959 像素的文件。新建【图层 2】，使用【钢笔工具】，单击【对象绘制】按钮，在舞台的左上角绘制一个三角形，如图 4-87 所示。

> 提示：使用【钢笔工具】绘制完成后，还可以使用【部分选取工具】、【转换锚点工具】、【添加锚点工具】和【删除锚点工具】来调整绘制的图形。

（3）将其笔触颜色设置为无，将其填充颜色设置为#B81D22，如图 4-88 所示。

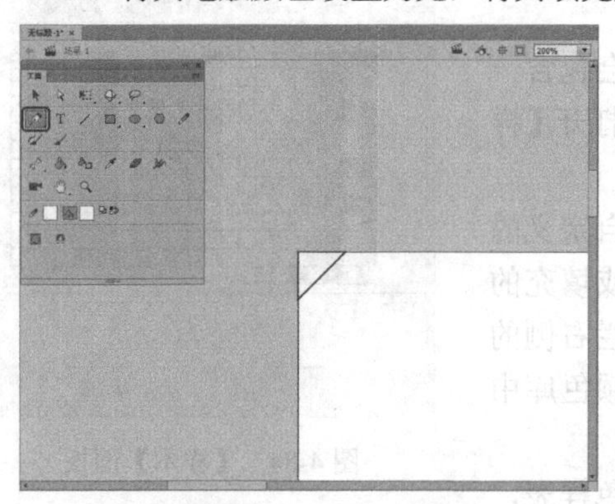

图 4-87 绘制三角形

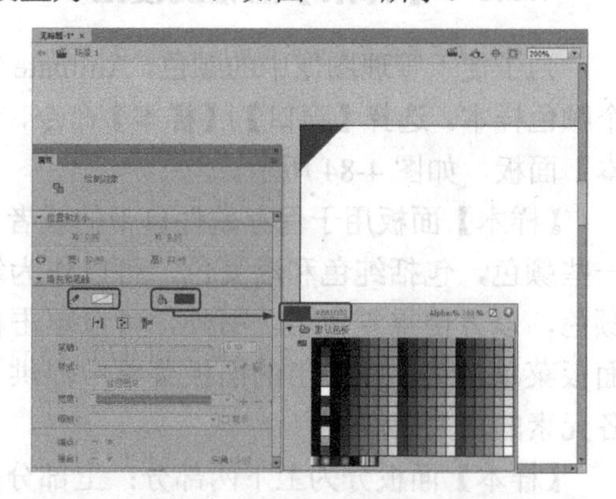

图 4-88 设置三角形的颜色

（4）使用同样的方法绘制其他图形，并填充相同的颜色，如图 4-89 所示。

（5）使用【钢笔工具】在舞台中绘制图形，将其笔触颜色设置为无，将其填充颜色设置为#21211D，如图 4-90 所示。

图 4-89 绘制其他图形

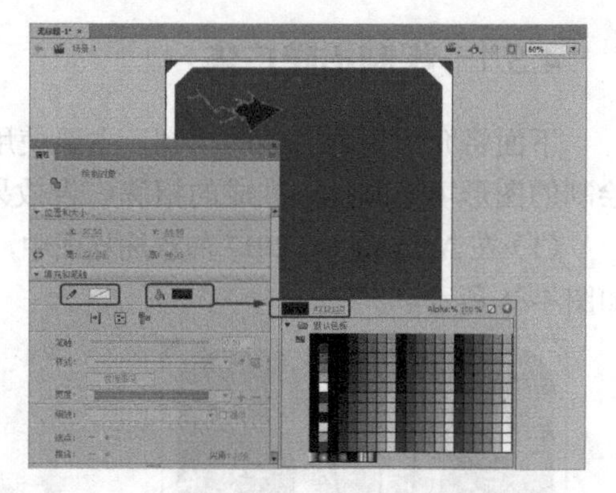

图 4-90 绘制图形 1

（6）使用同样的方法绘制其他图形，并填充相同的颜色，此时的效果如图 4-91 所示。

（7）使用【钢笔工具】绘制图形，将其笔触颜色设置为无，将其填充颜色设置为#680000，如图 4-92 所示。

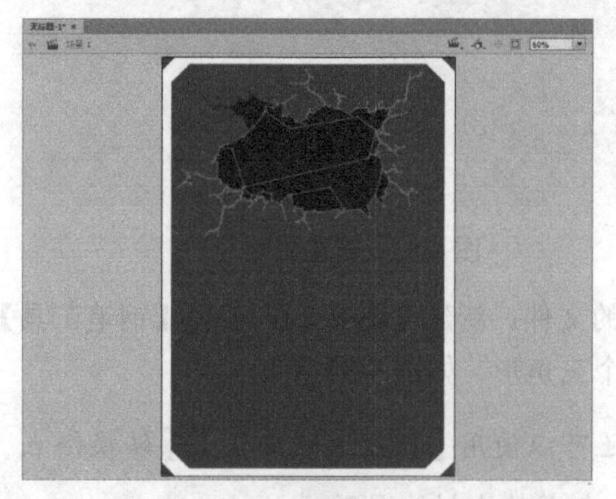

图 4-91 绘制其他图形后的效果

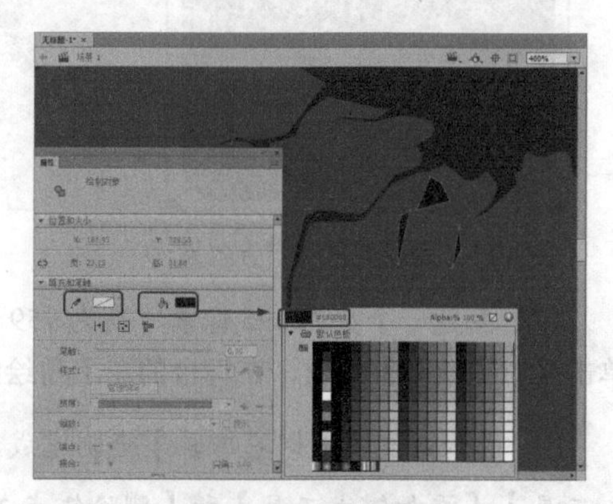

图 4-92 绘制图形 2

（8）使用【钢笔工具】绘制图形，将其笔触颜色设置为无，将其填充颜色设置为#9A0000，如图 4-93 所示。

（9）使用【钢笔工具】绘制图形，将其笔触颜色设置为无，将其填充颜色设置为#EC6C03，如图 4-94 所示。

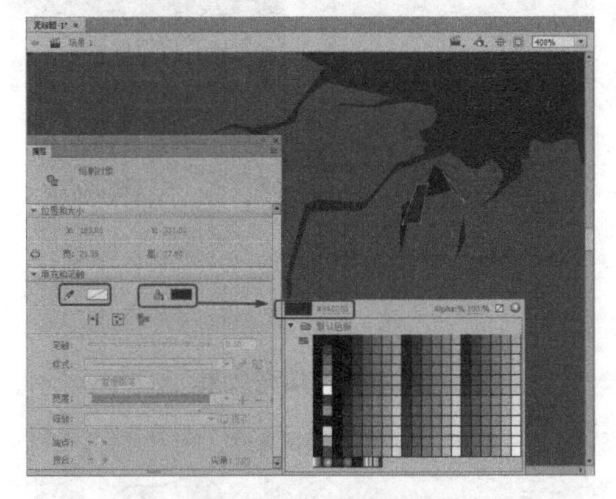

图 4-93　绘制图形 3

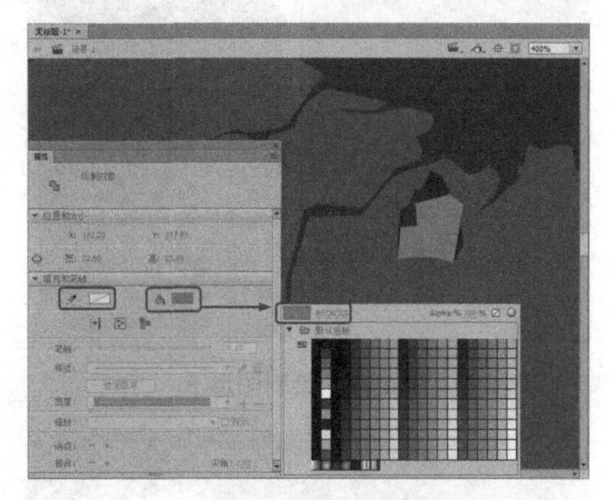

图 4-94　绘制图形 4

（10）按住 Shift 键并单击，选中绘制的所有石头图形，选择【修改】|【组合】命令，如图 4-95 所示。

（11）使用同样的方法绘制其他图形，并将其组合，如图 4-96 所示。

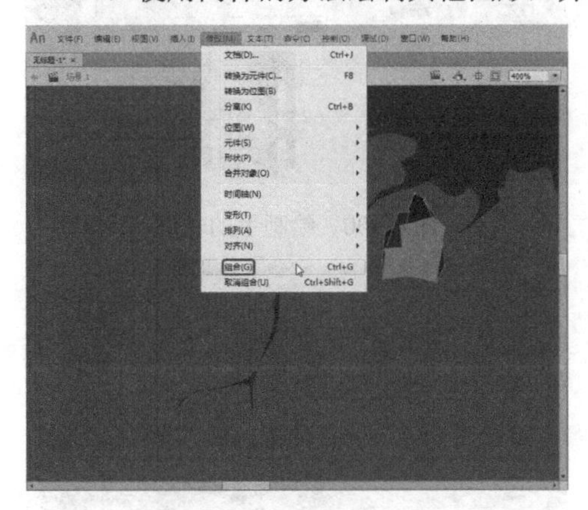

图 4-95　选择【修改】|【组合】命令

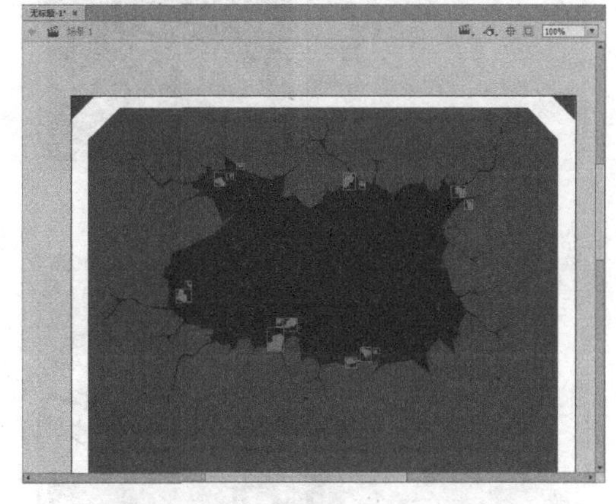

图 4-96　绘制其他图形并进行组合

（12）使用【钢笔工具】绘制如图 4-97 所示的图形。

（13）为绘制的图形填充深度不同的肉粉色，并将轮廓设置为无，填充效果如图 4-98 所示。

（14）使用同样的方法绘制其他对象，绘制完成后的效果如图 4-99 所示。

（15）使用【钢笔工具】绘制手的轮廓，将其笔触颜色设置为无，将其填充颜色设置为#060101，如图 4-100 所示。绘制完成后，将所有的手部图形组合起来并调整其位置。

（16）新建【图层2】，使用【椭圆工具】绘制椭圆形，将其笔触颜色设置为黑色，将其填充颜色设置为白色，将【笔触】设置为 1pts，如图 4-101 所示。使用同样的方法绘制其他椭圆形。

（17）使用【文本工具】在舞台中输入【你还在等什么？JOIN US！】，在【属性】面板中，将【系列】设置为方正剪纸简体，将【大小】设置为 86 磅，将【字母间距】设置为 0 磅，将【颜色】设置为#EC6C03，单击【居中对齐】按钮，如图 4-102 所示，设置完成后调整对象的位置。

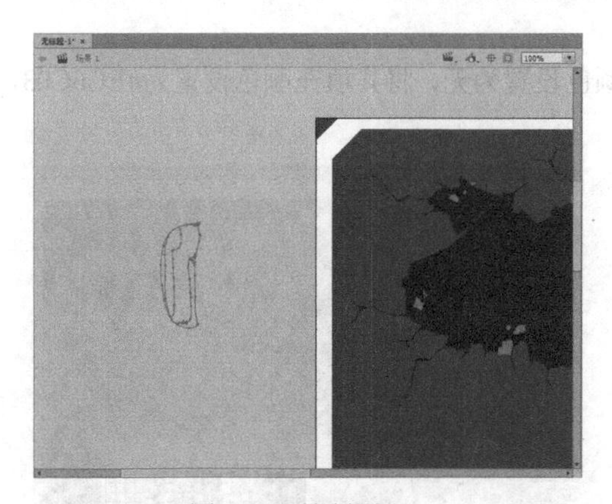

图 4-97　绘制图形 5

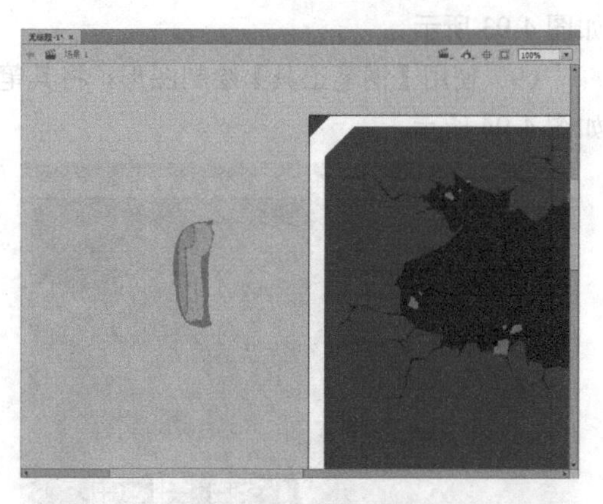

图 4-98　填充效果

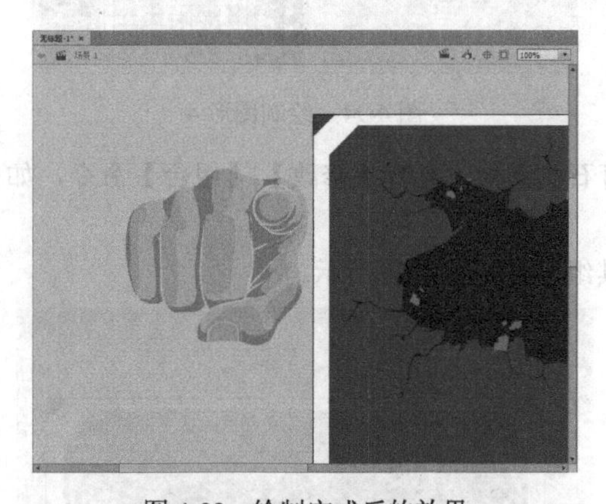

图 4-99　绘制完成后的效果

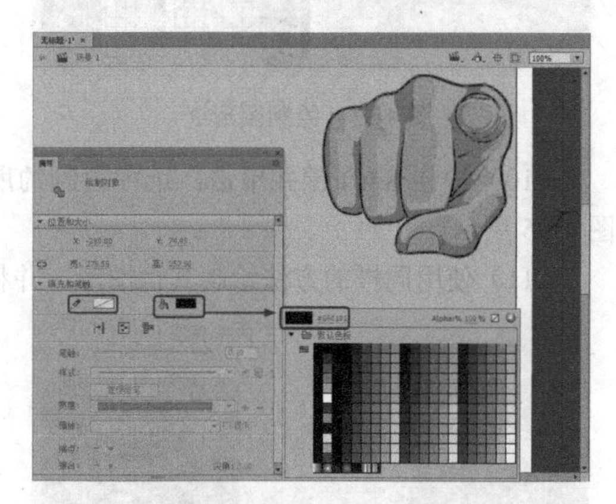

图 4-100　绘制手的轮廓

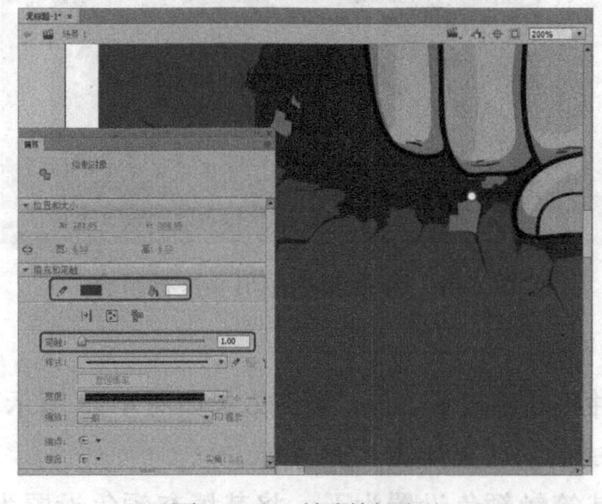

图 4-101　绘制椭圆形

图 4-102　输入文本并设置其属性

（18）复制创建的文本，将【颜色】设置为白色，设置完成后调整对象的位置；再次复制创建的文本，将【颜色】设置为黑色，设置完成后调整对象的位置，如图 4-103 所示。

（19）再次使用【文本工具】输入文本，在【属性】面板中，将【系列】设置为方正黑体简体，将【大小】设置为 45 磅，将【字母间距】设置为 5 磅，将【颜色】设置为白色，单击【居中对齐】按钮，如图 4-104 所示，设置完成后调整对象的位置。

图 4-103 复制文本并设置其颜色

图 4-104 再次输入文本并设置其属性

(20) 使用【文本工具】输入文本，在【属性】面板中，将【系列】设置为【(FZZZHONGJW--GB1-0) 系统默认字体】，将【大小】设置为 16 磅，将【字母间距】设置为 1 磅，将【颜色】设置为白色，如图 4-105 所示，设置完成后调整对象的位置。

(21) 使用【钢笔工具】绘制出如图 4-106 所示的图形，将其填充颜色设置为白色。

图 4-105 输入并设置文本

图 4-106 绘制图形并设置其填充颜色

(22) 使用【文本工具】输入文本，在【属性】面板中，将【系列】设置为方正黑体简体，将【大小】设置为 18 磅，将【字母间距】设置为 10 磅，将【颜色】设置为#B81D22，如图 4-107 所示，设置完成后调整对象的位置。使用同样的方法再次输入文本。

(23) 使用【矩形工具】绘制矩形，在【属性】面板中，将其笔触颜色设置为白色，将其填充颜色设置为无，将【笔触】设置为 0.1pts，将【样式】设置为虚线，如图 4-108 所示。

(24) 使用同样的方法绘制另一个矩形，如图 4-109 所示。

(25) 使用【文本工具】输入文本，在【属性】面板中，将【系列】设置为方正黑体简体，将【大小】设置为 13 磅，将【字母间距】设置为 1 磅，将【颜色】设置为白色，如图 4-110 所示，设置完成后调整对象的位置。

(26) 使用同样的方法在另一个矩形内输入文本，如图 4-111 所示。

(27) 使用【文本工具】输入文本，在【属性】面板中，将【系列】设置为方正黑体简体，将【大小】设置为 18 磅，将【字母间距】设置为 3.5 磅，将【颜色】设置为白色，如图 4-112

所示，设置完成后调整对象的位置。

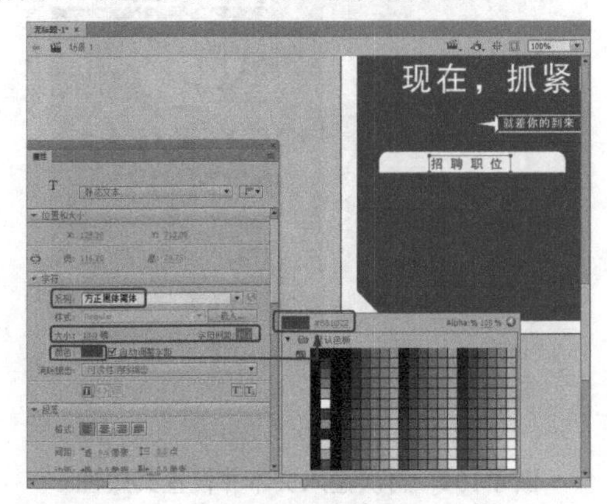

图 4-107　输入文本

图 4-108　绘制矩形并设置矩形的属性

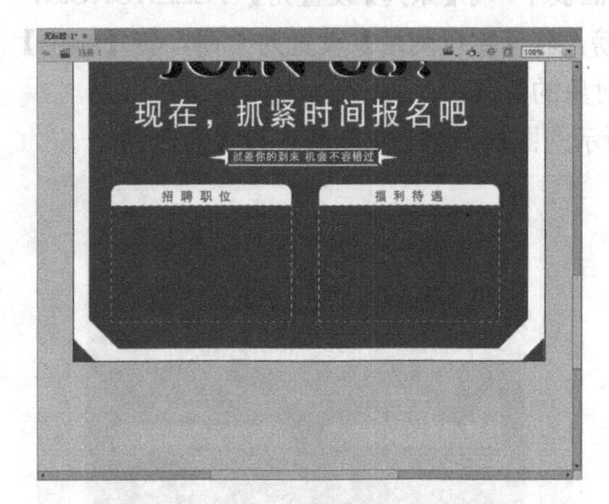

图 4-109　绘制另一个矩形

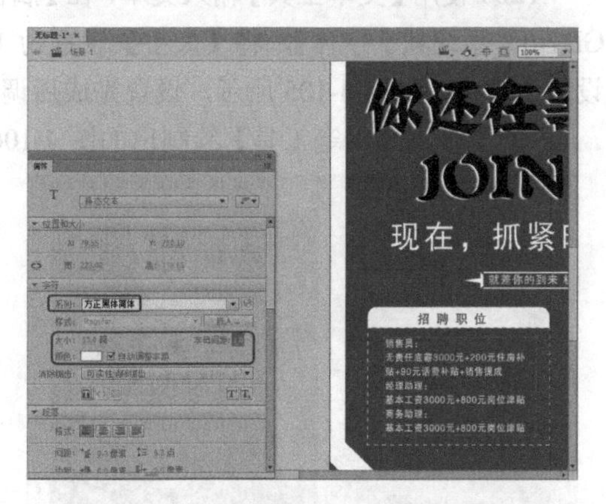

图 4-110　输入文本并设置文本的属性

图 4-111　在另一个矩形内输入文本

图 4-112　再次输入文本并设置文本的属性

（28）选择【文件】|【保存】命令，在弹出的【另存为】对话框中选择文件的存储路径，将【文件名】设置为【绘制招聘广告】，将【保存类型】设置为【Animate 文档（.*fla）】，单击【保存】按钮，如图 4-113 所示。

（29）选择【文件】|【导出】|【导出图像】命令，如图 4-114 所示。

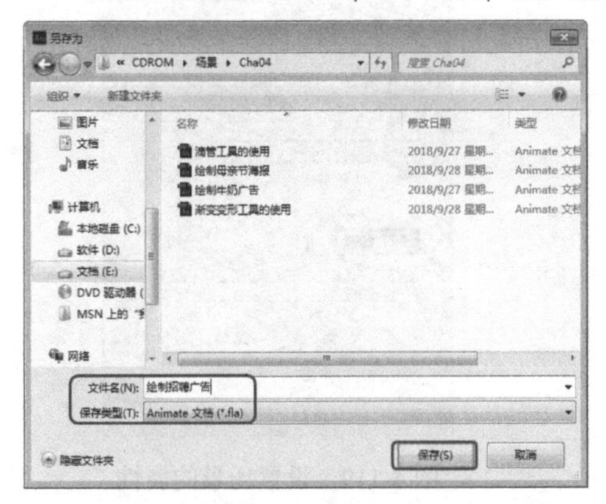

图 4-113　保存文档

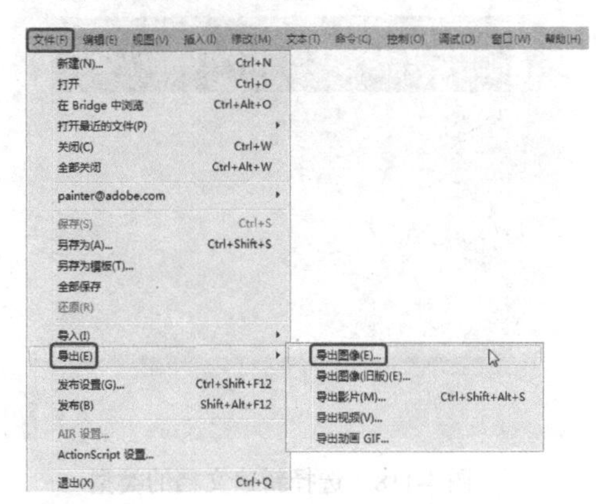

图 4-114　选择【文件】|【导出】|【导出图像】命令

（30）在弹出的【导出图像】对话框中，将【保存类型】设置为 JPEG，单击【保存】按钮，如图 4-115 所示。

（31）在弹出的【另存为】对话框中，将【文件名】设置为【绘制招聘广告】，将【保存类型】设置为【JPEG Image(*.jpg；*.jpeg)】，单击【保存】按钮，如图 4-116 所示。

图 4-115　【导出图像】对话框

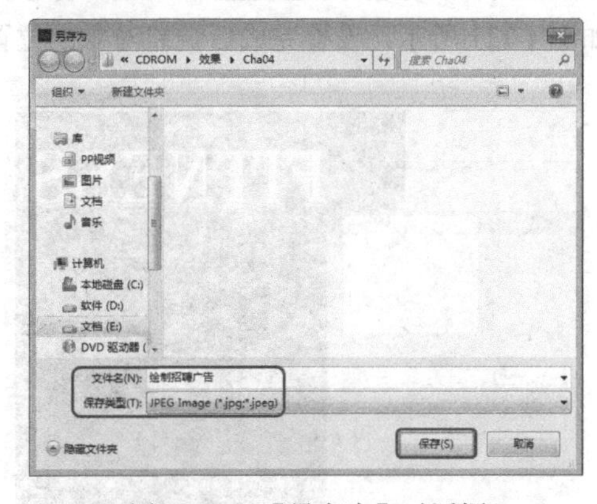

图 4-116　【另存为】对话框

4.3.2　绘制健身海报

下面介绍如何绘制健身海报，这里使用了【任意变形工具】、【椭圆工具】、【矩形工具】、【钢笔工具】等，完成的健身海报效果如图 4-117 所示。

图 4-117　完成的健身海报效果

（1）启动 Animate CC 2017，进入欢迎界面，单击【新建】选项组中的【ActionScript 3.0】选项，如图 4-118 所示，即可新建场景。

（2）进入工作界面后，在【属性】面板中，在【属性】区域中将【宽】、【高】分别设置为 609 像素、810 像素，将【舞台】设置为黑色，如图 4-119 所示。

图 4-118　选择新建文档的类型

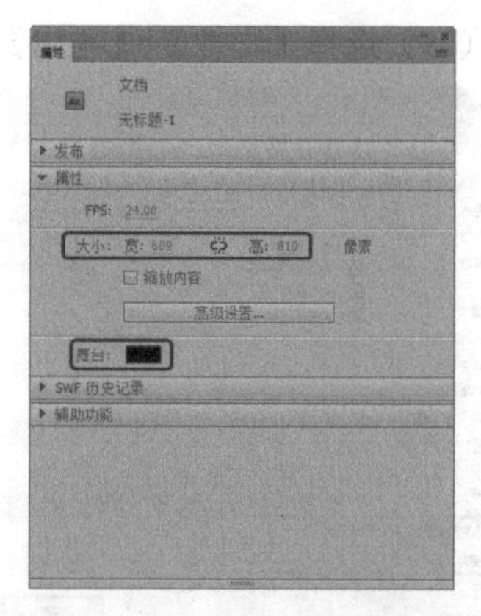

图 4-119　设置场景的属性

（3）使用【文本工具】输入【FITNESS】，在【属性】面板中，将【系列】设置为 Algerian，将【大小】设置为 130 磅，将【字母间距】设置为 0 磅，将【颜色】设置为白色，如图 4-120 所示，设置完成后调整对象的位置。

（4）使用【文本工具】输入【会员优惠招募】，在【属性】面板中，将【系列】设置为方正大黑简体，将【大小】设置为 44 磅，将【字母间距】设置为 0 磅，将【颜色】设置为#FFC000，如图 4-121 所示，设置完成后调整对象的位置。

图 4-120　输入文本并设置文本的属性 1

图 4-121　输入文本并设置文本的属性 2

（5）使用【文本工具】输入【生命不息运动不止】，在【属性】面板中，将【系列】设置为【汉仪长美黑简】，将【大小】设置为 25 磅，将【字母间距】设置为 4 磅，将【颜色】设置为白色，设置完成后调整对象的位置。使用同样的方法输入【运动健身坚持俱乐部】，将【大小】设置为 22 磅，将【字母间距】设置为 0 磅，将【颜色】设置为白色，如图 4-122 所示。

（6）新建【图层 2】，使用【线条工具】绘制垂直的线条，在【属性】面板中，将其笔触颜色设置为白色，将【笔触】设置为 3.5pts，如图 4-123 所示。使用同样的方法再绘制一条垂直的线条。

（7）使用【文本工具】输入【15】，在【属性】面板中，将【系列】设置为黑体，将【大小】设置为 44 磅，将【字母间距】设置为 0 磅，将【颜色】设置为白色，设置完成后调整对象的位置。使用同样的方法输入【25】，并将【大小】设置为 33 磅，如图 4-124 所示。

（8）使用【文本工具】输入【PM】，在【属性】面板中，将【系列】设置为汉真广标，将【大小】设置为24磅，将【字母间距】设置为0磅，将【颜色】设置为白色，如图4-125所示，设置完成后调整对象的位置。

图4-122　输入文本并设置文本的属性3

图4-123　绘制垂直的线条

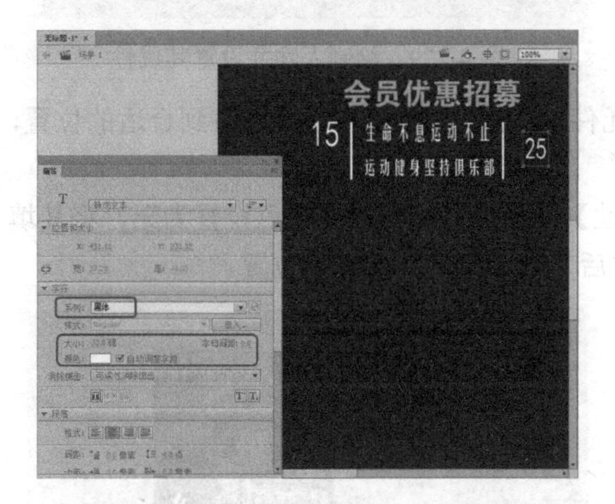

图4-124　输入文本并设置文本的属性4

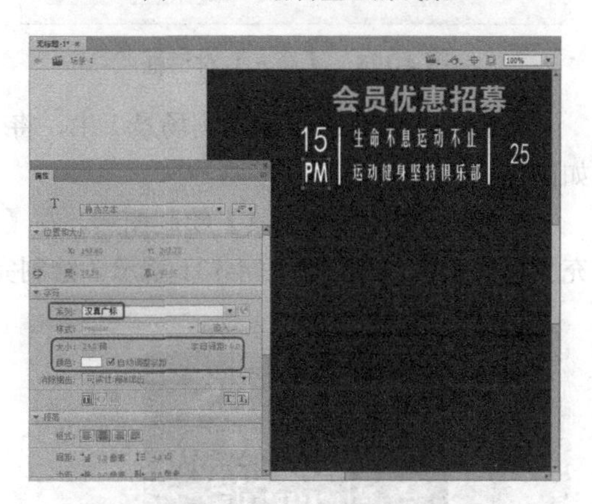

图4-125　输入文本并设置文本的属性5

（9）使用同样的方法输入【DEC】和【2018】，并将【大小】设置为20磅，如图4-126所示。按Ctrl+F8组合键，在弹出的【创建新元件】对话框中，将【名称】设置为【元件1】，将【类型】设置为【影片剪辑】，其他设置保持默认，单击【确定】按钮，如图4-127所示。

图4-126　输入文本并设置文本的属性6

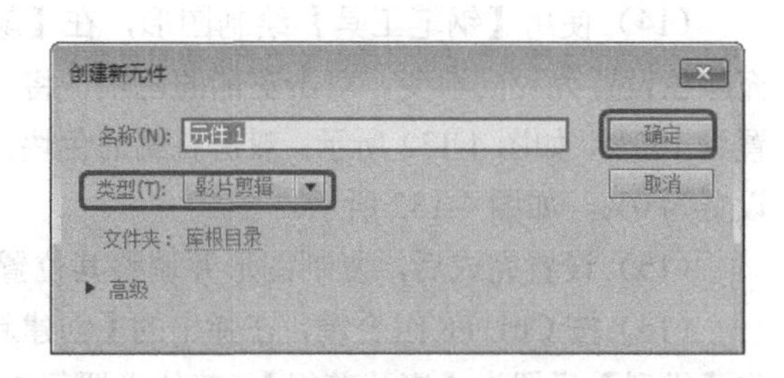

图4-127　【创建新元件】对话框1

（10）选择【文件】|【导入】|【导入到舞台】命令，在弹出的【导入】对话框中选择【炫彩背景】文件，单击【打开】按钮，如图 4-128 所示。

（11）新建【图层 2】，使用【钢笔工具】绘制人物，在【属性】面板中，将其笔触颜色设置为无，将其填充颜色设置为黑色，如图 4-129 所示。设置完成后，将【图层 2】设置为遮罩层。

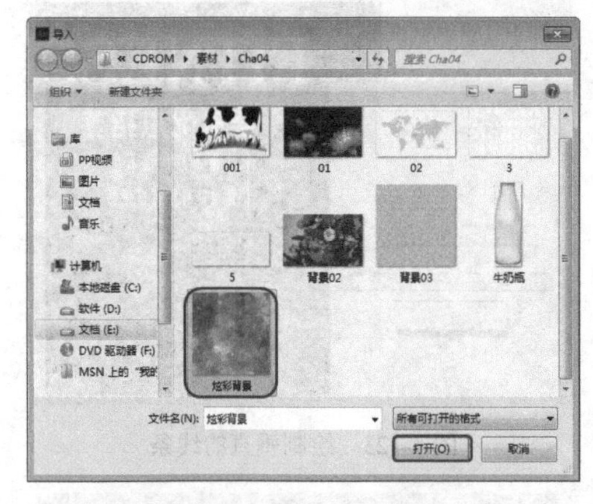

图 4-128 【导入】对话框

图 4-129 绘制人物并设置其属性

（12）单击【场景 1】回到场景 1 中，将【元件 1】拖动到舞台中，并调整到合适的位置，如图 4-130 所示。

（13）使用【钢笔工具】绘制图形，在【属性】面板中，将其笔触颜色设置为无，将其填充颜色设置为白色，如图 4-131 所示。绘制完成后复制图形，并调整其位置。

图 4-130 调整元件的位置

图 4-131 绘制图形并设置其笔触颜色和填充颜色

（14）使用【钢笔工具】绘制图形，在【颜色】面板中，将其笔触颜色设置为无，将其填充颜色设置为径向渐变。双击左侧的色块，将左侧色块的颜色设置为#FFFFFF，将【Alpha】设置为 100%，如图 4-132 所示；双击右侧的色块，将右侧色块的颜色设置为#FFFFFF，将【Alpha】设置为 0%，如图 4-133 所示。

（15）设置完成后，复制图形并调整其位置，如图 4-134 所示。

（16）按 Ctrl+F8 组合键，在弹出的【创建新元件】对话框中，将【名称】设置为【元件 2】，将【类型】设置为【影片剪辑】，其他设置保持默认，单击【确定】按钮，如图 4-135 所示。

图 4-132　设置左侧色块的颜色

图 4-133　设置右侧色块的颜色

图 4-134　复制图形并调整其位置

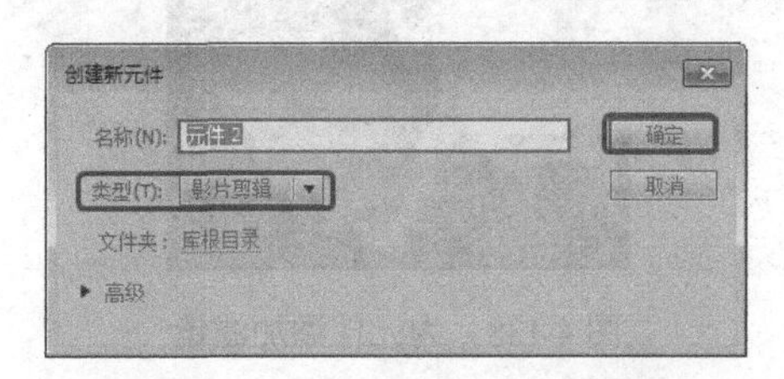

图 4-135　【创建新元件】对话框 2

（17）在【元件 2】中，使用【钢笔工具】绘制图形，在【颜色】面板中，将其笔触颜色设置为无，将其填充颜色设置为线性渐变。分别单击左侧和右侧的色块，将色块的颜色设置为#FFFFFF，将【Alpha】设置为 0%，如图 4-136 所示；单击中间的色块，将色块的颜色设置为#FFFFFF，将【Alpha】设置为 67%，如图 4-137 所示。

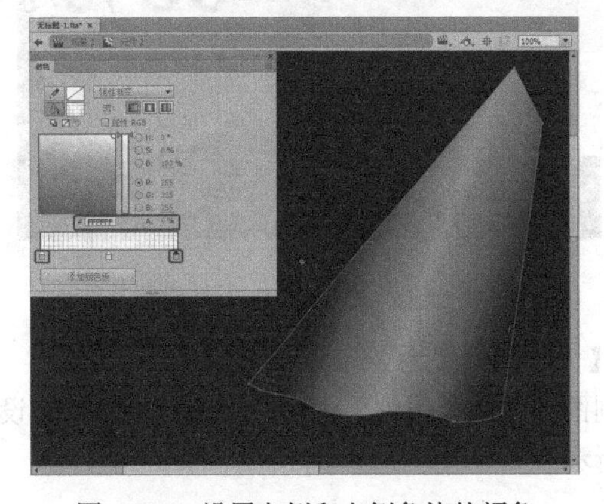
图 4-136　设置左侧和右侧色块的颜色

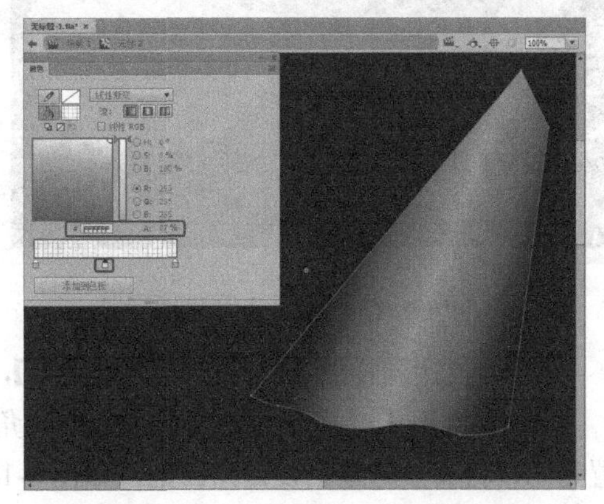
图 4-137　设置中间色块的颜色

（18）返回到场景 1 中，将【元件 2】拖动到舞台中，并调整到合适的位置。在【属性】面板中，将【样式】设置为 Alpha，将【Alpha】设置为 50%，为其添加【模糊】滤镜，将【模糊 X】和【模糊 Y】都设置为 50 像素，如图 4-138 所示。

（19）新建【图层 3】，使用【钢笔工具】绘制图形，在【属性】面板中，将其笔触颜色设置为无，将其填充颜色设置为#FBC018，如图 4-139 所示。

（20）使用【钢笔工具】绘制图形，在【属性】面板中，将其笔触颜色设置为无，将其填充颜色设置为白色，如图 4-140 所示。

（21）使用【文本工具】输入【50%】，在【属性】面板中，将【系列】设置为方正大黑简体，将【大小】设置为 58 磅，将【字母间距】设置为 0 磅，将【颜色】设置为黑色，如图 4-141 所示。

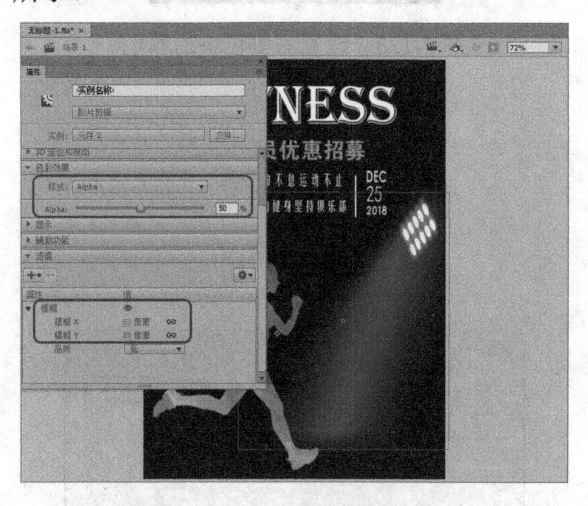

图 4-138　为元件添加滤镜

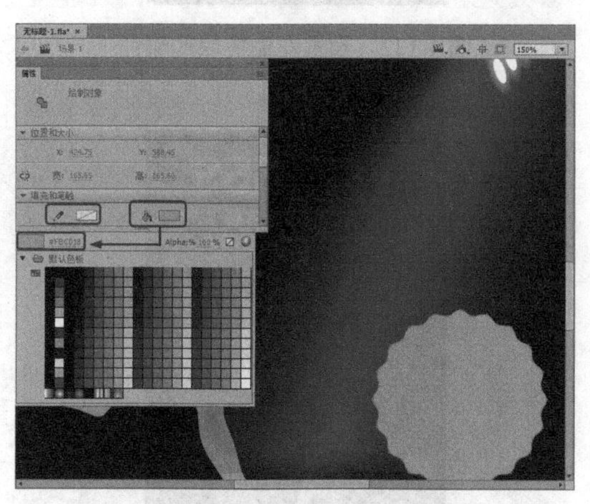

图 4-139　新建图层并绘制图形

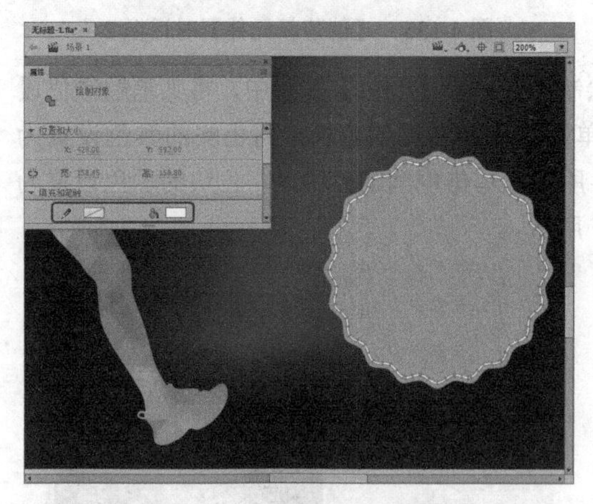

图 4-140　绘制图形并设置其属性

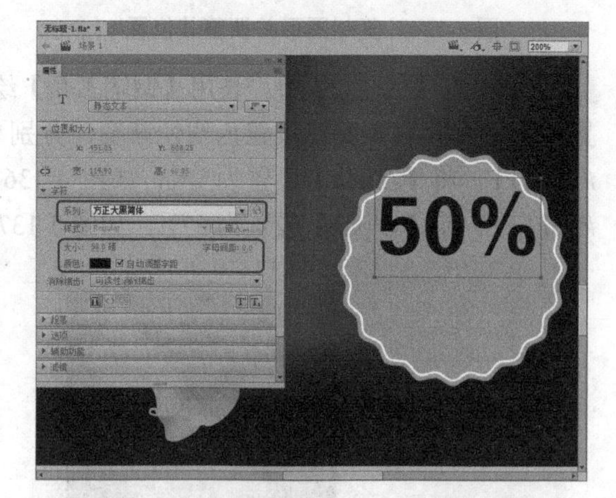

图 4-141　输入文本【50%】并设置其属性

（22）使用同样的方法输入【限时特惠】，将【大小】设置为 24 磅，如图 4-142 所示。

（23）使用【钢笔工具】在舞台的左下角绘制图形，在【属性】面板中，将其笔触颜色设置为无，将其填充颜色设置为白色，如图 4-143 所示。

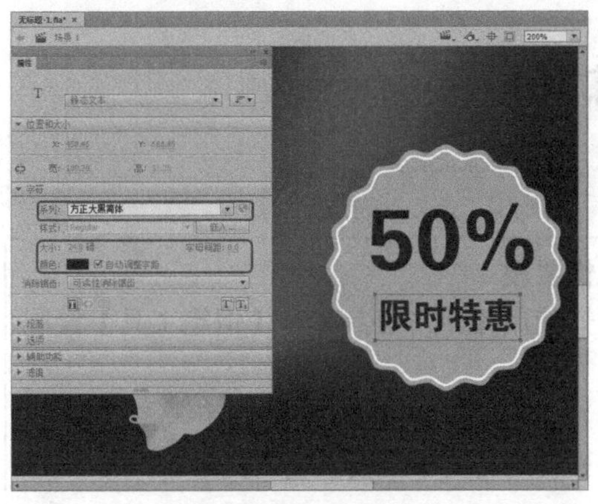

图 4-142 输入文本【限时特惠】并设置其属性

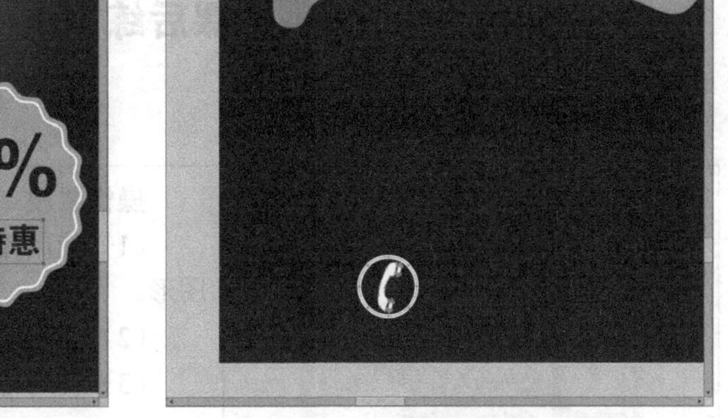

图 4-143 在舞台的左下角绘制图形

（24）使用【文本工具】输入【400-6066 6666】，在【属性】面板中，将【系列】设置为汉仪中黑简，将【大小】设置为 26 磅，将【字母间距】设置为 2 磅，将【颜色】设置为白色，如图 4-144 所示。

（25）设置完成后的效果如图 4-145 所示。最终，对场景文件进行保存。

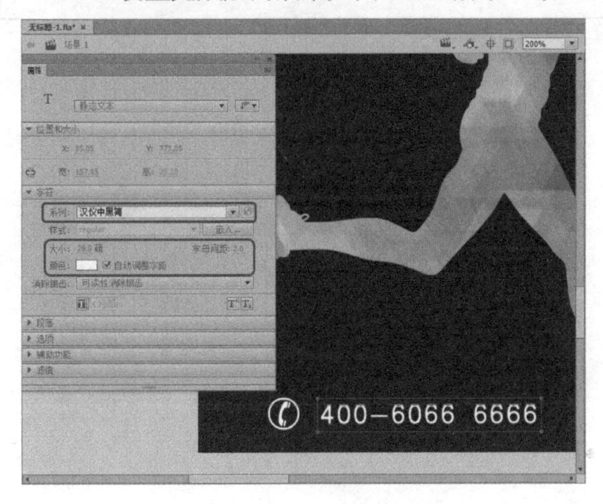

图 4-144 输入并设置文本

图 4-145 设置完成后的效果

【课后习题】

1.【颜料桶工具】与【滴管工具】有何不同用处？
2. 使用【任意变形工具】可以调整中心点的位置，这有何用处？
3. 如何利用【渐变变形工具】设置填充颜色的变形？

【课后练习】

项目练习　制作促销海报

<table>
<tr>
<td>效果展示：

</td>
<td>操作要领：
（1）使用【矩形工具】和【钢笔工具】绘制图形。
（2）在绘制过程中为图形填充纯色与渐变颜色。
（3）使用【文本工具】输入文本</td>
</tr>
</table>

第5章

文本的编辑与应用

05

Chapter

本章导读：

基础知识

◈ 文本工具的使用

◈ 编辑文本

重点知识

◈ 文本的分离

◈ 应用文本滤镜

提高知识

◈ 字体元件的创建和使用

◈ 缺少字体的替换

本章主要介绍如何使用和设置文本，包括在舞台中输入文本，并在【属性】面板中对文本的类型、位置、大小、字体、段落进行设置；对文本进行编辑和分离等操作；为文本增加不同的滤镜效果；字体元件的创建和使用。

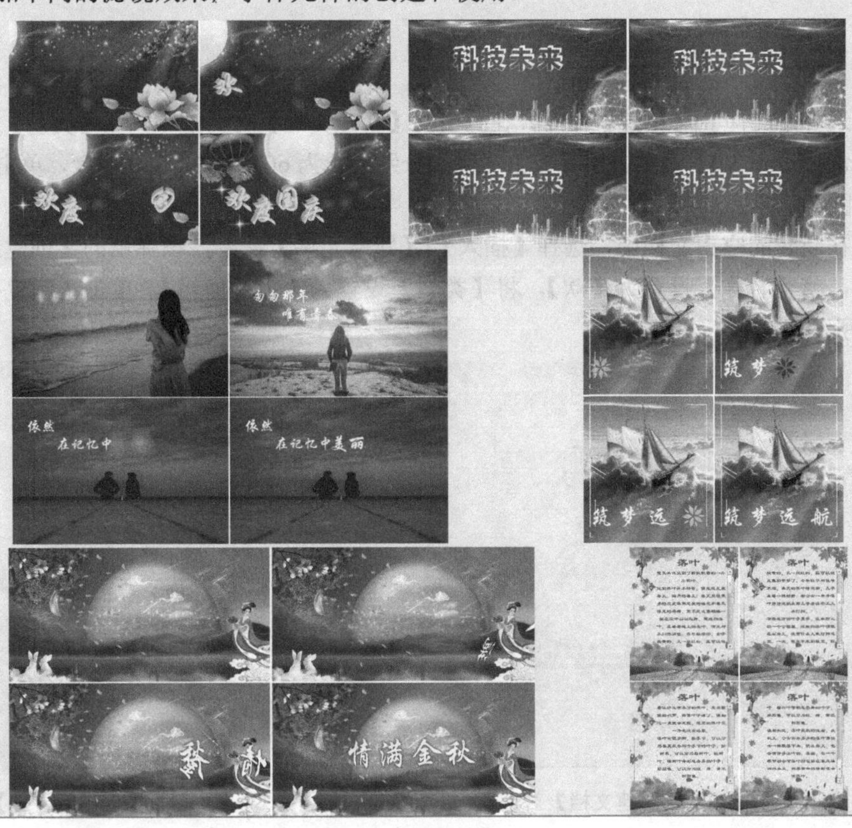

5.1 任务14：制作国庆宣传片头——文本工具的使用

使用【文本工具】可以在Animate CC 2017的影片中添加各种文字。文字是影片中重要的组成部分，因此，熟练使用【文本工具】也是掌握Animate CC 2017的重要内容。合理使用【文本工具】，可以使Animate CC 2017动画显得更加丰富多彩。

本任务将介绍立体文字的制作，主要包括复制文字并将位于下层的文字分离为形状，调整其形状，并制作传统补间动画。完成的国庆宣传片头效果如图5-1所示。

图5-1 完成的国庆宣传片头效果

5.1.1 任务实施

（1）选择【文件】|【新建】命令，在弹出的【新建文档】对话框中，在【类型】列表框中选择【ActionScript 3.0】选项，将【宽】、【高】分别设置为600像素、350像素，单击【确定】按钮，如图5-2所示。

（2）在新建的空白文档中，选择【插入】|【新建元件】命令，在弹出的【创建新元件】对话框中，将【名称】设置为【欢】，将【类型】设置为【影片剪辑】，单击【确定】按钮，如图5-3所示。

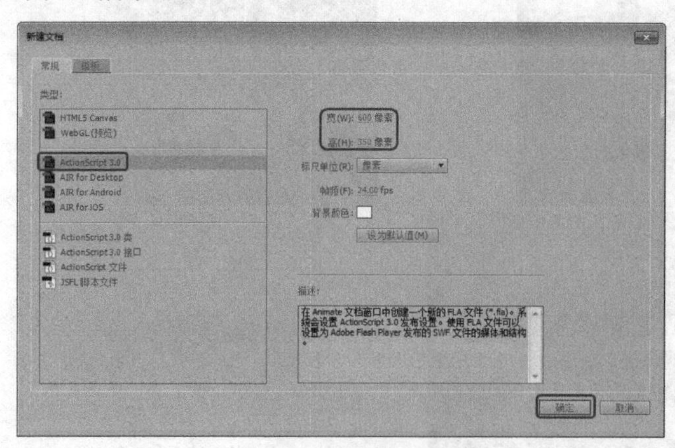

图5-2 【新建文档】对话框

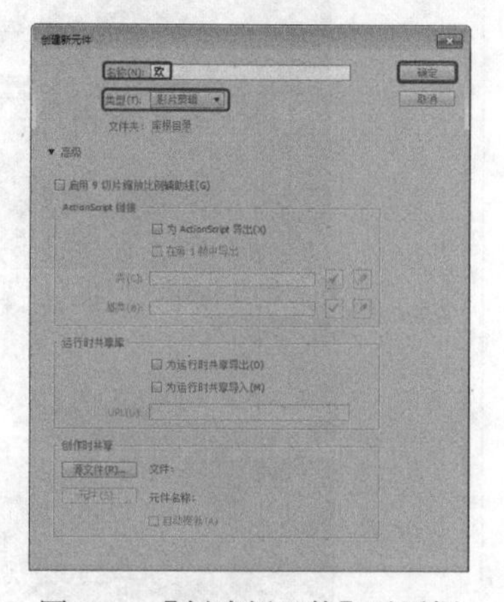

图5-3 【创建新元件】对话框

知识链接：

影片剪辑是 Animate CC 2017 中最具有交互性、用途最多及功能最强的部分。它基本上是一个小的独立电影，可以包含交互式控件、声音，甚至其他影片剪辑实例。由于影片剪辑具有独立的时间轴，所以它们在 Animate CC 2017 中是相互独立的。如果场景中存在影片剪辑，则即使影片的时间轴已经停止，影片剪辑的时间轴也可以继续播放，这里可以将影片剪辑设想为主电影中嵌套的小电影。影片剪辑元件在主影片播放的时间轴上只需要有一个关键帧，即使一个 60 帧的影片剪辑放置在只有 1 帧的主时间轴上，其也会从开头播放到结束。除此之外，影片剪辑是 Animate CC 2017 中一种重要的元件，使用 ActionScript 是实现对影片剪辑元件的控制的重要方法之一。可以说，Animate CC 2017 的许多复杂动画效果和交互功能都与影片剪辑密不可分。

（3）新建影片剪辑元件，使用【文本工具】在舞台中输入文字【欢】，在【属性】面板中，将【系列】设置为方正行楷简体，将【大小】设置为 96 磅，将【颜色】设置为#FFCC00，如图 5-4 所示。

（4）使用【选择工具】选中输入的文字，在【属性】面板中，将【位置和大小】区域中的【X】和【Y】都设置为 0 像素，如图 5-5 所示。

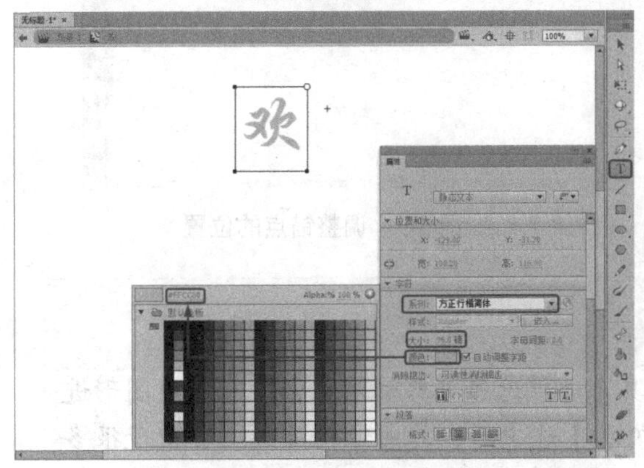

图 5-4　输入文字

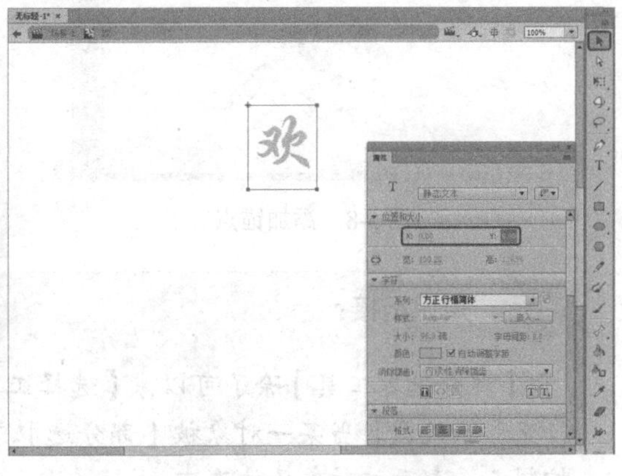

图 5-5　设置文字的属性

（5）按 Ctrl+C 组合键复制选中的文字，在【时间轴】面板中，单击【新建图层】按钮，新建【图层 2】，按 Ctrl+V 组合键粘贴选中的文字，并在【属性】面板中，将【位置和大小】区域中的【X】和【Y】都设置为 8 像素，在【字符】区域中将【颜色】设置为#FFFF00，如图 5-6 所示。

（6）锁定【图层 2】，使用【选择工具】选择【图层 1】中的文字【欢】，按 Ctrl+B 组合键分离文字，如图 5-7 所示。

（7）将场景中的文字放大，使用【添加锚点工具】在如图 5-8 所示的位置添加锚点。

（8）使用【部分选取工具】调整锚点的位置，如图 5-9 所示。

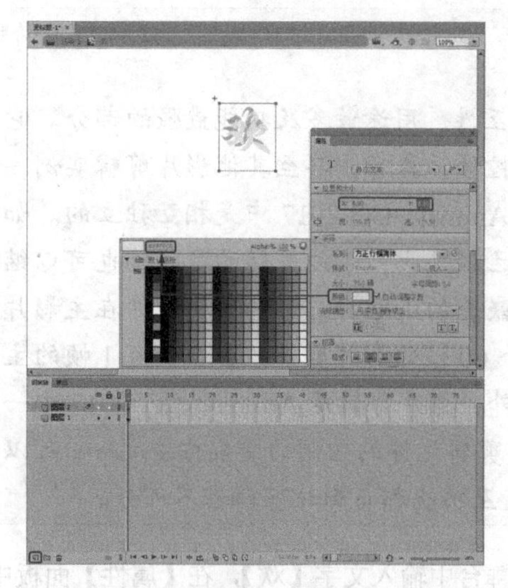

图 5-6　新建图层并复制粘贴文字

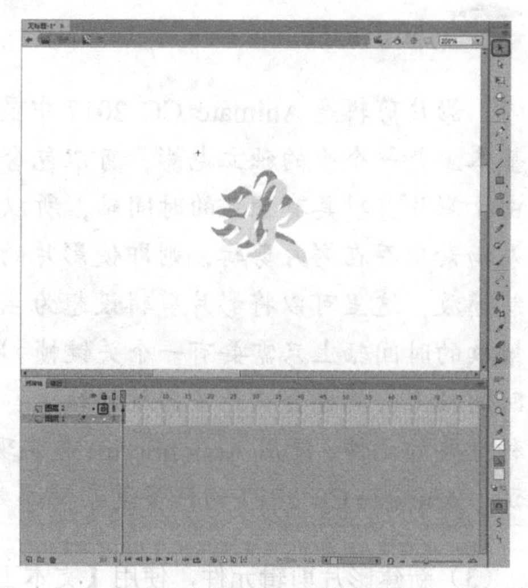

图 5-7　分离文字

图 5-8　添加锚点

图 5-9　调整锚点的位置

知识链接：

【部分选取工具】除了可以像【选择工具】那样选择并移动对象，还可以对图形进行变形等处理。当某一对象被【部分选取工具】选中后，其图像轮廓线上会出现很多控制点，表示该对象已被选中。

使用【部分选取工具】选中要编辑的锚点，此时该锚点的两侧会出现调节手柄，拖动手柄的一端可以对曲线的形状进行编辑操作。按住 Alt 键拖动手柄，可以只移动一侧的手柄，而使另一侧的手柄保持不动。

（9）使用同样的方法，继续调整分离后的文字，如图 5-10 所示。

（10）使用同样的方法，制作【度】、【国】和【庆】影片剪辑元件，如图 5-11 所示。

（11）返回到场景 1 中，按 Ctrl+R 组合键，在弹出的【导入】对话框中，选择【立体文字背景素材】文件，单击【打开】按钮，如图 5-12 所示。

（12）将选择的素材文件导入到舞台中，选择【图层 1】的第 1 帧，按 Ctrl+K 组合键，打开【对齐】面板，勾选【与舞台对齐】复选框，并单击【右对齐】按钮和【底对齐】按钮，如图 5-13 所示。

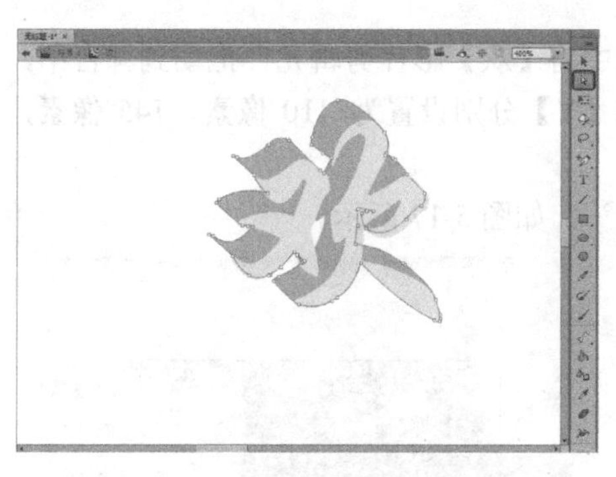
图 5-10　调整分离后的文字

图 5-11　制作其他影片剪辑元件

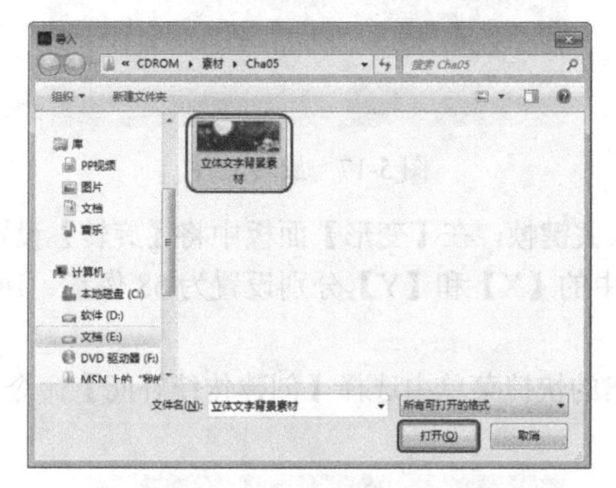
图 5-12　选择素材文件

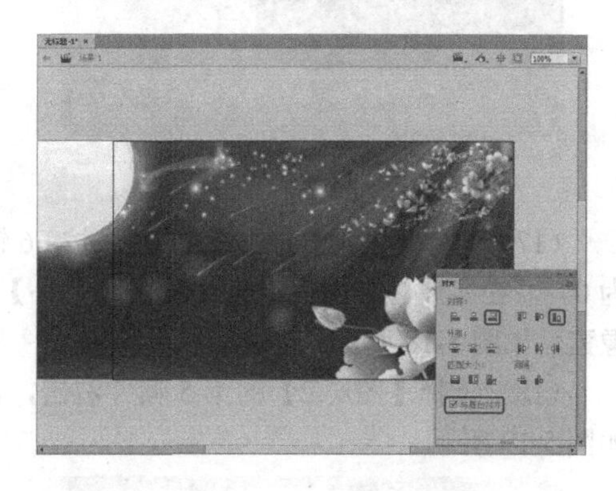
图 5-13　对齐素材文件

（13）在【时间轴】面板中选中第 55 帧，按 F6 键插入关键帧，按 Ctrl+K 组合键，打开【对齐】面板，单击【左对齐】按钮；选择【图层 1】中从第 1 帧到第 55 帧中的任意一帧并右击，在弹出的快捷菜单中选择【创建传统补间】命令，如图 5-14 所示。

（14）单击【新建图层】按钮，新建【图层 2】，在【时间轴】面板中选中第 55 帧，按 F6 键插入关键帧，如图 5-15 所示。

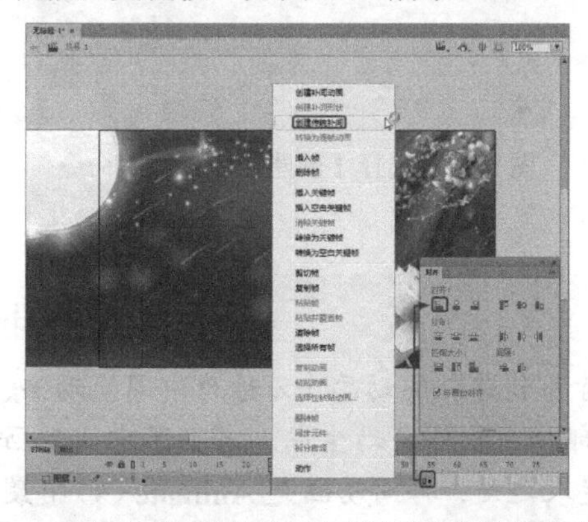
图 5-14　插入关键帧并选择【创建传统补间】命令

图 5-15　新建图层并插入关键帧

提示：选择【插入】|【时间轴】|【关键帧】命令，或者在时间轴上要插入关键帧的地方右击，在弹出的快捷菜单中选择【插入关键帧】命令，也可以插入关键帧。

（15）选择【图层 2】的第 1 帧，在【库】面板中将【欢】影片剪辑元件拖动到舞台中，在【属性】面板中将【位置和大小】区域中的【X】和【Y】分别设置为-110 像素、145 像素，如图 5-16 所示。

（16）在【变形】面板中将【旋转】设置为-90°，如图 5-17 所示。

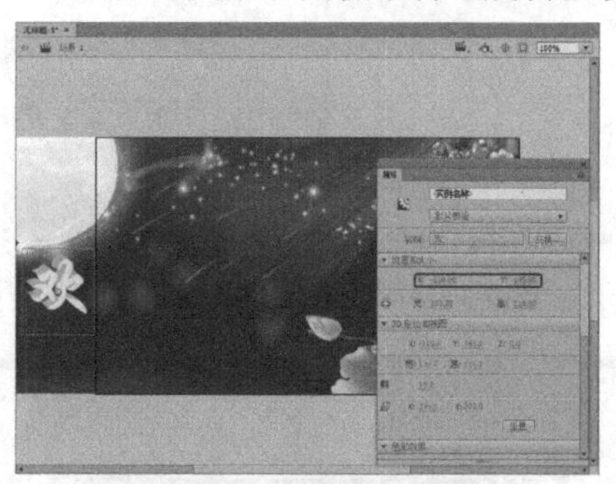

图 5-16　设置元件的位置

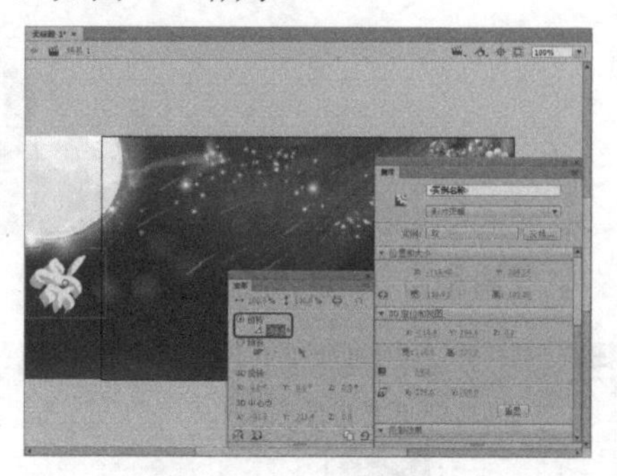

图 5-17　旋转元件

（17）选择【图层 2】的第 11 帧，按 F6 键插入关键帧，在【变形】面板中将【旋转】设置为 0°，在【属性】面板中将【位置和大小】区域中的【X】和【Y】分别设置为 68 像素、145 像素，如图 5-18 所示。

（18）选择【图层 2】的第 5 帧并右击，在弹出的快捷菜单中选择【创建传统补间】命令，如图 5-19 所示。

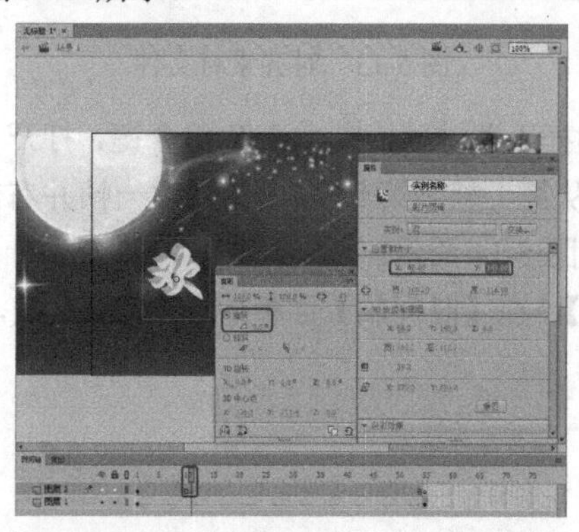

图 5-18　插入关键帧并设置元件的属性

图 5-19　选择【创建传统补间】命令

（19）创建传统补间动画，如图 5-20 所示。

知识链接：

所谓创建传统补间动画（在以前的版本中称为创建补间动画）又称为中间帧动画、渐变动画，只需建立开始和结束的画面，中间部分由软件自动生成，省去了中间动画制作的复杂过程，这正是 Animate CC 2017 的迷人之处，补间动画是 Animate CC 中最常用的动画效果。

利用传统补间动画可以制作出多种类型的动画效果，如位置移动、大小变化、旋转移动、逐渐消失等。只要能够熟练掌握这些简单的动作补间效果，就能将它们相互组合制作出样式更加丰富、效果更加吸引人的复杂动画。使用创建传统补间动画功能，需要具备以下两个前提条件。

① 开始关键帧与结束关键帧缺一不可。

② 应用于动作补间的对象必须具有元件或者群组的属性。

（20）新建【图层 3】，选择【图层 3】的第 11 帧，按 F6 键插入关键帧，将【度】影片剪辑元件拖动到舞台中，在【属性】面板中将【位置和大小】区域中的【X】和【Y】分别设置为-110 像素、145 像素，在【变形】面板中将【旋转】设置为-90°，如图 5-21 所示。

图 5-20　创建传统补间动画

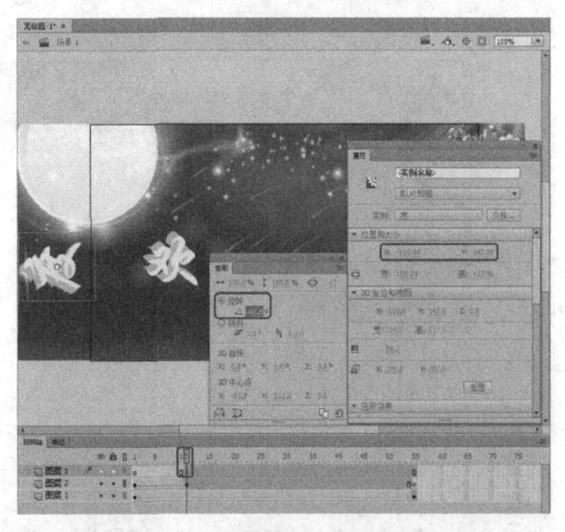

图 5-21　插入关键帧并进行相关设置

提示：Animate CC 2017 文件中的层数只受计算机内存的限制，它不会影响 SWF 文件的大小。

（21）选择【图层 3】的第 25 帧，按 F6 键插入关键帧，在【变形】面板中将【旋转】设置为 0°，在【属性】面板中将【位置和大小】区域中的【X】和【Y】分别设置为 145 像素、180 像素，并创建传统补间动画，如图 5-22 所示。

（22）使用同样的方法，新建图层，调整【国】和【庆】影片剪辑元件，并创建传统补间动画，即制作其他动画，如图 5-23 所示。

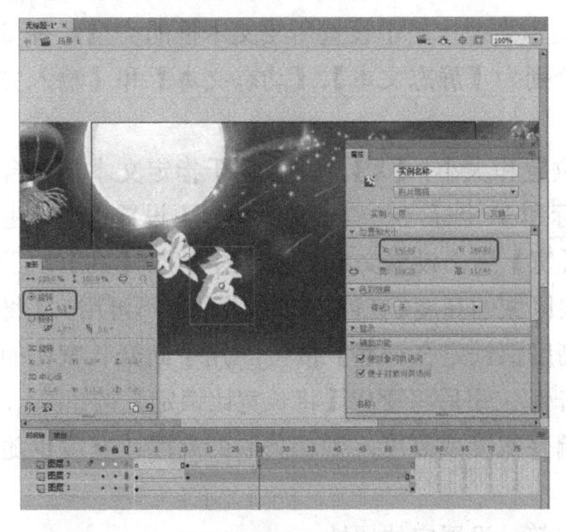

图 5-22　调整元件并创建传统补间动画

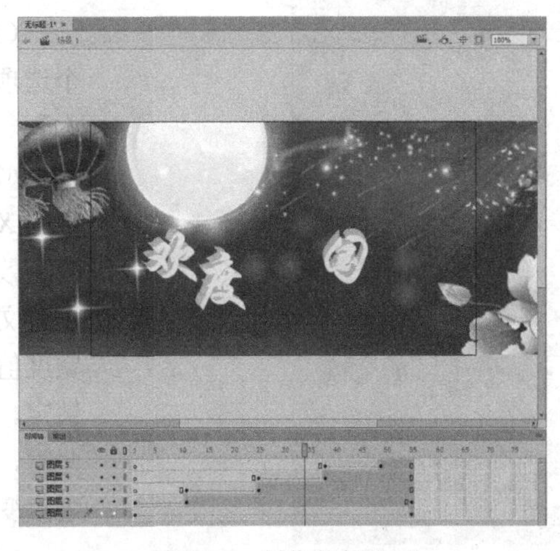

图 5-23　制作其他动画

（23）新建图层，选择其第 55 帧，按 F6 键插入关键帧，按 F9 键打开【动作】面板，并输入【stop();】，如图 5-24 所示。设置完成后将该面板关闭即可。

（24）按 Ctrl+Enter 组合键，测试影片效果，如图 5-25 所示。最终，导出影片并将场景文件保存起来即可。

图 5-24　设置动作

图 5-25　测试影片效果

5.1.2　文本工具的属性

在 Animate CC 2017 中，文本工具是用于输入和编辑文本的。文本和文本输入框处于绘画层的顶层，这样处理的优点是既不会因文本而搞乱图像，也便于输入和编辑文本。

文本的属性包括文本的平滑处理、文本字体的大小、文本的颜色和文本框的类型等。文本工具的【属性】面板如图 5-26 所示。其中的选项及参数说明如下。

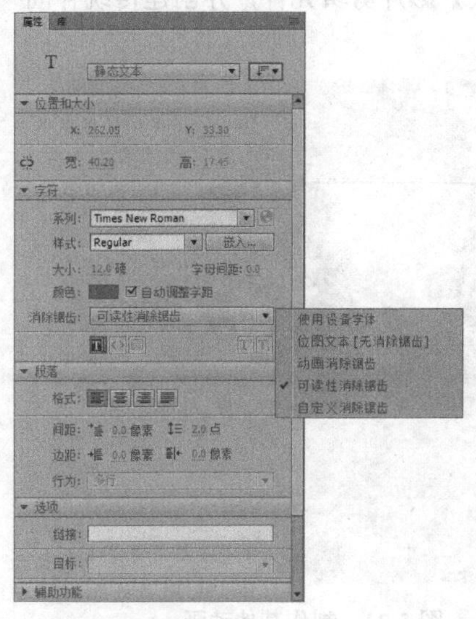

图 5-26　文本工具的【属性】面板

（1）文本类型：用于设置所绘文本框的类型，有 3 个选项，分别为【静态文本】、【动态文本】和【输入文本】。

（2）位置和大小：【X】、【Y】用于指定文本在舞台中的 X 坐标和 Y 坐标（在静态文本类型下设置 X、Y 坐标无效），【宽】用于设置文本块区域的宽度，【高】用于设置文本块区域的高度（在静态文本类型下不可用），【将宽度值和高度值锁定在一起】按钮用于断开长宽比的锁定。单击按钮后将变成【将长宽比锁定】按钮，此时，若调整宽度或高度，则相关联的高度或宽度也随之改变。

（3）字符：设置字体属性。

① 系列：选择字体类型。

② 样式：从中可以选择Regular（正常）、Italic（斜体）、Bold（粗体）、Bold Italic（粗体、斜体）选项。

③ 大小：设置文字的大小。

④ 字母间距：可以使用它调整选中字符或整个文本块的间距。可以在其文本框中输入-60～+60之间的数字，单位为磅；也可以通过滑块进行设置。

⑤ 颜色：设置字体的颜色。

⑥ 可选：选中此单选按钮能够在影片播放的时候选中动态文本或者静态文本，取消选中此按钮将阻止用户选中文本。选中文本并右击，在弹出的快捷菜单中可以选择剪切、复制、粘贴、删除等命令。

⑦ 切换到上标：将文字切换为上标显示。

⑧ 切换到下标：将文字切换为下标显示。

⑨ 自动调整字距：若要使用字体的内置字距微调信息来调整字符间距，则可以勾选【自动调整字距】复选框。对于水平文本，【自动调整字距】设置了字符间的水平距离；对于垂直文本，【自动调整字距】设置了字符间的垂直距离。

⑩ 消除锯齿：利用其下拉列表中的5个选项可设置文本边缘的锯齿，以便更清楚地显示较小的文本。

- 使用设备字体：选择此选项后会生成一个较小的SWF文件。其使用最终用户计算机上当前安装的字体来呈现文本。
- 位图文本[无消除锯齿]：选择此选项后会生成明显的文本边缘，没有消除锯齿。因为此选项生成的SWF文件中包含字体轮廓，所以会生成一个较大的SWF文件。
- 动画消除锯齿：选择此选项后会生成可顺畅进行动画播放的消除锯齿文本。因为在文本动画播放时没有应用对齐和消除锯齿，所以在某些情况下，文本动画还可以更快地播放。在使用带有许多字母的大字体或缩放字体时，可能看不到其性能上的提高。因为此选项生成的SWF文件中包含字体轮廓，所以会生成一个较大的SWF文件。
- 可读性消除锯齿：选择此选项后会使用高级消除锯齿引擎，其提供了品质最高、最易读的文本。因为此选项生成的文件中包含字体轮廓及特定的消除锯齿信息，所以会生成最大的SWF文件。
- 自定义消除锯齿：此选项与【可读性消除锯齿】选项相同，但是可以直观地操作消除锯齿参数，以生成特定外观。此选项在为新字体或不常见的字体生成最佳的外观方面非常有用。

（4）段落：其包括以下选项。

① 间距：【缩进】按钮确定了段落边界和首行开头之间的距离，对于水平文本，其可使首行文本向右移动指定的距离；【行距】按钮确定了段落中相邻行之间的距离。

② 边距：确定了文本块的边框和文本段落之间的间隔量。

③ 格式：设置文字的对齐方式，包括左对齐、居中对齐、右对齐和两端对齐4种对齐方式。

④ 方向：使用此工具可以改变当前文本的方向。

（5）选项：其包括以下两个选项。

① 链接：将动态文本框和静态文本框中的文本设置为超链接，只需要在【链接】文本框中输入要链接到的 URL 地址即可。

② 目标：可以在【目标】下拉列表框中对超链接属性进行设置，如图 5-27 所示。

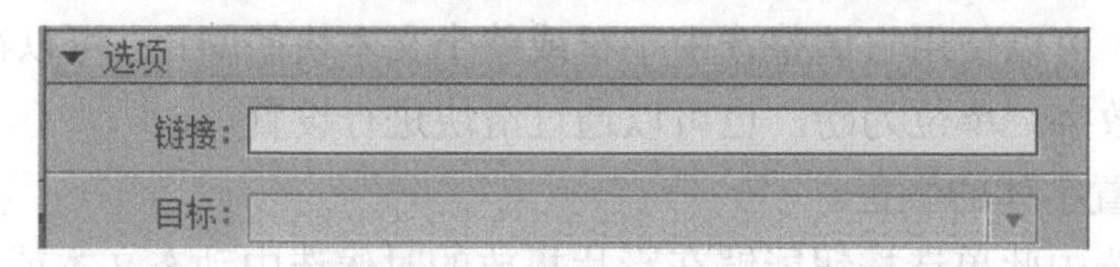

图 5-27 【选项】区域

5.1.3 文本的类型

在 Animate CC 2017 中可以创建 3 种不同类型的文本字段：静态文本字段、动态文本字段和输入文本字段，所有文本字段都支持 Unicode 编码。

1. 静态文本

在默认情况下，使用【文本工具】创建的文本框为静态文本框，静态文本框创建的文本在影片播放过程中是不会改变的。要创建静态文本框，可使用【文本工具】在舞台中拖动出一个固定大小的文本框，再在舞台中单击以进行文本的输入。绘制好的静态文本框没有边框。

不同类型的文本框的【属性】面板不太相同，这些属性的异同也体现了不同类型的文本框之间的区别。静态文本的【属性】面板如图 5-28 所示。

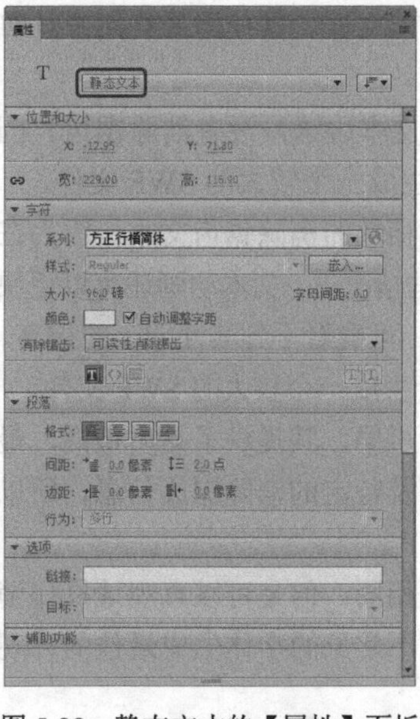

图 5-28 静态文本的【属性】面板

2. 动态文本

使用动态文本框创建的文本是可以变化的。动态文本框中的内容可以在影片制作过程中输入，也可以在影片播放过程中设置动态变化，通常的做法是使用 ActionScript 对动态文本框中的文本进行控制，这样可大大增加影片的灵活性。

要创建动态文本框，首先要在舞台中拖动出一个固定大小的文本框，再在舞台中单击以进行文本的输入，在动态文本的【属性】面板的【文本类型】下拉列表中选择【动态文本】选项。绘制好的动态文本框会显示黑色的边界。动态文本的【属性】面板如图 5-29 所示。

3. 输入文本

输入文本也是应用比较广泛的一种文本类型，用户可以在影片播放过程中即时地输入文本，一些使用 Animate CC 2017 制作的留言簿和邮件收发程序都大量使用了输入文本。

要创建输入文本框，首先要在舞台中拖动出一个固定大小的文本框，再在舞台中单击以进行文本的输入，在输入文本的【属性】面板的【文本类型】下拉列表中选择【输入文本】选项。输入文本的【属性】面板如图 5-30 所示。

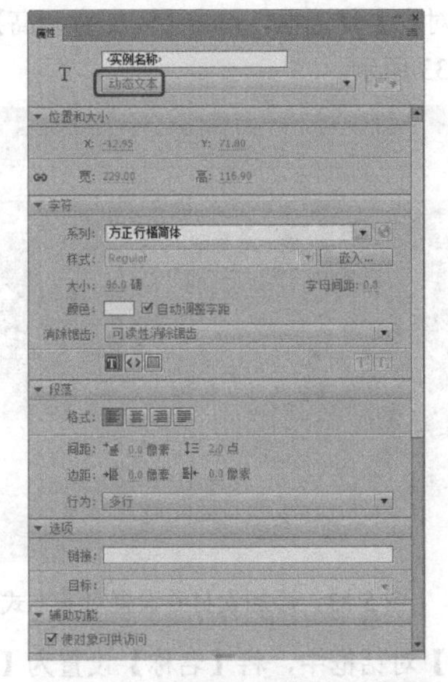

图 5-29　动态文本的【属性】面板

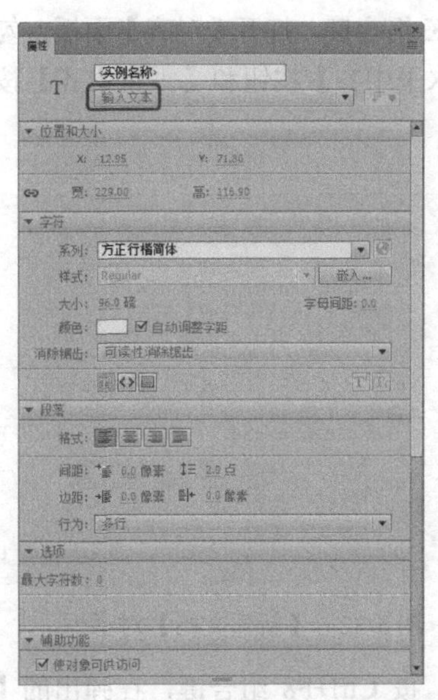

图 5-30　输入文本的【属性】面板

5.2　任务 15：制作碰撞文字——编辑文本

本任务将介绍如何制作碰撞文字，主要通过将输入的文字转换为元件，再调整其参数为其创建传统补间动画来完成制作，完成的碰撞文字效果如图 5-31 所示。

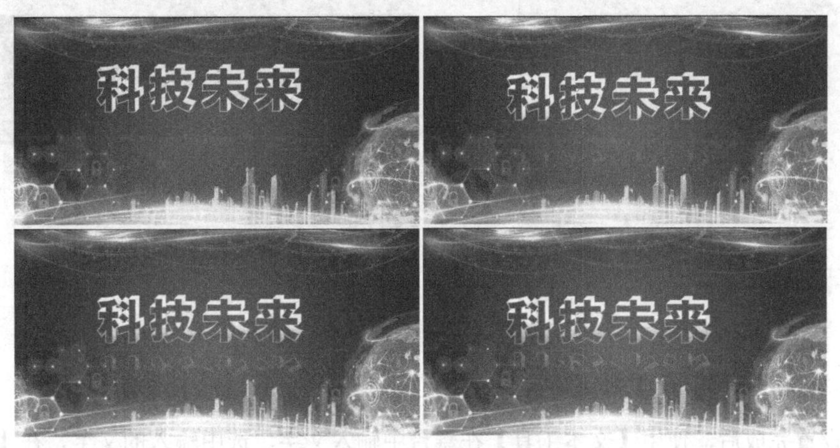

图 5-31　完成的碰撞文字效果

5.2.1　任务实施

(1) 选择【文件】|【新建】命令，在弹出的【新建文档】对话框中，在【类型】列表框中选择【ActionScript 3.0】选项，将【宽】、【高】分别设置为 650 像素、324 像素，将【帧频】设置为 23fps，单击【确定】按钮，如图 5-32 所示。

（2）按 Ctrl+R 组合键，在弹出的【导入】对话框中选择【01】文件，单击【打开】按钮。按 Ctrl+K 组合键，打开【对齐】面板，勾选【与舞台对齐】复选框，单击【匹配宽和高】按钮，单击【水平中齐】按钮和【垂直中齐】按钮，如图 5-33 所示。

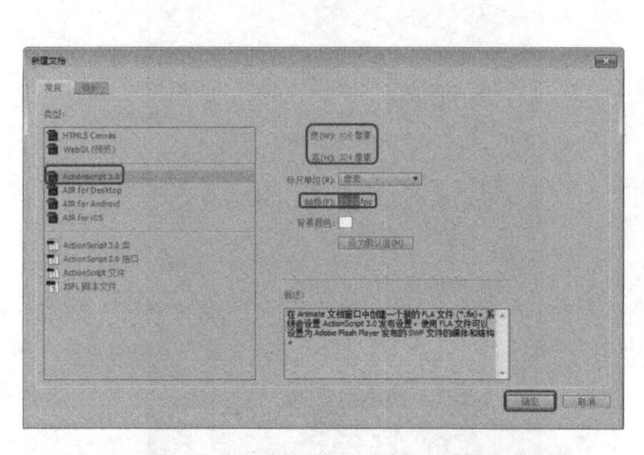

图 5-32 【新建文档】对话框

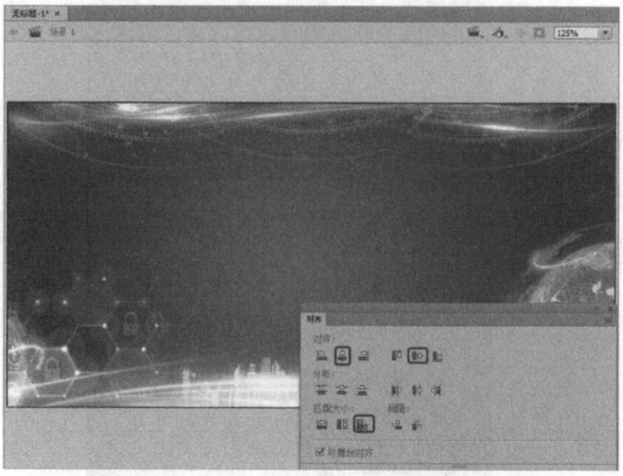

图 5-33 添加素材并设置对齐方式

（3）按 Ctrl+F8 组合键，在弹出的【创建新元件】对话框中，将【名称】设置为【碰撞动画】，将【类型】设置为【影片剪辑】，设置完成后单击【确定】按钮，如图 5-34 所示。

（4）使用【选择工具】单击舞台中的任意位置，在【属性】面板中将【舞台】设置为#000000，如图 5-35 所示。

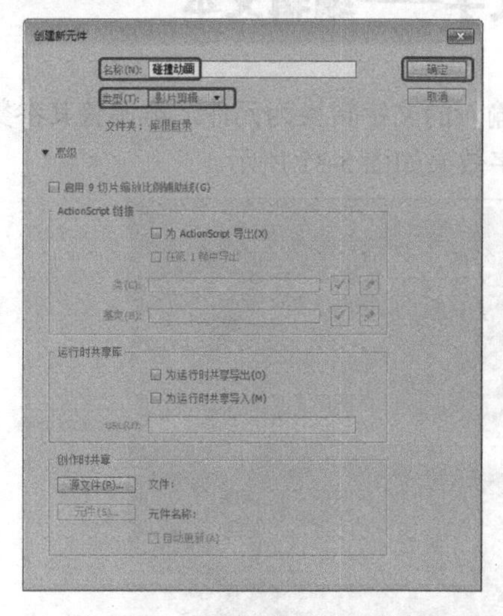

图 5-34 【创建新元件】对话框

图 5-35 设置舞台颜色

（5）设置完成后，使用【文本工具】在舞台中输入文字。选中输入的文字，在【属性】面板中，将【系列】设置为【汉仪立黑简】，将【大小】设置为 84 磅，将【颜色】设置为#FFFFFF，如图 5-36 所示。

（6）选中该文字，按 F8 键，在弹出的【转换为元件】对话框中，将【名称】设置为【文字 1】，将【类型】设置为【图形】，并调整其对齐方式，设置完成后单击【确定】按钮，如图 5-37 所示。

（7）选中创建的元件，在【属性】面板中，将【X】、【Y】分别设置为 0 像素、-72 像素，

如图5-38所示。

（8）选择该图层的第27帧，按F6键插入关键帧，选中该帧上的元件，在【属性】面板中将【Y】设置为-25像素，如图5-39所示。

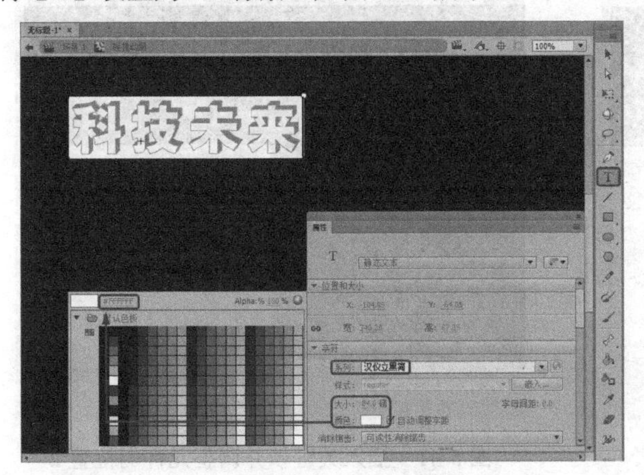

图5-36 输入并设置文字

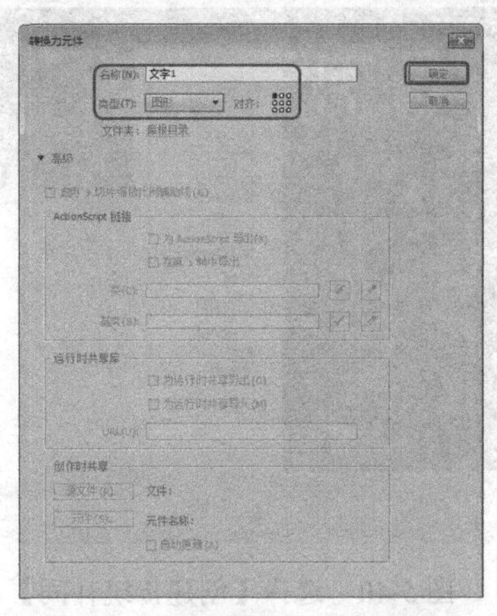

图5-37 【转换为元件】对话框

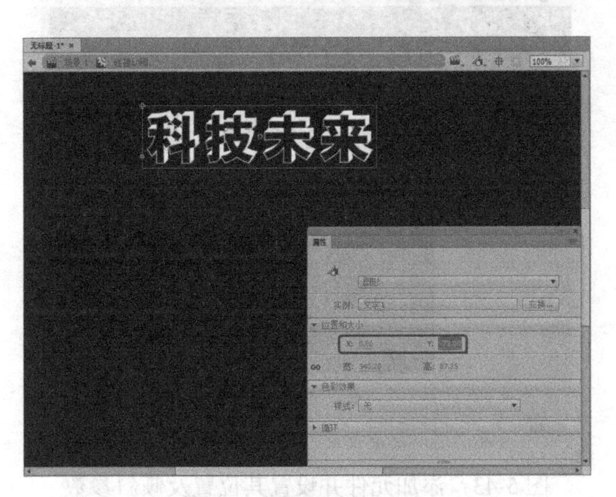

图5-38 调整元件的位置

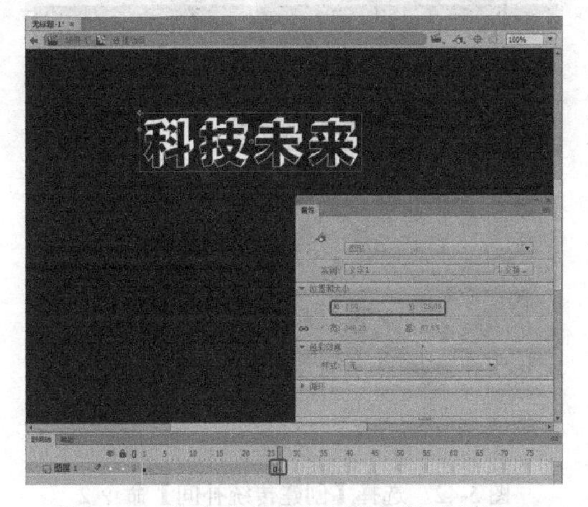

图5-39 插入关键帧并调整元件的位置1

（9）选择该图层的第15帧并右击，在弹出的快捷菜单中选择【创建传统补间】命令，如图5-40所示。

（10）选择该图层的第57帧，按F6键插入关键帧，选中该帧上的元件，在【属性】面板中将【Y】设置为-72像素，如图5-41所示。

（11）选择该图层的第43帧并右击，在弹出的快捷菜单中选择【创建传统补间】命令，如图5-42所示。

（12）在【时间轴】面板中单击【新建图层】按钮，新建【图层2】，在【库】面板中选择【文字1】图形元件，将其拖动到舞台中。选中该元件，在【变形】面板中选中【倾斜】单选按钮，将【水平倾斜】设置为180°，将【垂直倾斜】设置为0°，在【属性】面板中将【X】、【Y】分别设置为0像素、187像素，如图5-43所示。

（13）选择【图层2】的第27帧，按F6键插入关键帧，选中该帧上的元件，在【属性】面板中将【Y】设置为148像素，如图5-44所示。

（14）选择【图层 2】的第 22 帧并右击，在弹出的快捷菜单中选择【创建传统补间】命令，如图 5-45 所示。

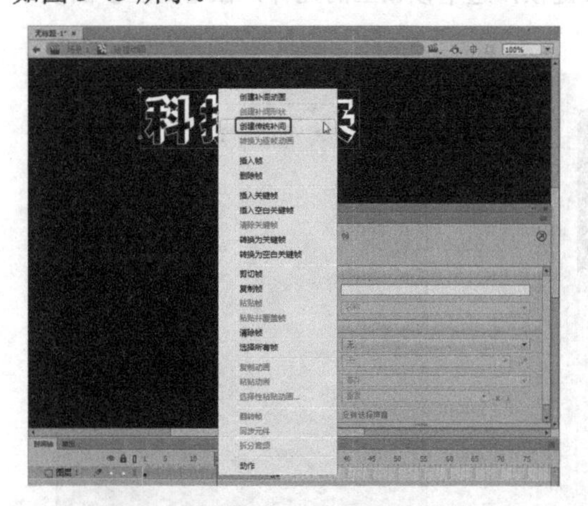

图 5-40　选择【创建传统补间】命令 1

图 5-41　插入关键帧并调整元件的位置 2

图 5-42　选择【创建传统补间】命令 2

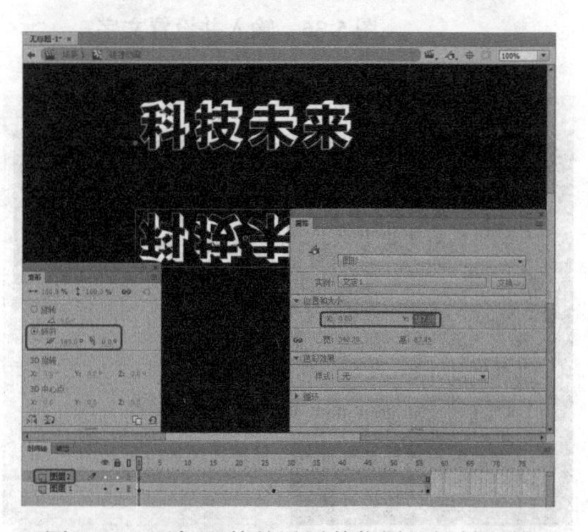

图 5-43　添加元件并设置其位置及倾斜参数

图 5-44　插入关键帧并调整元件的位置 3

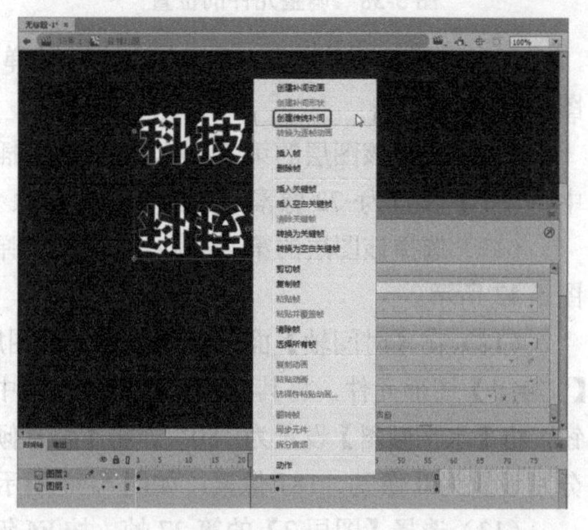

图 5-45　选择【创建传统补间】命令 3

（15）选择【图层2】的第57帧，按F6键插入关键帧，选中该帧上的元件，在【属性】面板中将【Y】设置为187像素，如图5-46所示。

（16）选择【图层2】的第40帧并右击，在弹出的快捷菜单中选择【创建传统补间】命令。返回到场景1中，在【时间轴】面板中单击【新建图层】按钮，新建图层，在【库】面板中选择【碰撞动画】影片剪辑元件，将其拖动到舞台中，并调整其位置和大小，如图5-47所示。

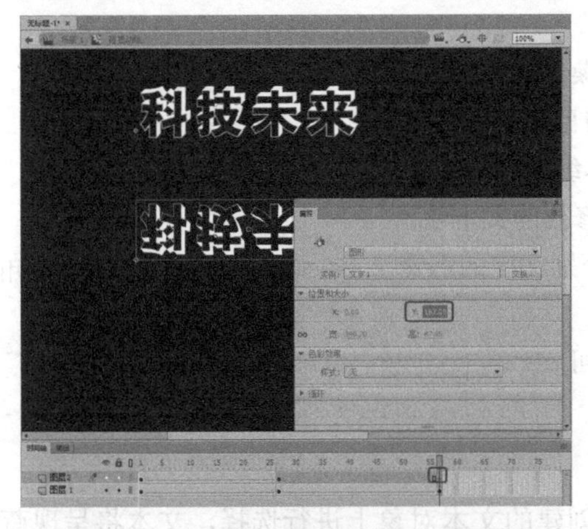

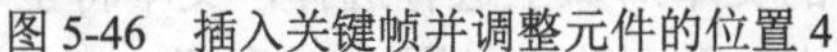
图5-46　插入关键帧并调整元件的位置4

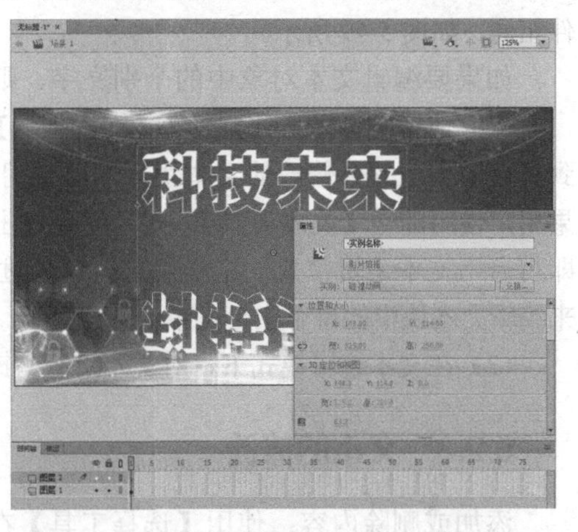

图5-47　新建图层并添加元件

（17）再新建一个图层，按Ctrl+R组合键，在弹出的【导入】对话框中选择【03】文件，单击【打开】按钮。按Ctrl+K组合键，打开【对齐】面板，勾选【与舞台对齐】复选框，单击【水平中齐】按钮和【底对齐】按钮，如图5-48所示。对完成后的场景进行输出及保存即可。

图5-48　添加素材并设置其对齐方式

5.2.2　文本的编辑

在编辑文本之前，使用【文本工具】单击要进行处理的文本框（使其突出显示），再对它进行插入、删除、改变字体和颜色等操作。由于输入的文本都是以组为单位的，所以用户可以使用【选择工具】或【任意变形工具】对其进行移动、旋转、缩放和倾斜等简单操作。

将文本对象作为一个整体进行编辑的操作步骤如下。

（1）使用【选择工具】，将鼠标指针移动到场景中，单击舞台中的任意文本块，此时文本块四周会出现一个蓝色轮廓，表示此文本已被选中。

（2）下面即可使用【选择工具】调整、移动、旋转或对齐文本对象，其方式与编辑其他元件相同，如图 5-49 所示。

如果要编辑文本对象中的个别文字，则其操作步骤如下。

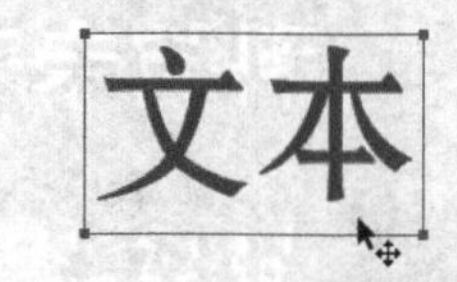

图 5-49 【选择工具】的使用

（1）使用【选择工具】或者【文本工具】，将鼠标指针移动到舞台中，选择要修改的文本块，即可启用文本编辑模式。如果用户使用的是【文本工具】，则只需要单击要修改的文本块，即可启用文本编辑模式。这样用户即可通过对个别文字的选择来编辑文本块中的单个字母、单词或段落。

（2）在文本编辑模式下，对文本进行修改即可。

5.2.3 文本的修改

添加或删除内容：使用【选择工具】在已创建的文本对象上进行选择，文本将呈现蓝色，此时代表文本被选中，可以对选中的内容进行修改及删除，如图 5-50 所示。

单击文本之外的部分，退出文本内容修改模式，文本外的黑色实线框将变成蓝色实线框，此时可通过【属性】面板对文本属性进行设置，如图 5-51 所示。

图 5-50 修改文本

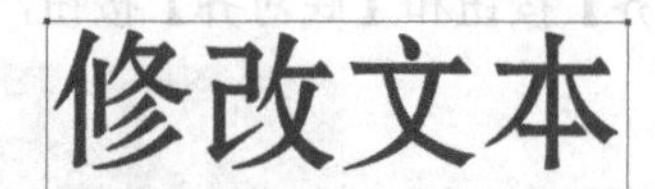

图 5-51 文本属性的设置

5.2.4 文本的分离

文本可以分离为单独的文本块，也可以将文本分散到各个图层中。

1. 分离文本

文本在 Animate CC 2017 中是作为单独的对象使用的，但有时需要将文本当作图形来使用，以便使这些文本具有更多的变换效果，此时就需要对文本对象进行分离。

将文本分离为单独的文本块的操作步骤如下。

（1）使用【选择工具】选择文本块，如图 5-52 所示。

（2）选择【修改】|【分离】命令，文本中的每个字将分别位于一个单独的文本块中，如图 5-53 所示。

春夏秋冬

图 5-52 选择文本块

春夏秋冬

图 5-53 文本分离后的效果

2. 分散到图层

分离文本后可以迅速地将文本分散到各个图层中。

选择【修改】|【时间轴】|【分散到图层】命令，如图 5-54 所示。此时将把文本块分散到自动生成的图层中，如图 5-55 所示。此后即可分别为每个文本块制作动画。

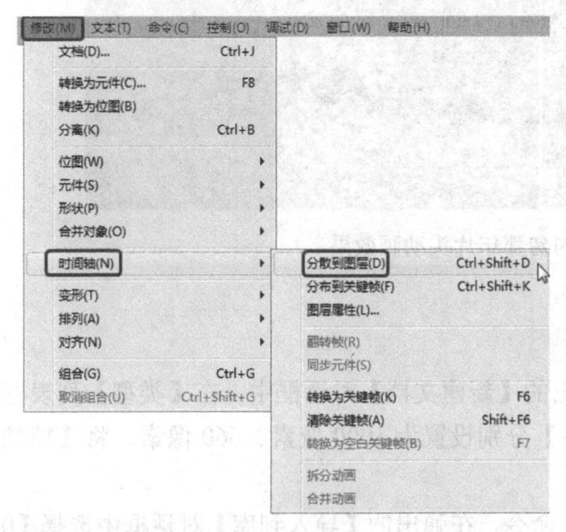

图 5-54 选择【修改】|【时间轴】|【分散到图层】命令

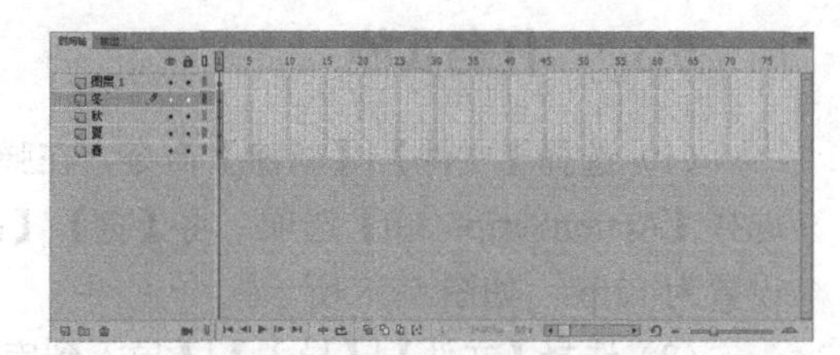

图 5-55 文本块分散到图层中

3. 转换为图形

用户可以将文本转换为组成它的线条和填充，以便进行改变形状、擦除和其他操作。选中文本，重复选择【修改】|【分离】命令两次，即可将舞台中的字符转换为图形，如图 5-56 所示。

春夏秋冬

图 5-56 将字符转换为图形

5.3 任务 16：制作匆匆那年片头动画——应用文本滤镜

本任务主要学习如何制作文字放大效果，通过对本任务的学习，读者应对创建传统补间动画的方法有进一步的了解。完成的匆匆那年片头动画效果如图 5-57 所示。

图 5-57　完成的匆匆那年片头动画效果

5.3.1　任务实施

（1）选择【文件】|【新建】命令，在弹出的【新建文档】对话框中，在【类型】列表框中选择【ActionScript 3.0】选项，将【宽】、【高】分别设置为 1000 像素、660 像素，将【帧频】设置为 12fps，如图 5-58 所示。

（2）选择【文件】|【导入】|【导入到库】命令，在弹出的【导入到库】对话框中选择【02】素材文件，单击【打开】按钮，如图 5-59 所示。使用同样的方法将【04】、【07】、【09】素材文件依次导入到库中。

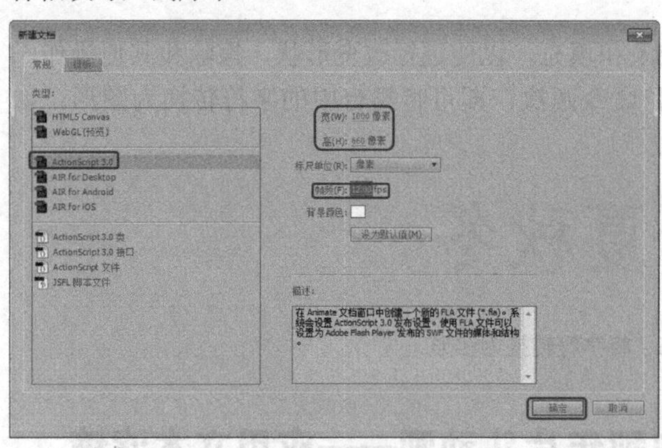

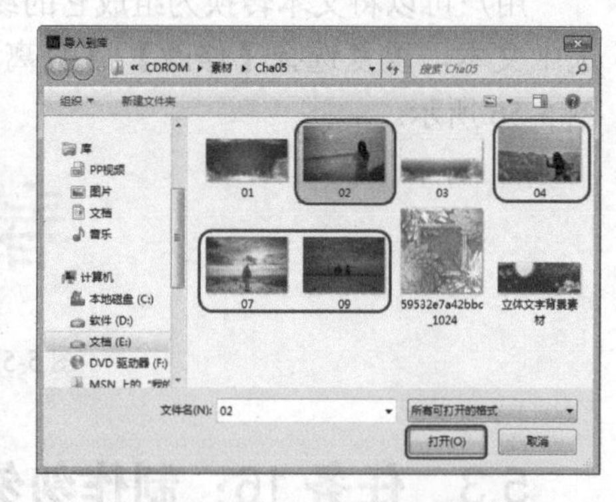

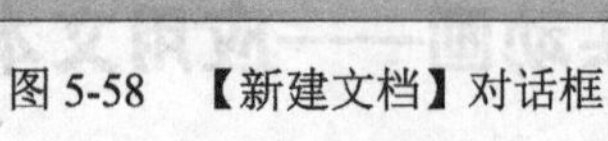

图 5-58　【新建文档】对话框　　　　图 5-59　【导入到库】对话框

（3）打开【库】面板，将素材【02.jpg】拖动到舞台中，在【对齐】面板中单击【水平中齐】按钮、【垂直中齐】按钮和【匹配宽和高】按钮，如图 5-60 所示。

（4）选择【图层 1】的第 98 帧，按 F5 键插入帧，如图 5-61 所示。

图 5-60　设置素材文件的对齐方式 1

图 5-61　插入帧

（5）新建【图层 2】，选择【图层 2】的第 20 帧，按 F6 键插入关键帧。打开【库】面板，将素材【04.jpg】拖动到舞台中，在【对齐】面板中单击【水平中齐】按钮、【垂直中齐】按钮和【匹配宽和高】按钮，如图 5-62 所示。

（6）在舞台中确认选中素材，按 F8 键，在弹出的【转换为元件】对话框中，将【类型】设置为【图形】，其他保持默认设置，单击【确定】按钮，如图 5-63 所示。

图 5-62　设置素材文件的对齐方式 2

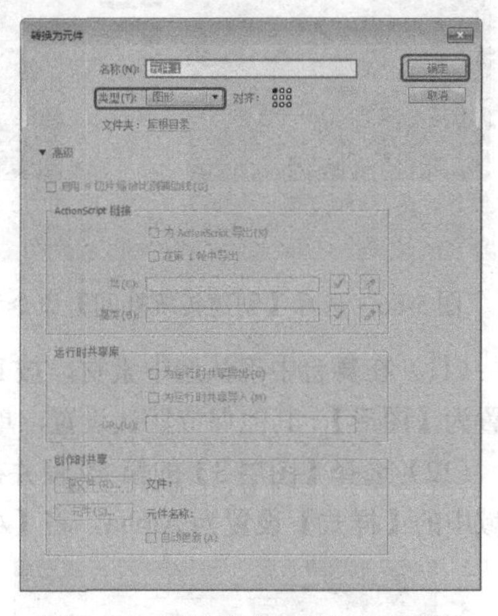

图 5-63　【转换为元件】对话框 1

（7）选择【图层 2】的第 20 帧并在舞台中选中元件，打开【属性】面板，将【色彩效果】区域中的【样式】设置为 Alpha，将【Alpha】设置为 30%，如图 5-64 所示。

（8）选择【图层 2】的第 46 帧，按 F6 键插入关键帧，并选中元件，在【属性】面板中将【样式】设置为无，如图 5-65 所示。

（9）在【图层 2】的第 20 帧到第 46 帧中的任意帧上右击，在弹出的快捷菜单中选择【创建传统补间】命令，如图 5-66 所示。

（10）新建【图层 3】，选择【图层 3】的第 59 帧，按 F6 键插入关键帧。打开【库】面板，将素材【07.jpg】拖动到舞台中，在【对齐】面板中单击【水平中齐】按钮、【垂直中齐】按钮和【匹配宽和高】按钮，如图 5-67 所示。

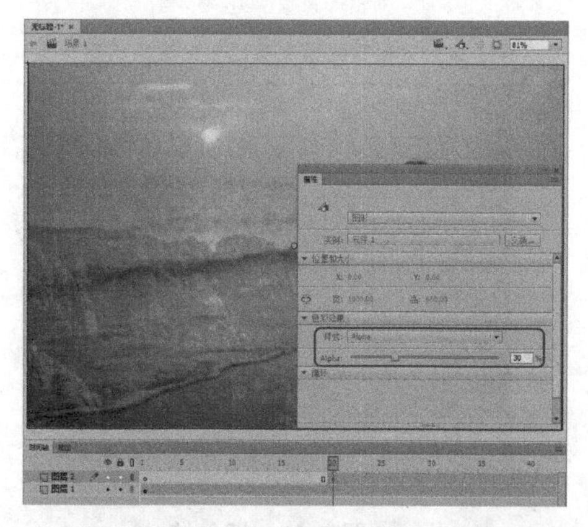

图 5-64　设置【图层 2】的第 20 帧中的元件的属性

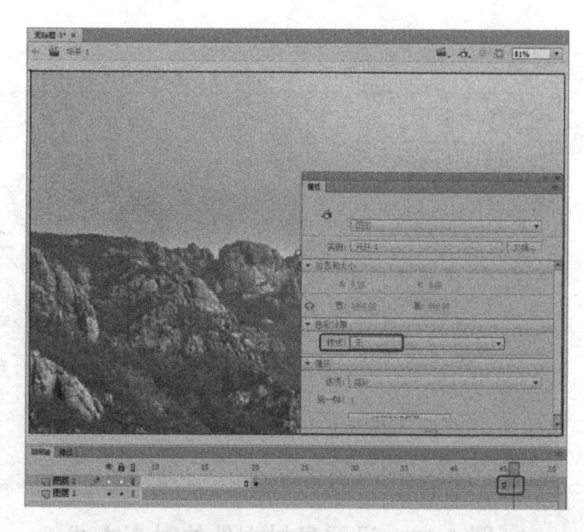

图 5-65　设置【图层 2】的第 46 帧中的元件的属性

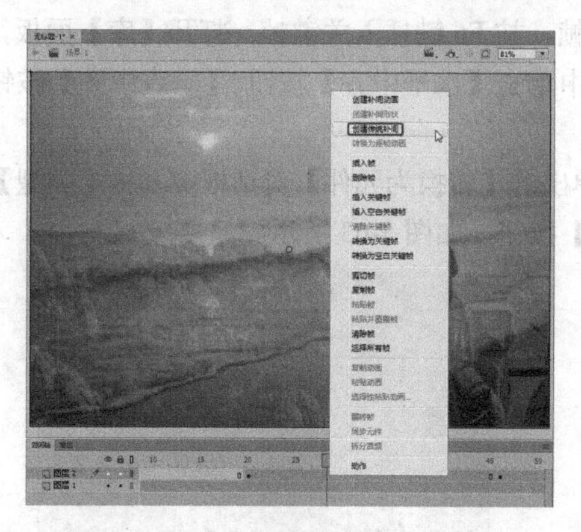

图 5-66　选择【创建传统补间】命令 1

图 5-67　设置素材文件的对齐方式 3

（11）在舞台中确认选中素材，按 F8 键，在弹出的【转换为元件】对话框中，将【类型】设置为【图形】，其他保持默认设置，单击【确定】按钮，如图 5-68 所示。

（12）选择【图层 3】的第 59 帧并在舞台中选中元件，打开【属性】面板，将【色彩效果】区域中的【样式】设置为 Alpha，将【Alpha】设置为 30%，如图 5-69 所示。

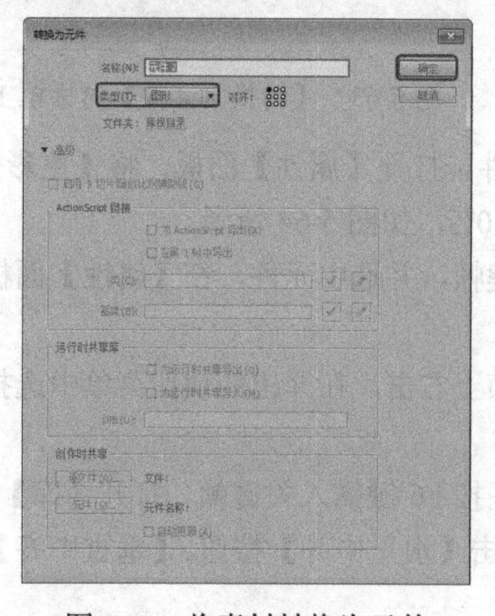

图 5-68　将素材转换为元件

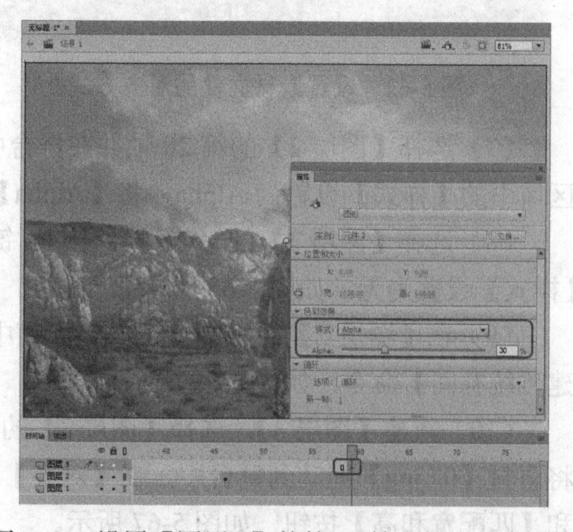

图 5-69　设置【图层 3】的第 59 帧中的元件的属性

（13）选择【图层3】的第87帧，按F6键插入关键帧，并选中元件，在【属性】面板中将【样式】设置为无，如图5-70所示。

（14）在【图层3】的第59帧到第87帧中的任意帧上右击，在弹出的快捷菜单中选择【创建传统补间】命令，如图5-71所示。

图5-70 设置【图层3】的第87帧中的元件的属性

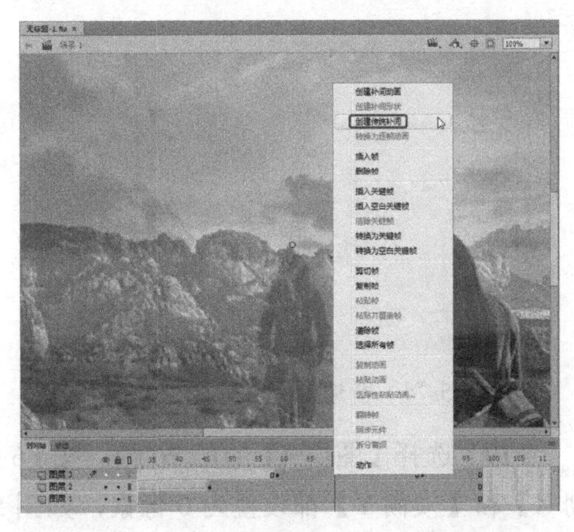

图5-71 选择【创建传统补间】命令2

（15）新建【图层4】，按Ctrl+F8组合键，在弹出的【创建新元件】对话框中，将【名称】设置为【文字1】，将【类型】设置为【影片剪辑】，单击【确定】按钮，如图5-72所示。

（16）使用【文本工具】在舞台中输入文本【匆匆那年】，选中输入的文本，在【属性】面板中，将【系列】设置为方正行楷简体，将【大小】设置为66磅，将【颜色】设置为白色，如图5-73所示。

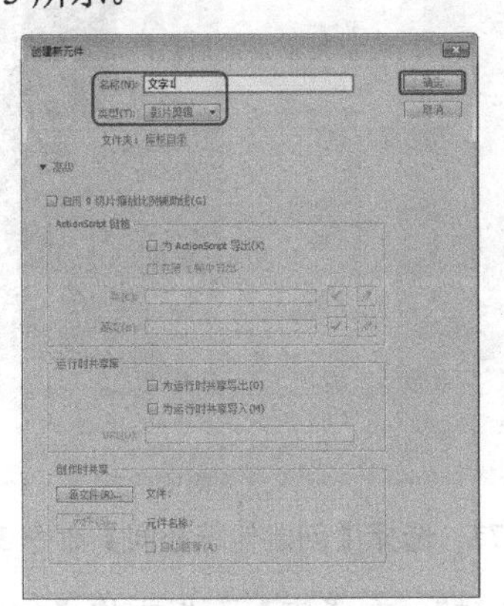

图5-72 【创建新元件】对话框

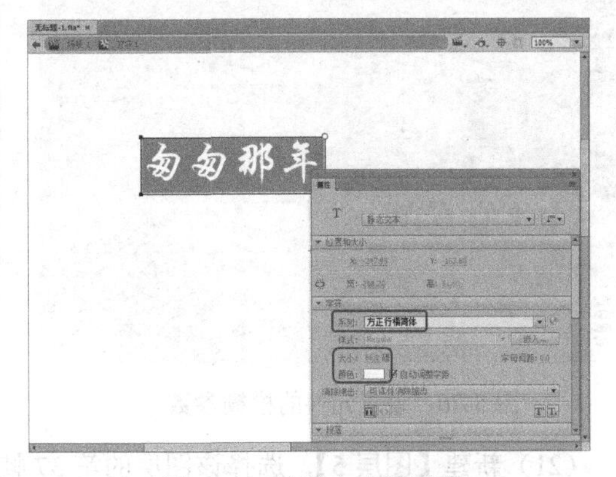

图5-73 设置文本的属性

（17）使用同样的方法新建名称为【文字2】、【文字3】、【文字4】和【文字5】的元件，并在相应的元件中分别输入【唯有青春】、【依然】、【在记忆中】和【美丽】文本，设置其属性，在【库】面板中查看新建的元件效果，如图5-74所示。

（18）返回到场景1中，选择【图层4】，在【库】面板中将【文字1】元件拖动到舞台中，并调整元件的位置。使用【选择工具】选择插入的元件，在【属性】面板中，单击【滤镜】区域中的【添加滤镜】按钮，选择【模糊】选项，将【模糊】区域中的【模糊X】和【模糊Y】都设置为66像素，如图5-75所示。

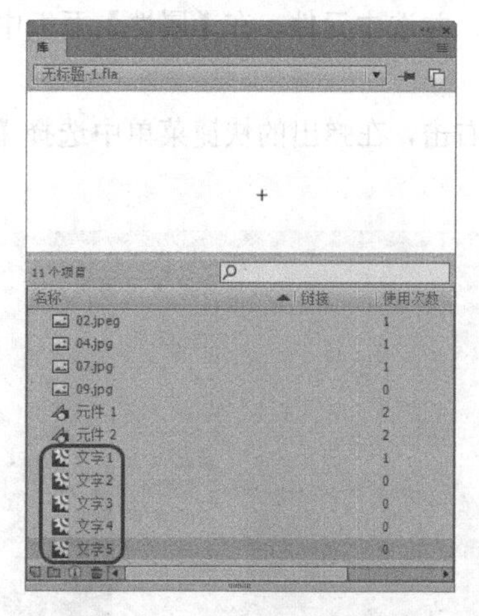

图 5-74　新建的元件效果

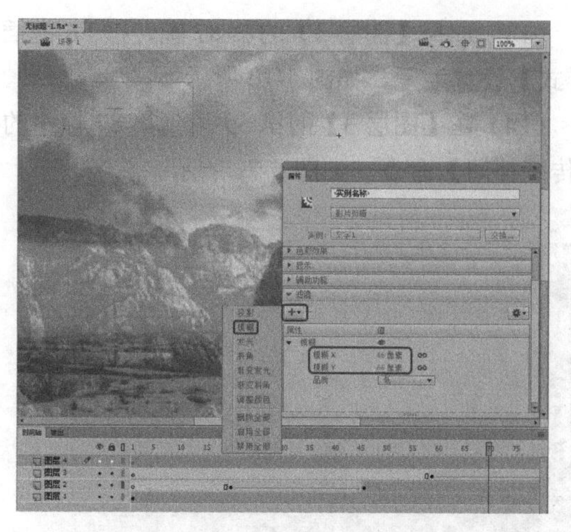

图 5-75　添加元件并设置其属性

（19）选择【图层 4】的第 26 帧，按 F6 键插入关键帧，在【属性】面板中，将元件的【模糊 X】和【模糊 Y】都设置为 0 像素，如图 5-76 所示。

（20）在【图层 4】的第 1 帧到第 26 帧中的任意帧上右击，在弹出的快捷菜单中选择【创建传统补间】命令，如图 5-77 所示。

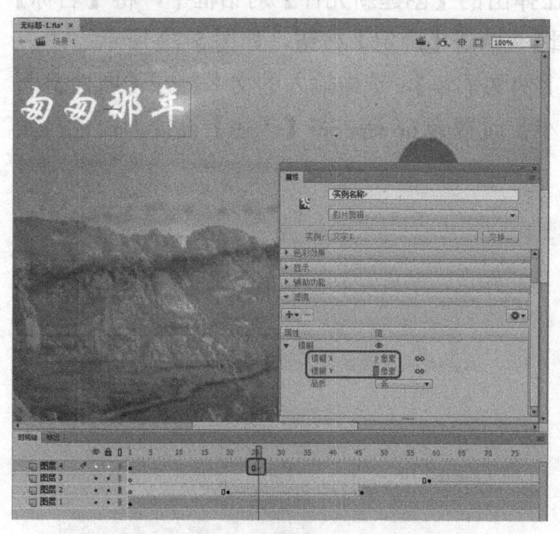

图 5-76　设置元件的模糊参数

图 5-77　选择【创建传统补间】命令 3

（21）新建【图层 5】，选择该图层的第 37 帧并插入关键帧，在【库】面板中将【文字 2】元件拖动到舞台中，并放置到合适的位置。使用【选择工具】选中舞台中的【文字 2】元件，在【属性】面板中将【模糊 X】和【模糊 Y】都设置为 66 像素，在【变形】面板中将【缩放宽度】和【缩放高度】都设置为 150%，如图 5-78 所示。

（22）在【图层 5】的第 70 帧中插入关键帧，选择插入的关键帧，在【属性】面板中将【模糊 X】和【模糊 Y】都设置为 0 像素，在【变形】面板中将元件的【缩放宽度】和【缩放高度】都设置为 100%，如图 5-79 所示。设置完成后，在该图层的第 37 帧到第 70 帧中的任意帧上右击，在弹出的快捷菜单中选择【创建传统补间】命令。

图 5-78 插入关键帧并添加元件

图 5-79 插入关键帧并设置元件的属性及变形参数

（23）新建【图层 6】，选择该图层的第 288 帧并插入关键帧，再选择该图层的第 95 帧并插入关键帧。在【库】面板中，将【09.jpg】素材拖动到舞台中，在【对齐】面板中单击【水平中齐】按钮、【垂直中齐】按钮和【匹配宽和高】按钮，如图 5-80 所示。

（24）在舞台中确认选中素材，按 F8 键，在弹出的【转换为元件】对话框中，将【类型】设置为【图形】，其他保持默认设置，单击【确定】按钮，如图 5-81 所示。

图 5-80 设置素材文件的对齐方式 4

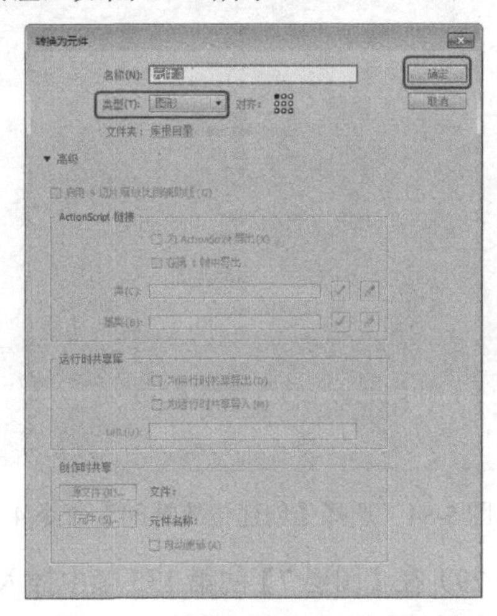

图 5-81 【转换为元件】对话框 2

（25）选择【图层 6】的第 95 帧并在舞台中选中元件，在【属性】面板中将【色彩效果】区域中的【样式】设置为 Alpha，将【Alpha】设置为 30%，如图 5-82 所示。

（26）选择【图层 6】的第 110 帧，按 F6 键插入关键帧并选中元件，在【属性】面板中将【样式】设置为无，如图 5-83 所示。

（27）在【图层 6】的第 95 帧到第 110 帧中的任意帧上右击，在弹出的快捷菜单中选择【创建传统补间】命令，如图 5-84 所示。

（28）新建【图层 7】，选择该图层的第 120 帧并插入关键帧，在【库】面板中将【文字 3】元件拖动到舞台中，并放置到合适的位置；在【属性】面板中将【模糊 X】和【模糊 Y】都设置为 150 像素，如图 5-85 所示。

图 5-82　设置【图层 6】的第 95 帧中的元件的属性

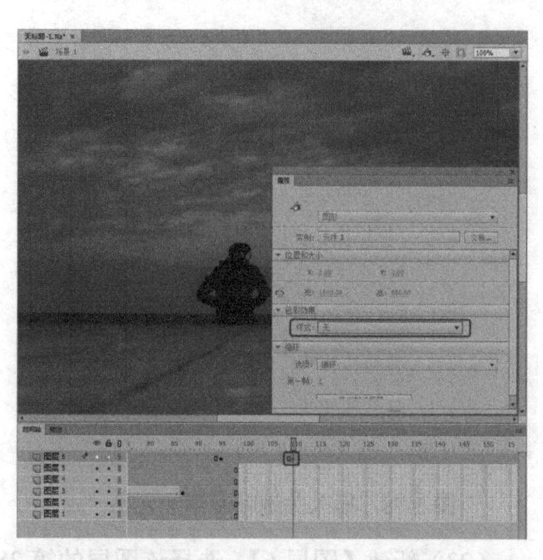

图 5-83　设置【图层 6】的第 110 帧中的元件的属性

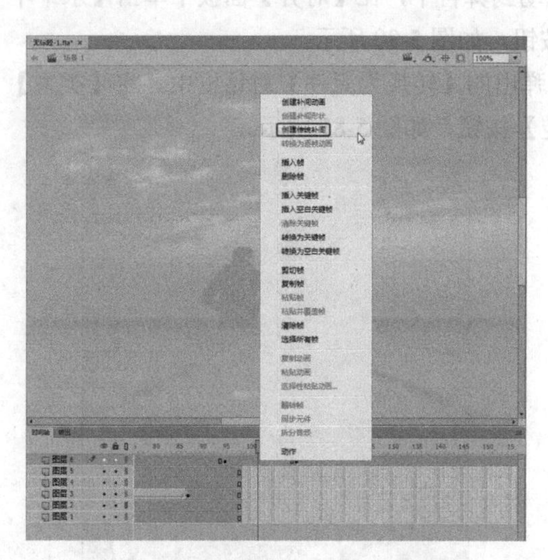

图 5-84　选择【创建传统补间】命令 4

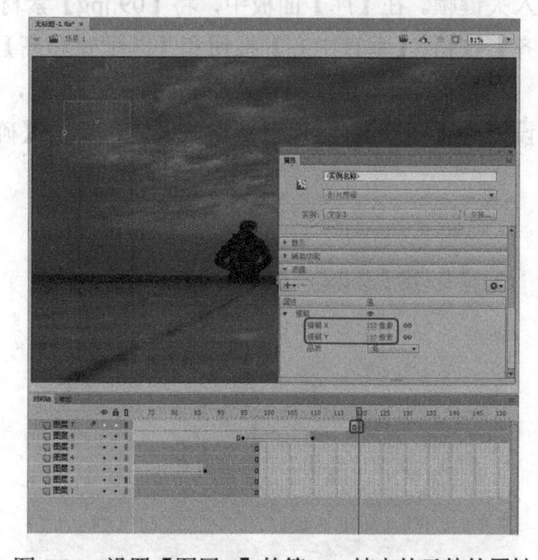

图 5-85　设置【图层 7】的第 120 帧中的元件的属性

（29）在【图层 7】的第 135 帧中插入关键帧，选中其元件并在【属性】面板中将【模糊 X】和【模糊 Y】都设置为 0 像素，如图 5-86 所示。

（30）在【图层 7】的第 145 帧中插入关键帧，选中其元件并在【变形】面板中将【缩放宽度】和【缩放高度】都设置为 150%，如图 5-87 所示。

（31）在【图层 7】的第 160 帧中插入关键帧，选中其元件并在【变形】面板中将【缩放宽度】和【缩放高度】都设置为 100%，如图 5-88 所示。

（32）分别在【图层 7】的第 120 帧到第 135 帧、第 135 帧到第 145 帧和第 145 帧到第 160 帧中的任意帧上右击，在弹出的快捷菜单中选择【创建传统补间】命令，如图 5-89 所示。

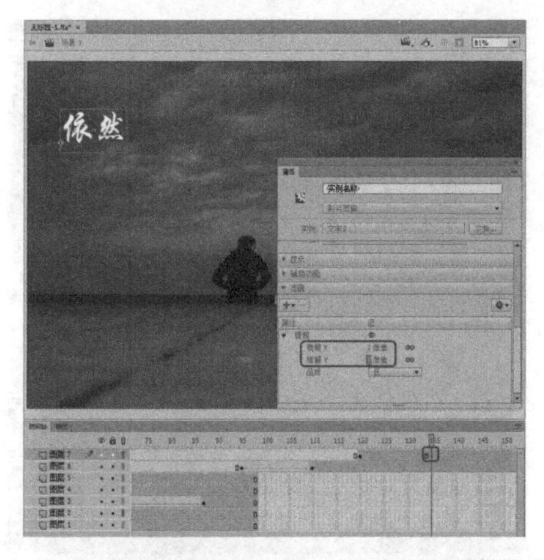

图 5-86　设置【图层 7】的第 135 帧中的元件的属性

图 5-87　对【图层 7】的第 145 帧中的元件进行缩放

图 5-88　对【图层 7】的第 160 帧中的元件进行缩放

图 5-89　选择【创建传统补间】命令 5

（33）新建【图层 8】，选择该图层的第 165 帧并插入关键帧，在【库】面板中将【文字 4】元件拖动到舞台中，并放置到合适的位置；在【属性】面板中将【模糊 X】和【模糊 Y】都设置为 150 像素，如图 5-90 所示。

（34）在【图层 8】的第 180 帧中插入关键帧，选中其元件并在【属性】面板中将【模糊 X】和【模糊 Y】都设置为 0 像素，如图 5-91 所示。

（35）在【图层 8】的第 200 帧中插入关键帧，选中其元件并在【变形】面板中将【缩放宽度】和【缩放高度】都设置为 150%，如图 5-92 所示。

（36）在【图层 8】的第 225 帧中插入关键帧，选中其元件并在【变形】面板中将【缩放宽度】和【缩放高度】都设置为 100%，如图 5-93 所示。

（37）分别在【图层 8】的第 165 帧到第 180 帧、第 180 帧到第 200 帧和第 200 帧到第 225 帧中的任意帧上右击，在弹出的快捷菜单中选择【创建传统补间】命令，如图 5-94 所示。

（38）新建【图层 9】，选择该图层的第 226 帧并插入关键帧，在【库】面板中将【文字 5】元件拖动到舞台中，并放置到合适的位置；在【属性】面板中将【模糊 X】和【模糊 Y】都设置为 150 像素，在【变形】面板中将【缩放宽度】和【缩放高度】都设置为 200%，如图 5-95 所示。

图 5-90　设置【图层 8】的第 165 帧中的元件的属性

图 5-91　设置【图层 8】的第 180 帧中的元件的属性

图 5-92　对【图层 8】的第 200 帧中的元件的进行缩放

图 5-93　对【图层 8】的第 225 帧中的元件进行缩放

图 5-94　选择【创建传统补间】命令 6

图 5-95　设置【图层 9】的第 226 帧中的元件的属性及变形参数

（39）在【图层 9】的第 270 帧中插入关键帧，选中其元件并在【属性】面板中将【模糊 X】和【模糊 Y】都设置为 0 像素，在【变形】面板中将【缩放宽度】和【缩放高度】都设置为 125%，如图 5-96 所示。

（40）在【图层 9】的第 226 帧到第 270 帧中的任意帧上右击，在弹出的快捷菜单中选择【创建传统补间】命令，如图 5-97 所示。

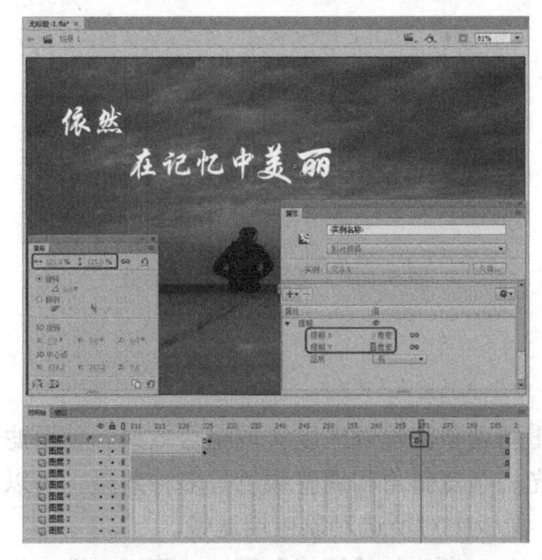

图 5-96　设置【图层 9】的第 270 帧中的元件的属性及变形参数

图 5-97　选择【创建传统补间】命令 7

（41）新建图层，选择该图层的第 288 帧，按 F6 键插入关键帧，按 F9 键打开【动作】面板，并输入【stop();】，如图 5-98 所示。设置完成后将该面板关闭即可。

（42）调整完成后，按 Ctrl+Enter 组合键，测试动画效果，如图 5-99 所示。

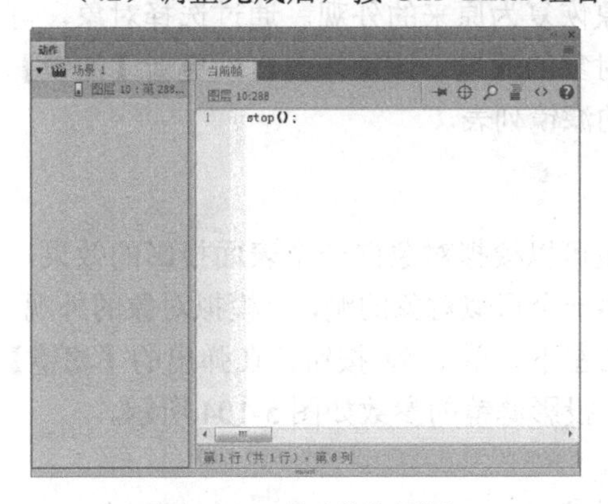

图 5-98　【动作】面板

图 5-99　测试动画效果

（43）选择【文件】|【导出】|【导出影片】命令，在弹出的【导出影片】对话框中选择存储路径，设置文件名称，将【保存类型】设置为【SWF 影片（*.swf）】，单击【保存】按钮，如图 5-100 所示。

（44）选择【文件】|【另存为】命令，在弹出的【另存为】对话框中为其指定一个正确的存储路径，将其命名为【制作匆匆那年片头动画】，将【保存类型】设置为【Animate 文档（*.fla）】，

单击【保存】按钮，如图 5-101 所示，即可保存文档。

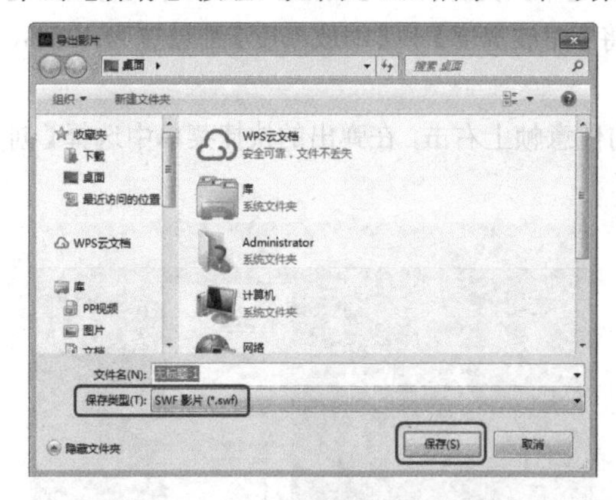

图 5-100 【导出影片】对话框

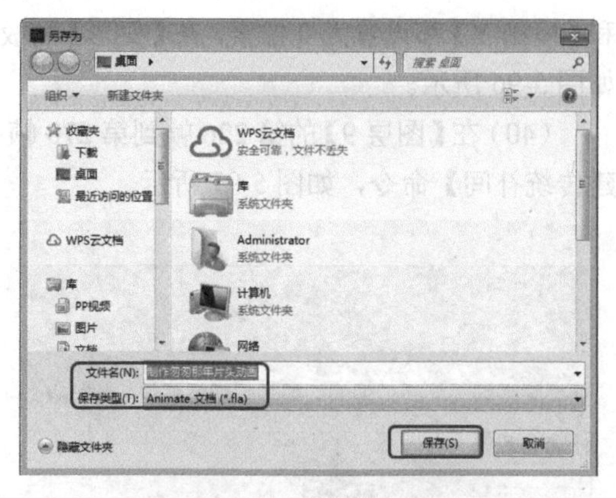

图 5-101 【另存为】对话框

5.3.2 为文本添加滤镜效果

应用滤镜后，可以随时改变其选项，或者重新调整滤镜顺序以实现组合效果。使用滤镜可以实现斜角、投影、发光、模糊、渐变发光、渐变斜角和调整颜色等多种效果。可以直接在【属性】面板中对所选对象应用滤镜。

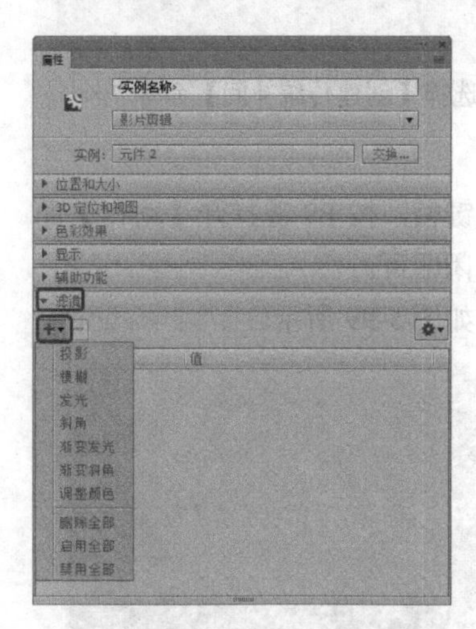

图 5-102 添加滤镜

使用如图 5-102 所示的【滤镜】区域，可以对选中的对象应用一个或多个滤镜。对象每添加一个新的滤镜，就会出现在该对象所应用的滤镜列表中。可以对一个对象应用多个滤镜，也可以删除以前应用的滤镜。

在【滤镜】区域中可以启用、禁用或者删除滤镜。在删除滤镜时，对象恢复为原来的外观。通过选择对象，可以查看应用于该对象的滤镜；该操作会自动更新【滤镜】区域中所选对象的滤镜列表。

1. 投影滤镜

使用投影滤镜可以模拟对象向一个表面投影的效果；或者在背景中剪出一个形似对象的洞，以模拟对象的外观。在【属性】面板的左下方单击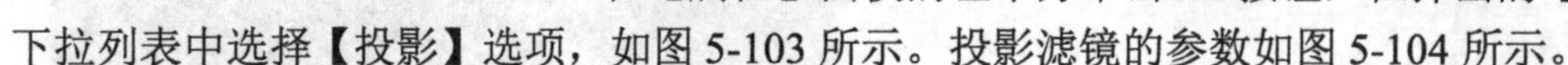按钮，在弹出的【滤镜】下拉列表中选择【投影】选项，如图 5-103 所示。投影滤镜的参数如图 5-104 所示。

（1）模糊 X、模糊 Y：设置投影的宽度和高度。

（2）强度：设置阴影暗度。其值越大，阴影就越暗。

（3）品质：选择投影的质量级别。当将质量级别设置为【高】时，会近似于高斯模糊。建议将质量级别设置为【低】，以实现最佳的回放性能。

（4）角度：输入一个值来设置阴影的角度。

（5）距离：设置阴影与对象之间的距离。

（6）挖空：挖空（从视觉上隐藏）原对象，并在挖空图像上只显示投影。

（7）内阴影：在对象边界内应用阴影。

（8）隐藏对象：隐藏对象，并只显示其阴影。

（9）颜色：打开【颜色】窗口，设置阴影颜色。

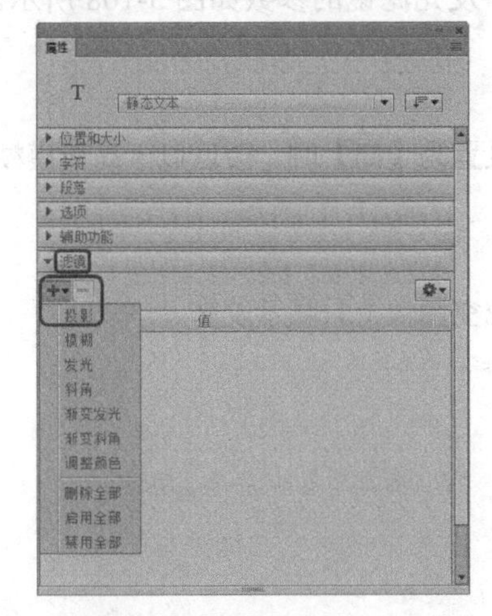

图 5-103　选择【投影】选项

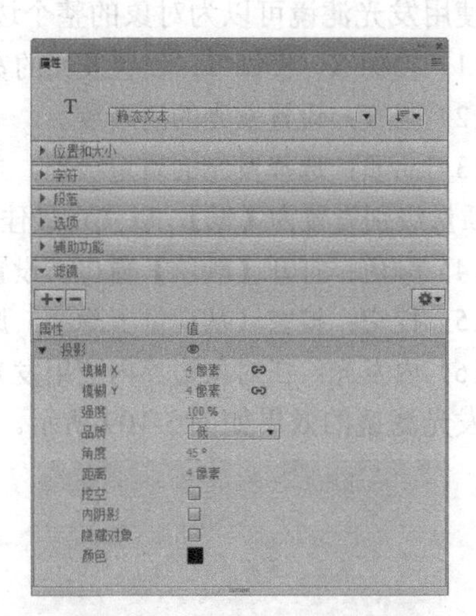

图 5-104　投影滤镜的参数

投影滤镜的效果如图 5-105 所示。

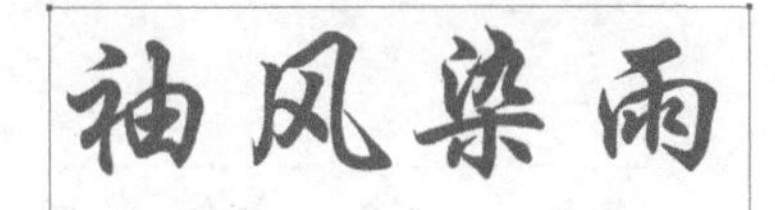

图 5-105　投影滤镜的效果

2．模糊滤镜

使用模糊滤镜可以柔化对象的边缘和细节。将模糊应用于对象，可以使其看起来位于其他对象的后面，或者使对象看起来是运动的。模糊滤镜的参数如图 5-106 所示。

（1）模糊 X、模糊 Y：设置模糊的宽度和高度。

（2）品质：选择模糊的质量级别。当将质量级别设置为【高】时，会近似于高斯模糊。建议将质量级别设置为【低】，以实现最佳的回放性能。

模糊滤镜的效果如图 5-107 所示。

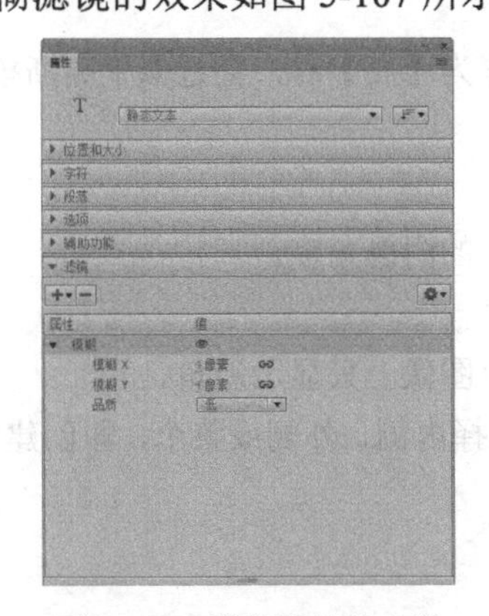

图 5-106　模糊滤镜的参数

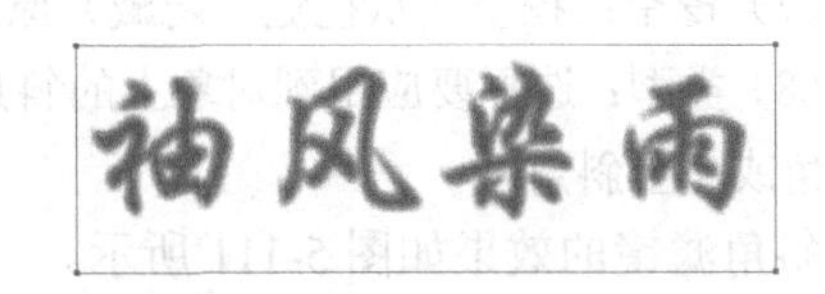

图 5-107　模糊滤镜的效果

3. 发光滤镜

使用发光滤镜可以为对象的整个边缘应用颜色。发光滤镜的参数如图 5-108 所示。

（1）模糊 X、模糊 Y：设置发光的宽度和高度。

（2）强度：设置发光的清晰度。

（3）品质：选择发光的质量级别。当将质量级别设置为【高】时，会近似于高斯模糊。建议将质量级别设置为【低】，以实现最佳的回放性能。

（4）颜色：打开【颜色】窗口，设置发光颜色。

（5）挖空：挖空（从视觉上隐藏）原对象，并在挖空图像上只显示发光。

（6）内发光：在对象边界内应用发光。

发光滤镜的效果如图 5-109 所示。

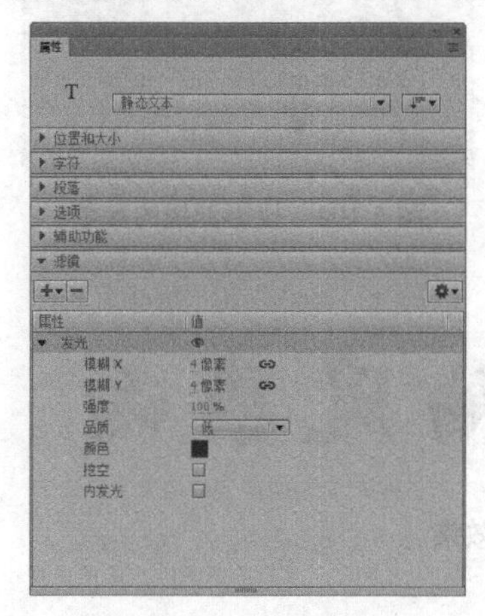

图 5-108　发光滤镜的参数

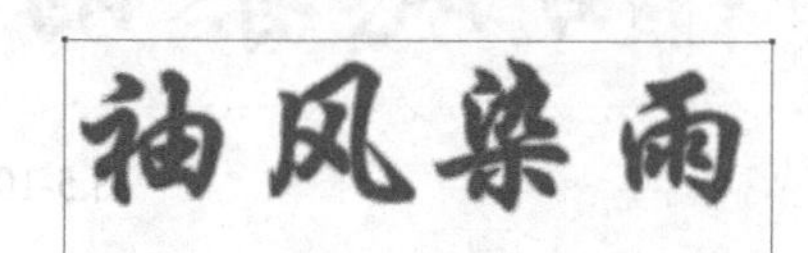

图 5-109　发光滤镜的效果

4. 斜角滤镜

使用斜角滤镜，就是对对象应用加亮效果，使其看起来凸出于背景表面。可以创建内斜角、外斜角或完全斜角。斜角滤镜的参数如图 5-110 所示。

（1）模糊 X、模糊 Y：设置斜角的宽度和高度。

（2）强度：设置斜角的不透明度，而不影响其宽度。

（3）品质：选择斜角的质量级别。当将质量级别设置为【高】时，会近似于高斯模糊。建议将质量级别设置为【低】，以实现最佳的回放性能。

（4）阴影、加亮显示：选择斜角的阴影和加亮颜色。

（5）角度：拖动角度盘或输入值，即可更改斜边投下的阴影角度。

（6）距离：通过输入值来定义斜角的宽度。

（7）挖空：挖空（从视觉上隐藏）原对象，并在挖空图像上只显示斜角。

（8）类型：选择要应用到对象上的斜角类型，可以选择内侧、外侧或整个，即创建内斜角、外斜角或完全斜角。

斜角滤镜的效果如图 5-111 所示。

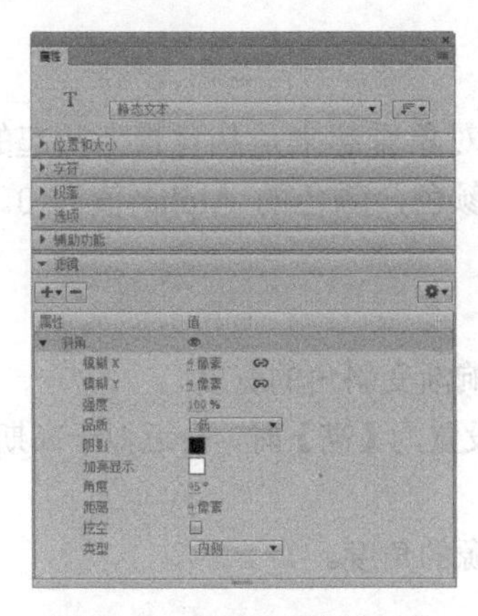

图 5-110　斜角滤镜的参数

图 5-111　斜角滤镜的效果

5. 渐变发光滤镜

应用渐变发光滤镜，可以在发光表面产生带渐变颜色的发光效果。渐变发光要求选择一种颜色作为渐变开始的颜色，该颜色的 Alpha 值为 0。用户无法移动此颜色的位置，但可以改变此颜色。渐变发光滤镜的参数如图 5-112 所示。

（1）模糊 X、模糊 Y：设置渐变发光的宽度和高度。

（2）强度：设置渐变发光的不透明度，而不影响其宽度。

（3）品质：选择渐变发光的质量级别。当将质量级别设置为【高】时，会近似于高斯模糊。建议将质量级别设置为【低】，以实现最佳的回放性能。

（4）角度：拖动角度盘或输入值，即可更改渐变发光投下的阴影角度。

（5）距离：设置发光与对象之间的距离。

（6）挖空：挖空（从视觉上隐藏）原对象，并在挖空图像上只显示渐变发光。

（7）类型：在其下拉列表中选择要为对象应用的渐变发光类型，可以选择【内侧】、【外侧】或【整个】选项。

（8）渐变：渐变包含两种或多种可相互淡入或混合的颜色。

渐变发光滤镜的效果如图 5-113 所示。

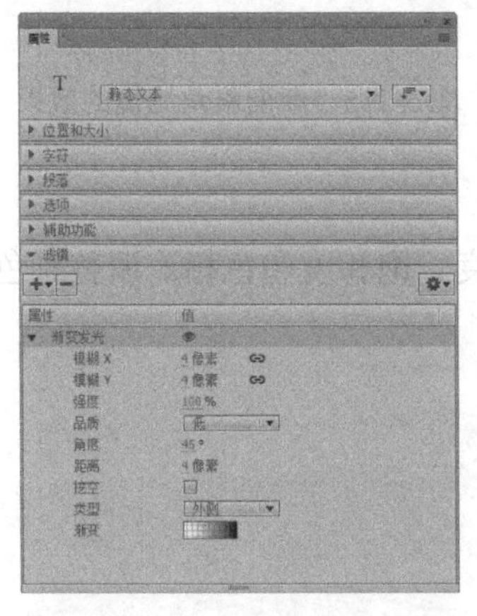

图 5-112　渐变发光滤镜的参数

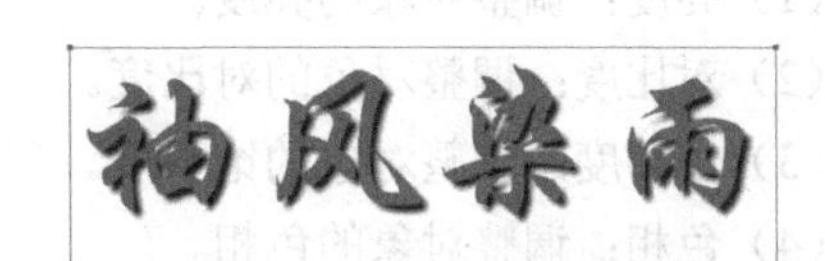

图 5-113　渐变发光滤镜的效果

6．渐变斜角滤镜

使用渐变斜角滤镜，可以产生一种凸起效果，使得对象看起来是从背景上凸起的，且斜角表面有渐变颜色。渐变斜角要求渐变的中间有一种颜色，颜色的 Alpha 值为 0。渐变斜角滤镜的参数如图 5-114 所示。

（1）模糊 X、模糊 Y：设置渐变斜角的宽度和高度。

（2）强度：通过输入一个值来影响其平滑度，而不影响渐变斜角的宽度。

（3）品质：选择渐变斜角的质量级别。当将质量级别设置为【高】时，会近似于高斯模糊。建议将质量级别设置为【低】，以实现最佳的回放性能。

（4）角度：通过输入一个值或者使用角度盘来设置光源的角度。

（5）距离：设置斜角与对象之间的距离。

（6）挖空：挖空（从视觉上隐藏）原对象，并在挖空图像上只显示渐变斜角。

（7）类型：在其下拉列表中选择要应用到对象上的斜角类型，可以选择【内侧】、【外侧】或【整个】选项。

（8）渐变：渐变包含两种或多种可相互淡入或混合的颜色。

渐变斜角滤镜的效果如图 5-115 所示。

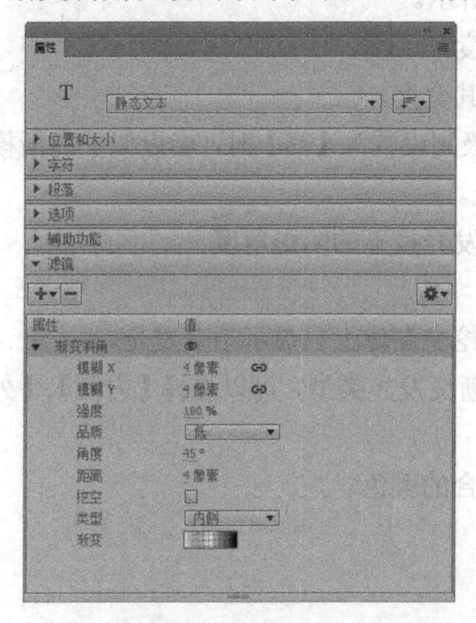

图 5-114　渐变斜角滤镜的参数

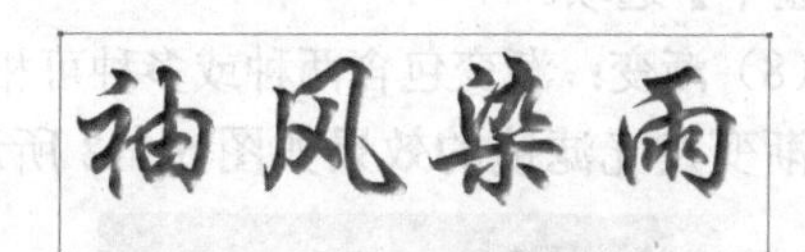

图 5-115　渐变斜角滤镜的效果

7．调整颜色滤镜

使用调整颜色滤镜，可以调整对象的亮度、对比度、饱和度和色相。调整颜色滤镜的参数如图 5-116 所示。

（1）亮度：调整对象的亮度。

（2）对比度：调整对象的对比度。

（3）饱和度：调整对象的饱和度。

（4）色相：调整对象的色相。

调整颜色滤镜的效果如图 5-117 所示。

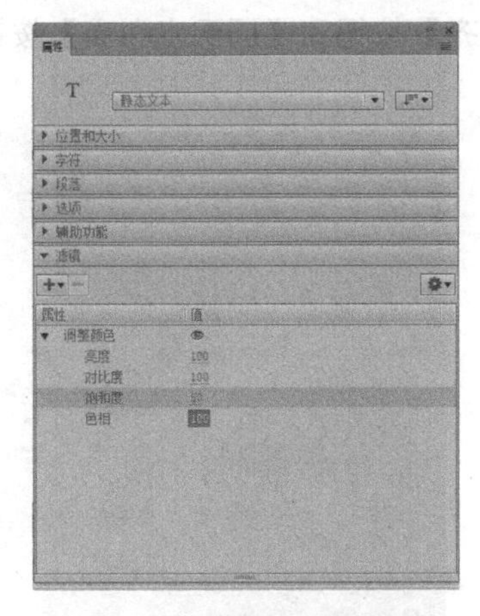

图 5-116 调整颜色滤镜的参数

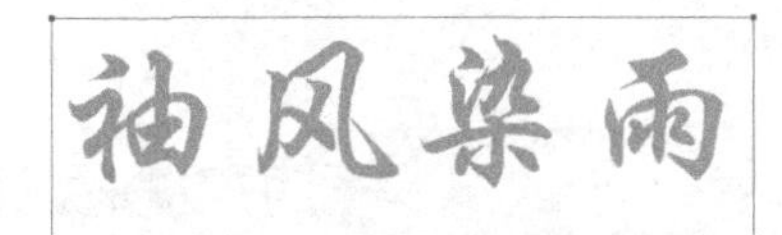

图 5-117 调整颜色滤镜的效果

5.4 任务 17：制作花纹旋转文字——文本的其他应用

本任务将介绍如何制作花纹旋转文字，主要通过对创建的文字和图形添加传统补间动画来使其达到渐隐渐现的效果。完成的花纹旋转文字效果如图 5-118 所示。

图 5-118 完成的花纹旋转文字效果

5.4.1 任务实施

（1）选择【文件】|【新建】命令，在弹出的【新建文档】对话框中，在【类型】列表框中选择【ActionScript 3.0】选项，将【宽】、【高】分别设置为 544 像素、602 像素，将【背景颜色】设置为#CCCCCC，如图 5-119 所示。

（2）单击【确定】按钮，即可新建一个文档。按 Ctrl+R 组合键，在弹出的【导入】对话框中选择【背景 01】文件，单击【打开】按钮。按 Ctrl+K 组合键，打开【对齐】面板，勾选【与舞台对齐】复选框，单击【水平中齐】按钮、【垂直中齐】按钮和【匹配宽和高】按钮，如图 5-120 所示。

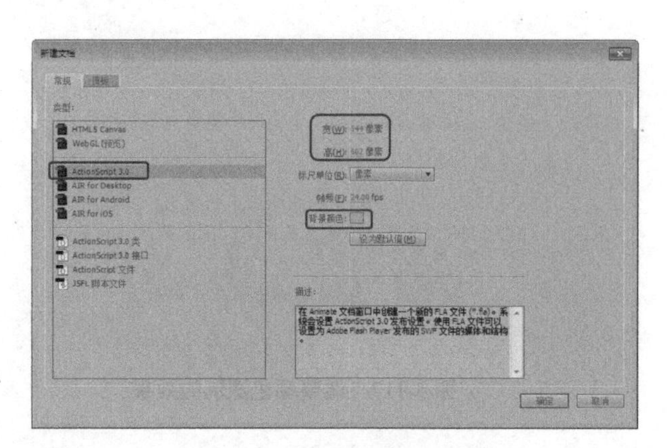

图 5-119　【新建文档】对话框

图 5-120　添加素材文件并设置其对齐方式

（3）按 Ctrl+F8 组合键，在弹出的【创建新元件】对话框中，将【名称】设置为【花】，将【类型】设置为【图形】，如图 5-121 所示。

（4）设置完成后，单击【确定】按钮。使用【钢笔工具】在舞台中绘制一个如图 5-122 所示的图形，选中该图形，在【属性】面板中将其笔触颜色设置为无，将其填充颜色设置为#85BB46。

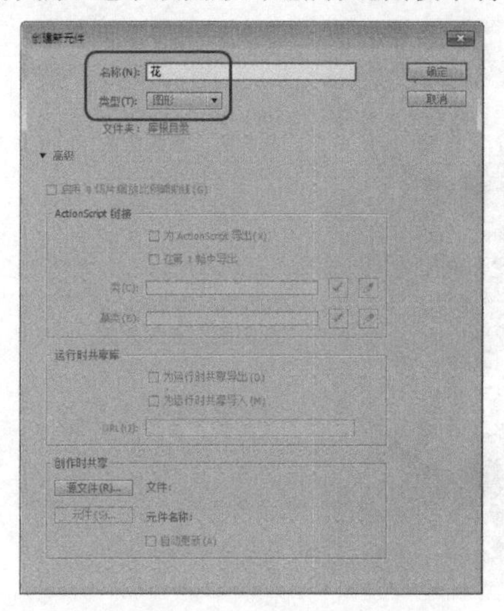

图 5-121　【创建新元件】对话框

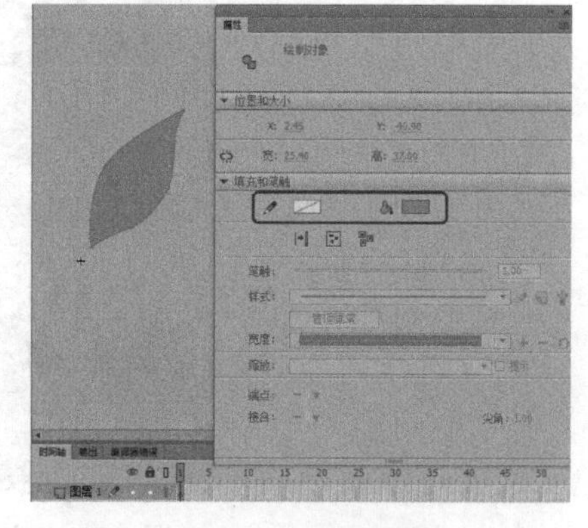

图 5-122　绘制图形

（5）选中该图形，对其进行复制并粘贴，调整粘贴后的对象的位置及角度，如图 5-123 所示。

（6）使用同样的方法在舞台中绘制其他图形，并将其填充颜色设置为#B5CC44，如图 5-124 所示。

（7）按 Ctrl+F8 组合键，在弹出的【创建新元件】对话框中，将【名称】设置为【变换颜色】，将【类型】设置为【影片剪辑】，如图 5-125 所示。

（8）设置完成后，单击【确定】按钮。按 Ctrl+L 组合键，在【库】面板中选择【花】图形元件并将其拖动到舞台中，在舞台中调整其位置，如图 5-126 所示。

图 5-123 复制并粘贴图形

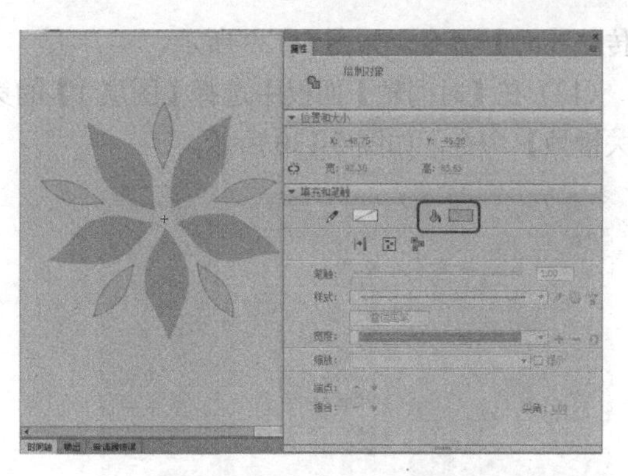

图 5-124 绘制其他图形

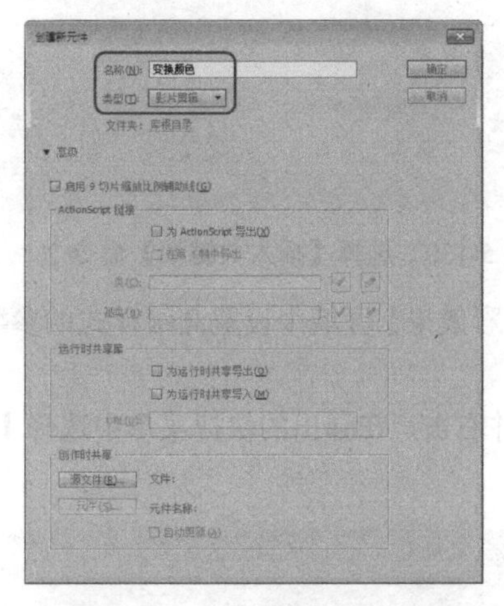

图 5-125 新建影片剪辑元件

图 5-126 添加图形元件

（9）在【时间轴】面板中选择【图层 1】的第 5 帧并右击，在弹出的快捷菜单中选择【插入关键帧】命令，如图 5-127 所示。

（10）选中第 5 帧中的元件，在【属性】面板中将【色彩效果】区域中的【样式】设置为【高级】，并设置其相关参数，如图 5-128 所示。

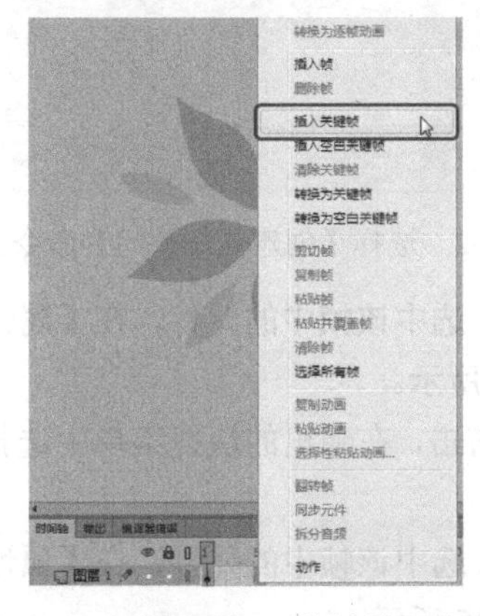

图 5-127 选择【插入关键帧】命令 1

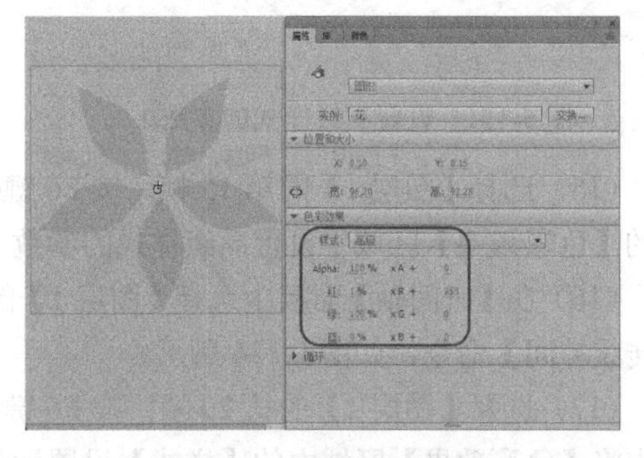

图 5-128 为元件添加样式

（11）在【时间轴】面板中选择【图层 1】的第 3 帧并右击，在弹出的快捷菜单中选择【创

建传统补间】命令，如图 5-129 所示。

（12）在【时间轴】面板中选择【图层 1】的第 10 帧并右击，在弹出的快捷菜单中选择【插入关键帧】命令，如图 5-130 所示。

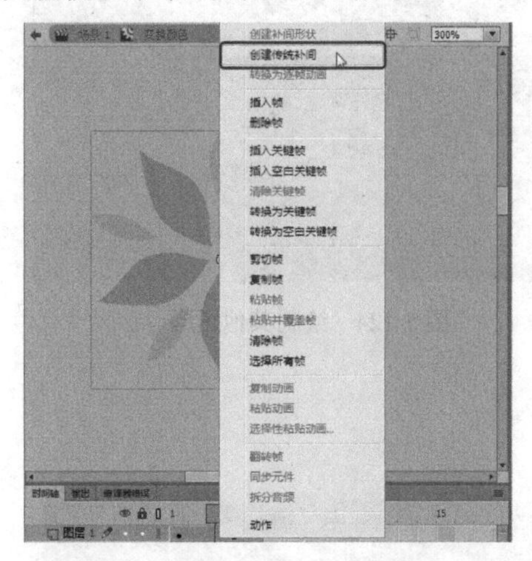
图 5-129　选择【创建传统补间】命令 1

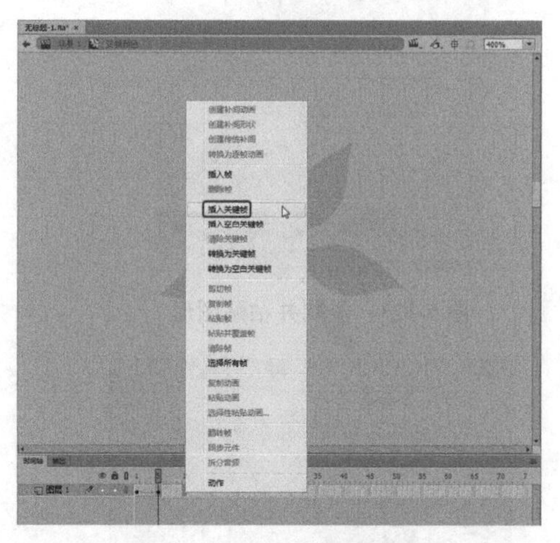
图 5-130　选择【插入关键帧】命令 2

（13）选中第 10 帧中的元件，在【属性】面板的【色彩效果】区域中设置高级样式的参数，如图 5-131 所示。

（14）在【时间轴】面板中选择【图层 1】的第 7 帧并右击，在弹出的快捷菜单中选择【创建传统补间】命令，如图 5-132 所示。

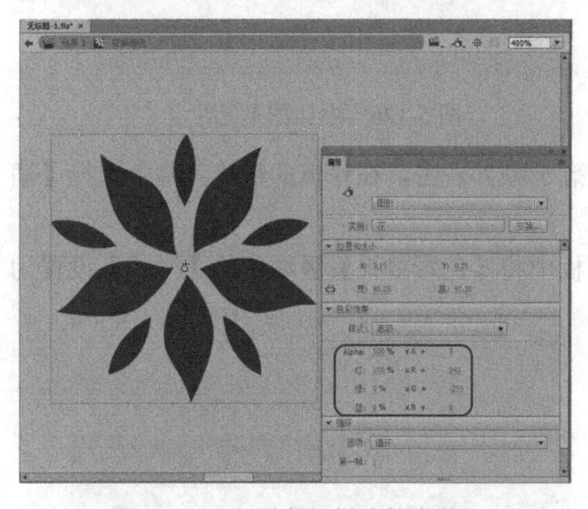
图 5-131　设置高级样式的参数 1

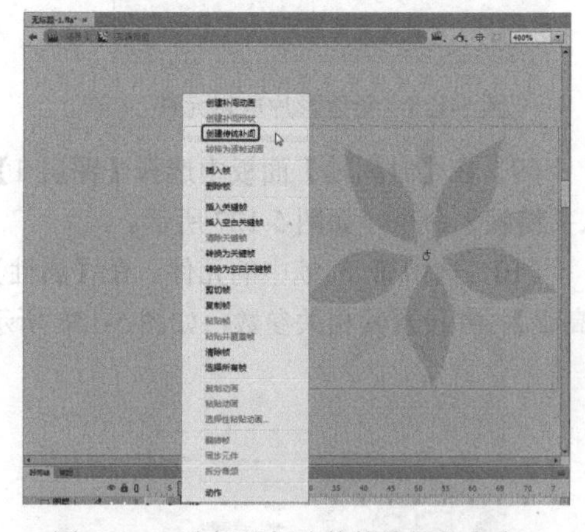
图 5-132　选择【创建传统补间】命令 2

（15）选择【图层 1】的第 15 帧，按 F6 键插入关键帧，选中该帧中的元件，在【属性】面板的【色彩效果】区域中设置高级样式的参数，如图 5-133 所示。

（16）在【时间轴】面板中选择【图层 1】的第 12 帧并右击，在弹出的快捷菜单中选择【创建传统补间】命令，如图 5-134 所示。

（17）选择【图层 1】的第 20 帧，按 F6 键插入关键帧，选中该帧中的元件，在【属性】面板中将【色彩效果】区域中的【样式】设置为无，如图 5-135 所示。

（18）在【时间轴】面板中选择【图层 1】的第 17 帧并右击，在弹出的快捷菜单中选择【创

建传统补间】命令，如图 5-136 所示。

图 5-133　设置高级样式的参数 2

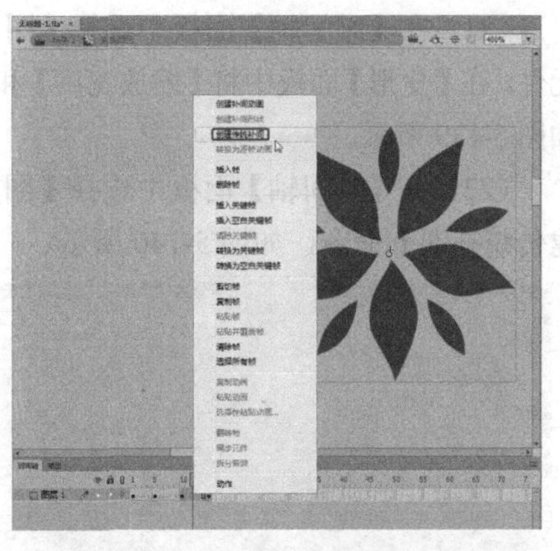

图 5-134　选择【创建传统补间】命令 3

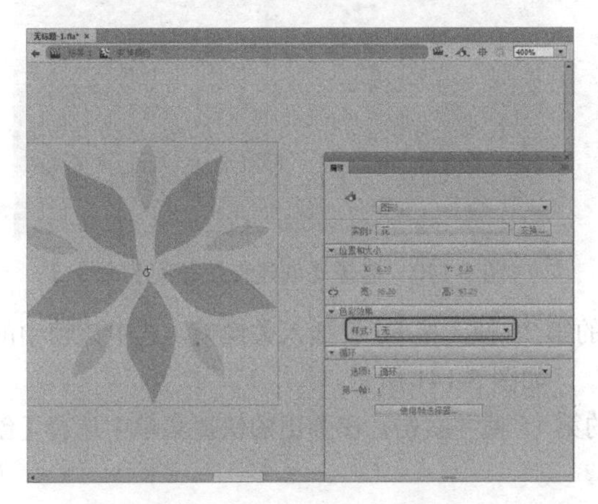

图 5-135　将【样式】设置为无

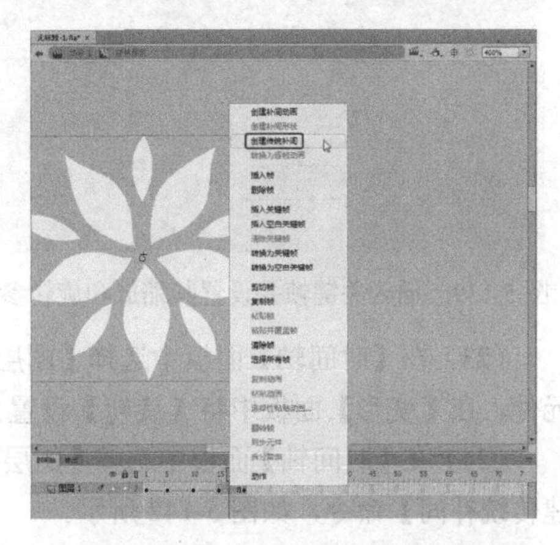

图 5-136　选择【创建传统补间】命令 4

（19）按 Ctrl+F8 组合键，在弹出的【创建新元件】对话框中，将【名称】设置为【旋转的花】，将【类型】设置为【影片剪辑】，如图 5-137 所示。

（20）设置完成后，单击【确定】按钮。在【库】面板中，选择【变换颜色】影片剪辑元件并将其拖动到舞台中，调整其位置。按 Ctrl+T 组合键，打开【变形】面板，将【缩放宽度】和【缩放高度】均设置为 70%，如图 5-138 所示。

图 5-137　创建新元件

图 5-138　设置影片剪辑元件的缩放参数

（21）在【时间轴】面板中选择【图层 1】的第 10 帧，按 F6 键插入关键帧，选中该帧中的元件，在【变形】面板中将【缩放宽度】和【缩放高度】都设置为 100%，将【旋转】设置为 180°，如图 5-139 所示。

（22）在【时间轴】面板中选择【图层 1】的第 5 帧并右击，在弹出的快捷菜单中选择【创建传统补间】命令，如图 5-140 所示。

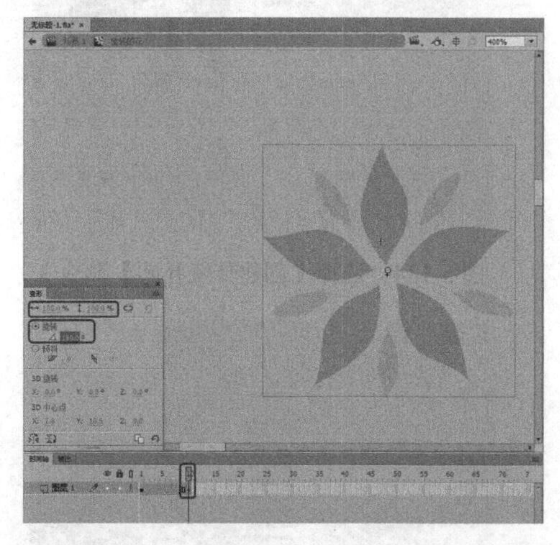

图 5-139　插入关键帧并设置其缩放和旋转参数

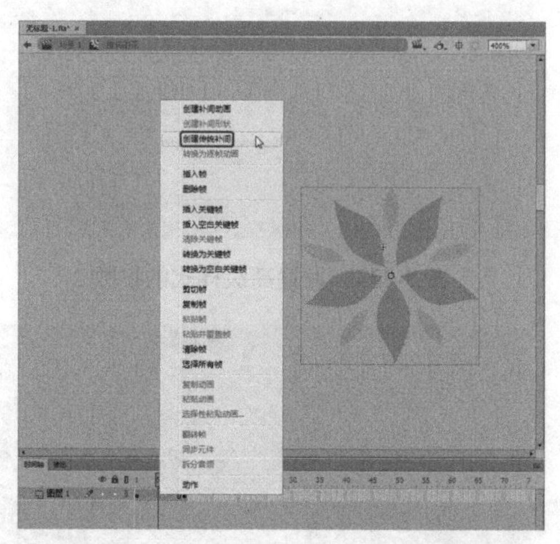

图 5-140　选择【创建传统补间】命令 5

（23）在【时间轴】面板中选择【图层 1】的第 20 帧，按 F6 键插入关键帧，选中该帧中的元件，在【变形】面板中将【旋转】设置为-1°，如图 5-141 所示。

（24）在【时间轴】面板中选择【图层 1】的第 15 帧并右击，在弹出的快捷菜单中选择【创建传统补间】命令，如图 5-142 所示。

图 5-141　设置旋转参数

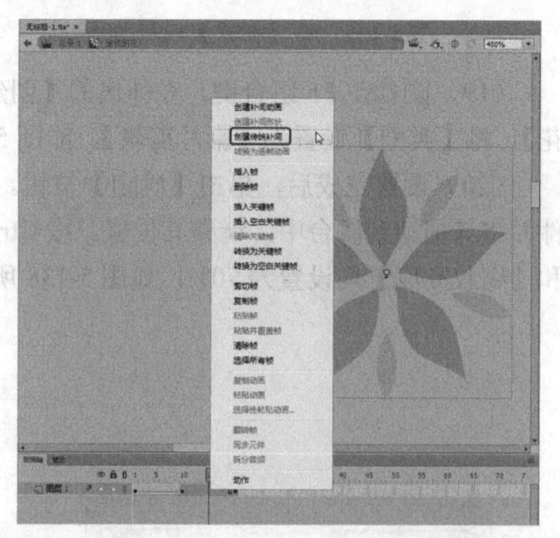

图 5-142　选择【创建传统补间】命令 6

（25）创建完成后，按 Ctrl+F8 组合键，在弹出的【创建新元件】对话框中，将【名称】设置为【筑】，将【类型】设置为【图形】，如图 5-143 所示。

（26）设置完成后，单击【确定】按钮。使用【文本工具】在舞台中输入文字【筑】，选中

输入的文字，在【属性】面板中将【系列】设置为汉仪行楷简，将【大小】设置为50磅，将【颜色】设置为白色，如图5-144所示。

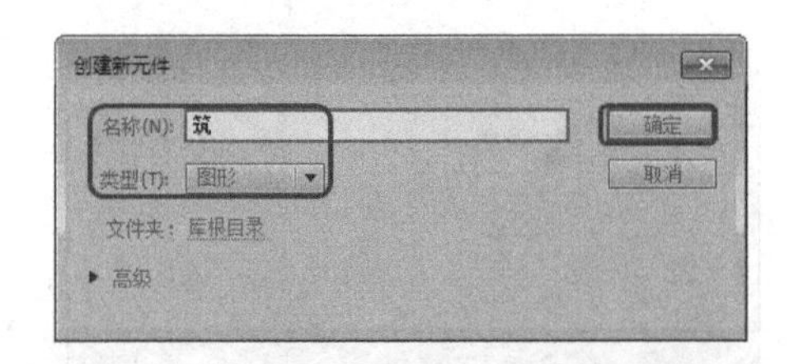

图5-143 新建名称为【筑】的图形元件

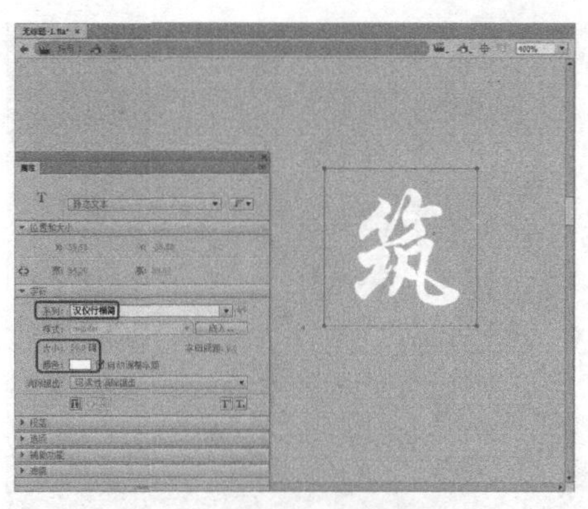

图5-144 输入并设置文字

（27）按Ctrl+F8组合键，在弹出的【创建新元件】对话框中，将【名称】设置为【梦】，将【类型】设置为【图形】，如图5-145所示。

（28）设置完成后，单击【确定】按钮。使用【文本工具】在舞台中输入文字【梦】，选中输入的文字，在【属性】面板中将【系列】设置为汉仪行楷简，将【大小】设置为50磅，将【颜色】设置为白色，如图5-146所示。

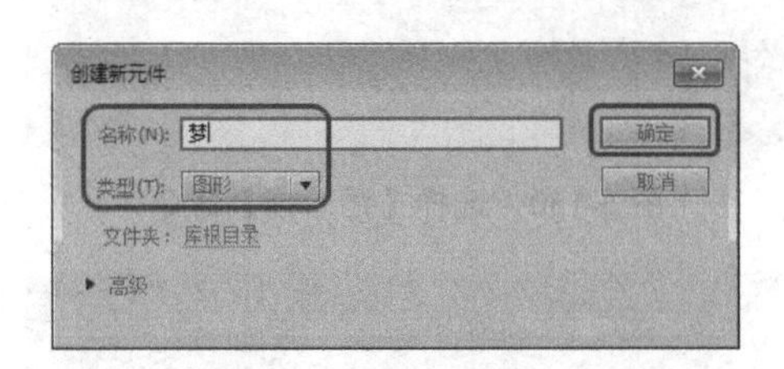

图5-145 新建名称为【梦】的图形元件

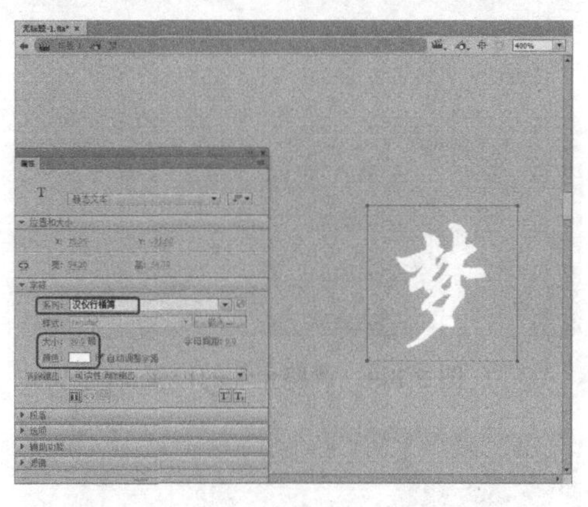

图5-146 输入文字并进行相关设置

（29）使用同样的方法创建【远】和【航】图形元件，并对其进行相应的设置，如图5-147所示。

（30）按Ctrl+F8组合键，在弹出的【创建新元件】对话框中，将【名称】设置为【文字动画】，将【类型】设置为【影片剪辑】，设置完成后单击【确定】按钮，如图5-148所示。

（31）选择【图层1】的第19帧，按F6键插入关键帧。在【库】面板中，选择【筑】元件并将其拖动到舞台中，在【属性】面板中将【X】、【Y】分别设置为-93像素、1像素，如图5-149所示。

（32）选择【图层1】的第125帧并右击，在弹出的快捷菜单中选择【插入帧】命令，如图5-150所示。

（33）选择第25帧，按F6键插入关键帧，再选中第19帧中的元件，在【属性】面板中将【样式】设置为Alpha，将【Alpha】设置为0%，如图5-151所示。

（34）选择第 21 帧并右击，在弹出的快捷菜单中选择【创建传统补间】命令，如图 5-152 所示。

图 5-147　创建其他图形元件

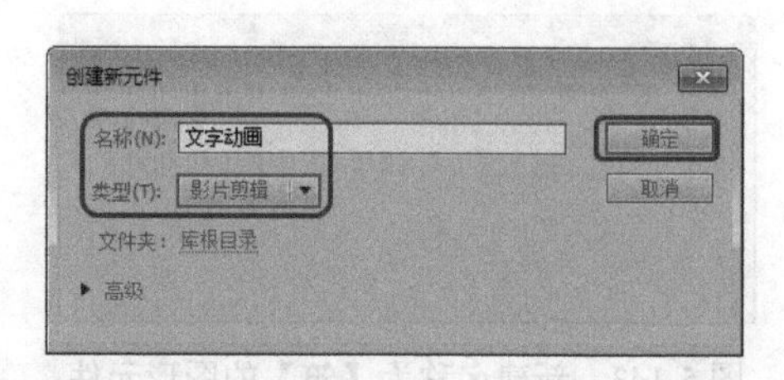

图 5-148　创建名称为【文字动画】的影片剪辑元件

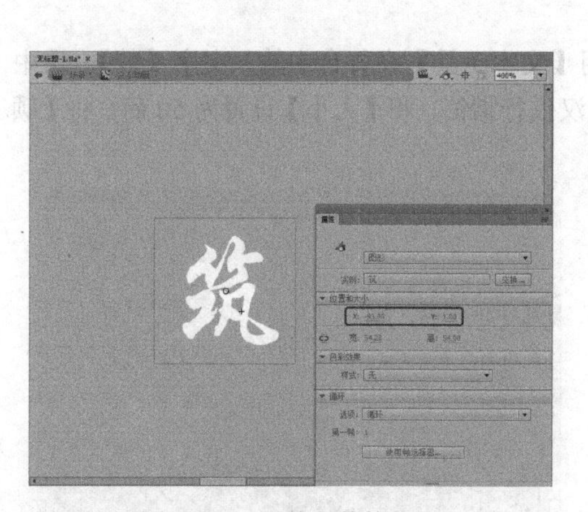

图 5-149　调整元件的位置

图 5-150　选择【插入帧】命令

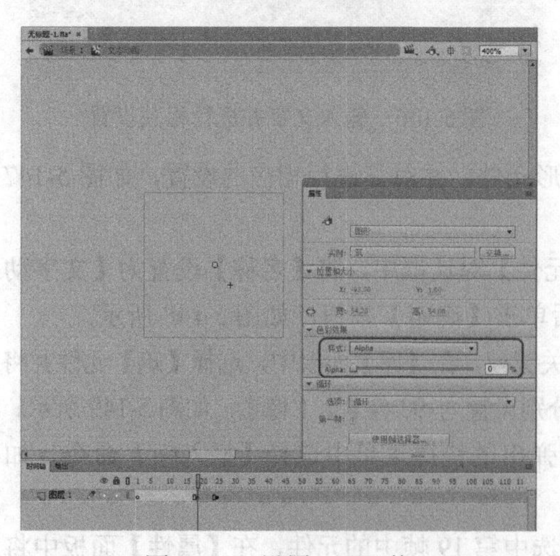

图 5-151　设置 Alpha 值

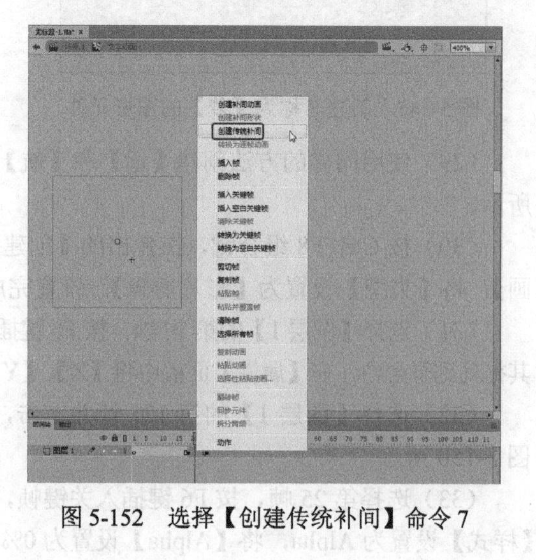

图 5-152　选择【创建传统补间】命令 7

（35）在【时间轴】面板中单击【新建图层】按钮，新建【图层 2】，在【库】面板中选择【旋转的花】影片剪辑元件并将其拖动到舞台中，在【属性】面板中将【X】、【Y】分别设置为 -123.65 像素、-2.8 像素，在【变形】面板中将【缩放宽度】和【缩放高度】都设置为 50%，如图 5-153 所示。

（36）在【时间轴】面板中选择【图层 2】的第 20 帧，按 F6 键插入关键帧，再在第 25 帧中插入关键帧，选中第 25 帧中的元件，在【属性】面板中将【样式】设置为 Alpha，将【Alpha】设置为 0%，如图 5-154 所示。

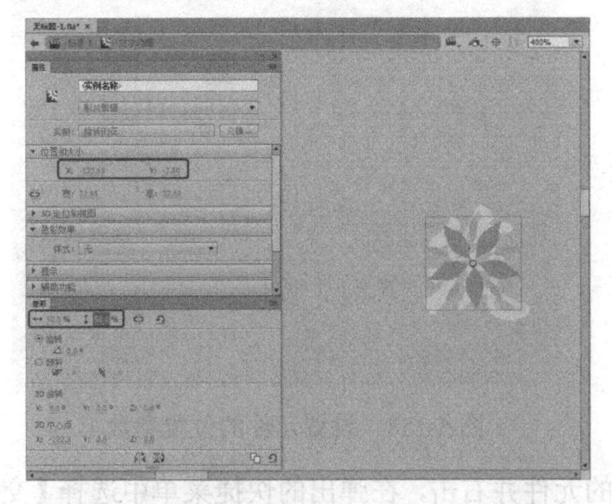

图 5-153　添加影片剪辑元件并进行相关设置

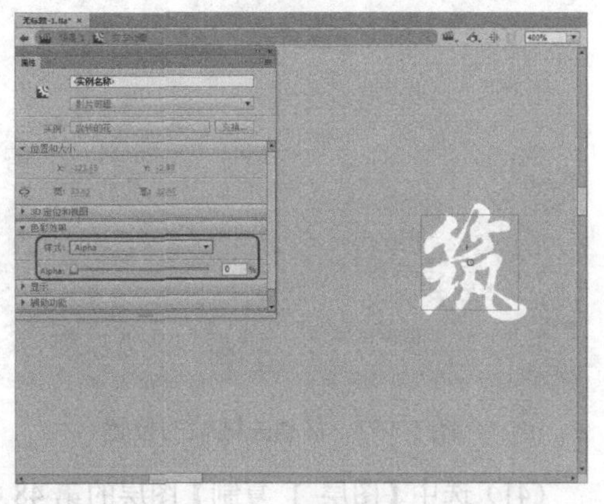

图 5-154　插入关键帧并进行相关设置

（37）在【时间轴】面板中选择【图层 2】的第 22 帧并右击，在弹出的快捷菜单中选择【创建传统补间】命令，如图 5-155 所示。

（38）在【时间轴】面板中选择【图层 1】和【图层 2】并右击，在弹出的快捷菜单中选择【复制图层】命令，如图 5-156 所示。

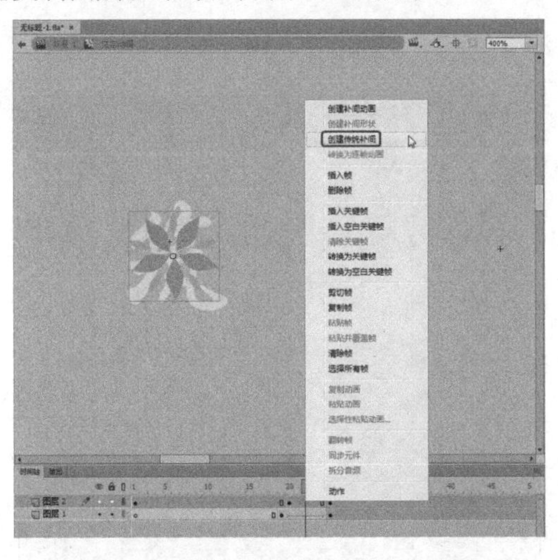

图 5-155　选择【创建传统补间】命令 8

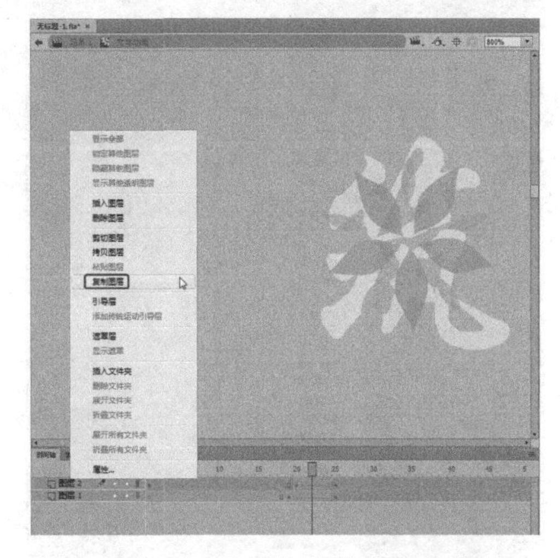

图 5-156　选择【复制图层】命令

（39）选中复制后的两个图层的第 1 帧到第 26 帧，按住鼠标左键将其移动到第 30 帧处，如图 5-157 所示。

（40）将【图层 2 复制】图层中所有元件的【X】、【Y】分别设置为-67 像素、-2.8 像素，如图 5-158 所示。

图 5-157　移动关键帧的位置

图 5-158　设置元件的位置参数 1

（41）选中【图层 1 复制】图层的第 48 帧中的元件并右击，在弹出的快捷菜单中选择【交换元件】命令，如图 5-159 所示。

（42）进行该操作后，在弹出的【交换元件】对话框中选择【梦】图形元件，单击【确定】按钮，如图 5-160 所示。

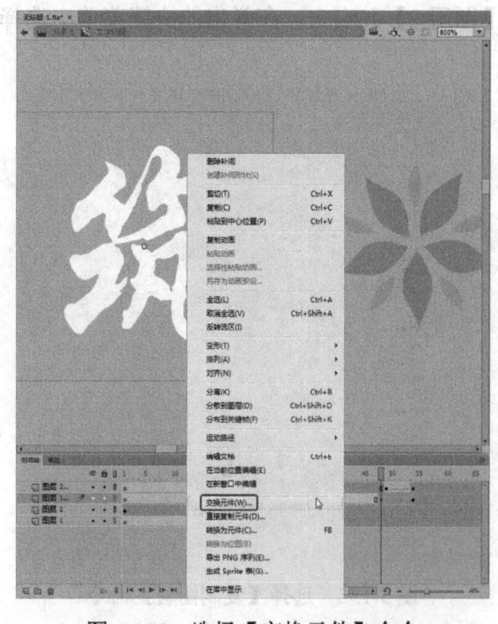

图 5-159　选择【交换元件】命令

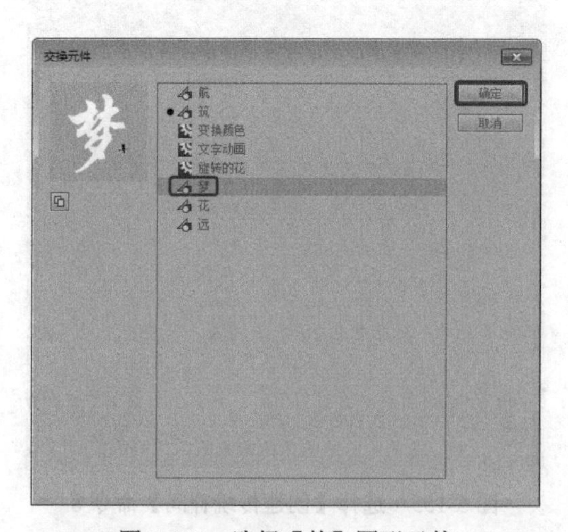

图 5-160　选择【梦】图形元件

（43）继续选中该元件，在【属性】面板中将【X】、【Y】分别设置为-52 像素、12 像素，如图 5-161 所示。

（44）使用同样的方法对【图层 1 复制】图层的第 54 帧中的元件进行交换，并设置其位置参数，如图 5-162 所示。

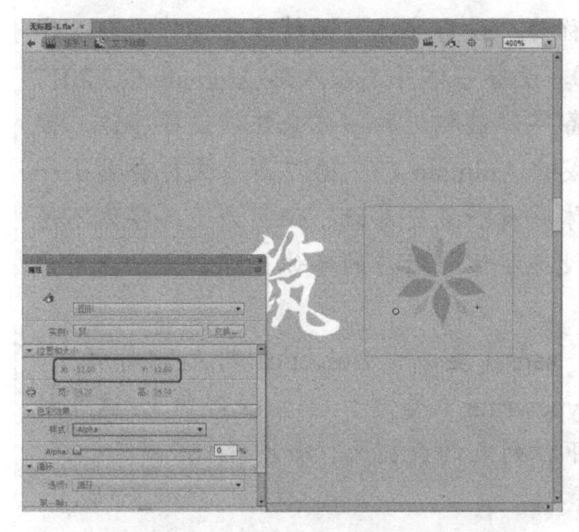

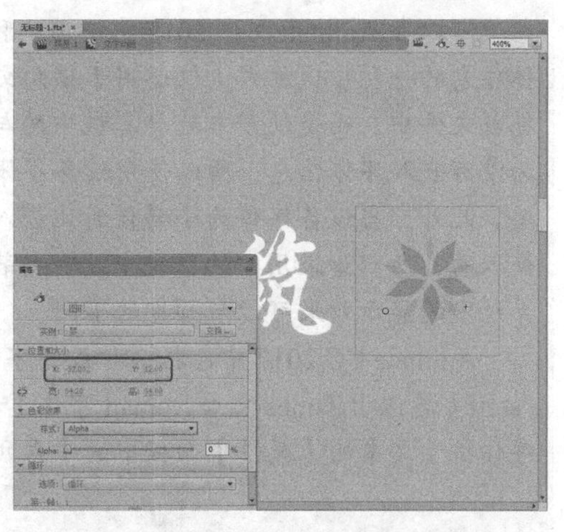

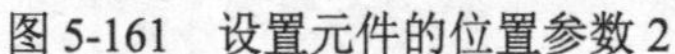

图 5-161　设置元件的位置参数 2　　　图 5-162　交换元件并设置其位置参数

（45）使用同样的方法复制其他图层并对复制的图层进行调整，如图 5-163 所示。

（46）返回到场景 1 中，在【时间轴】面板中单击【新建图层】按钮，新建图层，在【库】面板中选择【文字动画】影片剪辑元件并将其拖动到舞台中，调整其位置；在【变形】面板中将【缩放宽度】和【缩放高度】都设置为 200%，如图 5-164 所示。最后对制作完成的场景进行输出并保存。

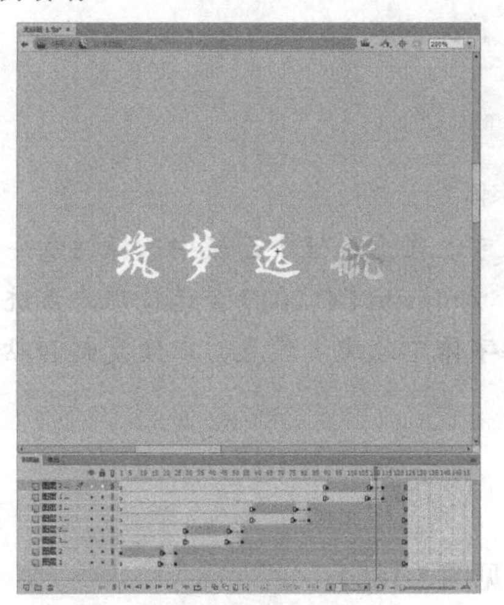

图 5-163　复制其他图层并进行调整　　　图 5-164　添加影片剪辑元件并设置其缩放参数

知识链接：

如果在 Animate CC 2017 影片中使用了系统中已安装的字体，则 Animate CC 2017 会将该字体信息嵌入到 Animate CC 2017 影片播放文件中，从而确保该字体能够在 Animate CC 2017 中正常显示。并非所有在 Animate CC 2017 中可以显示的字体都能随影片导出，选择【视图】|【预览模式】|【消除文字锯齿】命令预览该文本，可以检查

字体最终能否导出。如果出现锯齿，则表明 Animate CC 2017 不能识别该字体轮廓，也就无法将该字体导出到播放文件中了。

可以在 Animate CC 2017 中使用一种被称为“设备字体”的特殊字体作为嵌入字体信息的一种替代方式（仅适用于横向文本）。设备字体并不嵌入到 Animate CC 2017 播放文件中，而是使用本地计算机中的与设备字体最相近的字体来替换设备字体。因为没有嵌入字体信息，所以使用设备字体生成的 Animate CC 2017 影片文件会更小一些。此外，当设备字体为小磅值时比嵌入字体更清晰且更易读，但因为设备字体不是嵌入的，所以如果用户的系统中没有安装与设备字体相对应的字体，那么文本在用户系统中的显示效果可能与预期的不同。

Animate CC 2017 中包括 3 种设备字体：_sans（类似于 Helvetica 或 Arial 字体）、_serif（类似于 Times New Roman 字体）和_typewriter（类似于 Courier 字体），这 3 种字体位于文本的【属性】面板中的【系列】下拉列表的最前面，如图 5-165 所示。

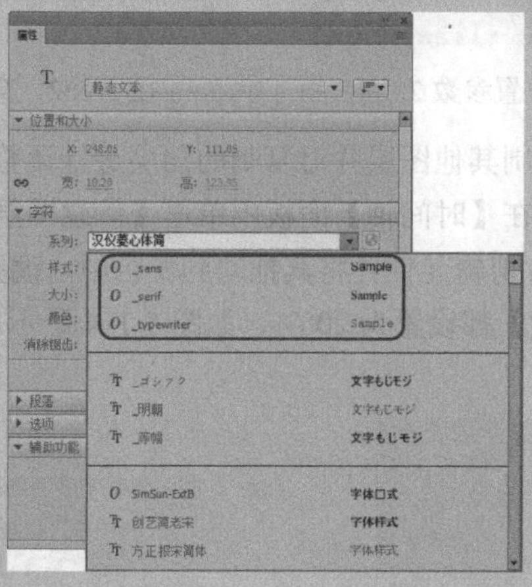

图 5-165　设备字体

要将影片中所用的字体指定为设备字体，则可以在【属性】面板中选择任意一种 Animate CC 2017 的设备字体，在影片回放期间，Animate CC 2017 会选择用户系统中的第一种设备字体。用户可以指定要选择的设备字体中的文本设置，以便复制和粘贴出现在影片中的文本。

5.4.2　字体元件的创建和使用

若要将字体作为共享库项，则可以在【库】面板（见图 5-166）中创建字体元件，并为该元件分配一个标识符字符串和一个包含该字体元件影片的 URL 文件，而无须将字体嵌入到影片中，从而大大减小了影片的体积。

创建字体元件的操作步骤如下。

（1）选择【窗口】|【库】命令，打开用户想向其中添加字体元件的库。

（2）在【库】面板右上角的面板菜单中选择【新建字型】命

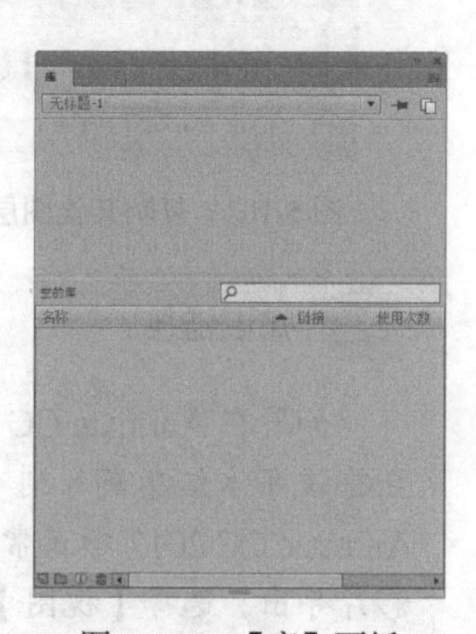

图 5-166　【库】面板

令，如图 5-167 所示。

（3）在弹出的【字体嵌入】对话框中设置字体元件的名称，如设置其名称为【字体 1】，如图 5-168 所示。

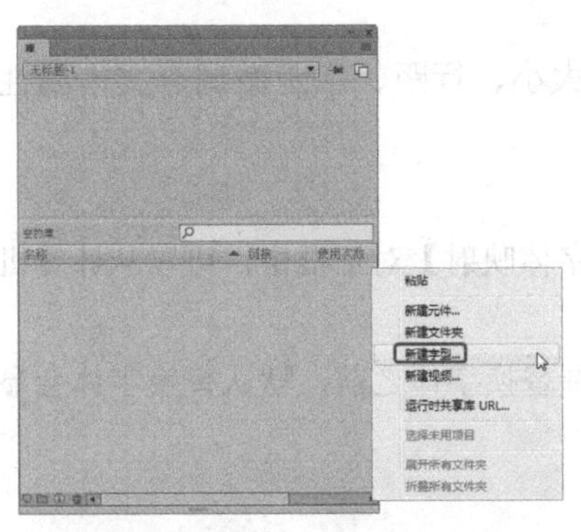

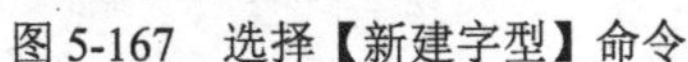

图 5-167　选择【新建字型】命令

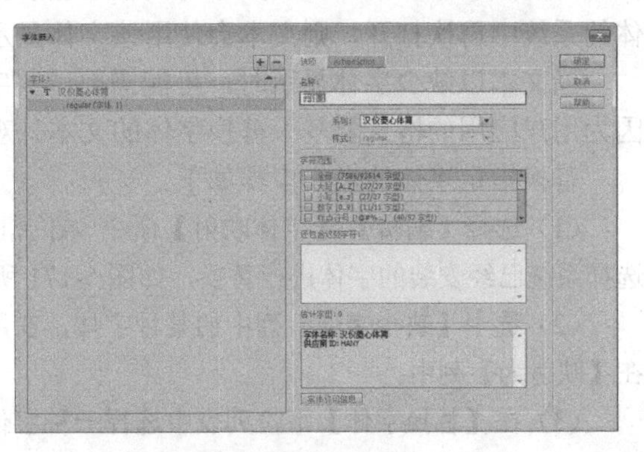

图 5-168　【字体嵌入】对话框

（4）在【系列】下拉列表中选择一种字体，或者直接输入字体的名称。

（5）在【样式】下拉列表中选择字体的其他属性，如加粗、倾斜等。

（6）设置完成后，单击【确定】按钮，即可创建好一个字体元件。

如果要为创建好的字体元件指定标识符字符串，则其操作步骤如下。

（1）在【库】面板中双击字体元件前的字母 A，在弹出的【字体嵌入】对话框中选择【ActionScript】选项卡，如图 5-169 所示。

（2）在【字体嵌入】对话框的【共享】选项组中，勾选【为运行时共享导出】复选框，如图 5-170 所示。

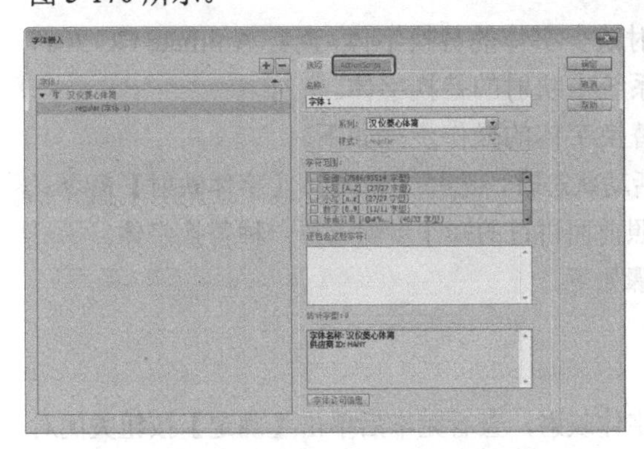

图 5-169　选择【ActionScript】选项卡

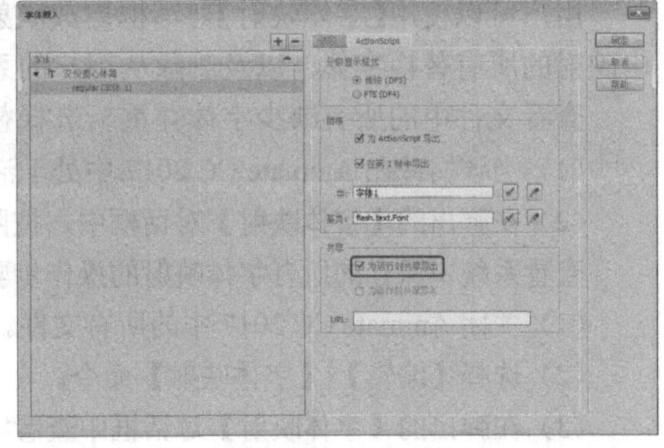

图 5-170　勾选【为运行时共享导出】复选框

（3）在【标识符】文本框中输入一个字符串，以标识该字体元件。

（4）在【URL】文本框中输入包含该字体元件的 SWF 影片文件将要发布到的 URL。

（5）单击【确定】按钮完成操作。

5.4.3　缺少字体的替换

如果 Animate CC 2017 文件中包含的某些字体在用户的系统中没有安装，则 Animate CC 2017 会以用户系统中可用的字体来替换缺少的字体。用户可以在系统中选择要替换的字体，或者使用 Animate CC 2017 系统默认字体替换缺少的字体。

用户可以将缺少字体应用到当前文件的新文本或现有文本中，该文本会使用替换字体在用户的系统中显示，但缺少字体的信息会和文件一同保存起来，如果文件在包含缺少字体的系统中再次打开，则文本会使用该字体显示。

当文本以缺少字体显示时，可能需要调整字体的大小、行距、字距微调等文本属性，因为用户应用的格式要基于替换字体的文本外观。

替换指定字体的操作步骤如下。

（1）选择【编辑】|【字体映射】命令，在弹出的【字体映射】对话框中，可以从计算机中选择系统已经安装的字体进行替换，如图 5-171 所示。

（2）选中【缺少字体】列中的某种字体，在用户选择替换字体之前，默认替换字体会显示在【映射为】列中。

（3）在【替换字体】下拉列表中选择一种字体。

（4）设置完成后，单击【确定】按钮。

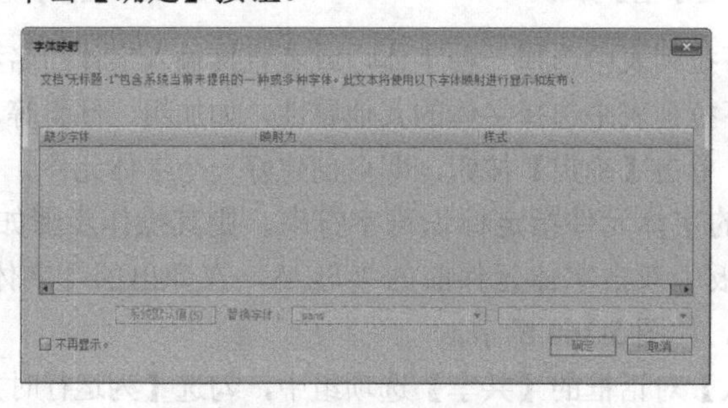

图 5-171 【字体映射】对话框

用户可以使用【字体映射】对话框更改映射缺少字体的替换字体，查看 Animate CC 2017 中映射的所有替换字体，以及删除从用户的系统中映射的替换字体。

查看文件中的所有缺少字体并重新选择替换字体的操作步骤如下。

（1）当该文件在 Animate CC 2017 中处于活动状态时，选择【编辑】|【字体映射】命令。

（2）在弹出的【字体映射】对话框中，按照前面讲过的操作步骤选择一种替换字体。

查看系统中保存的所有字体映射的操作步骤如下。

（1）关闭 Animate CC 2017 中的所有文件。

（2）选择【编辑】|【字体映射】命令。

（3）在弹出的【字体映射】对话框中查看字体映射，查看完毕后单击【确定】按钮关闭对话框。

5.5 上机练习

下面为大家介绍渐变文字和立体文字的制作。

5.5.1 制作风吹文字效果

下面主要介绍如何制作风吹文字的效果，其主要通过对创建的文本进行打散，将其转换为元件，并为其添加关键帧来实现。完成的风吹文字效果如图 5-172 所示。

图 5-172　完成的风吹文字效果

（1）新建空白文档，将舞台大小设置为 1000 像素×500 像素。按 Ctrl+R 组合键，将素材文件【05】导入到舞台中，并使素材大小与舞台大小相同，如图 5-173 所示。

（2）按 Ctrl+F8 组合键，在弹出的【创建新元件】对话框中，将【名称】设置为【文字动画】，将【类型】设置为【影片剪辑】，单击【确定】按钮，如图 5-174 所示。

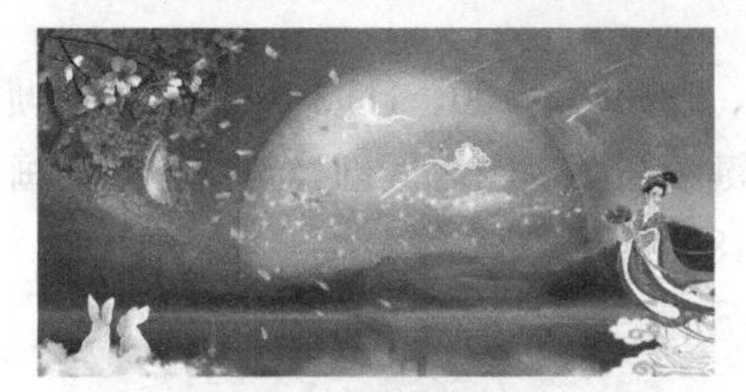

图 5-173　导入素材文件

图 5-174　【创建新元件】对话框

（3）使用【文本工具】输入文字，选中输入的文字，在【属性】面板中，将【系列】设置为汉仪行楷简，将【大小】设置为 100 磅，将【颜色】设置为白色，如图 5-175 所示。

提示：为了方便观察效果，可以将背景颜色设置为其他颜色。

（4）设置完成后，使用【选择工具】选中输入的文字，按 Ctrl+B 组合键分离文字，如图 5-176 所示。

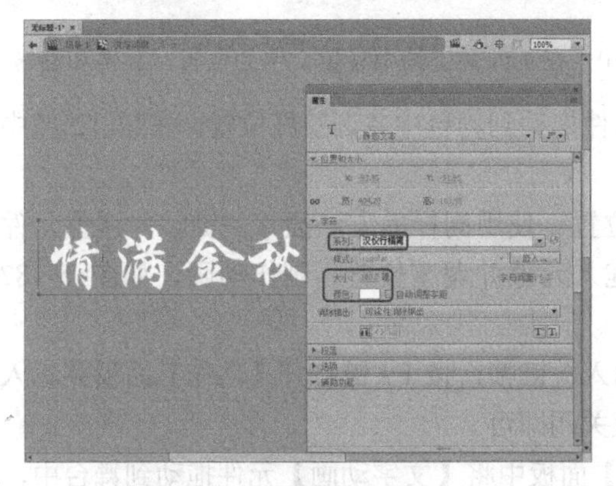

图 5-175　设置文字的属性

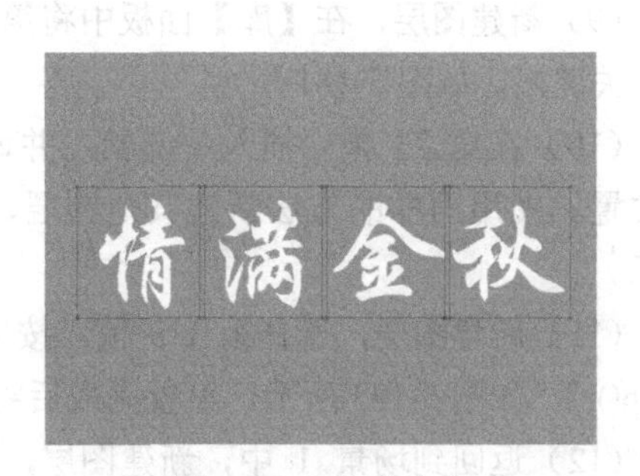

图 5-176　分离文字

（5）选中第一个文字，按 F8 键，在弹出的【转换为元件】对话框中，使用默认名称，将【类型】设置为【影片剪辑】，如图 5-177 所示。

（6）使用同样的方法将其他文字转换为元件，如图 5-178 所示。

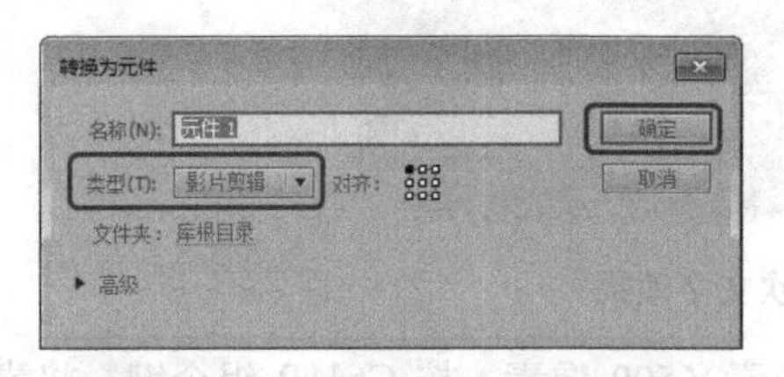

图 5-177 【转换为元件】对话框

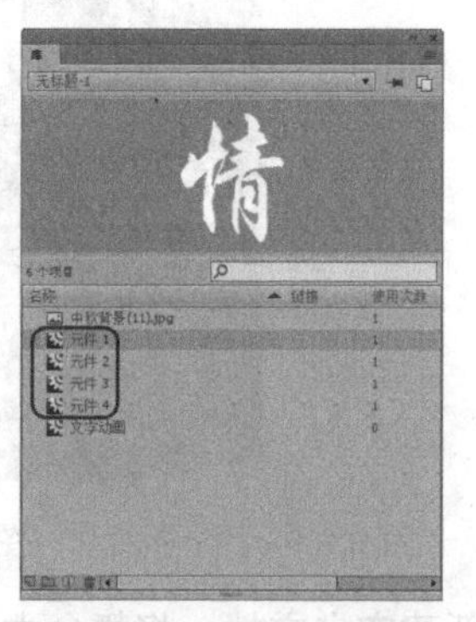

图 5-178 将其他文字转换为元件

（7）只保留【情】字，将多余文字删除。在【图层 1】的第 119 帧中插入关键帧，在第 12 帧中插入关键帧，确认选中第 12 帧，使用【任意变形工具】设置文字的位置、旋转、翻转，如图 5-179 所示。

（8）使用同样的方法，在第 23、34、45、56、67、78、89、100、111 帧中插入关键帧，并在不同关键帧中设置文字的位置、旋转和翻转，在关键帧与关键帧之间创建传统补间动画，使文字在该图层中呈现被风从右向左吹的效果，如图 5-180 所示。

图 5-179 设置文字的位置、旋转和翻转

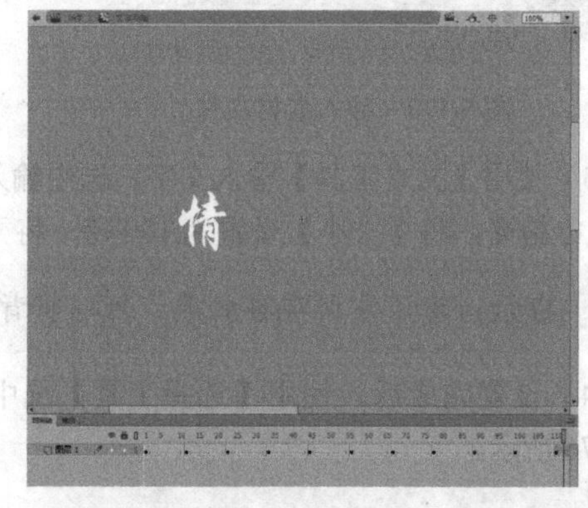

图 5-180 在不同关键帧中设置文字的位置、旋转和翻转

（9）新建图层，在【库】面板中将第 2 个元件拖动到舞台中并调整好位置，在第 12 帧中插入关键帧，如图 5-181 所示。

（10）在第 23 帧中插入关键帧，并调整其位置。使用同样的方法插入关键帧并调整元件的位置。使用同样的方法新建其他图层，分别拖入元件并调整位置、制作动画，如图 5-182 所示。

（11）新建图层，选择第 119 帧，按 F6 键插入关键帧，按 F9 键打开【动作】面板并输入【stop();】，如图 5-183 所示。设置完成后将该面板关闭即可。

（12）返回到场景 1 中，新建图层，在【库】面板中将【文字动画】元件拖动到舞台中，使用【任意变形工具】调整其大小和位置，如图 5-184 所示。

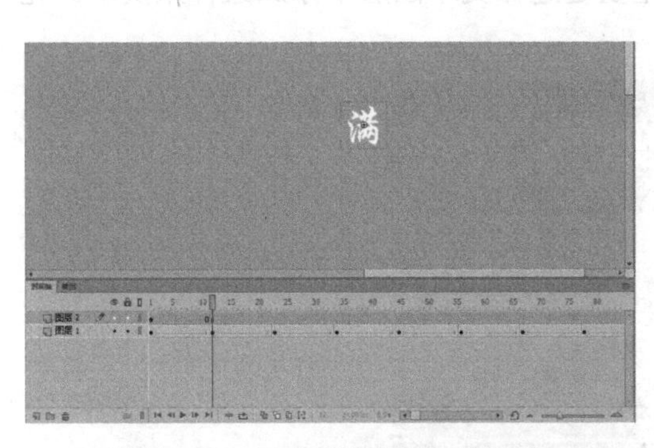
图 5-181　新建图层并插入关键帧

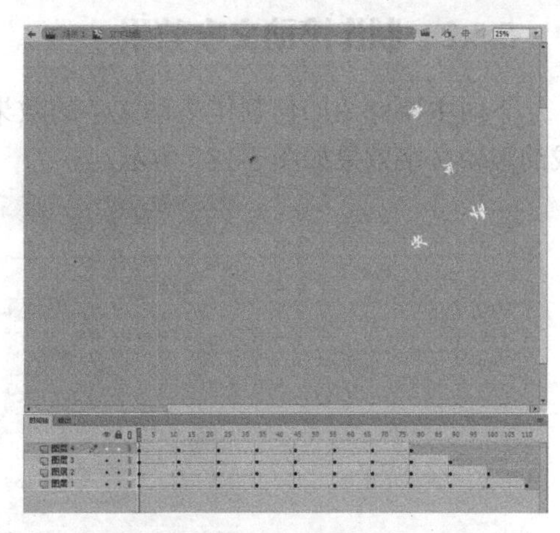
图 5-182　新建其他图层并拖入元件

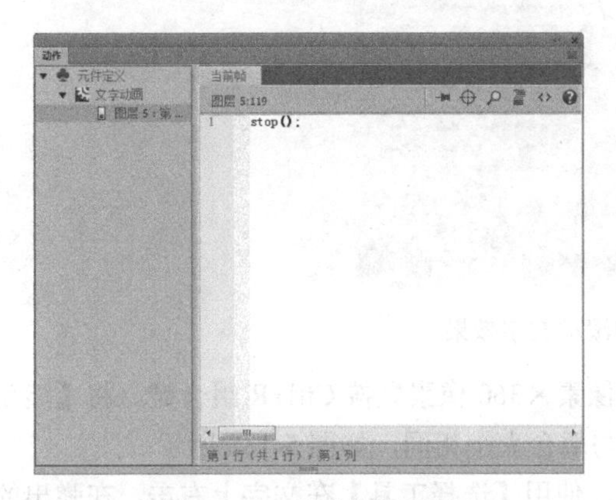
图 5-183　【动作】面板

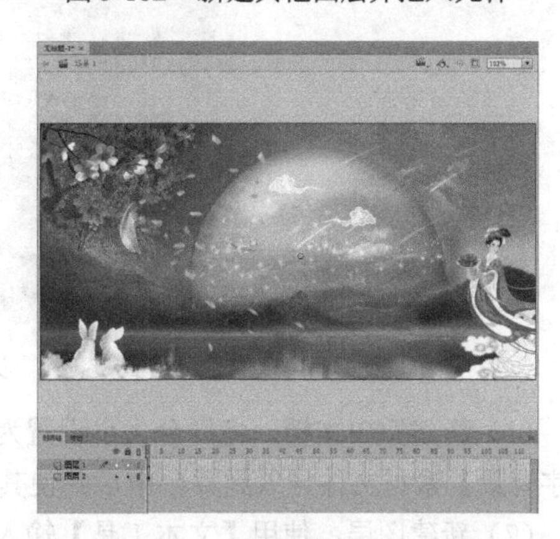
图 5-184　新建图层并拖入元件

（13）调整完成后，打开【属性】面板，为【图层 2】添加【投影】和【发光】滤镜，将【投影】滤镜的【模糊 X】和【模糊 Y】都设置为 12 像素，将【强度】设置为 56%，将【颜色】设置为#000000；将【发光】滤镜的【模糊 X】和【模糊 Y】都设置为 5 像素，将【强度】设置为 75%，将【颜色】设置为#FF0000，如图 5-185 所示。

（14）设置完成后，按 Ctrl+Enter 组合键，测试动画效果，如图 5-186 所示。

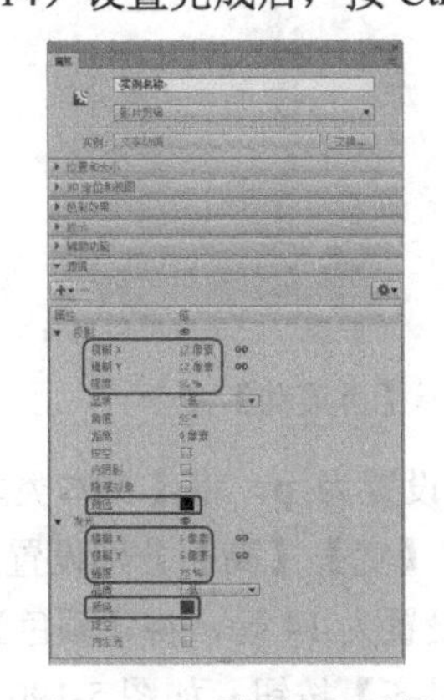
图 5-185　【属性】面板

图 5-186　测试动画效果

5.5.2　制作滚动文字效果

下面主要介绍如何制作滚动文字的效果，主要通过在文本图层中添加组件来实现。完成的滚动文字效果如图 5-187 所示。

图 5-187　完成的滚动文字效果

（1）新建空白文档，将舞台大小设置为 300 像素×360 像素。按 Ctrl+R 组合键，将【滚动文字背景】素材文件导入到舞台中，并使其大小与舞台大小相同，如图 5-188 所示。

（2）新建图层，使用【文本工具】输入文字，使用【选择工具】在文字上右击，在弹出的快捷菜单中选择【可滚动】命令，如图 5-189 所示。

图 5-188　导入素材文件

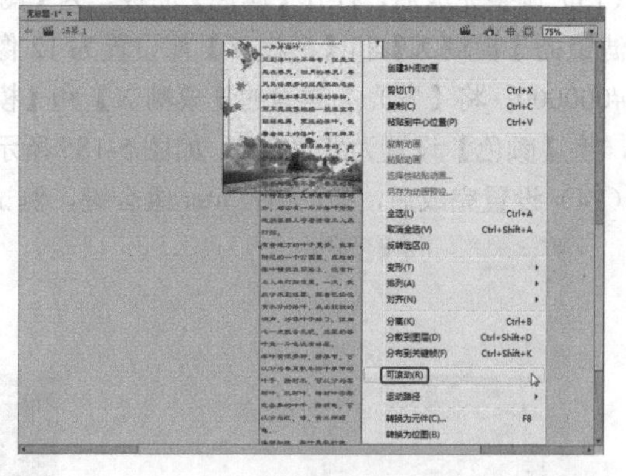

图 5-189　选择【可滚动】命令

（3）选中输入的文字，在【属性】面板中，将【实例名称】设置为 p，将【文本类型】设置为动态文本，将【X】、【Y】分别设置为 70 像素、60 像素，将【宽】、【高】分别设置为 200 像素、215 像素，将【系列】设置为方正隶书简体，将【大小】设置为 14 磅，将【颜色】设置为#5F3E17，将【消除锯齿】设置为使用设备字体，单击【居中对齐】按钮，如图 5-190 所示。

（4）按 Ctrl+F7 组合键，打开【组件】面板，选择【UIScrllBar】组件并拖动到舞台中。打开【属性】面板，将【X】、【Y】分别设置为 270 像素、60 像素，将【宽】、【高】分别设置为 15 像素、215 像素，将【样式】设置为色调，将【着色】设置为#FDFBE7，在【scorllTargetName】文本框中输入【p】，如图 5-191 所示。

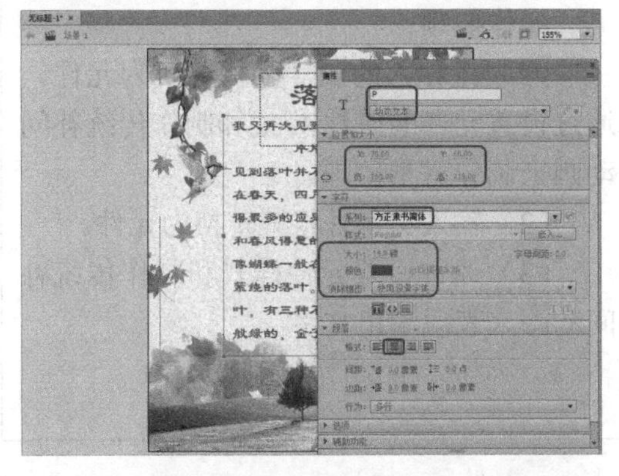

图 5-190　设置文字的属性

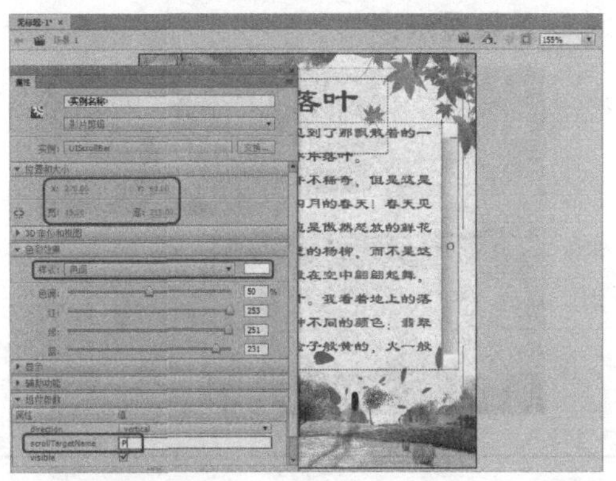

图 5-191　设置组件的属性

（5）设置完成后，按 Ctrl+Enter 组合键，测试影片效果，如图 5-192 所示。

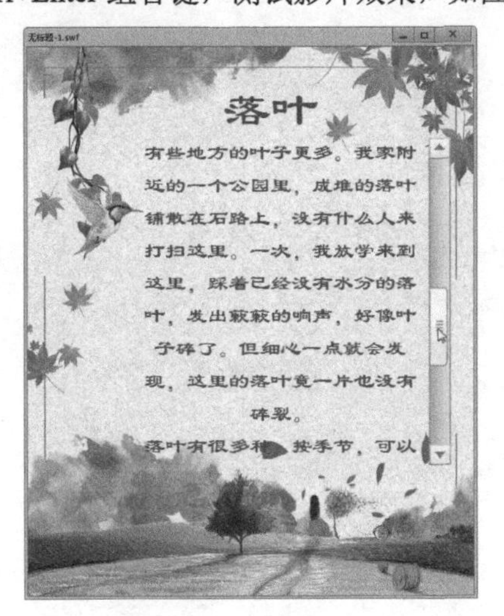

图 5-192　测试影片效果

【课后习题】

1．文本字段分为哪 3 种类型？
2．能为文本添加的滤镜效果有哪些？
3．哪种滤镜可以调整对象的亮度、对比度、饱和度和色相？
4．什么滤镜可以柔化对象的边缘和细节？
5．如何替换缺少字体？

【课后练习】

项目练习　制作渐出文字

<table>
<tr>
<td>效果展示：

</td>
<td>操作要领：
（1）将导入的图片素材转换为元件，通过设置元件的属性/样式和制作传统补间动画来制作背景动画。
（2）输入文字并将其转换为元件。
（3）通过设置元件样式和制作传统补间动画来表现渐出文字</td>
</tr>
</table>

第6章

元件与实例

06

Chapter

本章导读：

基础知识

- ◈ 元件的类型
- ◈ 编辑元件

重点知识

- ◈ 制作律动的音符
- ◈ 制作闪光文字
- ◈ 制作下雨动画效果

提高知识

- ◈ 元件的基本操作
- ◈ 实例的编辑与属性

元件是制作 Animate CC 2017 动画的重要元素，实例是指位于舞台中或嵌套在另一个元件中的元件副本，本章将重点介绍元件、库、实例的使用及编辑方法。

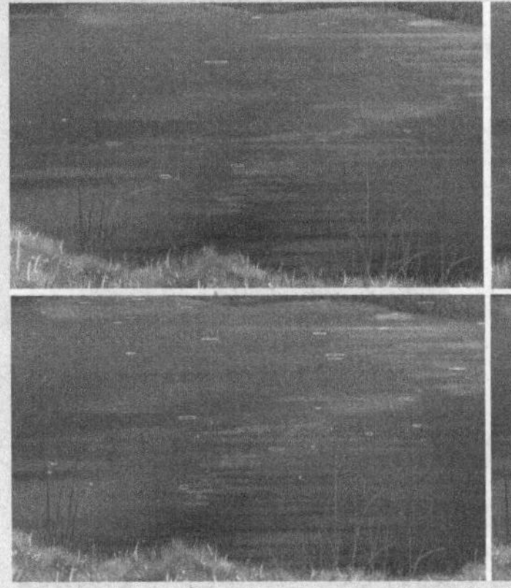

6.1 任务 18：制作律动的音符——元件的使用

本任务将介绍如何制作律动的音符，主要是通过导入两组序列图片来完成的。完成的律动的音符效果如图 6-1 所示。

图 6-1　完成的律动的音符效果

6.1.1 任务实施

（1）按 Ctrl+N 组合键，在弹出的【新建文档】对话框中，在【类型】列表框中选择【ActionScript 3.0】选项，将【宽】、【高】分别设置为 769 像素、1088 像素，将【帧频】设置为 6fps，单击【确定】按钮，如图 6-2 所示。

（2）按 Ctrl+R 组合键，在弹出的【导入】对话框中打开教学资料包中的【音乐背景.jpg】文件，在【对齐】面板中单击【水平中齐】按钮和【垂直中齐】按钮，将其调整到舞台的中央，如图 6-3 所示。

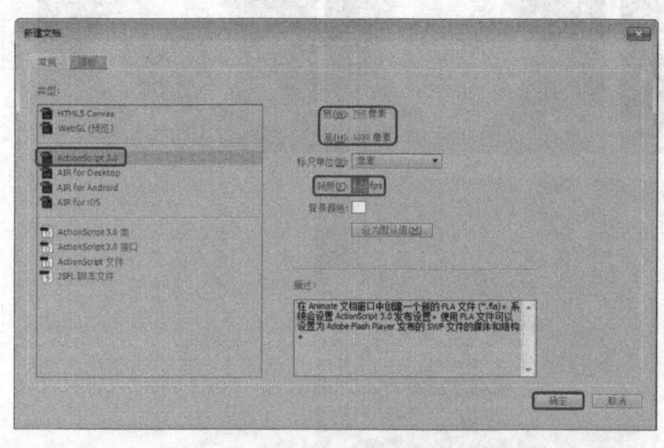

图 6-2　【新建文档】对话框

图 6-3　导入并设置素材文件

（3）按 Ctrl+F8 组合键，在弹出的【创建新元件】对话框中，将【名称】设置为【曲线】，将【类型】设置为【影片剪辑】，单击【确定】按钮，如图 6-4 所示。

（4）按 Ctrl+R 组合键，在弹出的【导入】对话框中选择教学资料包中【线条】文件夹中的

【0010053】文件，单击【打开】按钮，如图 6-5 所示。

图 6-4 新建影片剪辑元件

图 6-5 选择导入的文件

（5）在弹出的提示对话框中单击【是】按钮，即可导入序列图片，如图 6-6 所示。

（6）返回到场景 1 中，在【时间轴】面板中锁定【图层 1】，单击【新建图层】按钮，新建【图层 2】，如图 6-7 所示。

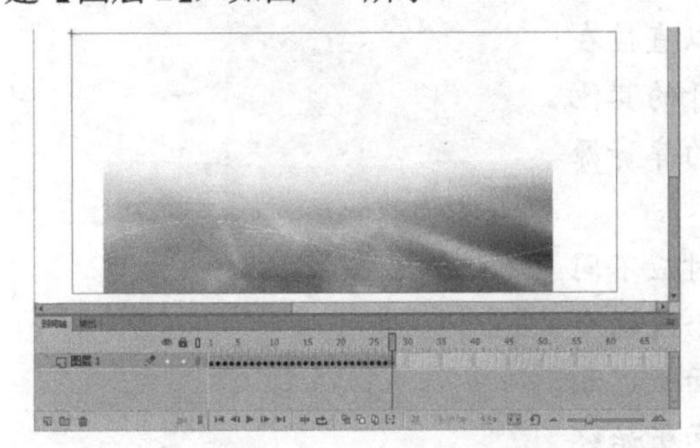

图 6-6 导入序列图片

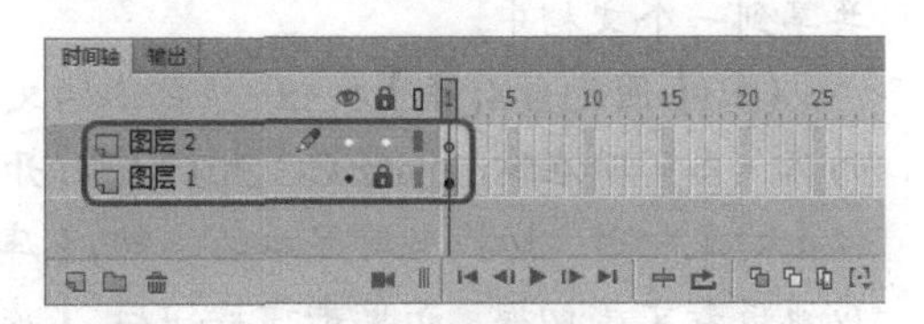

图 6-7 新建图层

（7）在【库】面板中将【曲线】影片剪辑元件拖动到舞台中，在【变形】面板中将【缩放宽度】和【缩放高度】分别设置为 30.1%、21.5%，在舞台中调整元件的位置，如图 6-8 所示。

（8）按 Ctrl+F8 组合键，在弹出的【创建新元件】对话框中，将【名称】设置为【音符】，将【类型】设置为【影片剪辑】，单击【确定】按钮，如图 6-9 所示。

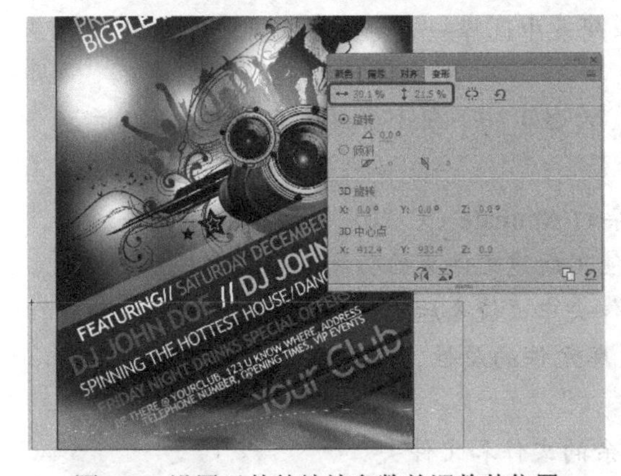

图 6-8 设置元件的缩放参数并调整其位置

图 6-9 【创建新元件】对话框

知识链接：

库

库是元件和实例的载体，是使用 Animate CC 2017 制作动画时一种非常有用的工具，使用库可以省去很多重复操作和其他不必要的麻烦。另外，使用库对最大程度上减小动画文件的体积也具有决定性的意义，充分利用库中包含的元素可以有效地控制文件的大小，便于文件的传输和下载。Animate CC 2017 的库有两种：一种是当前编辑文件的专用库，另一种是 Animate CC 2017 中自带的公用库。这两种库有着相似的使用方法和特点，也有很多的不同点，所以要掌握 Animate CC 2017 中库的使用，首先要对这两种不同类型的库有足够的认识。

Animate CC 2017 的【库】面板中包括当前文件的标题栏、预览窗口、库文件列表及一些相关的库文件管理工具。

（1）按钮：单击该按钮，可以弹出面板菜单，如图 6-10 所示，在该菜单中可以选择【新建元件】、【新建文件夹】或【属性】等命令。

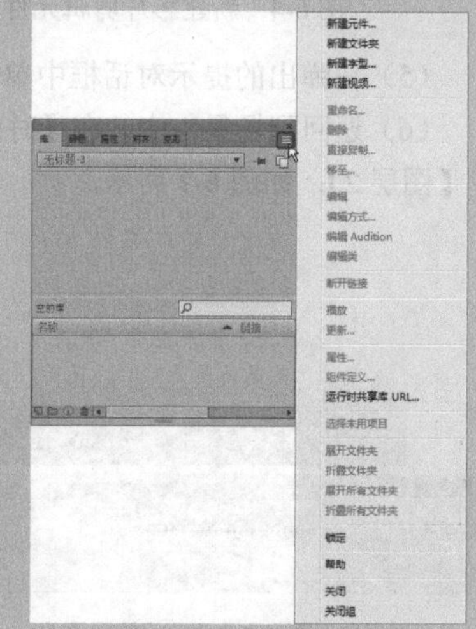

图 6-10 按钮

（2）文档标题栏：通过该下拉列表，可以直接在一个文档中浏览当前 Animate CC 2017 中打开的其他文档的库内容，从而方便地将多个不同文档的库资源共享到一个文档中。

（3）【固定当前库】按钮：不同文档对应不同的库，当同时在 Animate CC 2017 中打开两个或两个以上的文档时，切换当前显示的文档，【库】面板也相应地跟着文档切换。而单击该按钮后，【库】面板始终显示其中一个文档对象的内容，不跟随文档的切换而切换，这样做可以方便地将一个文档库内的资源共享到多个文档中。

（4）【新建库面板】按钮：单击该按钮后，会在界面中新打开一个【库】面板，两个【库】面板的内容是一致的，相当于利用两个窗口同时访问一个目标资源。

（5）预览窗口：当在【库】面板的资源列表中选择一个对象时，可以在该窗口中显示出该对象的预览效果。

（6）【新建元件】按钮：单击该按钮，在弹出的【创建新元件】对话框中，可以设置新建元件的名称及新建元件的类型。

（7）【新建文件夹】按钮：在一些复杂的 Animate CC 2017 文件中，库文件通常有很多，管理起来非常不方便，因此，需要使用新建文件夹的功能，在【库】面板中新建一些文件夹，将同类的文件放到相应的文件夹中，使今后元件的调用更灵活、方便。

（8）【属性】按钮：用于查看和修改库元件的属性，在弹出的对话框中显示了元件的名称、类型等信息。

（9）【删除】按钮：用于删除库中多余的文件和文件夹。

（9）按Ctrl+R组合键，在弹出的【导入】对话框中选择教学资料包中的【音符】文件夹中的【0010001】文件，单击【打开】按钮，如图6-11所示。

（10）在弹出的提示对话框中单击【是】按钮，即可导入序列图片，如图6-12所示。

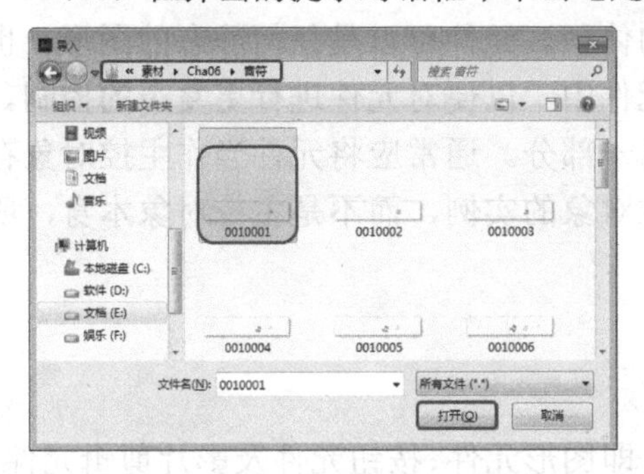

图6-11 导入文件

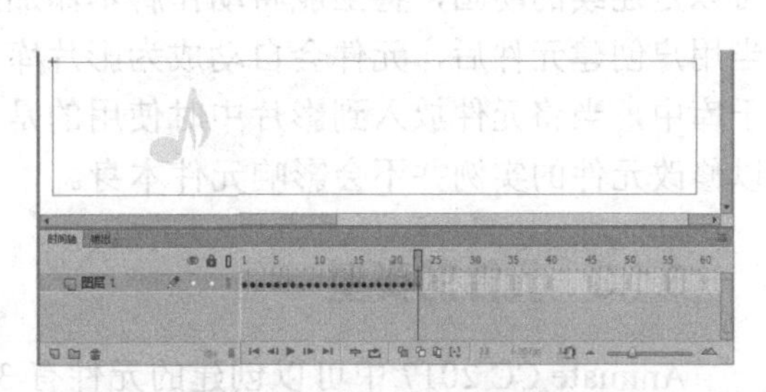

图6-12 导入的序列图片

（11）返回到场景1中，在【时间轴】面板中锁定【图层2】，并新建【图层3】，在【库】面板中将【音符】影片剪辑元件拖动到舞台中，在【变形】面板中将【缩放宽度】和【缩放高度】都设置为7.9%，在舞台中调整元件的位置，如图6-13所示。

（12）在【时间轴】面板中锁定【图层3】，并新建【图层4】，在【库】面板中将【音符】影片剪辑元件拖动到舞台中，在【变形】面板中将【缩放宽度】和【缩放高度】都设置为14.5%，在舞台中调整元件的位置，如图6-14所示。至此，完成该动画的制作，导出影片并将场景文件保存起来即可。

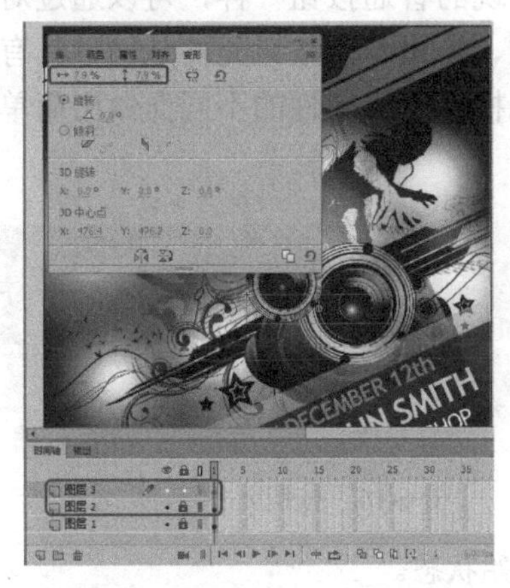

图6-13 新建【图层3】并调整元件的位置

图6-14 新建【图层4】并调整元件的位置

6.1.2 元件概述

使用Animate CC 2017制作动画的一般流程如下：先制作动画中所需要的各种元件，再在场景中引用元件实例，并对实例化的元件进行适当组织和编排。合理地使用元件和库可以提高影片的制作效率。

元件是Animate CC 2017中一个比较重要且使用非常频繁的概念，是指用户在Animate CC 2017中所创建的图形、按钮或影片剪辑。元件一旦被创建，就会被自动添加到当前影片的库中，可以在当前影片或其他影片中重复使用。用户创建的所有元件都会自动变为当前文件的库的一部分。

元件在 Animate CC 2017 的影片中是一种比较特殊的对象，它只需创建一次，就可以在整部电影中反复使用而不会显著增加文件的体积。元件可以是任何静态的图形，也可以是连续的动画，甚至能将动作脚本添加到元件中，以便对元件进行更复杂的控制。当用户创建元件后，元件会自动成为影片库中的一部分。通常应将元件当作主控对象存于库中，当将元件放入到影片中时使用的是主控对象的实例，而不是主控对象本身，所以修改元件的实例并不会影响元件本身。

6.1.3 元件的类型

Animate CC 2017 中可以创建的元件有 3 种，即图形元件、按钮元件及影片剪辑元件，每种元件都有其在影片中所特有的作用和特性，如图 6-15 所示。

1. 图形元件

图形元件可以用于重复应用静态的图片，也可以应用到其他类型的元件中，是最基本的类型。

2. 按钮元件

按钮元件一般用于响应影片中的鼠标事件，如鼠标的单击、移开等。按钮元件是用于控制相应鼠标事件的交互性的特殊元件。与在网页中出现的普通按钮一样，可以通过对按钮元件的设置来触发某些特殊效果，如控制影片的播放、停止等。按钮元件是一种具有 4 个帧的影片剪辑。按钮元件的时间轴无法播放，它只是根据鼠标事件的不同而做出简单的响应，并转到所指向的帧，如图 6-16 所示。

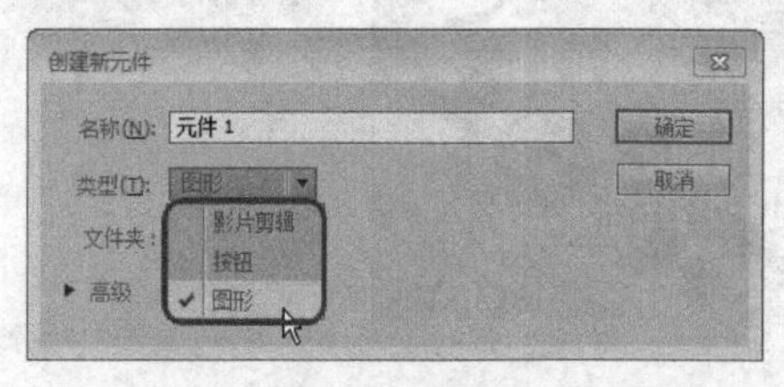

图 6-15　能创建的元件类型

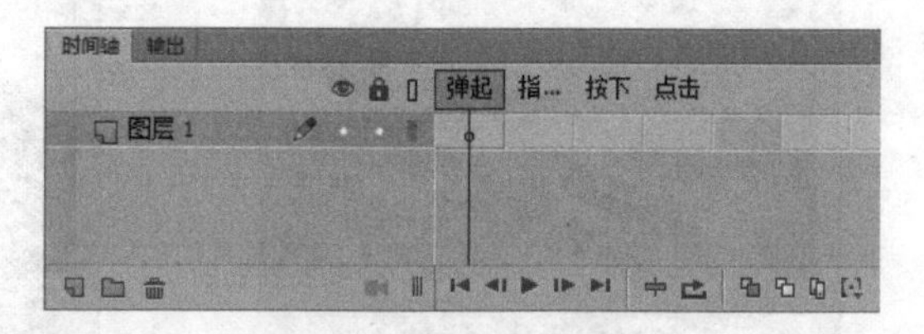

图 6-16　按钮元件

（1）弹起帧：鼠标不在按钮上时的状态，即按钮的原始状态。

（2）指针经过帧：鼠标移动到按钮上时的按钮状态。

（3）按下帧：单击时的按钮状态。

（4）点击帧：用于设置对鼠标动作做出响应的区域，这个区域在影片播放时是不会显示的。

3. 影片剪辑元件

影片剪辑是 Animate CC 2017 中最具有交互性、用途最多及功能最强的部分。它基本上是一个小的独立电影，可以包含交互式控件、声音，甚至其他影片剪辑实例。可以将影片剪辑实例放在按钮元件的时间轴内，以创建动画按钮。由于影片剪辑具有独立的时间轴，因此它们在 Animate CC 2017 中是相互独立的。如果场景中存在影片剪辑，即使影片的时间轴已经停止，影片剪辑的时间轴仍可以继续播放，这里可以将影片剪辑设想为主电影中嵌套的小电影，每个影片剪辑在时间轴的层次结构树中都有相应的位置。使用动作脚本可以在影片剪辑之间发送消息，以使它们相互控制。例如，一段影片剪辑的时间轴中最后一帧上的动作可以指示开始播放另一段影片剪辑。使用电影剪辑对象的动作和方法可以对影片剪辑进行拖动、加载等控制。要控制影片剪辑，必须通过目标路径（该路径指示了影片剪辑在显示列表中的唯一位置）来指明它的位置。

6.1.4 转换为元件

在舞台中选择要转换为元件的图形对象，选择【修改】|【转换为元件】命令或按 F8 键，在弹出的【转换为元件】对话框中设置要转换的元件类型，单击【确定】按钮，如图 6-17 所示。

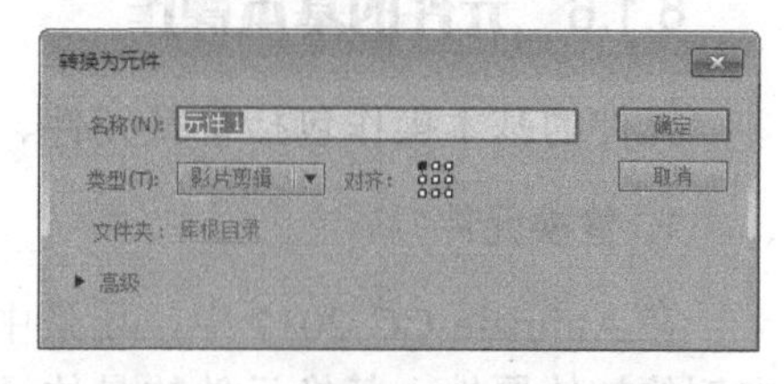

图 6-17 【转换为元件】对话框

提示：也可以在选择的图形对象上右击，在弹出的快捷菜单中选择【转换为元件】命令。

6.1.5 编辑元件

在【库】面板中双击需要编辑的元件，当启用元件编辑模式时，可以对元件进行编辑修改；或者在需要编辑的元件上右击，在弹出的快捷菜单中选择【编辑】命令，如图 6-18 所示。

另外，也可以通过舞台中的实例来修改元件。在舞台中选择需要修改的实例并右击，在弹出的快捷菜单中选择【编辑元件】、【在当前位置编辑】或【在新窗口中编辑】命令，如图 6-19 所示。

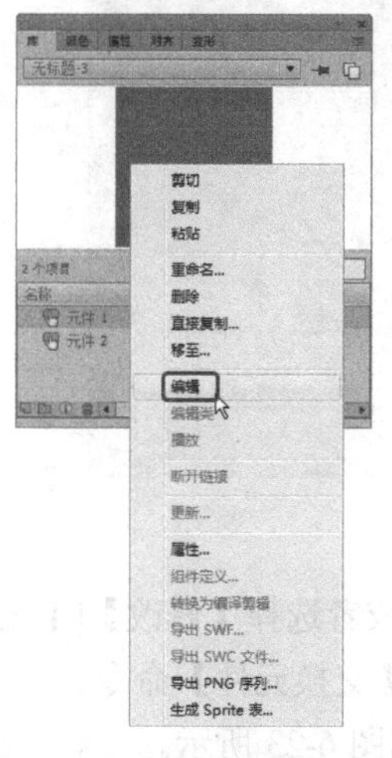

图 6-18 选择【编辑】命令

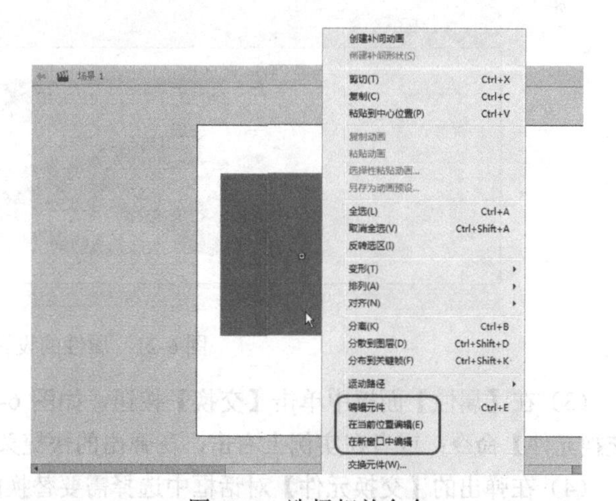

图 6-19 选择相关命令

（1）编辑元件：可将窗口从舞台视图切换到只显示该元件的单独视图，正在编辑的元件名称会显示在舞台上方的信息栏中。

（2）在当前位置编辑：可以在该元件和其他对象同在的舞台中进行编辑，其他对象将以灰显方式出现，从而将它与正在编辑的元件区分开。正在编辑的元件名称会显示在舞台上方的信息栏中。

（3）在新窗口中编辑：可以在一个单独的窗口中编辑元件。在单独的窗口中编辑元件可以同时看到该元件和主时间轴，正在编辑的元件名称会显示在舞台上方的信息栏中。

6.1.6 元件的基本操作

元件的基本操作包括替换元件、复制元件及删除元件等，下面介绍其操作过程。

1. 替换元件

在 Animate CC 2017 中，场景中的实例可以被替换为另一个元件的实例，并保存原实例的初始属性。替换元件的具体操作步骤如下。

（1）打开替换元件.fla 文件，在场景中选择需要替换的实例，如图 6-20 所示。

图 6-20　选择需要替换的实例

（2）在【属性】面板中将【样式】设置为亮度，并将【亮度】设置为 84%，如图 6-21 所示。

图 6-21　属性的设置

（3）在【属性】面板中单击【交换】按钮，如图 6-22 所示；或者选择【修改】|【元件】|【交换元件】命令；或者在实例上右击，在弹出的快捷菜单中选择【交换元件】命令。

（4）在弹出的【交换元件】对话框中选择需要替换的元件，如图 6-23 所示。

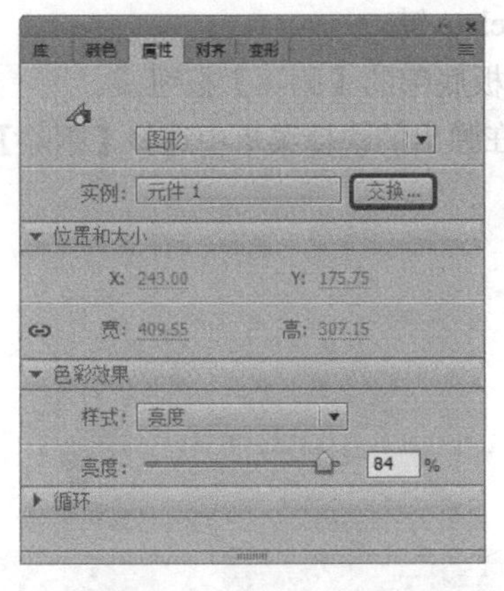

图 6-22　单击【交换】按钮

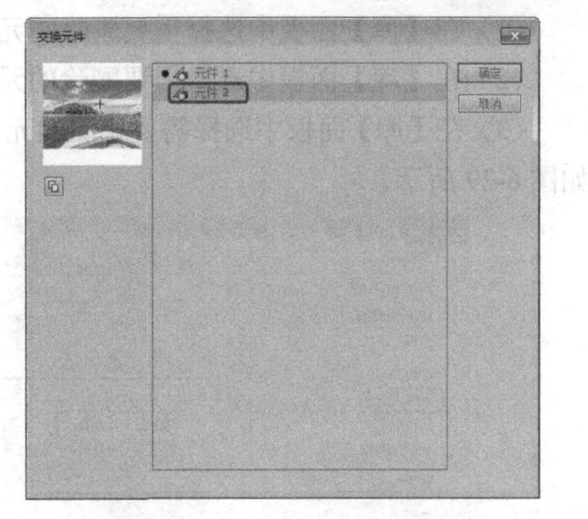

图 6-23　【交换元件】对话框

(5) 单击【确定】按钮，可以看到舞台中的实例已经被替换了，但保留了被替换实例的色彩效果，如图 6-24 所示。

2. 复制元件

有时，用户在花费大量的时间创建某个元件后，发现这个新创建的元件与另一个已存在的元件只存在很小的差异，对于这种情况，用户可以使用现有的元件作为创建新元件的起点，即复制元件后再进行修改，从而提高工作效率。

复制元件的具体操作步骤如下。

(1) 在舞台中选择需要复制的实例，如图 6-25 所示。

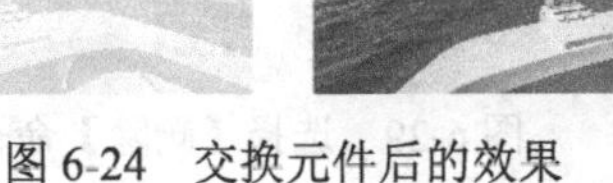

图 6-24　交换元件后的效果

图 6-25　选择需要复制的实例

(2) 选择【修改】|【元件】|【直接复制元件】命令，如图 6-26 所示。

> **提示：**也可以在选择的实例上右击，在弹出的快捷菜单中选择【直接复制元件】命令，或者在【属性】面板中单击【交换】按钮，在弹出的【交换元件】对话框中选择需要复制的元件，并单击【直接复制元件】按钮。

(3) 在弹出的【直接复制元件】对话框中，在【元件名称】文本框中输入复制的元件的新名称，如图 6-27 所示。

(4) 单击【确定】按钮，即可完成复制元件的操作，在【库】面板中可以看到复制的元件，如图 6-28 所示。

3. 删除元件

在 Animate CC 2017 中，可以将不需要的元件删除。删除元件的具体方法如下。

（1）在【库】面板中选择需要删除的元件，并按 Delete 键。

（2）在【库】面板中选择需要删除的元件，单击面板底部的【删除】按钮。

（3）在【库】面板中选择需要删除的元件并右击，在弹出的快捷菜单中选择【删除】命令，如图 6-29 所示。

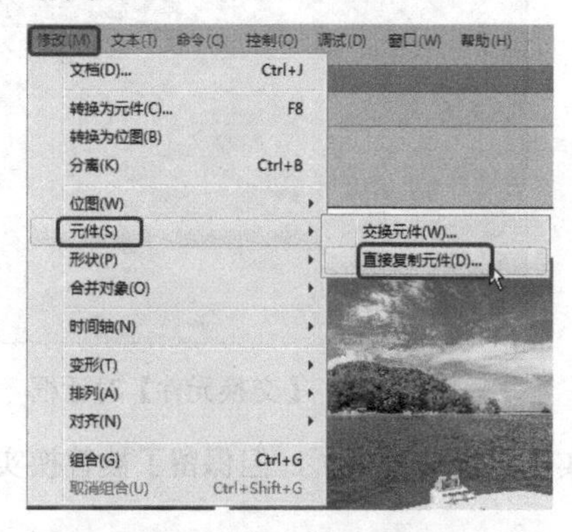

图 6-26 选择【修改】|【元件】|【直接复制元件】命令

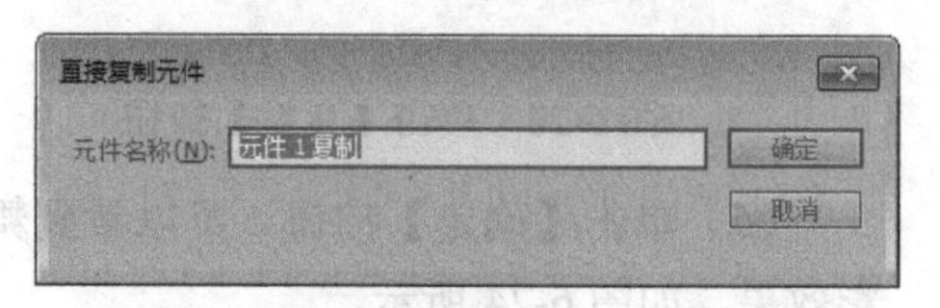

图 6-27 【直接复制元件】对话框

图 6-28 复制的元件

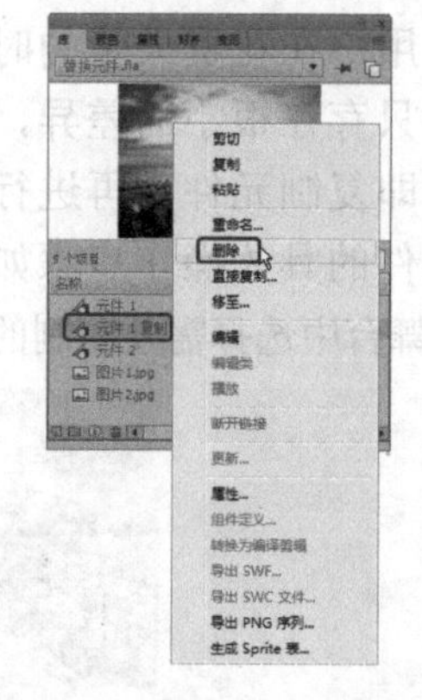

图 6-29 选择【删除】命令

6.1.7 元件的相互转换

一种元件被创建后，其类型并不是不可改变的，它可以在图形、按钮和影片剪辑这 3 种元件类型之间互相转换，并保持原有特性不变。

要将一种元件转换为另一种元件，首先要在【库】面板中选择该元件，并在该元件上右击，在弹出的快捷菜单中选择【属性】命令，在弹出的【元件属性】对话框中选择要改变的元件类型，单击【确定】按钮即可，如图 6-30 所示。

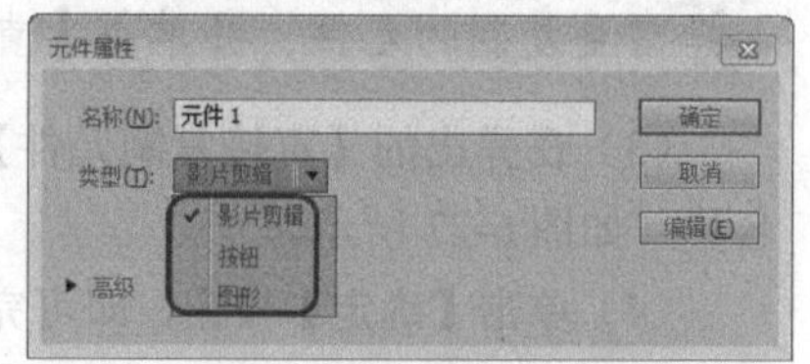

图 6-30 【元件属性】对话框

6.2 任务19：制作闪光文字——实例的使用

本任务主要介绍如何制作文字闪光的效果，主要通过为文字元件添加样式，并创建关键帧来实现。完成的闪光文字效果如图6-31所示。

图6-31　完成的闪光文字效果

6.2.1 任务实施

（1）新建空白文档，将舞台大小设置为950像素×600像素。按Ctrl+R组合键，将【节日背景.jpg】文件导入到舞台中，并调整其位置，如图6-32所示。

（2）按Ctrl+F8组合键，在弹出的【创建新元件】对话框中，将【名称】设置为【矩形】，将【类型】设置为【图形】，单击【确定】按钮，如图6-33所示。

图6-32　导入素材

图6-33　【创建新元件】对话框

（3）使用【矩形工具】绘制矩形，选中绘制的矩形，在【属性】面板中将其笔触颜色设置为无，将其填充颜色设置为#CC3366，如图6-34所示。

（4）在【创建新元件】对话框中，将【名称】设置为【变色动画】，将【类型】设置为【影片剪辑】，单击【确定】按钮。在【库】面板中将【矩形】元件拖动到舞台中，选择【时间轴】面板中的第15帧，按F6键插入关键帧，选择【矩形】元件，在【属性】面板中将【样式】设置为色调，将着色设置为#FB0004，如图6-35所示。

> **提示：** 为了方便观察效果，可以将背景颜色设置为黑色。

（5）选择第1帧到第15帧中的任意一帧，选择【插入】|【传统补间】命令，创建传统补间动画。选择第30帧，插入关键帧，选择【矩形】元件，将【样式】设置为色调，将着色设置为#FF0033，如图6-36所示。

（6）选择第15帧到第30帧中的任意一帧并右击，在弹出的快捷菜单中选择【创建传统补间】命令，创建传统补间动画。选择第45帧，插入关键帧，选择【矩形】元件，将【样式】设置为色调，将着色设置为#CC0066，如图 6-37 所示。

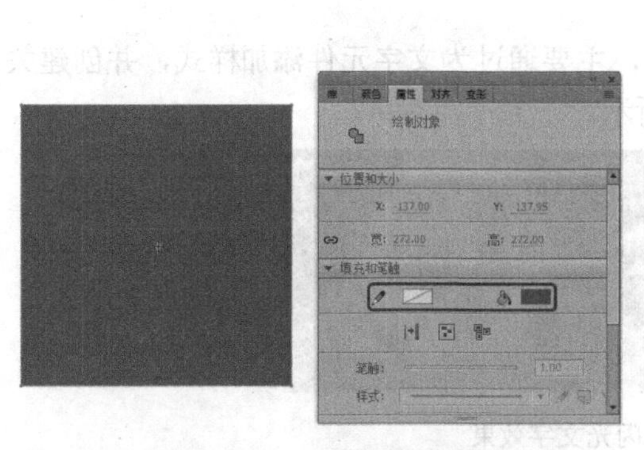

图 6-34　设置矩形的属性

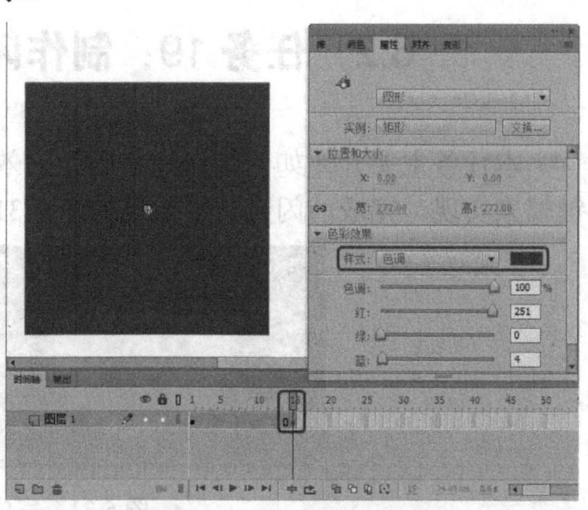

图 6-35　设置矩形的样式

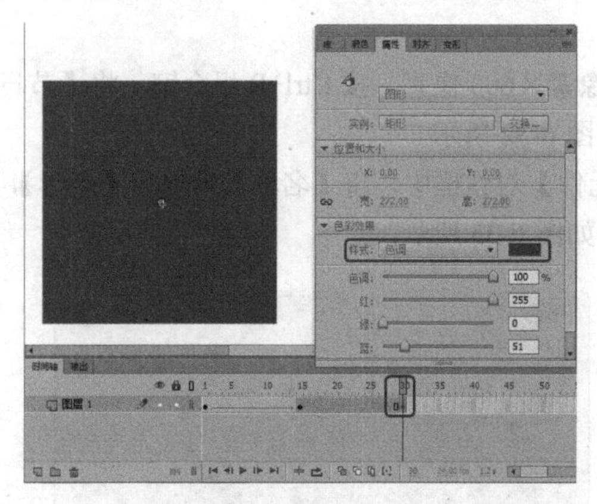

图 6-36　设置第 30 帧中矩形的样式和颜色

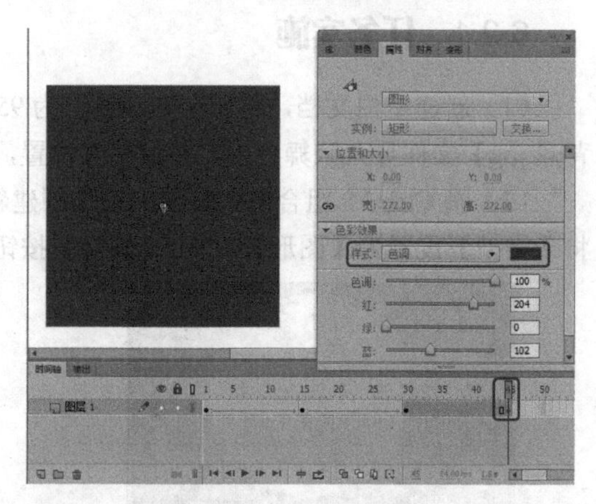

图 6-37　设置第 45 帧中矩形的样式和颜色

（7）在第 30 帧与第 45 帧之间创建传统补间动画，使用同样的方法选择第 60、75、90 帧，插入关键帧，选择【矩形】元件，分别将着色设置为#FF3366、#FF3366、#CC3366，并使用同样的方法创建传统补间动画，如图 6-38 所示。

（8）再次创建新元件，将【名称】设置为【遮罩】，将【类型】设置为【影片剪辑】。在【库】面板中将【变色动画】元件拖动到舞台中，并调整其位置，如图 6-39 所示。

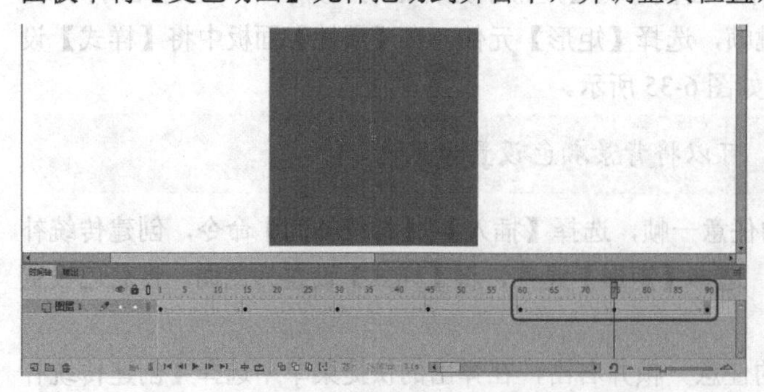

图 6-38　设置矩形的着色并创建传统补间动画

图 6-39　向新建的元件中拖入元件

（9）新建【图层 2】，使用【文本工具】输入文字【中秋】，选中输入的文字，在【属性】面板中将【系列】设置为汉仪菱心体简，将【大小】设置为68磅，将【颜色】设置为黑色，如图 6-40 所示。

（10）选择【图层 2】并右击，在弹出的快捷菜单中选择【遮罩层】命令，添加遮罩层，如图 6-41 所示。

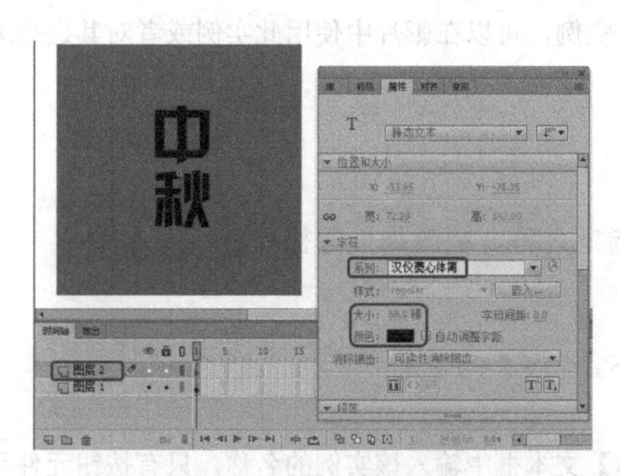

图 6-40 设置文字的属性

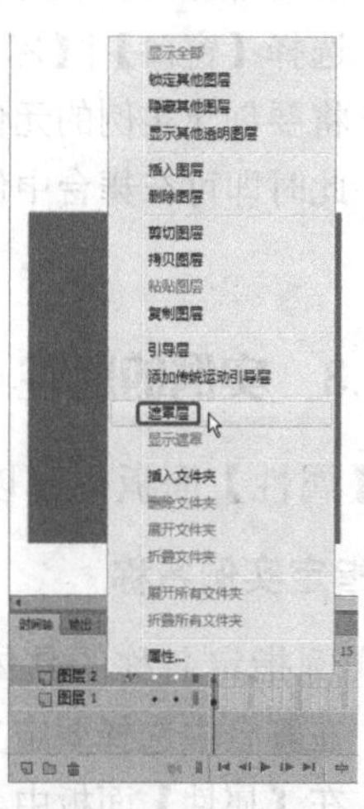

图 6-41 选择【遮罩层】命令

（11）返回到场景 1 中，使用同样的方法制作【遮罩 2】影片剪辑元件。新建图层，在【库】面板中，将【遮罩】和【遮罩 2】元件拖动到舞台中，使用【任意变形工具】调整其位置、形状和大小，如图 6-42 所示。

（12）按 Ctrl+Enter 组合键，测试影片效果，如图 6-43 所示。

图 6-42 调整元件的位置、形状和大小

图 6-43 测试影片效果

6.2.2 实例的编辑

在库中存在元件的情况下，选中元件并将其拖动到舞台中即可完成实例的创建。由于实例的创建源于元件，因此只要元件被修改编辑，那么所关联的实例也会被更新。应用各实例时需要注意，影片剪辑实例的创建和包含动画的图形实例的创建是不同的，电影片段只需要一个帧就可以播放动画，而且在编辑环境中不能演示动画效果；而包含动

画的图形实例必须在与其元件同样长的帧中放置，才能显示完整的动画。

创建元件的实例的具体操作步骤如下。

（1）在【时间轴】面板中选择要放置此实例的图层。Animate CC 2017 只能把实例放在【时间轴】面板的关键帧中，并且总是放置于当前图层中。如果没有选择关键帧，则该实例将被添加到当前帧左侧的第一个关键帧中。

（2）选择【窗口】|【库】命令，打开影片的【库】面板。

（3）将要创建实例的元件从库中拖动到舞台中。

（4）此时即可在舞台中创建元件的一个实例，可以在影片中使用此实例或者对其进行编辑操作。

6.2.3 实例的属性

在【属性】面板中可以对实例进行指定名称、更改属性等操作。

1. 指定实例名称

给实例指定名称的具体操作步骤如下。

（1）在舞台中选择要定义名称的实例。

（2）在【属性】面板中，在【实例名称】文本框中输入该实例的名称，只有按钮元件和影片剪辑元件可以设置实例名称，如图 6-44 和图 6-45 所示。

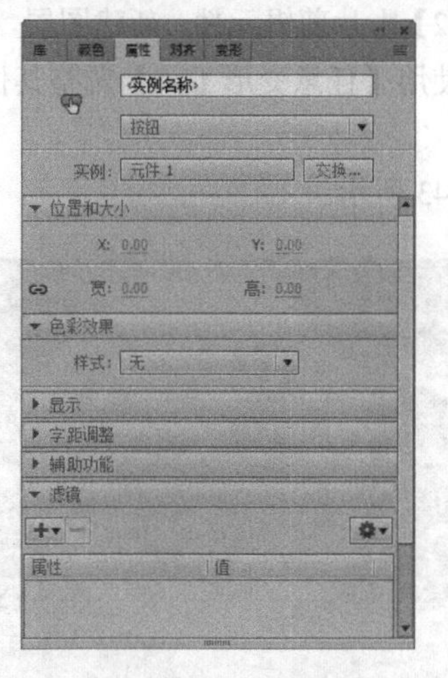

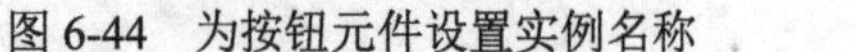

图 6-44　为按钮元件设置实例名称

图 6-45　为影片剪辑元件设置实例名称

创建元件的实例后，使用【属性】面板还可以指定此实例的色彩效果和动作，设置图形显示模式或更改实例的行为。除非用户另外指定，否则实例的行为与元件行为相同。对实例所做的任何更改都只影响该实例，并不影响元件。

2. 更改实例属性

每个元件实例都可以有自己的色彩效果，要设置实例的颜色和透明度选项，则可使用【属性】面板，【属性】面板中的设置也会影响放置在元件中的位图。

要改变实例的颜色和透明度，可以在【属性】面板的【色彩效果】区域的【样式】

下拉列表中选择，如图 6-46 所示，其中有以下 5 个选项。

（1）无：不设置色彩效果，此项为默认设置。

（2）亮度：用于调整图像的相对亮度和暗度。其值为-100%～+100%，100%表示白色，-100%表示黑色，默认值为 0，可直接输入其值，也可通过拖动滑块来调节其值，如图 6-47 所示。

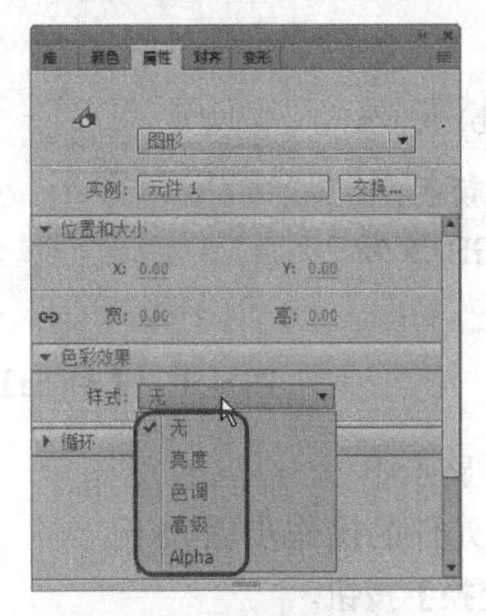

图 6-46　样式的设置

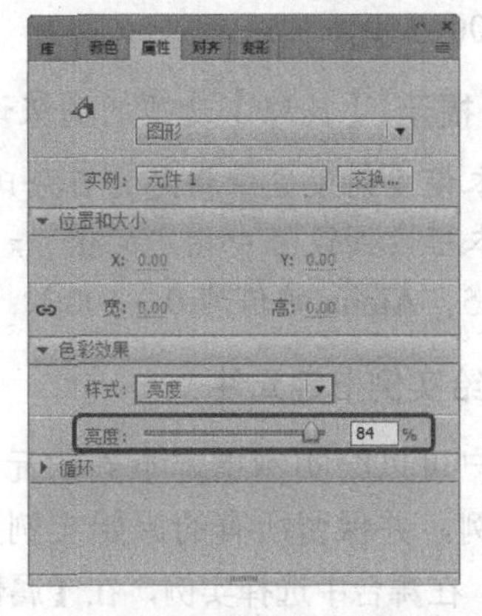

图 6-47　【亮度】选项

（3）色调：用于增加某种色调，可使用颜色拾取器，也可以直接输入红、绿、蓝的颜色值，其值为 0%～100%，当数值为 0%时不受影响，当数值为 100%时所选颜色将完全取代原有颜色，如图 6-48 所示。

（4）高级：用于调整实例中的红、绿、蓝颜色值和透明度。该选项包含如图 6-49 所示的参数。

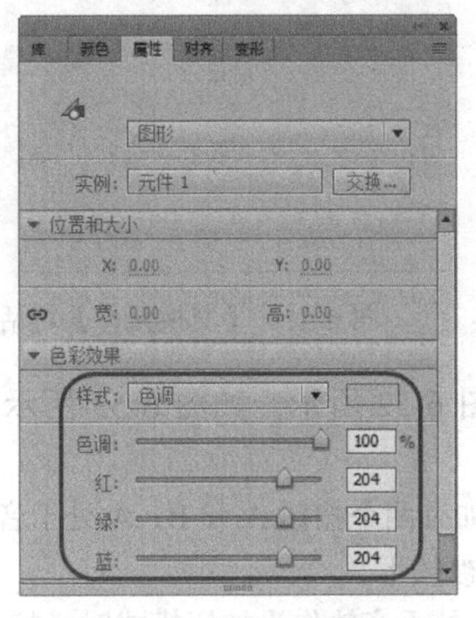

图 6-48　【色调】选项

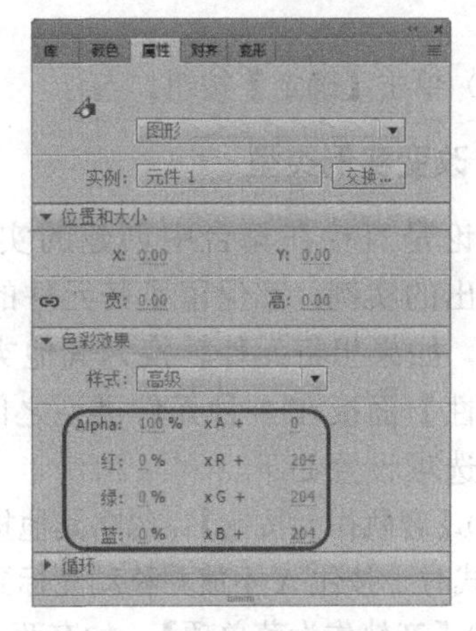

图 6-49　【高级】选项

（5）Alpha：用于设定实例的透明度，其值为 0%～100%，当数值为 0%时实例完全不可见，当数值为 100%时实例将完全可见，可以直接输入其值，也可以通过拖动滑块来调节其值，如图 6-50 所示。

当选择【高级】选项时，可以单独调整实例元件的红、绿、蓝三原色和 Alpha 的值，这在制作颜色变化非常精细的动画时最有用。每一项都通过两列文本框来调整，左列的文本框用于输入减少相应颜色分量或透明度的比例，右列的文本框通过具体数值来增加或减小相应颜色或透明度的值。

【高级】选项中的红、绿、蓝和 Alpha 的值都要乘以百分比值，然后加上右列中的常数值，就会产生新的颜色值。例如，当前红色值是 100，将其左侧的滑块设置为 50%，并将右侧滑块设置为 100，就会产生一个新的红色值 150[(100×50%)+100=150]。

> **提示：**【高级】选项的高级设置执行函数(a×y+b)=x，a 是文本框左列设置中指定的百分比，y 是原始位图的颜色，b 是文本框右侧设置中指定的值，x 是生成的效果（RGB 值为 0～255，Alpha 的值为 0～100）。

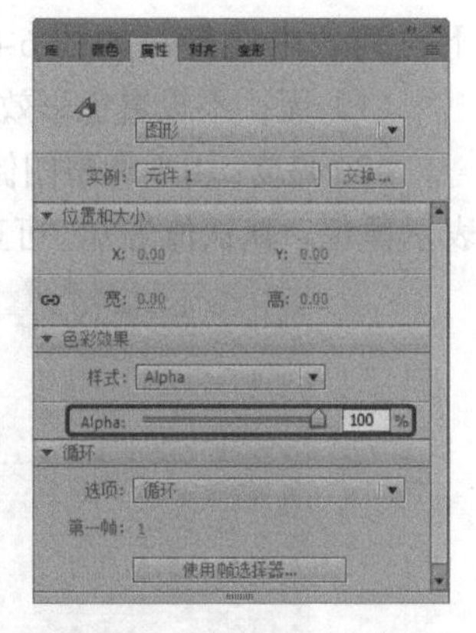

图 6-50 【Alpha】选项

3. 给实例指定元件

用户可以给实例指定不同的元件，从而在舞台中显示不同的实例，并保留所有的原始实例属性。给实例指定元件的操作步骤如下。

（1）在舞台中选择实例，在【属性】面板中单击【交换】按钮。

（2）在弹出的【交换元件】对话框中选择一个元件，替换当前指定给该实例的元件，如图 6-51 所示。要复制选中的元件，可单击对话框底部的【直接复制元件】按钮。如果制作的是几个具有细微差别的元件，则复制操作可使用户在库中现有元件的基础上建立一个新元件。

（3）单击【确定】按钮。

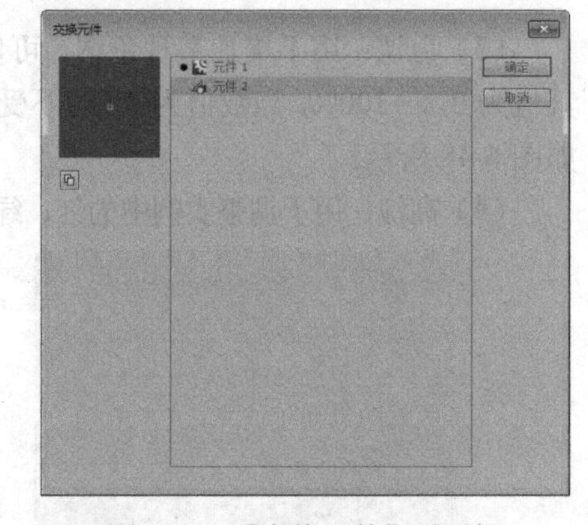

图 6-51 【交换元件】对话框

4. 改变实例类型

无论是直接在舞台中创建的实例还是从元件中拖动出的实例，都保留了其元件的类型。在制作动画时，如果想将元件转换为其他类型，则可以通过【属性】面板在 3 种元件类型之间进行转换，如图 6-52 所示。如图 6-53 所示，按钮元件的选项设置如下。

（1）【音轨作为按钮】：忽略其他按钮触发的事件，如有两个按钮 A 和 B，A 处于音轨作为按钮模式时，按住 A 不放并移动光标到 B 上时，B 不会被按下。

（2）【音轨作为菜单项】：如有两个按钮 A 和 B，B 处于音轨作为按钮模式时，按住 A 不放并移动光标到 B 上，B 为菜单项时会被按下。

如图 6-54 所示，图形元件的选项设置如下。

（1）【循环】：令包含在当前实例中的序列动画循环播放。

（2）【播放一次】：从指定帧开始，只播放动画一次。

（3）【单帧】：显示序列动画指定的一帧。

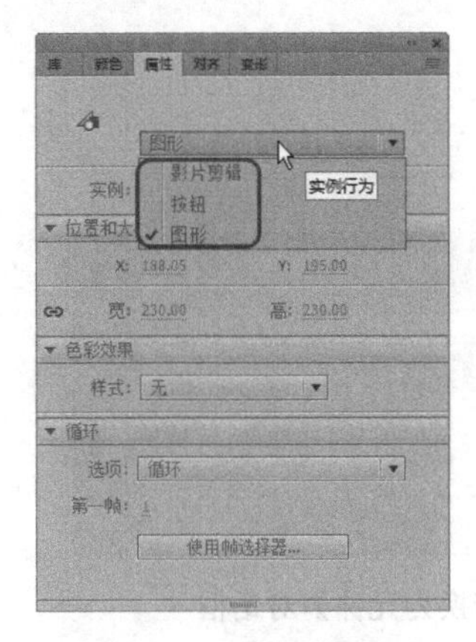

图 6-52 改变实例类型

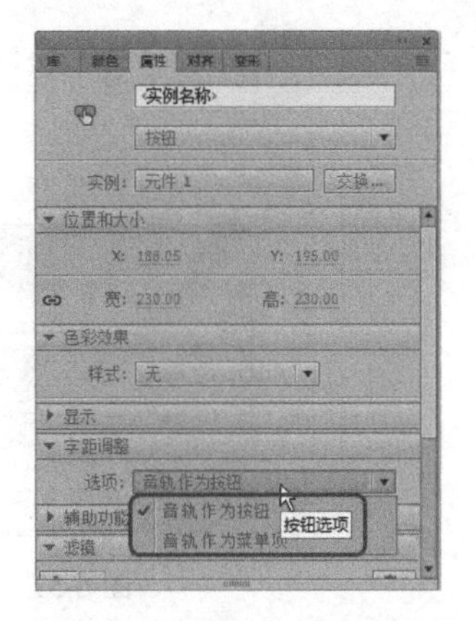

图 6-53 按钮元件的选项设置

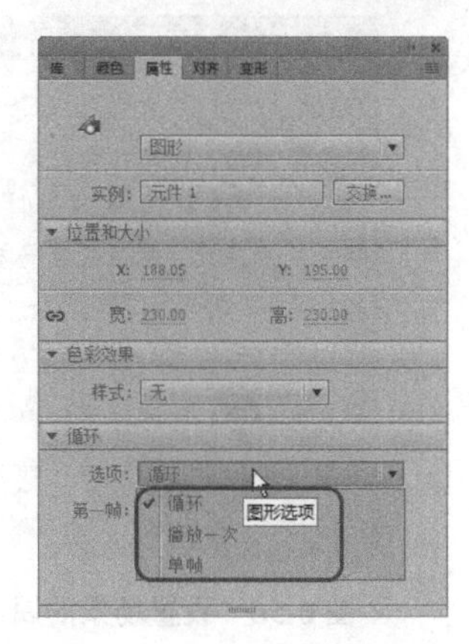

图 6-54 图形元件的选项设置

6.3 上机练习——制作下雨动画效果

下面将介绍在 Animate CC 2017 中制作下雨动画效果的方法，完成的下雨动画效果如图 6-55 所示。

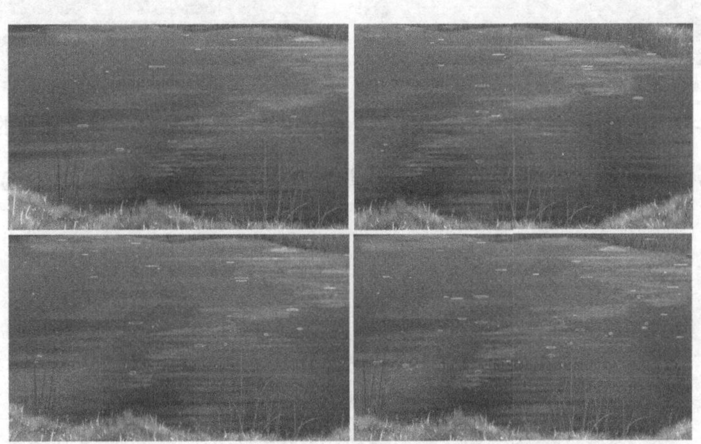

图 6-55 完成的下雨动画效果

（1）启动 Animate CC 2017，新建场景。进入工作界面后，在【属性】面板中，将【宽】、【高】分别设置为 1015 像素、600 像素，将【舞台】背景颜色设置为黑色，如图 6-56 所示。

（2）按 Ctrl+R 组合键，在弹出的【导入】对话框中，选择【风景】文件，单击【打开】按钮。选中导入的素材图片，按 F8 键，在弹出的【转换为元件】对话框中，保持默认设置，单击【确定】按钮，如图 6-57 所示。

（3）在【属性】面板中将【宽】、【高】分别设置为 1643.9 像素、1320.5 像素，调整图片的位置，如图 6-58 所示。

（4）选择第 275 帧并右击，在弹出的快捷菜单中选择【插入关键帧】命令。选中舞台中的素材图片，并调整图片的位置，如图 6-59 所示。

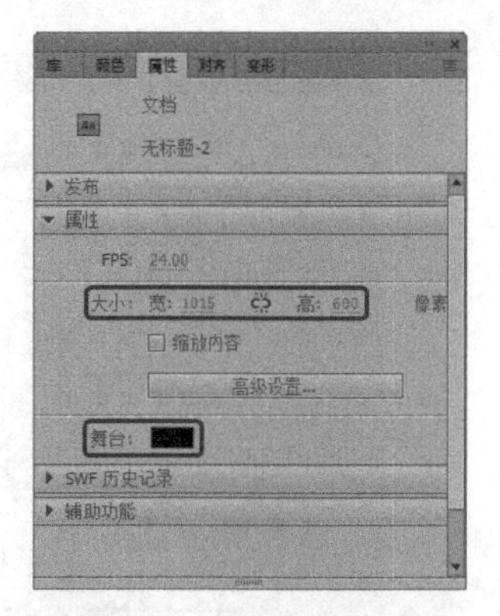

图 6-56　设置场景的属性

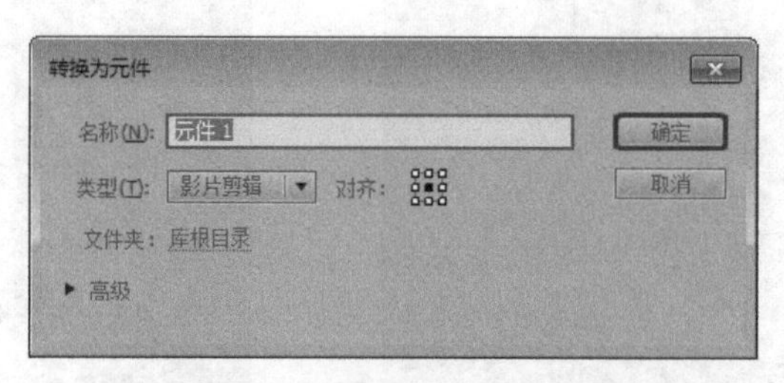

图 6-57　【转换为元件】对话框

图 6-58　设置图片的属性

图 6-59　调整图片的位置

（5）选择第 1 帧到第 275 帧中的任意一帧并右击，在弹出的快捷菜单中选择【创建传统补间】命令，如图 6-60 所示。

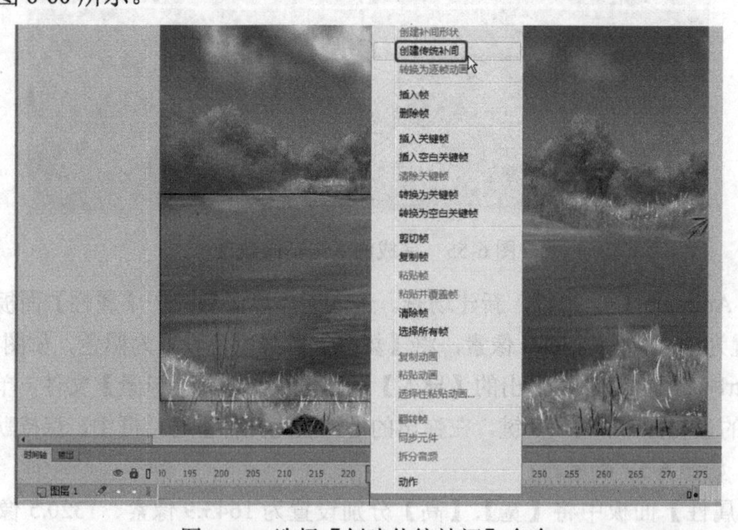

图 6-60　选择【创建传统补间】命令

（6）按 Ctrl+F8 组合键，在弹出的【创建新元件】对话框中，将【名称】设置为【下雨】，将【类型】设置为【影片剪辑】，单击【高级】按钮，勾选【为 ActionScript 导出】复选框，在【类】文本框中输入【xl】，单击【确定】按钮，如图 6-61 所示。

（7）使用【线条工具】，单击【对象绘制】按钮，关闭对象绘制模式，在舞台中绘制一条直线。选中绘制的直线，在【属性】面板中，将【高】设置为 7 像素，将其笔触颜色设置为白色，将其填充颜色设置为白色，如图 6-62 所示。

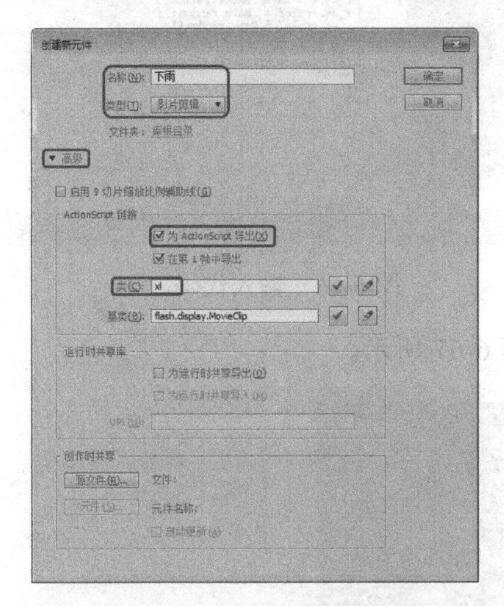

图 6-61　设置元件的参数

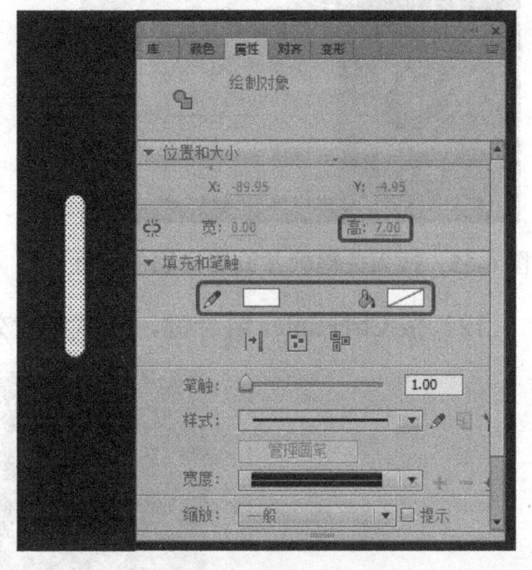

图 6-62　设置直线的属性

（8）选择【图层 1】的第 25 帧，按 F6 键插入关键帧，在舞台中调整直线的位置，如图 6-63 所示。

（9）在【图层 1】的两个关键帧之间创建补间形状动画。新建【图层 2】，在该图层的第 26 帧中插入关键帧，使用【椭圆工具】在舞台中绘制一个椭圆，选中绘制的椭圆，在【属性】面板中将【宽】、【高】分别设置为 12 像素、2.5 像素，将其笔触颜色设置为白色，将其填充颜色设置为无，如图 6-64 所示。

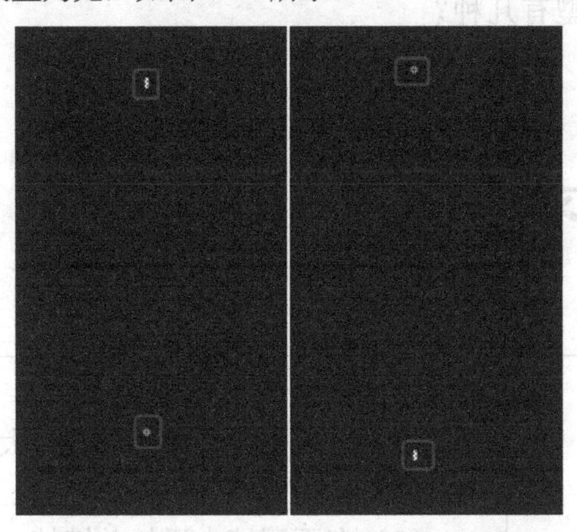

图 6-63　插入关键帧并调整直线的位置

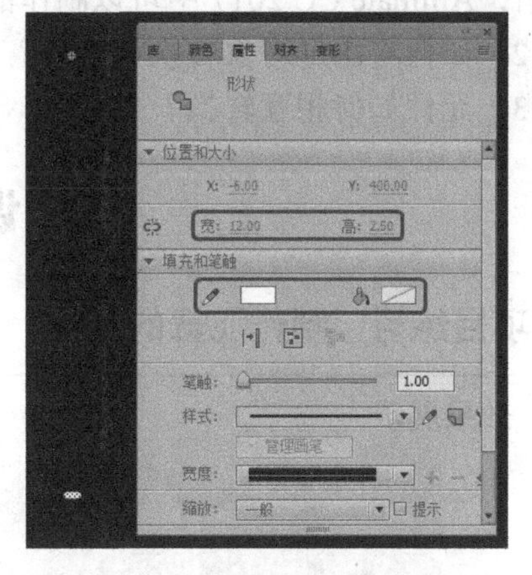

图 6-64　设置椭圆的属性

（10）在【图层 2】的第 45 帧中插入关键帧，选中椭圆，在【属性】面板中将【宽】、【高】分别设置为 48 像素、9 像素，如图 6-65 所示。

（11）在【对齐】面板中单击【水平中齐】按钮，在【图层 2】的两个关键帧之间创建补间形状动画。返回到场景 1 中，新建图层，按 F9 键，在打开的【动作】面板中输入代码，如图 6-66 所示。

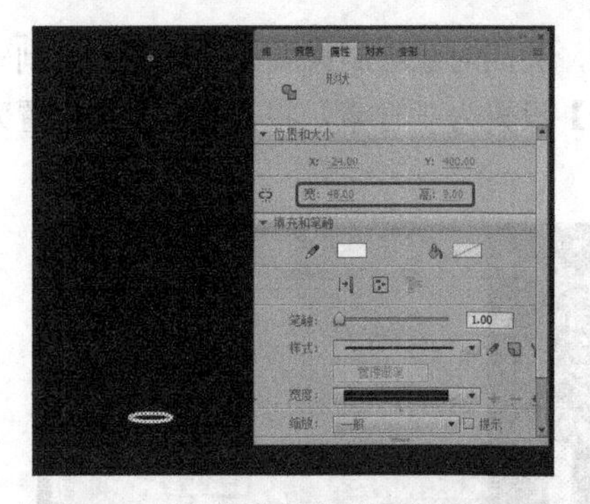

图 6-65　插入关键帧并设置椭圆的属性

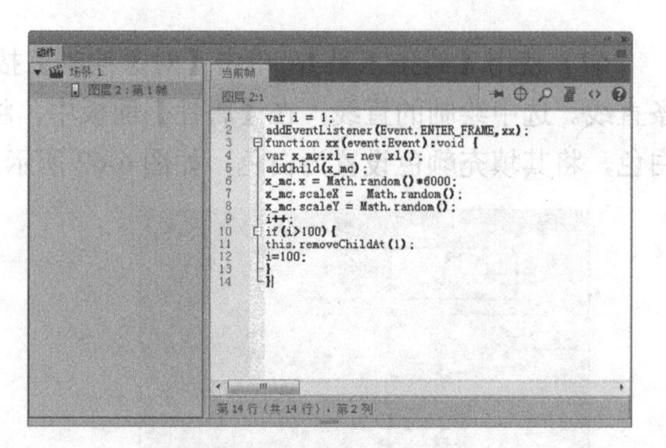

图 6-66　输入代码

（12）按 Ctrl+Enter 组合键，测试影片效果，如图 6-67 所示。

图 6-67　测试影片效果

【课后习题】

1．Animate CC 2017 中可以制作的元件类型有几种？

2．如何将图形对象转换为元件？

3．元件如何相互转换？

【课后练习】

项目练习　制作飞舞的蝴蝶

效果展示：	操作要领： （1）导入素材文件，设置其大小及位置。 （2）在不同帧中添加关键帧，并创建传统补间动画

第7章

制作简单的动画

07

Chapter

本章导读：

基础知识

◈ 图层的管理与状态

◈ 插入帧和关键帧

重点知识

◈ 帧的删除、移动、复制、转换与清除

◈ 延长普通帧

提高知识

◈ 帧名称、帧注释和锚记

◈ 多帧的移动

本章将介绍如何制作简单的动画，其中主要介绍了图层、帧、关键帧的使用。

7.1　任务 20：制作浪漫情人节海报——图层的使用

本任务将介绍如何制作浪漫情人节海报，其制作比较简单，主要使用了【钢笔工具】。完成的浪漫情人节海报效果如图 7-1 所示。

图 7-1　完成的浪漫情人节海报效果

7.1.1　任务实施

（1）按 Ctrl+N 组合键，在弹出的【新建文档】对话框中，将【宽】、【高】分别设置为 518 像素、777 像素，单击【确定】按钮，如图 7-2 所示。

（2）在【时间轴】面板中将【图层 1】重命名为【背景】，新建【阴影】和【丘比特之箭】图层，如图 7-3 所示。

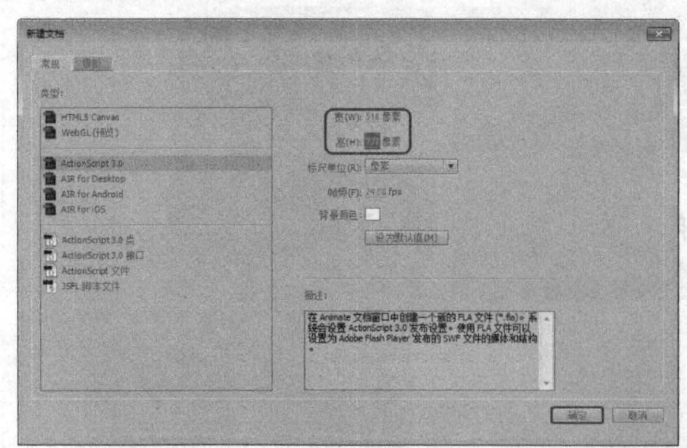

图 7-2　【新建文档】对话框

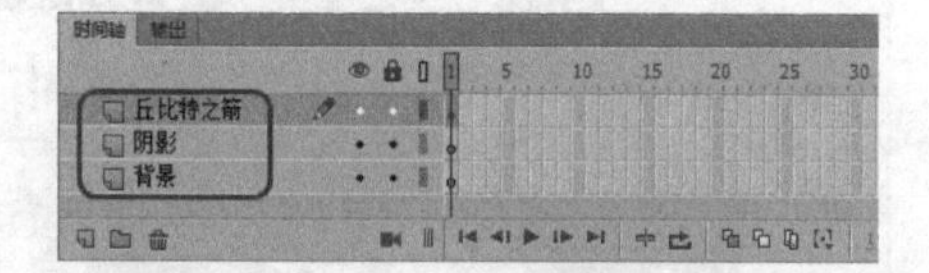

图 7-3　新建图层

知识链接：

时间轴是整个 Animate CC 2017 的核心，使用它可以组织和控制动画中的内容在特定的时间出现在画面上。在创建文档时，在工作界面上方会自动打开【时间轴】面板，如图 7-4 所示。整个面板分为左右两部分，左侧是【图层】，右侧是【帧】。【图层】中包含的帧显示在【帧】中，正是这种结构使得 Animate CC 2017 能巧妙地将时间和对象联系在一起。在默认情况下，【时间轴】面板位于工作界面的顶部，用户可以根据习惯调整其位置，也可以将其隐藏起来。

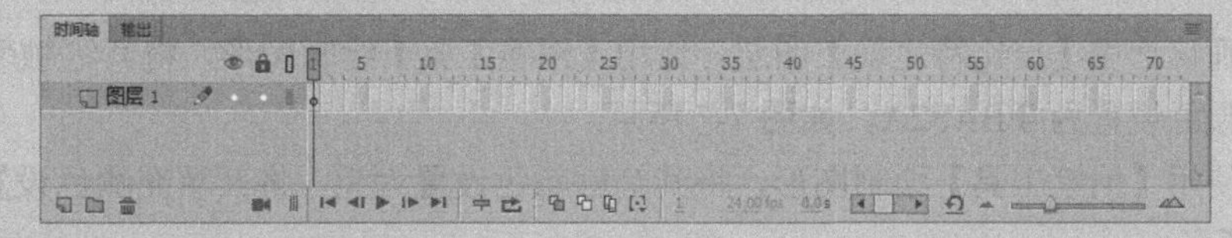
图 7-4 【时间轴】面板

1. 时间线

时间线用于指示当前所在帧。如果在舞台中按 Enter 键，则可以在编辑状态下运行影片，时间线也会随着影片的播放而向前移动，指示出播放到的帧的位置。

如果正在处理大量的帧，无法一次全部显示在【时间轴】面板中，则可以拖动时间线沿着时间轴移动，从而轻易地定位到目标帧，如图 7-5 所示。

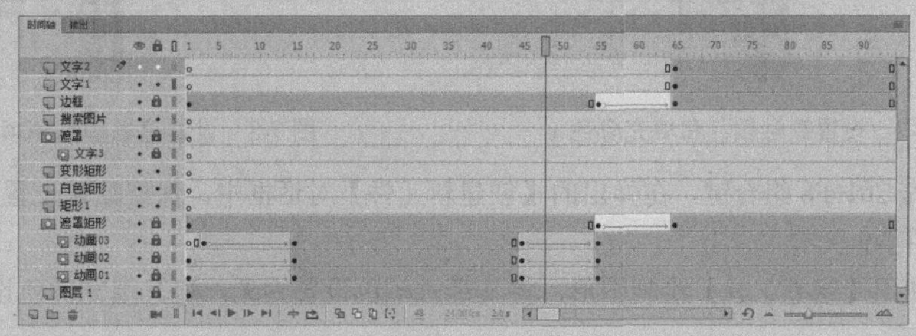
图 7-5 时间线

2. 图层

在处理较复杂的动画时，特别是制作拥有较多的对象的动画效果时，同时对多个对象进行编辑就会造成混乱，带来很多麻烦。针对这个问题，Animate CC 2017 提供了图层操作模式，每个图层都有自己的一系列帧，各图层可以独立地进行编辑操作。这样可以在不同的图层中设置不同对象的动画效果。另外，由于每个图层的帧在时间上也是互相对应的，所以在播放过程中，同时显示的各个图层会互相融合地协调播放。Animate CC 2017 还提供了专门的图层管理器，使用户在使用图层工具时有充分的自主性。图 7-6 所示为某场景的各图层。

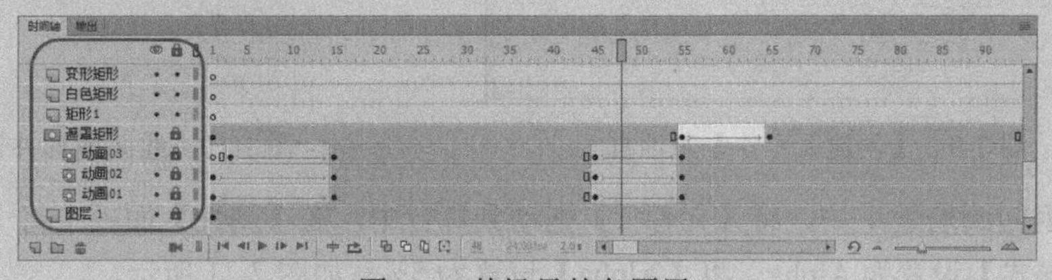
图 7-6 某场景的各图层

3. 帧

帧就像电影中的底片，基本上制作动画的大部分操作是对帧的操作，不同帧的前后顺序将关系到这些帧中的内容在影片播放中出现的顺序。帧操作的好坏与否会直接影响影片的视觉效果和影片内容的流畅性。帧是一个广义概念，它包含了 3 种类型，分别是普通帧（也称过渡帧）、关键帧和空白关键帧。

提示：如果在绘制矩形的进程中按住 Shift 键，则可以在工作区中绘制一个正方形；按住 Ctrl 键可以暂时切换到【选择工具】，对工作区中的对象进行选择。

（3）确认选中【丘比特之箭】图层，使用【钢笔工具】绘制图形，将其笔触颜色设置为无，将其填充颜色设置为#FBAF2A，如图 7-7 所示。

（4）使用【钢笔工具】绘制图形，将其笔触颜色设置为无，将其填充颜色设置为#E59A20，如图 7-8 所示。

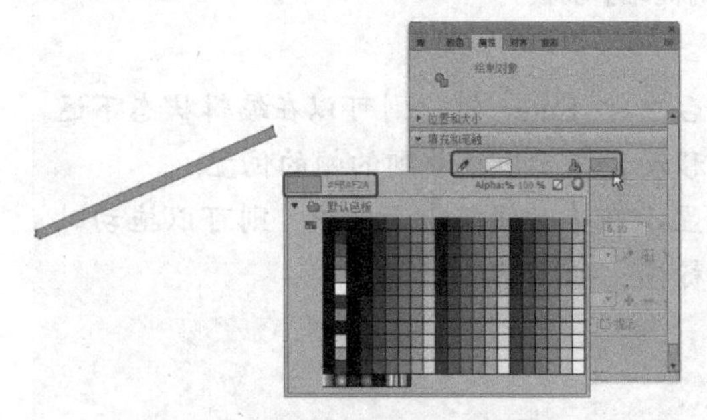

图 7-7　设置笔触颜色和填充颜色 1

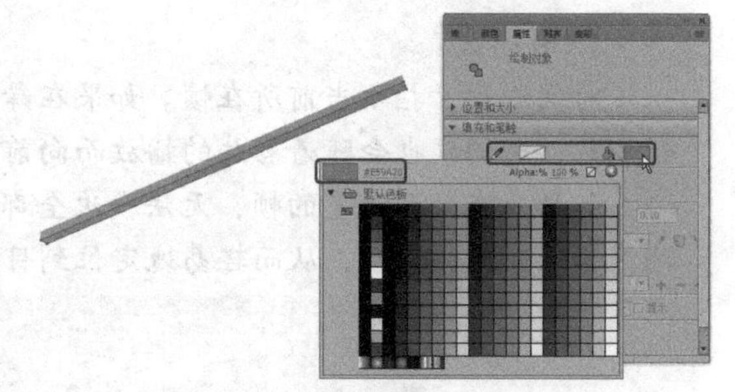

图 7-8　设置笔触颜色和填充颜色 2

（5）按 Ctrl+F8 组合键，在弹出的【创建新元件】对话框中，保持默认设置，单击【确定】按钮，如图 7-9 所示。

（6）使用【钢笔工具】绘制图形，将其笔触颜色设置为无，将其填充颜色设置为黑色，如图 7-10 所示。

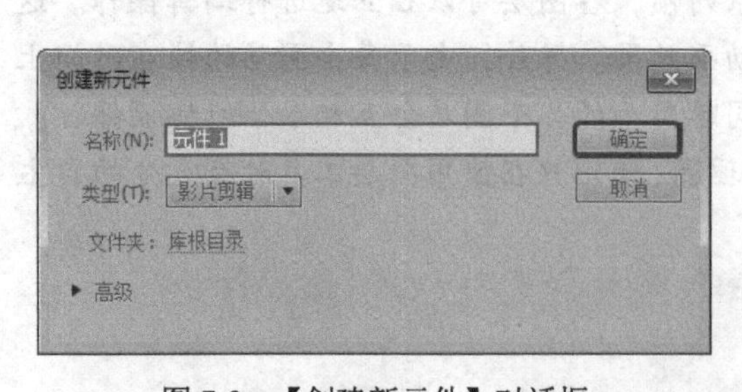

图 7-9　【创建新元件】对话框

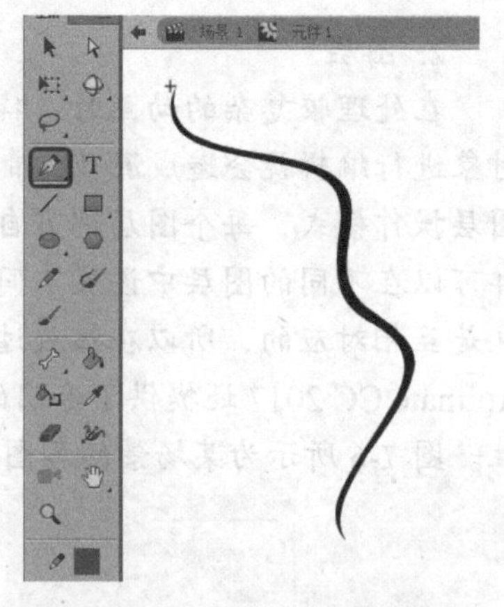

图 7-10　绘制图形并设置其颜色

（7）返回到场景 1 中，将【元件 1】拖动到舞台中，在【属性】面板中将【色彩效果】区域中的【样式】设置为 Alpha，将【Alpha】设置为 5%，如图 7-11 所示。

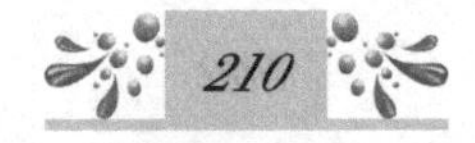

（8）使用【钢笔工具】绘制图形，将其笔触颜色设置为无，将其填充颜色设置为#F7C36F，如图 7-12 所示。

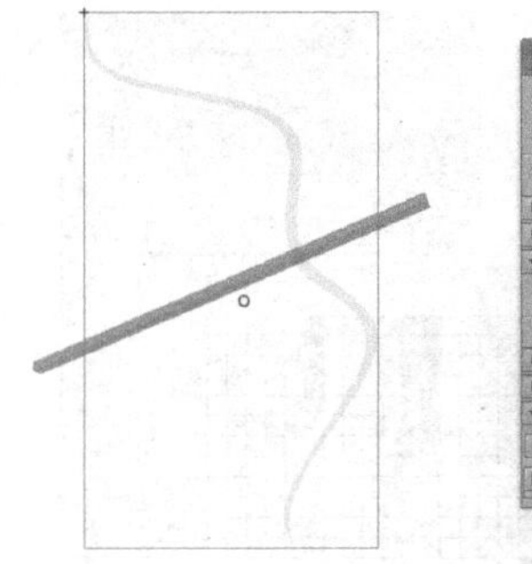

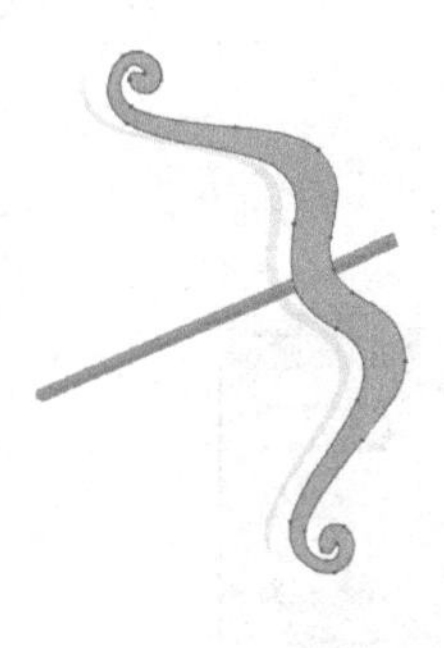

图 7-11　设置 Alpha 参数 1

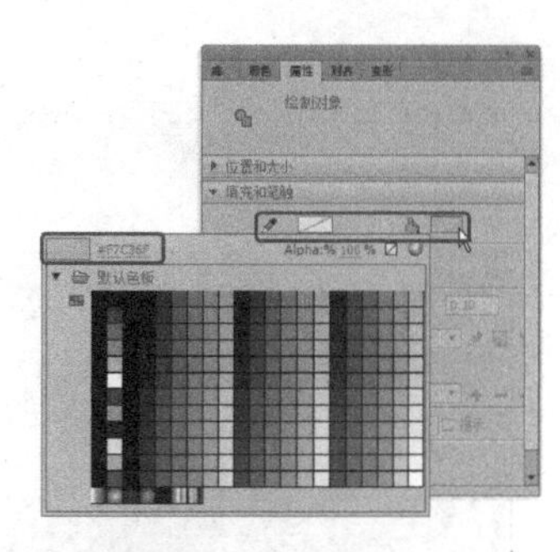

图 7-12　设置笔触颜色和填充颜色 3

（9）使用【钢笔工具】绘制图形，将其笔触颜色设置为无，将其填充颜色设置为#F49E14，如图 7-13 所示。

（10）使用【钢笔工具】绘制图形，将其笔触颜色设置为无，将其填充颜色设置为#D1810F，如图 7-14 所示。

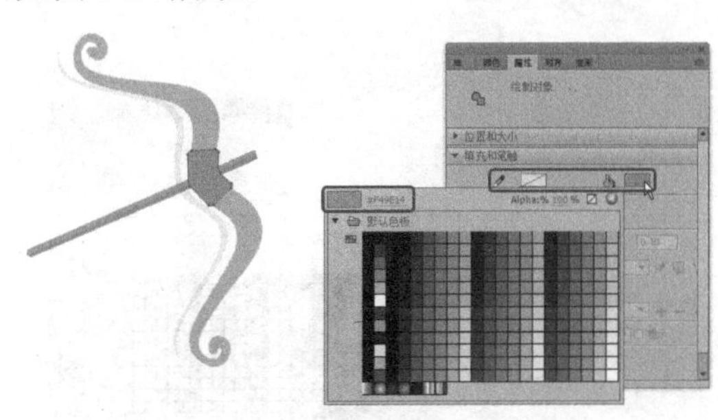

图 7-13　设置笔触颜色和填充颜色 4

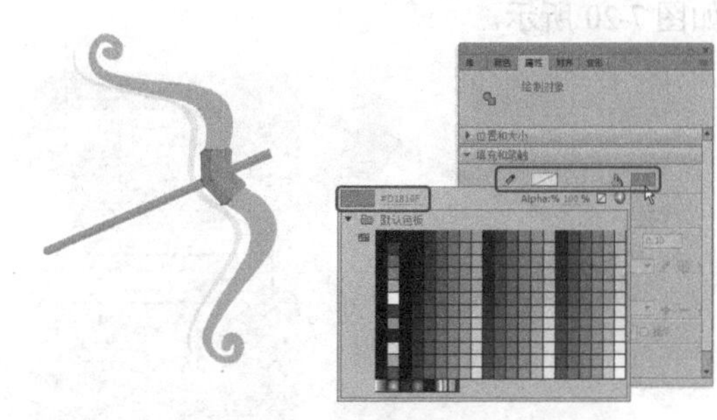

图 7-14　设置笔触颜色和填充颜色 5

（11）使用【钢笔工具】绘制图形，将其笔触颜色设置为无，将其填充颜色设置为#F49E14，如图 7-15 所示。

（12）使用【钢笔工具】绘制图形，将其笔触颜色设置为无，将其填充颜色设置为#D1810F，如图 7-16 所示。

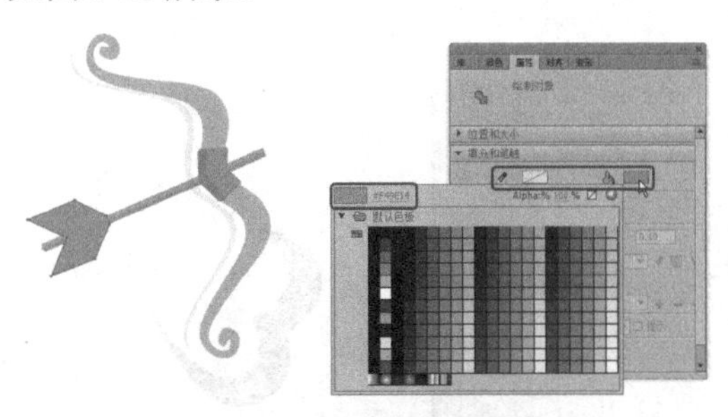

图 7-15　设置笔触颜色和填充颜色 6

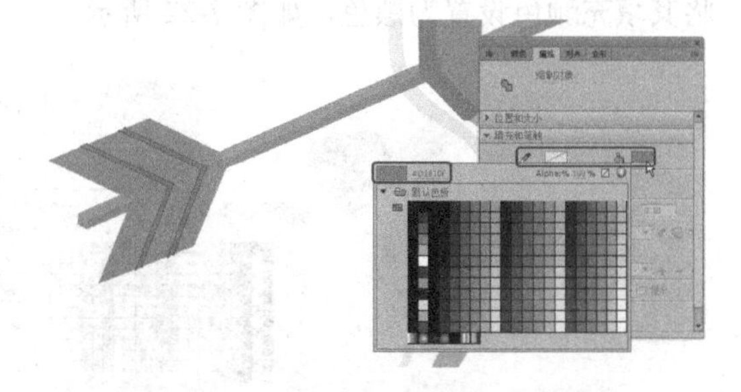

图 7-16　设置笔触颜色和填充颜色 7

（13）按 Ctrl+F8 组合键，在弹出的【创建新元件】对话框中，保持默认设置，单击【确定】按钮，如图 7-17 所示。

（14）使用【钢笔工具】绘制图形，将其笔触颜色设置为无，将其填充颜色设置为#F2F9F7，如图 7-18 所示。

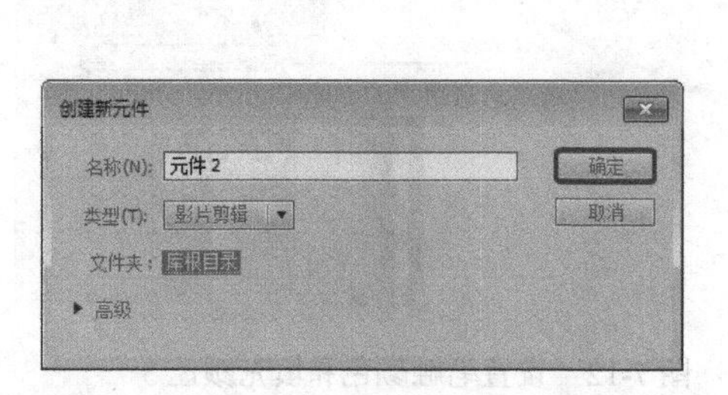

图 7-17　创建影片剪辑元件

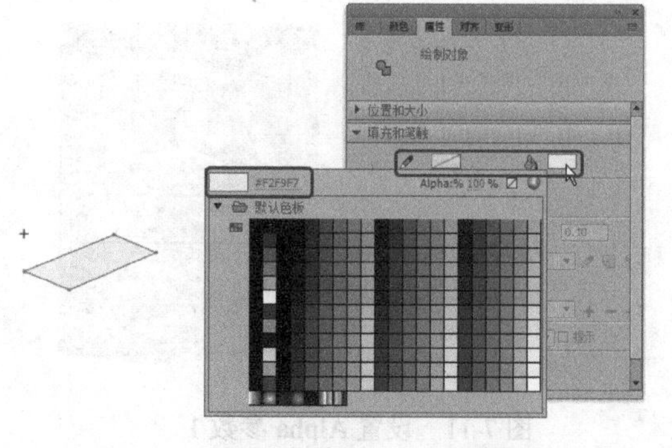

图 7-18　设置笔触颜色和填充颜色 8

（15）返回到场景 1 中，将【元件 2】拖动到舞台中，将【色彩效果】区域中的【样式】设置为【Alpha】，将【Alpha】设置为 20%，如图 7-19 所示。

（16）使用【钢笔工具】绘制图形，将其笔触颜色设置为无，将其填充颜色设置为#F7C36F，如图 7-20 所示。

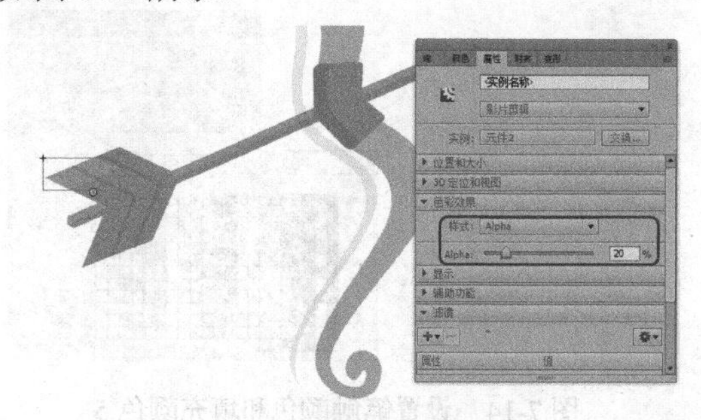

图 7-19　设置 Alpha 参数 2

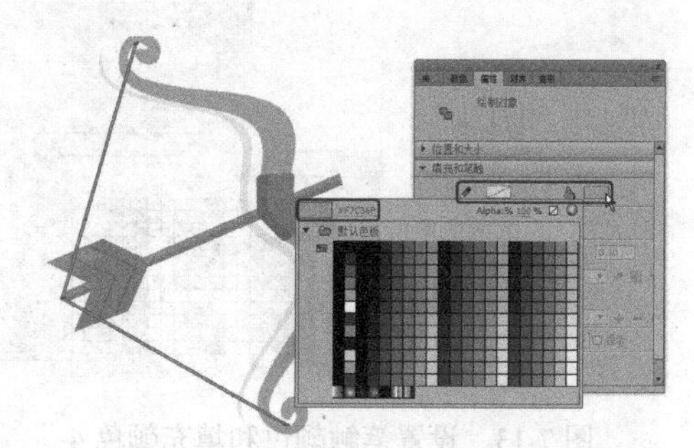

图 7-20　设置笔触颜色和填充颜色 9

（17）使用【钢笔工具】绘制图形，将其笔触颜色设置为无，将其填充颜色设置为#ED3558，如图 7-21 所示。

（18）创建【元件 3】影片剪辑元件，使用【钢笔工具】绘制图形，将其笔触颜色设置为无，将其填充颜色设置为黑色，如图 7-22 所示。

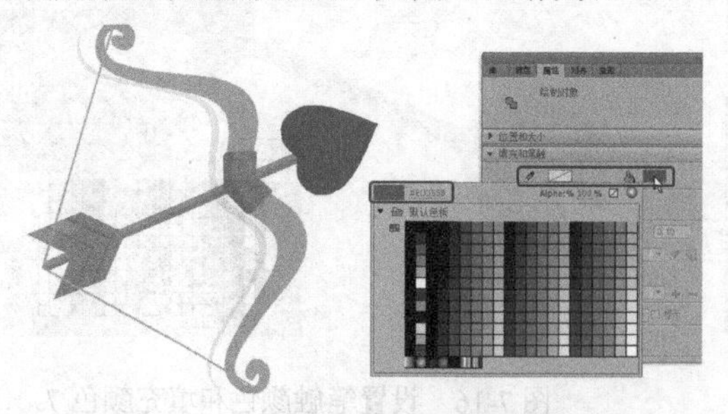

图 7-21　设置笔触颜色和填充颜色 10

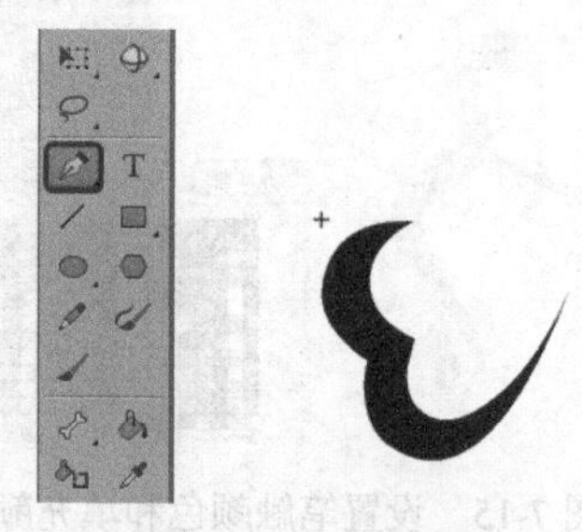

图 7-22　绘制图形 1

（19）将元件拖动到舞台中，将【色彩效果】区域中的【样式】设置为 Alpha，将【Alpha】设置为 5%，如图 7-23 所示。

（20）创建【元件4】影片剪辑元件，绘制白色椭圆图形，将元件拖动到舞台中，将【色彩效果】区域中的【样式】设置为Alpha，将【Alpha】设置为10%，如图7-24所示。

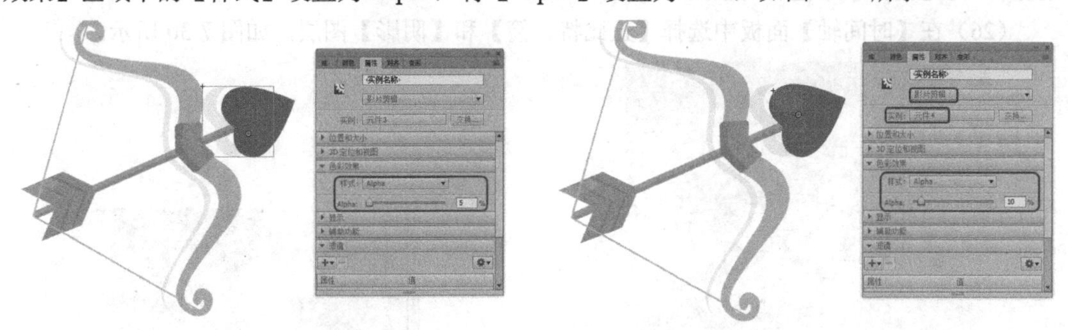

图7-23　设置Alpha参数3　　　　图7-24　设置Alpha参数4

（21）新建【元件5】影片剪辑元件，使用【钢笔工具】绘制图形，将其笔触颜色设置为无，将其填充颜色设置为黑色，如图7-25所示。

（22）选择【阴影】图层，将【元件5】拖动到舞台中，调整其位置。在【属性】面板中，将【色彩效果】区域中的【样式】设置为Alpha，将【Alpha】设置为20%，如图7-26所示。

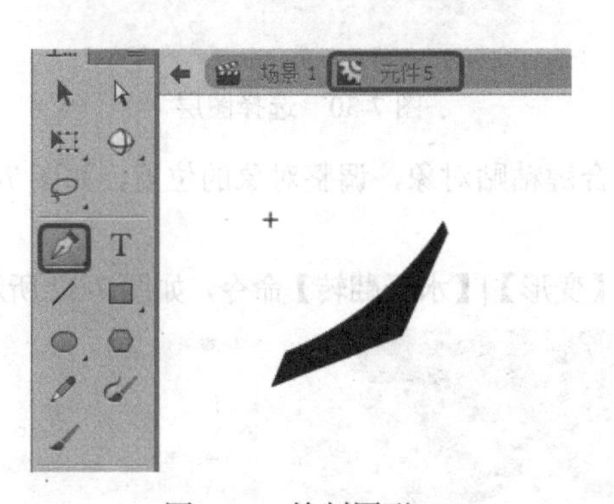

图7-25　绘制图形2

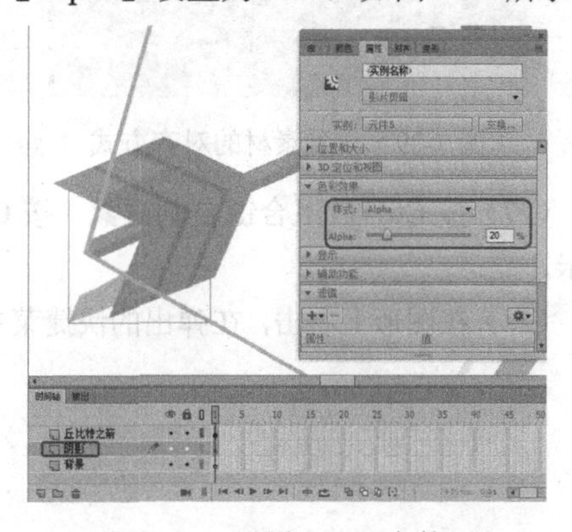

图7-26　设置Alpha参数5

（23）在【时间轴】面板中选择【背景】图层，如图7-27所示。

（24）按Ctrl+R组合键，在弹出的【导入】对话框中，选择【情人节海报】文件，单击【打开】按钮，如图7-28所示。

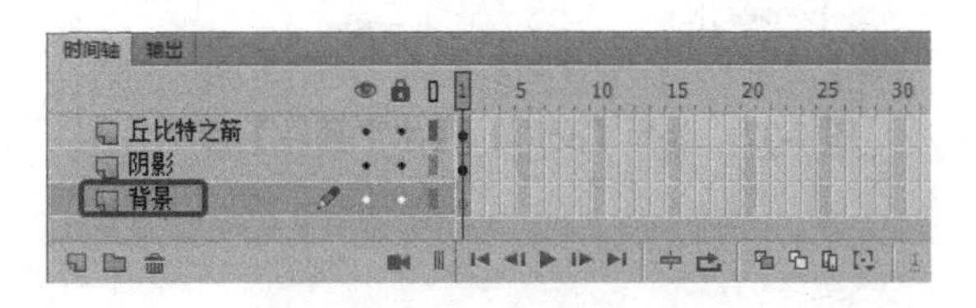

图7-27　选择【背景】图层

图7-28　选择素材文件

（25）选择导入的素材，在【对齐】面板中单击【水平中齐】按钮、【垂直中齐】按钮和【匹配宽和高】按钮，如图 7-29 所示。

（26）在【时间轴】面板中选择【丘比特之箭】和【阴影】图层，如图 7-30 所示。

图 7-29　设置素材的对齐方式

图 7-30　选择图层

（27）按 Ctrl+C 组合键复制对象，按 Ctrl+V 组合键粘贴对象，调整对象的位置，如图 7-31 所示。

（28）在图形上右击，在弹出的快捷菜单中选择【变形】|【水平翻转】命令，如图 7-32 所示。

图 7-31　复制对象并调整其位置

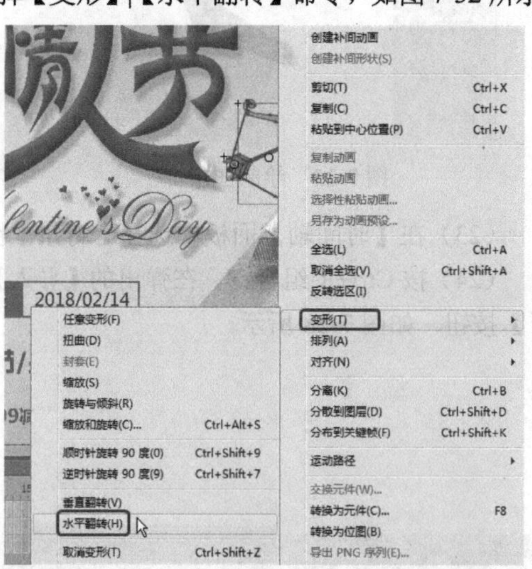

图 7-32　选择【变形】|【水平翻转】命令

（29）水平翻转后的效果如图 7-33 所示。

图 7-33　水平翻转后的效果

7.1.2　图层的管理

图层在制作动画中起到了很重要的作用，每一个动画都是由不同图层组成的。

在制作动画的过程中可以对图层进行管理，如新建图层、重命名图层等。

1. 新建图层

为了方便动画的制作，往往需要添加新的图层。在新建图层时，先选择一个图层，再单击【时间轴】面板底部的【新建图层】按钮，如图 7-34 所示。此时，在当前选择图层的上方会新建一个图层，如图 7-35 所示。

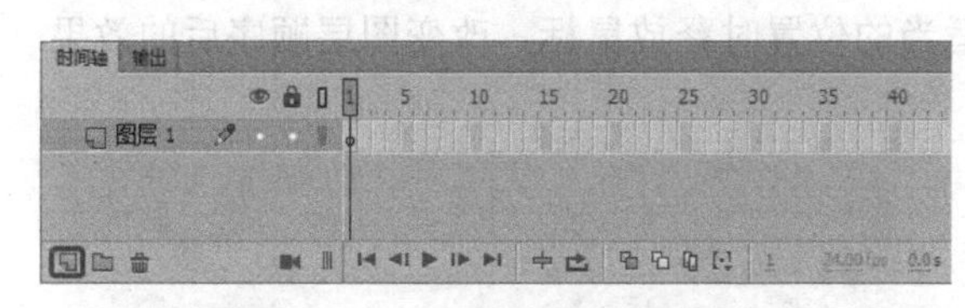

图 7-34　【新建图层】按钮

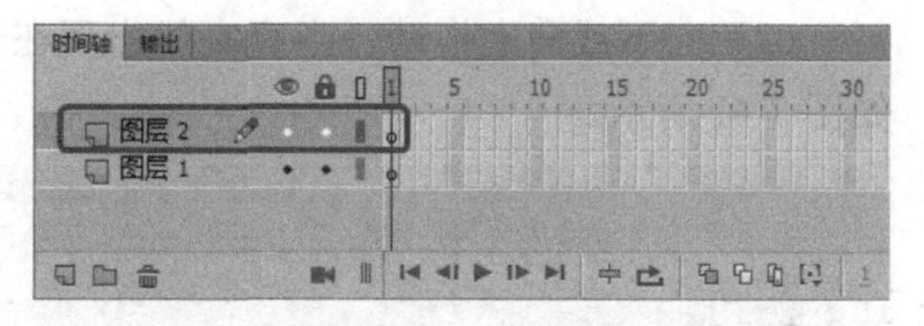

图 7-35　新建图层

创建图层还可以使用以下两种方法。

（1）选中一个图层，选择【插入】|【时间轴】|【图层】命令。

（2）选中一个图层并右击，在弹出的快捷菜单中选择【插入图层】命令。

2. 重命名图层

在默认情况下，新图层是按照创建它们的顺序命名的，即图层 1、图层 2……，以此类推。给图层重命名可以更好地反映每层中的内容。在图层名称上双击，将出现一个文本框，如图 7-36 所示。输入名称，按 Enter 键即可对其重命名，如图 7-37 所示。

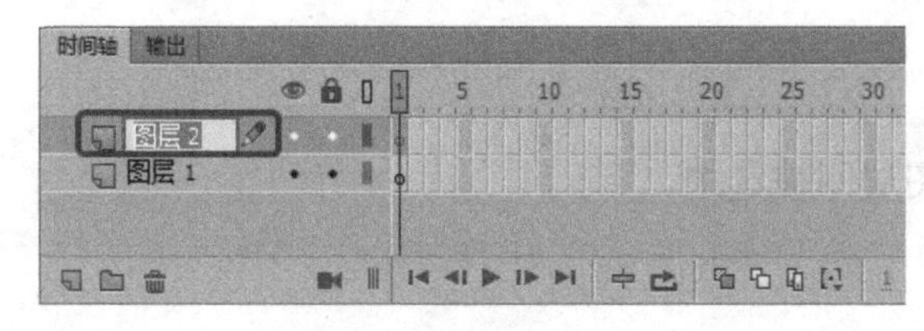

图 7-36　出现文本框

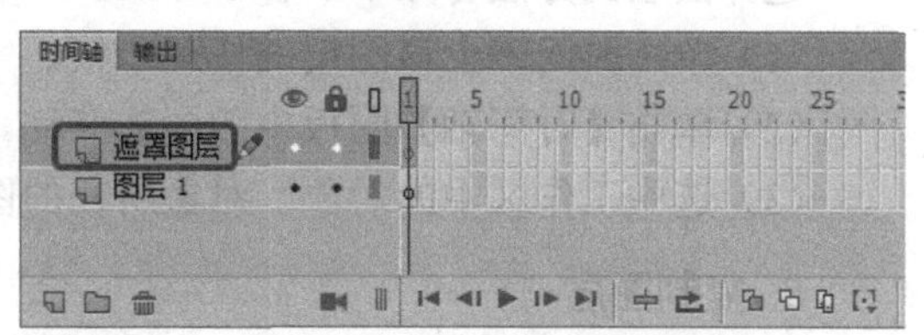

图 7-37　重命名图层

除此之外，选择图层并右击，在弹出的快捷菜单中选择【属性】命令，如图 7-38 所示，在弹出的【图层属性】对话框中，在【名称】文本框中输入名称，单击【确定】按钮，也可以对图层进行重命名，如图 7-39 所示。

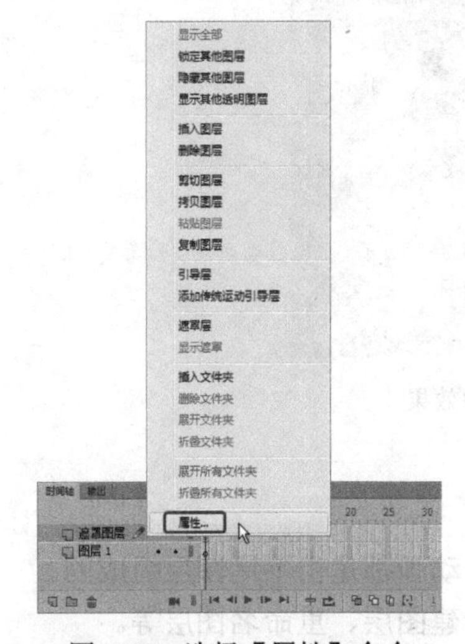

图 7-38　选择【属性】命令

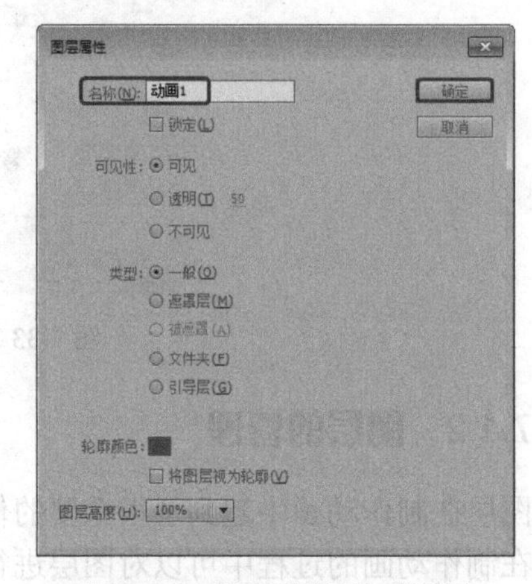

图 7-39　【图层属性】对话框

3. 改变图层的顺序

在编辑时，往往要改变图层之间的顺序，具体操作步骤如下。

（1）打开【图层】面板，选择需要移动的图层，如图 7-40 所示。

（2）向下或向上拖动，当亮高线出现在适当的位置时释放鼠标，改变图层顺序后的效果如图 7-41 所示。

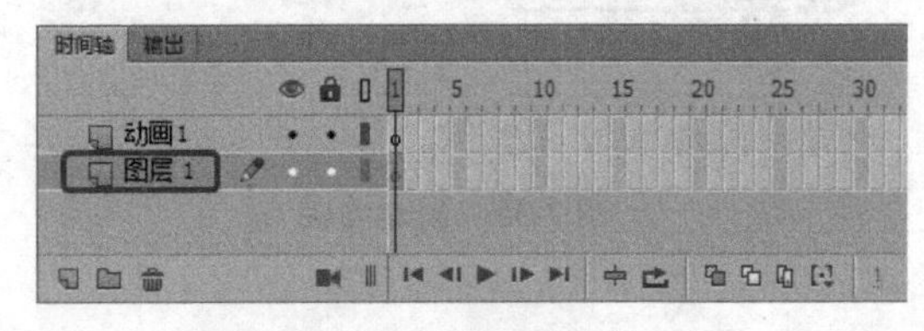

图 7-40　选择需要移动的图层

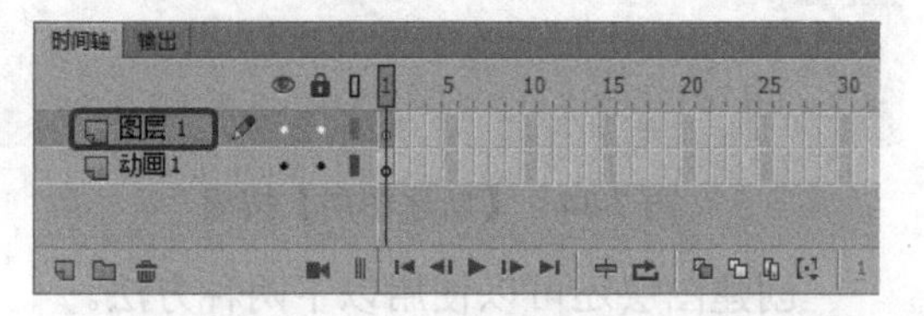

图 7-41　改变图层顺序后的效果

4. 选择图层

当一个文件具有多个图层时，往往需要在不同的图层之间来回选择，只有图层成为当前层才能进行编辑。当图层的名称旁边有一个铅笔的图标时，表示该层是当前工作层。每次只能编辑一个工作层。

选择图层的方法有如下 3 种。

（1）单击时间轴上该图层的任意一帧。

（2）单击【时间轴】面板中图层的名称。

（3）选中工作区中的对象，对象所在的图层即被选中。

5. 复制图层

可以将一个图层中的所有对象复制并粘贴到不同的图层中，操作步骤如下。

（1）单击要复制的图层，选择整个图层。

（2）选择【编辑】|【复制】命令，也可以在时间轴上右击帧，在弹出的快捷菜单中选择【复制帧】命令。

（3）选择要粘贴的新图层的第 1 帧，并选择【编辑】|【粘贴】命令。

除了上述方法，复制图层还可以使用以下方法。

（1）选择要复制的图层，将其拖动到【新建图层】按钮上，即可对其进行复制。

（2）选择要复制的图层，并选择【编辑】|【时间轴】|【复制图层】命令。

6. 删除图层

删除图层的方法有以下 3 种。

（1）选择该图层，单击【时间轴】面板右下角的【删除】按钮。

（2）在【时间轴】面板中选择要删除的图层，并将其拖动到【删除】按钮上。

（3）在【时间轴】面板中右击要删除的图层，在弹出的快捷菜单中选择【删除图层】命令。

7.1.3 设置图层的状态

【时间轴】面板的图层编辑区中有代表图层状态的 3 个按钮，如图 7-42 所示，它们分别可以隐藏某个图层以保持工作区域的整洁，将某图层锁定以防止被意外修改，在任意图层中查看对象的轮廓线。

1. 隐藏图层

隐藏图层可以使一些图像隐藏起来，从而减少不同图层之间的图像干扰，使整个工作区域保持整洁。在图层隐藏以后，暂时不能对该图层进行编辑。图 7-43 所示为隐藏图层状态。

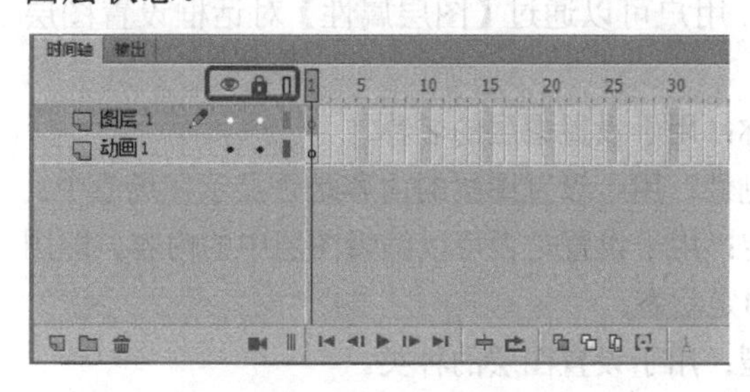

图 7-42　图层状态按钮

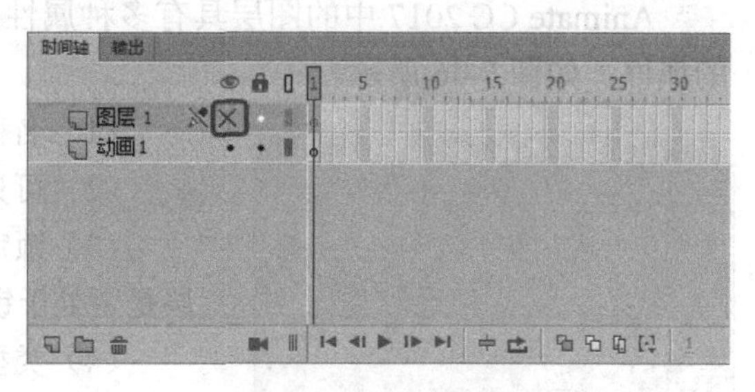

图 7-43　隐藏图层状态

隐藏图层的方法有以下 3 种。

（1）单击图层名称右侧的隐藏栏即可隐藏图层，再次单击隐藏栏即可取消隐藏该图层。

（2）在图层的隐藏栏中上下拖动，即可隐藏多个图层或者取消隐藏多个图层。

（3）单击隐藏（显示或隐藏所有图层）按钮，可以隐藏所有图层，再次单击隐藏按钮即可取消隐藏图层。

2. 锁定图层

锁定图层功能可以将某些图层锁定，这样可以防止一些已编辑好的图层被意外修改。在图层被锁定以后，暂时不能对该图层进行各种编辑。与隐藏图层不同的是，锁定图层中的图像仍然可以显示，如图 7-44 所示。

3. 线框模式

在编辑中，可能需要查看对象的轮廓线，此时可以通过线框模式去除填充区，从而方便地查看对象。在线框模式下，该图层的所有对象都以同一种颜色显示，如图 7-45 所示。

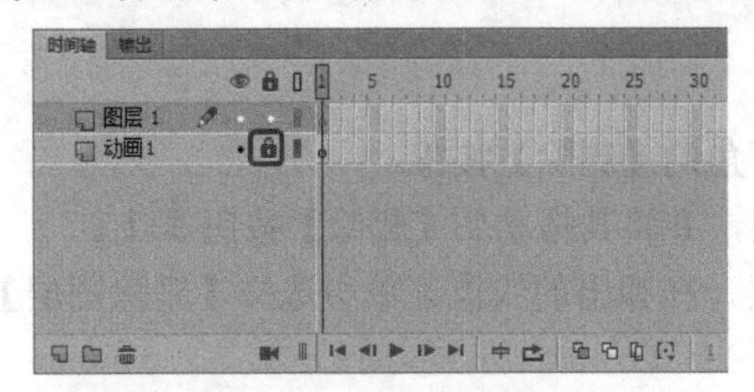

图 7-44　锁定图层状态

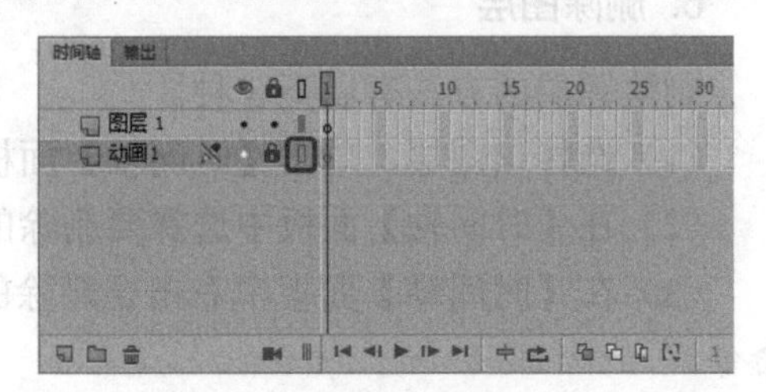

图 7-45　线框模式

启用线框模式的方法有以下 3 种。

（1）单击【将所有图层显示为轮廓】图标，可以使所有图层以线框模式显示，再次单击线框模式图标可取消线框模式。

（2）单击图层名称右侧的显示模式栏图标（不同图层显示栏的颜色不同），显示模式栏变为空心的正方形时即可将图层转换为线框模式，再次单击显示模式栏即可取消线框模式。

（3）在图层的显示模式栏中上下拖动，可以使多个图层以线框模式显示或者取消线框模式。

7.1.4 图层属性

Animate CC 2017 中的图层具有多种属性，用户可以通过【图层属性】对话框设置图层的属性，如图 7-46 所示。

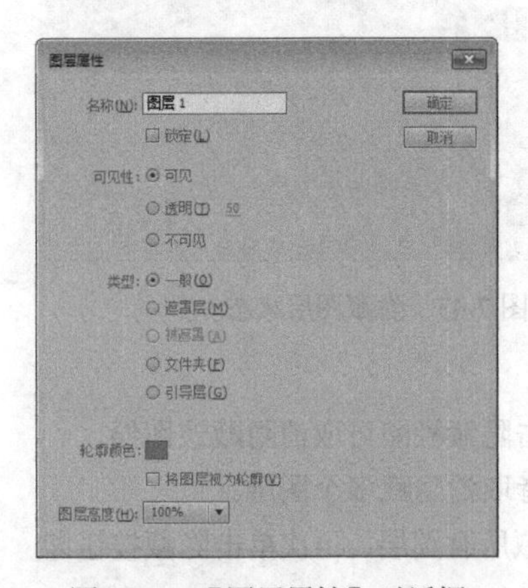

图 7-46　【图层属性】对话框

（1）名称：用于设置图层的名称。

（2）可见性：用于设置图层的内容是否显示在场景中。

（3）锁定：用于设置是否可以编辑图层中的内容，即图层是否处于锁定状态。

（4）类型：用于设置图层的种类。

① 一般：设置该图层为标准图层，这是 Animate CC 2017 默认的图层类型。

② 遮罩层：允许用户把当前层的类型设置为遮罩层，这种类型的图层将遮掩与其相连接的任何图层上的对象。

③ 被遮罩：设置当前图层为被遮罩层，这意味着它必须连接到一个遮罩层上。

④ 文件夹：设置当前图层为图层文件夹形式，将消除该图层包含的全部内容。

⑤ 引导层：设置该图层为引导图层，这种类型的图层可以引导与其相连的被引导图层中的过渡动画。

（5）轮廓颜色：用于设置该图层上对象的轮廓颜色。为了帮助用户区分对象所属的图层，可以用彩色轮廓显示图层上的所有对象，也可以更改每个图层使用的轮廓颜色。

（6）图层高度：可设置图层的高度，其对处理波形（如声波）很实用，有 100%、200%和 300% 3 种高度，如图 7-47 所示。

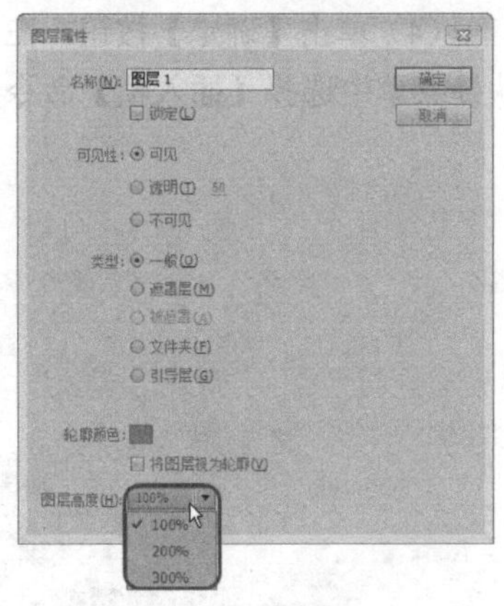

图 7-47 图层高度

7.2 任务 21：制作下雨效果——使用图层文件夹管理图层

本任务将介绍如何制作下雨效果，主要通过导入下雨的序列文件，为序列文件添加传统补间动画，并使其以渐现形式显示来实现。完成的下雨效果如图 7-48 所示。

图 7-48 完成的下雨效果

7.2.1 任务实施

（1）选择【文件】|【新建】命令，在弹出的【新建文档】对话框中，在【类型】列表框中选择【ActionScript 3.0】选项，将【宽】、【高】分别设置为 740 像素、1047 像素，如图 7-49 所示。

（2）单击【确定】按钮，按 Ctrl+R 组合键，在弹出的对话框中选择【下雨背景】文件，单击【打开】按钮。选中该素材文件，按 Ctrl+K 组合键，在【对齐】面板中单击【水平中齐】按钮、【垂直中齐】按钮和【匹配宽和高】按钮，如图 7-50 所示。

（3）继续选中该对象，按 F8 键，在弹出的【转换为元件】对话框中，将【名称】设置为【背景】，将【类型】设置为【图形】，如图 7-51 所示。

（4）单击【确定】按钮，在【时间轴】面板中选择【图层 1】的第 50 帧并右击，在弹出的快捷菜单中选择【插入帧】命令，如图 7-52 所示。

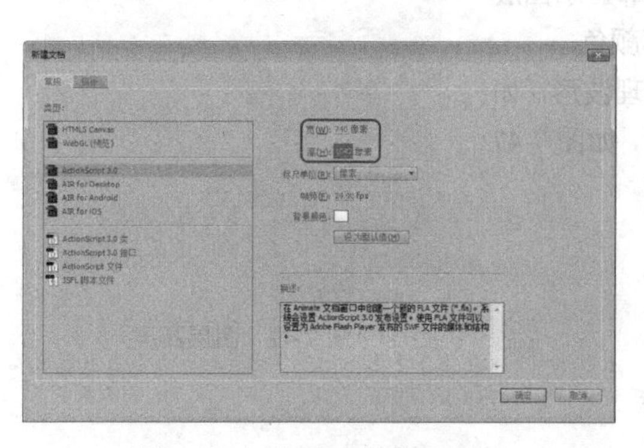

图 7-49 【新建文档】对话框

图 7-50 添加素材文件并设置其对齐方式

图 7-51 【转换为元件】对话框

图 7-52 选择【插入帧】命令

知识链接：

逐帧动画也称帧帧动画，顾名思义，它需要具体定义每一帧的内容，以完成动画的创建。

逐帧动画需要用户更改影片每一帧中的舞台内容。简单的逐帧动画并不需要用户定义过多的参数，只需设置好每一帧，即可播放动画。

逐帧动画最适用于每一帧中的图像都在改变，而不仅仅是简单地在舞台中移动的复杂动画。逐帧动画占用的计算机资源比补间动画大得多，所以逐帧动画的体积一般会比普通动画的体积大。在逐帧动画中，Animate 会保存每个完整帧的值。

（5）选择【图层 1】的第 20 帧，按 F6 键插入关键帧。选中第 1 帧中的元件，在【属性】面板中将【样式】设置为【Alpha】，将【Alpha】设置为 0%，如图 7-53 所示。

知识链接：

【Alpha】用于调节实例的透明度，调节范围为从透明（0%）到完全饱和（100%）。

（6）选择【图层 1】的第 10 帧并右击，在弹出的快捷菜单中选择【创建传统补间】命令，创建传统补间动画后的效果如图 7-54 所示。

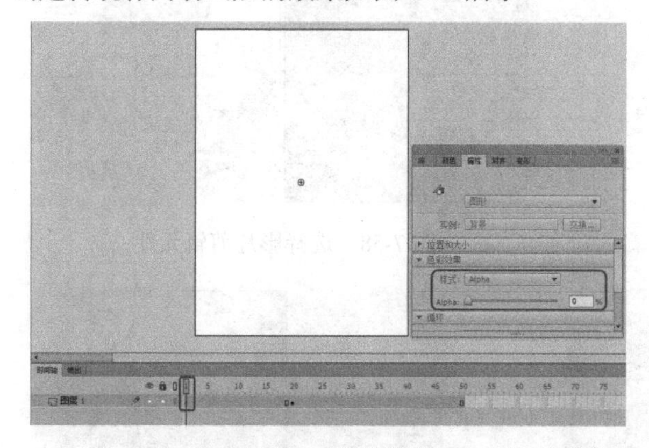

图 7-53　设置样式

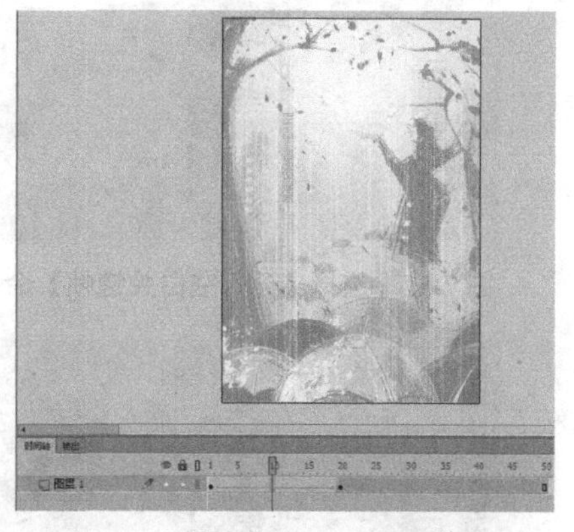

图 7-54　创建传统补间动画后的效果

（7）按 Ctrl+F8 组合键，在弹出的【创建新元件】对话框中，将【名称】设置为【下雨】，将【类型】设置为【影片剪辑】，如图 7-55 所示。

（8）设置完成后，单击【确定】按钮。按 Ctrl+R 组合键，在弹出的【导入】对话框中选择【下雨】文件夹中的【0010001】文件，单击【打开】按钮，在弹出的提示对话框中单击【是】按钮，即可将选中的素材添加到舞台中，如图 7-56 所示。

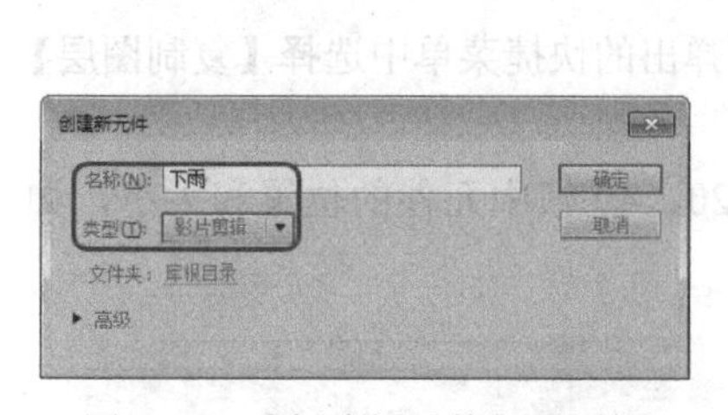

图 7-55　【创建新元件】对话框

图 7-56　将选中的素材添加到舞台中

（9）返回到场景 1 中，在【时间轴】面板中单击【新建图层】按钮，新建【图层 2】，选择该图层的第 20 帧并右击，在弹出的快捷菜单中选择【插入空白关键帧】命令，如图 7-57 所示。

（10）在【库】面板中选择【下雨】影片剪辑元件并将其拖动到舞台中，调整其位置和大小，如图 7-58 所示。

（11）选择【图层 2】的第 40 帧，按 F6 键插入关键帧。选中第 20 帧中的元件，在【属性】面板中将【样式】设置为【Alpha】，将【Alpha】设置为 0%，如图 7-59 所示。

（12）选择【图层 2】的第 30 帧并右击，在弹出的快捷菜单中选择【创建传统补间】命令，创建传统补间动画后的效果如图 7-60 所示。

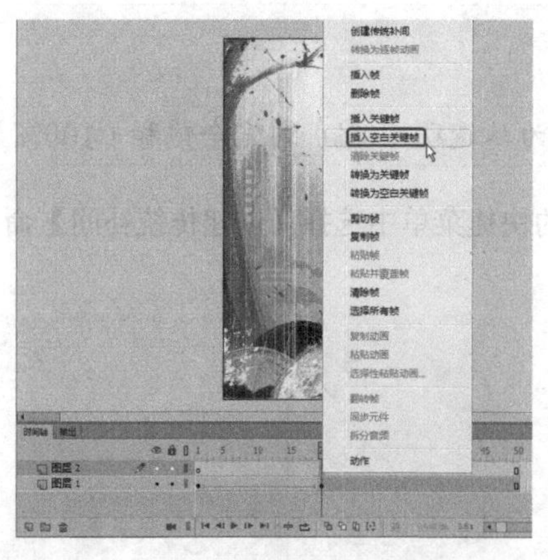

图 7-57　选择【插入空白关键帧】命令

图 7-58　选择影片剪辑元件

图 7-59　添加样式

图 7-60　创建传统补间动画后的效果

（13）在【时间轴】面板中选择【图层 2】并右击，在弹出的快捷菜单中选择【复制图层】命令，如图 7-61 所示。

（14）复制完成后，调整【图层 2 复制】图层中第 20、40 帧中元件的位置和大小，如图 7-62 所示。

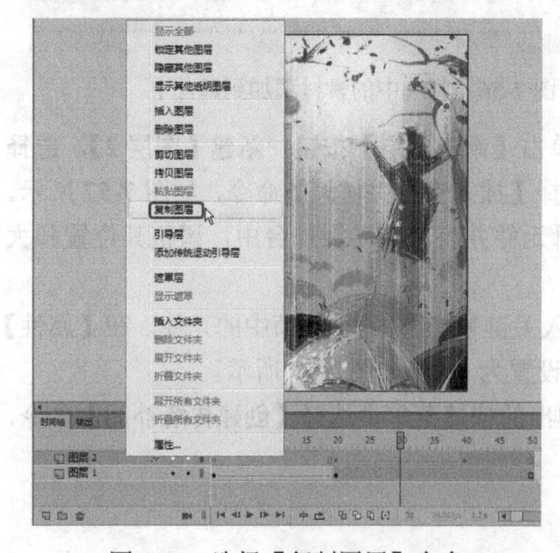

图 7-61　选择【复制图层】命令

图 7-62　调整元件的位置和大小

（15）使用同样的方法对【图层 2】进行复制，并对该图层中的元件进行调整，如图 7-63 所示。

（16）在【时间轴】面板中单击【新建图层】按钮，新建【图层 3】，选择该图层的第 50 帧，按 F6 键插入关键帧。选择该关键帧，按 F9 键，在【动作】面板中输入【stop();】，如图 7-64 所示。最终，对完成后的场景进行输出和保存即可。

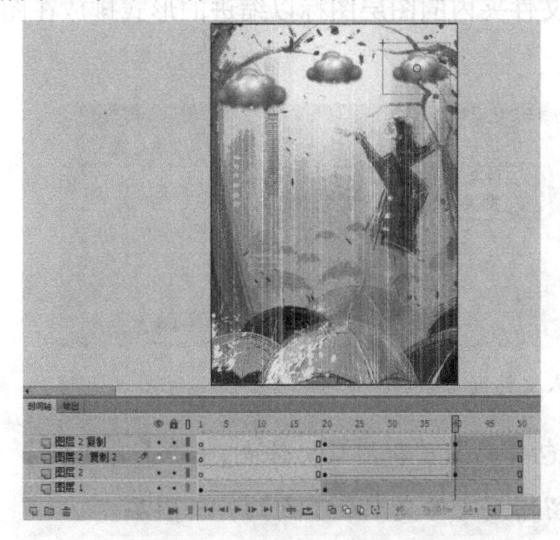
图 7-63　复制图层并进行调整

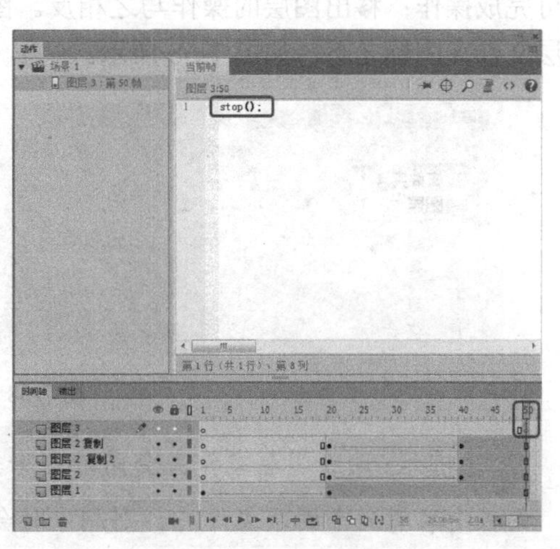

图 7-64　输入代码

7.2.2　添加图层文件夹

在制作动画的过程中，有时需要创建图层文件夹来管理图层，以方便动画的制作。添加图层文件夹的方法有如下 3 种。

（1）单击【时间轴】面板下方的【新建文件夹】按钮，如图 7-65 所示。

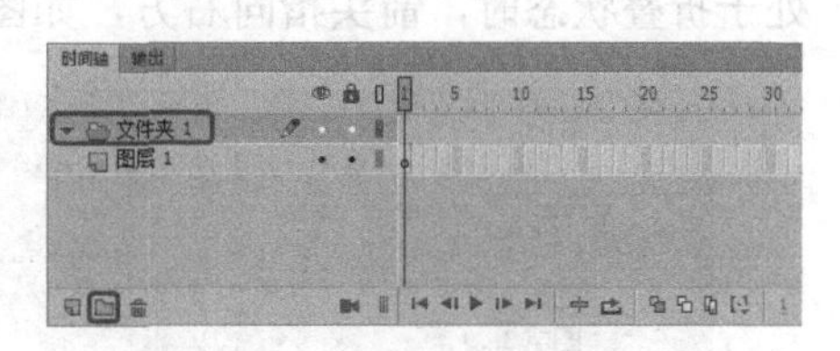

图 7-65　【新建文件夹】按钮

（2）选择【插入】|【时间轴】|【图层文件夹】命令，如图 7-66 所示。

（3）右击【时间轴】面板的图层编辑区，在弹出的快捷菜单中选择【插入文件夹】命令，如图 7-67 所示。

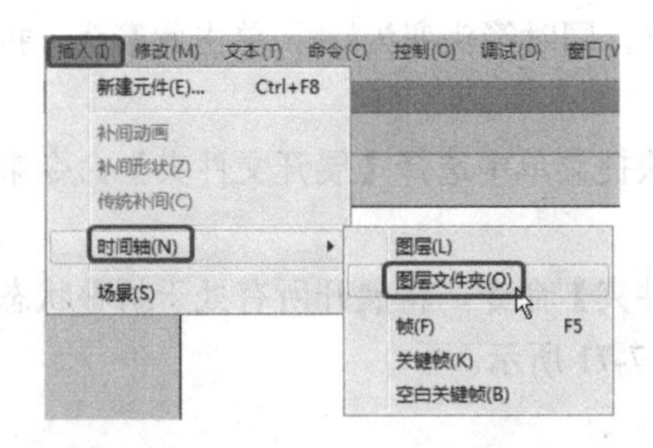

图 7-66　选择【插入】|【时间轴】|【图层文件夹】命令

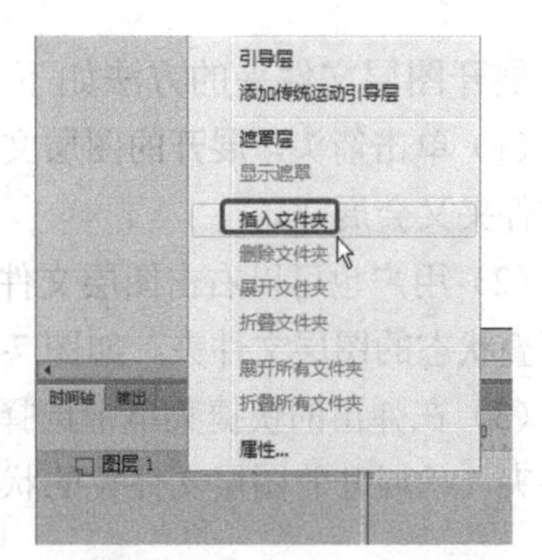

图 7-67　选择【插入文件夹】命令

7.2.3 组织图层文件夹

用户可以向图层文件夹中添加、删除图层或图层文件夹，也可以移动图层或图层文件夹，它们的操作方法与图层的操作方法基本相同。若想将外部的图层移动到图层文件夹中，则可以拖动图层到目标图层文件夹中，图层文件夹图标的颜色会变深，再使用鼠标拖动即可完成操作；移出图层的操作与之相反。图层文件夹内的图层图标以缩进的形式排放在图层文件夹图标之下，如图 7-68 所示。

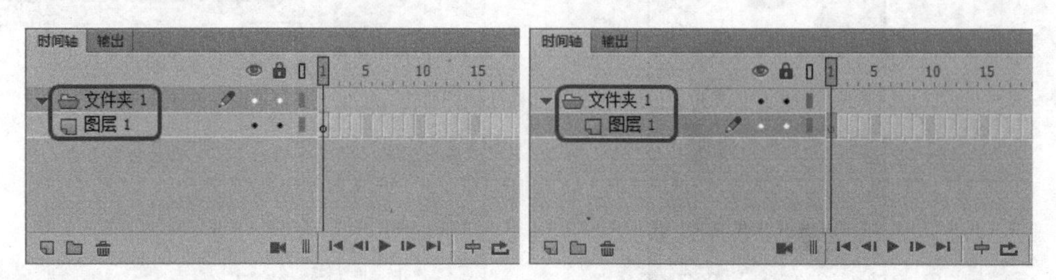

图 7-68 拖入文件夹

提示：删除图层文件夹会同时删除其中包含的图层和图层文件夹，如果【时间轴】面板中只有一个图层文件夹，则删除时会保留图层文件夹中最下面的一个图层。

7.2.4 展开或折叠图层文件夹

当图层文件夹处于展开状态时，图层文件夹图标左侧的箭头指向下方；当图层文件夹处于折叠状态时，箭头指向右方，如图 7-69 所示。

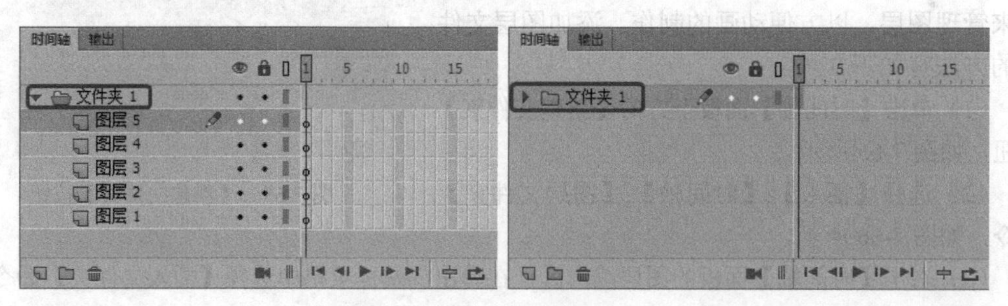

图 7-69 展开或折叠文件夹

展开图层文件夹的方法如下。

（1）单击箭头，展开的图层文件夹将折叠起来，同时箭头变为，单击此箭头，折叠的图层文件夹又会展开。

（2）用户也可以右击图层文件夹，在弹出的快捷菜单中选择【展开文件夹】命令来展开处于折叠状态的图层文件夹，如图 7-70 所示。

（3）在弹出的快捷菜单中选择【展开所有文件夹】命令，将展开所有处于折叠状态的图层文件夹（已展开的图层文件夹的状态不变），如图 7-71 所示。

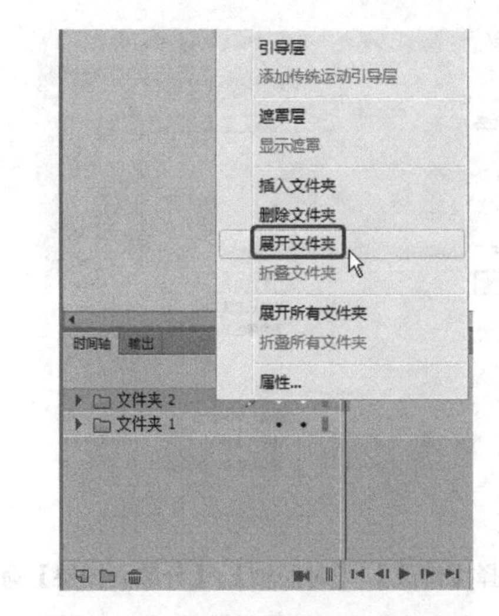

图 7-70　选择【展开文件夹】命令

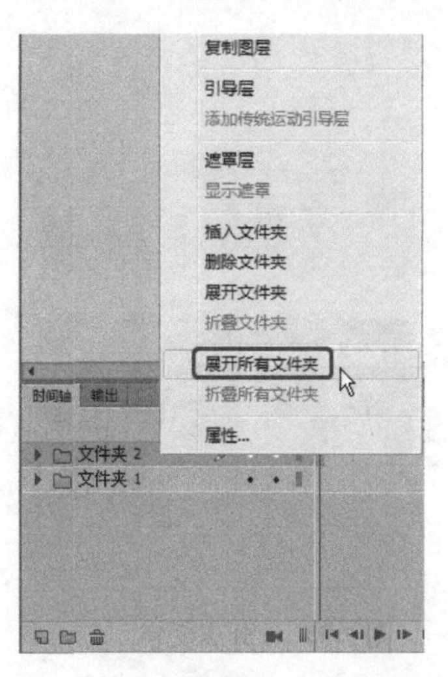

图 7-71　选择【展开所有文件夹】命令

7.2.5　自动分配图层

Animate CC 2017 允许设计人员选择多个对象，然后选择【修改】|【时间轴】|【分散到图层】命令自动地为每个对象创建及命名新图层，并将这些对象移动到对应的图层中。如果对象是元件或位图图像，则新图层将按照对象的名称来命名。

下面介绍【分散到图层】命令的使用方法。

（1）选择【01】文件，如图 7-72 所示。

（2）使用【文本工具】输入【春暖花开】，在【属性】面板中将【系列】设为方正康体简体，将【大小】设置为 50 磅，将【颜色】设置为#EB4A22，如图 7-73 所示。

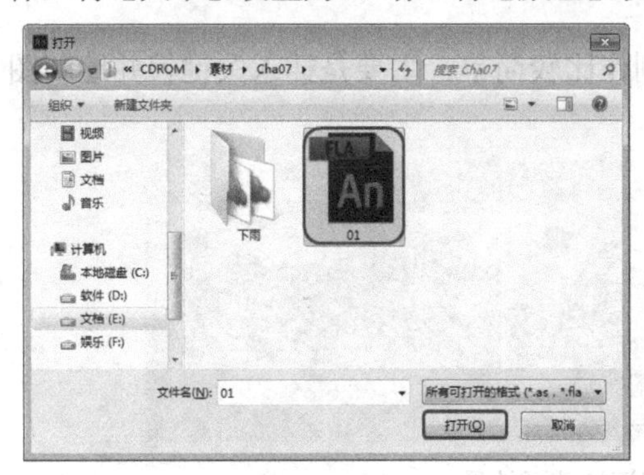

图 7-72　选择素材

图 7-73　输入并设置文字

（3）使用【选择工具】选中输入的文字，按 Ctrl+B 组合键对文字进行分离，如图 7-74 所示。

（4）选择【修改】|【时间轴】|【分散到图层】命令，如图 7-75 所示。

（5）此时，【图层】面板中增加了 4 个图层，如图 7-76 所示。

图 7-74　分离文字

图 7-75　选择【修改】|【时间轴】|【分散到图层】命令

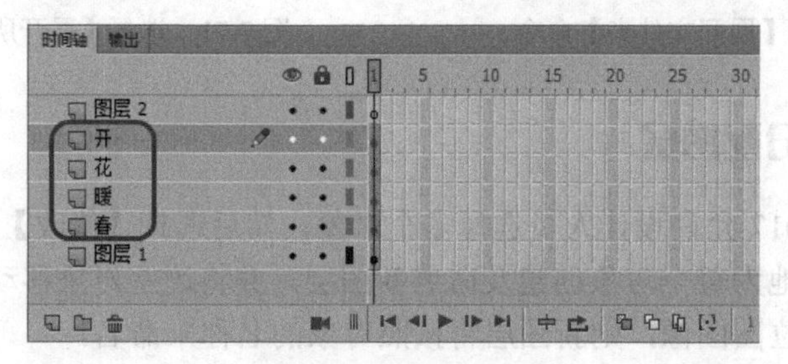

图 7-76　增加的图层

7.3　任务 22：制作太阳逐帧动画——处理关键帧

本任务将介绍如何制作太阳逐帧动画，其制作比较简单，主要是插入关键帧并绘制图形。完成的太阳逐帧动画效果如图 7-77 所示。

图 7-77　完成的太阳逐帧动画效果

7.3.1　任务实施

（1）按 Ctrl+N 组合键，在弹出的【新建文档】对话框中，在【类型】列表框中选择【ActionScript 3.0】选项，将【宽】、【高】分别设置为 1216 像素、922 像素，将【帧频】设置为 6fps，单击【确定】按钮，如图 7-78 所示。

（2）按 Ctrl+R 组合键，在弹出的【导入】对话框中选择【太阳背景】文件，单击【打开】

按钮，如图 7-79 所示。

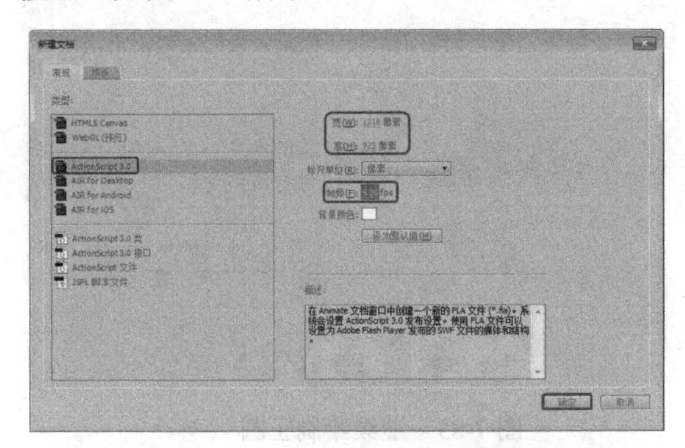

图 7-78 【新建文档】对话框

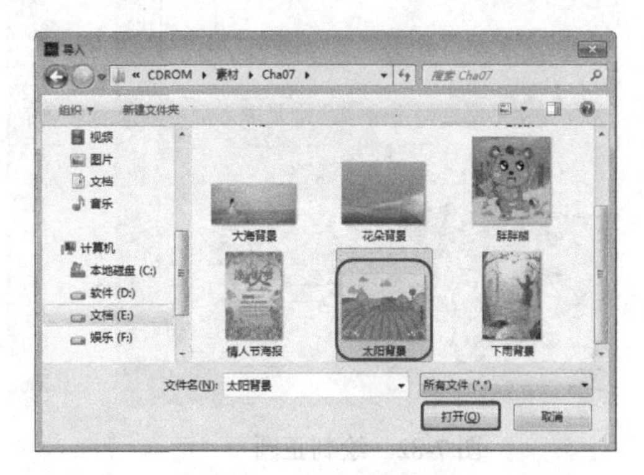

图 7-79 导入素材文件

（3）按 Ctrl+K 组合键，在【对齐】面板中勾选【与舞台对齐】复选框，并单击【水平中齐】按钮、【垂直中齐】按钮和【匹配宽和高】按钮，如图 7-80 所示。

（4）在【时间轴】面板中将【图层 1】重命名为【背景】，并锁定该图层，选择第 13 帧，按 F6 键插入关键帧，单击【新建图层】按钮，新建【图层 2】，将其重命名为【太阳】，并选择【太阳】图层的第 1 帧，如图 7-81 所示。

图 7-80 设置素材文件的对齐方式

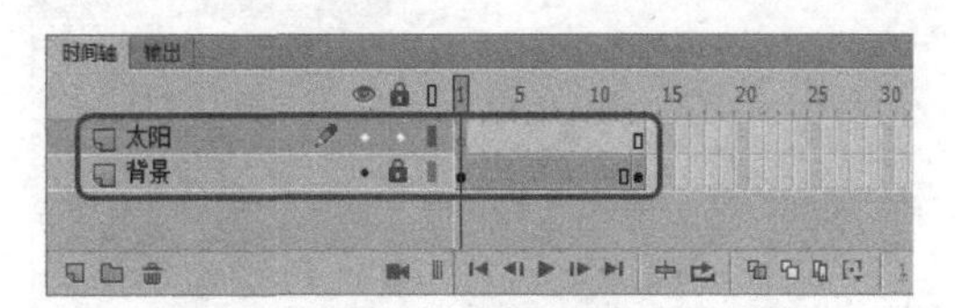

图 7-81 新建图层

（5）使用【椭圆工具】，在【属性】面板中将其笔触颜色设置为#FF9900，将其填充颜色设置为#FFE005，按住 Shift 键，在舞台中绘制一个正圆，如图 7-82 所示。

（6）使用【椭圆工具】，在【属性】面板中将其填充颜色设置为#5E3400，将其笔触颜色设置为无，按住 Shift 键，在舞台中绘制一个正圆，如图 7-83 所示。

（7）复制新绘制的正圆，并在舞台中调整其位置，如图 7-84 所示。

（8）使用【线条工具】，在【属性】面板中将其笔触颜色设置为#5E3400，将【笔触】设置为 3pts，在舞台中绘制线条，如图 7-85 所示。

（9）使用【画笔工具】，在【属性】面板中将其填充颜色设置为#5E3400，在舞台中绘制曲线，如图 7-86 所示。

（10）使用【椭圆工具】，在【属性】面板中将其填充颜色设置为#FF9999，将其笔触颜色设置为无，按住 Shift 键，在舞台中绘制一个正圆，并复制绘制的正圆，在舞台中调整其位置，如图 7-87 所示。

图 7-82　绘制正圆

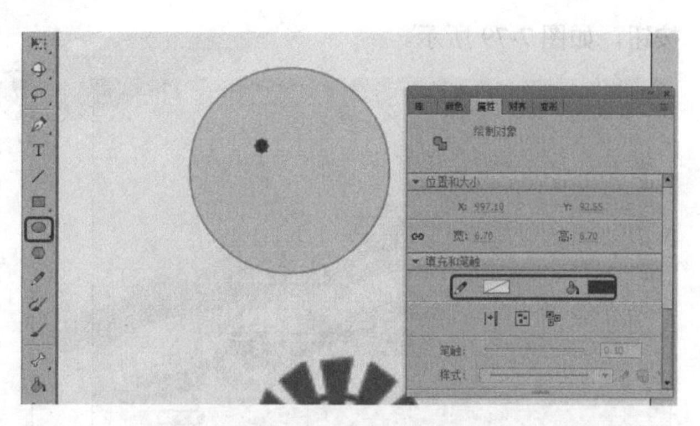

图 7-83　继续绘制正圆

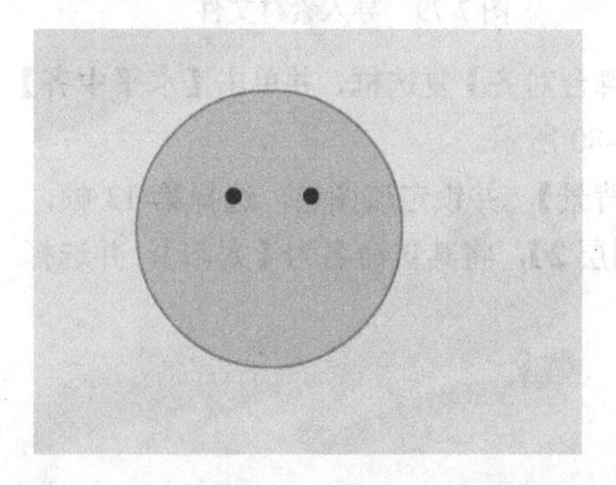

图 7-84　复制新绘制的正圆并调整其位置

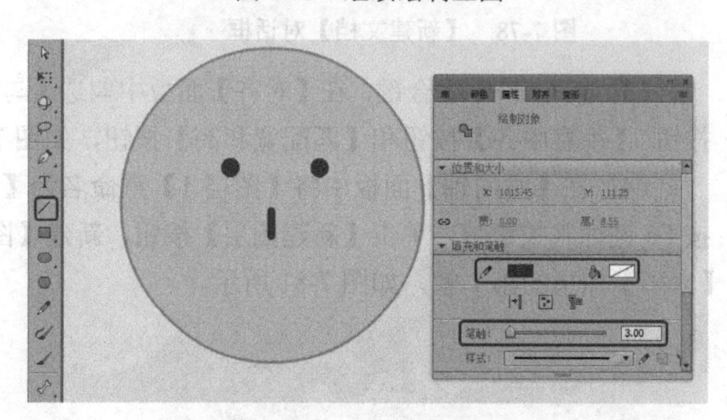

图 7-85　绘制线条

图 7-86　绘制曲线

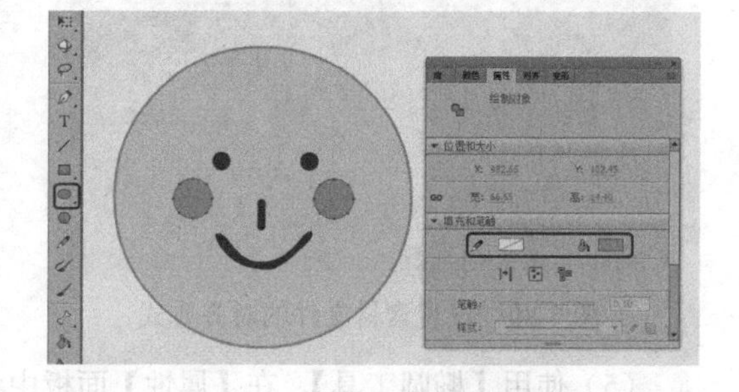

图 7-87　绘制并复制正圆

（11）在【时间轴】面板中选择【太阳】图层的第 4 帧，按 F6 键插入关键帧，如图 7-88 所示。

（12）使用【刷子工具】，在舞台中绘制图形作为太阳的光芒，并选择绘制的图形，在【属性】面板中将其笔触颜色设置为#FFAA01，将其填充颜色设置为#FFE005，将【笔触】设置为 1pts，如图 7-89 所示。

知识链接：

【刷子工具】可绘制类似于刷子的笔触。它可以创建特殊效果，包括书法效果。使用【刷子工具】功能键可以选择刷子的大小和形状。

对于新笔触来说，即便是更改舞台的缩放比例级别，刷子大小也会保持不变。因此，对于同样大小的刷子，舞台缩放比例越低，刷子会显得越大。

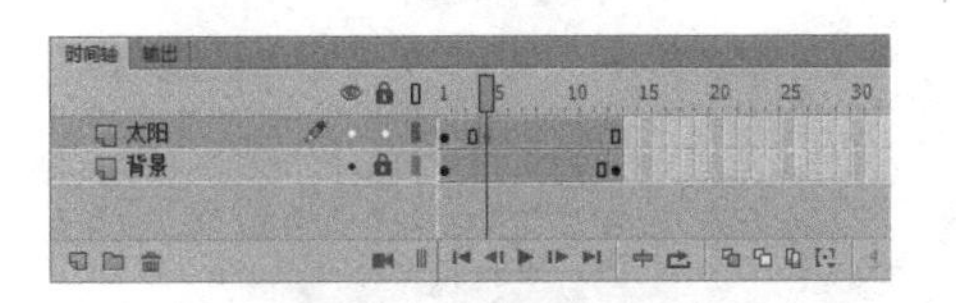

图 7-88 插入关键帧

图 7-89 绘制图形并设置其属性

（13）选择【太阳】图层的第 5 帧，按 F6 键插入关键帧，使用【刷子工具】在舞台中绘制图形，并选中绘制的图形，在【属性】面板中将其笔触颜色设置为#FFAA01，将其填充颜色设置为#FFE005，将【笔触】设置为 1pts，如图 7-90 所示。

（14）结合前面介绍的方法，继续插入关键帧并绘制图形，如图 7-91 所示。至此，太阳逐帧动画就制作完成了，导出影片并将场景文件保存起来即可。

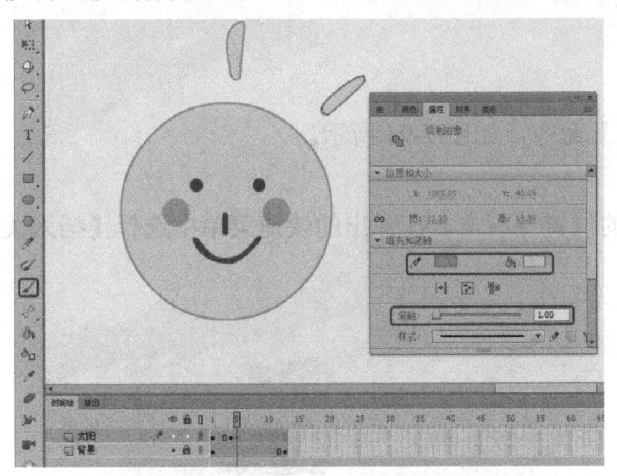

图 7-90 再次绘制图形并设置其属性

图 7-91 继续插入关键帧并绘制图形

提示：在 Animate CC 2017 中，动画中需要的每一张图片就相当于其中的一个帧，因此，帧是构成动画的核心元素。通常，不需要将动画的每一帧都绘制出来，而只需绘制出动画中起关键作用的帧，这样的帧称为关键帧。

7.3.2 插入帧和关键帧

在制作动画的过程中，插入帧和关键帧是很必要的，因为动画都是由帧组成的，下面介绍如何插入帧和关键帧。

1. 插入帧

插入帧的方法有如下 3 种。

（1）选择【插入】|【时间轴】|【帧】命令，如图 7-92 所示。

（2）按 F5 键。

（3）在【时间轴】面板中选择要插入帧的位置并右击，在弹出的快捷菜单中选择【插入帧】命令，如图 7-93 所示。

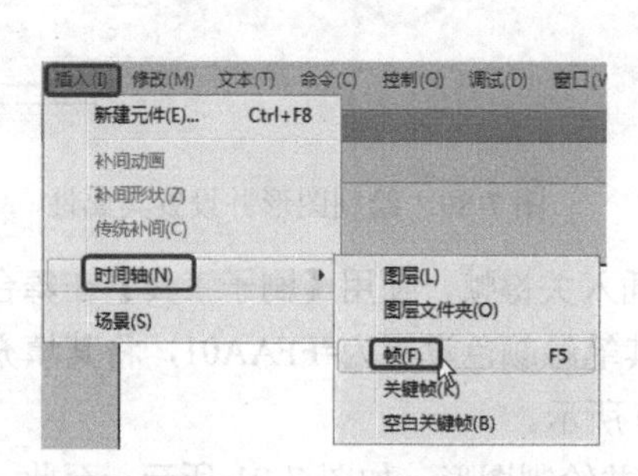

图 7-92　选择【插入】|【时间轴】|【帧】命令

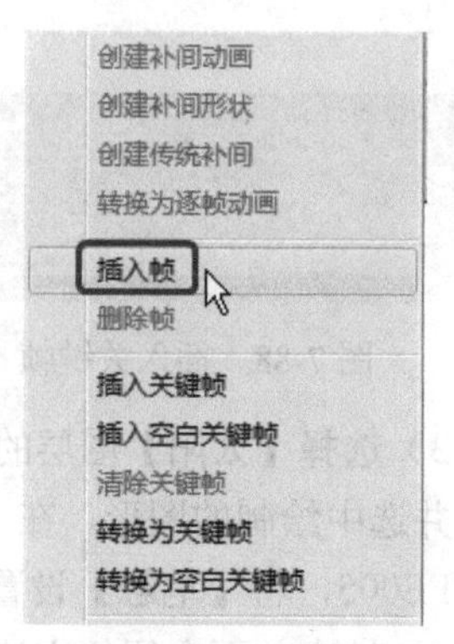

图 7-93　选择【插入帧】命令

2. 插入关键帧

插入关键帧的方法有如下 3 种。

（1）选择【插入】|【时间轴】|【关键帧】命令，如图 7-94 所示。

（2）按 F6 键。

（3）在【时间轴】面板中选择要插入帧的位置并右击，在弹出的快捷菜单中选择【插入关键帧】命令，如图 7-95 所示。

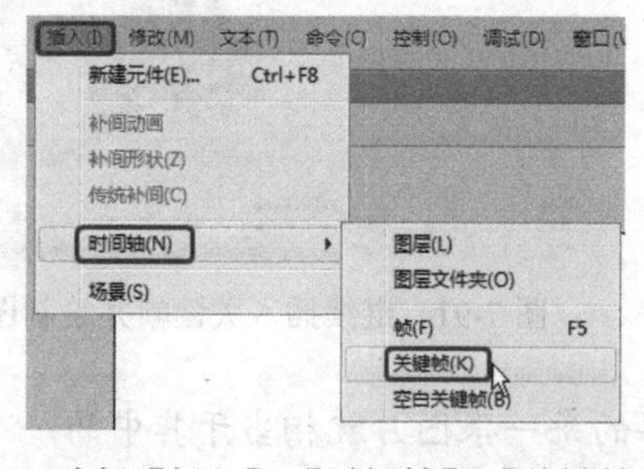

图 7-94　选择【插入】|【时间轴】|【关键帧】命令

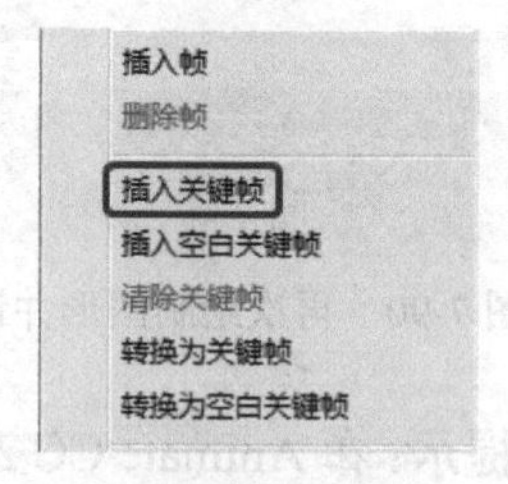

图 7-95　选择【插入关键帧】命令

3. 插入空白关键帧

插入空白关键帧的方法有如下 3 种。

（1）选择【插入】|【时间轴】|【空白关键帧】命令，如图 7-96 所示。

（2）按 F6 键。

（3）在【时间轴】面板中选择要插入帧的位置并右击，在弹出的快捷菜单中选择【插入空白关键帧】命令，如图 7-97 所示。

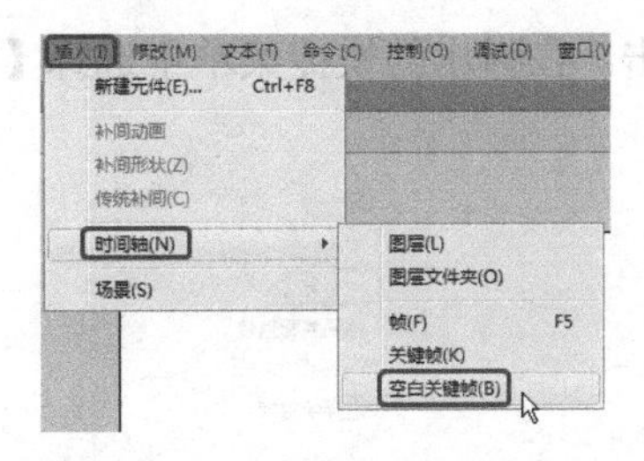

图 7-96　选择【插入】|【时间轴】|【空白关键帧】命令

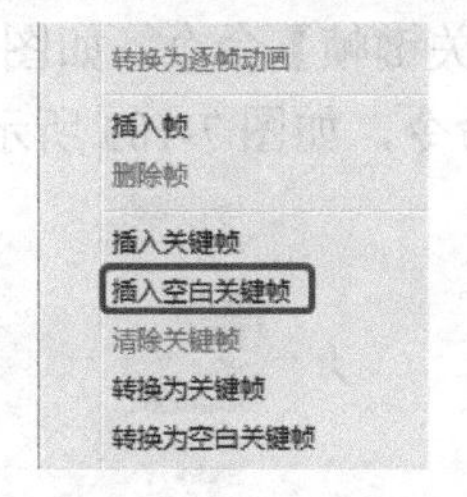

图 7-97　选择【插入空白关键帧】命令

7.3.3　帧的删除、移动、复制、转换与清除

帧可以在【时间轴】面板中进行以下操作。

1. 帧的删除

选择多余的帧，选择【编辑】|【时间轴】|【删除帧】命令，或者右击，在弹出的快捷菜单中选择【删除帧】命令，都可以删除多余的帧。

2. 帧的移动

选择需要移动的帧或关键帧，并将其拖动到目标位置即可，如图 7-98 所示。

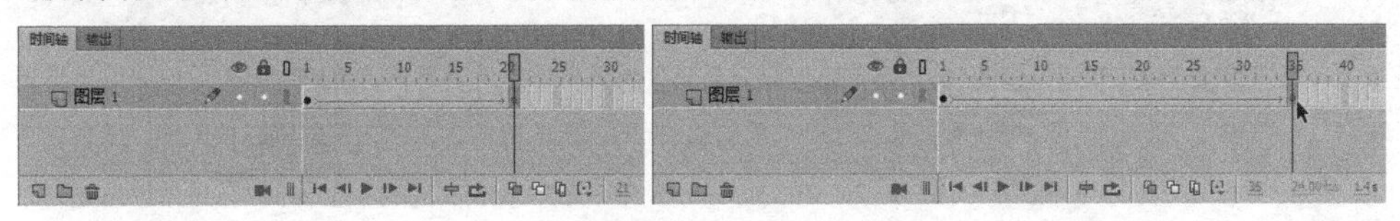

图 7-98　移动帧

3. 帧的复制

选择要复制的帧，按住 Alt 键，将其拖动到新的位置上，如图 7-99 所示。

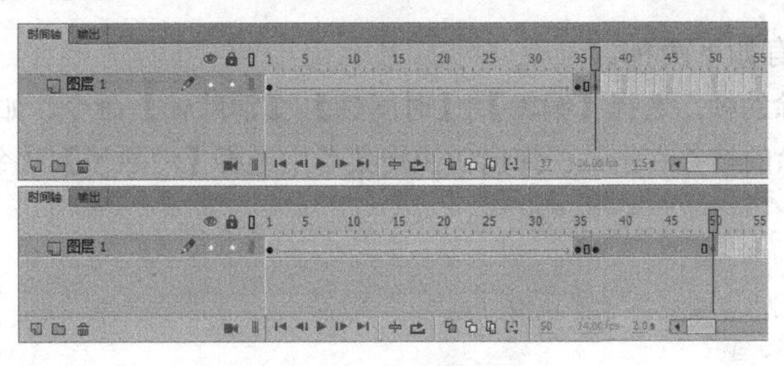

图 7-99　复制帧

除了上述方法，还可以使用以下方法。

(1) 选择要复制的帧，选择【编辑】|【时间轴】|【复制帧】命令，或者右击，在弹出的快捷菜单中选择【复制帧】命令，如图 7-100 所示。

(2) 选择目标位置，选择【编辑】|【时间轴】|【粘贴帧】命令，或者右击，在弹出的快捷菜单中选择【粘贴帧】命令，如图 7-101 所示。

4. 帧的转换

如果要将帧转换为关键帧，则可先选择需要转换的帧，再选择【修改】|【时间轴】|

【转换为关键帧】命令，如图 7-102 所示；或者右击，在弹出的快捷菜单中选择【转换为关键帧】命令，如图 7-103 所示。

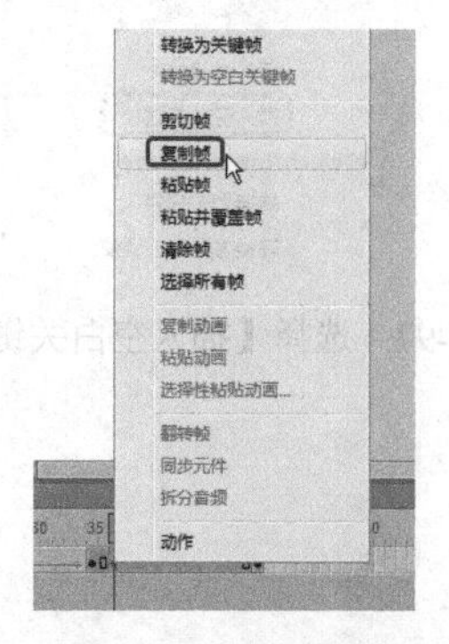

图 7-100 选择【复制帧】命令

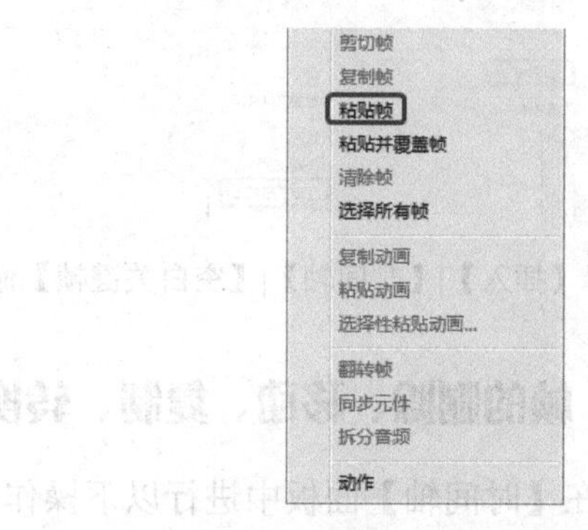

图 7-101 选择【粘贴帧】命令

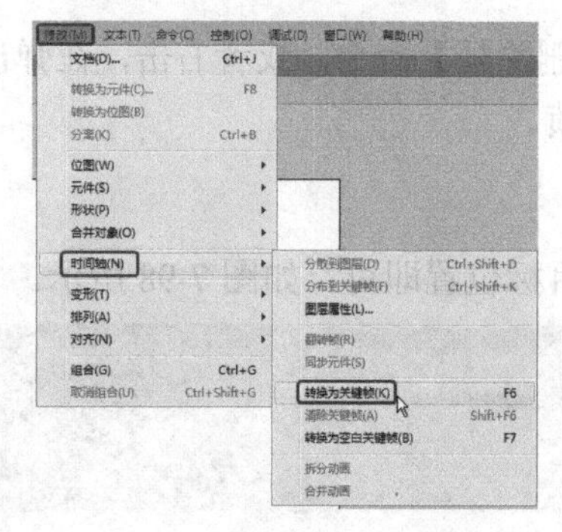

图 7-102 选择【修改】|【时间轴】|【转换为关键帧】命令

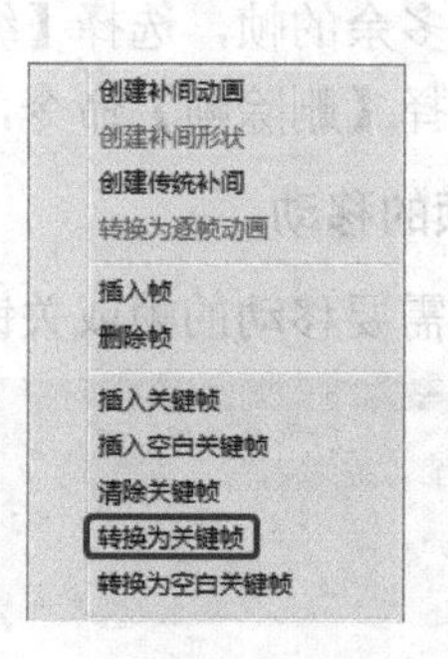

图 7-103 选择右键快捷菜单中的【转换为关键帧】命令

5. 帧的清除

清除帧的方法有如下两种。

（1）选择要清除的帧，选择【编辑】|【时间轴】|【清除帧】命令，如图 7-104 所示。

（2）选择要清除的帧并右击，在弹出的快捷菜单中选择【清除帧】命令，如图 7-105 所示。

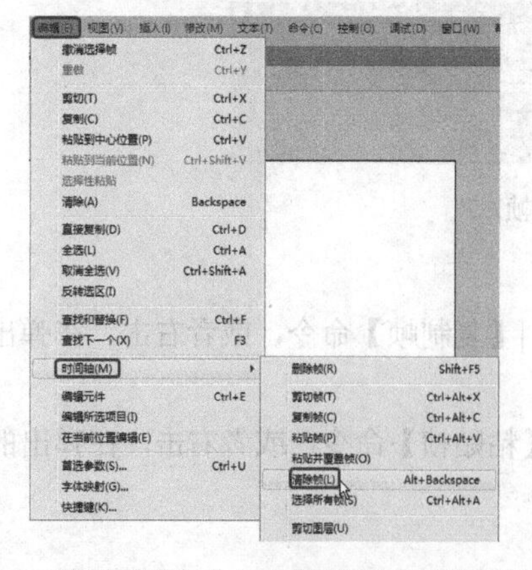

图 7-104 选择【编辑】|【时间轴】|【清除帧】命令

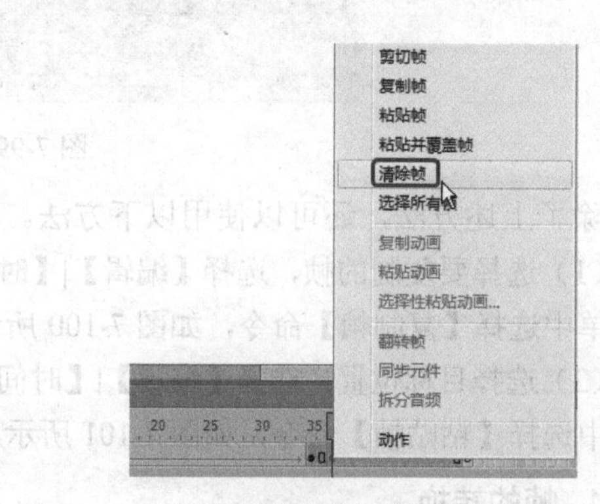

图 7-105 选择右键快捷菜单中的【清除帧】命令

7.3.4 移动和删除空白关键帧

下面介绍如何移动和删除空白关键帧。

1. 移动空白关键帧

移动空白关键帧的方法和移动关键帧的方法完全一致：先选择要移动的帧或帧序列，再将其拖动到所需的位置上即可。

2. 删除空白关键帧

要删除空白关键帧，需要先选择删除的帧或帧序列并右击，再从弹出的快捷菜单中选择【清除帧】命令，如图 7-106 所示。

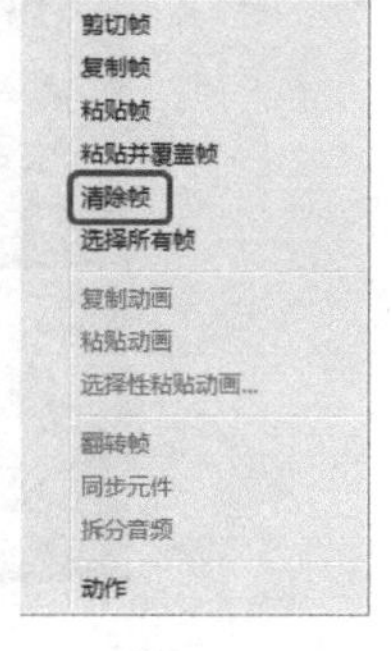

图 7-106　选择【清除帧】命令

7.3.5 帧名称、帧注释和锚记

帧名称有助于在时间轴上确认关键帧。当在动作脚本中指定目标帧时，帧名称可用于取代帧号码。当添加或移除帧时，帧名称也随之移动，而不管帧号码是否改变，这样即使修改了帧，也不用再修改动作脚本。帧名称同电影数据同时输出，所以要避免长名称，以获得较小的文件体积。

帧注释有助于用户对影片的后期操作，也有助于同一个电影中的团体合作。同帧不同，帧注释不随电影一起输出，所以可以尽可能详细地写入注解，以方便制作者以后的阅读或其他合作伙伴的阅读。

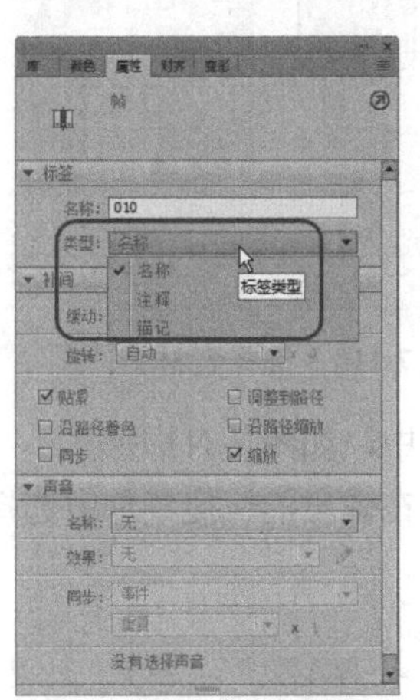

图 7-107　创建帧名称、帧注释和锚记

锚记可以使影片观看者使用浏览器中的【前进】和【后退】按钮从一个帧跳到另一个帧，或者从一个场景跳到另一个场景，从而使 Animate CC 2017 影片的导航变得简单。锚记关键帧在时间轴中用锚记图标表示，如果希望 Animate CC 2017 自动将每个场景的第 1 个关键帧作为锚记，则可以通过对首选参数的设置来实现。

要创建帧名称、帧注释或锚记，其操作步骤如下。

（1）选择一个要加名称、注释或锚记的帧。

（2）在【属性】面板中，在【标签】区域中的【名称】文本框中输入名称，并在其【类型】下拉列表中选择【名称】、【注释】或【锚记】选项，如图 7-107 所示。

7.4 任务 23：制作打字效果——处理普通帧

本任务将介绍如何制作打字效果，主要使用插入关键帧和空白关键帧来制作光标闪烁效果，再输入文字、分离文字，通过删除不同帧中的不同对象来实现打字效果。完成的打字效果如图 7-108 所示。

图 7-108　完成的打字效果

7.4.1　任务实施

（1）选择【文件】|【新建】命令，在弹出的【新建文档】对话框中，在【类型】列表框中选择【ActionScript 3.0】选项，将【宽】、【高】分别设置为 950 像素、445 像素，将【帧频】设置为 5fps，如图 7-109 所示。

（2）单击【确定】按钮，即可新建一个文档。按 Ctrl+R 组合键，在弹出的【导入】对话框中选择【大海背景】文件，如图 7-110 所示。

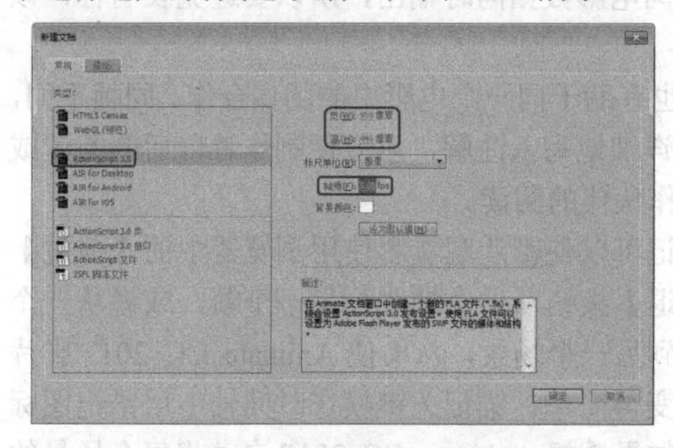

图 7-109　【新建文档】对话框

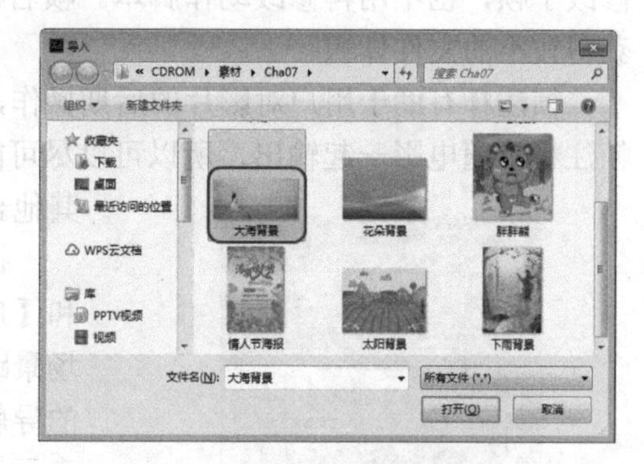

图 7-110　选择素材文件

（3）单击【打开】按钮，即可将选择的素材文件导入到舞台中，如图 7-111 所示。

（4）在【时间轴】面板中选择【图层 1】的第 45 帧并右击，在弹出的快捷菜单中选择【插入关键帧】命令，如图 7-112 所示。

图 7-111　将素材文件导入到舞台中

图 7-112　选择【插入关键帧】命令 1

（5）在舞台的空白位置处单击，在【属性】面板中将【舞台】右侧色块的颜色设置为#FFCC00。按 Ctrl+F8 组合键，在弹出的【创建新元件】对话框中，将【名称】为【光标】，将【类型】设置为【图形】，单击【确定】按钮，如图 7-113 所示。

提示：图形元件可以用于重复应用静态的图片，也可以用在其他类型的元件中，是 3 种 Animate 元件中最基本的类型。

（6）使用【矩形工具】，在【属性】面板中将其笔触颜色设置为无，将其填充颜色设置为白色，在舞台中绘制一个【宽】、【高】分别为 32.6 像素、3.5 像素的矩形，如图 7-114 所示。

图 7-113 【创建新元件】对话框

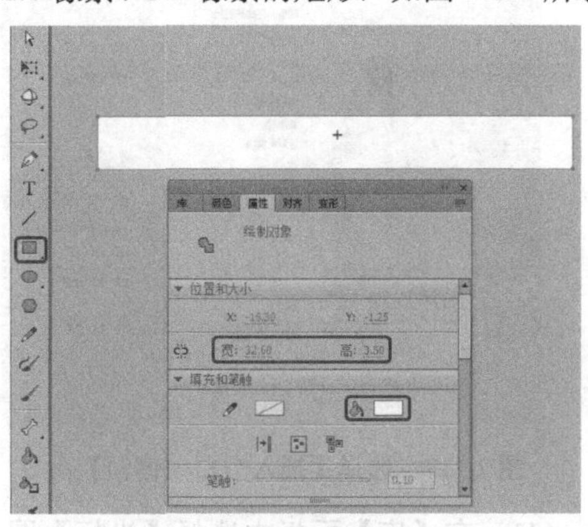

图 7-114 设置矩形的属性

（7）返回到场景 1 中，在【时间轴】面板中单击【新建图层】按钮，新建【图层 2】，如图 7-115 所示。

（8）将新建的图层命名为【光标 1】，选择该图层的第 1 帧，在【库】面板中选择【光标】图形元件，并将其拖动到舞台中，调整其位置，如图 7-116 所示。

图 7-115 新建图层

图 7-116 添加图形元件 1

（9）选择【光标 1】图层的第 2 帧并右击，在弹出的快捷菜单中选择【插入空白关键帧】命令，如图 7-117 所示。

知识链接：

插入空白关键帧的方法有如下 3 种。

① 选择【插入】|【时间轴】|【空白关键帧】命令。

② 在【时间轴】面板中选择要插入帧的位置并右击，在弹出的快捷菜单中选择【插入空白关键帧】命令。

③ 按 F7 键。

（10）选择【光标 1】图层的第 4 帧并右击，在弹出的快捷菜单中选择【插入关键帧】命令，如图 7-118 所示。

图 7-117　选择【插入空白关键帧】命令

图 7-118　选择【插入关键帧】命令 2

（11）在【库】面板中选择【光标】图形元件，并将其拖动到舞台中，调整其位置，如图 7-119 所示。

（12）选择【光标 1】图层的第 5 帧并右击，在弹出的快捷菜单中选择【插入空白关键帧】命令；选择该图层的第 7 帧并右击，在弹出的快捷菜单中选择【插入关键帧】命令，如图 7-120 所示。

图 7-119　添加图形元件 2

图 7-120　选择【插入关键帧】命令 3

（13）在【库】面板中，将【光标】图形元件拖动到舞台中并调整其位置。在【时间轴】面板中新建【图层 3】，使用【文本工具】在舞台中输入文字，选中输入的文字，在【属性】面板中将【系列】设置为方正大标宋简体，将【大小】设置为 50 磅，将【颜色】设置为白色，如图 7-121 所示。

（14）选中【图层 3】中的文字并右击，在弹出的快捷菜单中选择【分离】命令，如图 7-122 所示。

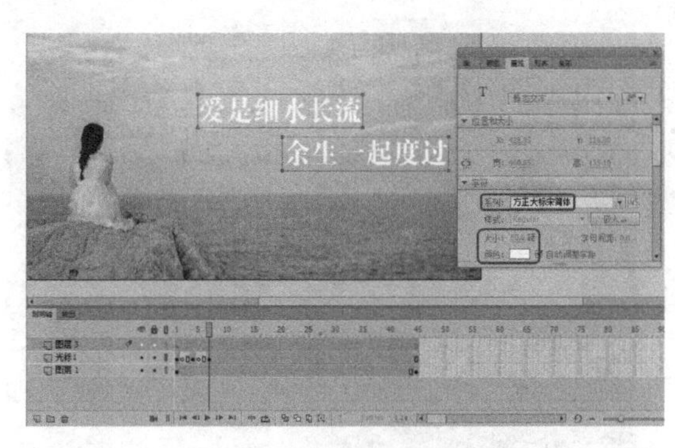

图 7-121　输入文字并进行设置

图 7-122　选择【分离】命令

（15）分离完成后，在【时间轴】面板中单击【新建图层】按钮，新建【图层 4】。选中【图层 3】中的第二行文字，按 Ctrl+X 组合键进行剪切，选择【图层 4】，选择【编辑】|【粘贴到当前位置】命令，如图 7-123 所示。

（16）选择【图层 3】的第 8 帧并右击，在弹出的快捷菜单中选择【插入关键帧】命令，如图 7-124 所示。

图 7-123　选择【编辑】|【粘贴到当前位置】命令

图 7-124　执行插入关键帧操作

（17）插入关键帧后，选中【图层 3】的第 1 帧中的所有对象，选择【编辑】|【清除】命令，如图 7-125 所示。

（18）在【时间轴】面板中选择【图层 3】的第 8 帧到第 13 帧并右击，在弹出的快捷菜单中选择【转换为关键帧】命令，如图 7-126 所示。

（19）执行该操作后，即可将选择的帧转换为关键帧。选择【图层 3】的第 8 帧，将该帧中除【爱】外的其他文字删除，如图 7-127 所示。

（20）选择【光标 1】图层的第 8 帧，按 F6 键插入关键帧，在舞台中调整该对象的位置，插入关键帧后的效果如图 7-128 所示。

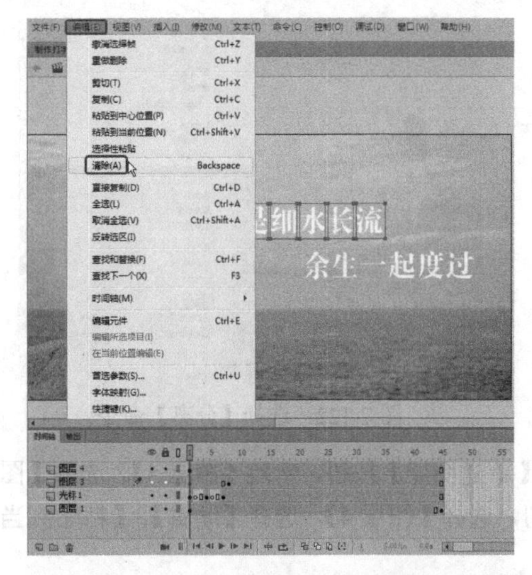

图 7-125　选择【编辑】|【清除】命令

图 7-126　选择【转换为关键帧】命令

图 7-127　删除其他文字

图 7-128　插入关键帧后的效果

（21）继续选择【光标 1】图层的第 9 帧，按 F6 键插入关键帧，在舞台中调整【光标】图形元件的位置，如图 7-129 所示。

（22）使用同样的方法在【光标 1】图层的第 10 帧到第 13 帧中插入关键帧，并调整对象的位置，如图 7-130 所示。

（23）使用上面介绍的方法将【图层 3】中的对象依次删除，删除对象后的效果如图 7-131 所示。

（24）删除完成后，在【时间轴】面板中选择【光标 1】图层的第 18 帧并右击，在弹出的快捷菜单中选择【插入关键帧】命令，如图 7-132 所示。

（25）在【时间轴】面板中选择【光标 1】图层的第 13 帧，按 Delete 键将该帧中的对象删除，如图 7-133 所示。

（26）使用同样的方法为第二行文字添加动画效果，如图 7-134 所示。

图 7-129　插入关键帧并调整图形元件的位置

图 7-130　插入关键帧并调整对象的位置

图 7-131　删除对象后的效果

图 7-132　选择【插入关键帧】命令 4

图 7-133　删除【光标 1】图层的第 13 帧中的对象

图 7-134　为第二行文字添加动画效果

（27）在【时间轴】面板中单击【新建图层】按钮，新建【图层 5】，选择该图层的第 45 帧，按 F6 键插入关键帧，如图 7-135 所示。

（28）选择【图层 5】的第 45 帧，按 F9 键，在打开的【动作】面板中输入【stop();】，如

图 7-136 所示。至此，打字效果制作完成，将影片导出并保存起来即可。

图 7-135　新建图层并插入关键帧

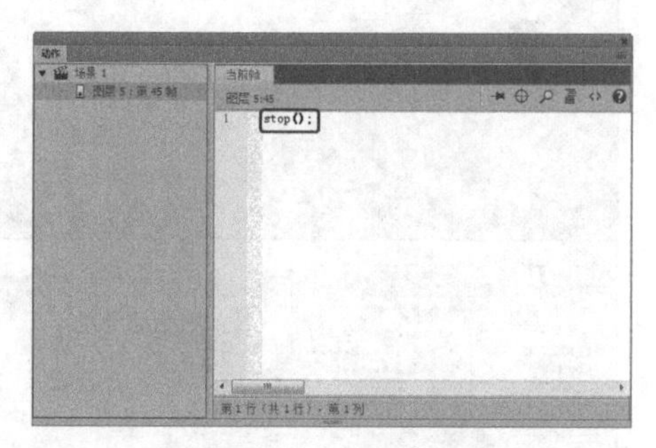

图 7-136　输入代码

7.4.2　延长普通帧

如果要在整个动画的末尾延长几帧，则可以先选择要延长到的位置，再按 F5 键，如图 7-137 所示。此时将把前面关键帧中的内容延续到选择的位置上，如图 7-138 所示。

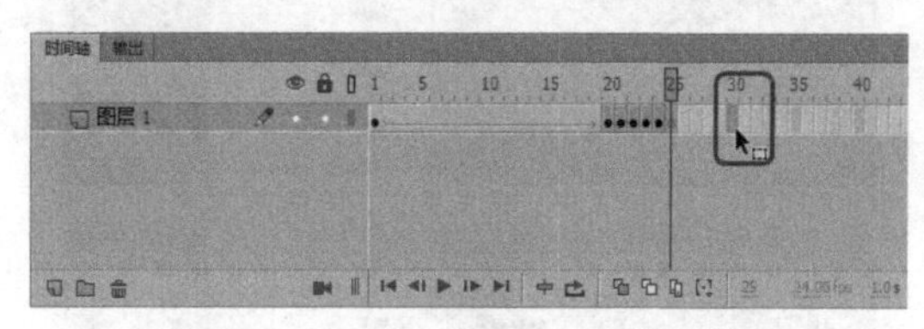

图 7-137　选择要延长到的位置

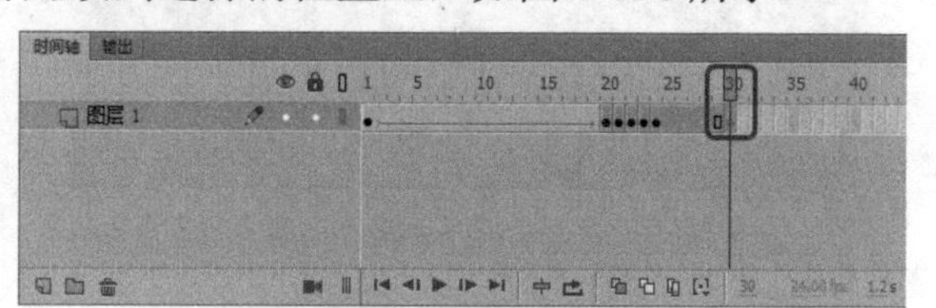

图 7-138　延长普通帧

7.4.3　删除普通帧

将光标移动到要删除的普通帧上并右击，在弹出的快捷菜单中选择【删除帧】命令，如图 7-139 所示。此时将删除选择的普通帧，删除后整个普通帧段的长度减少一格，如图 7-140 所示。

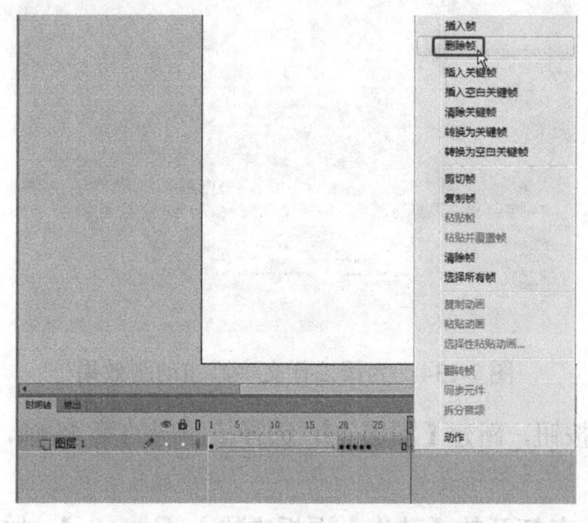

图 7-139　选择【删除帧】命令

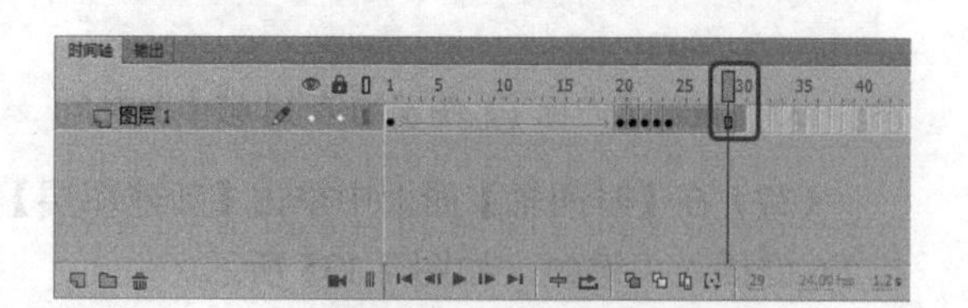

图 7-140　删除普通帧

7.4.4 关键帧和普通帧的转换

要将关键帧转换为普通帧，先应选择要转换的关键帧并右击，再在弹出的快捷菜单中选择【清除关键帧】命令，其和清除关键帧的操作是一致的，如图 7-141 所示。另外，也可以在【时间轴】面板中选择要转换的关键帧，并按 Shift+F6 组合键。

要将普通帧转换为关键帧，实际上就是插入关键帧。因此，选择要转换的普通帧后按 F6 键即可，如图 7-142 所示。

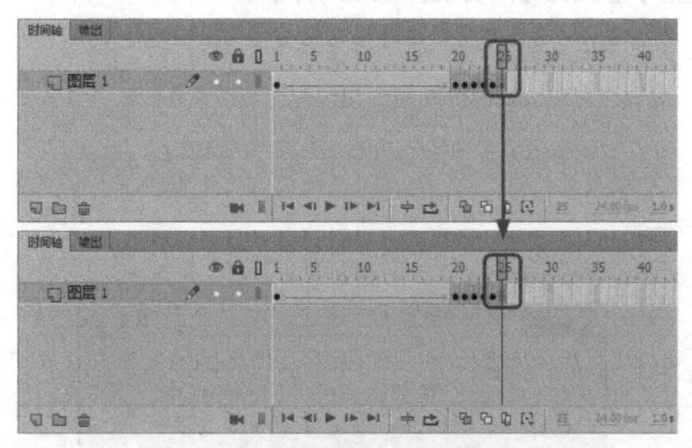

图 7-141 将关键帧转换为普通帧

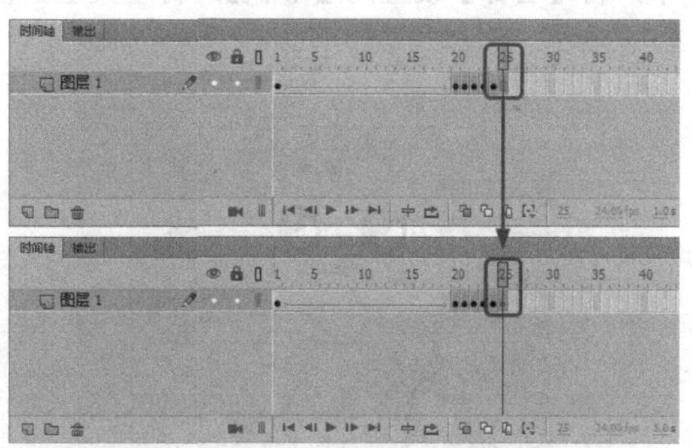

图 7-142 将普通帧转换为关键帧

7.5 任务 24：制作敲打动画——编辑多个帧

本任务将介绍如何制作敲打动画，主要通过将导入的素材转换为元件，并为其添加关键帧，在不同的关键帧中进行相应的调整来实现。完成的敲打动画效果如图 7-143 所示。

图 7-143 完成的敲打动画效果

7.5.1 任务实施

（1）选择【文件】|【新建】命令，在弹出的【新建文档】对话框中，在【类型】列表框中选择【ActionScript 3.0】选项，将【宽】、【高】分别设置为497像素、520像素，单击【确定】按钮。按Ctrl+R组合键，将【胖胖熊】文件导入到舞台中，并调整其位置和大小，如图7-144所示。

（2）选择第75帧，按F5键插入帧，按Ctrl+F8组合键，在弹出的【创建新元件】对话框中，将【名称】设置为【形状】，将【类型】设置为【图形】，如图7-145所示。

图7-144 导入素材

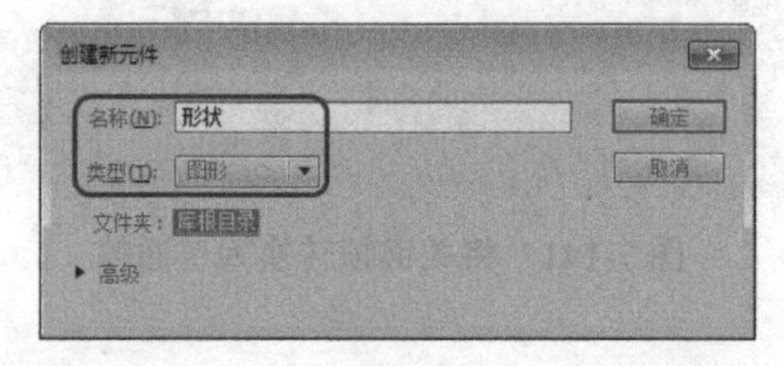

图7-145 【创建新元件】对话框

（3）设置完成后，单击【确定】按钮。使用【钢笔工具】在舞台中绘制一个图形，选中绘制的图形，在【颜色】面板中将填充类型设置为【径向渐变】，将左侧色块的颜色设置为#F7DE72，将右侧色块的颜色设置为#FFF6D2，将其笔触颜色设置为无，如图7-146所示。

（4）在【时间轴】面板中选择该图层并右击，在弹出的快捷菜单中选择【复制图层】命令。选中复制后的图层中的对象，调整其大小和位置，在【颜色】面板中将左侧色块的颜色设置为#FFC166，将右侧色块的颜色设置为#FFF6D2，使用【渐变变形工具】对渐变进行调整，如图7-147所示。

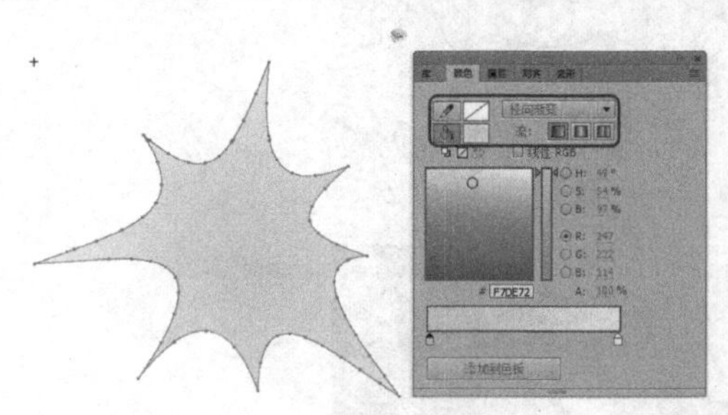

图7-146 绘制图形并设置径向渐变

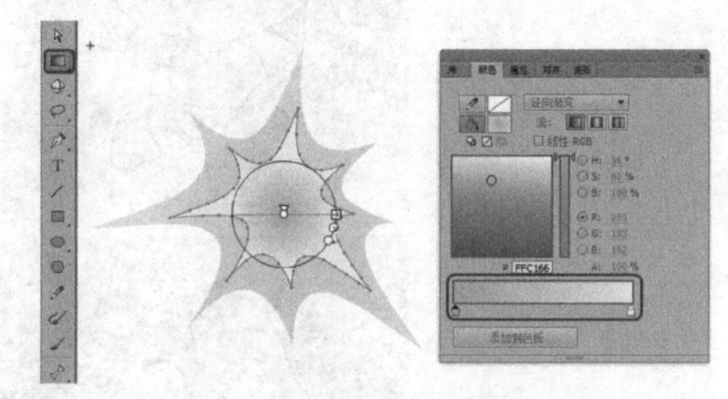

图7-147 复制图层并调整其颜色

（5）使用同样的方法对复制后的图层再进行复制，并对其进行相应的调整，如图7-148所示。

（6）返回到场景1中，按Ctrl+F8组合键，在弹出的【创建新元件】对话框中，将【名称】设置为【图形动画】，将【类型】设置为【影片剪辑】，如图7-149所示。

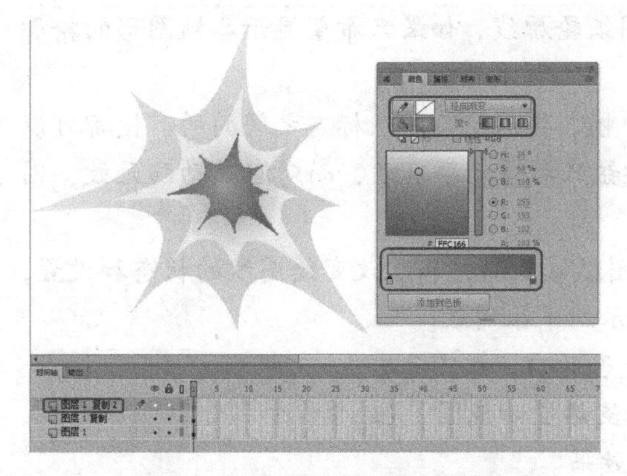

图 7-148　复制图层并进行调整

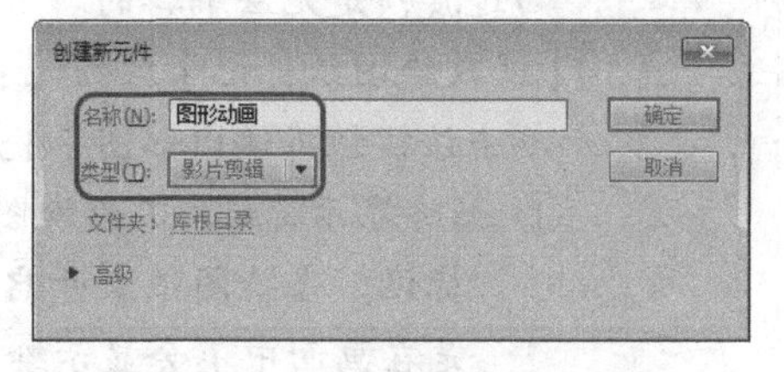

图 7-149　创建影片剪辑元件

（7）设置完成后，单击【确定】按钮。在【库】面板中选中【形状】图形元件，并将其拖动到舞台中，调整其位置，在【变形】面板中将【缩放宽度】和【缩放高度】都设置为30%，如图 7-150 所示。

（8）在【时间轴】面板中选择【图层 1】的第 4 帧，按 F6 键插入关键帧，在【变形】面板中将【缩放宽度】和【缩放高度】都设置为 100%，如图 7-151 所示。

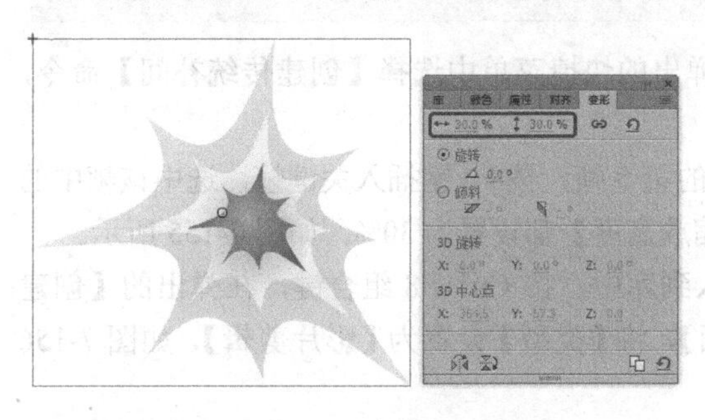

图 7-150　添加元件并调整其位置和大小

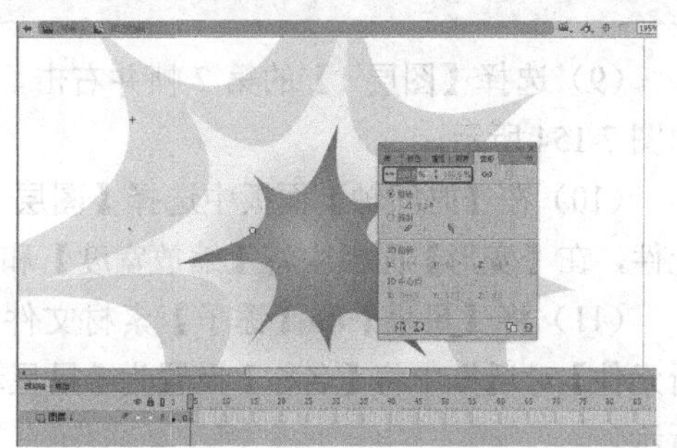

图 7-151　插入关键帧并设置其变形参数

知识链接：

使用绘图纸工具

在制作连续性的动画时，如果前后两帧的画面内容没有完全对齐，就会出现抖动的现象。绘图纸工具不但可以用半透明方式显示指定序列画面的内容，还提供了同时编辑多个画面的功能，是制作准确动画的必需手段。图 7-152 所示为绘图纸工具。

图 7-152　绘图纸工具

绘图纸工具中的按钮如下。

（1）【帧居中】按钮：单击该按钮能使播放头所在的帧在时间轴中间显示。

（2）【绘图纸外观】按钮：单击该按钮将在显示播放头所在帧内容的同时显示其前后数帧的内容。播放头周围会出现方括号形状的标记，其中所包含的帧都会显示出来，这将有利于观察不同帧之间的图形变化过程。

（3）【绘图纸外观轮廓】按钮：绘图纸轮廓线，如果只希望显示各帧图形的轮廓线，则可以单击该按钮。

（4）【编辑多个帧】按钮：编辑多个帧，要想使绘图纸标志之间的所有帧都可以编辑，则可以单击该按钮。该按钮只对帧动画有效，而对渐变动画无效，因为过渡帧是无法编辑的。

（5）【修改绘图纸标记】按钮：绘图纸修改器，用于改变绘图纸的状态和设置，单击该按钮将弹出如图 7-153 所示的下拉列表。

① 始终显示标记：不论绘图纸是否开启，都显示其标记。当绘图纸未开启时，虽然显示范围，但是在画面中不会显示绘图纸效果。

② 锚记标记：若选择该选项，绘图纸标记将标定在当前的位置，其位置和范围都将不再改变；否则，绘图纸的范围会跟着指针移动。

③ 标记范围 2：显示当前帧两侧各两帧的内容。

④ 标记范围 5：显示当前帧两侧各 5 帧的内容。

⑤ 标记所有范围：显示当前帧两侧所有的内容。

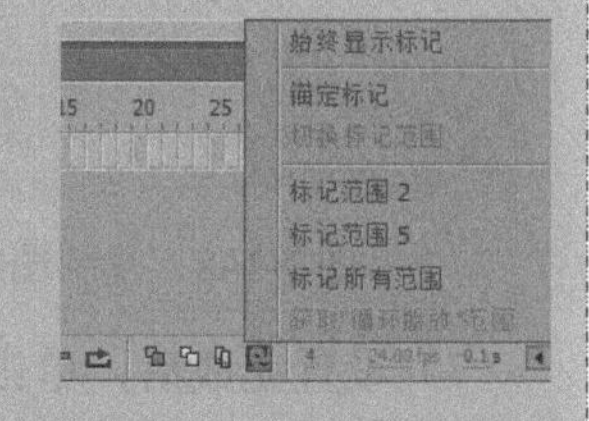

图 7-153　修改绘图纸标记

（9）选择【图层 1】的第 2 帧并右击，在弹出的快捷菜单中选择【创建传统补间】命令，如图 7-154 所示。

（10）在【时间轴】面板中选择【图层 1】的第 5 帧，按 F6 键插入关键帧，选中该帧中的元件，在【变形】面板中将【缩放宽度】和【缩放高度】都设置为 30%，如图 7-155 所示。

（11）将【星星】和【锤子】素材文件导入到库中，按 Ctrl+F8 组合键，在弹出的【创建新元件】对话框中将【名称】设置为【星星动画】，将【类型】设置为【影片剪辑】，如图 7-156 所示。

（12）设置完成后，单击【确定】按钮。在【库】面板中选择【星星.png】文件，并将其拖动到舞台中。选中该图像，在【变形】面板中将【缩放宽度】和【缩放高度】都设置为 17.8%，如图 7-157 所示。

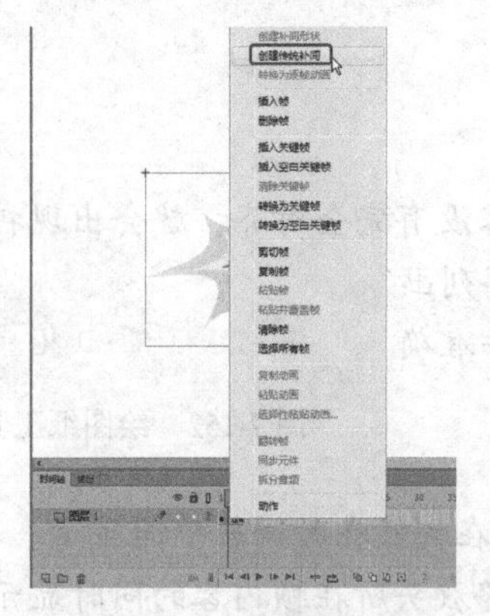

图 7-154　选择【创建传统补间】命令 1

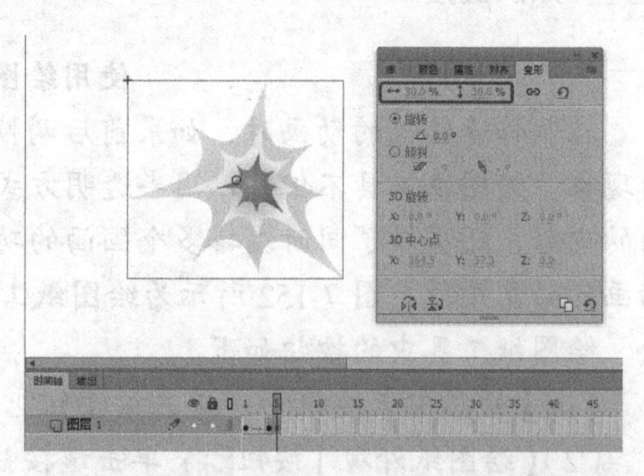

图 7-155　插入关键帧并设置其缩放参数

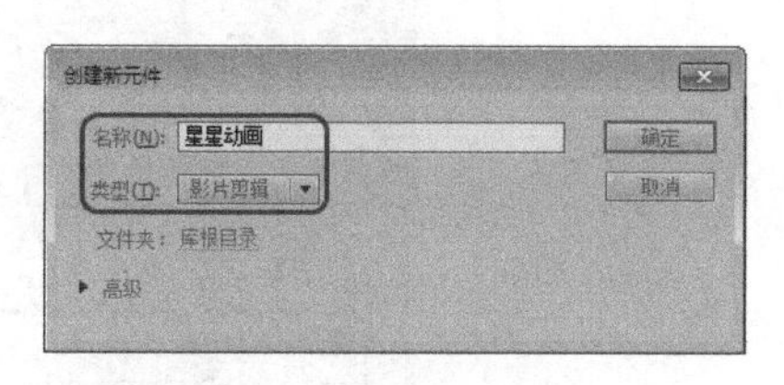

图 7-156　新建元件

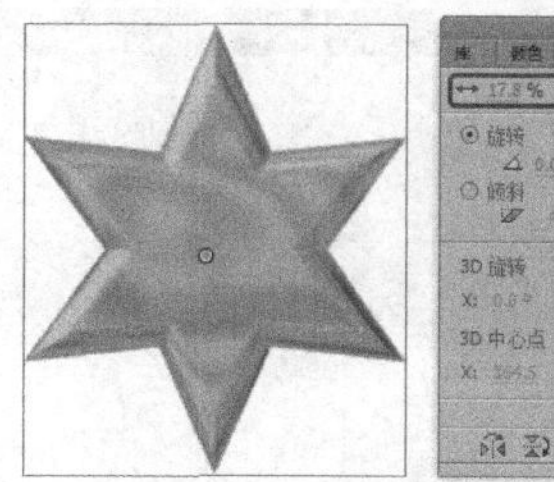

图 7-157　设置图像的缩放参数

（13）设置完成后，继续选中该图像，按 F8 键，在弹出的【转换为元件】对话框中将【名称】设置为【星星】，将【类型】设置为【图形】，并调整其对齐方式，如图 7-158 所示。

（14）设置完成后，单击【确定】按钮。选中该图形元件，在【属性】面板中将【X】、【Y】分别设置为 310.5 像素、283.2 像素，如图 7-159 所示。

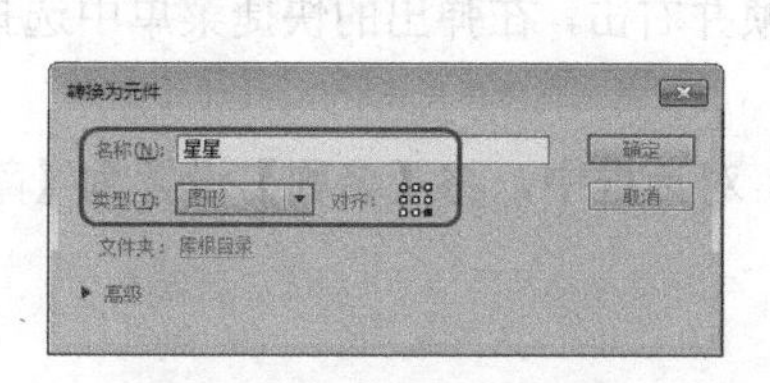

图 7-158　新建图形元件

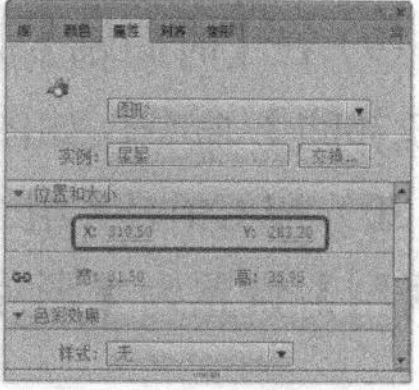

图 7-159　设置元件的位置

（15）选择【图层 1】的第 3 帧，按 F6 键插入关键帧，选中该帧中的元件，在【属性】面板中将【X】、【Y】分别设置为 280.25 像素、250.8 像素，将【样式】设置为【高级】，并设置其参数，如图 7-160 所示。

（16）选择【图层 1】的第 2 帧并右击，在弹出的快捷菜单中选择【创建传统补间】命令。选择该图层的第 5 帧，按 F6 键插入关键帧，选中该帧中的元件，在【属性】面板中将【X】、【Y】分别设置为 256.75 像素、225.6 像素，将【样式】设置为【高级】，并设置其参数，如图 7-161 所示。

（17）使用同样的方法依次进行调整，调整后的效果如图 7-162 所示。

（18）选择【图层 1】的第 23 帧，按 F6 键插入关键帧，选中该帧中的元件，在【属性】面板中将【X】、【Y】分别设置为 209.45 像素、416.05 像素，将【样式】设置为 Alpha，将【Alpha】设置为 10%，如图 7-163 所示。

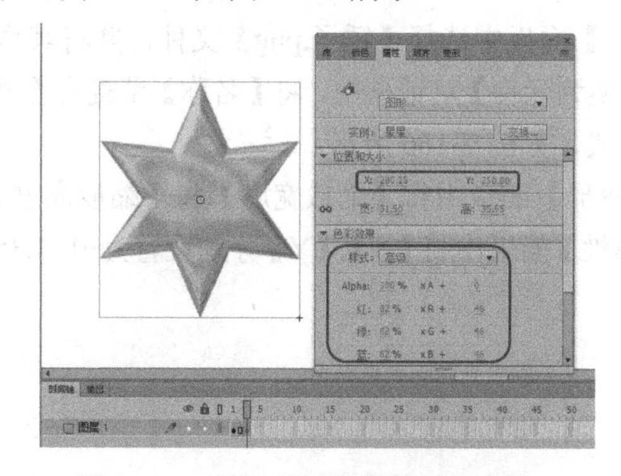

图 7-160　插入关键帧并设置其参数 1

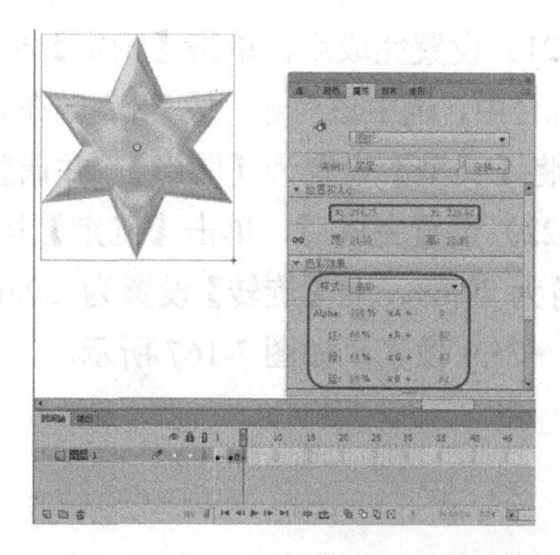

图 7-161　插入关键帧并设置其参数 2

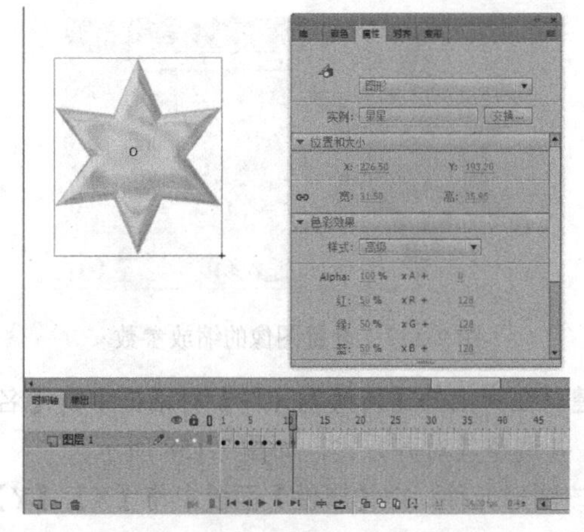
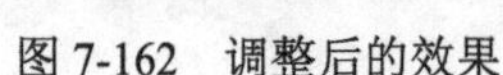

图 7-162　调整后的效果

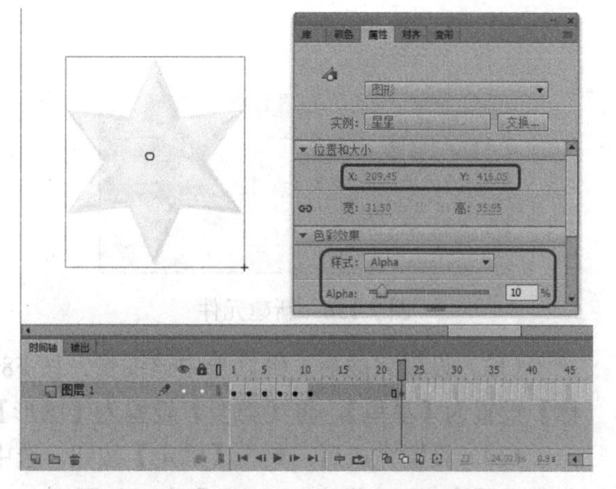

图 7-163　插入关键帧并设置其参数 3

（19）在【时间轴】面板中选择【图层 1】的第 15 帧并右击，在弹出的快捷菜单中选择【创建传统补间】命令，如图 7-164 所示。

（20）按 Ctrl+F8 组合键，在弹出的【创建新元件】对话框中，将【名称】设置为【敲打】，将【类型】设置为【影片剪辑】，如图 7-165 所示。

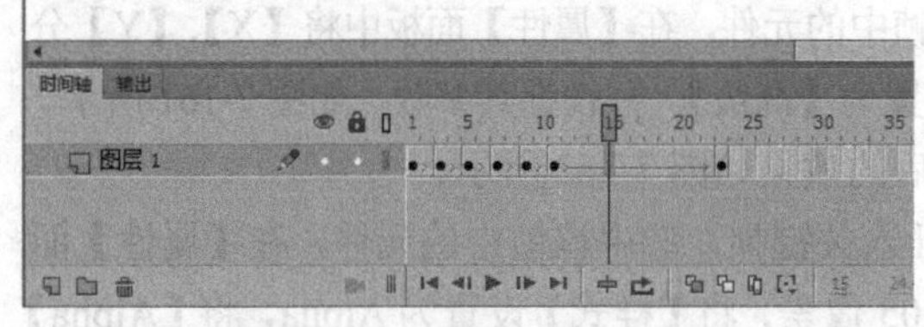

图 7-164　创建传统补间动画

图 7-165　创建【敲打】影片剪辑元件

（21）设置完成后，单击【确定】按钮。在【库】面板中选择【锤子.png】文件，并将其拖动到舞台中，选中该对象，按 F8 键，在弹出的【转换为元件】对话框中，将【名称】设置为【锤子】，将【类型】设置为【图形】，并调整其对齐方式，如图 7-166 所示。

（22）设置完成后，单击【确定】按钮。在【变形】面板中将【缩放宽度】和【缩放高度】都设置为 79.6%，将【旋转】设置为-29.6°；在【属性】面板中将【X】、【Y】分别设置为-114.35 像素、-75.9 像素，如图 7-167 所示。

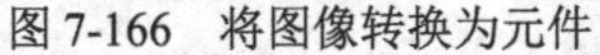

图 7-166　将图像转换为元件

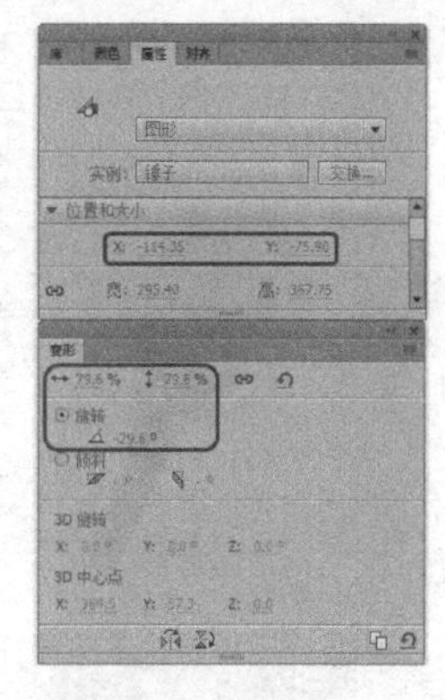

图 7-167　调整元件的大小、角度及位置

（23）选择【图层 1】的第 2 帧，按 F6 键插入关键帧，选中该帧中的元件，在【变形】面板中将【旋转】设置为-23.3°，在【属性】面板中将【X】、【Y】分别设置为-83.4 像素、-99.15 像素，如图 7-168 所示。

（24）选择【图层 1】的第 8 帧，按 F6 键插入关键帧，选中该帧中的元件，在【变形】面板中将【旋转】设置为 13.3°，在【属性】面板中将【X】、【Y】分别设置为 127.95 像素、-167.95 像素，如图 7-169 所示。

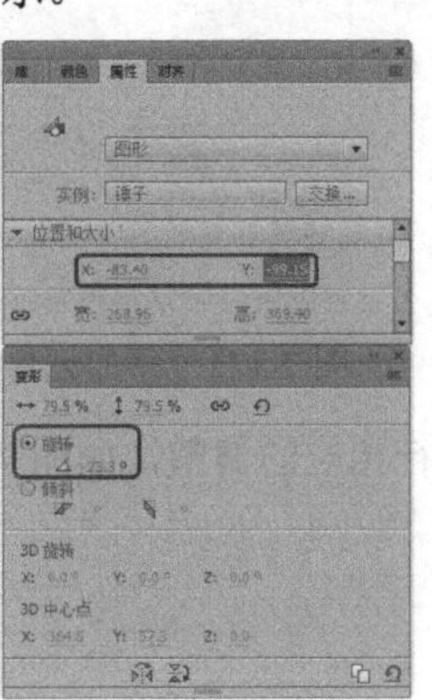

图 7-168　设置元件的角度和位置

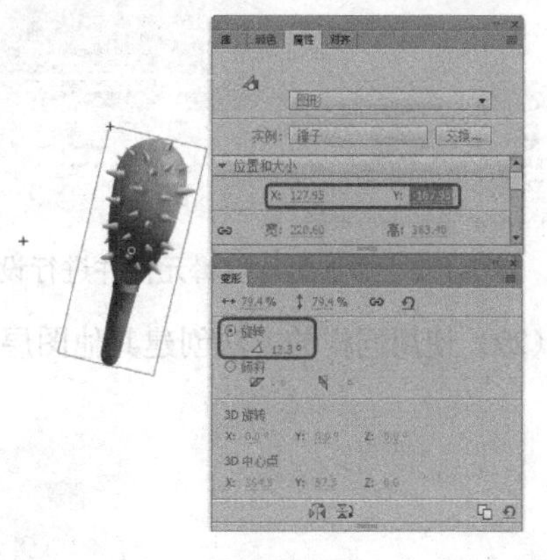

图 7-169　插入关键帧并对元件进行调整

（25）选择【图层】的第 5 帧并右击，在弹出的快捷菜单中选择【创建传统补间】命令，如图 7-170 所示。

（26）使用同样的方法在不同帧中插入关键帧，并调整锤子的位置和角度，如图 7-171 所示。

（27）在【时间轴】面板中单击【新建图层】按钮，新建【图层 2】，选择该图层的第 11 帧，按 F7 键插入空白关键帧，在【库】面板中选中【星星动画】影片剪辑元件，并将其拖动到舞台中，调整其大小和位置，如图 7-172 所示。

（28）在【时间轴】面板中选择【图层 2】的第 31 帧，按 F7 键插入空白关键帧，在【库】面板中选中【图形动画】元件，并将其拖动到舞台中，调整其大小和位置；选择该图层的第 35 帧，按 F7 键插入空白关键帧，如图 7-173 所示。

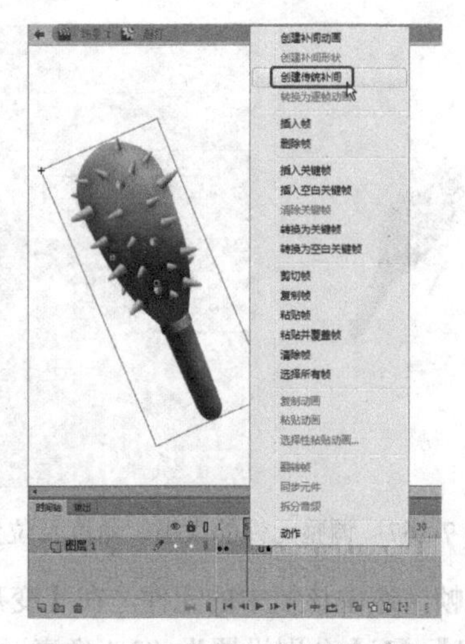

图 7-170 选择【创建传统补间】命令 2

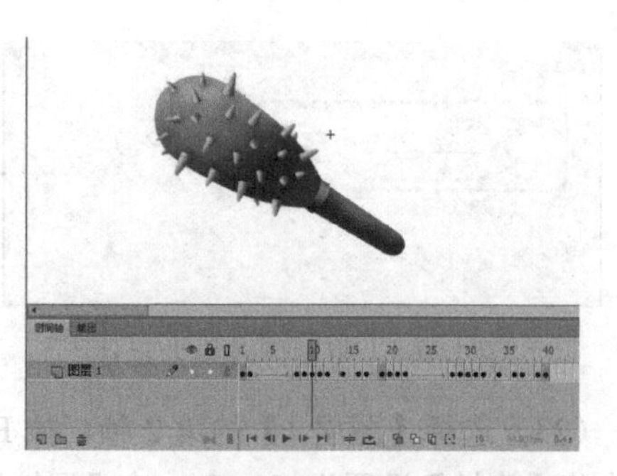

图 7-171 插入其他关键帧并进行调整

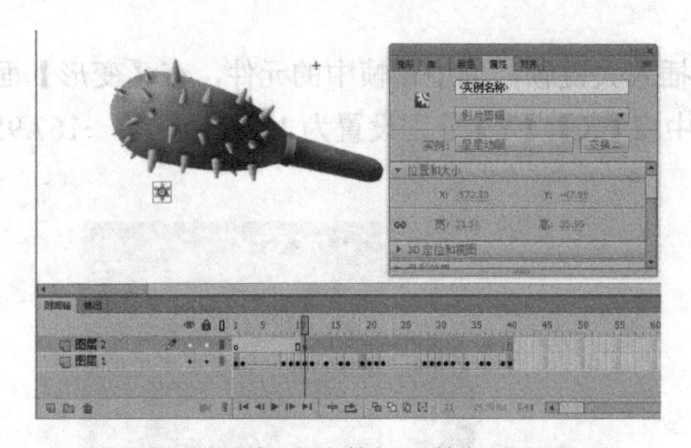

图 7-172 添加影片剪辑元件并进行设置

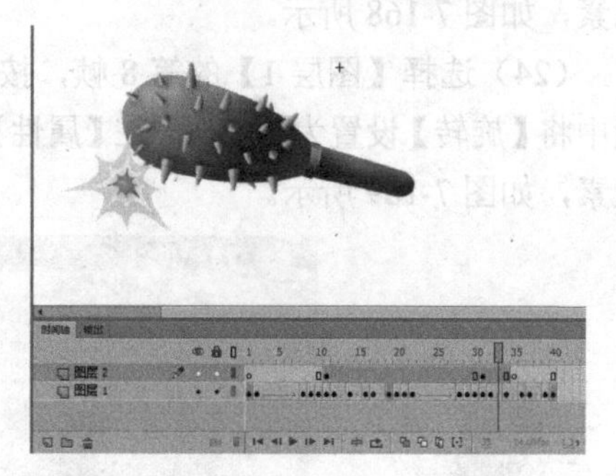

图 7-173 添加元件并插入空白关键帧

（29）使用同样的方法创建其他图层，并对其进行相应的调整，如图 7-174 所示。

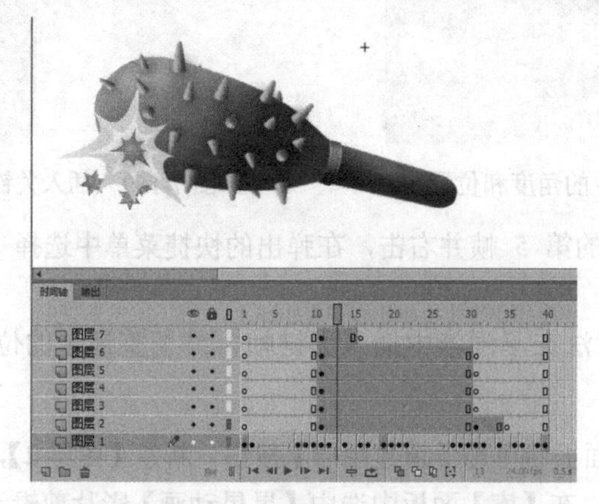

图 7-174 创建其他图层并进行相应的调整

（30）按 Ctrl+F8 组合键，在弹出的【创建新元件】对话框中，将【名称】设置为【晕】，将【类型】设置为【影片剪辑】，如图 7-175 所示。

（31）设置完成后，单击【确定】按钮。使用【钢笔工具】在舞台中绘制一条螺旋线，将其笔触颜色设置为黑色，将【笔触】设置为 0.6pts，如图 7-176 所示。

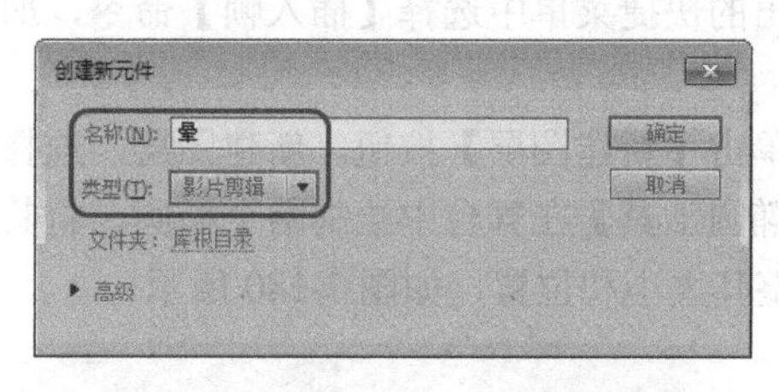

图 7-175 创建【晕】影片剪辑元件

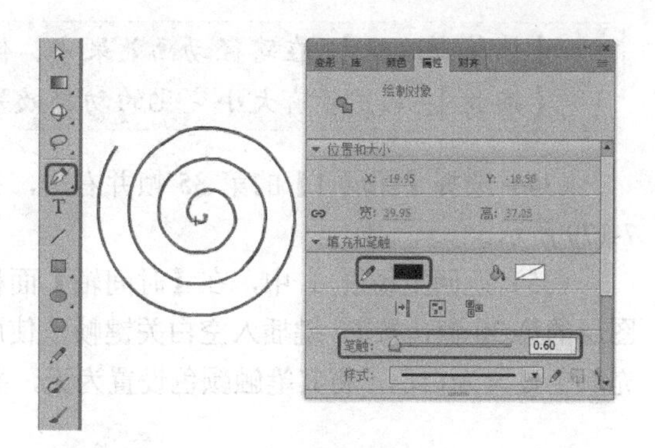

图 7-176 绘制螺旋线

（32）选中该图形，按 F8 键，在弹出的【转换为元件】对话框中，将【名称】设置为【螺旋线】，将【类型】设置为【图形】，并调整其对齐方式，如图 7-177 所示。

（33）设置完成后，单击【确定】按钮，在舞台中调整元件的位置。选择【图层 1】的第 30 帧，按 F6 键插入关键帧；选择该图层的第 15 帧并右击，在弹出的快捷菜单中选择【创建传统补间】命令；选择该图层的第 1 帧，在【属性】面板中将【旋转】设置为【顺时针】，将【旋转次数】设置为 3，如图 7-178 所示。

图 7-177 将图形转换为元件

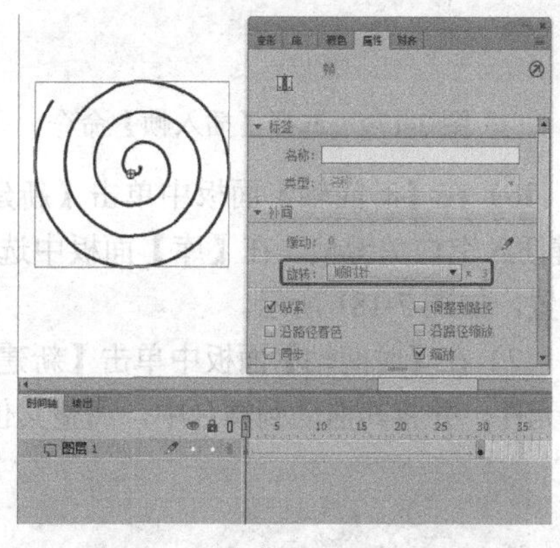

图 7-178 设置旋转属性

知识链接：

选择带有传统补间的关键帧后，在【属性】面板中将会显示【补间】区域，该区域中各个选项的功能如下。

【缓动】：应用于有速度变化的动画效果。当移动滑块在 0 值以上时，实现的是由快到慢的效果；当移动滑块在 0 值以下时，实现的是由慢到快的效果。

【旋转】：用于设置对象的旋转效果，包括【无】、【自动】、【顺时针】和【逆时针】4 个选项。

【旋转次数】：用于设置旋转的次数。

【贴紧】：使物体可以附着在引导线上。

【同步】：用于设置元件动画的同步性。

【调整到路径】：在路径动画效果中，使对象能够沿着引导线的路径移动。
【缩放】：应用于有大小变化的动画效果中。

（34）选择【图层 1】的第 35 帧并右击，在弹出的快捷菜单中选择【插入帧】命令，如图 7-179 所示。

（35）返回至场景 1 中，在【时间轴】面板中单击【新建图层】按钮，新建图层，选择该图层的第 30 帧，按 F7 键插入空白关键帧，使用【椭圆工具】在舞台中绘制两个椭圆，将其填充颜色设置为白色，将其笔触颜色设置为无，并调整其大小和位置，如图 7-180 所示。

图 7-179　选择【插入帧】命令

图 7-180　新建图层并绘制图形

（36）在【时间轴】面板中单击【新建图层】按钮，新建图层，选择该图层的第 30 帧，按 F7 键插入空白关键帧，在【库】面板中选中【晕】影片剪辑元件，并将其拖动到舞台中，调整其位置，如图 7-181 所示。

（37）在【时间轴】面板中单击【新建图层】按钮，新建图层，在【库】面板中选中【锤子】图形元件，并将其拖动到舞台中，调整其位置、大小及角度，如图 7-182 所示。

图 7-181　添加元件并调整其位置

图 7-182　新建图层并添加元件

（38）选择【图层 4】的第 20 帧，按 F7 键插入空白关键帧，在【库】面板中选中【敲打】影片剪辑元件，并将其拖动到舞台中，调整其位置和大小，如图 7-183 所示。

（39）在【时间轴】面板中单击【新建图层】按钮，新建图层，选择该图层的最后一帧，按 F6 键插入关键帧；按 F9 键，在打开的【动作】面板中输入代码，如图 7-184 所示。最终，对完成后的场景进行导出并保存起来即可。

图 7-183　添加元件并调整其位置和大小

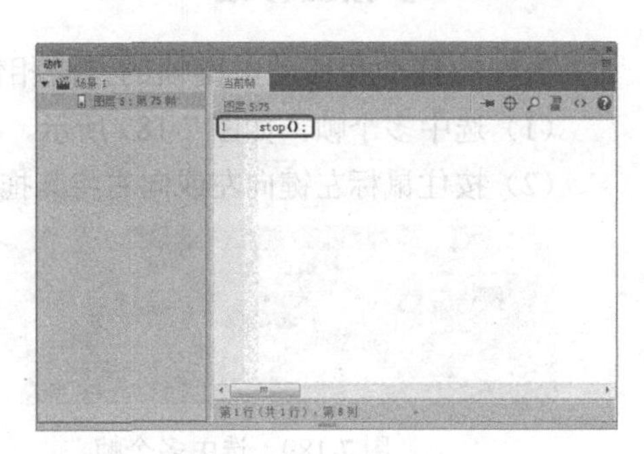

图 7-184　输入代码

7.5.2　选择多个帧

下面介绍如何选择多个帧。

1. 选择多个连续的帧

先选中一个帧，再按住 Shift 键并选中最后一个要选择的帧，即可将多个连续的帧选中，如图 7-185 所示。

2. 选择多个不连续的帧

按住 Ctrl 键，选中要选择的各个帧，即可将这些帧选中，如图 7-186 所示。

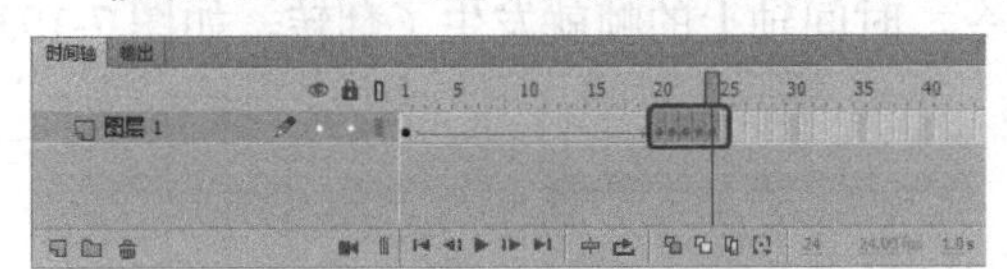

图 7-185　选择多个连续的帧

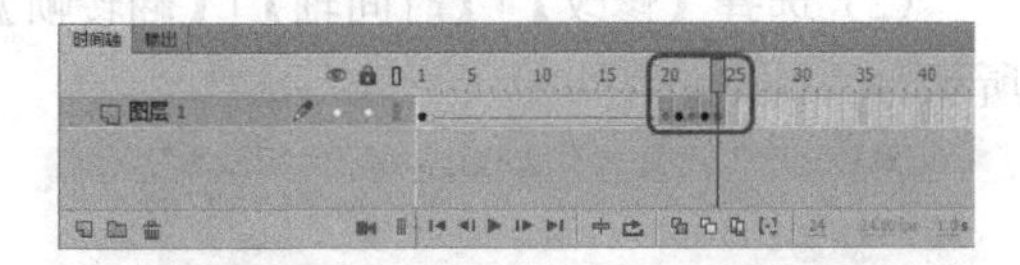

图 7-186　选择多个不连续的帧

3. 选择所有帧

选中时间轴上的任意一帧，选择【编辑】|【时间轴】|【选择所有帧】命令，如图 7-187 所示，即可选择时间轴上的所有帧，如图 7-188 所示。

图 7-187　选择【编辑】|【时间轴】|【选择所有帧】命令

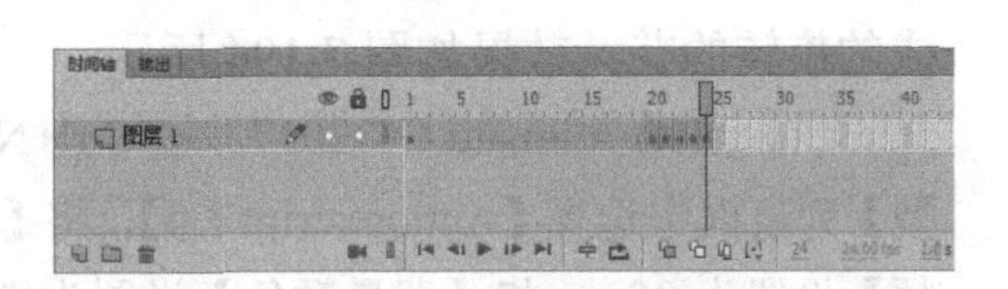

图 7-188　选择所有帧

7.5.3 多帧的移动

多帧的移动和移动关键帧的方法相似，其具体操作方法如下。

(1) 选中多个帧，如图 7-189 所示。

(2) 按住鼠标左键向左或向右将其拖动到目标位置，如图 7-190 所示。

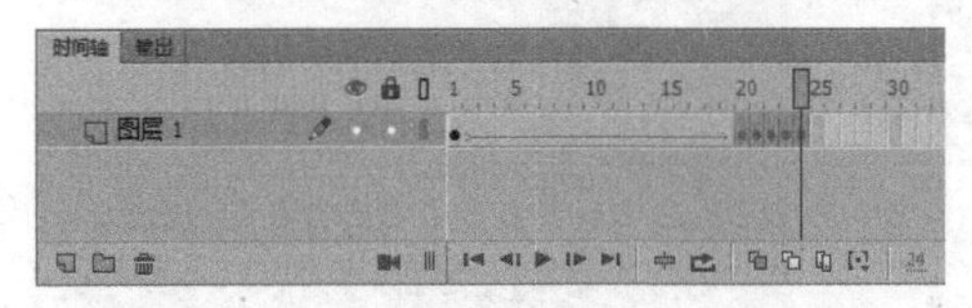

图 7-189 选中多个帧

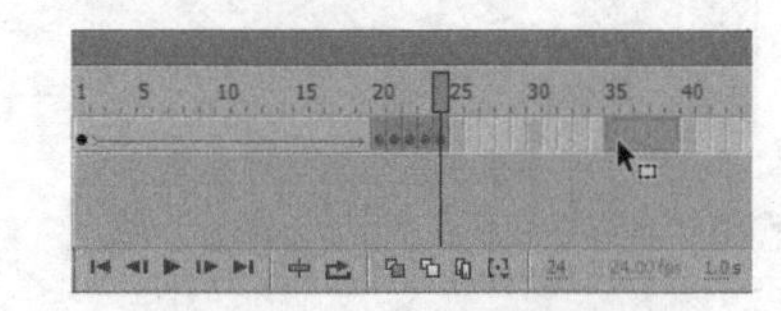

图 7-190 拖动选中的帧

(3) 释放鼠标左键，此时关键帧移动到目标位置，同时在原来的位置上用普通帧补足。移动完成后的效果如图 7-191 所示。

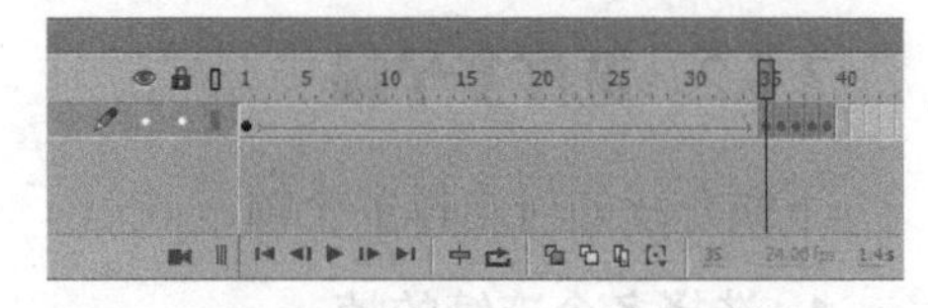

图 7-191 移动完成后的效果

7.5.4 帧的翻转

在制作动画的过程中有时需要将时间轴上的帧进行翻转，以达到想要的效果。下面介绍如何使帧翻转。

(1) 选中任意一帧，选择【编辑】|【时间轴】|【选择所有帧】命令，选中动画中的所有帧，如图 7-192 所示。

(2) 选择【修改】|【时间轴】|【翻转帧】命令，时间轴上的帧就发生了翻转，如图 7-193 所示。

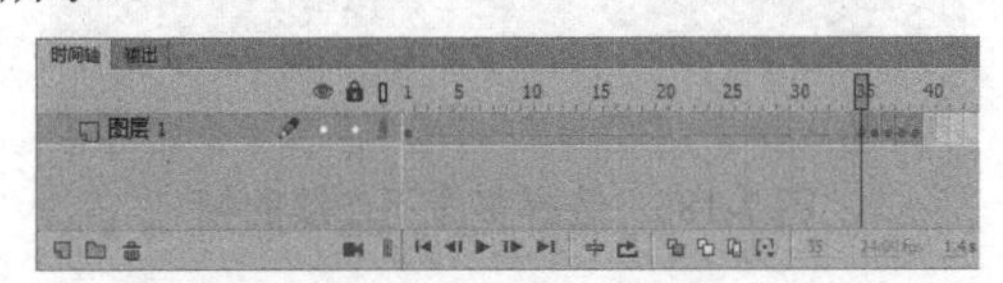

图 7-192 选中所有帧

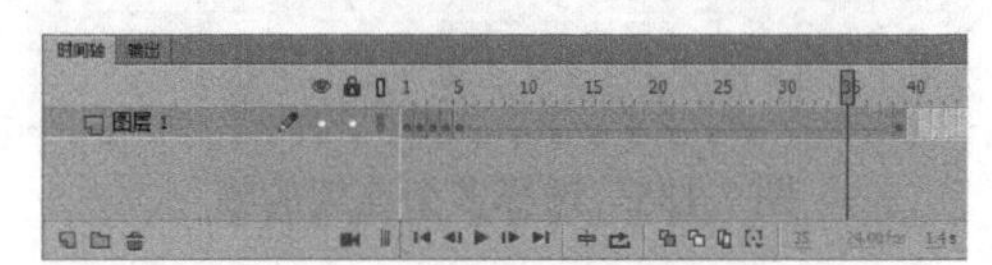

图 7-193 翻转帧

提示：如果只希望一部分帧翻转，则在选择的时候，可以只选中一部分帧。

7.6 上机练习

7.6.1 制作旋转的花朵

下面将介绍如何制作旋转的花朵，主要通过导入序列图片和制作文字动画来完成。完成的旋转的花朵效果如图 7-194 所示。

(1) 启动 Animate CC 2017，按 Ctrl+N 组合键，在弹出的【新建文档】对话框中，在【类型】列表框中选择【ActionScript 3.0】，将【宽】、【高】分别设置为 563 像素、355 像素，将【帧频】设置为 8fps，将【背景颜色】设置为黑色，单击【确定】按钮，如图 7-195 所示。

（2）按Ctrl+R组合键，在弹出的【导入】对话框中选择【花朵背景】文件，单击【打开】按钮，如图7-196所示。

图7-194　完成的旋转的花朵效果

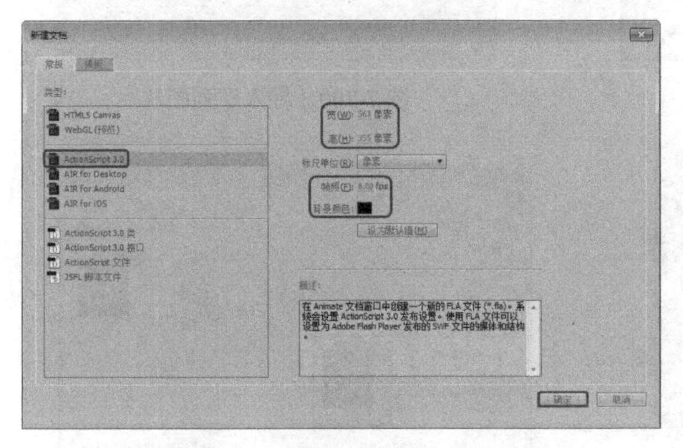

图7-195　【新建文档】对话框

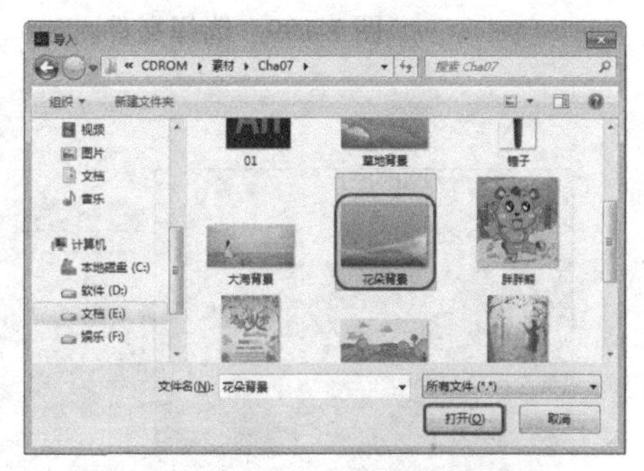

图7-196　选择素材文件

（3）按Ctrl+K组合键，打开【对齐】面板，单击【水平中齐】按钮、【垂直中齐】按钮和【匹配宽和高】按钮，如图7-197所示。

（4）按Ctrl+F8组合键，在弹出的【创建新元件】对话框中，将【名称】设置为【花朵】，将【类型】设置为【影片剪辑】，单击【确定】按钮，如图7-198所示。

图7-197　设置素材文件的对齐方式

图7-198　新建元件

（5）按Ctrl+R组合键，在弹出的【导入】对话框中选择【花朵】文件夹中的【0010001】文件，单击【打开】按钮，如图7-199所示。

（6）在弹出的提示对话框中单击【是】按钮，即可导入序列图片，如图7-200所示。

（7）返回到场景1中，新建【图层2】，在【库】面板中将【花朵】影片剪辑元件拖动到舞台中，在【变形】面板中将【缩放宽度】和【缩放高度】都设置为23%，并在舞台中调整元件的位置，如图7-201所示。

（8）选择【文件】|【打开】命令，在弹出的【打开】对话框中选择【小球】文件，单击【打开】按钮，如图 7-202 所示。

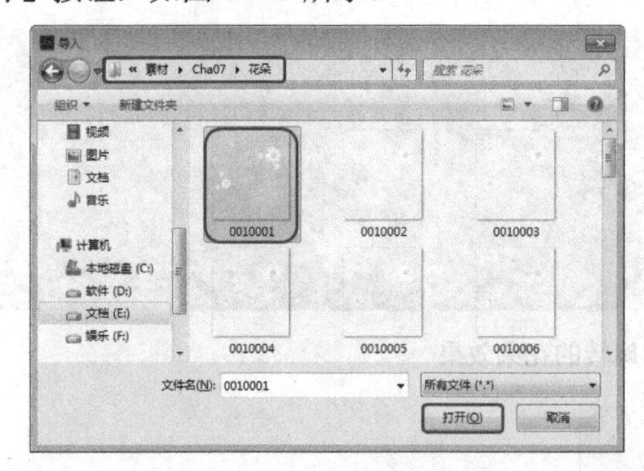

图 7-199　选择文件

图 7-200　导入序列图片

图 7-201　调整元件的位置和大小

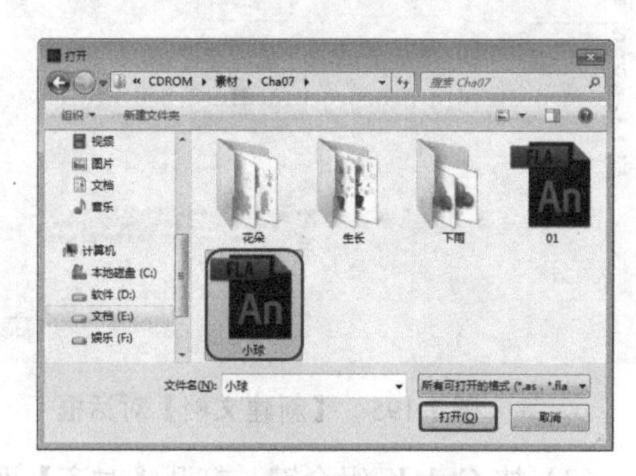

图 7-202　打开素材文件

（9）按 Ctrl+A 组合键，选中所有对象，并选择【编辑】|【复制】命令，如图 7-203 所示。

（10）返回到当前制作的场景中，新建【图层 3】，选择【编辑】|【粘贴到当前位置】命令，即可将选中的对象粘贴到当前制作的场景中，如图 7-204 所示。

图 7-203　选择【编辑】|【复制】命令

图 7-204　粘贴对象

（11）按Ctrl+F8组合键，在弹出的【创建新元件】对话框中，将【名称】设置为【文字】，将【类型】设置为【影片剪辑】，单击【确定】按钮，如图7-205所示。

（12）使用【文本工具】，在【属性】面板中将【系列】设置为方正琥珀简体，将【大小】设置为26磅，将【颜色】设置为白色，在舞台中输入文字，如图7-206所示。

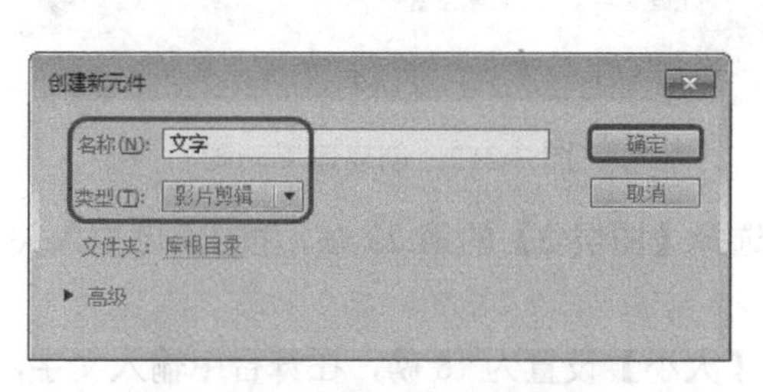

图7-205　创建影片剪辑元件

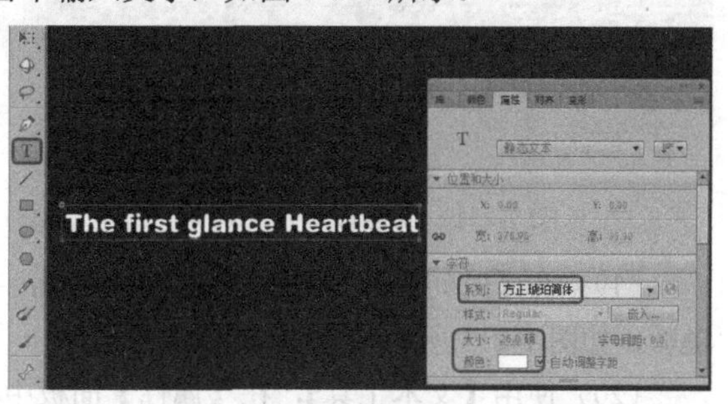

图7-206　输入并设置文字

（13）在【时间轴】面板中选择【图层1】的第30帧，按F6键插入关键帧。单击【新建图层】按钮，新建【图层2】，如图7-207所示。

（14）使用【矩形工具】，在【属性】面板中将其填充颜色设置为白色，将其笔触颜色设置为无，在舞台中绘制矩形，如图7-208所示。

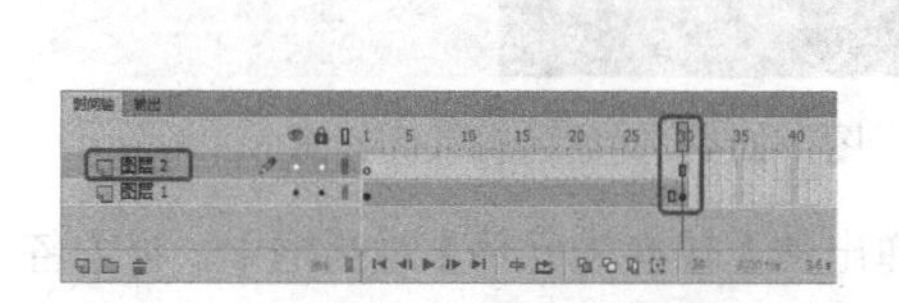

图7-207　插入关键帧并新建图层

图7-208　绘制矩形

（15）确认新绘制的矩形处于选中状态，按F8键，在弹出的【转换为元件】对话框中，将【名称】设置为【矩形】，将【类型】设置为【图形】，单击【确定】按钮，如图7-209所示。

（16）在【时间轴】面板中选择【图层2】的第23帧，按F6键插入关键帧，在舞台中调整【矩形】图形元件的位置，如图7-210所示。

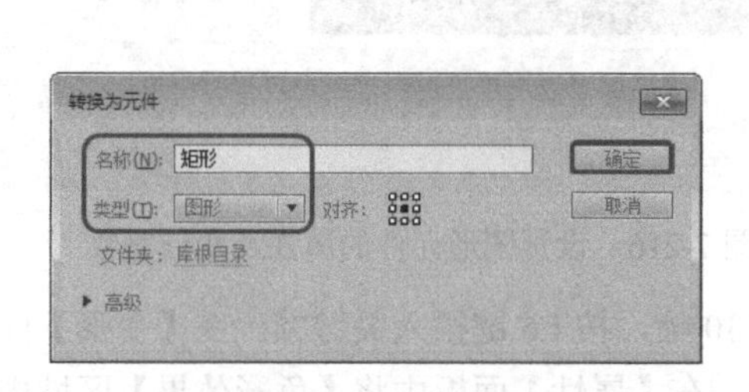

图7-209　将图形转换为元件

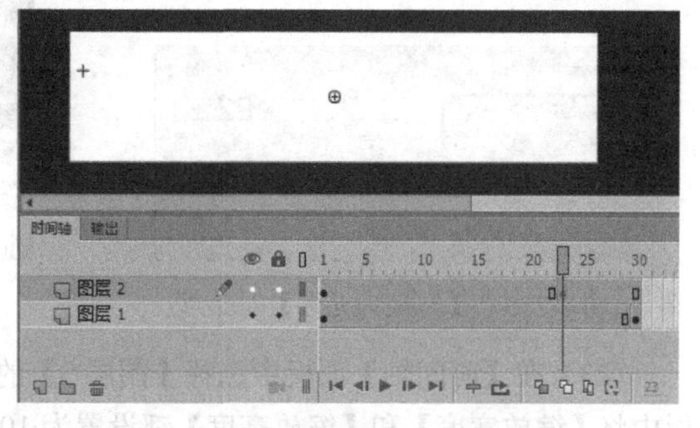

图7-210　调整图形元件的位置

（17）选择【图层2】的第15帧并右击，在弹出的快捷菜单中选择【创建传统补间】命令，即可创建传统补间动画，如图7-211所示。

（18）在【图层2】的名称上右击，在弹出的快捷菜单中选择【遮罩层】命令，即可创建遮罩动画，如图7-212所示。

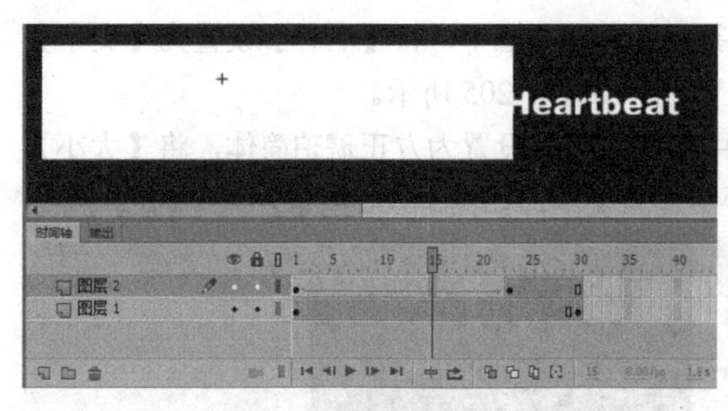

图 7-211　创建传统补间动画

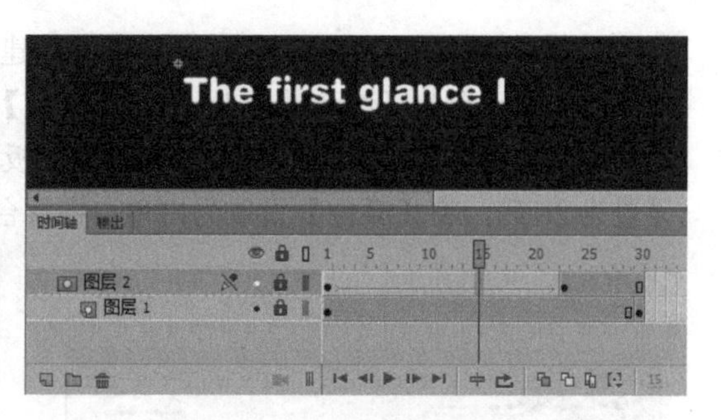

图 7-212　创建遮罩动画

（19）在【时间轴】面板中新建【图层 3】，并选择【图层 3】的第 23 帧，按 F6 键插入关键帧，如图 7-213 所示。

（20）使用【文本工具】，在【属性】面板中将【大小】设置为 18 磅，在舞台中输入文字，如图 7-214 所示。

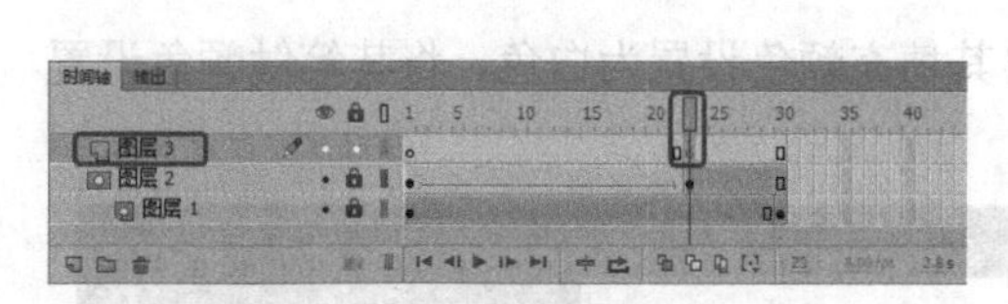

图 7-213　新建图层并插入关键帧

图 7-214　文字的输入和设置

（21）确认输入的文字处于选中状态，按 F8 键，在弹出的【转换为元件】对话框中，将【名称】设置为【文字 1】，将【类型】设置为【图形】，单击【确定】按钮，如图 7-215 所示。

（22）在【变形】面板中将【缩放宽度】和【缩放高度】都设置为 10%，在【属性】面板中将【色彩效果】区域中的【样式】设置为 Alpha，将【Alpha】设置为 0%，如图 7-216 所示。

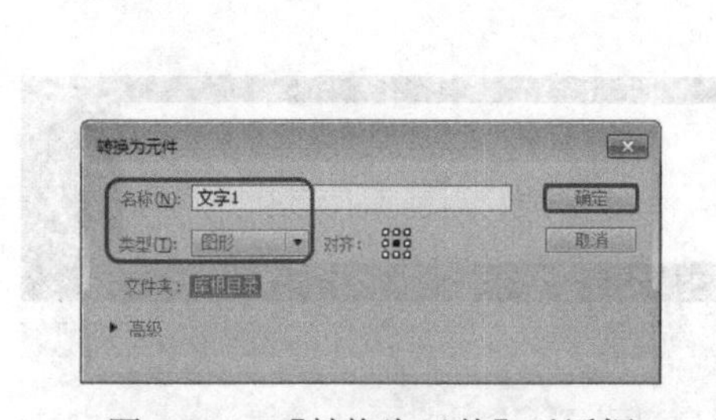

图 7-215　【转换为元件】对话框

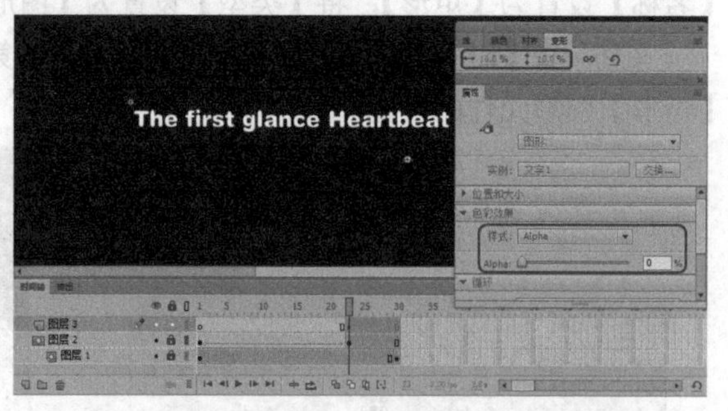

图 7-216　设置图形元件的属性及变形参数

（23）在【时间轴】面板中选择【图层 3】的第 30 帧，按 F6 键插入关键帧，在【变形】面板中将【缩放宽度】和【缩放高度】都设置为 100%，在【属性】面板中将【色彩效果】区域中的【样式】设置为无，如图 7-217 所示。

（24）在【时间轴】面板中选择【图层 3】的第 25 帧并右击，在弹出的快捷菜单中选择【创建传统补间】命令，即可创建传统补间动画，其效果如图 7-218 所示。

图 7-217　插入关键帧并设置元件的参数

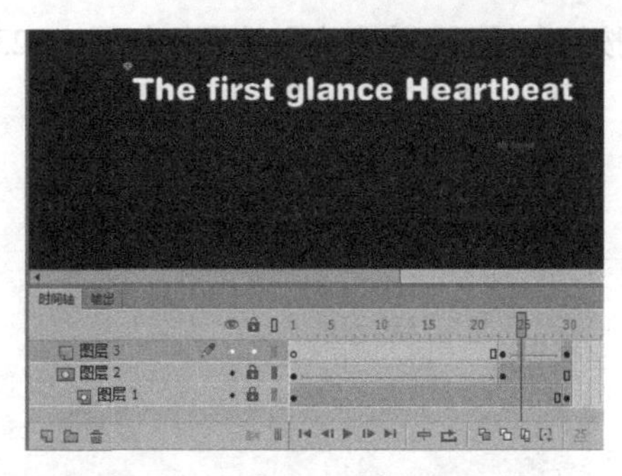

图 7-219　创建传统补间动画后的效果

（25）选择【图层 3】的第 30 帧，按 F9 键，在打开的【动作】面板中输入代码【stop();】，如图 7-219 所示。

（26）返回到场景 1 中，新建【图层 4】，在【库】面板中将【文字】影片剪辑元件拖动到舞台中，并调整其位置，如图 7-220 所示。至此，完成该动画的制作，导出影片并将场景文件保存起来即可。

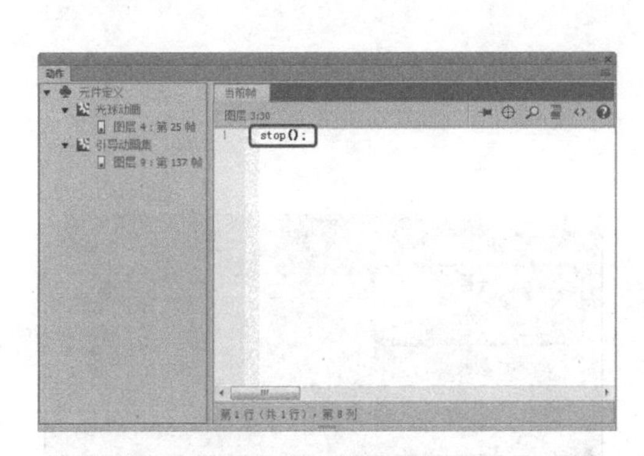

图 7-219　输入代码

图 7-220　调整元件的位置

7.6.2　制作生长的向日葵

下面将介绍如何制作向日葵生长动画，主要通过将导入的序列图片制作成影片剪辑元件，再导入其他素材文件，为导入的素材文件设置不同的效果，来形成向日葵生长效果。完成的生长的向日葵效果如图 7-221 所示。

（1）选择【文件】|【新建】命令，在弹出的【新建文档】对话框中，在【类型】列表框中选择【ActionScript3.0】选项，将【宽】、【高】分别设置为 550 像素、400 像素，单击【确定】按钮，如图 7-222 所示。

（2）按 Ctrl+R 组合键，在弹出的【导入】对话框中，选择【草地背景】文件，即可将选择的素材文件导入到舞台中。在【对齐】面板中，勾选【与舞台对齐】复选框，并单击【水平中齐】按钮、【垂直中齐】

图 7-221　完成的生长的向日葵效果

按钮和【匹配宽和高】按钮，如图 7-223 所示。

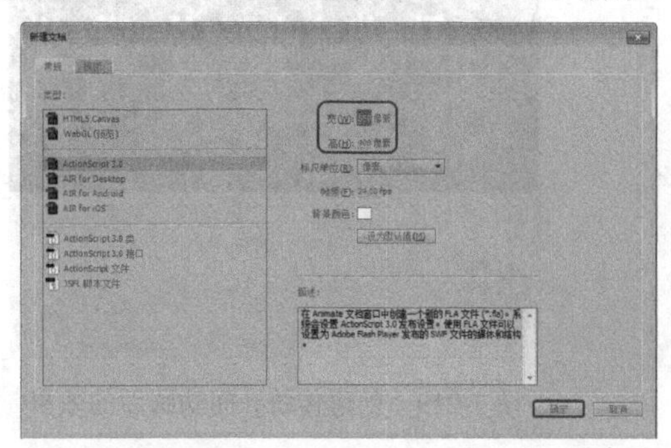

图 7-222 【新建文档】对话框

图 7-223 设置素材文件的对齐方式

(3) 选择【图层 1】的第 60 帧，按 F5 键插入帧。在【时间轴】面板中单击【新建图层】按钮，新建【图层 2】。按 Ctrl+R 组合键，在弹出的【导入】对话框中选择【阳光】文件，单击【打开】按钮，在舞台中调整该对象的位置，如图 7-224 所示。

(4) 按 Ctrl+F8 组合键，在弹出的【创建新元件】对话框中，将【名称】设置为【生长】，将【类型】设置为【影片剪辑】，如图 7-225 所示。

图 7-224 导入素材文件

图 7-225 【创建新元件】对话框

(5) 设置完成后，单击【确定】按钮。按 Ctrl+R 组合键，在弹出的【导入】对话框中选择【生长】文件夹中的【0010001】文件，单击【打开】按钮，在弹出的提示对话框中单击【是】按钮，即可导入选中的素材文件，如图 7-226 所示。

(6) 新建【图层 2】，选择该图层的第 154 帧，按 F6 键插入关键帧，并输入代码【stop();】。返回到场景 1 中，在【时间轴】面板中单击【新建图层】按钮，新建【图层 3】，选择该图层的第 44 帧，按 F6 键插入关键帧，在【库】面板中选中【生长】影片剪辑元件，并将其拖动到舞台中，调整其位置，如图 7-227 所示。

(7) 在【时间轴】面板中单击【新建图层】按钮，新建【图层 4】，在【库】面板中选择【0010001.png】素材文件，并将其拖动到舞台中，调整其位置和大小，如图 7-228 所示。

(8) 选择【图层 4】的第 44 帧并右击，在弹出的快捷菜单中选择【插入空白关键帧】命令，如图 7-229 所示。

图 7-226 导入选中的素材文件

图 7-227 添加影片剪辑元件

图 7-228 添加素材文件

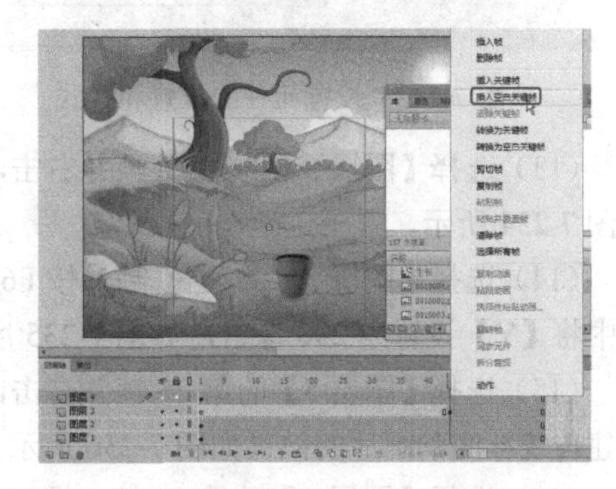
图 7-229 选择【插入空白关键帧】命令

（9）选择【文件】|【导入】|【导入到库】命令，在弹出的【导入到库】对话框中选择【水滴.png】和【水壶.png】素材文件，单击【打开】按钮。在【时间轴】面板中单击【新建图层】按钮，新建【图层 5】，选择该图层的第 15 帧，按 F6 键插入关键帧，将【水滴.png】素材文件拖动到舞台中，并调整其大小，如图 7-230 所示。

（10）选中该图像，按 F8 键，在弹出的【转换为元件】对话框中，将【名称】设置为【水滴】，将【类型】设置为【图形】，如图 7-231 所示。

图 7-230 插入关键帧并添加素材文件

图 7-231 【转换为元件】对话框

（11）设置完成后，单击【确定】按钮。选中该元件，在【属性】面板中将【X】、【Y】分别设置为 285.95 像素、103.2 像素，将【样式】设置为 Alpha，将【Alpha】设置为 10%，如

图 7-232 所示。

（12）在【时间轴】面板中选择【图层 5】的第 18 帧，按 F6 键插入关键帧，在【属性】面板中将【Alpha】设置为 100%，如图 7-233 所示。

图 7-232 设置元件的位置和样式

图 7-233 设置 Alpha 值

（13）选择【图层 5】的第 16 帧并右击，在弹出的快捷菜单中选择【创建传统补间】命令，如图 7-234 所示。

（14）选择【图层 5】的第 30 帧，按 F6 键插入关键帧，选中该帧中的元件，在【属性】面板中将【Y】设置为 290 像素，如图 7-235 所示。

（15）选择【图层 5】的第 25 帧并右击，在弹出的快捷菜单中选择【创建传统补间】命令，创建传统补间动画后的效果如图 7-236 所示。

（16）选择【图层 5】的第 31 帧，按 F7 键插入空白关键帧，将【图层 5】复制两次，并调整关键帧的位置，如图 7-237 所示。

（17）在【时间轴】面板中单击【新建图层】按钮，新建【图层 6】，在【库】面板中选择【水壶.png】素材文件，并将其拖动到舞台中，调整其大小和位置，将其转换为图形元件，如图 7-238 所示。

（18）选择【图层 6】的第 15 帧，按 F6 键插入关键帧，在【变形】面板中将【旋转】设置为 31°，如图 7-239 所示。

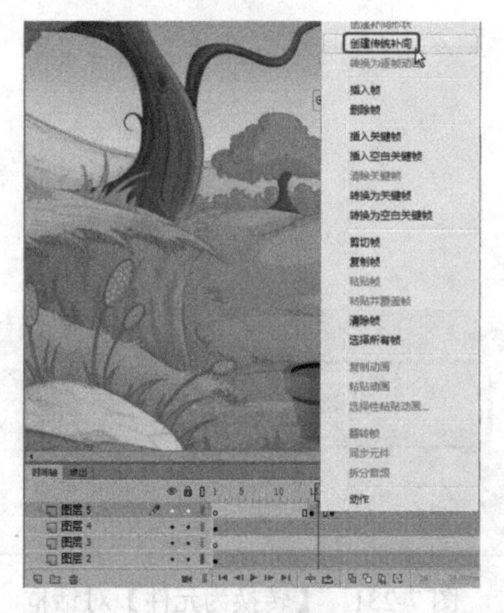

图 7-234 选择【创建传统补间】命令

图 7-235 插入关键帧并设置帧中元件的位置

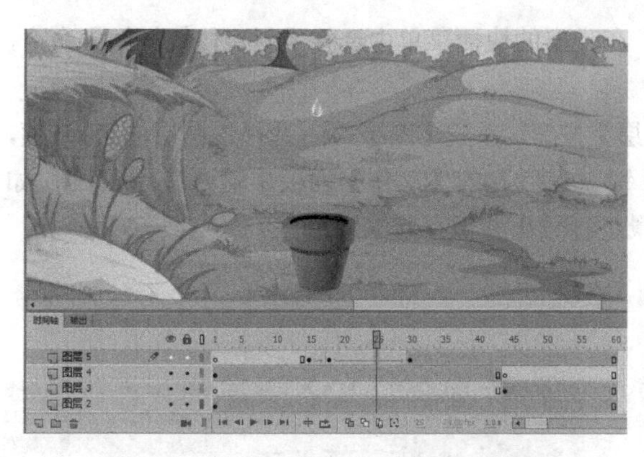

图 7-236　创建传统补间动画后的效果 1

图 7-237　复制图层并调整关键帧的位置

图 7-238　调整对象的位置和大小并将其转换为元件

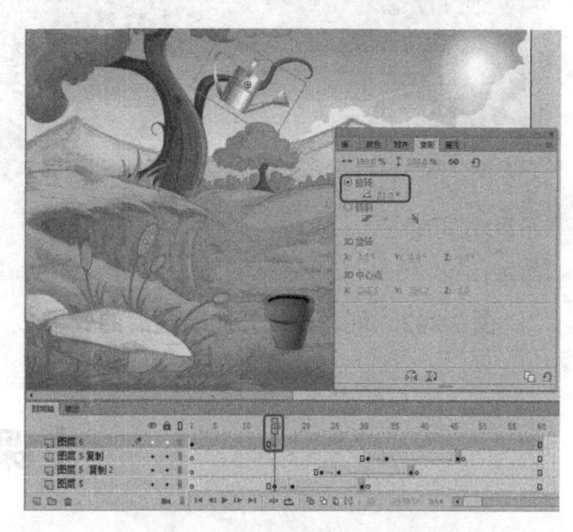

图 7-239　设置旋转角度

（19）选择【图层 6】的第 10 帧并右击，在弹出的快捷菜单中选择【创建传统补间】命令，如图 7-240 所示。

（20）选择【图层 6】的第 43 帧，按 F6 键插入关键帧；选择该图层的第 45 帧，按 F6 键插入关键帧，选中该帧中的元件，在【属性】面板中将【样式】设置为 Alpha，将【Alpha】设置为 0%，如图 7-241 所示。

图 7-240　创建传统补间动画

图 7-241　插入关键帧并设置帧中元件的样式

（21）选择【图层 6】的第 44 帧并右击，在弹出的快捷菜单中选择【创建传统补间】命令，创建传统补间动画后的效果如图 7-242 所示。

（22）在【时间轴】面板中单击【新建图层】按钮，新建【图层 7】，选择该图层的第 60 帧，按 F6 键插入关键帧。选中该关键帧，按 F9 键，在打开的【动作】面板中输入【stop();】，如图 7-243 所示。关闭该面板，对完成后的场景进行导出并保存起来即可。

图 7-242　创建传统补间动画后的效果 2

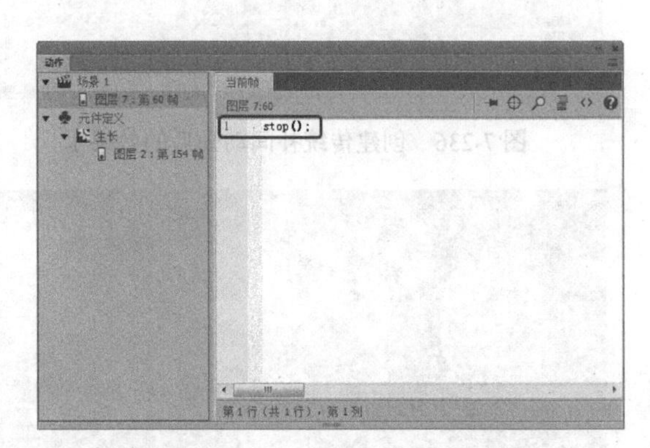

图 7-243　输入代码

【课后习题】

1. 如何应用【分散到图层】命令？
2. 帧如何删除、移动、复制、转换与清除？
3. 帧的删除和清除有何不同？

【课后练习】

项目练习　制作飘雪效果

<table>
<tr>
<td>效果展示：
</td>
<td>操作要领：
（1）添加背景图片。
（2）制作雪花飘落动画。
（3）输入代码</td>
</tr>
</table>

第 8 章

补间与多场景动画的制作

08

Chapter

本章导读：

基础知识

◈ 传统补间动画简介

◈ 补间形状动画简介

重点知识

◈ 创建传统补间动画

◈ 创建补间形状动画

提高知识

◈ 创建引导层动画

◈ 创建遮罩层动画

本章主要通过制作简单的动画实例来介绍传统补间动画、补间形状动画、引导层动画和遮罩层动画的制作方法。

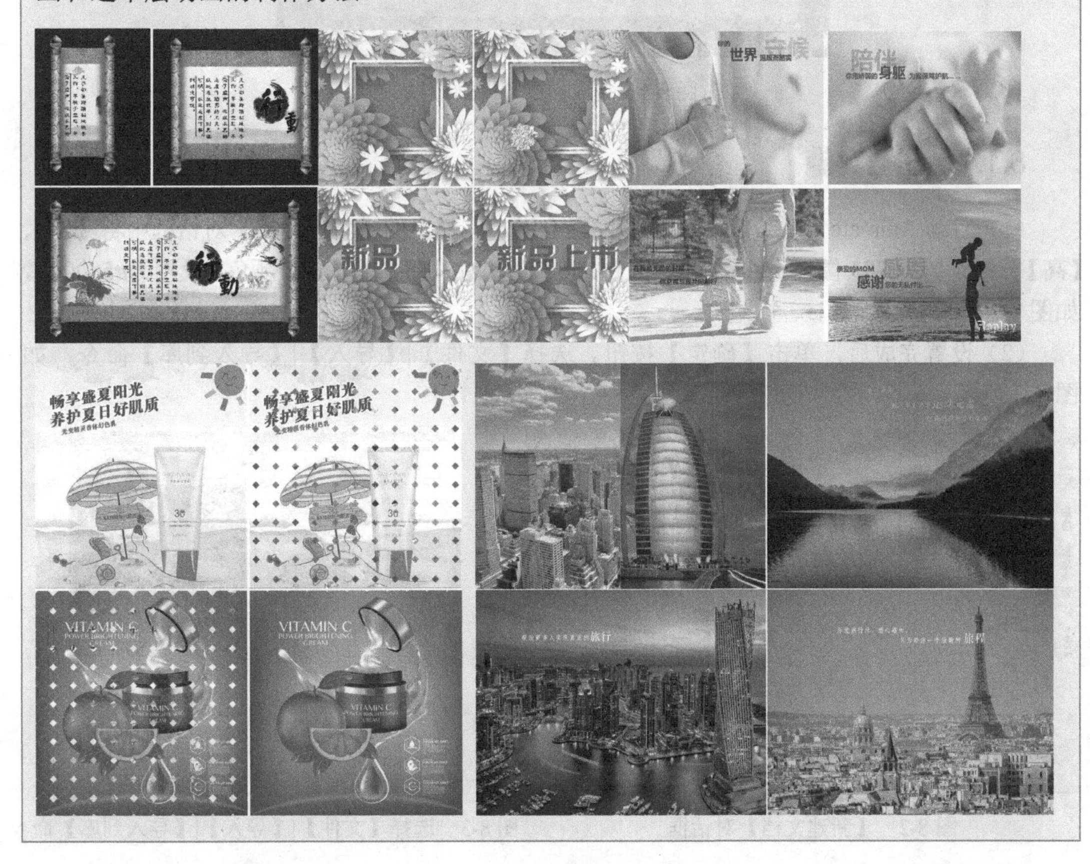

8.1　任务 25：制作展开的画——创建传统补间动画

本任务将介绍如何利用遮罩层制作展开的画，其中主要应用了传统补间动画和遮罩层，完成的展开的画效果如图 8-1 所示。

图 8-1　完成的展开的画效果

8.1.1　任务实施

（1）启动 Animate CC 2017，按 Ctrl+N 组合键，在弹出的【新建文档】对话框中将【宽】、【高】分别设置为 793 像素、448 像素，将【帧频】设置为 30fps，将【背景颜色】设置为#58000E，如图 8-2 所示。

（2）设置完成后，单击【确定】按钮。选择【文件】|【导入】|【导入到库】命令，如图 8-3 所示。

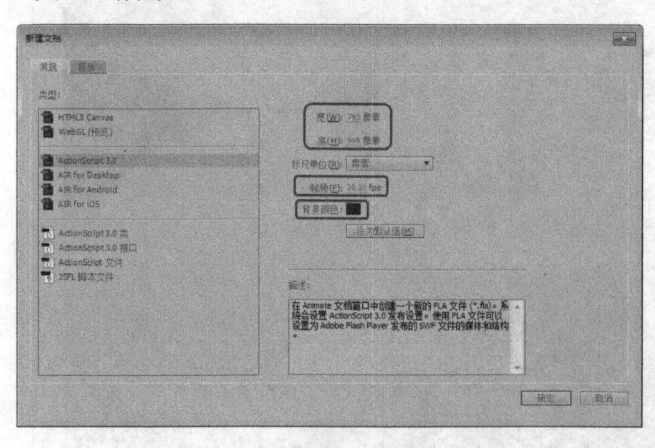

图 8-2　【新建文档】对话框

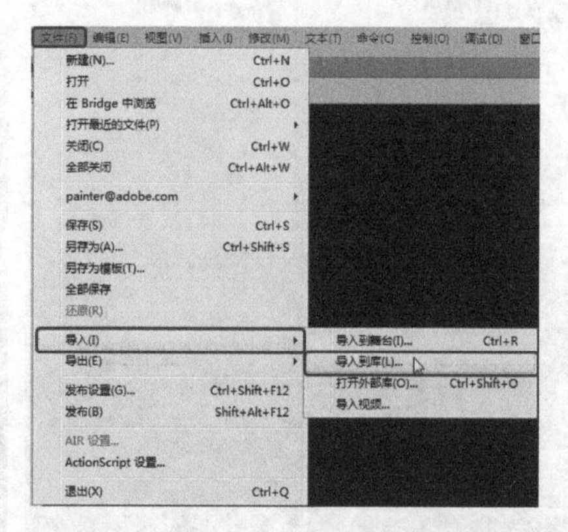

图 8-3　选择【文件】|【导入】|【导入到库】命令

（3）在弹出的【导入到库】对话框中选择【画.png】、【画轴 1.png】、【画轴 2.png】文件，单击【打开】按钮，如图 8-4 所示。

（4）按 Ctrl+F8 组合键，在弹出的【创建新元件】对话框中，将【名称】设置为【卷轴画】，将【类型】设置为【影片剪辑】，如图 8-5 所示。

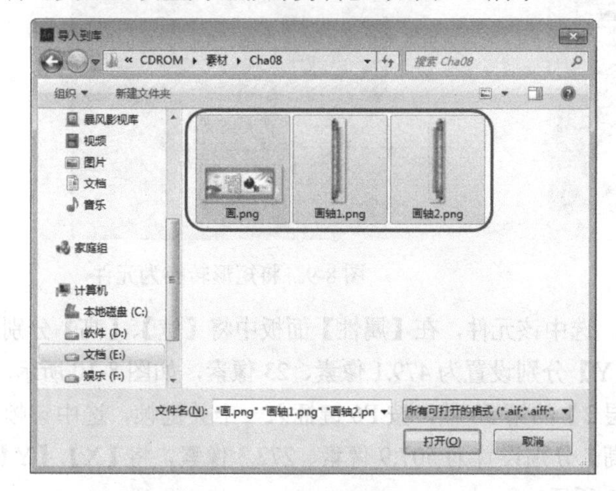

图 8-4 选择素材文件

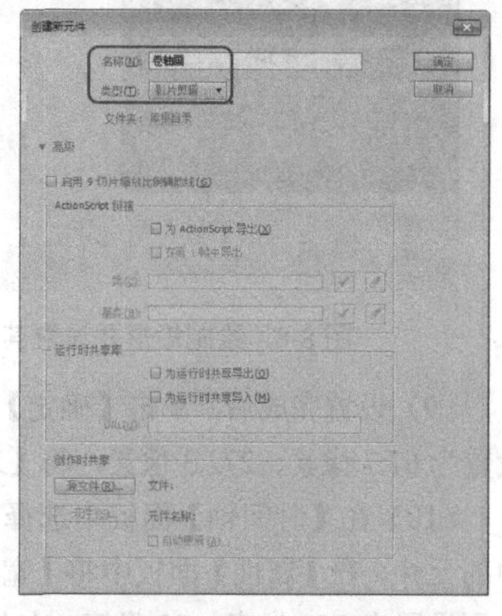

图 8-5 【创建新元件】对话框

（5）设置完成后，单击【确定】按钮。在【库】面板中选择【画.png】素材文件，并将其拖动到舞台中。选中舞台中的对象，在【属性】面板中将【宽】、【高】分别设置为 579.95 像素、256 像素，将【X】、【Y】分别设置为 234 像素、9 像素，如图 8-6 所示。

（6）在【时间轴】面板中选择【图层 1】的第 58 帧并右击，在弹出的快捷菜单中选择【插入帧】命令，如图 8-7 所示。

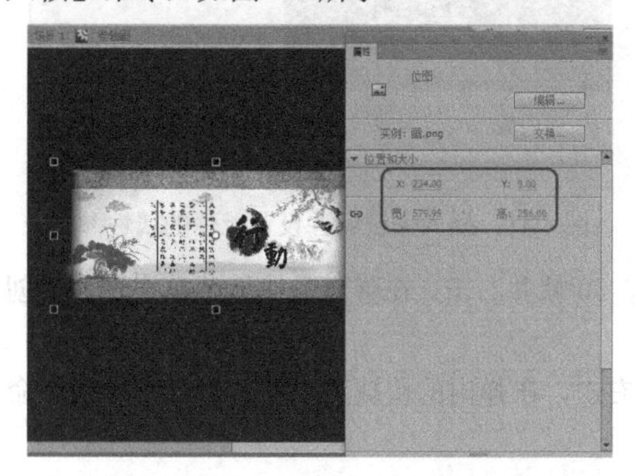

图 8-6 添加素材文件并进行相关设置

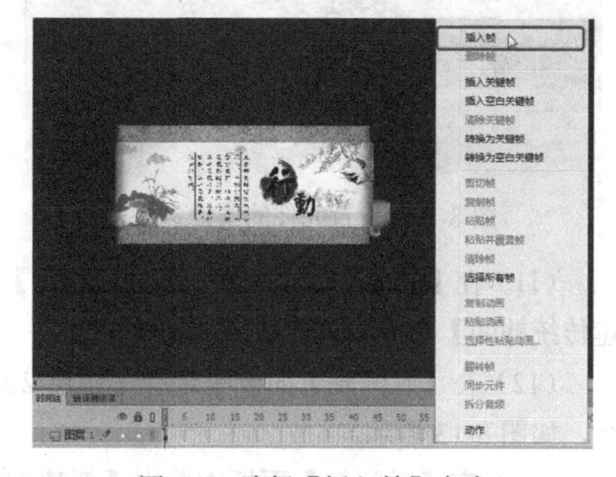

图 8-7 选择【插入帧】命令

（7）在【时间轴】面板中单击【新建图层】按钮，新建【图层 2】，使用【矩形工具】在舞台中绘制一个矩形。选中该矩形，在【属性】面板中将【宽】、【高】分别设置为 958.15 像素、272.3 像素，将【X】、【Y】都设置为 0 像素，将其笔触颜色设置为无，将其填充颜色设置为黑色，如图 8-8 所示。

（8）继续选中该矩形，按 F8 键，在弹出的【转换为元件】对话框中，将【名称】设置为【矩形】，将【类型】设置为【图形】，如图 8-9 所示。

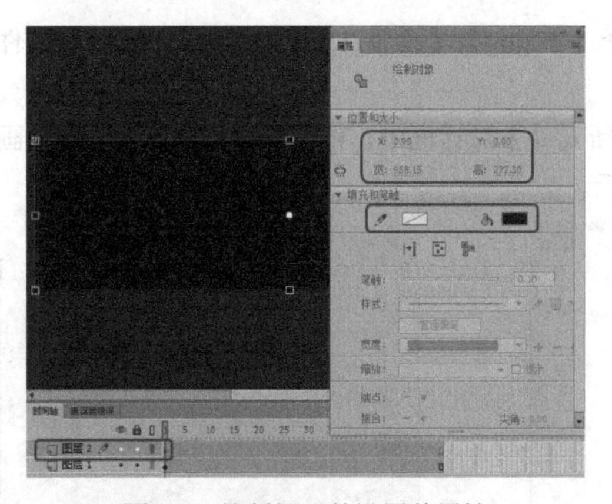

图 8-8　绘制矩形并设置其属性

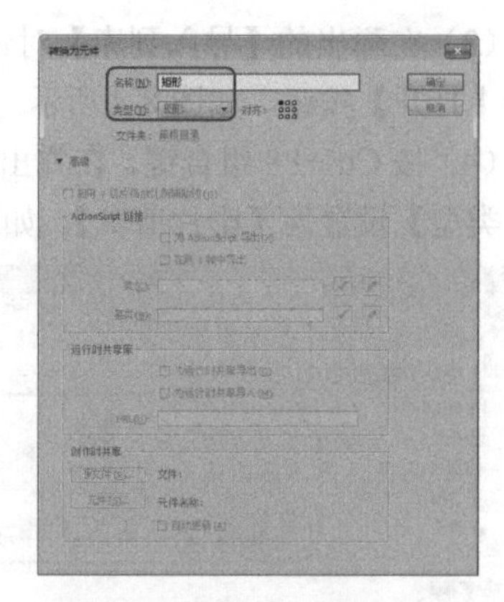

图 8-9　将矩形转换为元件

（9）设置完成后，单击【确定】按钮。选中该元件，在【属性】面板中将【宽】、【高】分别设置为 67.7 像素、272.3 像素，将【X】、【Y】分别设置为 479.1 像素、23 像素，如图 8-10 所示。

（10）在【时间轴】面板中选择【图层 2】的第 58 帧，按 F6 键插入一个关键帧，选中该帧中的元件，在【属性】面板中将【宽】、【高】分别设置为 507.9 像素、272.3 像素，将【X】、【Y】分别设置为 259 像素、23 像素，如图 8-11 所示。

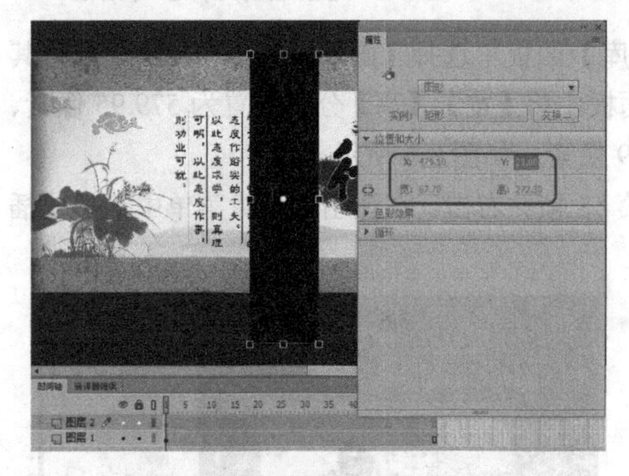

图 8-10　设置元件的属性参数

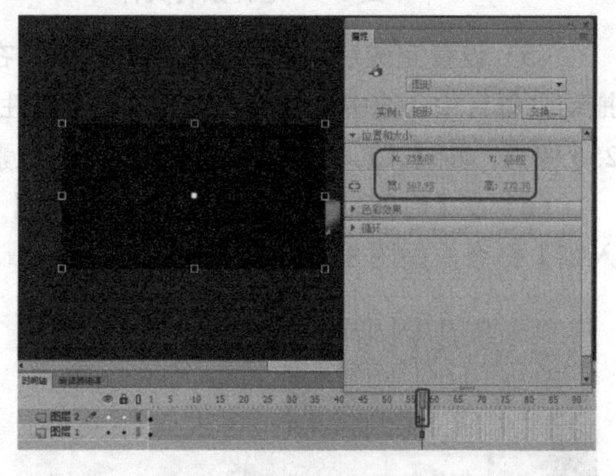

图 8-11　插入关键帧并设置元件的属性参数

（11）在【时间轴】面板中选择【图层 2】的第 30 帧并右击，在弹出的快捷菜单中选择【创建传统补间】命令，如图 8-12 所示。

（12）在【时间轴】面板中选择【图层 2】并右击，在弹出的快捷菜单中选择【遮罩层】命令，如图 8-13 所示。

（13）在【时间轴】面板中单击【新建图层】按钮，新建【图层 3】，在【库】面板中选择【画轴 1.png】素材文件，并将其拖动到舞台中。选中该对象，按 F8 键，在弹出的【转换为元件】对话框中将【名称】设置为【画轴 1】，将【类型】设置为【图形】，如图 8-14 所示。

（14）设置完成后，单击【确定】按钮。选中该元件，在【属性】面板中将【X】、【Y】分别设置为 473.5 像素、0 像素，如图 8-15 所示。

（15）在【时间轴】面板中选择【图层 3】的第 58 帧，按 F6 键插入关键帧，选中该帧中的元件，在【属性】面板中将【X】、【Y】分别设置为 251.75 像素、0 像素，如图 8-16 所示。

（16）在【时间轴】面板中选择【图层 3】的第 30 帧并右击，在弹出的快捷菜单中选择【创

建传统补间】命令，如图8-17所示。

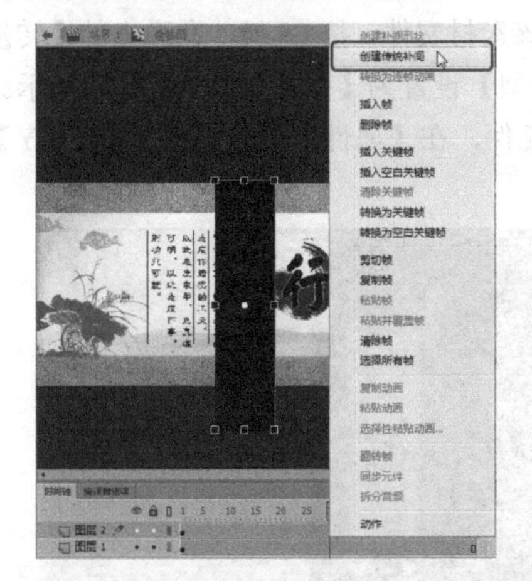

图8-12 选择【创建传统补间】命令1

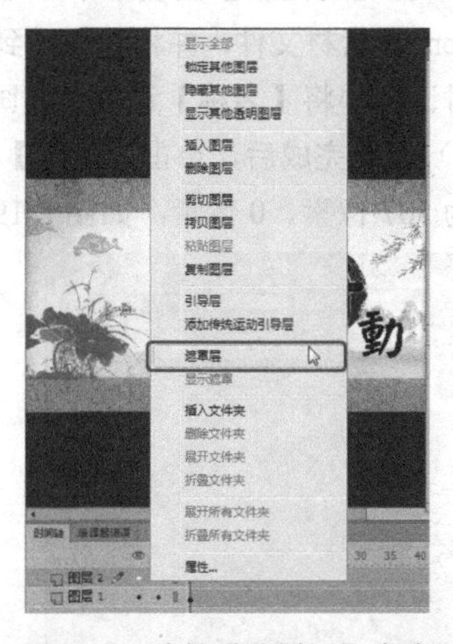

图8-13 选择【遮罩层】命令

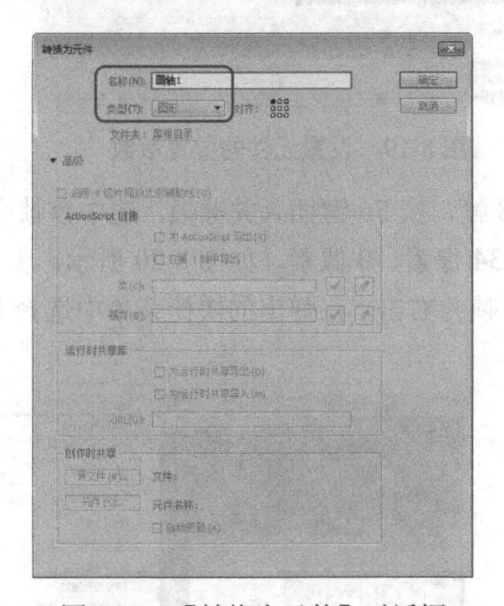

图8-14 【转换为元件】对话框

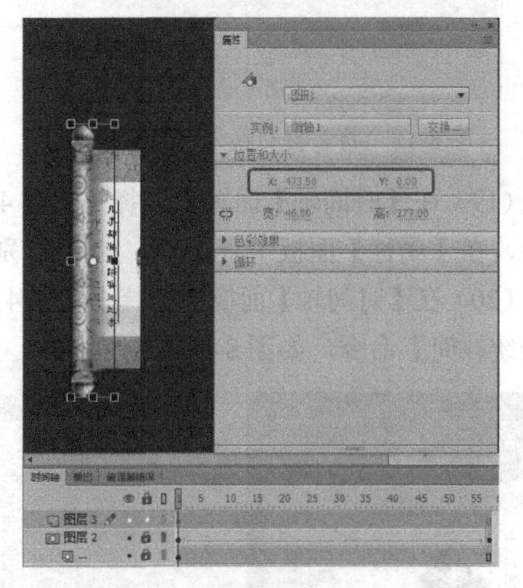

图8-15 设置元件的位置

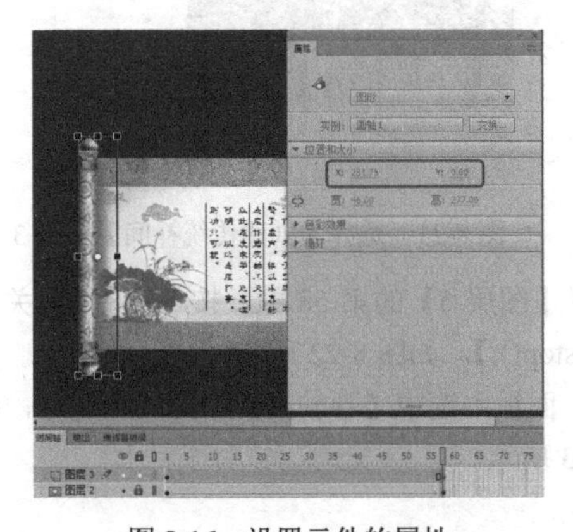

图8-16 设置元件的属性

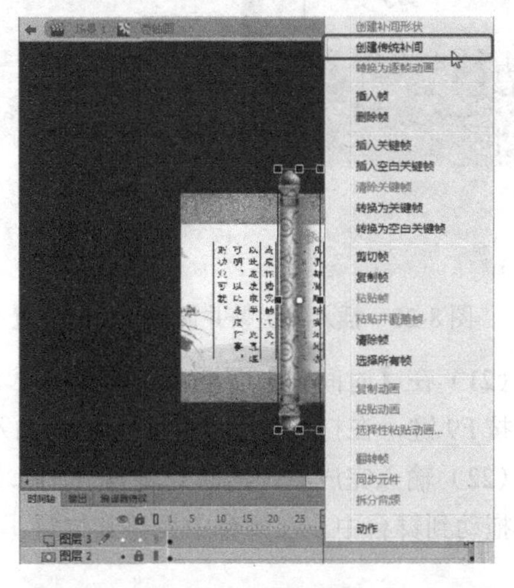

图8-17 选择【创建传统补间】命令2

（17）在【时间轴】面板中单击【新建图层】按钮，新建【图层 4】，在【库】面板中选择【画轴 2.png】素材文件，并将其拖动到舞台中。选中该素材文件，按 F8 键，在弹出的【转换为元件】对话框中将【名称】设置为【画轴 2】，将【类型】设置为【图形】，如图 8-18 所示。

（18）设置完成后，单击【确定】按钮。选中该元件，在【属性】面板中将【X】、【Y】分别设置为 507 像素、0 像素，如图 8-19 所示。

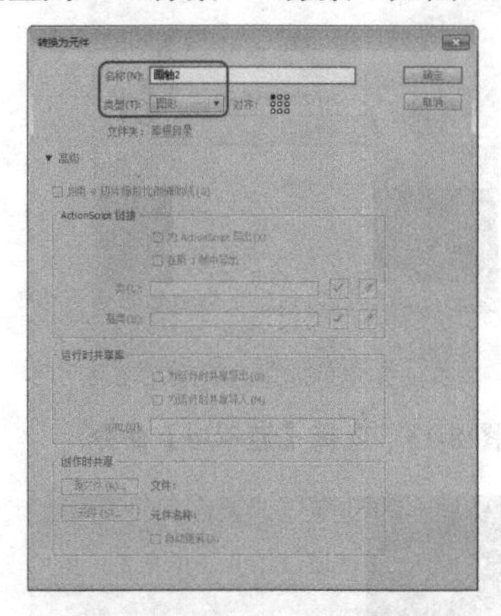

图 8-18　将素材转换为元件

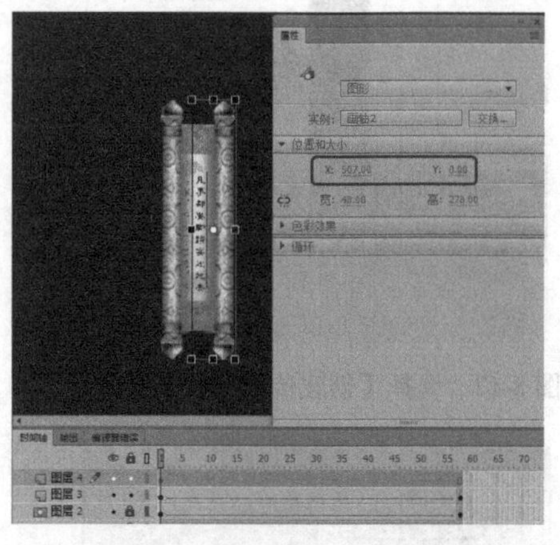

图 8-19　设置元件的位置参数

（19）在【时间轴】面板中选择【图层 4】的第 58 帧，按 F6 键插入关键帧，选中该帧中的元件，在【属性】面板中将【X】、【Y】分别设置为 734 像素、0 像素，如图 8-20 所示。

（20）在【时间轴】面板中选择【图层 4】的第 30 帧并右击，在弹出的快捷菜单中选择【创建传统补间】命令，如图 8-21 所示。

图 8-20　插入关键帧并调整元件的位置

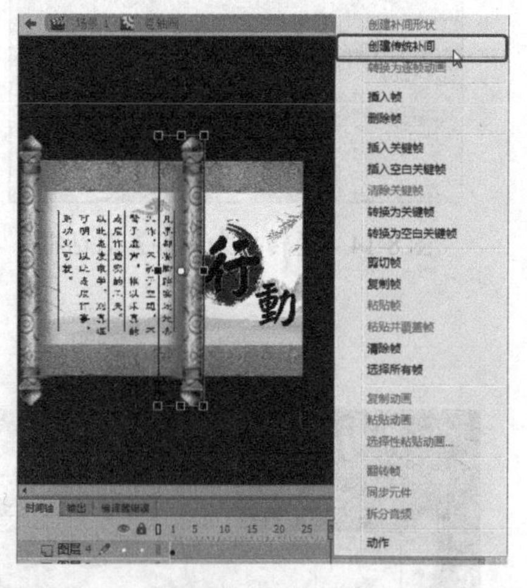

图 8-21　选择【创建传统补间】命令 3

（21）在【时间轴】面板中新建【图层 5】，选择【图层 5】的第 58 帧，按 F6 键插入关键帧，按 F9 键，在打开的【动作】面板中输入代码【stop();】，如图 8-22 所示。

（22）输入完成后，返回到场景 1 中，在【库】面板中选中【卷轴画】影片剪辑元件，并将其拖动到舞台中，在舞台中调整其位置，如图 8-23 所示。

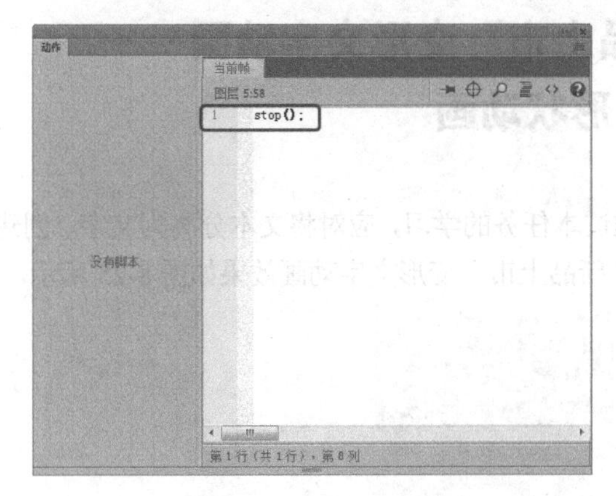

图 8-22 输入代码

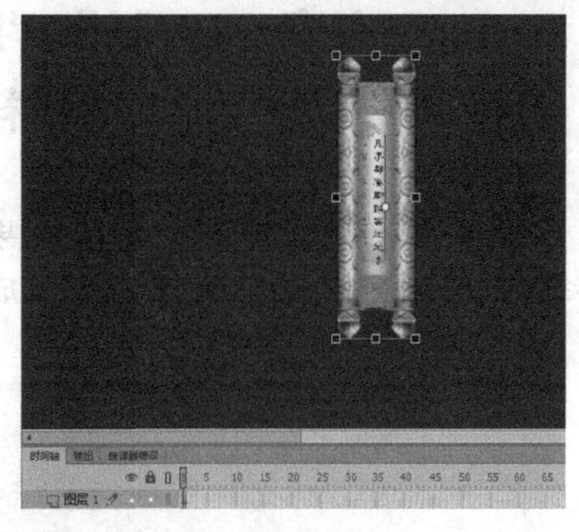

图 8-23 添加【卷轴画】影片剪辑元件

8.1.2 传统补间动画简介

传统补间动画又称中间帧动画、渐变动画，只需建立开始和结束的画面，中间部分由软件自动生成，省去了中间动画制作的复杂过程，这正是 Animate 的迷人之处，补间动画是 Animate 中最常用的动画效果。

利用传统补间方式可以制作出多种类型的动画效果，如位置移动、大小变化、旋转移动、逐渐消失等。只要熟练掌握这些简单的动作补间效果，就能将它们相互组合制作出样式更加丰富、效果更加吸引人的复杂动画。

使用传统补间动画，需要具备以下两个前提条件。

（1）开始关键帧与结束关键帧缺一不可。

（2）应用于动作补间的对象必须具有元件或者群组的属性。

设置了补间效果后，【属性】面板将有所变化，如图 8-24 所示。

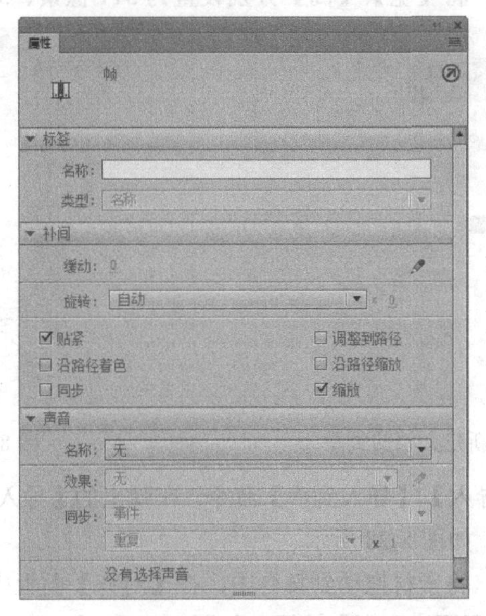

图 8-24 【属性】面板

8.2 任务 26：制作“新品上市”变形文字动画——创建补间形状动画

本任务将介绍如何制作文字变形的效果，通过本任务的学习，应对将文本分离为文字、创建传统补间动画的方法有进一步的了解。完成的“新品上市”变形文字动画效果如图 8-25 所示。

图 8-25 完成的“新品上市”变形文字动画效果

8.2.1 任务实施

（1）启动 Animate CC 2017 欢迎界面，单击【新建】选项组中的【ActionScript 3.0】选项，如图 8-26 所示，即可新建场景。

（2）进入工作界面后，在工具箱中单击【属性】按钮，在【属性】面板中将【属性】区域中的【FPS】设置为【20】，将【宽】、【高】分别设置为 517 像素、583 像素，如图 8-27 所示。

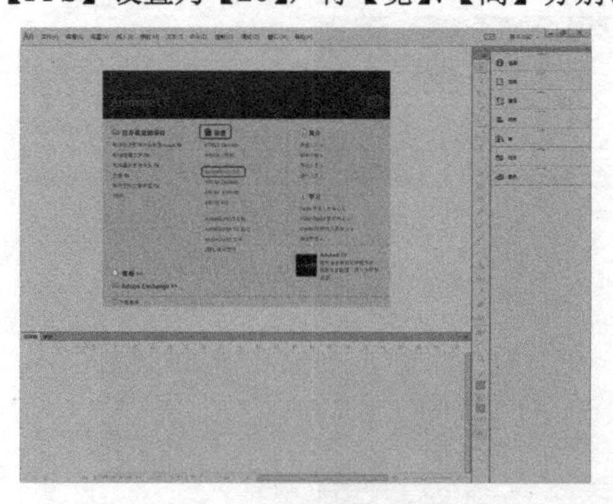

图 8-26 选择新建文档的类型

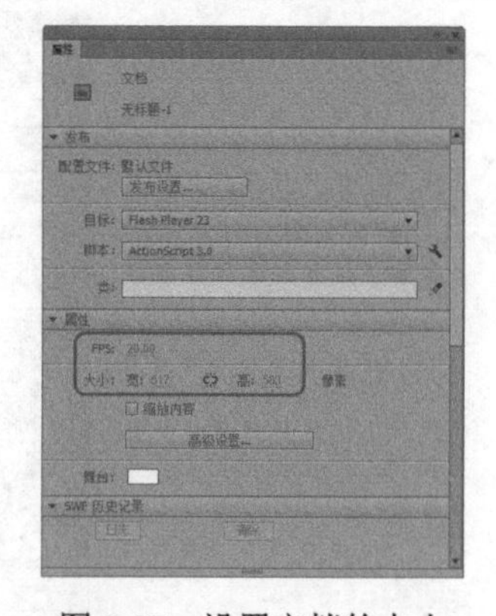

图 8-27 设置文档的大小

（3）选择【文件】|【导入】|【导入到库】命令，在弹出的【导入到库】对话框中选择【05】文件，单击【打开】按钮，如图 8-28 所示。

（4）打开【库】面板，将素材拖动到舞台中，在【对齐】面板中依次单击【水平中齐】按钮、【垂直中齐】按钮和【匹配宽和高】按钮，如图 8-29 所示。

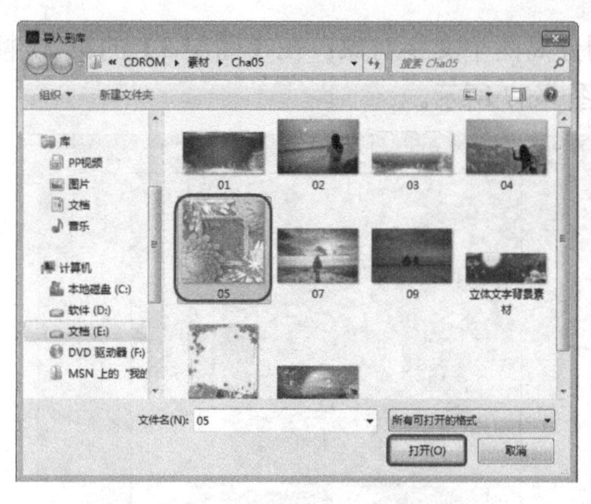

图 8-28　【导入到库】对话框　　　　图 8-29　设置素材的对齐方式

（5）选择【图层 1】的第 79 帧，按 F5 键插入帧。新建【图层 2】，使用【钢笔工具】在舞台中绘制图形，将其颜色设置为白色，并调整其位置，如图 8-30 所示。

（6）选择【图层 2】的第 10 帧，按 F6 键插入关键帧；选择该图层的第 27 帧，按 F7 键插入空白关键帧，使用【文本工具】在舞台中输入文字，调整其位置，如图 8-31 所示。

图 8-30　绘制图形　　　　图 8-31　插入空白关键帧并输入文字

（7）选中输入的文字，在【属性】面板的【字符】区域中将【系列】设置为汉仪菱心体简，将【大小】设置为 120 磅，将【颜色】设置为白色，如图 8-32 所示。

（8）设置完成后，在【图层 2】的第 27 帧中复制刚创建的文字，将其【颜色】设置为#D23F9C，调整其位置，如图 8-33 所示。

（9）设置完成后，按 Ctrl+B 组合键，分别分离两个文字对象。在【图层 2】的第 10 帧到第 34 帧之间的任意帧上右击，在弹出的快捷菜单中选择【创建补间形状】命令，如图 8-34 所示。

（10）新建【图层 3】，继续使用【钢笔工具】绘制图形，并将其填充颜色设置为白色，如图 8-35 所示。

（11）绘制完成后，在【图层 3】的第 27 帧中插入关键帧，在第 44 帧中插入空白关键帧。确认选中【图层 3】的第 44 帧，使用【文本工具】在舞台中输入文字，并使用同样的方法设置文字的属性，如图 8-36 所示。

（12）确认选中文字，按 Ctrl+B 组合键，分别分离两个文字对象；在【图层 3】的第 27 帧到第 44 帧之间的任意帧中创建补间形状动画，如图 8-37 所示。

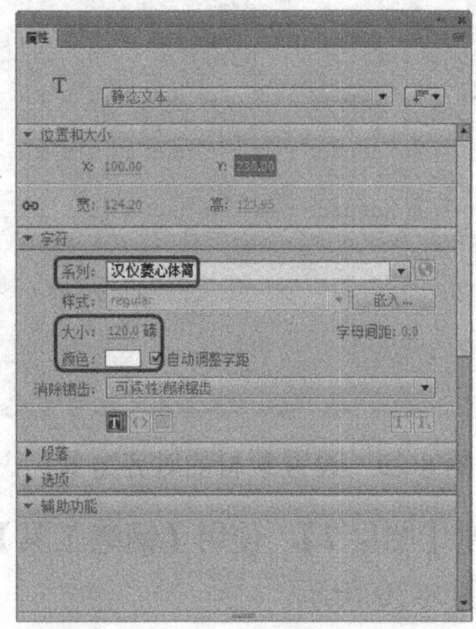

图 8-32　设置文本的属性

图 8-33　复制文字

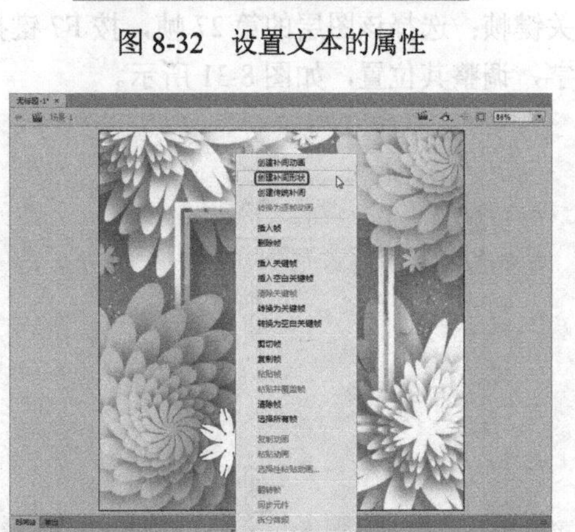

图 8-34　选择【创建补间形状】命令

图 8-35　绘制图形并填充颜色

图 8-36　输入文字并设置其属性

图 8-37　分离文字并创建补间形状动画

（13）新建【图层 4】，使用【钢笔工具】绘制图形，将其填充颜色设置为白色，如图 8-38 所示。

（14）在【图层 4】的第 44 帧中插入关键帧，在第 61 帧中插入空白关键帧，使用同样的方法在舞台中输入文字，设置其属性并创建补间形状动画，如图 8-39 所示。

图 8-38　新建图层并绘制图形

图 8-39　设置文字的属性并创建补间形状动画

（15）再次新建图层，并使用同样的方法绘制图形，将其填充颜色设置为白色。在该图层的第 61 帧中插入关键帧，在第 78 帧中插入空白关键帧，使用同样的方法输入文字并进行设置，将对象分离后创建补间形状动画，如图 8-40 所示。

（16）制作完成后，按 Ctrl+Enter 组合键，测试动画效果，如图 8-41 所示。

图 8-40　制作其他动画

图 8-41　测试动画效果

（17）选择【文件】|【导出】|【导出影片】命令，在弹出的【导出影片】对话框中选择存储路径，设置文件名称，将格式设置为【SWF 影片（*.swf)】，单击【保存】按钮，即可将其导出，如图 8-42 所示。

（18）选择【文件】|【另存为】命令，在弹出的【另存为】对话框中为其指定一个正确的存储路径，将其命名为【制作“新品上市”变形文字动画】，将格式设置为【Animate 文档（*.fla)】，单击【保存】按钮，即可保存文档，如图 8-43 所示。

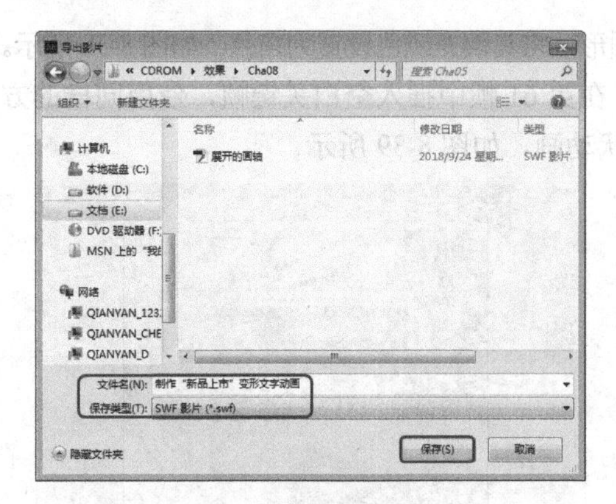

图 8-42 【导出影片】对话框

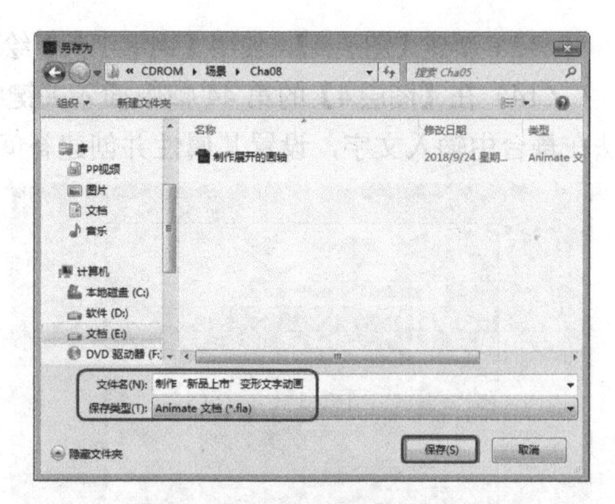

图 8-43 【另存为】对话框

8.2.2 补间形状动画简介

形状补间和动作补间的主要区别在于形状补间不能应用到实例上，必须在被打散的形状图形之间才能产生形状补间。形状图形是由无数个点堆积而成的，而并非一个整体。选中该对象时外部没有蓝色边框，而是会显示为掺杂白色小点的图形。通过形状补间可以将一个图形变为另一个图形。

当将某一帧设置为形状补间后，其【属性】面板如图 8-44 所示。如果想取得一些特殊的效果，则需要在【属性】面板中进行相应的设置。其中部分选项及参数说明如下。

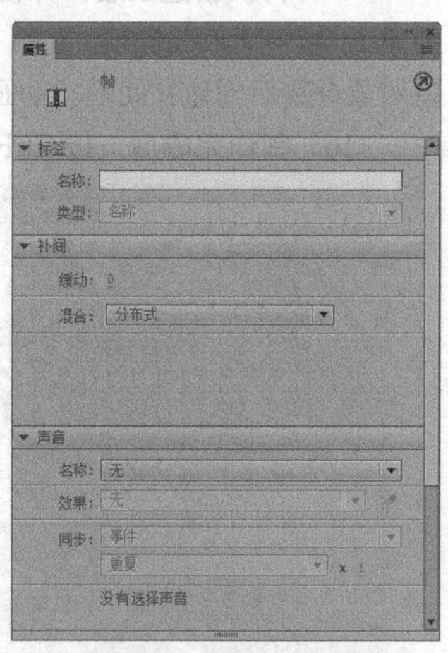

图 8-44 【属性】面板

（1）【缓动】：输入一个-100～+100 的数字，如果要慢慢地开始补间形状动画，并朝着动画的结束方向加速补间过程，则可以输入一个-100～-1 的负值；如果要快速地开始补间形状动画，并朝着动画结束的方向减速补间过程，则可以输入一个 1～100 的正值。在默认情况下，补间帧之间的变化速率是不变的，通过调节此项可以调整变化速率，从而创建更加自然的变形效果。

（2）【混合】：包括两个选项，即【分布式】和【角形】。【分布式】选项创建的动画，其形状比较平滑和不规则。【角形】选项创建的动画，其形状会保留明显的角和直线。【角形】只适用于制作具有锐化转角和直线的混合形状。如果选择的形状没有角，则 Animate CC 2017 会还原到分布式补间形状。

要控制更加复杂的动画，可以使用变形提示。变形提示可以标识开始形状和结束形状中相对应的点。变形提示点用字母表示，这样可以方便地确定开始形状和结束形状，每次最多可以设定 26 个变形提示点。

> 提示：变形提示点在开始关键帧中是黄色的，在结束关键帧中是绿色的，若不在曲线上，则其是红色的。

在创建形状补间时，如果完全由 Animate CC 2017 自动完成创建动画的过程，那么很可能创建出的渐变效果是无法令人满意的。因此，如果要控制更加复杂或罕见的形状变化，则可以使用 Animate CC 2017 提供的形状提示功能。形状提示会标识开始形状和结束形状中的相对应的点。

例如，要制作一张动画，其过程是三叶草的 3 片叶子渐变为 3 棵三叶草。而 Animate CC 2017 自动完成的动画是表达不出这一效果的，此时就可以使用形状渐变，使三叶草的 3 片叶子上对应的点分别变成 3 棵草对应的点。

形状提示用字母（从 a 到 z）标识开始形状和结束形状中相对应的点，因此，一个形状渐变动画中最多可以使用 26 个形状提示。在创建完补间形状动画后，选择【修改】|【形状】|【添加形状提示】命令，即可为动画添加形状提示。

> **提示：**在有棱角和曲线的地方，提示点会自动吸附上去。按在开始帧上添加点的顺序为结束帧添加相同的点。

8.3 任务 27：制作母亲节贺卡——创建引导层动画

本任务将介绍如何制作母亲节贺卡，其主要过程如下：先导入素材文件，将导入的素材文件转换为元件，并为其添加传统补间动画，再利用补间形状动画制作切换动画，创建文字，通过调整文字的位置和透明度来创建文字移动动画，最后为贺卡添加按钮和音乐即可。完成的母亲节贺卡效果如图 8-45 所示。

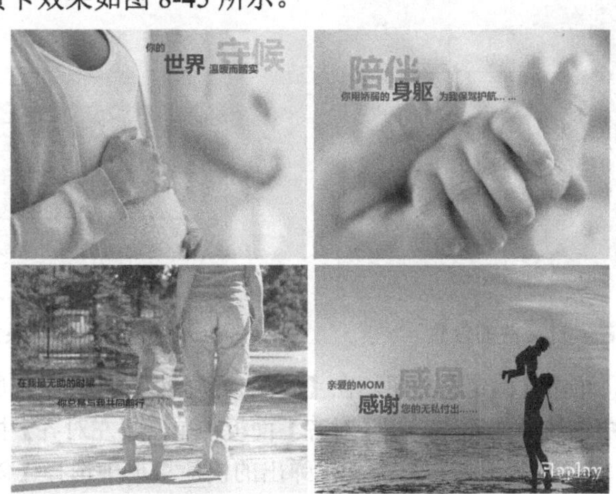

图 8-45　完成的母亲节贺卡效果

8.3.1 任务实施

（1）选择【文件】|【新建】命令，在弹出的【新建文档】对话框中，在【类型】列表框中选择【ActionScript 3.0】选项，将【宽】、【高】分别设置为 440 像素、330 像素，如图 8-46 所示。

（2）单击【确定】按钮，即可新建一个文档。选择【文件】|【导入】|【导入到库】命令，

在弹出的【导入到库】对话框中选择素材文件，如图 8-47 所示。

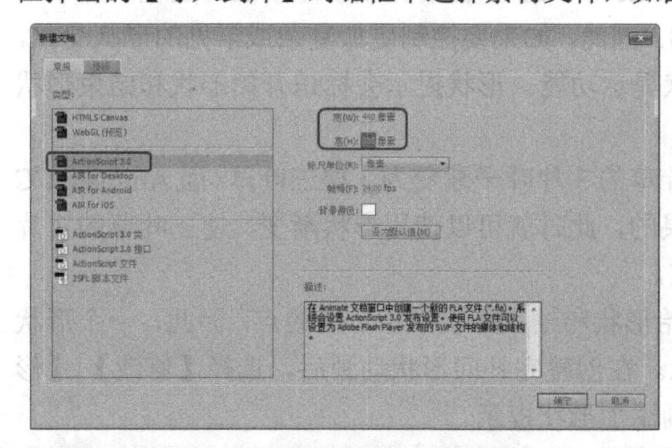

图 8-46 【新建文档】对话框

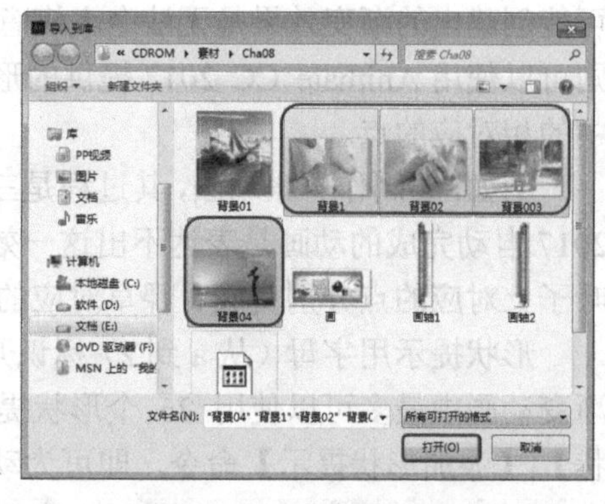

图 8-47 选择素材文件

（3）单击【打开】按钮，即可将选择的素材文件导入到【库】面板中。在【库】面板中选择【背景 1.jpg】素材文件，并将其拖动到舞台中。选中该素材文件，在【属性】面板中将【X】、【Y】分别设置为-57 像素、0 像素，如图 8-48 所示。

（4）选中该图像文件，按 F8 键，在弹出的【转换为元件】对话框中将【名称】设置为【背景 01】，将【类型】设置为【图形】，并调整其对齐方式，如图 8-49 所示。

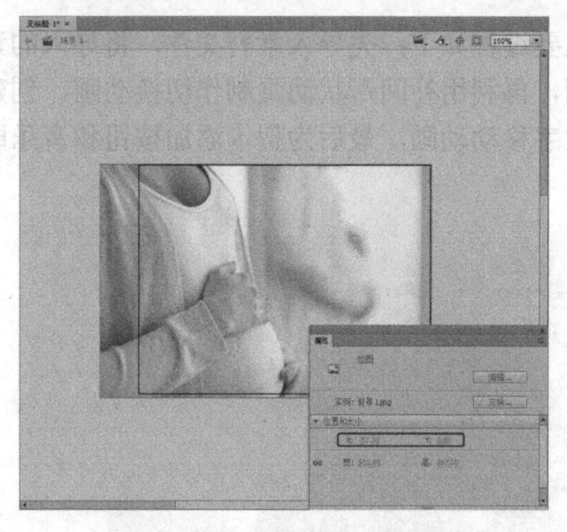

图 8-48 设置素材文件的位置

图 8-49 【转换为元件】对话框

（5）设置完成后，单击【确定】按钮。在【时间轴】面板中选择【图层 1】的第 120 帧，按 F6 键插入关键帧，选中该帧中的元件，在【对齐】面板中单击【左对齐】按钮，如图 8-50 所示。

（6）选择【图层 1】的第 85 帧并右击，在弹出的快捷菜单中选择【创建传统补间】命令，如图 8-51 所示。

（7）在【时间轴】面板中单击【新建图层】按钮，新建【图层 2】，使用【矩形工具】在舞台中绘制一个矩形，选中绘制的矩形，在【属性】面板中将【X】、【Y】分别设置为-18 像素、-10 像素，将【宽】、【高】分别设置为 500 像素、358.95 像素，将其填充颜色设置为白色，将其笔触颜色设置为无，如图 8-52 所示。

（8）选择【图层 2】的第 13 帧，按 F6 键插入关键帧，选中该帧中的图形，在【属性】面板中将【宽】、【高】分别设置为 76 像素、439 像素，将其填充颜色的 Alpha 设置为 0%，如图 8-53 所示。

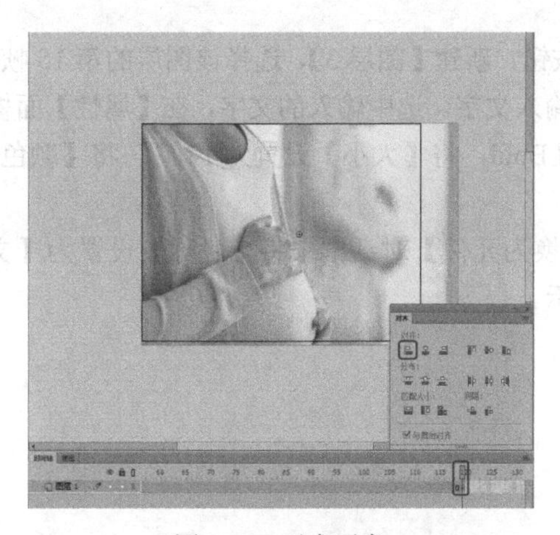

图 8-50　对齐对象

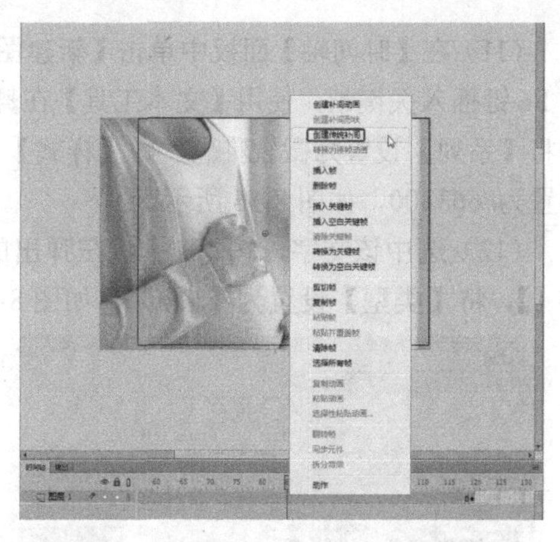

图 8-51　选择【创建传统补间】命令 1

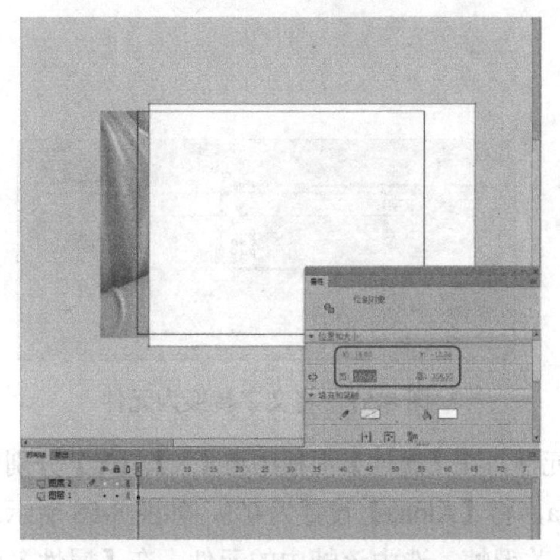

图 8-52　绘制矩形并设置其属性参数

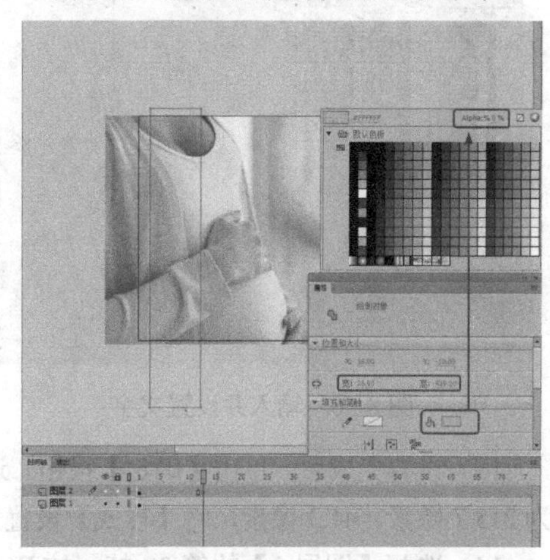

图 8-53　设置图形的属性参数

(9) 在【时间轴】面板中选择【图层 2】的第 6 帧并右击，在弹出的快捷菜单中选择【创建补间形状】命令，如图 8-54 所示。

(10) 进行该操作后，即可为该图形创建补间形状动画，如图 8-55 所示。

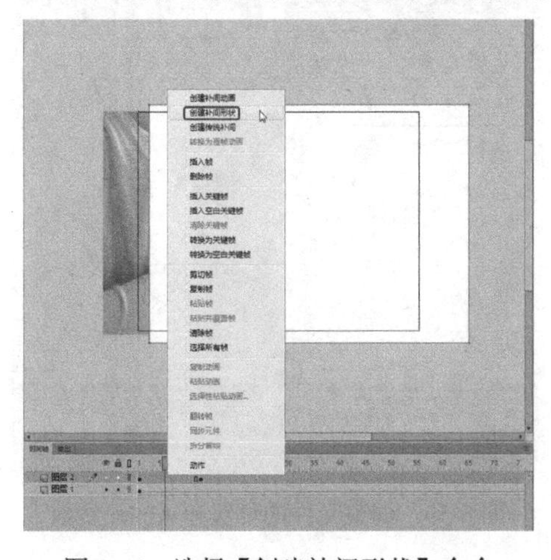

图 8-54　选择【创建补间形状】命令

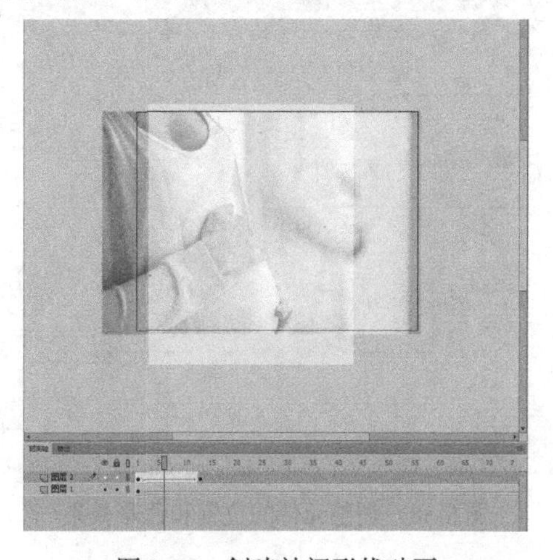

图 8-55　创建补间形状动画

（11）在【时间轴】面板中单击【新建图层】按钮，新建【图层 3】，选择该图层的第 15 帧，按 F6 键插入关键帧，使用【文本工具】在舞台中输入文字。选中输入的文字，在【属性】面板中将【系列】设置为微软雅黑，将【样式】设置为 Bold，将【大小】设置为 14 磅，将【颜色】设置为#663300，如图 8-56 所示。

（12）选中该文字，按 F8 键，在弹出的【转换为元件】对话框中将【名称】设置为【文字 1】，将【类型】设置为【图形】，如图 8-57 所示。

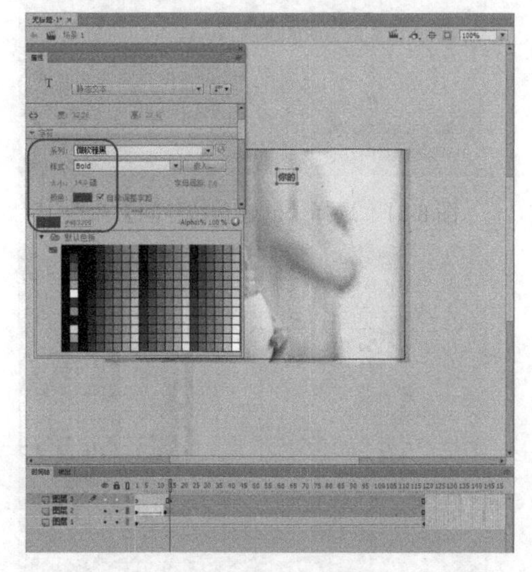

图 8-56　输入并设置文字

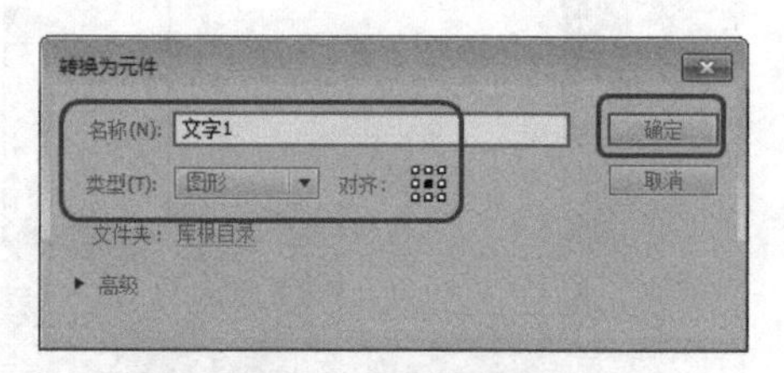

图 8-57　将文字转换为元件

（13）设置完成后，单击【确定】按钮。选中该元件，在【属性】面板中将【X】、【Y】分别设置为 215.7 像素、41.3 像素，将【样式】设置为 Alpha，将【Alpha】设置为 0%，如图 8-58 所示。

（14）选择【图层 3】的第 32 帧，按 F6 键插入关键帧，选中该帧中的元件，在【属性】面板中将【Y】设置为 27.3 像素，将【Alpha】设置为 100%，如图 8-59 所示。

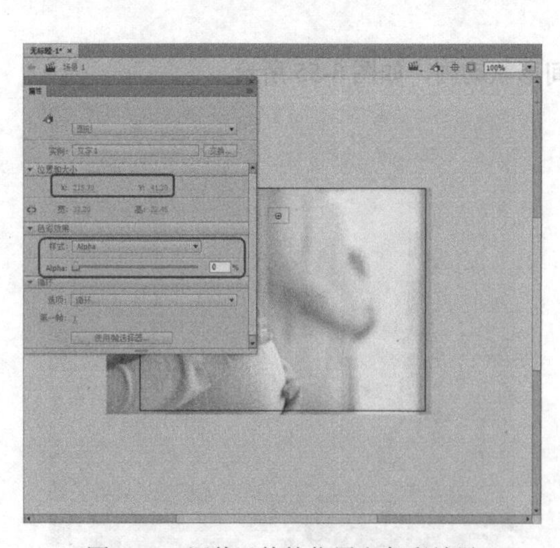

图 8-58　调整元件的位置和色彩效果

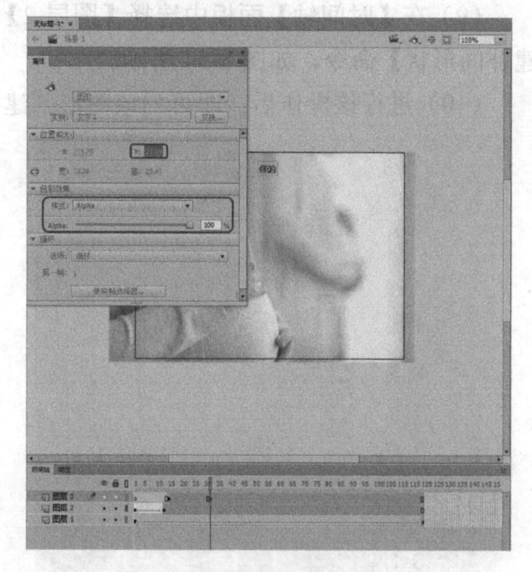

图 8-59　调整元件的位置和 Alpha 参数

（15）选择【图层 3】的第 23 帧并右击，在弹出的快捷菜单中选择【创建传统补间】命令，

如图 8-60 所示。

（16）在【时间轴】面板中单击【新建图层】按钮，新建【图层 4】，选择该图层的第 24 帧，按 F6 键插入关键帧，使用【文本工具】在舞台中输入文字。选中输入的文字，在【属性】面板中将【系列】设置为微软雅黑，将【样式】设置为 Bold，将【大小】设置为 30 磅，将颜色设置为#663300，如图 8-61 所示。

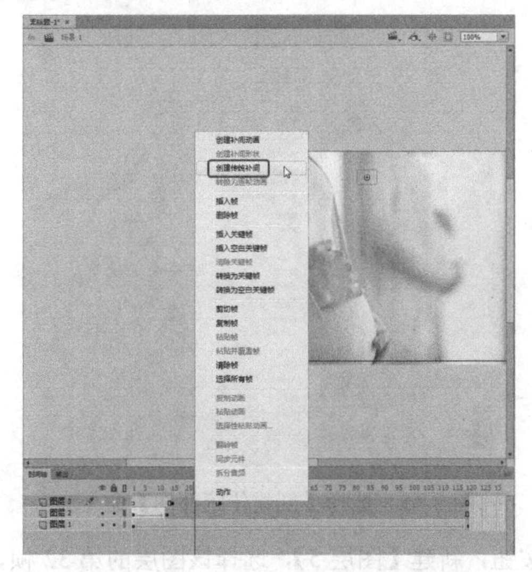
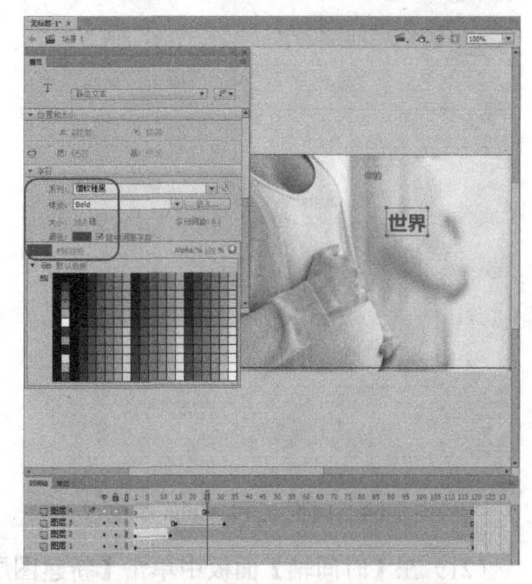

图 8-60 选择【创建传统补间】命令 2

图 8-61 输入文字并设置其属性

（17）选中该文字，按 F8 键，在弹出的【转换为元件】对话框中将【名称】设置为【文字 2】，将【类型】设置为【图形】，如图 8-62 所示。

（18）设置完成后，单击【确定】按钮。选中该元件，在【属性】面板中将【X】、【Y】分别设置为 277.15 像素、48.4 像素，将【样式】设置为 Alpha，将【Alpha】设置为 0%，如图 8-63 所示。

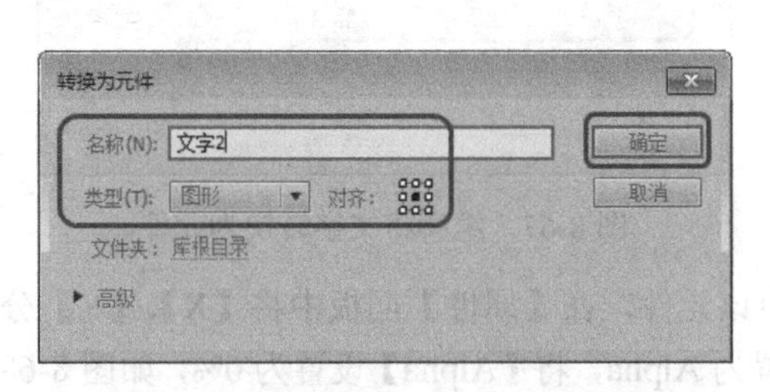

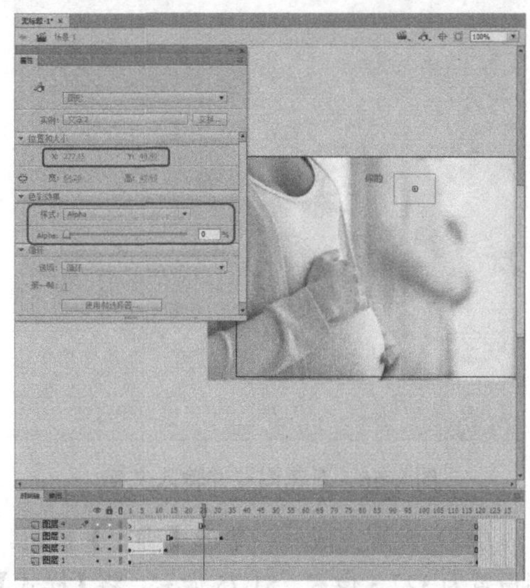

图 8-62 将输入的文字转换为元件

图 8-63 调整元件的位置并添加样式

（19）选择【图层 4】的第 38 帧，按 F6 键插入关键帧，选中该帧中的元件，在【属性】面板中将【X】设置为257.65像素，将【Alpha】设置为100%，如图8-64所示。

（20）选择【图层4】的第30帧并右击，在弹出的快捷菜单中选择【创建传统补间】命令，如图8-65所示。

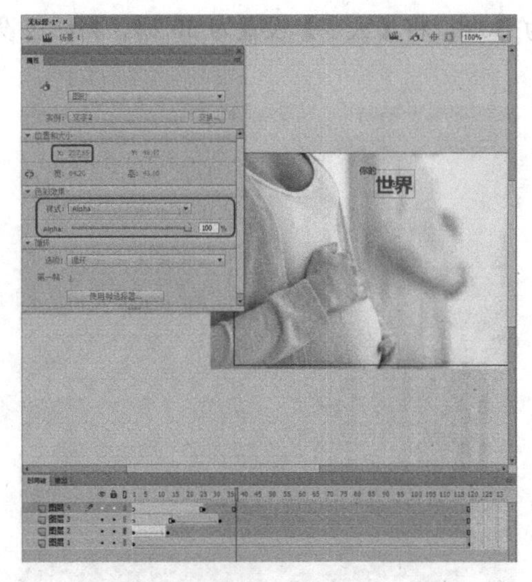

图8-64　调整X和Alpha参数

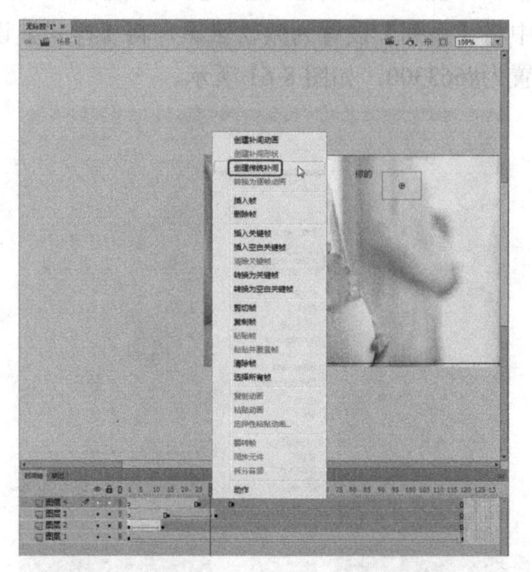

图8-65　选择【创建传统补间】命令3

（21）在【时间轴】面板中单击【新建图层】按钮，新建【图层5】，选择该图层的第32帧，按F6键插入关键帧，使用【文本工具】输入文字。选中输入的文字，在【属性】面板中将【大小】设置为14磅，如图8-66所示。

（22）继续选中该文字，按F8键，在弹出的【转换为元件】对话框中将【名称】设置为【文字3】，将【类型】设置为【图形】，如图8-67所示。

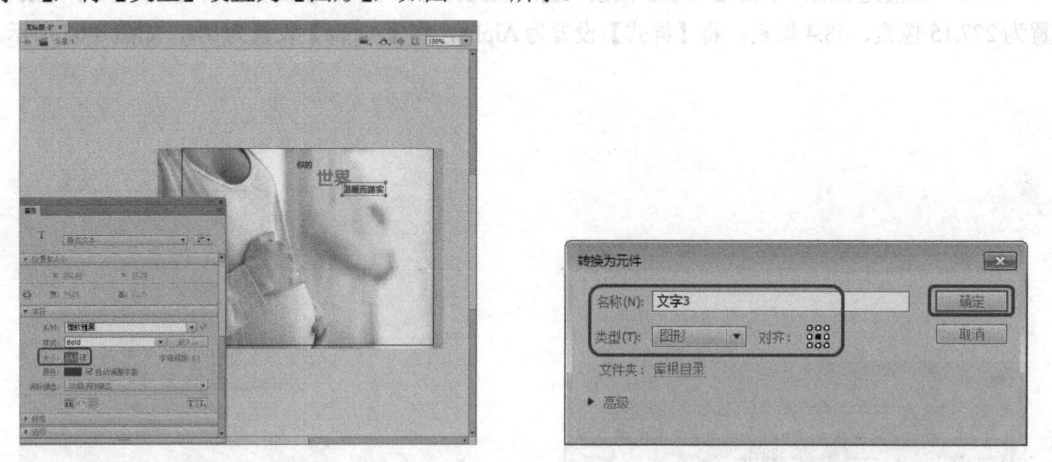

图8-66　新建图层并输入文字

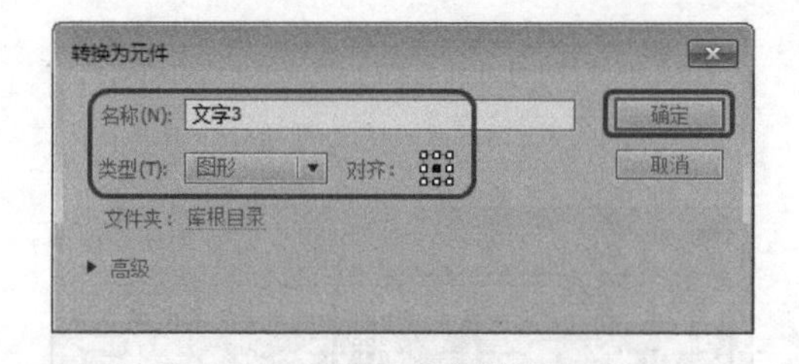

图8-67　继续将文字转换为元件

（23）设置完成后，单击【确定】按钮。选中该元件，在【属性】面板中将【X】、【Y】分别设置为327.3像素、51.75像素，将【样式】设置为Alpha，将【Alpha】设置为0%，如图8-68所示。

（24）选择【图层5】的第45帧，按F6键插入关键帧，选中该帧中的元件，在【属性】面

板中将【Y】设置为57.25像素，将【Alpha】设置为100%，如图8-69所示。

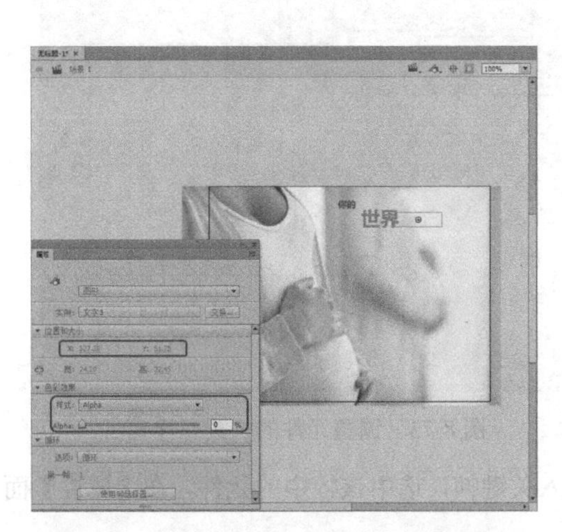

图8-68 调整元件的位置并添加Alpha样式

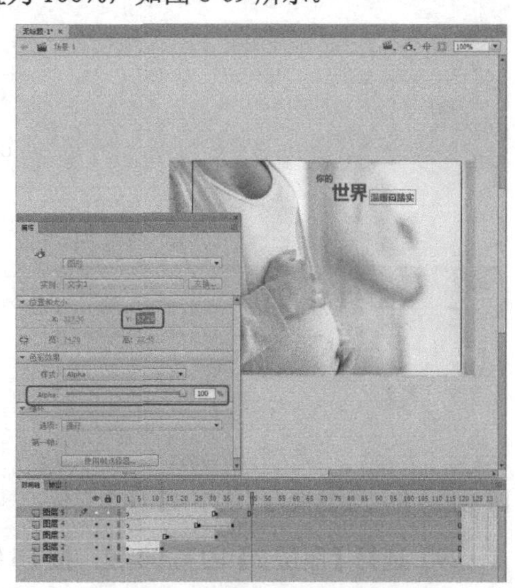

图8-69 设置Y和Alpha参数

（25）选择【图层5】的第38帧并右击，在弹出的快捷菜单中选择【创建传统补间】命令，创建传统补间动画后的效果如图8-70所示。

（26）在【时间轴】面板中选择【图层2】的第26帧，按F7键插入空白关键帧，使用【文本工具】输入文字，并在【属性】面板中将【大小】设置为50磅，将【颜色】设置为#996600，如图8-71所示。

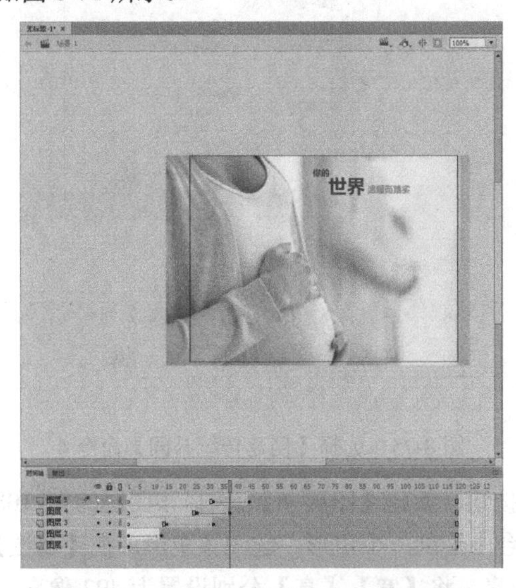

图8-70 创建传统补间动画后的效果

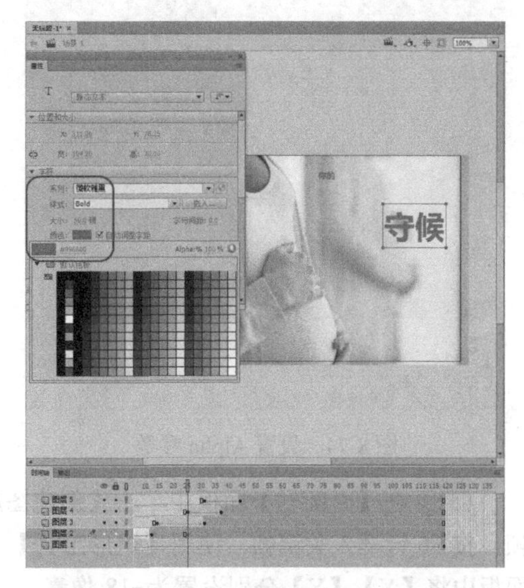

图8-71 输入文字并设置其大小和颜色

（27）选中该文字，按F8键，在弹出的【转换为元件】对话框中，将【名称】设置为【文字4】，将【类型】设置为【图形】，如图8-72所示。

（28）设置完成后，单击【确定】按钮。选中该元件，在【属性】面板中将【X】、【Y】分别设置为352.3像素、36.75像素，将【样式】设置为Alpha，将【Alpha】设置为0%，如图8-73所示。

图 8-72　将文字转换为【文字 4】图形元件

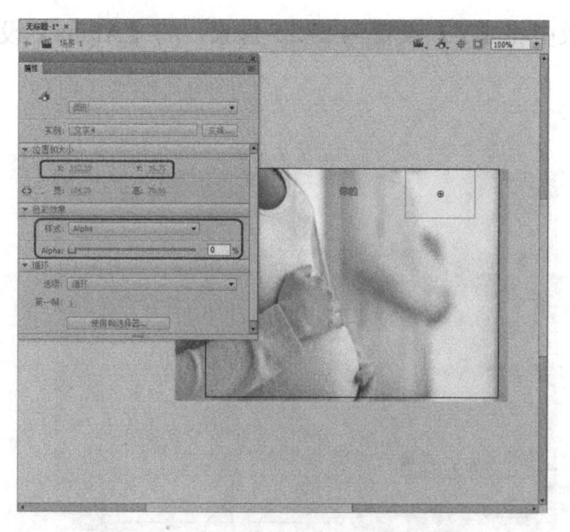

图 8-73　调整元件的位置和样式

（29）选择【图层 2】的第 94 帧，按 F6 键插入关键帧，选中该帧中的元件，在【属性】面板中将【Alpha】设置为 23%，如图 8-74 所示。

（30）选择【图层 2】的第 60 帧并右击，在弹出的快捷菜单中选择【创建传统补间】命令，如图 8-75 所示。

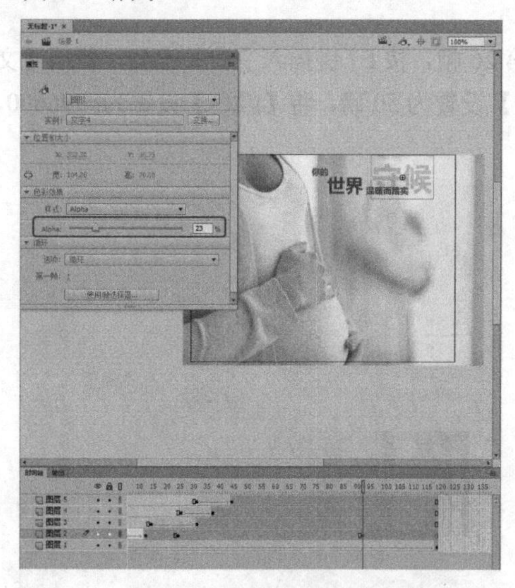

图 8-74　设置 Alpha 参数

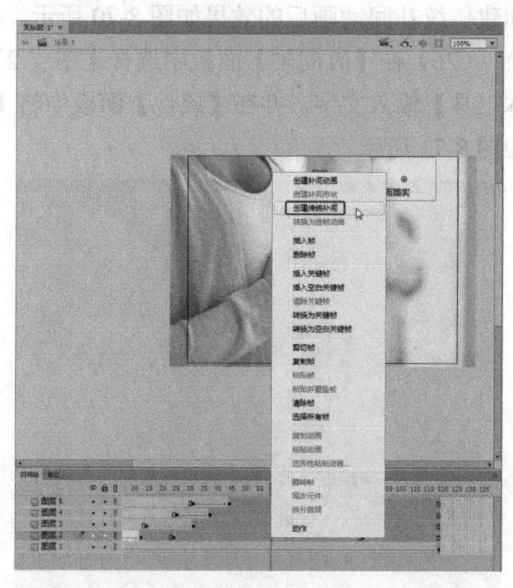

图 8-75　选择【创建传统补间】命令 4

（31）在【时间轴】面板中单击【新建图层】按钮，新建【图层 6】，选择该图层的第 108 帧，按 F6 键插入关键帧，使用【矩形工具】在舞台中绘制一个矩形，选中该矩形，在【属性】面板中将【X】、【Y】分别设置为-18 像素、-10 像素，将【宽】、【高】分别设置为 492 像素、73.9 像素，将其填充颜色的【Alpha】设置为 0%，将其笔触颜色设置为无，如图 8-76 所示。

（32）选择【图层 6】的第 120 帧，按 F6 键插入关键帧，选中该帧中的图形，在【属性】面板中将【宽】、【高】分别设置为 494 像素、374 像素，将填充颜色的【Alpha】设置为 100%，将其颜色设置为白色，如图 8-77 所示。

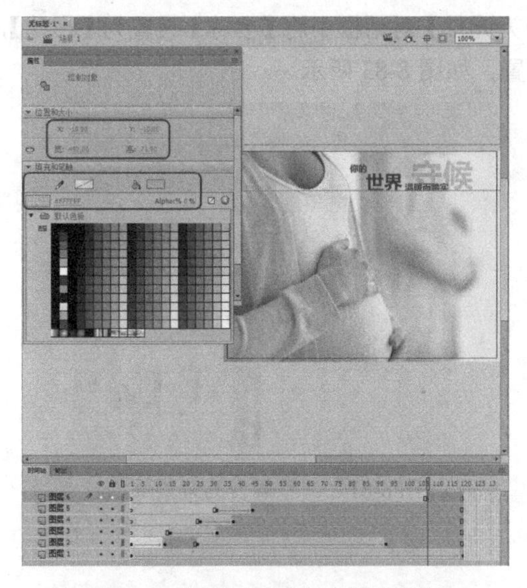

图 8-76　绘制矩形并进行相关设置

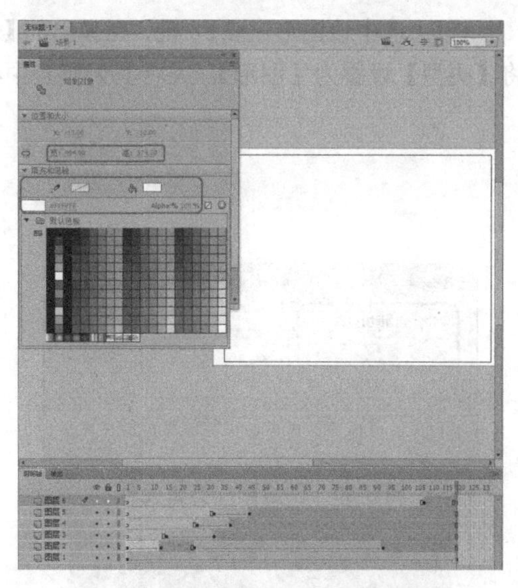

图 8-77　调整图形的大小和填充颜色

（33）选择【图层 6】的第 113 帧并右击，在弹出的快捷菜单中选择【创建补间形状】命令，创建补间形状动画后的效果如图 8-78 所示。

（34）使用前面介绍的方法创建其他动画效果，如图 8-79 所示。

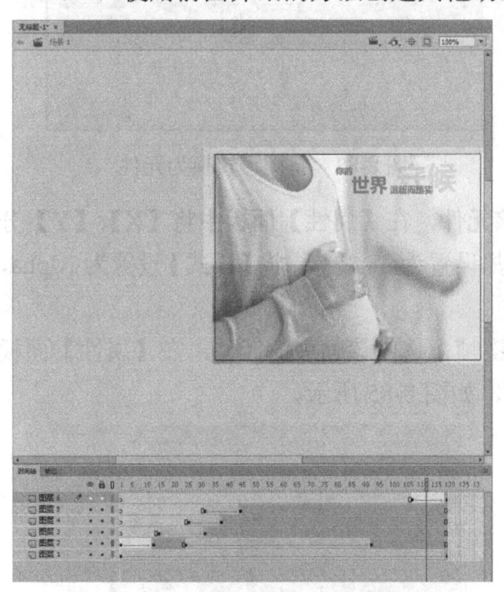

图 8-78　创建补间形状动画后的效果

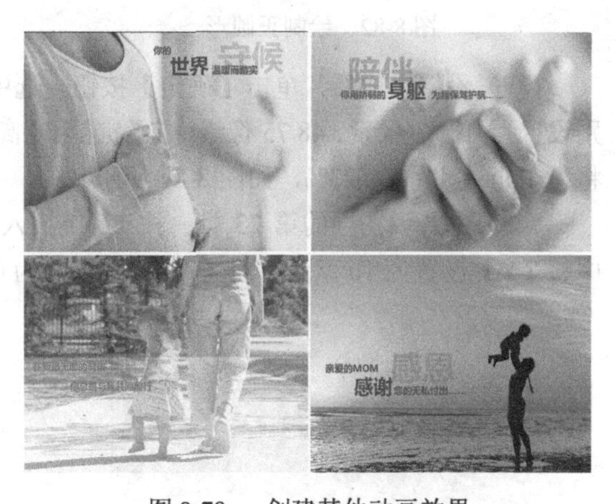

图 8-79　创建其他动画效果

（35）按 Ctrl+F8 组合键，在弹出的【创建新元件】对话框中，将【名称】设置为【飘动的小球】，将【类型】设置为【影片剪辑】，如图 8-80 所示。

（36）设置完成后，单击【确定】按钮。在舞台中单击，在【属性】面板中将【舞台】的背景颜色设置为#9999FF，如图 8-81 所示。

（37）使用【椭圆工具】在舞台中绘制一个正圆形，在【属性】面板中将【宽】、【高】都设置为 47 像素，将其填充颜色设置为白色，将其笔触颜色设置为无，如图 8-82 所示。

（38）选中该图形，按 F8 键，在弹出的【转换为元件】对话框中将【名称】设置为【小球】，将【类型】设置为【图形】，并将其调整到中心位置，如图 8-83 所示。

图 8-80　创建影片剪辑元件

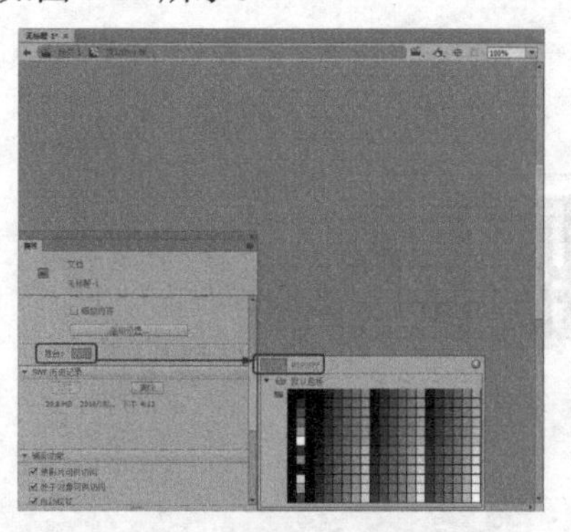

图 8-81　调整舞台的背景颜色

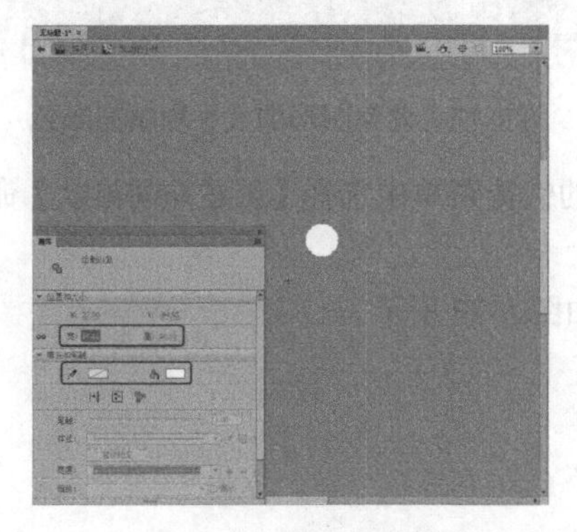

图 8-82　绘制正圆形

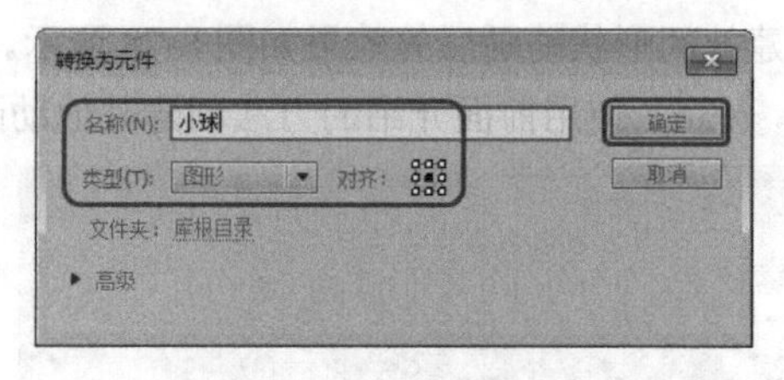

图 8-83　将图形转换为元件

（39）设置完成后，单击【确定】按钮。选中该元件，在【属性】面板中将【X】、【Y】分别设置为-123.1 像素、48.75 像素，将【宽】和【高】都设置为 38 像素，将【样式】设置为 Alpha，将【Alpha】设置为 23%，如图 8-84 所示。

（40）选择该图层的第 23 帧，按 F6 键插入关键帧，选中该帧中的元件，在【属性】面板中将【Y】设置为 10 像素，将【Alpha】设置为 0%，如图 8-85 所示。

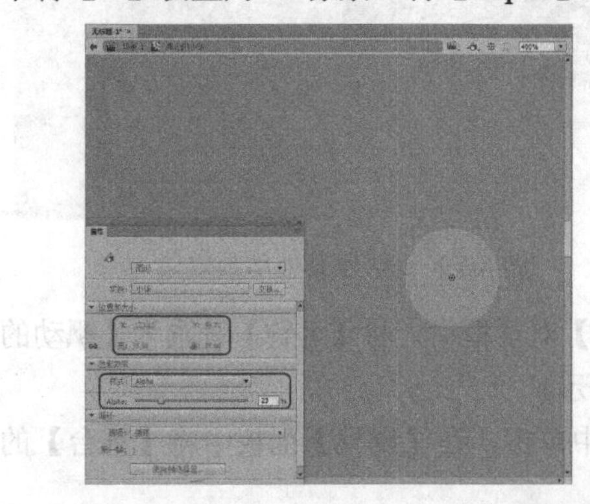

图 8-84　设置元件的位置、大小并为其添加样式

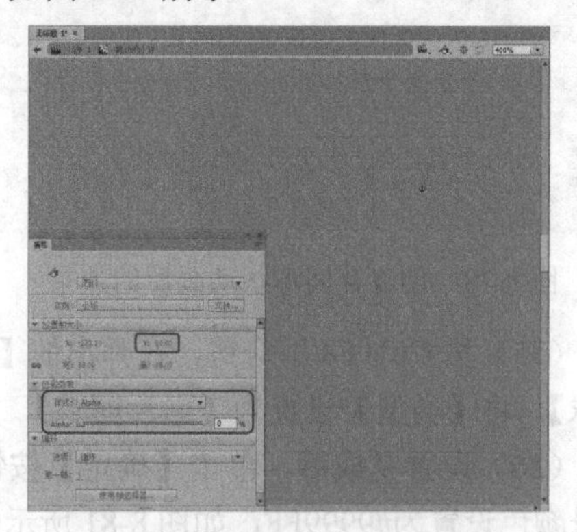

图 8-85　设置 Y 和 Alpha 参数

（41）选择该图层的第 10 帧并右击，在弹出的快捷菜单中选择【创建传统补间】命令。选

择该图层的第25帧，按F6键插入关键帧，选中该帧中的元件，在【属性】面板中将【Y】设置为170像素，将【宽】、【高】都设置为47像素，将【Alpha】设置为100%，如图8-86所示。

（42）选择该图层的第48帧，按F6键插入关键帧，选中该帧中的元件，在【属性】面板中将【Y】设置为54像素，将【宽】、【高】都设置为40像素，将【Alpha】设置为26%，如图8-87所示。

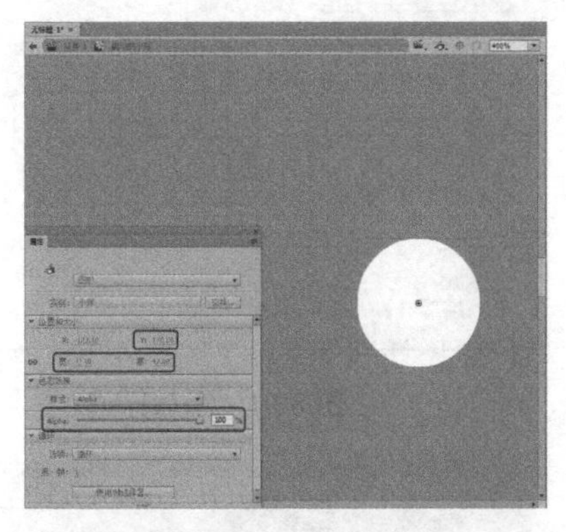

图8-86 插入关键帧并设置帧中元件的位置、大小及透明度

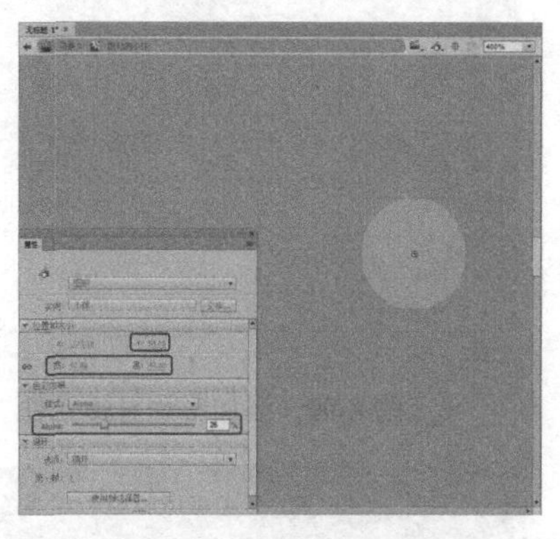

图8-87 调整元件的位置、大小及透明度

（43）选择该图层的第37帧并右击，在弹出的快捷菜单中选择【创建传统补间】命令，如图8-88所示。

（44）使用同样的方法创建其他小球运动动画，如图8-89所示。

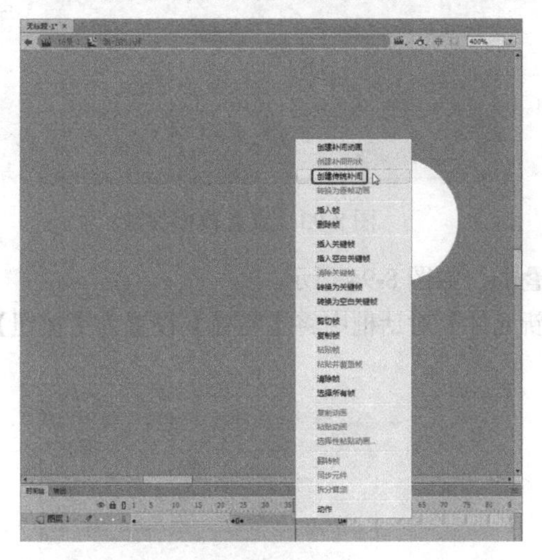

图8-88 选择【创建传统补间】命令5

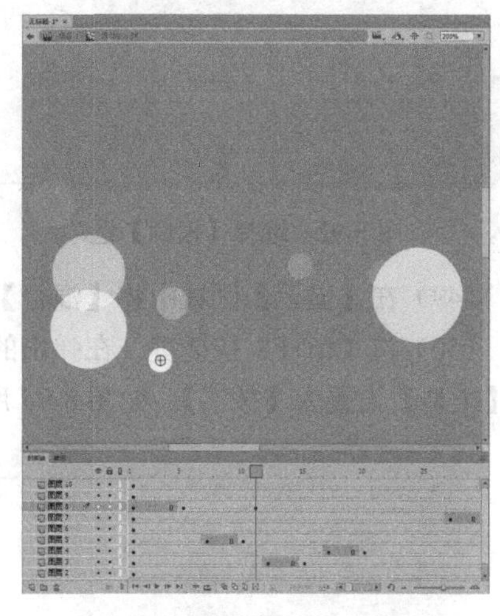

图8-89 创建其他小球运动动画

（45）返回到场景1中，在【时间轴】面板中单击【新建图层】按钮，新建图层，在【库】面板中选择【飘动的小球】影片剪辑元件，并将其拖动到舞台中，调整其位置，如图8-90所示。

（46）选中该元件，在【属性】面板中将【样式】设置为高级，并设置其参数，如图8-91所示。

（47）继续选中该对象，在【属性】面板中单击【滤镜】区域中的【添加滤镜】按钮，在弹出的下拉列表中选择【模糊】选项，如图8-92所示。

（48）将【模糊 X】、【模糊 Y】都设置为 10 像素，将【品质】设置为高，如图 8-93 所示。

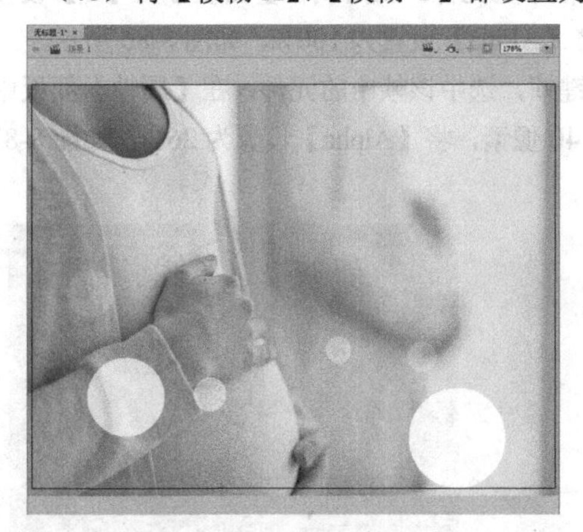

图 8-90　添加影片剪辑元件

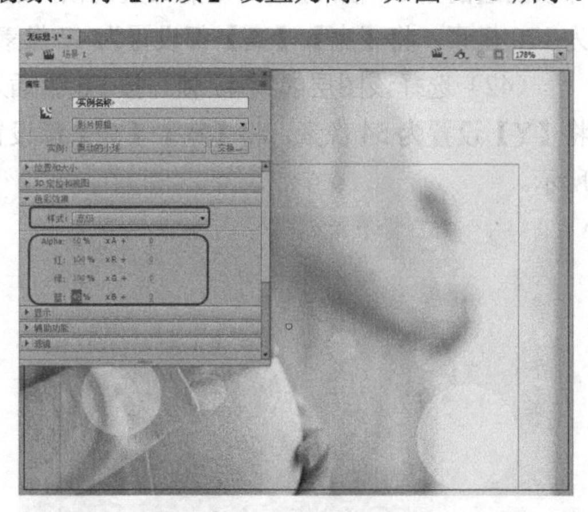

图 8-91　添加样式

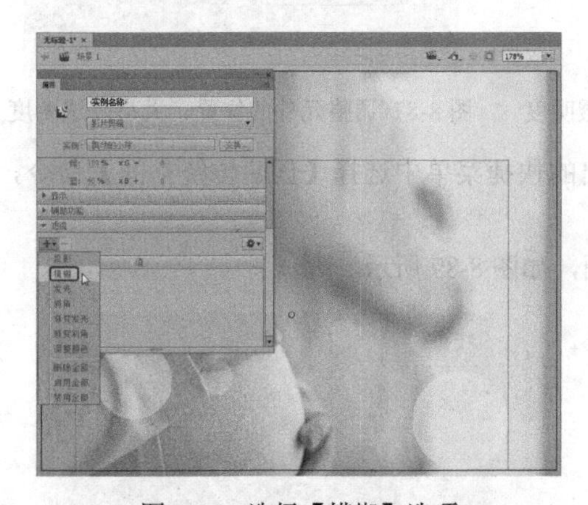

图 8-92　选择【模糊】选项

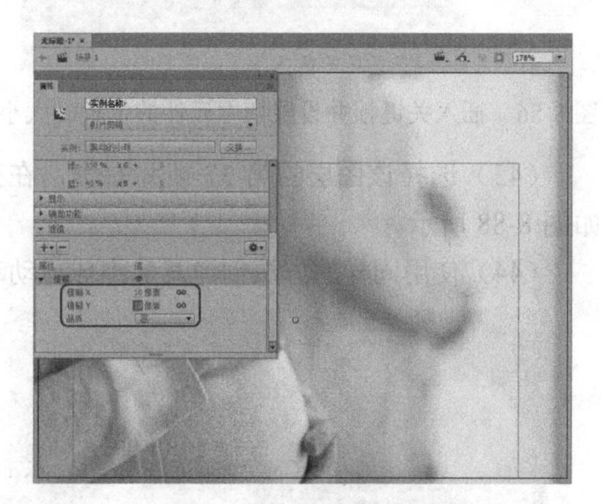

图 8-93　设置模糊参数

（49）在【显示】区域中将【混合】设置为叠加，如图 8-94 所示。

（50）按 Ctrl+F8 快捷键，在弹出的【创建新元件】对话框中将【名称】设置为【按钮】，将【类型】设置为【按钮】，如图 8-95 所示。

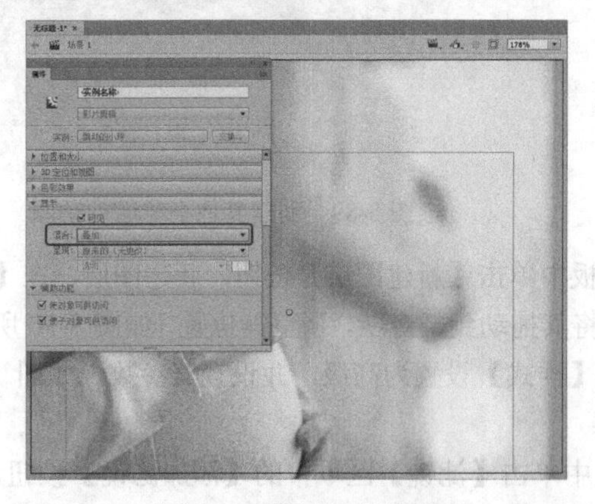

图 8-94　设置混合模式

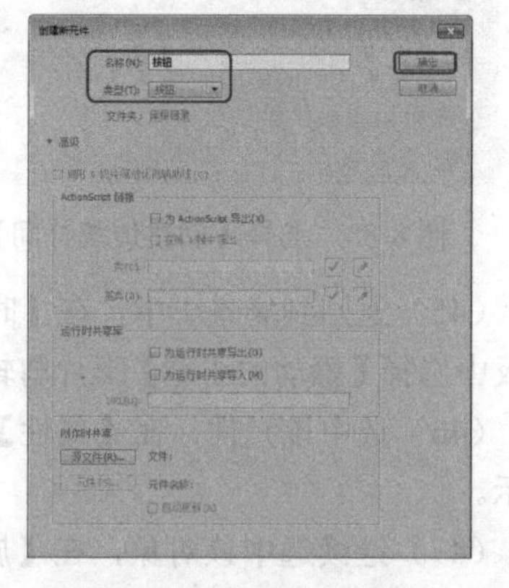

图 8-95　创建按钮元件

（51）设置完成后，单击【确定】按钮，将舞台颜色设置为#FFCC99，使用【文本工具】在

舞台中输入文字。选中输入的文字，在【属性】面板中将【系列】设置为汉仪立黑简，将【大小】设置为28磅，将【颜色】设置为白色，如图8-96所示。

（52）在【时间轴】面板中选择该图层的【指针经过】帧，按F6键插入关键帧，选中该帧中的文字，在【属性】面板中将【颜色】设置为#FF3366，如图8-97所示。

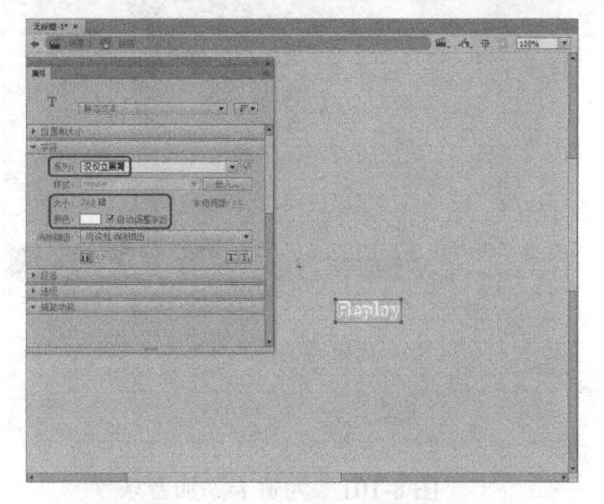

图8-96　输入文字并设置其属性

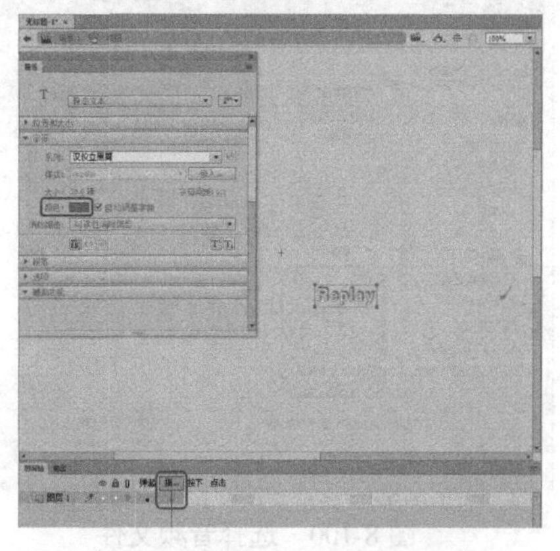

图8-97　修改文字的颜色

（53）返回到场景1中，在【时间轴】面板中单击【新建图层】按钮，新建图层，选择新建图层的第480帧，按F6键插入关键帧。在【库】面板中选中【按钮】元件，并将其拖动到舞台中，调整其位置，在【属性】面板中将实例名称设置为【m】，如图8-98所示。

（54）选中该按钮元件，按F9键，在打开的【动作】面板中输入代码，如图8-99所示。

图8-98　添加元件并设置其属性

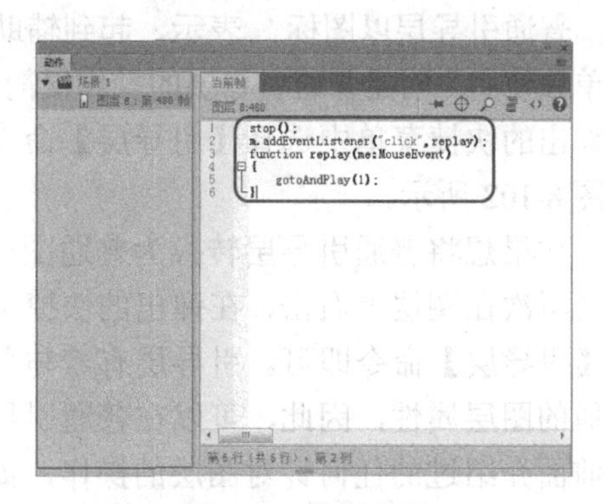

图8-99　输入代码

（55）输入完成后，选择【文件】|【导入】|【导入到库】命令，在弹出的【导入到库】对话框中选择【母亲节贺卡背景音乐】音频文件，单击【打开】按钮，如图8-100所示。

（56）在【时间轴】面板中单击【新建图层】按钮，新建图层，在【库】面板中选择需要导入的音频文件，并将其拖动到舞台中，为贺卡添加音乐，如图8-101所示。

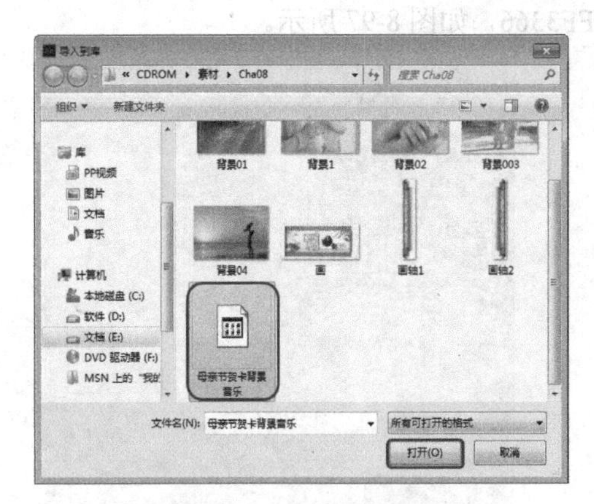

图 8-100　选择音频文件

图 8-101　为贺卡添加音乐

8.3.2　引导层动画基础

使用运动引导层可以创建特定路径的补间动画效果，实例、组或文本块均可沿着这些路径运动。在影片中也可以将多个图层链接到一个运动引导层，从而使多个对象沿同一条路径运动。

引导层在影片制作中起辅助作用，它可以分为普通引导层和运动引导层两种，下面介绍这两种引导层的功用。

1. 普通引导层

普通引导层以图标 表示，起到辅助静态对象定位的作用。它无须使用被引导层，可以单独使用。创建普通引导层的操作很简单，只需选中要作为引导层的那一个图层并右击，在弹出的快捷菜单中选择【引导层】命令即可，如图 8-102 所示。

如果想将普通引导层转换为普通图层，则只需要再次在图层上右击，在弹出的快捷菜单中选择【引导层】命令即可。引导层有着与普通图层相似的图层属性，因此，可以在普通引导层中进行前面介绍过的任何针对图层的操作，如锁定、隐藏等。

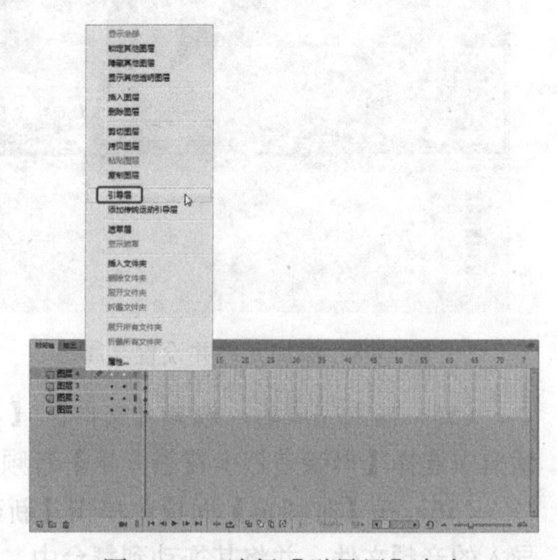

图 8-102　选择【引导层】命令

2. 运动引导层

在 Animate CC 2017 中建立直线运动是一件很容易的事，但建立曲线运动或沿一条特定路径运动的动画却不是直接能够完成的，而需要运动引导层的帮助。在运动引导层的名称旁边有一个图标，表示当前图层的状态是运动引导。运动引导层总是与至少一个图层相关联的（如果需要，它可以与任意多个图层相关联），这些被关联的图层被称为被引导层。将图层与运动引导层关联起来可以使被引导层中的任意对象沿着运动引导层上的路径运动。在创建运动引导层时，已被选择的图层都会自动与该运动引导层建立关联。也可以在创建运动引导层之后，将其他任意多的标准图层与运动引导层相关联或者取消它们之间的关联。任何被引导层的名称栏都将被嵌在运动引导层的名称栏下面，表明一种层次关系。

提示：在默认情况下，任何一个新生成的运动引导层都会自动放置在用于创建该运动引导层的普通层的上面。用户可以像操作标准图层一样重新安排它的位置，但所有同它连接的图层都将随之移动，以保持它们之间的引导与被引导关系。

创建运动引导层的过程也很简单，选中被引导层，单击图标，或者右击，在弹出的快捷菜单中选择【添加传统运动引导层】命令即可，如图 8-103 所示。

运动引导层的默认命名规则为【引导层：被引导层名】。建立运动引导层的同时也建立了两者之间的关联，从图 8-104 中【图层 4】的标签向内缩进可以看出两者之间的关系，具有缩进的图层为被引导层，上方无缩进的图层为运动引导层。如果在运动引导层上绘制一条路径，则任何同该图层建立关联的图层中的过渡元件都将沿这条路径运动。以后可以将任意多的标准图层关联到运动引导层，这样，所有被关联的图层中的过渡元件都共享同一条运动路径。要使更多的图层同运动引导层建立关联，只需将其拖动到运动引导层下即可。

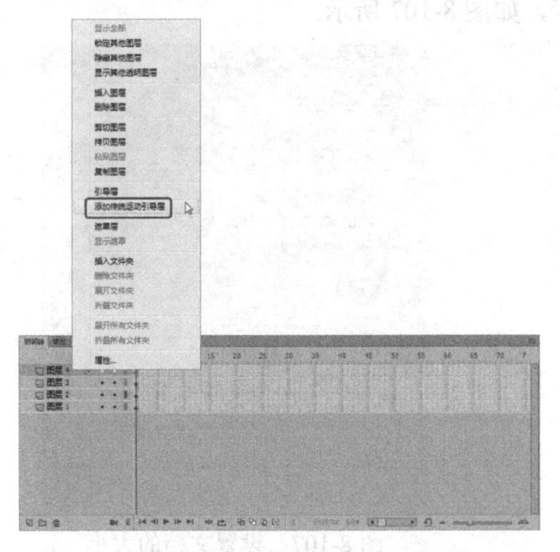
图 8-103　选择【添加传统运动引导层】命令

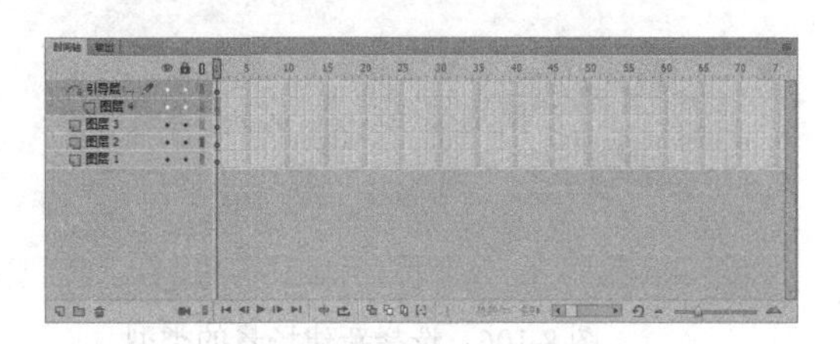
图 8-104　运动引导层的默认命名规则

8.4　任务 28：制作散点遮罩动画——创建遮罩层动画

本任务将介绍如何制作散点遮罩动画，其主要通过将绘制的图形转换为元件，并为其添加传统补间动画，将创建完成的图形动画对添加的图像进行遮罩，来实现散点遮罩动画的制作。完成的散点遮罩动画效果如图 8-105 所示。

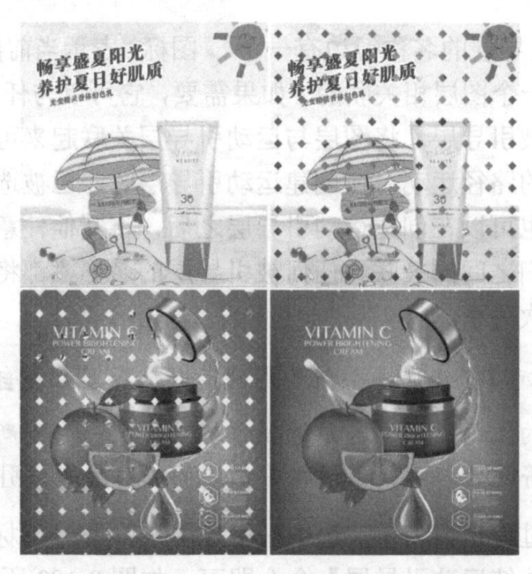

图 8-105　完成的散点遮罩动画效果

8.4.1 任务实施

（1）启动 Animate CC 2017，进入欢迎界面，单击【新建】选项组中的【ActionScript 3.0】选项，如图 8-106 所示，即可新建场景。

（2）进入工作界面后，在工具箱中单击【属性】按钮，在【属性】面板中将【属性】区域中的【宽】、【高】分别设置为 600 像素、619 像素，如图 8-107 所示。

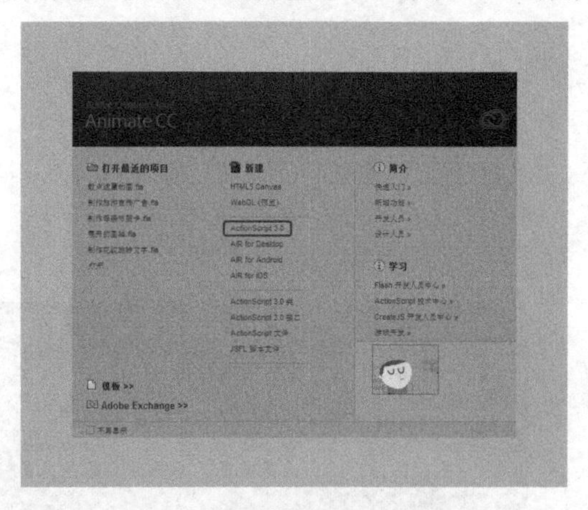

图 8-106　选择新建场景的类型

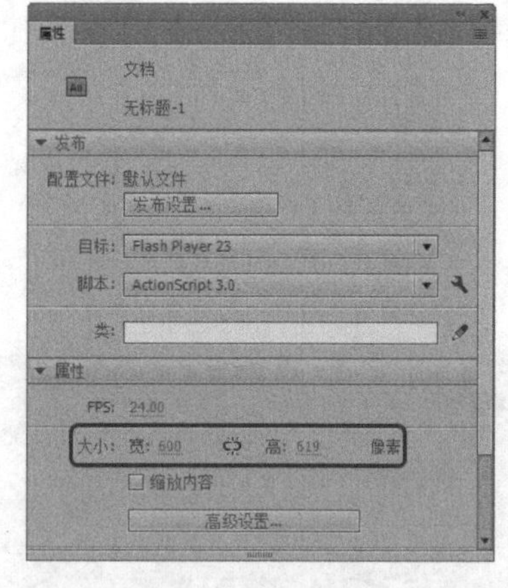

图 8-107　设置文档的大小

知识链接：

Animate CC 2017 中的遮罩是和遮罩层紧密联系在一起的。遮罩层中的任何填充区域都是完全透明的，而任何非填充区域都是不透明的。换句话说，遮罩层中如果什么也没有，则被遮罩层中的所有内容都不会显示出来；如果将遮罩层全部填满，则被遮罩层中的所有内容都能显示出来；如果遮罩层只有部分区域有内容，那么只有在有内容的部分才会显示被遮罩层的内容。

遮罩层中的内容可以是包括图形、文字、实例、影片剪辑在内的各种对象，但是Animate CC 2017会忽略遮罩层中内容的具体细节，只关心它们占据的位置。每个遮罩层可以有多个被遮罩层，这样可以将多个图层组织在一个遮罩层之下以创建非常复杂的遮盖效果。

遮罩层动画主要分为两大类：遮罩层在运动、被遮罩对象在运动。

（3）选择【文件】|【导入】|【导入到库】命令，如图 8-108 所示。

（4）在弹出的【导入到库】对话框中选择【000】和【111】文件，单击【打开】按钮，如图 8-109 所示。

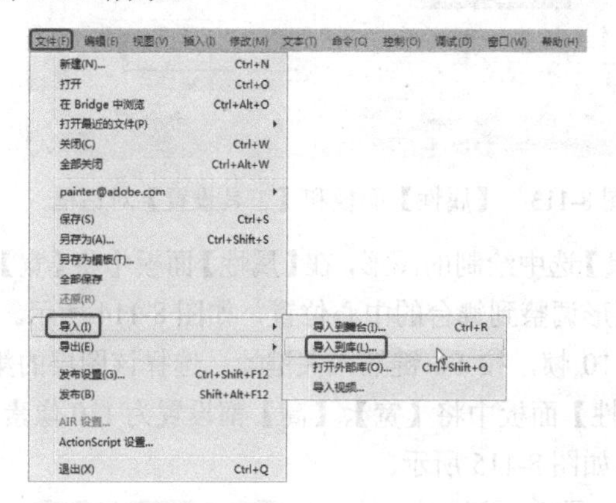

图 8-108　选择【文件】|【导入】|【导入到库】命令

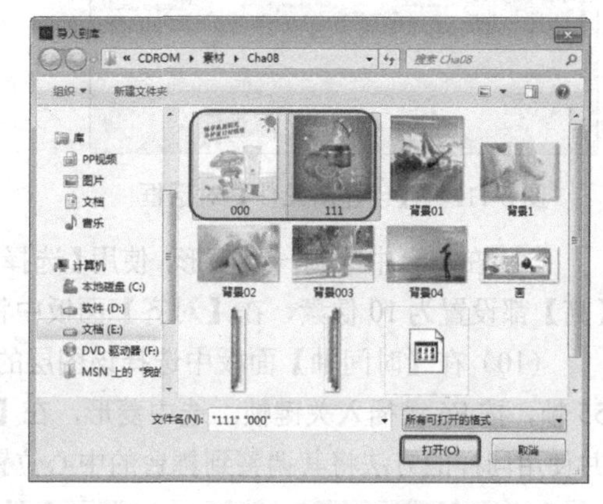

图 8-109　选择素材文件

（5）在【库】面板中将【000.jpg】素材文件拖动到舞台中，确认选中舞台中的素材，在【对齐】面板中勾选【与舞台对齐】复选框，依次单击【水平中齐】按钮、【垂直中齐】按钮和【匹配宽和高】按钮，如图 8-110 所示。

（6）选择【图层 1】的第 65 帧，按 F5 键插入帧。新建【图层 2】，将导入的【111.jpg】素材文件拖动到【图层 2】中，并使用同样的方法调整其位置，如图 8-111 所示。

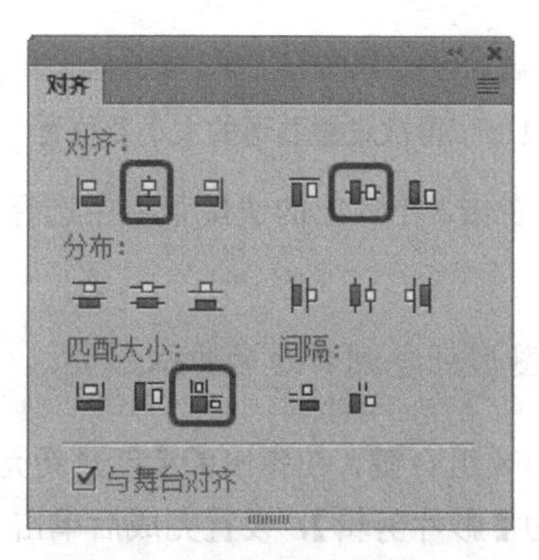

图 8-110　对齐导入的素材文件

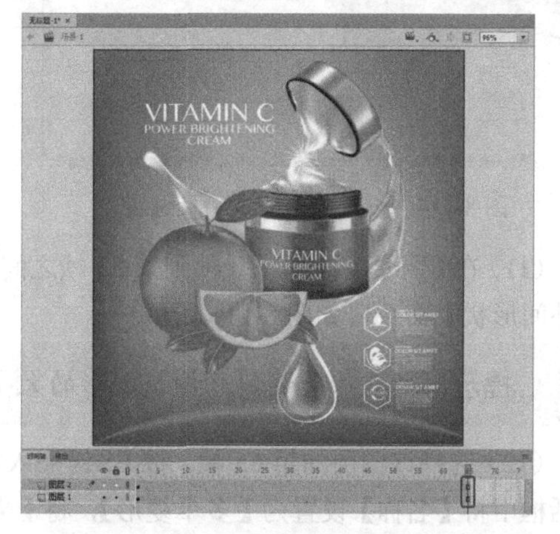

图 8-111　新建图层并调整素材的位置

（7）按 Ctrl+F8 组合键，在弹出的【创建新元件】对话框中将【名称】设置为【菱形】，将【类型】设置为【影片剪辑】，设置完成后单击【确定】按钮，如图 8-112 所示。

（8）创建新的影片剪辑元件后，使用【多角星形工具】，在【属性】面板中随意设置笔触颜色与填充颜色，将【笔触】设置为 1pts，单击【选项】按钮，在弹出的【工具设置】对话框中将【边数】设置为 4，如图 8-113 所示。

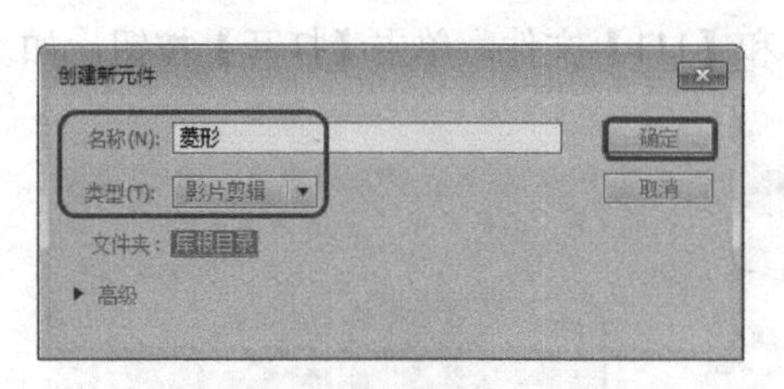

图 8-112 【创建新元件】对话框

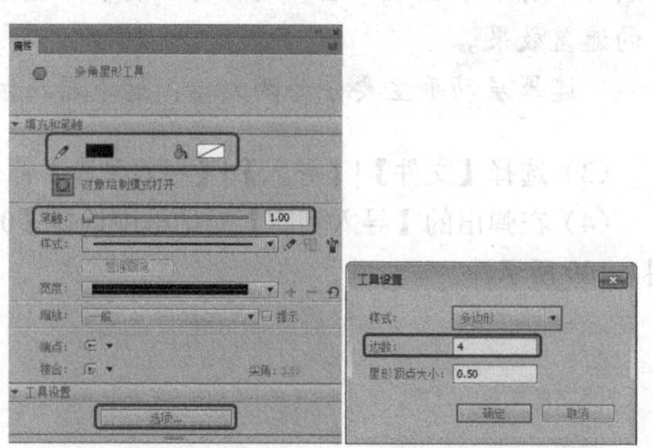

图 8-113 【属性】面板和【工具设置】对话框

（9）在舞台中绘制一个菱形，使用【选择工具】选中绘制的图形，在【属性】面板中将【宽】、【高】都设置为 10 像素，在【对齐】面板中将菱形调整到舞台的中心位置，如图 8-114 所示。

（10）在【时间轴】面板中选择该图层的第 10 帧，按 F6 键插入关键帧；选择该图层的第 55 帧，按 F6 键插入关键帧。选中菱形，在【属性】面板中将【宽】、【高】都设置为 110 像素，并使用同样的方法将其调整到舞台的中心位置，如图 8-115 所示。

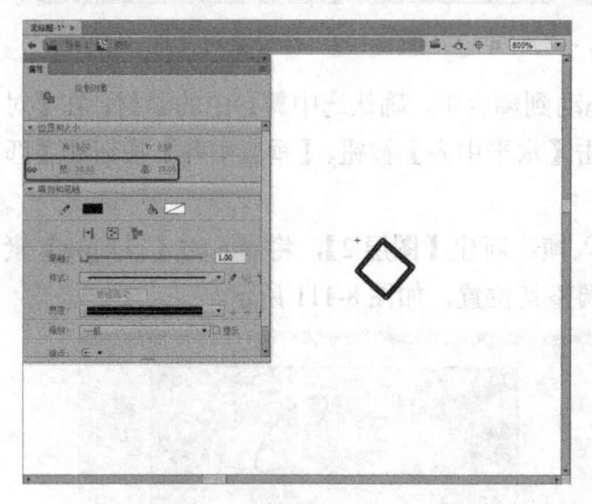

图 8-114 设置菱形的大小及位置

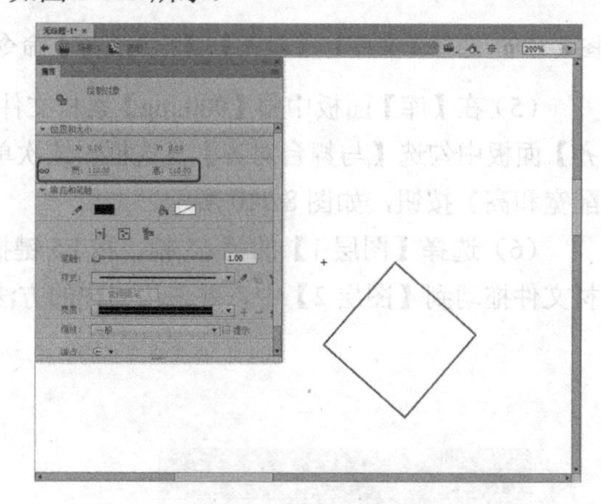

图 8-115 再次设置菱形的大小及位置

（11）在【图层 1】的第 10 帧到第 55 帧之间的任意帧上右击，在弹出的快捷菜单中选择【创建补间形状】命令，如图 8-116 所示。

提示：当插入关键帧并调整图形的大小后，需将图形调整到舞台的中心位置。

（12）选择该图层的第 65 帧，按 F5 键插入帧。按 Ctrl+F8 组合键，在弹出的【创建新元件】对话框中将【名称】设置为【多个菱形】，将【类型】设置为【影片剪辑】，设置完成后单击【确定】按钮，如图 8-117 所示。

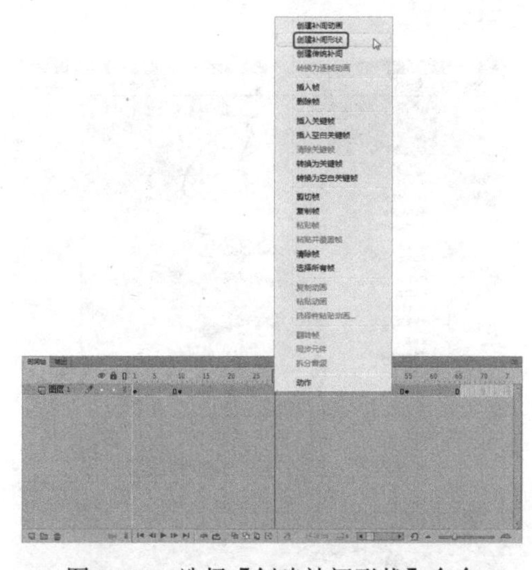
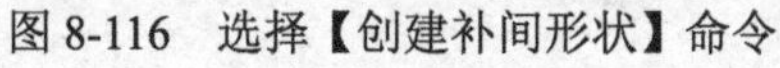

图 8-116　选择【创建补间形状】命令　　图 8-117　创建影片剪辑元件

（13）在【库】面板中将【菱形】元件拖动到舞台中，并将图形调整到合适的位置，如图 8-118 所示。

（14）在舞台中复制多个菱形动画对象，并将其调整到合适的位置，如图 8-119 所示。

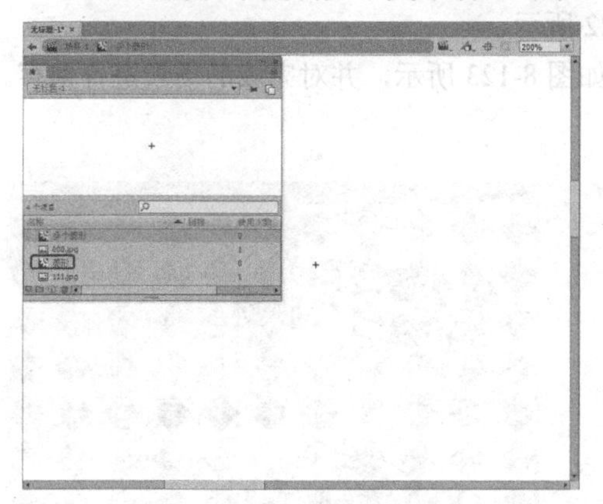

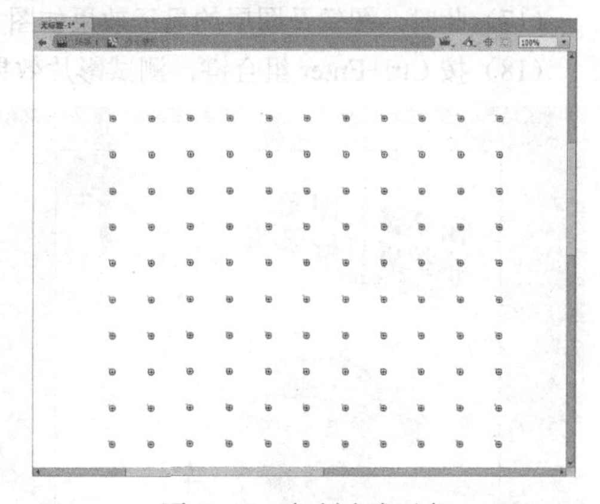

图 8-118　添加元件　　图 8-119　复制多个对象

提示：复制完成后的图形元件总大小应尽量与创建的文件大小（600×619 像素）差不多。

（15）选择【图层 1】的第 65 帧，按 F5 键插入帧。返回到场景 1 中，新建【图层 3】，在【库】面板中选中【多个菱形】影片剪辑元件，并将其拖动到舞台中，调整到合适的位置，如图 8-120 所示。

提示：如果将【多个菱形】元件拖入图层后，其大小与舞台大小相差过大，则需要调整。此时应进入元件的调整舞台进行调整，并且不应使用【任意变形工具】进行调整，而应使用【选择工具】进行调整。

（16）在【时间轴】面板中选择【图层 3】并右击，在弹出的快捷菜单中选择【遮罩层】命

令，如图 8-121 所示。

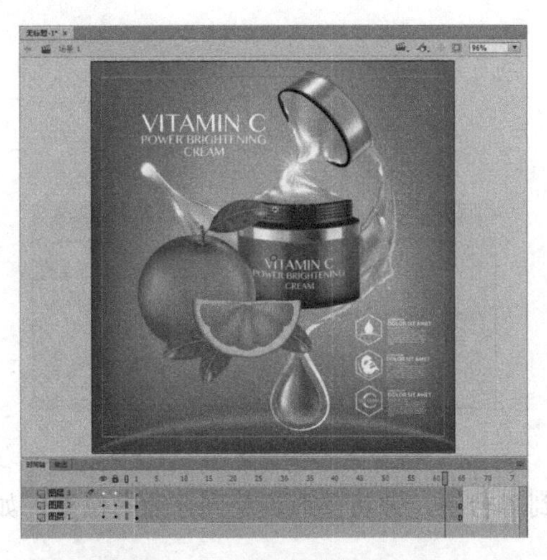

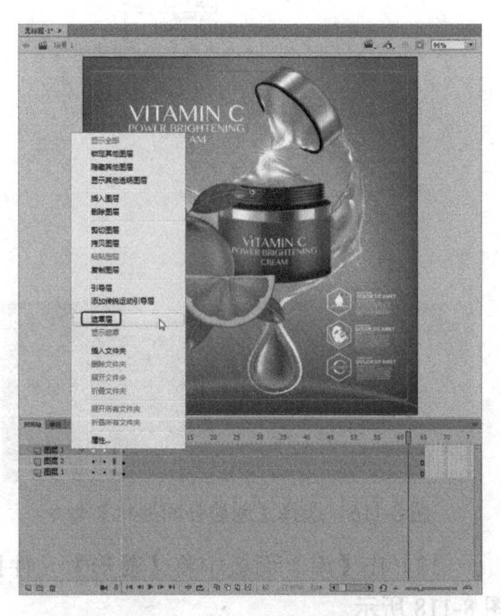

图 8-120　添加影片剪辑元件　　　　图 8-121　选择【遮罩层】命令

（17）此时，图像及图层的显示效果如图 8-122 所示。

（18）按 Ctrl+Enter 组合键，测试影片效果，如图 8-123 所示，并对完成的场景进行保存。

图 8-122　图像及图层的显示效果　　　　图 8-123　测试影片效果

8.4.2　遮罩层动画基础

要创建遮罩层，可以将遮罩放在作用的层上。与填充不同的是，遮罩就像一个窗口，透过它可以看到位于其下面的链接层的区域。除显示的内容外，其余的所有内容都会被隐藏起来。

就像运动引导层一样，遮罩层起初与一个单独的被遮罩层关联，被遮罩层位于遮罩层的下面。遮罩层也可以与任意多个被遮罩的图层关联，仅那些与遮罩层相关联的图层会受其影响，其他所有图层（包括组成遮罩的图层下面的图层及与遮罩层相关联的层）将显示出来。创建遮罩层的操作步骤如下。

(1) 创建普通图层【图层 1】，并在此图层中绘制出可透过遮罩层显示的图形与文本。

(2) 新建【图层 2】，将该图层移动到【图层 1】的上面。

(3) 在【图层2】上创建一个填充区域和文本。

(4) 在【图层2】上右击，在弹出的快捷菜单中选择【遮罩层】命令，这样即可将【图层 2】设置为遮罩层，而其下面的【图层1】就变成了被遮罩层，此时的【时间轴】面板如图 8-124 所示。

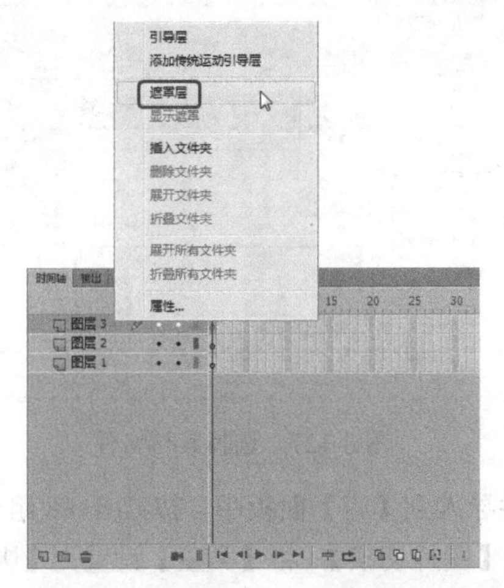

图 8-124　选择【遮罩层】命令后的【时间轴】面板

8.5　上机练习——制作旅游宣传广告

下面来介绍如何制作旅游宣传广告，其主要过程如下：先导入素材文件，将导入的素材文件转换为元件，并为其添加传统补间动画，再创建文字，通过调整文字的位置和透明度来创建文字显示动画，最后为旅游宣传广告添加背景音乐。完成的旅游宣传广告效果如图 8-125 所示。

图 8-125　完成的旅游宣传广告效果

(1) 选择【文件】|【新建】命令，在弹出的【新建文档】对话框中，在【类型】列表框中选择【ActionScript 3.0】选项，将【宽】、【高】分别设置为 800 像素、600 像素，将【背景颜色】设置为#990000，如图 8-126 所示。

（2）单击【确定】按钮，即可新建一个文档。选择【文件】|【导入】|【导入到库】命令，在弹出的【导入到库】对话框中选择素材文件，如图 8-127 所示。

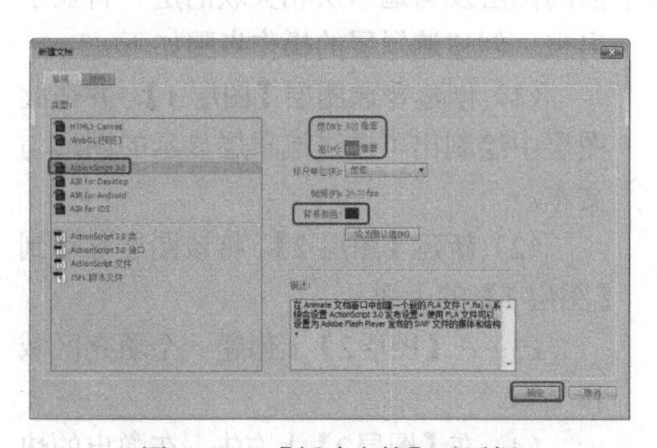

图 8-126 【新建文档】对话框

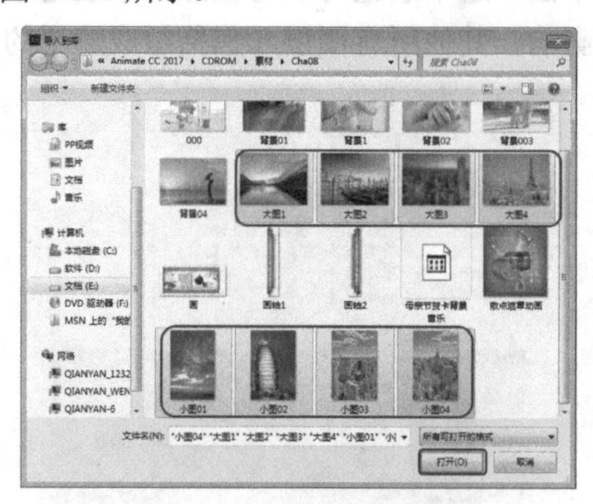

图 8-127 选择素材文件

（3）单击【打开】按钮，即可将选择的素材文件导入到【库】面板中。按 Ctrl+F8 组合键，在弹出的【创建新元件】对话框中将【名称】设置为【图片切换】，将【类型】设置为【影片剪辑】，如图 8-128 所示。

（4）设置完成后，单击【确定】按钮。使用【线条工具】在舞台中绘制一条垂直的线条，选中绘制的图形，在【属性】面板中将【高】设置为 600 像素，将其笔触颜色设置为白色，将【笔触】设置为 1.5pts，如图 8-129 所示。

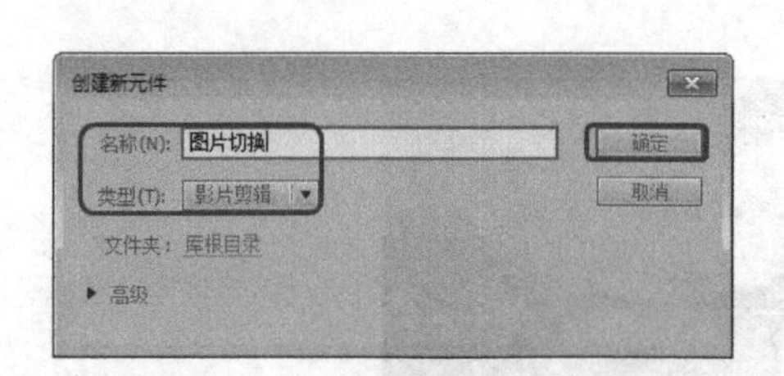

图 8-128 【创建新元件】对话框

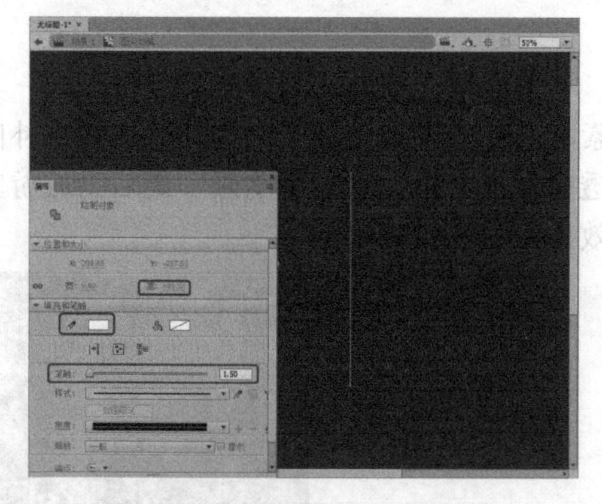

图 8-129 绘制线条并设置其属性

（5）选中该图形，按 F8 键，在弹出的【转换为元件】对话框将【名称】设置为【线】，将【类型】设置为【图形】，并调整其对齐方式，如图 8-130 所示。

（6）设置完成后，单击【确定】按钮。选中该图形元件，在【属性】面板中将【X】、【Y】分别设置为 400 像素、-300 像素，将【样式】设置为 Alpha，将【Alpha】设置为 0%，如图 8-131 所示。

（7）选择该图层的第 10 帧，按 F6 键插入关键帧，选中该帧中的元件，在【属性】面板中将【Y】设置为 300 像素，将【Alpha】设置为 100%，如图 8-132 所示。

（8）选择该图层的第 5 帧并右击，在弹出的快捷菜单中选择【创建传统补间】命令，如图 8-133 所示。

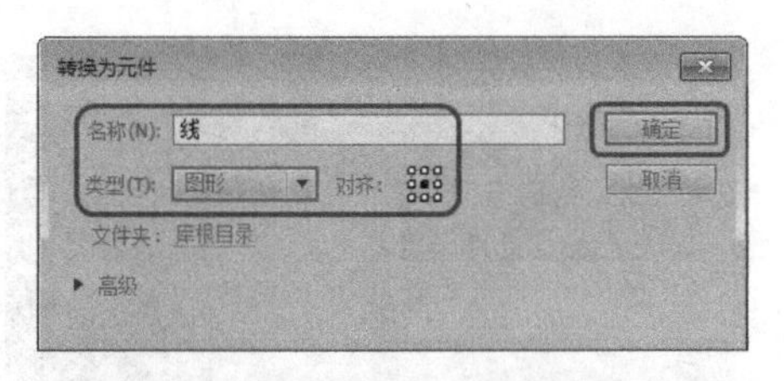

图 8-130 【转换为元件】对话框

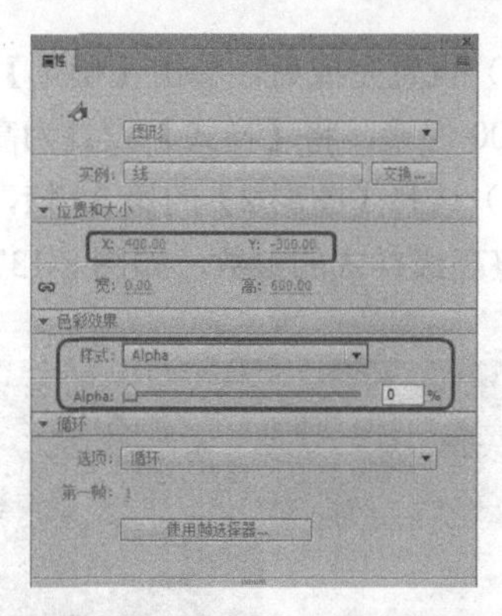

图 8-131 调整图形元件的位置并添加样式

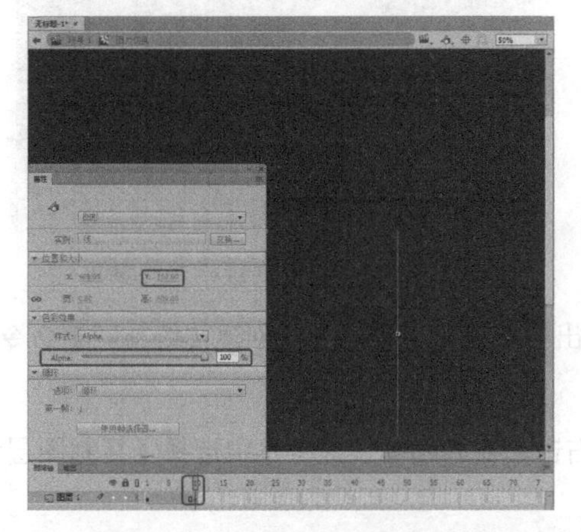

图 8-132 调整 Y 和 Alpha 参数

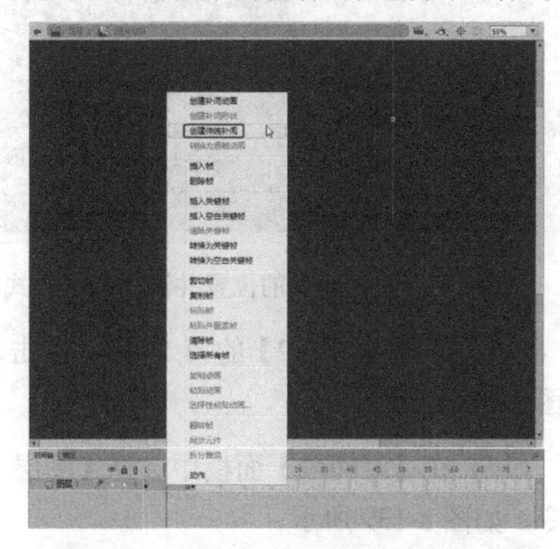

图 8-133 选择【创建传统补间】命令 1

（9）选择该图层的第 105 帧，按 F5 键插入帧。单击【新建图层】按钮，新建【图层 2】，选择该图层的第 10 帧并插入关键帧，在【库】面板中选中【小图 01.jpg】图像文件，并将其拖动到舞台中。选中该图像，在【属性】面板中将【宽】、【高】分别设置为 400 像素、600 像素，如图 8-134 所示。

（10）继续选中该图像，按 F8 键，在弹出的【转换为元件】对话框中将【名称】设置为【切换图 01】，将【类型】设置为【影片剪辑】，如图 8-135 所示。

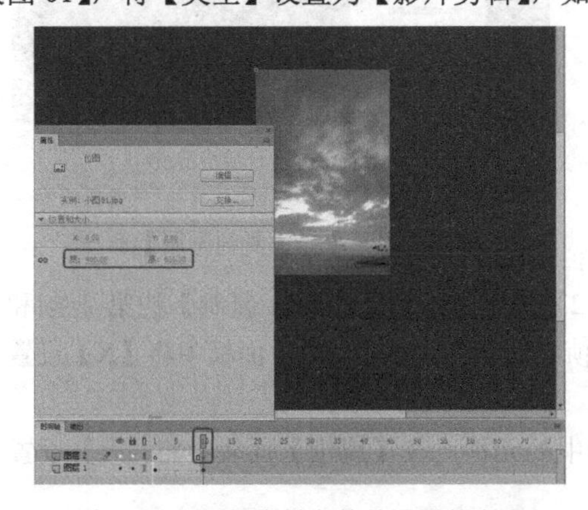

图 8-134 添加素材文件并设置其大小

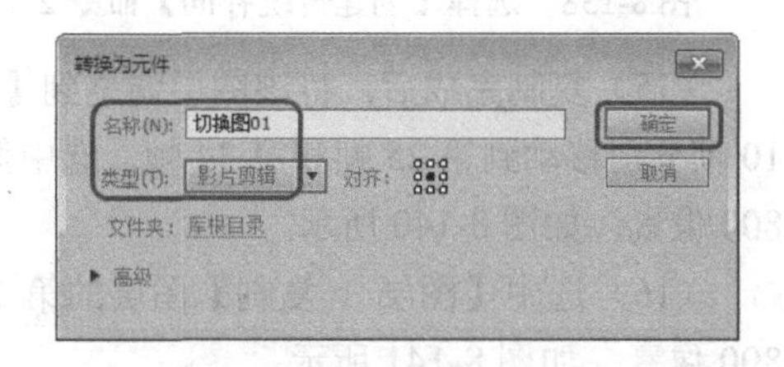

图 8-135 将图像转换为元件

（11）设置完成后，单击【确定】按钮，在【属性】面板中将【X】、【Y】分别设置为 200 像素、300 像素，将【样式】设置为高级，并设置其参数，如图 8-136 所示。

（12）选择【图层 2】的第 25 帧，按 F6 键插入关键帧，选中该帧中的元件，在【属性】面板中调整高级样式的参数，如图 8-137 所示。

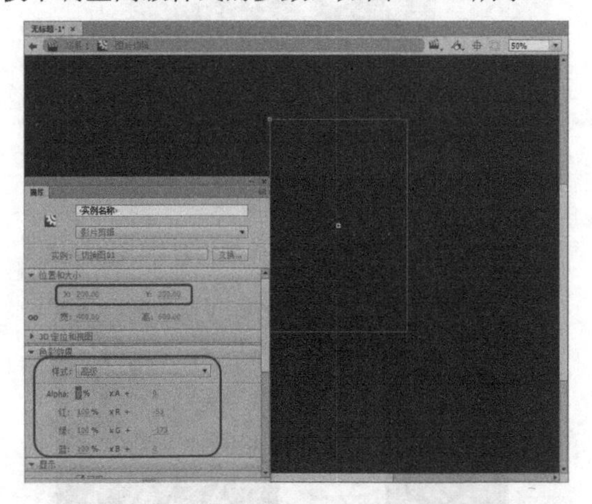

图 8-136　调整元件的位置并添加高级样式

图 8-137　调整高级样式的参数

（13）选择【图层 2】的第 17 帧并右击，在弹出的快捷菜单中选择【创建传统补间】命令，如图 8-138 所示。

（14）在【时间轴】面板中选择【图层 1】并右击，在弹出的快捷菜单中选择【复制图层】命令，如图 8-139 所示。

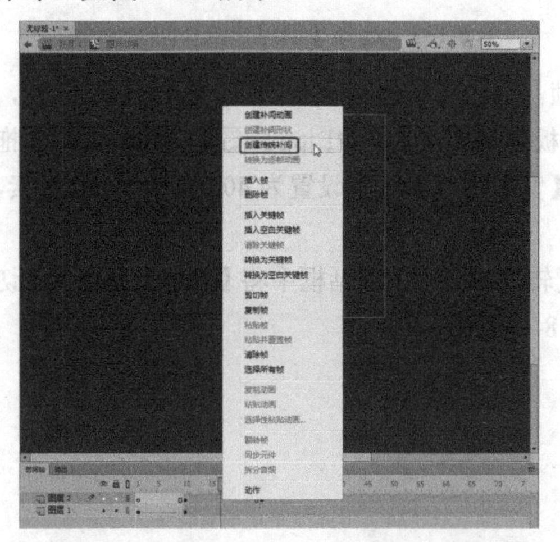

图 8-138　选择【创建传统补间】命令 2

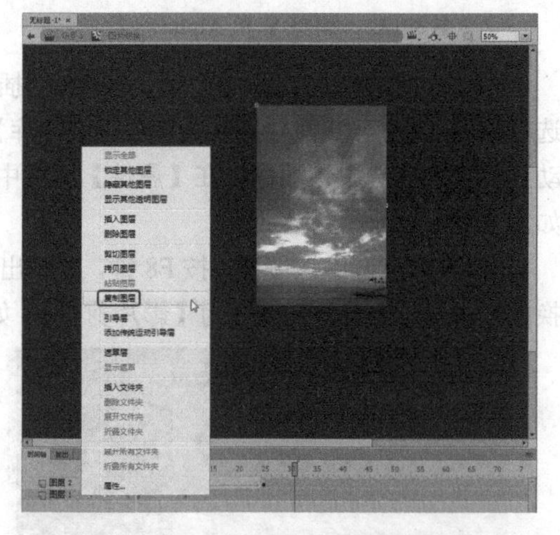

图 8-139　选择【复制图层】命令

（15）复制完成后，将该图层调整到【图层 2】的上方，将【图层 1 复制】的第 1 帧和第 10 帧分别移动到第 25 帧和第 34 帧。选中第 25 帧中的元件，在【属性】面板中将【X】设置为 800 像素，如图 8-140 所示。

（16）选中【图层 1 复制】图层的第 34 帧中的元件，在【属性】面板中将【X】设置为 800 像素，如图 8-141 所示。

图 8-140　复制图层并进行相关调整

图 8-141　调整【图层 1 复制】图层的第 34 帧中元件的位置

(17) 在【时间轴】面板中单击【新建图层】按钮，新建【图层 3】，选择该图层的第 34 帧，按 F6 键插入关键帧，在【库】面板中选中【小图 02.jpg】图像文件，并将其拖动到舞台中。选中该图像，在【属性】面板中将【宽】、【高】分别设置为 400 像素、600 像素，如图 8-142 所示。

(18) 选中该图像，按 F8 键，在弹出的【转换为元件】对话框中将【名称】设置为【切换图 02】，将【类型】设置为【影片剪辑】，如图 8-143 所示。

图 8-142　新建图层并调整图像的大小

图 8-143　将图像转换为影片剪辑元件

(19) 设置完成后，单击【确定】按钮。选中该元件，在【属性】面板中将【X】、【Y】分别设置为 601 像素、300 像素，将【样式】设置为高级，并调整高级样式的参数，如图 8-144 所示。

(20) 选择【图层 3】的第 49 帧，按 F6 键插入关键帧，选中该帧中的元件，在【属性】面板中调整高级样式的参数，如图 8-145 所示。

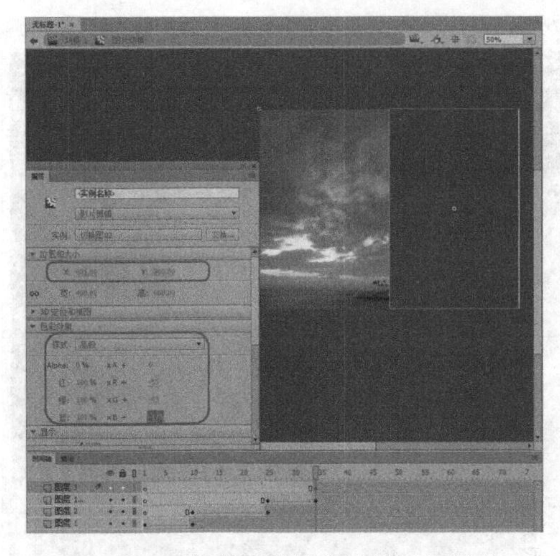

图 8-144　调整元件的位置并添加样式

图 8-145　插入关键帧并调整高级样式的参数 1

（21）选择【图层 3】的第 40 帧并右击，在弹出的快捷菜单中选择【创建传统补间】命令，如图 8-146 所示。

（22）在【时间轴】面板中单击【新建图层】按钮，新建【图层 4】，选择该图层的第 60 帧，按 F6 键插入关键帧，在【库】面板中选中【小图 03.jpg】图像文件，并将其拖动到舞台中，将其【宽】、【高】分别设置为 400 像素、600 像素，并调整其位置，如图 8-147 所示。

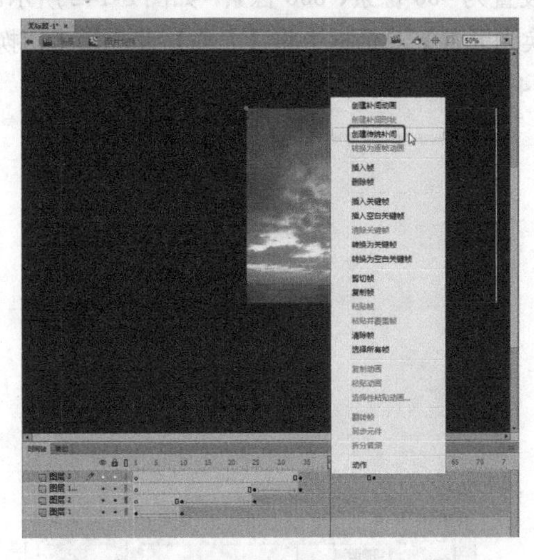

图 8-146　选择【创建传统补间】命令 3

图 8-147　新建图层并添加素材

（23）选中该图像，按 F8 键，在弹出的【转换为元件】对话框中将【名称】设置为【切换图 03】，将【类型】设置为【影片剪辑】，如图 8-148 所示。

（24）设置完成后，单击【确定】按钮。在【属性】面板中将【样式】设置为高级，并设置其参数，如图 8-149 所示。

（25）设置完成后，选择【图层 4】的第 75 帧，按 F6 键插入关键帧，选中该帧中的元件，在【属性】面板中设置高级样式的参数，如图 8-150 所示。

（26）选择【图层 4】的第 68 帧并右击，在弹出的快捷菜单中选择【创建传统补间】命令。

使用同样的方法创建其右侧的切换动画，如图 8-151 所示。

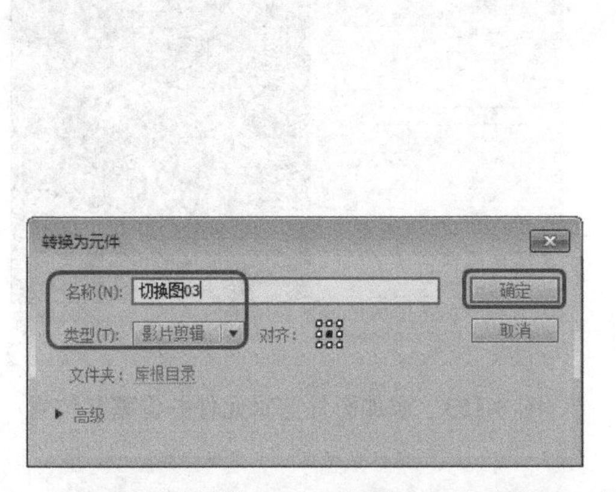

图 8-148　将图像转换为【切换图 03】影片剪辑元件

图 8-149　添加高级样式并设置其参数

图 8-150　设置高级样式的参数

图 8-151　创建切换动画

（27）在【时间轴】面板中单击【新建图层】按钮，新建一个图层，选择该图层的第 105 帧，按 F6 键插入关键帧。选中该关键帧，按 F9 键，在打开的【动作】面板中输入代码，如图 8-152 所示。

（28）将【动作】面板关闭，返回到场景 1 中。在【库】面板中选中【图片切换】影片剪辑元件，并将其拖拽动到舞台中。选中该元件，在【属性】面板中将【X】、【Y】分别设置为-1 像素、0 像素，如图 8-153 所示。

（29）选择该图层的第 110 帧，按 F7 键插入空白关键帧，在【库】面板中选择【大图 1.jpg】，并将其拖动到舞台中。选中该对象，在【对齐】面板中依次单击【水平中齐】按钮、【垂直中齐】按钮和【匹配宽和高】按钮，如图 8-154 所示。

（30）选中该图像，按 F8 键，在弹出的【转换为元件】对话框中将【名称】设置为【背景 01】，如图 8-155 所示。

图 8-152　输入代码 1

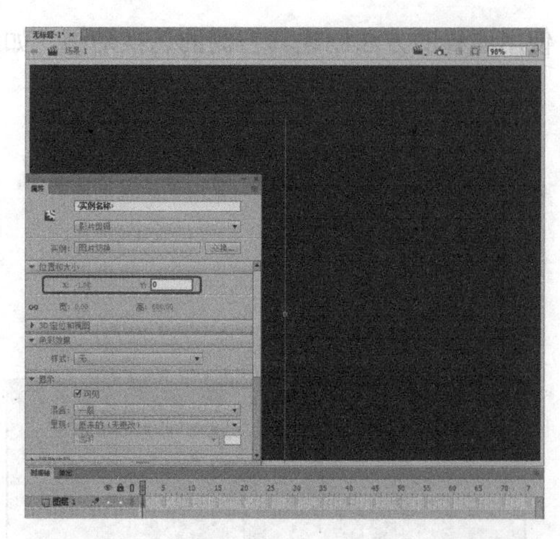

图 8-153　添加影片剪辑元件并调整其位置

图 8-154　添加图像并设置其对齐方式

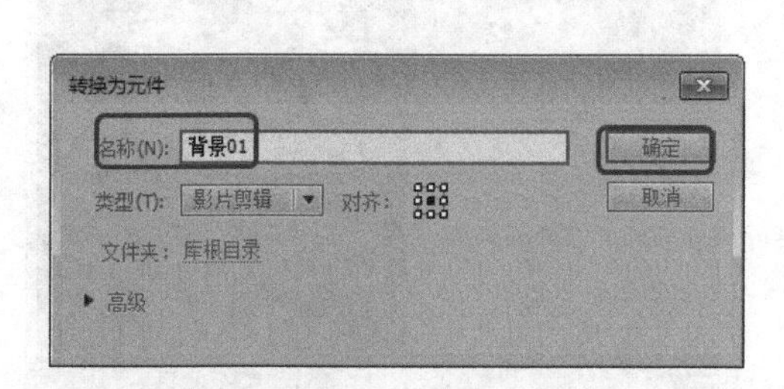

图 8-155　将图像转换为【背景 01】元件

（31）设置完成后，单击【确定】按钮。选中该元件，在【属性】面板中将【样式】设置为高级，并设置其参数，如图 8-156 所示。

（32）选择该图层的第 130 帧，按 F6 键插入关键帧，选中该帧中的元件，在【属性】面板中调整高级样式的参数，如图 8-157 所示。

（33）选择该图层的第 120 帧并右击，在弹出的快捷菜单中选择【创建传统补间】命令，创建传统补间动画后的效果如图 8-158 所示。

（34）选择该图层的第 195 帧，按 F6 键插入关键帧；选择该图层的第 215 帧，按 F6 键插入关键帧，选中该帧中的元件，在【属性】面板中调整其高级样式的参数，如图 8-159 所示。

（35）选择该图层的第 205 帧并右击，在弹出的快捷菜单中选择【创建传统补间】命令。选择该图层的第 460 帧，按 F5 键插入关键帧。按 Ctrl+F8 组合键，在弹出的【创建新元件】对话框中将【名称】设置为【文字动画】，将【类型】设置为【影片剪辑】，如图 8-160 所示。

（36）设置完成后，单击【确定】按钮。使用【文本工具】在舞台中输入文字，选中输入的文字，在【属性】面板中将【系列】设置为方正仿宋简体，将【大小】设置为 17 磅，将【字

母间距】设置为2磅，将【颜色】设置为白色，如图8-161所示。

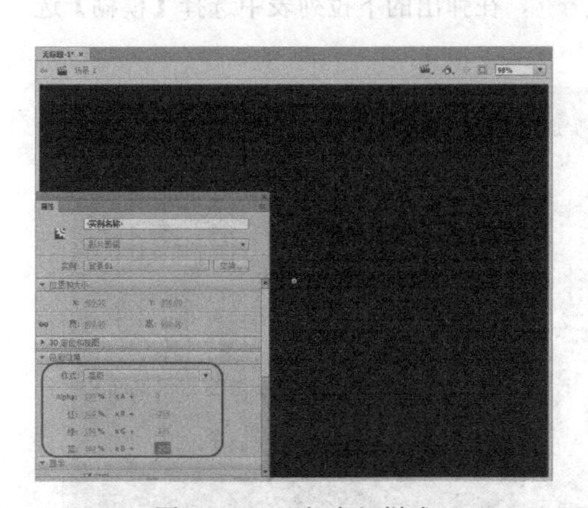

图8-156　添加高级样式

图8-157　插入关键帧并调整高级样式的参数2

图8-158　创建传统补间动画后的效果1

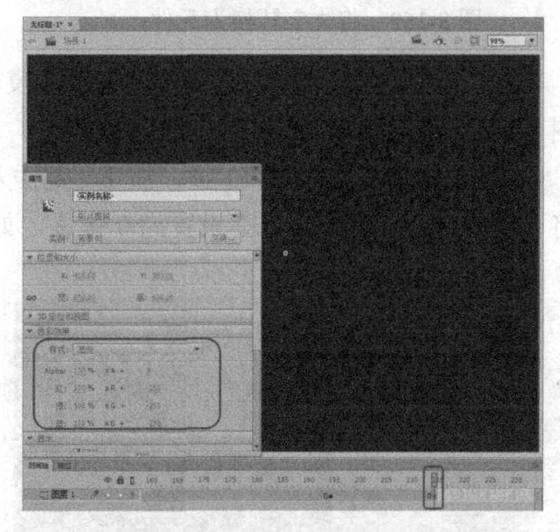

图8-159　插入关键帧并调整高级样式的参数3

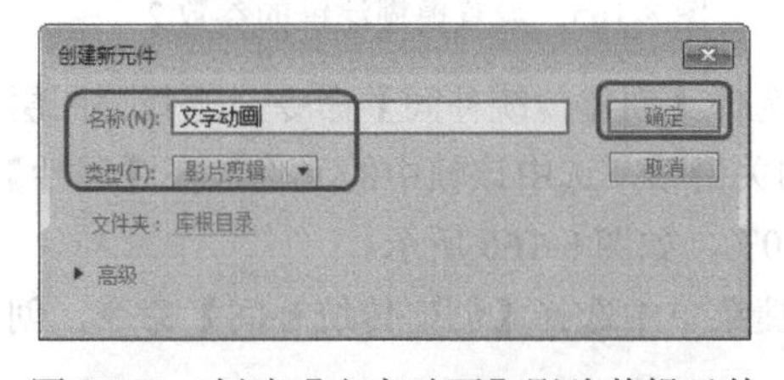

图8-160　创建【文字动画】影片剪辑元件

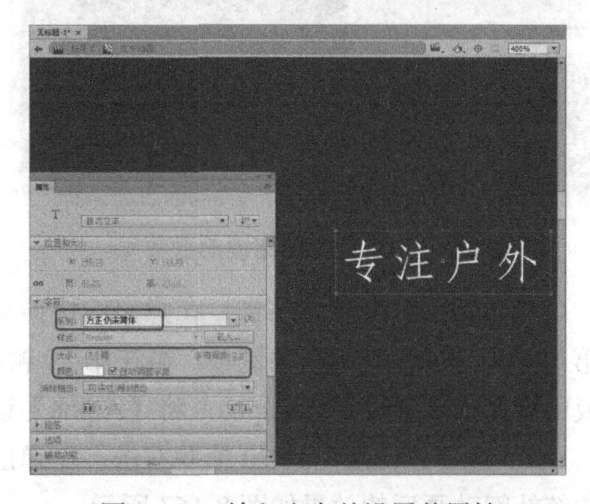

图8-161　输入文字并设置其属性

（37）选中该文字，按F8键，在弹出的【转换为元件】对话框中将【名称】设置为【文字1】，将【类型】设置为【影片剪辑】，并调整其对齐方式，如图8-162所示。

（38）设置完成后，单击【确定】按钮。选中该元件，将【X】、【Y】分别设置为1.85像素、6.8像素，单击【滤镜】区域中的【添加滤镜】按钮，在弹出的下拉列表中选择【模糊】选项，如图8-163所示。

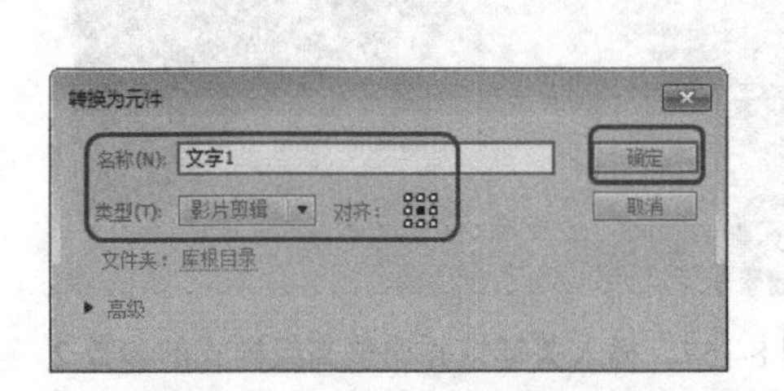

图8-162　将文字转换为元件

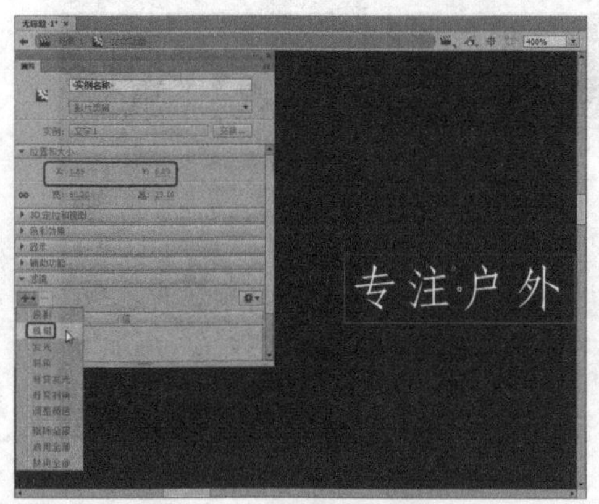

图8-163　添加模糊滤镜

（39）在【属性】面板中将【模糊X】、【模糊Y】都设置为20像素，将【品质】设置为高，如图8-164所示。

（40）选择该图层的第20帧，按F6键插入关键帧，选中该帧中的元件，在【属性】面板中将【模糊X】、【模糊Y】都设置为0像素，如图8-165所示。

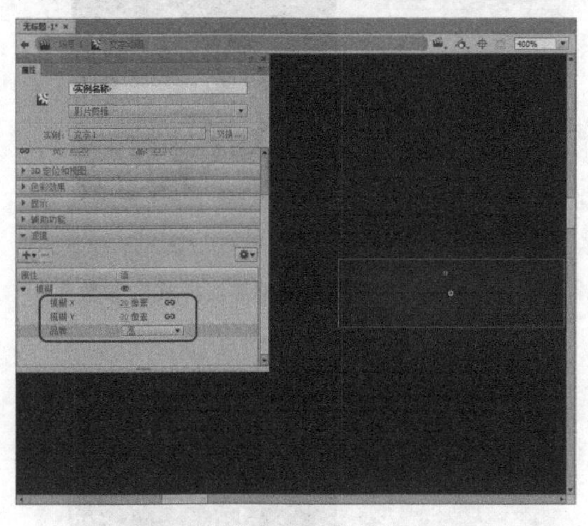

图8-164　设置模糊滤镜的参数1

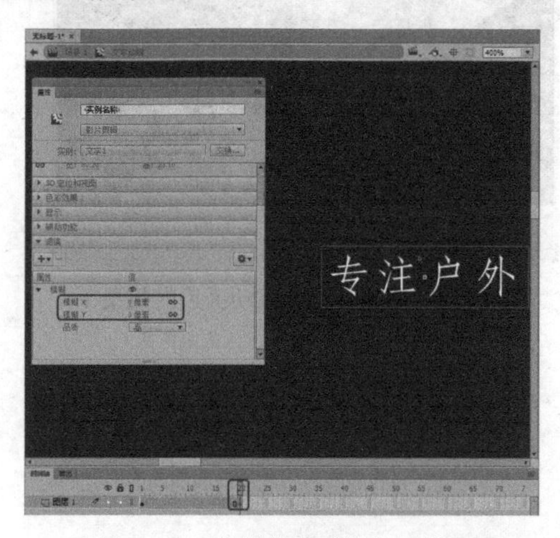

图8-165　设置模糊滤镜的参数2

（41）选择第10帧并右击，在弹出的快捷菜单中选择【创建传统补间】命令。选择该图层的第60帧，按F6键插入关键帧，再在第80帧中添加关键帧，选中该帧中的元件，在【属性】面板中将【样式】设置为Alpha，将【Alpha】设置为0%，如图8-166所示。

（42）选择该图层的第70帧并右击，在弹出的快捷菜单中选择【创建传统补间】命令，创建传统补间动画后的效果如图8-167所示。

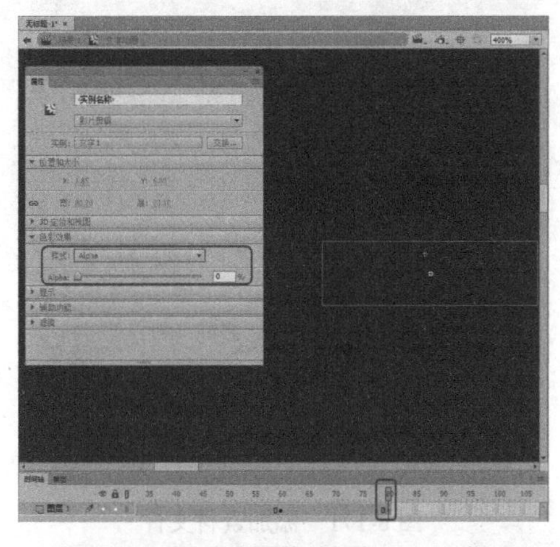

图 8-166　插入关键帧并添加 Alpha 样式

图 8-167　创建传统补间动画后的效果 2

（43）使用同样的方法创建其他文字动画，将其转换为元件，为其添加关键帧，并进行相应的设置，如图 8-168 所示。

（44）在【时间轴】面板中单击【新建图层】按钮，新建一个图层，选择该图层的第 80 帧，按 F6 键插入关键帧。选中该关键帧，按 F9 键，在打开的【动作】面板中输入代码，如图 8-169 所示。

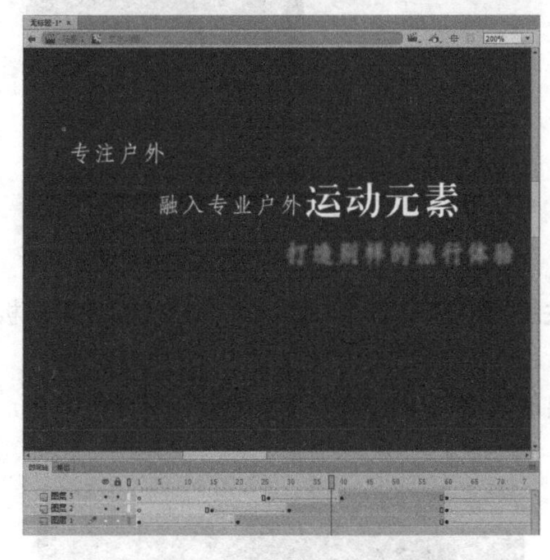

图 8-168　创建其他文字动画

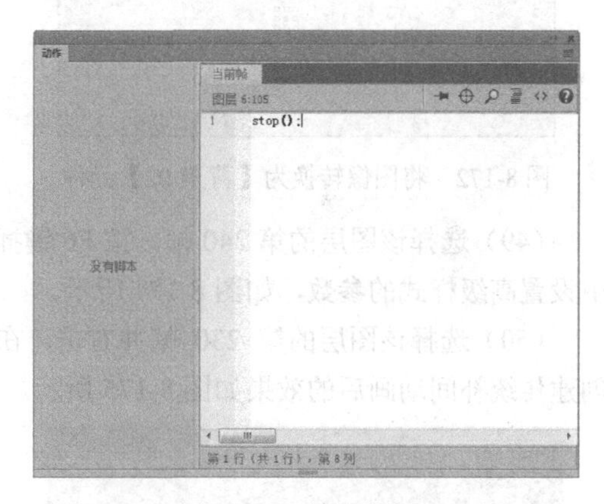

图 8-169　输入代码 2

（45）输入完成后，将【动作】面板关闭，返回到场景 1 中。在【时间轴】面板中单击【新建图层】按钮，在该图层的第 130 帧处插入关键帧，在【库】面板中选中【文字动画】影片剪辑元件，并将其拖动到舞台中，调整其位置，如图 8-170 所示。

（46）选择该图层的第 220 帧，按 F7 键插入空白关键帧，在【库】面板中选中【大图 2.jpg】素材文件，并将其拖动到舞台中，调整其大小和位置，如图 8-171 所示。

（47）选中该图像文件，按 F8 键，在弹出的【转换为元件】对话框中将【名称】设置为【背景 02】，将【类型】设置为【影片剪辑】，并调整其对齐方式，如图 8-172 所示。

（48）设置完成后，单击【确定】按钮。选中该元件，在【属性】面板中将【样式】设置为高级，并设置其参数，如图 8-173 所示。

图 8-170　新建图层并添加元件

图 8-171　添加素材文件

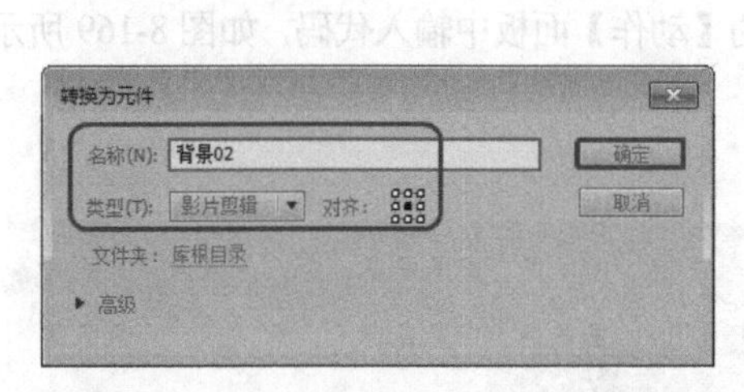

图 8-172　将图像转换为【背景 02】元件

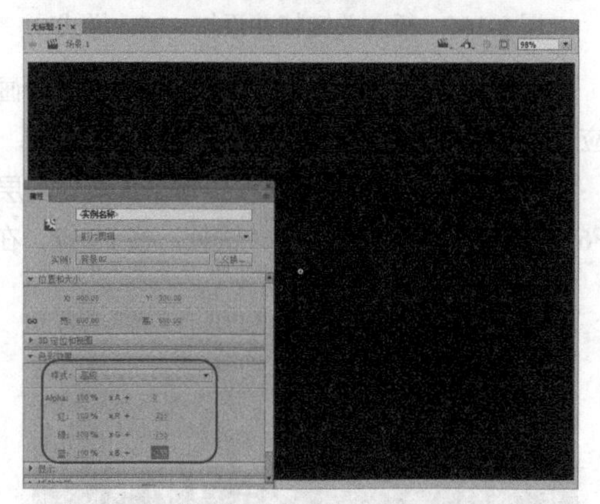

图 8-173　添加样式并设置其参数

（49）选择该图层的第 240 帧，按 F6 键插入关键帧，选中该帧中的元件，在【属性】面板中设置高级样式的参数，如图 8-174 所示。

（50）选择该图层的第 230 帧并右击，在弹出的快捷菜单中选择【创建传统补间】命令，创建传统补间动画后的效果如图 8-175 所示。

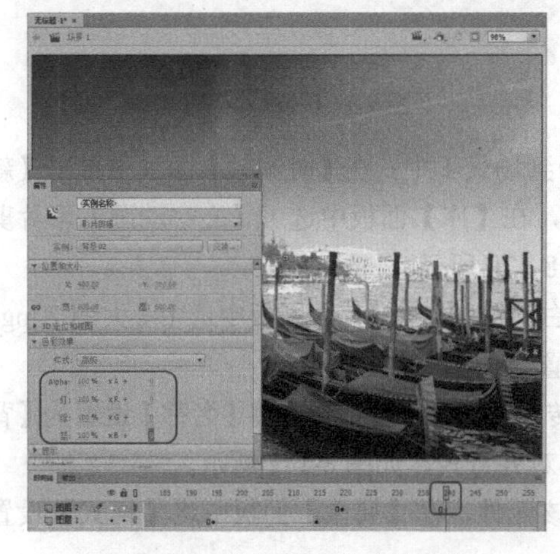

图 8-174　设置高级样式的参数

图 8-175　创建传统补间动画后的效果 3

（51）选择该图层的第310帧，按F6键插入关键帧；再选择该图层的第330帧，按F6键插入关键帧，选中该帧中的元件，在【属性】面板中调整高级样式的参数，如图8-176所示。

（52）选择该图层的第320帧并右击，在弹出的快捷菜单中选择【创建传统补间】命令，使用前面介绍的方法创建文字动画和其他切换动画，如图8-177所示。

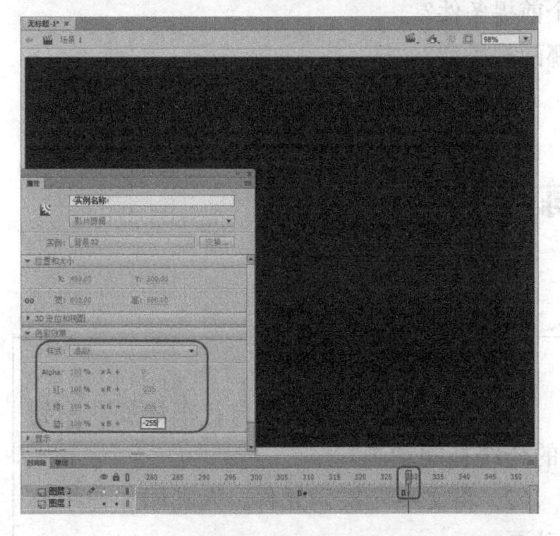
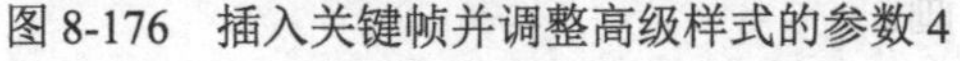

图8-176 插入关键帧并调整高级样式的参数4

图8-177 创建文字动画和其他切换动画

（53）在【时间轴】面板中单击【新建图层】按钮，新建图层，选择该图层的第460帧，按F6键插入关键帧。选中该关键帧，按F9键，在打开的【动作】面板中输入代码，如图8-178所示。

（54）关闭【动作】面板，选择【文件】|【导入】|【导入到库】命令，在弹出的【导入到库】对话框中选择【背景音乐】音频文件，单击【打开】按钮。在【时间轴】面板中单击【新建图层】按钮，新建图层，在【库】面板中选择导入的音频文件，并将其拖动到舞台中，为广告添加音乐，如图8-179所示。

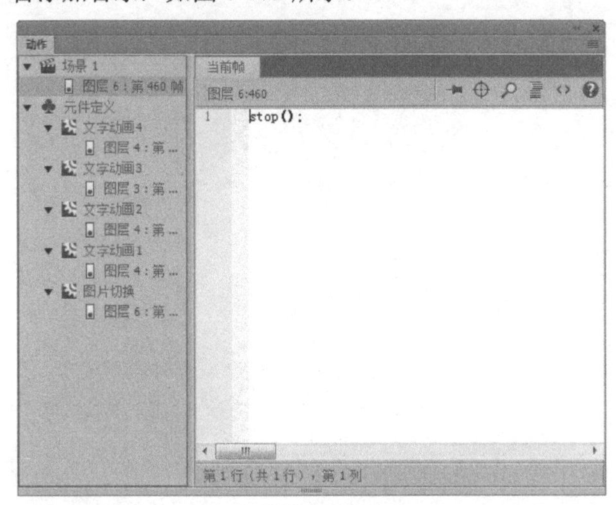

图8-178 输入代码3

图8-179 添加音乐

【课后习题】

1. 在创建传统补间动画时，需要具备哪两个前提条件？
2. 引导层在影片制作中起辅助作用，它有哪两种类型？
3. 如何创建遮罩层？

【课后练习】

项目练习　制作环保宣传画

<table>
<tr>
<td>效果展示：

</td>
<td>操作要领：
（1）导入素材文件，为自行车添加从左到右的传统补间动画。
（2）将文字转换为元件，为其添加传统补间动画。
（3）制作完成后，新建一个图层，在最后一帧中添加一个关键帧，输入代码【stop();】</td>
</tr>
</table>

第9章

ActionScript 基础与基本语句

09

Chapter

本章导读：

基础知识
- ◈ 数据类型
- ◈ 变量的命名

重点知识
- ◈ 数值运算符
- ◈ 逻辑运算符

提高知识
- ◈ ActionScript 的语法
- ◈ 界定符

本章主要介绍了 Animate CC 2017 的编程环境，读者应了解媒体常用的控制命令，以及如何以动画中的关键帧、按钮和影片剪辑作为对象，使用动作选项对 ActionScript 进行定义和编写。

9.1　任务 29：制作旋转的风车——数据类型

本任务将介绍如何制作旋转的风车。在制作旋转的风车时，需要在【时间轴】面板中创建各个图层，并导入图片，使用【元件属性】对话框设置图形的属性，再使用代码为图形提供动态效果。完成的旋转的风车效果如图 9-1 所示。

图 9-1　完成的旋转的风车效果

9.1.1　任务实施

（1）选择【文件】|【新建】命令，在弹出的【新建文档】对话框中，在【类型】列表框中选择【ActionScript 3.0】选项，将【宽】、【高】分别设置为 1423 像素、1002 像素，单击【确定】按钮，如图 9-2 所示。

（2）文档新建完成后，按 Ctrl+S 组合键，在弹出的【另存为】对话框中设置保存路径，并输入文件名，单击【保存】按钮，如图 9-3 所示。

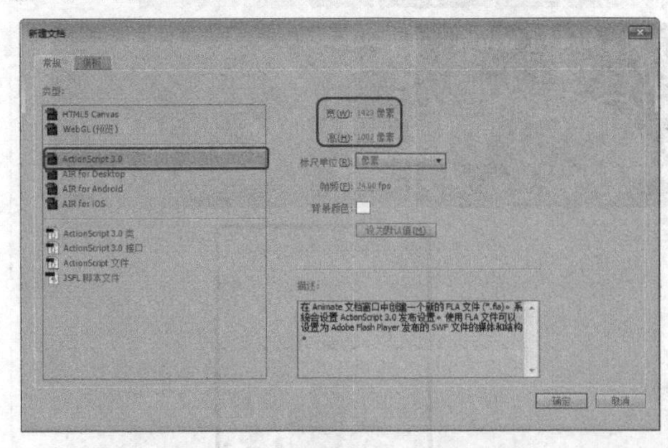

图 9-2　【新建文档】对话框

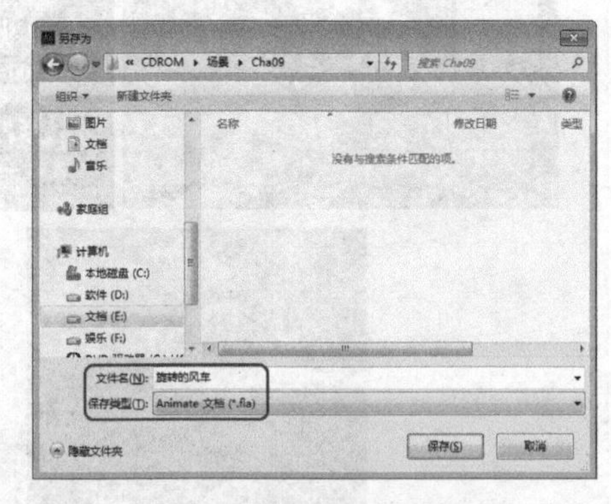

图 9-3　【另存为】对话框

（3）按 Ctrl+F8 组合键，在弹出的【创建新元件】对话框中将【名称】设置为【风车】，将【类型】设置为【影片剪辑】，单击【确定】按钮，如图 9-4 所示。

（4）选择【文件】|【导入】|【导入到舞台】命令，在弹出的【导入】对话框中选择【风车】素材文件，如图 9-5 所示。

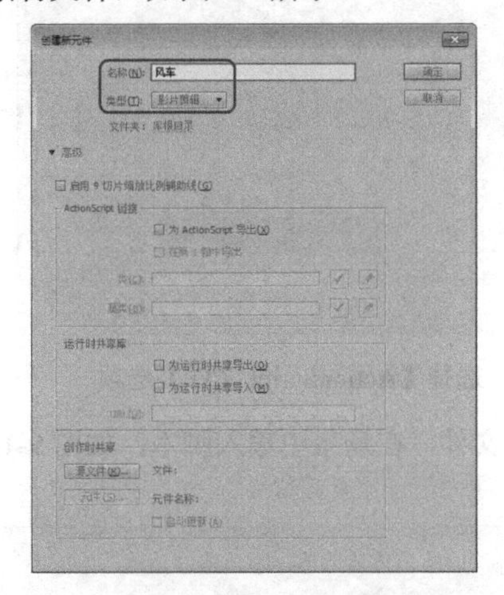

图 9-4 【创建新元件】对话框

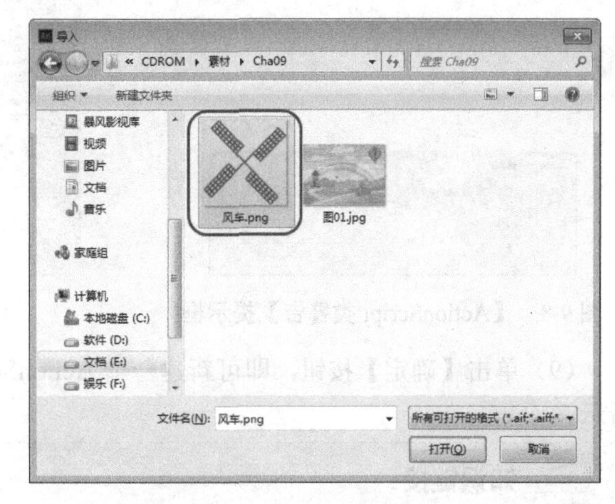

图 9-5 【导入】对话框

（5）在【库】面板中选中【风车】影片剪辑元件并右击，在弹出的快捷菜单中选择【属性】命令，如图 9-6 所示。

（6）在弹出的【元件属性】对话框中单击【高级】按钮，勾选【为 ActionScript 导出】复选框，将【类】设置为【Fs】，如图 9-7 所示。

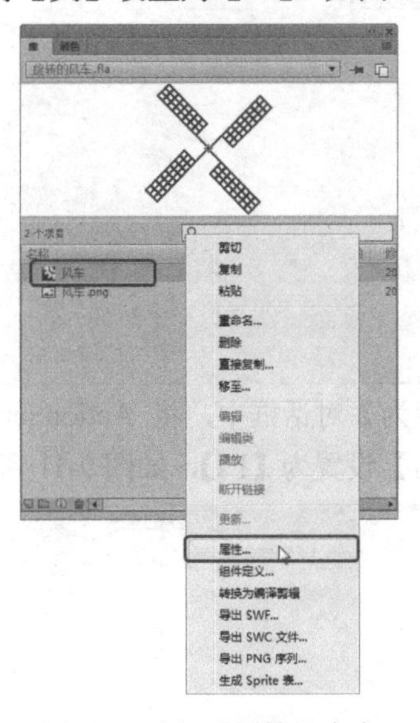

图 9-6 选择【属性】命令

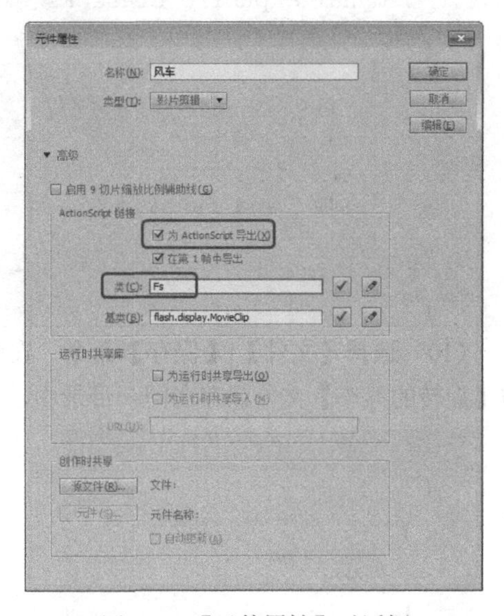

图 9-7 【元件属性】对话框

（7）单击【确定】按钮，在弹出的【ActionScript 类警告】提示框中单击【确定】按钮即可，如图 9-8 所示。

（8）选择【文件】|【新建】命令，在弹出的【新建文档】对话框中，在【类型】列表框中选择【ActionScript 文件】选项，如图 9-9 所示。

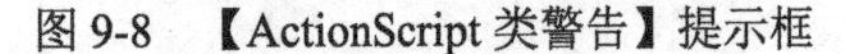

图 9-8 【ActionScript 类警告】提示框

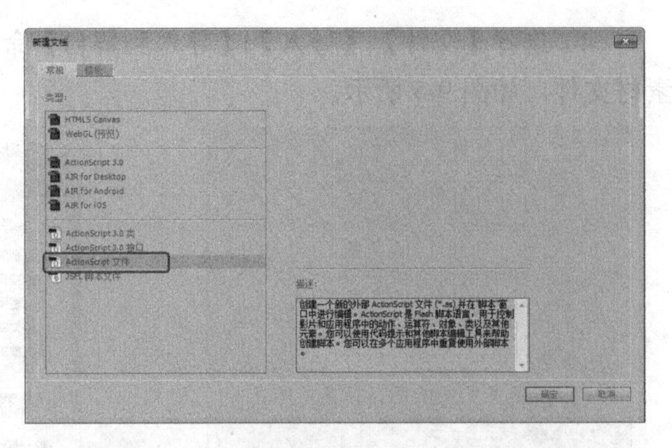

图 9-9 选择【ActionScript 文件】选项

（9）单击【确定】按钮，即可新建一个 ActionScript 文件，在场景中输入脚本，如图 9-10 所示。

知识链接：

在此输入的脚本如下。

```
package
{
    import flash.display.*;

    dynamic public class Fs extends MovieClip
    {

        public function Fs()
        {
            return;
        }// end function

    }
}
```

（10）选择【文件】|【保存】命令，在弹出的【另存为】对话框中，将 ActionScript 文件与【旋转的风车】文件保存在同一目录中，并将【文件名】设置为【Fs】，如图 9-11 所示。

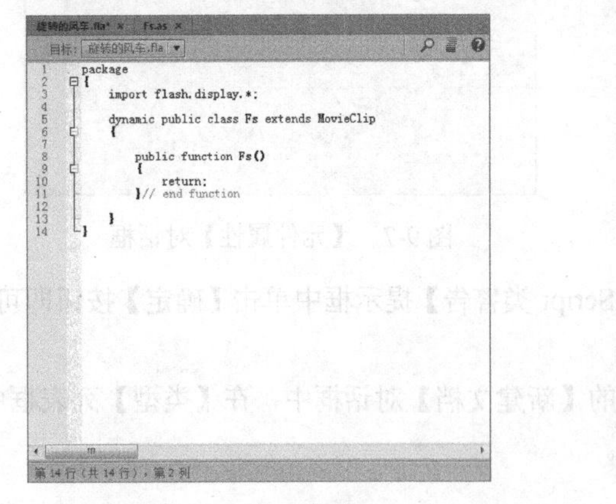

图 9-10 输入脚本 1

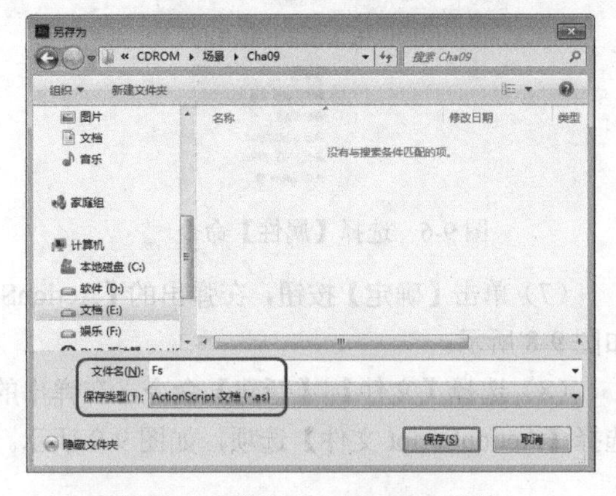

图 9-11 保存 ActionScript 文件

（11）单击【保存】按钮，保存完成后，返回到【旋转的风车】的场景1中，按Ctrl+R组合键，在弹出的【导入】对话框中选择【图01.jpg】文件，如图9-12所示。

（12）单击【打开】按钮，即可将选择的素材文件导入到舞台中。按Ctrl+K组合键，在【对齐】面板中勾选【与舞台对齐】复选框，并依次单击【水平中齐】按钮和【垂直中齐】按钮，如图9-13所示。

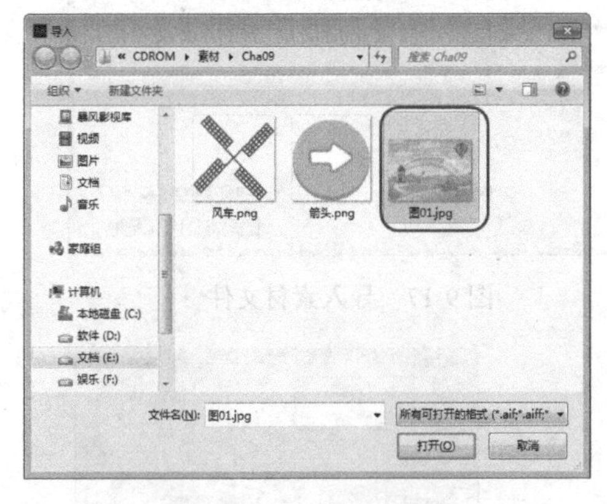

图9-12　选择素材文件

图9-13　导入素材并进行调整

（13）在【时间轴】面板中单击【新建图层】按钮，新建【图层2】，使用【文本工具】在舞台中输入文字，并在【属性】面板中将【系列】设置为汉仪粗黑简，将【大小】设置为30磅，将【颜色】设置为#009900，如图9-14所示。

（14）在【时间轴】面板中单击【新建图层】按钮，新建【图层3】，如图9-15所示。

图9-14　输入文本并进行设置

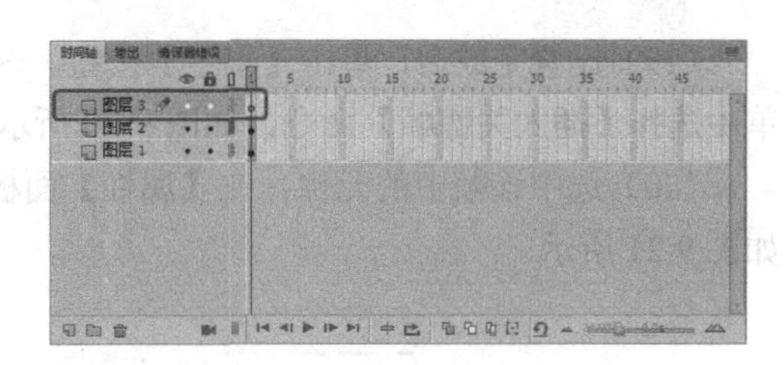

图9-15　新建【图层3】

（15）按Ctrl+F8组合键，在弹出的【创建新元件】对话框中，将【名称】设置为【按钮】，将【类型】设置为【按钮】，如图9-16所示。

（16）单击【确定】按钮，即可创建元件。选择【文件】|【导入】|【导入到舞台】命令，在弹出的【导入】对话框中选择【箭头.png】文件，如图9-17所示。

（17）单击【打开】按钮，即可将选择的素材文件导入到场景中。选中该素材文件，在【属性】面板中将【宽】、【高】分别设置为107.35像素、112.8像素，将【X】、【Y】都设置为0像素，如图9-18所示。

（18）继续选中该素材文件，按F8键，在弹出的【转换为元件】对话框中将【名称】设置为【元件1】，将【类型】设置为【影片剪辑】，如图9-19所示。

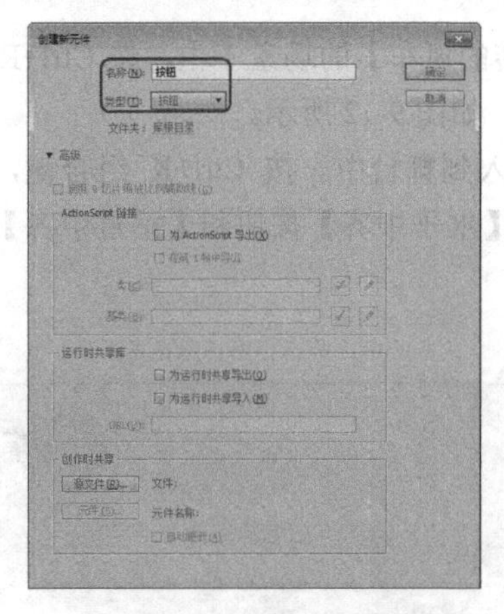

图 9-16　创建按钮元件

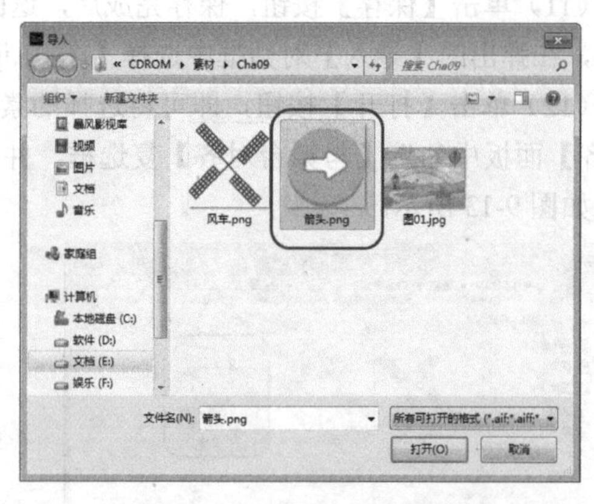

图 9-17　导入素材文件

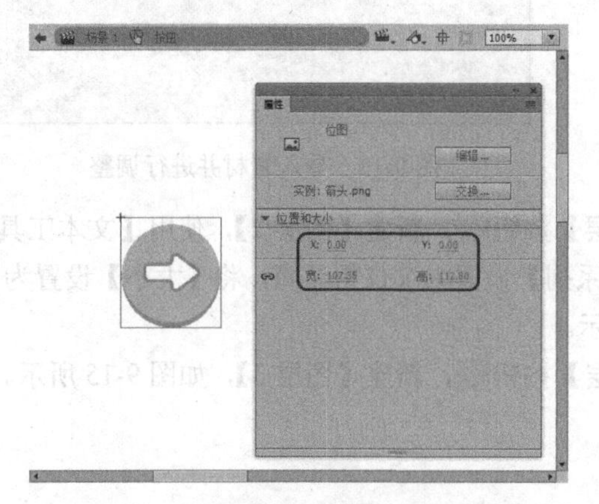

图 9-18　设置素材文件的位置和大小

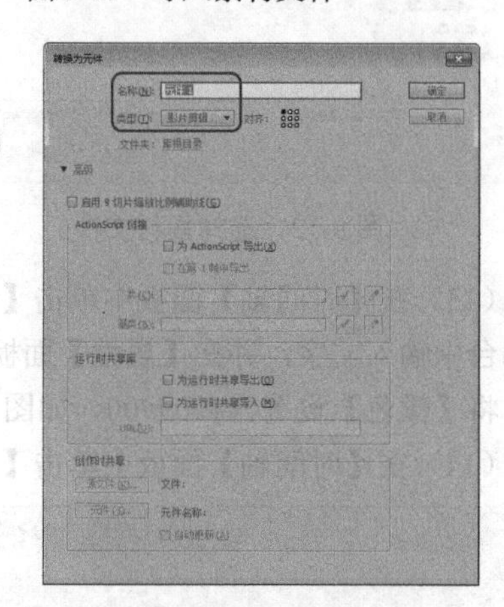

图 9-19　将素材转换为元件

（19）设置完成后，单击【确定】按钮。选择【图层 1】的第 3 帧并右击，在弹出的快捷菜单中选择【插入关键帧】命令，如图 9-20 所示。

（20）选中该帧中的元件，在【属性】面板中将【样式】设置为【高级】，并设置其参数，如图 9-21 所示。

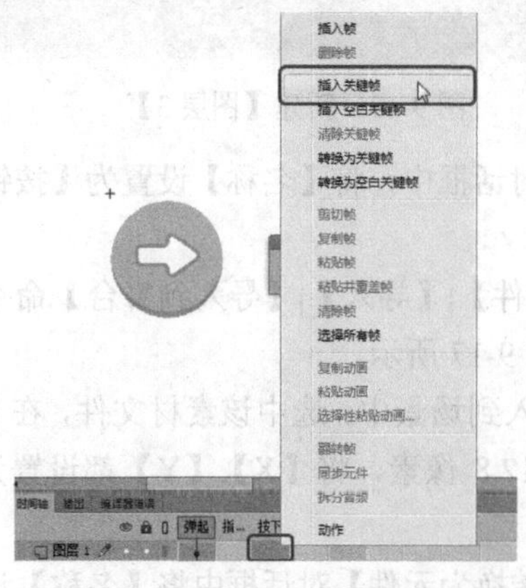

图 9-20　选择【插入关键帧】命令

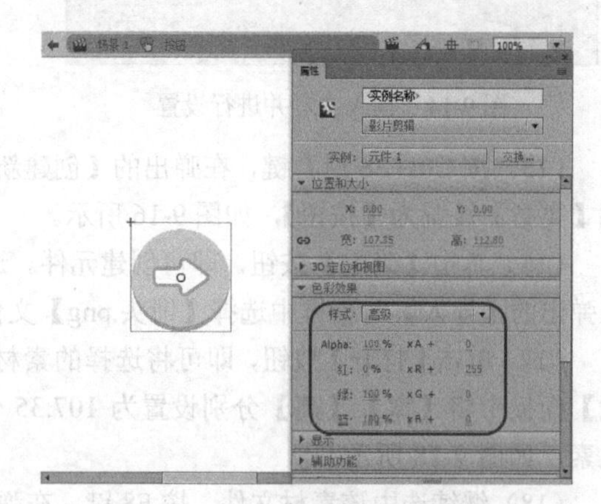

图 9-21　设置高级样式的参数

(21）设置完成后，返回到场景 1 中，选择【图层 3】，在【库】面板中选中【按钮】元件，并将其拖动到舞台中。选中该元件，在【属性】面板中将【宽】、【高】分别设置为 58.2 像素、61.15 像素，将【X】、【Y】分别设置为 695.95 像素、179.5 像素，将实例名称设置为【an_btn】，如图 9-22 所示。

(22）取消选中场景中的任何对象，在【属性】面板中将【目标】设置为【Flash Player 11.7】，将【类】设置为【MainTimeline】，如图 9-23 所示。

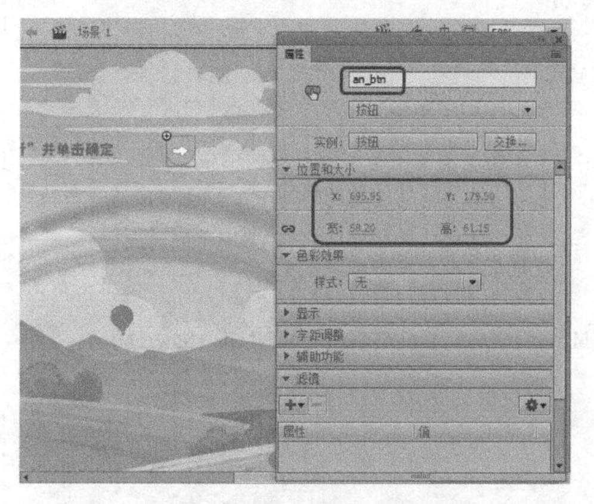

图 9-22　设置元件的属性

图 9-23　设置文档的属性

(23）选择【文件】|【新建】命令，在弹出的【新建文档】对话框中，在【类型】列表框中选择【ActionScript 文件】选项，如图 9-24 所示。

(24）单击【确定】按钮，即可新建一个 ActionScript 文件，在场景中输入脚本，如图 9-25 所示。

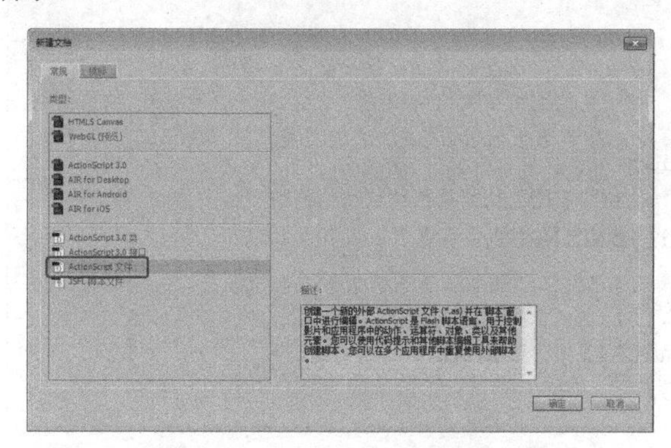

图 9-24　新建 ActionScript 文件

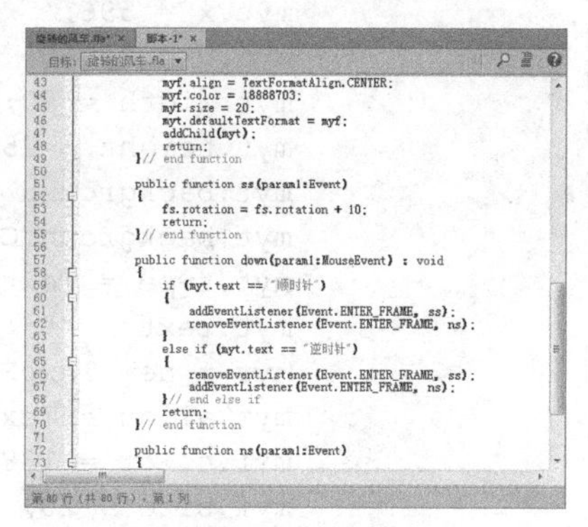

图 9-25　输入脚本 2

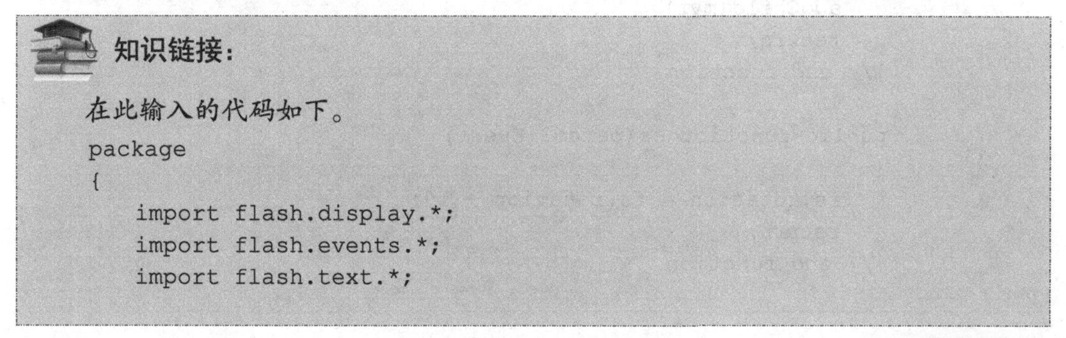

知识链接：

在此输入的代码如下。

```
package
{
    import flash.display.*;
    import flash.events.*;
    import flash.text.*;
```

```
dynamic public class MainTimeline extends MovieClip
{
    public var myt:TextField;
    public var an_btn:SimpleButton;
    public var myf:TextFormat;
    public var fs:MovieClip;

    public function MainTimeline()
    {
       addFrameScript(0, frame1);
       return;
    }// end function

    function frame1()
    {
       wblx();
       an_btn.addEventListener(MouseEvent.MOUSE_DOWN, down);
       return;
    }// end function

    public function wblx()
    {
       fs = new Fs();
       fs.x = 217.6;
       fs.y = 512.95;
       addChild(fs);
       myt = new TextField();
       myt.x = 596;
       myt.y = 200;
       myt.width = 90;
       myt.height = 25;
       myt.background = true;
       myt.backgroundColor = 16777215;
       myt.type = TextFieldType.INPUT;
       myt.text = "";
       myf = new TextFormat();
       myf.align = TextFormatAlign.CENTER;
       myf.color = 18888703;
       myf.size = 20;
       myt.defaultTextFormat = myf;
       addChild(myt);
       return;
    }// end function

    public function ss(param1:Event)
    {
       fs.rotation = fs.rotation + 10;
       return;
    }// end function
```

```
        public function down(param1:MouseEvent) : void
        {
            if (myt.text == "顺时针")
            {
                addEventListener(Event.ENTER_FRAME, ss);
                removeEventListener(Event.ENTER_FRAME, ns);
            }
            else if (myt.text == "逆时针")
            {
                removeEventListener(Event.ENTER_FRAME, ss);
                addEventListener(Event.ENTER_FRAME, ns);
            }// end else if
            return;
        }// end function

        public function ns(param1:Event)
        {
            fs.rotation = fs.rotation - 10;
            return;
        }// end function

    }
}
```

（25）选择【文件】|【保存】命令，在弹出的【另存为】对话框中，将 ActionScript 文件与【旋转的风车.fla】文件保存在同一目录中，将【文件名】设置为【MainTimeline】，单击【保存】按钮，如图 9-26 所示。

（26）至此，旋转的风车就制作完成了。按 Ctrl+Enter 组合键，测试影片效果，如图 9-27 所示。

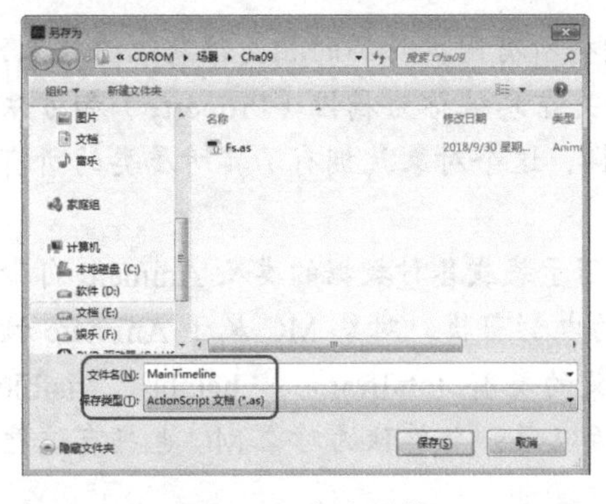

图 9-26 保存文件

图 9-27 测试影片效果

> 提示：在测试影片时，若在提示框中无法输入文字，则可将输入法设置为【中文简体-微软拼音 ABC 输入风格】，或者在导出的影片中测试效果。

（27）保存完成后，选择【文件】|【导出】|【导出影片】命令，如图 9-28 所示。

（28）在弹出的【导出影片】对话框中设置导出路径，并将【保存类型】设置为【SWF 影片（*.swf)】，单击【保存】按钮，如图 9-29 所示。

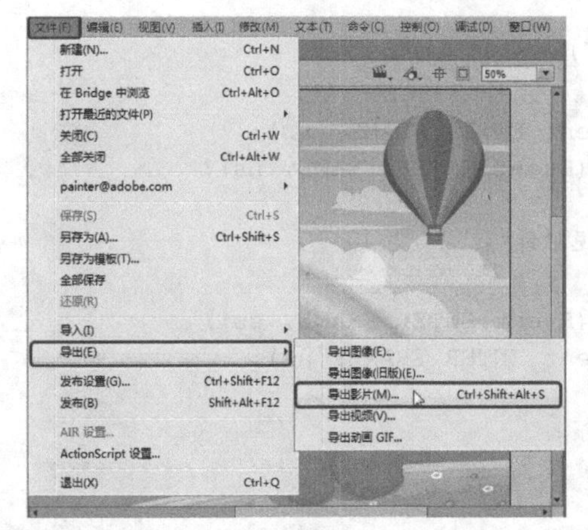

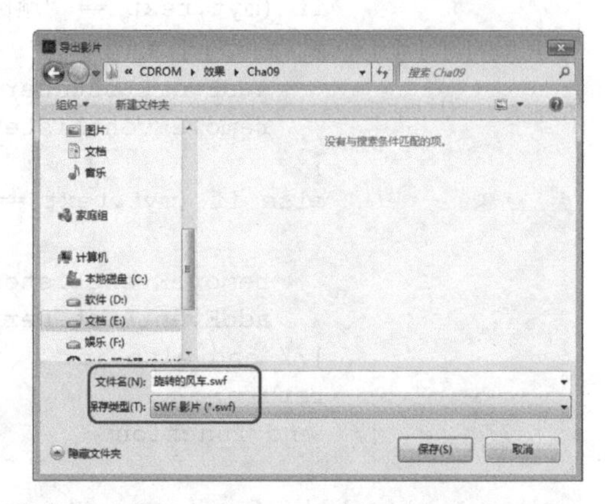

图 9-28　选择【文件】|【导出】|【导出影片】命令　　　图 9-29　【导出影片】对话框

技术看板：

1. ActionScript 的概念

ActionScript（动作脚本）是一种专用的 Animate 程序语言，是 Animate 的一个重要组成部分，它的出现给设计和开发人员带来了很大的便利。通过使用 ActionScript 编程，可以根据运行时间和加载数据等事件来控制 Animate 文档播放的效果，可以为 Animate 文档添加交互性，使之能够响应按键、单击等用户操作，可以将内置对象（如按钮对象）与内置的相关方法、属性和事件结合起来使用，允许用户创建自定义类和对象，可以创建更加短小精悍的应用程序（相对于使用用户界面工具创建的应用程序而言）。在使用 ActionScript 的时候，只要有一个清晰的思路，通过简单的 ActionScript 的组合，就可以实现很多相当精彩的动画效果。

在 ActionScript 中，所谓面向对象，就是指将所有同类物品的相关信息组织起来，放在一个被称为类（Class）的集合中，这些相关信息被称为属性（Property）和方法（Method），并为这个类创建对象（Object）。这样，这个对象就拥有了其所属类的所有属性和方法。

Animate 中的对象不仅可以是一般自定义的用于装载各种数据的类及 Animate 自带的一系列对象，还可以是每一个定义在场景中的电影剪辑，对象 MC 属于 Animate 预定义的一个名为“电影剪辑”的类。这个预定义的类有_totalframe、_height、_visible 等属性，也有 gotoAndPlay()、geturl()等方法，所以每一个单独的对象 MC 也拥有这些属性和方法。

在 Animate 中可以自己创建类，也可使用 Animate 预定义的类。要创建一个类，必须事先定义一个特殊函数——构造函数，所有 Animate 预定义的对象都有一个构建好的构造函数。

现在假设已经定义了一个称为 car 的类，这个类有两个属性：一个是 distance，描述行走的距离；另一个是 time，描述行走的时间。使用 speed()方法可以计算 car 的速度。可以这样定义 car 类：

```
function car(t,d){
 this.time=t;
 this.distance=d;
}
function cspeed()
{
 return(this.time/this.distance);
}
car.prototype.speed=cspeed;
```

再给 car 类创建两个对象：

```
car1=new car(10,2);
car2=new car(10,4);
```

这样，car1 和 car2 就有了 time、distance 的属性并且已被赋值，同时拥有了 speed() 方法。

对象和方法之间可以相互传输信息，其实现的方法是借助函数参数。例如，可以给 car 这个类创建一个名为 collision 的函数，以设置 car1 和 car2 的距离。collision 有参数 who 和 far。下面的例子表示设置 car1 和 car2 的距离为 100 像素：

```
car1.collision(car2, 100)
```

在 Animate 面向对象的脚本程序中，对象是可以按一定顺序继承的。所谓继承，就是指一个类从另一个类中获得属性和方法。简单地说，就是在一个类的下级创建另一个类，这个类拥有与上一个类相同的属性和方法。传递属性和参数的类称为父类（superclass），继承的类称为子类（subclass），使用这种特性可以扩充已定义好的类。

2. Animate 的编程环境

ActionScript 是针对 Animate 的编程语言，它在 Animate 的内容和应用程序中体现了交互性、数据管理及其他功能。

3.【动作】面板的使用

【动作】面板是 ActionScript 编程中所必需的，它是专门用于编写 ActionScript 的。【动作】面板有两种模式：普通模式和脚本助手模式。当启用脚本助手模式时，通过填充参数文本框来撰写动作。当启用普通模式时，可以直接在脚本窗口中撰写和编辑动作，这和使用文本编辑器撰写脚本很相似。

1）动作工具箱

在动作工具箱中，可以浏览 ActionScript 元素（如函数、类、类型等）的分类列表，并将其插入到脚本窗格中。要将脚本元素插入到脚本窗格中，可以双击该元素，或直接将其拖动到脚本窗格中。

2）工具栏

在脚本助手模式未启用的情况下，【动作】面板上方的工具栏中的按钮如图 9-30 所示，其说明如下。

（1）【固定脚本】按钮：将脚本固定到脚本窗格中各个脚本的固定标签上，并相应移动它们。如果没有将 FLA 文件中的代码组织到中央位置处，则此功能非常有用。用户可以将脚本固定，以保留代码在【动作】面板中的打开位置，并在各个打开的不同脚本中切换。

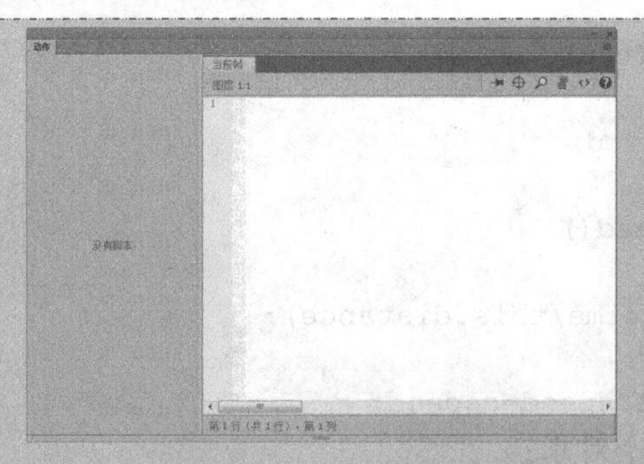

图 9-30 【动作】面板上方的工具栏中的按钮

（2）【插入实例路径和名称】按钮：动作的名称和地址被指定以后，才能用于控制一个影片剪辑或者下载一个动画，这个名称和地址就被称为目标路径。单击该按钮，可弹出【插入目标路径】对话框，如图 9-31 所示。

（3）【查找】按钮：单击该按钮可以打开【查找】选项栏，如图 9-32 所示。在【查找内容】文本框中输入要查找的名称，单击【下一个】按钮或者【上一个】按钮即可进行查找；选择【查找】或【查找和替换】选项，在【替换为】文本框中输入要【替换为】的内容，然后单击右侧的【替换】按钮或【全部替换】按钮即可。单击【高级】按钮，即可打开【查找和替换】面板，如图 9-33 所示。

（4）【设置代码格式】按钮：用于设置代码格式。

（5）【代码片断】按钮：单击该按钮，即可打开【代码片断】面板，如图 9-34 所示。

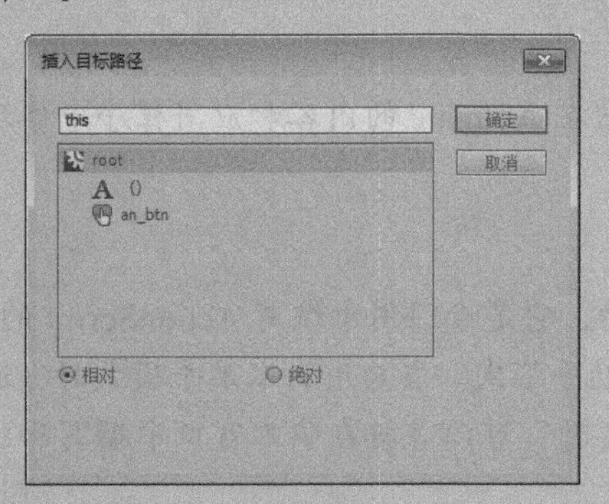

图 9-31 【插入目标路径】对话框

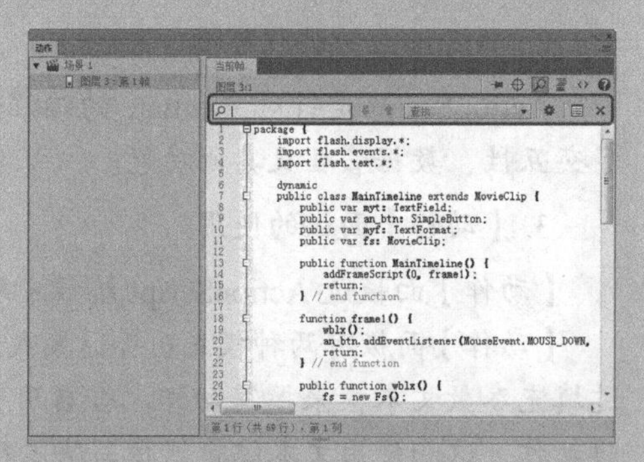

图 9-32 【查找】选项栏

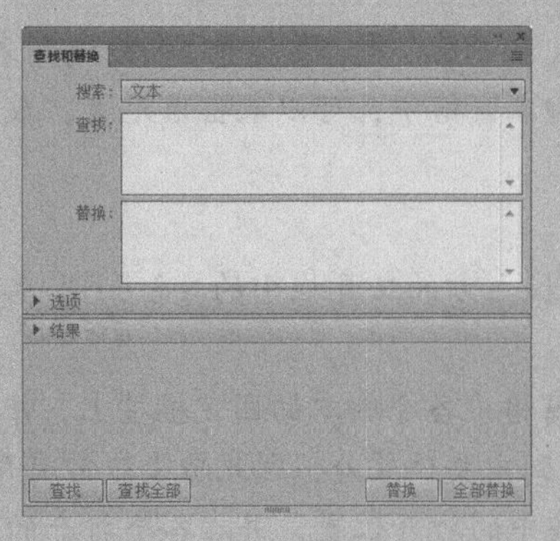

图 9-33 【查找和替换】面板

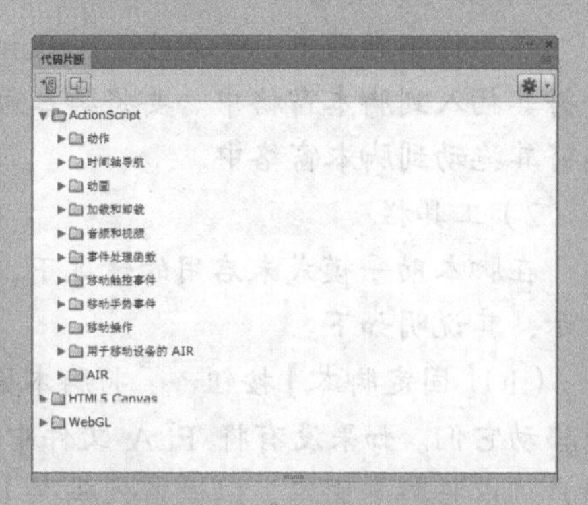

图 9-34 【代码片断】面板

（6）【帮助】按钮?：由于动作语言太多，不管是初学者还是资深的动画制作人员，都会有忘记代码功能的时候，因此，Animate 专门提供了帮助工具，使用户在开发过程中减少麻烦。

3）动作脚本编辑窗口

ActionScript 编辑器中为创建脚本提供了必要的功能，包括代码的语法格式设置和检查、代码提示、代码着色、调试及其他简化脚本创建的功能。【脚本助手】将提示输入脚本的元素，有助于更轻松地向 Animate 的 SWF 文件或应用程序中添加简单的交互性。对于不喜欢自己编写脚本，或者喜欢使用工具提供的简便性的用户来说，脚本助手模式是理想的选择。

9.1.2 字符串数据类型

字符串是诸如字母、数字和标点符号等字符的序列。字符串要放在单引号或双引号之间，可以在动作脚本语句中输入它们。字符串被当作字符而不是变量进行处理。例如，在下面的语句中，L7 是一个字符串。

```
favoriteBand = "L7";
```

可以使用加法（+）运算符连接或合并两个字符串。动作脚本将字符串前面或后面的空格作为该字符串的文本部分。下面的表达式在逗号后包含一个空格。

```
greeting = "Welcome, " + firstName;
```

虽然动作脚本在引用变量、实例名称和帧名称时不区分大小写，但是文本字符串是区分大小写的。例如，下面的两个语句会在指定的文本字段变量中放置不同的文本，这是因为 Hello 和 HELLO 是文本字符串。

```
invoice.display = "Hello";
invoice.display = "HELLO";
```

要在字符串中包含引号，可以在它前面放置一个反斜杠字符（\），此字符称为转义字符。在动作脚本中，还有一些必须用特殊的转义序列才能表示的字符。

9.1.3 数字数据类型

数字是很常见的数据类型。在 Animate 中，所有的数字类型都是双精度浮点型的，可以用数学运算来得到或者修改这种类型的变量，如+、-、*、/、%等。Animate 提供了一个数学函数库，其中有很多有用的数学函数，这些函数都放在 Math 的 Object 中，可以被调用。例如：

```
result=Math.sqrt(100);
```

这里调用的是一个求平方根的函数，先求出 100 的平方根，再赋值给 result 变量，这样 result 就是一个数字变量了。

9.1.4 布尔值数据类型

布尔值是 true 或 false 中的一个。动作脚本也会在需要时将值 true 或 false 转换为 1 或 0。布尔值通过进行比较来控制脚本流的动作脚本语句，经常与逻辑运算符一起使用。例如，在下面的脚本中，如果变量 password 为 true，则会播放影片。

```
onClipEvent(enterFrame)
{
    if(userName == true && password == true)
    {
        play();
    }
}
```

9.1.5 对象数据类型

对象是属性的集合，每个属性都有名称和值。属性的值可以是任何 Animate 的数据类型，甚至可以是对象数据类型。这使得用户可以使对象相互包含或“嵌套”。要指定对象及其属性，可以使用点（.）运算符。例如，在下面的代码中，hoursWorked 是 weeklyStats 的属性，而它们又是 employee 的属性。

```
employee.weeklyStats.hoursWorked
```

可以使用内置动作脚本对象访问和处理特定种类的信息。例如，Math 对象具有一些方法，这些方法可以对传递给它们的数字执行数学运算。此示例中使用了 sqrt()方法。

```
squareRoot = Math.sqrt(100);
```

又如，动作脚本 MovieClip 对象具有一些方法，可以使用这些方法控制舞台中的电影剪辑元件实例。此示例中使用了 play()和 nextFrame()方法。

```
mcInstanceName.play();
mcInstanceName.nextFrame();
```

也可以创建自己的对象来组织影片中的信息。要使用动作脚本向影片中添加交互操作，需要许多不同的信息。例如，可能需要用户的姓名、球的速度、购物车中的项目名称、加载的帧的数量、用户的邮编或上次按下的按键。创建对象可以将信息分组，简化脚本撰写过程，并且能重新使用脚本。

9.1.6 电影剪辑数据类型

此类型是对象类型中的一种，因为它在 Animate 中具有极其重要的地位，而且使用频率很高，所以在这里特别加以介绍。在整个 Animate 中，只有 MC 真正指向了场景中的一个电影剪辑。通过这个对象和它的方法及对其属性的操作，就可以控制动画的播放和 MC 的状态，也就是说，可以用脚本程序来书写和控制动画。例如：

```
onClipEvent(mouseUp)
{
    myMC.prevFrame();
}
//当释放鼠标左键时,电影片断myMC会跳到前一帧
```

9.1.7 空值数据类型

空值数据类型只有一个值，即 null。此值意味着“没有值”，即缺少数据。null 值可以用于各种情况，下面是一些示例。

（1）表明变量还没有接收到值。

（2）表明变量不再包含值。

（3）作为函数的返回值时，表明函数没有可以返回的值。

（4）作为函数的一个参数时，表明省略了一个参数。

9.2 任务 30：制作按钮切换图片效果——变量的使用

本任务将介绍如何制作按钮切换图片效果，这里通过使用按钮元件和代码来进行制作，完成的按钮切换图片效果如图 9-35 所示。

图 9-35 完成的按钮切换图片效果

9.2.1 任务实施

（1）按 Ctrl+N 组合键，在弹出的【新建文档】对话框中，将【宽】、【高】分别设置为 550 像素、344 像素，将【背景颜色】设置为#990000，单击【确定】按钮，如图 9-36 所示。

（2）选择【文件】|【导入】|【导入到库】命令，在弹出的【导入到库】对话框中选择风景 01.jpg~风景 04.jpg、左箭头.png、右箭头.png 文件，单击【打开】按钮，如图 9-37 所示。

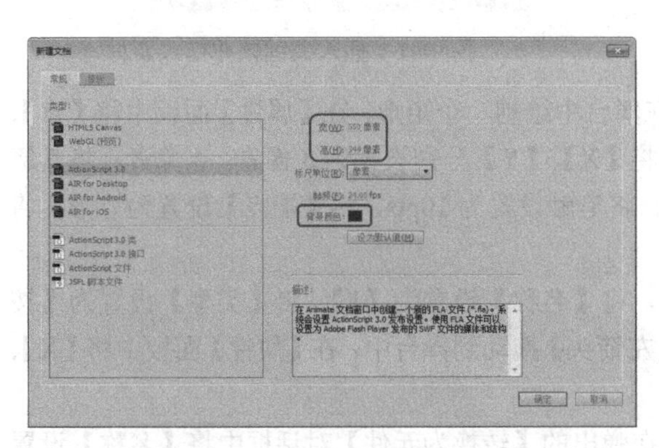

图 9-36 【新建文档】对话框

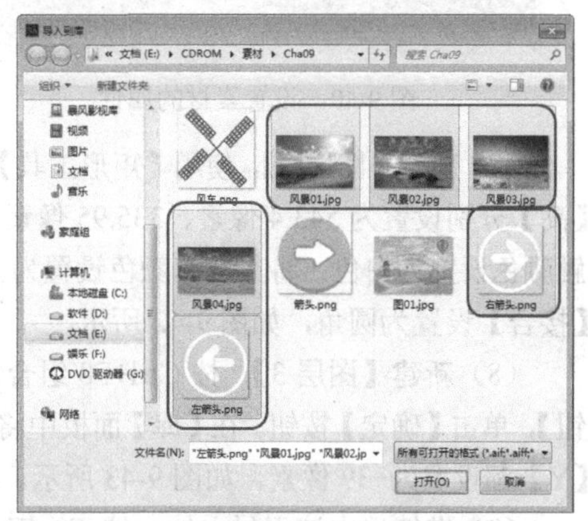

图 9-37 选择素材文件

（3）在【库】面板中选中【风景 01.jpg】素材文件，并将其拖动到舞台中。选中该素材文件，在【属性】面板中将【宽】、【高】分别设置为550像素、365.45像素，将【X】、【Y】分别设置为0像素、-19像素，如图9-38所示。

（4）在【时间轴】面板中选择【图层 1】的第2帧并右击，在弹出的快捷菜单中选择【插入空白关键帧】命令，如图9-39所示。

图 9-38　添加素材文件并设置其大小和位置

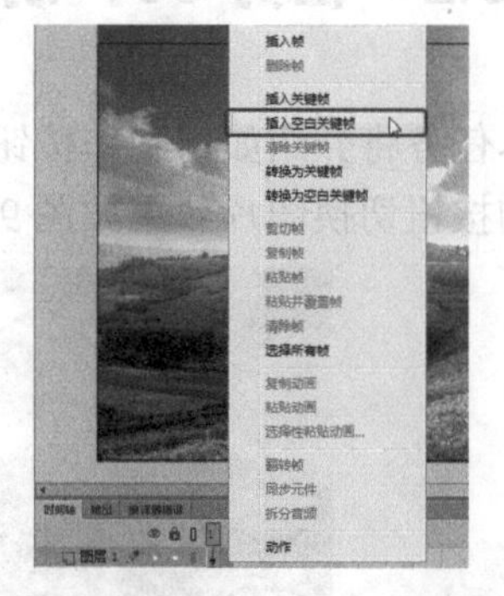

图 9-39　选择【插入空白关键帧】命令

（5）在【库】面板中将【风景 02.jpg】素材文件拖动到舞台中，在【属性】面板中将【宽】、【高】分别设置为550像素、365.45像素，将【X】、【Y】分别设置为0像素、-8像素，如图9-40所示。

（6）使用同样的方法在该图层的第3、4帧中插入空白关键帧，并为不同的关键帧拖入不同的素材，如图9-41所示。

图 9-40　设置素材的属性

图 9-41　插入关键帧并拖入素材

（7）新建【图层 2】，使用【矩形工具】在舞台中绘制一个矩形，在【属性】面板中将【宽】、【高】分别设置为543.4像素、335.95像素，将【X】、【Y】分别设置为3像素、4像素，将其笔触颜色设置为白色，将其填充颜色设置为无，将笔触设置为10pts，将【端点】设置为方形，将【接合】设置为圆角，如图9-42所示。

（8）新建【图层 3】，按Ctrl+F8组合键，将【名称】设置为【1】，将【类型】设置为【按钮】，单击【确定】按钮。在【库】面板中将【左箭头】拖动到舞台中，在【属性】面板中将【X】、【Y】都设置为-39像素，如图9-43所示。

（9）继续选中该素材文件，按F8键，在弹出的【转换为元件】对话框中将【名称】设置为【左箭头】，将【类型】设置为【图形】，将对齐方式设置为居中，如图9-44所示。

（10）选中转换后的元件，将【样式】设置为 Alpha，将【Alpha】设置为 30%，如图 9-45 所示。

图 9-42　设置矩形的属性

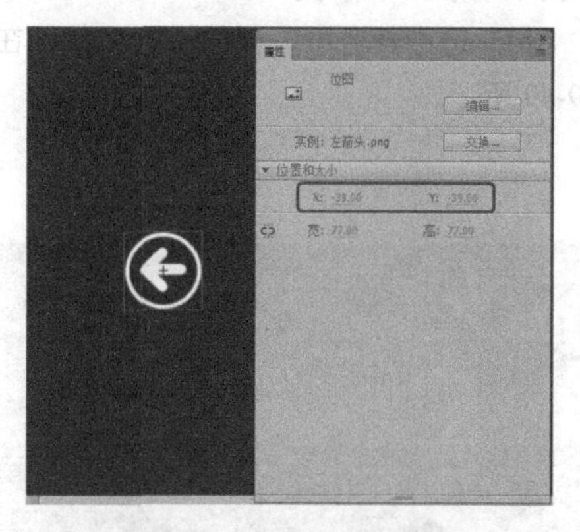

图 9-43　设置素材的位置

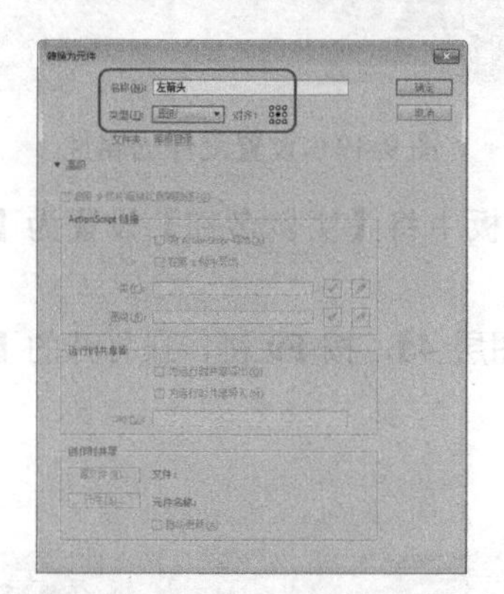

图 9-44　将素材转换为元件

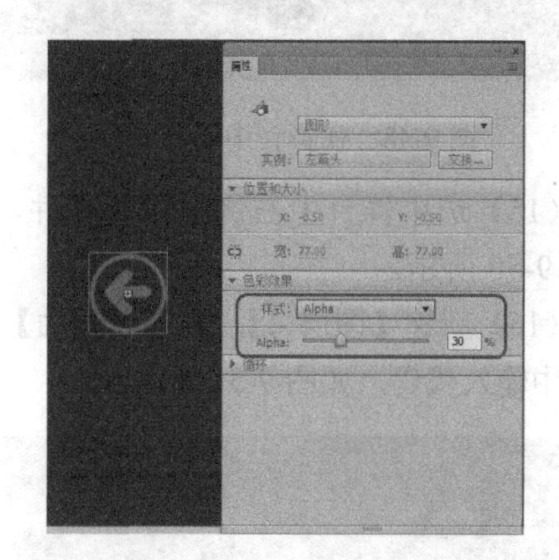

图 9-45　添加 Alpha 样式

（11）在【图层 1】的【指针经过】帧中插入关键帧，在舞台中选中元件，在【属性】面板中将【样式】设置为无，如图 9-46 所示。

（12）使用同样的方法新建按钮元件，将【右箭头】拖动到舞台中，在不同的帧中设置属性，如图 9-47 所示。

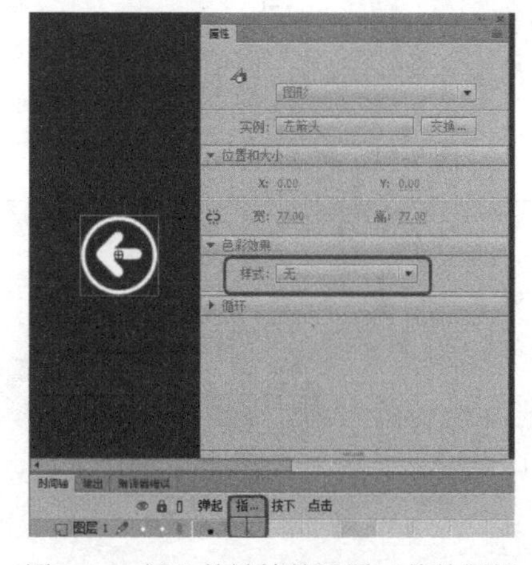

图 9-46　插入关键帧并设置元件的属性

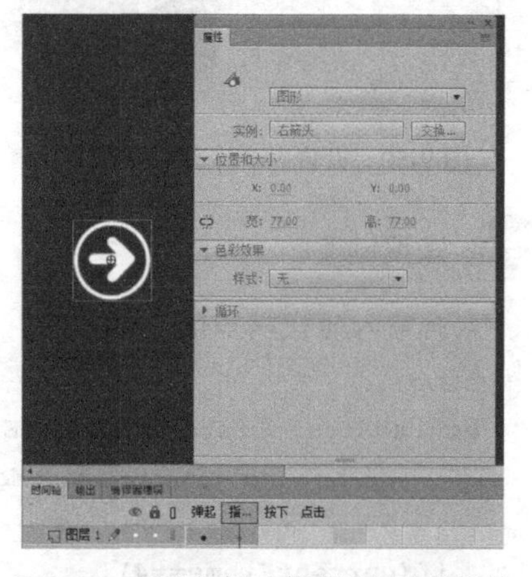

图 9-47　新建按钮元件并设置帧的属性

（13）返回到场景 1 中，在【库】面板中将创建的按钮元件拖动到舞台中，并调整其位置和大小，如图 9-48 所示。

（14）选中舞台中左侧的按钮元件，在【属性】面板中将【实例名称】设置为【btn1】，如图 9-49 所示。

图 9-48　在舞台中添加元件

图 9-49　设置元件的属性

（15）选中舞台中右侧的按钮元件，在【属性】面板中将【实例名称】设置为【btn】，如图 9-50 所示。

（16）新建【图层 4】，在【时间轴】面板中选择【图层 4】，按 F9 键，在打开的【动作】面板中输入代码，如图 9-51 所示。

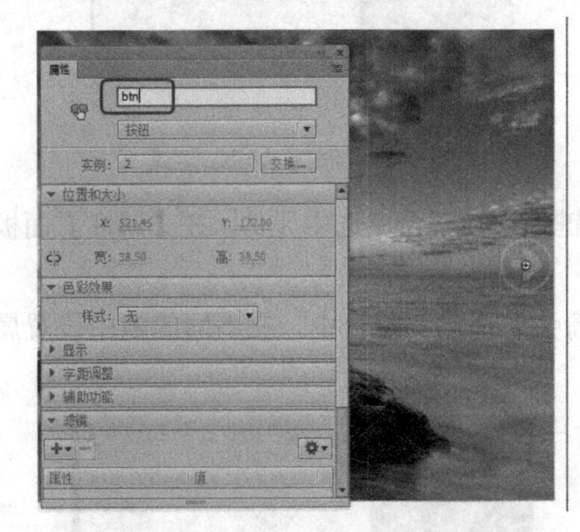

图 9-50　设置另一个元件的属性

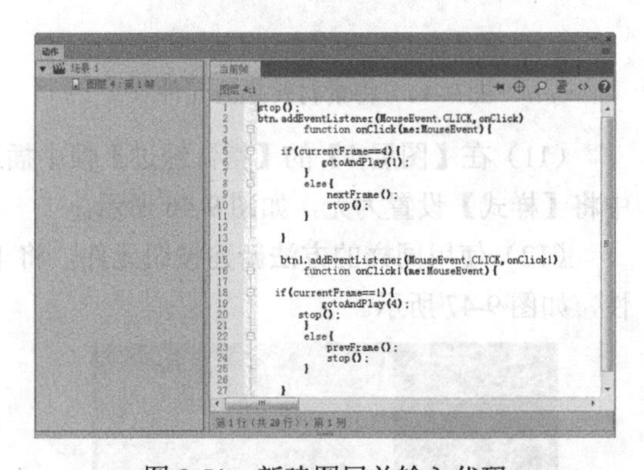

图 9-51　新建图层并输入代码

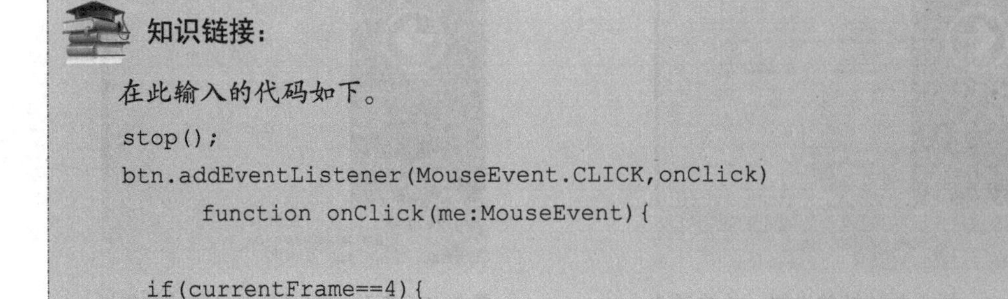

知识链接：

在此输入的代码如下。

```
stop();
btn.addEventListener(MouseEvent.CLICK,onClick)
      function onClick(me:MouseEvent){


  if(currentFrame==4){
```

```
            gotoAndPlay(1);
        }
        else{
            nextFrame();
            stop();
        }


    }

    btn1.addEventListener(MouseEvent.CLICK,onClick1)
        function onClick1(me:MouseEvent){

     if(currentFrame==1){
            gotoAndPlay(4);
            stop();
        }
        else{
            prevFrame();
            stop();
        }

    }
```

（17）输入完成后关闭【动作】面板，按 Ctrl+Enter 组合键，测试动画效果。

技术看板：

条件语句

条件语句，即一个以 if 开始的语句，用于检查一个条件的值是 true 还是 false。如果条件值为 true，则 ActionScript 按顺序执行后面的语句；如果条件值为 false，则 ActionScript 将跳过这个代码段，并执行其下面的语句。if 经常与 else 结合使用，用于多重条件的判断和跳转执行。

1. if 条件语句

作为控制语句之一的条件语句，通常用于判断所给定的条件是否满足，根据判断结果（真或假）决定执行所给出的两种操作中的哪一个。其中，条件一般是以关系表达式或逻辑表达式的形式进行描述的。

单独使用 if 语句的语法如下。

```
if(condition)
{
    statement(s);
}
```

当 ActionScript 执行至此处时，将会先判断给定的条件是否为真。若条件表达式

（condition）的值为真，则执行if语句的内容（statement(s)），再继续后面的流程语句。若条件表达式的值为假，则跳过if语句，直接执行后面的流程语句。例如：

```
input="film"
if(input==Animate CC 2017&&password==123)
{
  gotoAndPlay(play);
}
  gotoAndPlay(wrong);
```

在这个简单的示例中，当 ActionScript 执行到 if 语句时先判断，若括号内的逻辑表达式的值为真，则先执行 gotoAndPlay(play)，再执行后面的 gotoAndPlay(wrong)；若其值为假，则跳过if语句，直接执行后面的 gotoAndPlay(wrong)。

2. if 与 else 语句联用

if和else语句联用的语法如下。

```
if(condition)
    { statement(a); }
else
    { statement(b); }
```

当if语句的条件表达式的值为真时，执行if语句的内容，跳过else语句；反之，跳过if语句，直接执行else语句的内容。例如：

```
input="film"
if(input==Animate CC 2017&&password==123)
    { gotoAndPlay(play);}
else
    {gotoAndPlay(wrong);}
```

这个例子看起来和上一个例子很相似，只是多了一个 else，但第一种 if 语句和第二种if语句（if...else）在控制程序流程上是有区别的。在第一个例子中，若条件表达式值为真，则执行 gotoAndPlay(play)语句，再执行 gotoAndPlay(wrong)语句。而在第二个例子中，若条件表达式的值为真，将只执行 gotoAndPlay(play)语句，而不执行 gotoAndPlay(wrong)语句。

3. if 与 else if 语句联用

if和else if语句联用的语法如下。

```
if(condition1)
   { statement(a); }
   else if(condition2)
        { statement(b); }
        else if(condition3)
             { statement(c); }
…
```

这种形式的if语句的原理如下：当if语句的条件表达式的值为假时，判断紧接着的一个else if的条件式，若仍为假则继续判断下一个else if的条件式，直到某一个语句的条件表达式值为真，则跳过紧接着的一系列else if语句。else if语句的控制流程和

if语句大体一样，这里不再赘述。

使用 if 条件语句时，需注意以下几点。

（1）else 语句和 else if 语句均不能单独使用，只能在 if 语句之后伴随存在。

（2）if 语句中的条件表达式不一定只是关系表达式和逻辑表达式，其实作为判断的条件表达式也可是任何类型的数值。例如，下面的语句也是正确的。

```
if(8){
  fscommand("fullscreen","true");
}
```

如果代码中的 8 是第 8 帧的标签，则当影片播放到第 8 帧时将全屏播放，这样即可随意控制影片的显示模式。

4. switch、continue 和 break 语句

break 语句通常出现在一个循环语句（for、for...in、do...while 或 while）中，或者出现在与 switch 语句内特定 case 语句相关联的语句块中。break 语句可命令 Animate 跳过循环体的其余部分，停止循环动作，并执行循环语句之后的语句。当使用 break 语句时，Animate 解释程序会跳过该 case 语句块中的其余语句，转到包含它的 switch 语句后的第一个语句。使用 break 语句可跳出一系列嵌套的循环。例如：

```
switch(number)
{
      case 1:
          trace("A");
      case 2:
          trace("B");
          break;
      default
          trace("D");
}
```

因为第一个 case 组中没有 break，因此若 number 为 1，则 A 和 B 都被发送到输出窗口中；如果 number 为 2，则只输出 B。

continue 语句主要出现在以下几种类型的循环语句中，它在每种类型的循环中的行为方式各不相同。

如果 continue 语句出现在 while 循环中，则可使 Animate 解释程序跳过循环体的其余部分，并转到循环的顶端（在该处进行条件测试）。

如果 continue 语句出现在 do...while 循环中，则可使 Animate 解释程序跳过循环体的其余部分，并转到循环的底端（在该处进行条件测试）。

如果 continue 语句出现在 for 循环中，则可使 Animate 解释程序跳过循环体的其余部分，并转而计算 for 循环后的表达式。

如果 continue 语句出现在 for...in 循环中，则可使 Animate 解释程序跳过循环体的其余部分，并跳回到循环的顶端（在该处处理下一个枚举值）。

例如：

```
i=4;
```

```
while(i>0)
{
  if(i==3)
  {
      i--;
      //跳过 i==3 的情况
      continue;
  }
  i--;
  trace(i);
}
i++;
trace(i);
```

9.2.2 变量的命名

变量的命名主要遵循以下 3 条规则。

（1）变量必须以字母或者下画线开头，其中可以包括$、数字、字母或者下画线。例如，_myMC、e3game、worl$dcup 都是有效的变量名，但是!go、2cup、$food 不是有效的变量名。

（2）变量不能与关键字同名（注意，Animate 是不区分字母大小写的），且不能是 true 或者 false。

（3）变量在自己的有效区域中必须唯一。

9.2.3 变量的声明

全局变量的声明：可以使用 set variables 赋值操作符声明，这两种方法可以实现同样的目的。

局部变量的声明：可以在函数体内部使用 var 语句来声明，局部变量的作用域被限定在所处的代码块中，并在块结束处终结。没有在块的内部被声明的局部变量将在其脚本结束处终结。

9.2.4 变量的赋值

在 Animate 中，不强迫定义变量的数据类型，也就是说，当把一个数据赋给一个变量时，这个变量的数据类型就确定了。例如：

```
s=100;
```

其将 100 赋给了 s 变量，那么 Animate 就认定 s 是数字类型的变量。如果在后面的程序中出现了如下语句：

```
s="this is a string"
```

那么 s 的类型就变成了字符串类型，且并不需要进行类型转换。而如果声明了一个变

量，又没有被赋值，则这个变量不属于任何类型，Animate 称其为未定义类型。

在脚本编写过程中，Animate 会自动将一种类型的数据转换为另一种类型。例如：

```
"this is the"+7+"day"
```

此语句中的“7”属于数字类型，但是前后用运算符号“＋”连接的都是字符串类型，此时 Animate 应把“7”自动转换为字符，也就是说，语句的值是“this is the 7 day”。

这种自动转换在一定程度上可以省去编写程序时的不少麻烦，但是也会给程序带来不稳定因素。因为这种操作是自动执行的，有时候可能会对一个变量在执行中的类型变化感到疑惑，所以，Animate 提供了 trace()函数来进行变量跟踪，可以使用此函数得到变量的类型，其使用形式如下：

```
trace(typeof(variable Name));
```

这样可以在输出窗口中看到需要确定的变量的类型。

读者也可以自己手动转换变量的类型，使用 number()和 string()函数就可以使一个变量的类型在数字类型和字符串类型之间切换。例如：

```
s="123";
number(s);
```

以上语句把 s 的值转换为数字类型，其值是 123。同理，string()函数的用法如下。

```
q=123;
string(q);
```

以上语句把 q 转换为字符串类型，其值是 123。

9.2.5 变量的作用域

变量的“范围”指的是一个区域，在该区域内变量是已知的并且可以被引用。在动作脚本中有以下 3 种类型的变量范围。

（1）本地变量，即在其自己的代码块（由大括号界定）中可用的变量。

（2）时间轴变量，即可以用于任何时间轴的变量，条件是使用目标路径。

（3）全局变量，即可以用于任何时间轴的变量（即使不使用目标路径）。

可以使用 var 语句在脚本内声明一个本地变量。例如，变量 i 和 j 经常用作循环计数器。在下面的示例中，i 用作本地变量，它只存在于函数 makeDays()的内部。

```
function makeDays()
{
   var i;
    for( i = 0; i < monthArray[month]; i++ )
    {
       _root.Days.attachMovie( "DayDisplay", i, i + 2000 );
       _root.Days[i].num = i + 1;
       _root.Days[i]._x = column * _root.Days[i]._width;
       _root.Days[i]._y = row * _root.Days[i]._height;
       column = column + 1;
       if(column == 7 )
       {
        column = 0;
        row = row + 1;
```

```
        }
      }
    }
```

本地变量也可防止出现名称冲突，名称冲突会导致影片出现错误。例如，如果使用 name 作为本地变量，可以用它在一个环境中存储用户名，而在其他环境中存储电影剪辑实例，因为这些变量是在不同的范围中运行的，它们不会有冲突。

在函数体中使用本地变量是一个很好的习惯，这样该函数可以充当独立的代码。本地变量只在其代码块中是可更改的。如果函数中的表达式使用全局变量，则在该函数以外也可以更改它的值，这样也就更改了该函数。

9.2.6 变量的使用

要想在脚本中使用变量，必须先在脚本中声明这个变量，如果使用了未做声明的变量，则会出现错误。

另外，可以在一个脚本中多次改变变量的值。变量包含的数据类型将对变量何时及怎样改变产生影响。原始的数据类型，如字符串和数字等，将以值的方式进行传递，也就是说，变量的实际内容将被传递给变量。

例如，变量 ting 包含一个基本数据类型的数字 4，因此，这个实际的值数字 4 被传递给了函数 sqr()，返回值为 16。

```
function sqr(x)
{
  return x*x;
}
var ting=4;
var out=sqr(ting);
```

其中，变量 ting 中的值仍然是 4，并没有改变。

又如，在下面的程序中，x 的值被设置为 1，这个值被赋给 y，随后 x 的值被重新改变为 10，但此时 y 仍然是 1，因为 y 并不跟踪 x 的值，它在此只是存储 x 曾经传递给它的值。

```
var x=1;
var y=x;
var x=10;
```

9.3 任务 31：制作图片切换动画效果——运算符的使用

本任务将介绍如何制作图片切换动画效果，这里通过使用元件、传统补间动画和代码进行制作，完成的图片切换动画效果如图 9-52 所示。

图 9-52　完成的图片切换动画效果

9.3.1　任务实施

（1）按 Ctrl+N 组合键，在弹出的【新建文档】对话框中将【宽】、【高】分别设置为 965 像素、483 像素，如图 9-53 所示。

（2）按 Ctrl+R 组合键，在弹出的【导入】对话框中选择素材文件【美食 01.jpg】，单击【打开】按钮，在弹出的提示对话框中单击【否】按钮。选中该素材文件，在【属性】面板中将【宽】、【高】分别设置为 965 像素、482.5 像素，如图 9-54 所示。

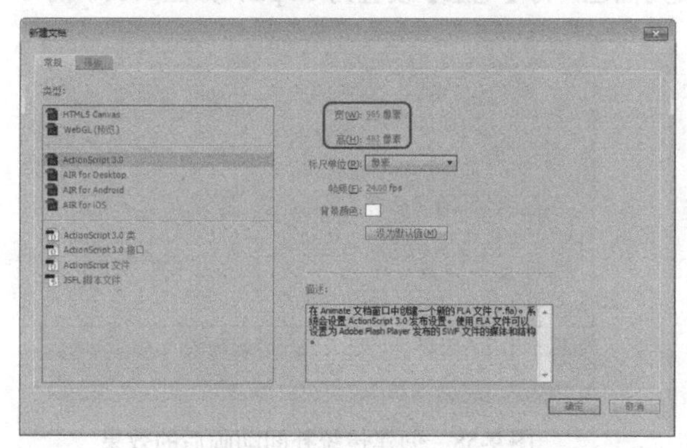

图 9-53　【新建文档】对话框

图 9-54　导入素材并设置其属性

（3）选中导入的素材，按 F8 键，在弹出的【转换为元件】对话框中将【名称】设置为【图 1】，将【类型】设置为【图形】，单击【确定】按钮。在【属性】面板中将【样式】设置为 Alpha，将【Alpha】设置为 0%，如图 9-55 所示。

（4）设置完成后，选择该图层的第 49 帧，按 F6 键插入关键帧，在【属性】面板中将【样式】设置为无，并在【图层 1】的两个关键帧之间创建传统补间动画，如图 9-56 所示。

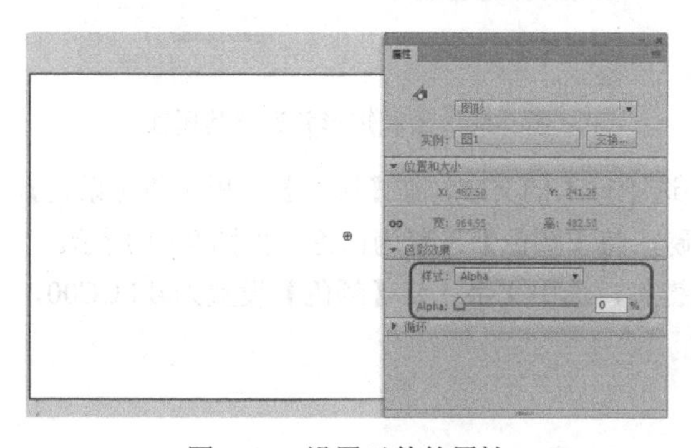

图 9-55　设置元件的属性

图 9-56　设置样式并创建传统补间动画

（5）在该图层的第 150 帧中插入关键帧，并在其第 180 帧中插入关键帧。选中第 180 帧中的元件，在【属性】面板中将【样式】设置为 Alpha，将【Alpha】设置为 0%，并在第 150 帧到第 180 帧之间创建传统补间动画，如图 9-57 所示。

（6）新建【图层 2】，在第 180 帧中插入关键帧，使用同样的方法导入【美食 02.jpg】素材文件，并将其转换为图形元件。选中舞台中的元件，在【属性】面板中将【样式】设置为 Alpha，将【Alpha】设置为 0%。在第 235 帧中插入关键帧，将元件的【Alpha】设置为无，并在两个关键帧之间创建传统补间动画，如图 9-58 所示。

（7）在【图层 2】的第 335 帧和第 360 帧中插入关键帧，将【Alpha】设置为 0%，并在这两个关键帧之间创建传统补间动画，如图 9-59 所示。

（8）使用同样的方法新建图层并创建动画效果，按 Ctrl+F8 组合键，在弹出的【创建新元件】对话框中将【名称】设置为【按钮 1】，将【类型】设置为【按钮】，单击【确定】按钮。使用【矩形工具】在舞台中绘制矩形，在【属性】面板中将【宽】、【高】均设置为 30 像素，将其笔触颜色设置为白色，将其填充颜色设置为黑色，将【笔触】设置为 1.5pts，如图 9-60 所示。

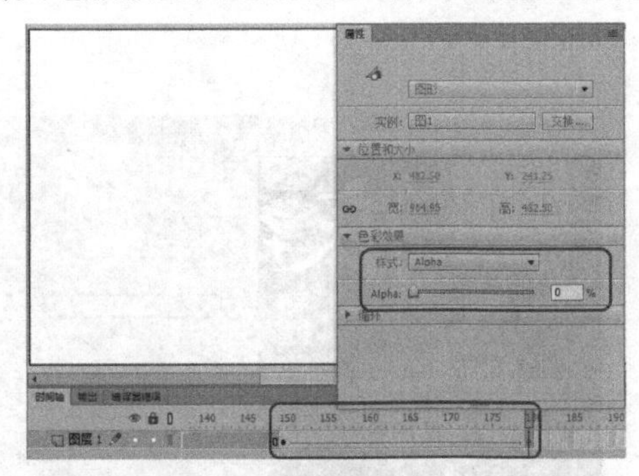

图 9-57　设置元件的属性并创建传统补间动画

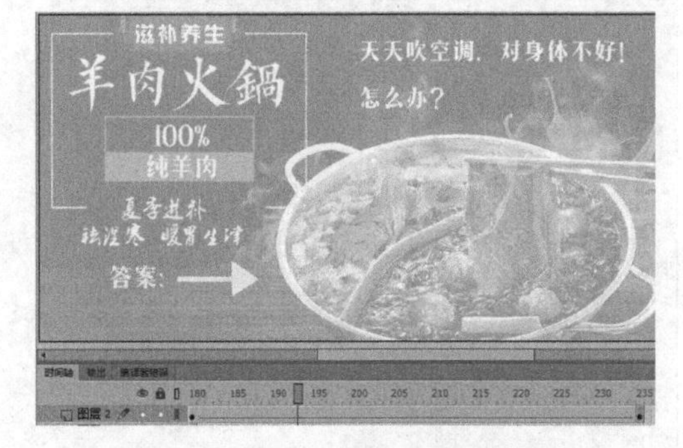

图 9-58　创建传统补间动画后的效果

图 9-59　插入关键帧并创建传统补间动画

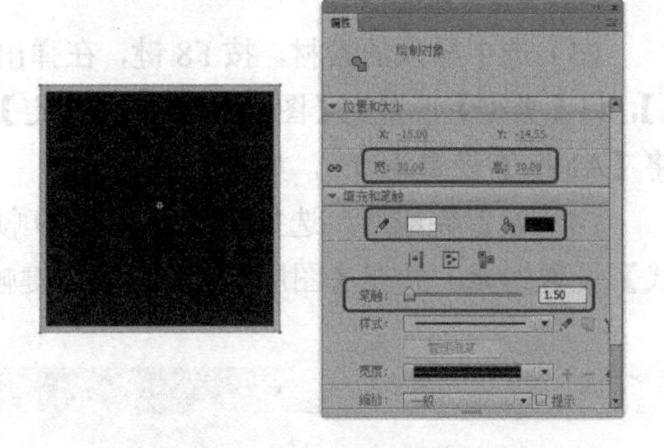

图 9-60　绘制矩形并设置其属性

（9）使用【文本工具】在矩形中输入文字，选中输入的文字，在【属性】面板中将【系列】设置为方正大标宋简体，将【大小】设置为 20 磅，将【颜色】设置为白色，如图 9-61 所示。

（10）在该图层的【指针经过】帧中插入关键帧，选中文字，将【颜色】设置为#FFCC00，如图 9-62 所示。

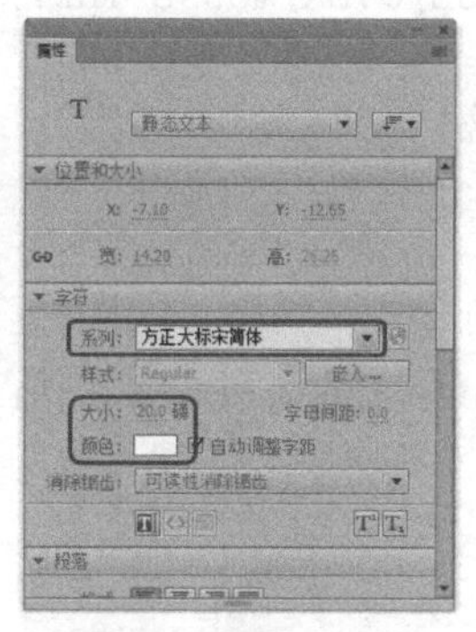

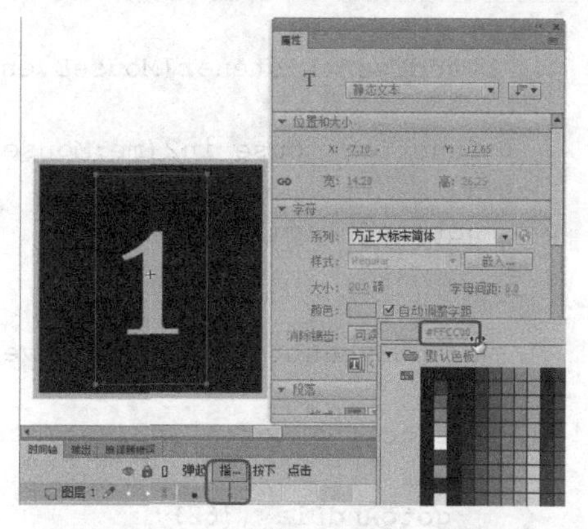

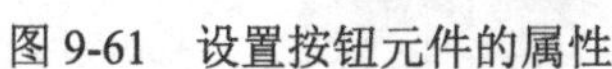

图 9-61　设置按钮元件的属性　　　　图 9-62　插入关键帧并设置元件的属性

（11）使用同样的方法再创建两个按钮元件，并输入不同的文字，如图 9-63 所示。

技巧：若要在【库】面板中复制元件，则可以选中要复制的元件并右击，在弹出的快捷菜单中选择【直接复制】命令。

（12）返回到场景 1 中，新建【图层 4】，将创建的按钮元件拖动到舞台中，并调整其位置和大小，如图 9-64 所示。

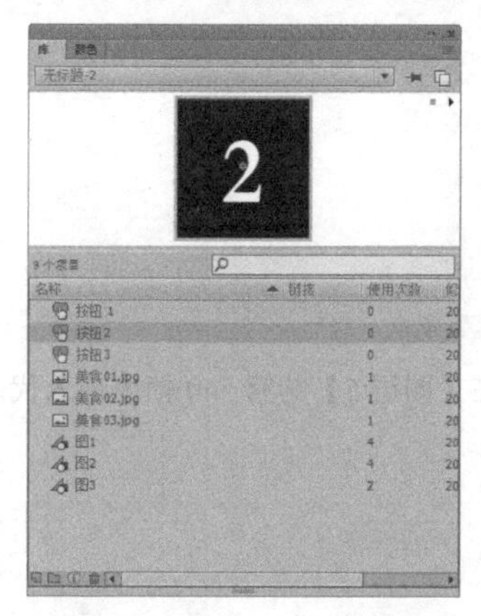

图 9-63　创建的其他按钮元件　　　　图 9-64　新建图层并拖入元件

（13）分别在舞台中选中 3 个按钮元件，在【属性】面板中分别设置【实例名称】为【a】、【b】、【c】。设置完成后新建【图层 5】，并选择该图层的第 1 帧，按 F9 键，在打开的【动作】面板中输入代码，如图 9-65 所示。

知识链接：

在此输入的代码如下。

```
a.addEventListener(MouseEvent.MOUSE_OVER,mouse_in1);

  function mouse_in1(me:MouseEvent){

  gotoAndPlay(1);
```

```
    }
    b.addEventListener(MouseEvent.MOUSE_OVER,mouse_in2);

     function mouse_in2(me:MouseEvent){

     gotoAndPlay(182);

     }
     c.addEventListener(MouseEvent.MOUSE_OVER,mouse_in3);

       function mouse_in3(me:MouseEvent){

       gotoAndPlay(362);

     }
```

（14）选择【图层 5】的第 540 帧，按 F6 键插入关键帧，按 F9 键，在打开的【动作】面板中输入代码，如图 9-66 所示。

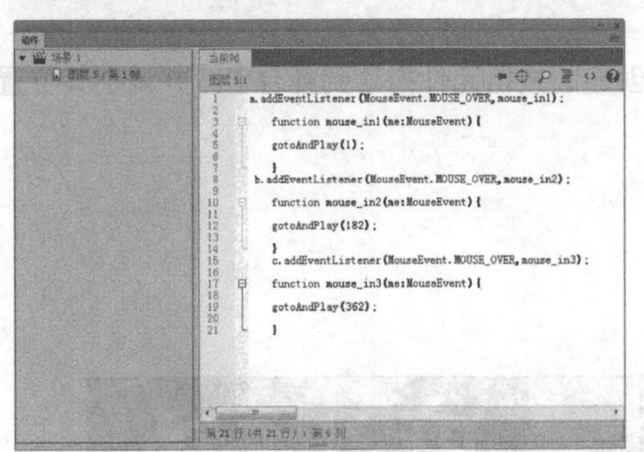

图 9-65　在【图层 5】的第 1 帧中输入代码

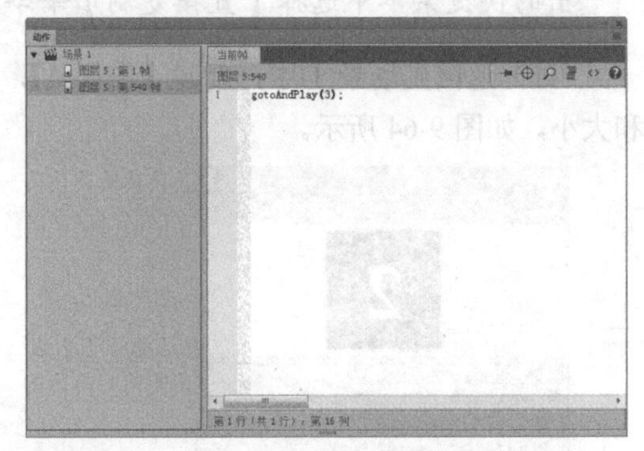

图 9-66　在【图层 5】的第 540 帧中输入代码

（15）关闭【动作】面板，对场景进行保存及导出即可。

技术看板：

循环语句

在 ActionScript 中，可以按照指定的次数重复执行一系列的动作，或者在一个特定的条件下执行某些动作。在使用 ActionScript 编程时，可以使用 while、do…while、for 及 for…in 动作来创建一个循环语句。

1. for 循环语句

for 循环语句是 Animate CC 2017 中运用相对比较灵活的循环语句，用 while 循环语句或 do…while 循环语句编写的 ActionScript，完全可以用 for 循环语句来替代，而且 for 循环语句的运行效率更高。其语法格式如下。

```
for(init; condition; next)
{
   statement(s);
}
```

参数 init 是一个在开始循环序列前要计算的表达式，通常为赋值表达式。此参数还允许使用 var 语句。

条件 condition 是计算结果为 true 或 false 时的表达式。在每次循环迭代前计算该条件，当条件的计算结果为 false 时退出循环。

参数 next 是一个在每次循环迭代后要计算的表达式，通常为使用++（递增）或--（递减）运算符的赋值表达式。

语句 statement(s)表示在循环体内要执行的指令。

在执行 for 循环语句时，先计算一次 init（已初始化）表达式，只要条件 condition 的计算结果为 true，则按照顺序开始循环序列，并执行 statement(s)，然后计算 next 表达式。

需要注意的是，一些属性无法用 for 或 for...in 循环进行枚举。例如，Array 对象的内置方法（Array.sort 和 Array.reverse）就不包括在 Array 对象的枚举中；电影剪辑属性（如_x 和_y）也不能枚举。

2. while 循环语句

While 循环语句用于实现“当”循环，表示当条件满足时就执行循环。否则跳出循环体。其语法格式如下。

```
while(condition)
{
  statement(s);
}
```

当 ActionScript 执行到循环语句时，会先判断 condition 表达式的值，如果该语句的计算结果为 true，则运行 statement(s)。当 statement(s)条件的计算结果为 true 时执行代码。每次执行 while 动作时都要重新计算 condition 表达式。

例如：

```
i=10;
while(i>=0)
{
  duplicateMovieClip("pictures",pictures&i,i);
  //复制对象 pictures
 setProperty("pictures",_alpha,i*10);
  //动态改变 pictures 的透明度值
  i=i-1;}
  //循环变量减 1
}
```

在该示例中，变量 i 相当于一个计数器。While 循环语句先判断开始循环的条件 i>=0，如果为真，则执行其中的语句块。可以看到循环体中有语句“i=i-1;”，其用于动态地为 i 赋新值，直到 i<0 为止。

3. do…while 循环语句

与 while 循环语句不同，do…while 循环语句用于实现“直到”循环。其语法格式如下。

```
do {
  statement(s)
}
while(condition)
```

在执行 do…while 循环语句时，程序先执行 do…while 循环语句中的循环体，再判断 while 条件表达式 condition 的值是否为真，若为真则执行循环体，如此反复，直到条件表达式的值为假，才跳出循环。

例如：

```
i=10;
do{duplicateMovieClip("pictures",pictures&i,i);
//复制对象pictures
setProperty("pictures",_alpha,i*10);
//动态改变pictures的透明度值
i=i-1; }
while(i>=0);
```

此例和前面 while 循环语句中的例子所实现的功能是一样的，这两种语句几乎可以相互替代，但它们却存在着内在的区别。while 循环语句是在每一次执行循环体之前先判断条件表达式的值，而 do…while 循环语句在第 1 次执行循环体之前不必判断条件表达式的值。如果其循环条件均为 while(i=10)，则 while 循环语句不执行循环体，而 do…while 循环语句要执行一次循环体，这一点值得重视。

4. for…in 循环语句

for…in 循环语句是一个非常特殊的循环语句，因为其是通过判断某一对象的属性或某一数组的元素来进行循环的，它可以实现对对象属性或数组元素的引用，通常 for…in 循环语句的内嵌语句主要对所引用的属性或元素进行操作。其语法格式如下。

```
for(variableIterant in object)
{
  statement(s);
}
```

其中，variableIterant 作为迭代变量的变量名，会引用数组中对象或元素的每个属性；object 是要重复的变量名；statement(s)为循环体，表示每次要迭代执行的指令。循环的次数是由所定义的对象的属性个数或数组元素的个数决定的，因为它是对对象或数组的枚举。

例如，下面的示例用于使用 for…in 循环迭代某对象的属性。

```
myObject = { name: 'Animate CC 2017', age: 23, city: 'San Francisco' };
for(name in myObject)
{
  trace("myObject." + name + " = " + myObject[name]);
}
```

9.3.2 数值运算符

数值运算符可以执行加法、减法、乘法、除法运算，也可以执行其他算术运算。增量运算符最常见的用法是 i++，而不是比较烦琐的 i = i+1，可以在操作数前面或后面使用增量运算符。在下面的示例中，age 先递增，再与数字 30 进行比较。

```
if(++age >= 30)
```

而在下面的示例中，age 在执行比较之后递增。

```
if(age++ >= 30)
```

表 9-1 中列出了动作脚本中的数值运算符。

表 9-1 数值运算符

运算符	执行的运算
+	加法
*	乘法
/	除法
%	求模（除后的余数）
-	减法
++	递增
--	递减

9.3.3 比较运算符

比较运算符用于比较表达式的值，并返回一个布尔值（true 或 false）。这些运算符常用于循环语句和条件语句中。在下面的示例中，如果变量 score 为 100，则载入 winner 影片，否则载入 loser 影片。

```
if(score > 100)
{
  loadMovieNum("winner.swf", 5);
} else
{
   loadMovieNum("loser.swf", 5);
}
```

表 9-2 中列出了动作脚本中的比较运算符。

表 9-2 比较运算符

运算符	执行的运算
<	小于
>	大于
<=	小于或等于
>=	大于或等于

9.3.4 逻辑运算符

逻辑运算符用于比较布尔值（true 和 false），并返回第 3 个布尔值。例如，如果两个操作数都为 true，则逻辑“与”运算符（&&）将返回 true。如果其中一个或两个操作数为 true，

则逻辑“或”运算符（||）将返回 true。逻辑运算符通常与比较运算符配合使用，以确定 if 动作的条件。例如，在下面的示例中，如果两个表达式都为 true，则会执行 if 动作。

```
if(i > 10 && _framesloaded > 50)
{
   play();
}
```

表 9-3 中列出了动作脚本中的逻辑运算符。

表 9-3 逻辑运算符

运算符	执行的运算
&&	逻辑“与”
||	逻辑“或”
!	逻辑“非”

9.3.5 赋值运算符

可以使用赋值运算符（=）给变量指定值，例如：

```
password = "Sk8tEr"
```

还可以使用赋值运算符在一个表达式中给多个参数赋值。在下面的语句中，a 的值会被赋予变量 b、c 和 d。

```
a = b = c = d
```

也可以使用复合赋值运算符联合多个运算。复合赋值运算符可以对两个操作数进行运算，并将新值赋予第一个操作数。例如，下面两条语句是等效的。

```
x += 15;
x = x + 15;
```

赋值运算符也可以用在表达式的中间。例如：

```
// 如果flavor不等于vanilla，则输出信息
if((flavor = getIceCreamFlavor())!= "vanilla")
{
   trace("Flavor was " + flavor + ", not vanilla.");
}
```

此段代码与下面的稍显烦琐的代码是等效的。

```
flavor = getIceCreamFlavor();
if(flavor != "vanilla")
{
   trace("Flavor was " + flavor + ", not vanilla.");
}
```

表 9-4 中列出了动作脚本中的赋值运算符。

表 9-4 赋值运算符

运算符	执行的运算
=	赋值
+=	相加并赋值
-=	相减并赋值
*=	相乘并赋值
%=	求模并赋值

续表

运算符	执行的运算
/=	相除并赋值
<<=	按位左移位并赋值
>>=	按位右移位并赋值
>>>=	右移位填零并赋值
^=	按位“异或”并赋值
|=	按位“或”并赋值
&=	按位“与”并赋值

9.3.6 运算符的优先级和结合性

当两个或两个以上的运算符在同一个表达式中被使用时，一些运算符与其他运算符相比具有更高的优先级。例如，带“*”的运算要在“+”运算之前执行，因为乘法运算优先级高于加法运算。ActionScript 就是严格遵循这个优先等级来决定先执行哪个操作，后执行哪个操作的。

例如，在下面的示例中，括号中的内容先执行，结果是 12。

```
number=(10-4)*2;
```

而在下面的示例中，先执行乘法运算，结果是 2。

```
number=10-4*2;
```

当两个或两个以上的运算符拥有同样的优先级时，决定其执行顺序的是操作符的结合性，结合性可以从左到右，也可以从右到左。

例如，乘法运算符的结合性是从左到右，所以下面的两条语句是等价的。

```
number=3*4*5;
number=(3*4)*5
```

9.4 任务 32：制作按钮切换背景颜色动画——ActionScript 的语法

本任务将介绍如何制作按钮切换背景颜色动画，其制作比较简单，主要是制作按钮元件并输入代码，完成的按钮切换背景颜色动画效果如图 9-67 所示。

图 9-67 完成的按钮切换背景颜色动画效果

9.4.1 任务实施

（1）按 Ctrl+N 组合键，在弹出的【新建文档】对话框中，在【类型】列表框中选择【ActionScript 3.0】选项，将【宽】、【高】分别设置为 367 像素、457 像素，单击【确定】按钮，如图 9-68 所示。

（2）使用【矩形工具】在舞台中绘制宽为 367 像素、高为 457 像素的矩形，选中绘制的矩形，在【颜色】面板中将【颜色类型】设置为【径向渐变】，将左侧色块的颜色设置为# F95050，将右侧色块的颜色设置为# B50000，将其笔触颜色设置为无，如图 9-69 所示。

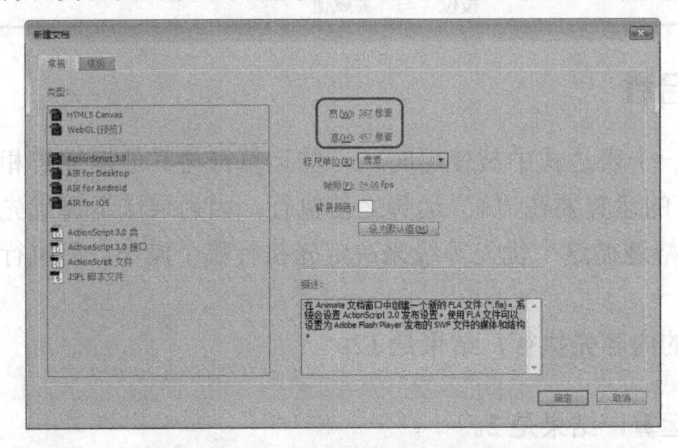

图 9-68 【新建文档】对话框

图 9-69 绘制矩形并填充颜色

（3）确认绘制的矩形处于选中状态，按 Ctrl+C 组合键进行复制，选择【图层 1】的第 2 帧，按 F7 键插入空白关键帧，并按 Ctrl+Shift+V 组合键进行粘贴。选中复制后的矩形，在【颜色】面板中将左侧色块的颜色设置为#13647F，将右侧色块的颜色设置为#13223E，如图 9-70 所示。

（4）选择【图层 1】的第 3 帧，按 F7 键插入空白关键帧，按 Ctrl+Shift+V 组合键进行粘贴。选中复制后的矩形，在【颜色】面板中将左侧色块的颜色设置为# 6ECB23，将右侧色块的颜色设置为# 3F8803，如图 9-71 所示。

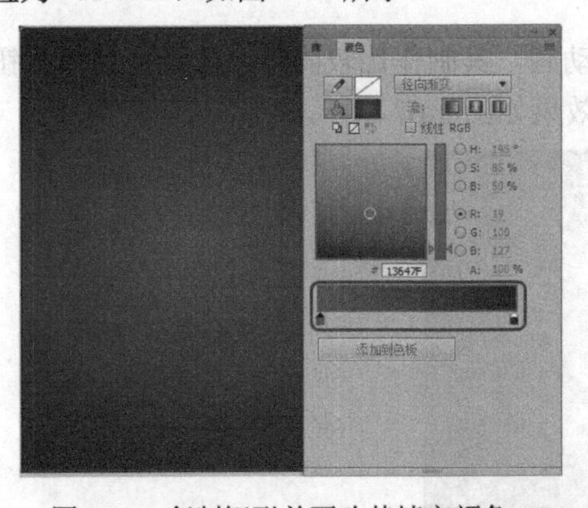

图 9-70 复制矩形并更改其填充颜色 1

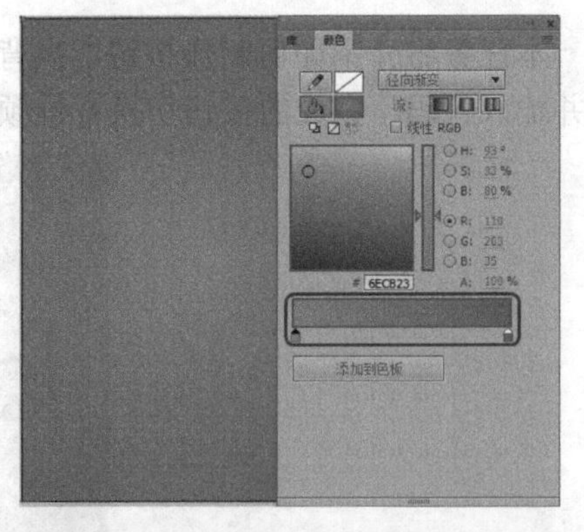

图 9-71 复制矩形并更改其填充颜色 2

（5）选中【图层 1】的第 1 帧中的矩形，按 F8 键，在弹出的【转换为元件】对话框中将【名称】设置为【红色矩形】，将【类型】设置为【图形】，将对齐方式设置为左上角对齐，单击【确定】按钮，如图 9-72 所示。

（6）使用同样的方法，将【图层 1】的第 2 帧和第 3 帧中的矩形分别转换为【蓝色矩形】图形元件和【绿色矩形】图形元件，如图 9-73 所示。

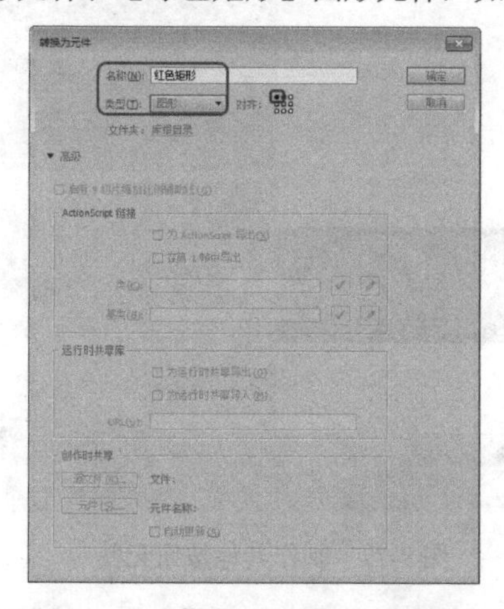

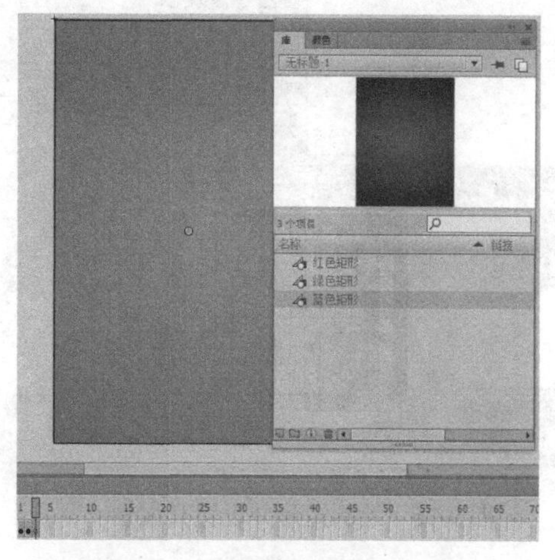

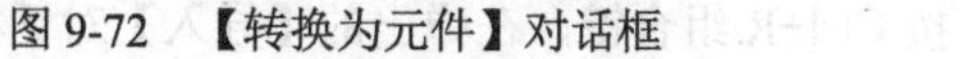

图 9-72 【转换为元件】对话框　　图 9-73 转换其他矩形为元件

（7）按 Ctrl+F8 组合键，在弹出的【创建新元件】对话框中将【名称】设置为【红色按钮】，将【类型】设置为【按钮】，单击【确定】按钮，如图 9-74 所示。

（8）然后在【库】面板中将【红色矩形】图形元件拖动到舞台中，并在【属性】面板中取消宽度值和高度值的锁定，将【红色矩形】图形元件的【宽】、【高】分别设置为 70 像素、28 像素，如图 9-75 所示。

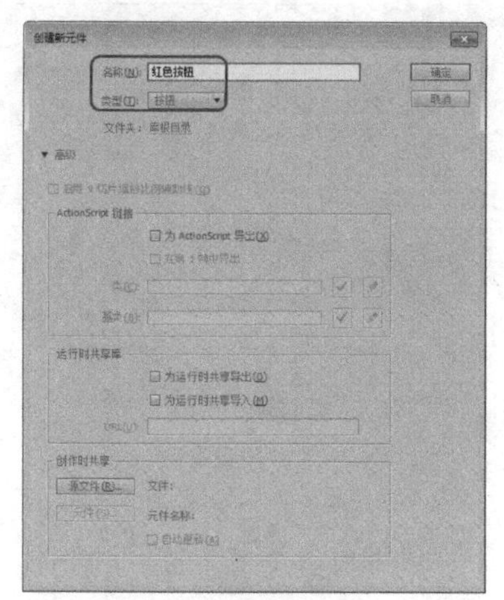

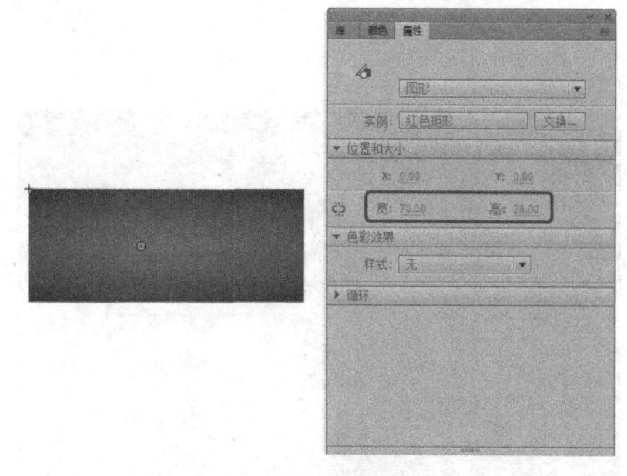

图 9-74 【创建新元件】对话框　　图 9-75 调整图形元件的大小

（9）选择【指针经过】帧，按 F6 键插入关键帧，使用【矩形工具】在舞台中绘制宽为 70 像素、高为 28 像素的矩形，并选中绘制的矩形，在【属性】面板中将其填充颜色设置为白色，将填充颜色的 Alpha 值设置为 30%，将其笔触颜色设置为无，如图 9-76 所示。

（10）使用同样的方法，制作【蓝色按钮】按钮元件和【绿色按钮】按钮元件，如图 9-77 所示。

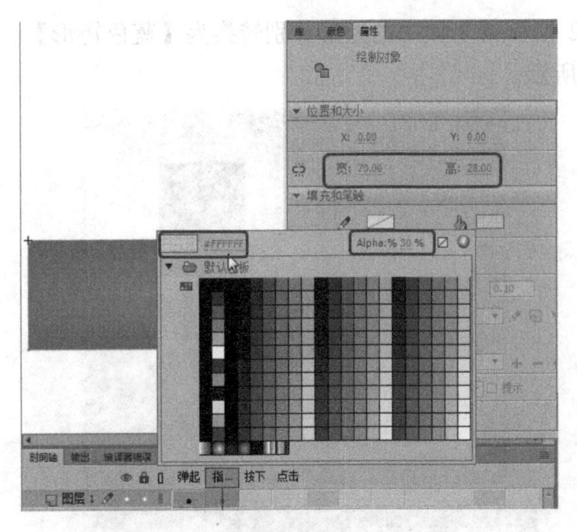

图 9-76　绘制矩形并设置其属性

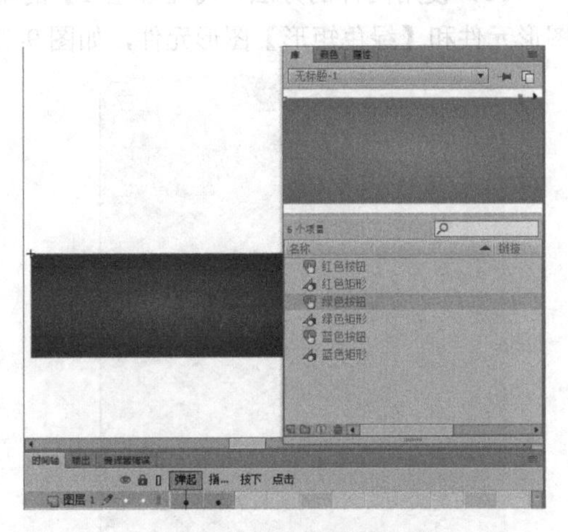

图 9-77　制作其他按钮元件

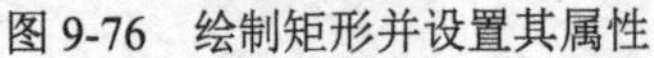

（11）返回到场景 1 中，新建【图层 2】，按 Ctrl+R 组合键，在弹出的【导入】对话框中选择圣诞树.png 图片，单击【打开】按钮，即可将选择的素材图片导入到舞台中。选中该素材图片，在【属性】面板中将【X】、【Y】都设置为 0 像素，将【宽】、【高】分别设置为 367 像素、457.2 像素，如图 9-78 所示。

（12）确认素材图片处于选中状态，按 F8 键，在弹出的【转换为元件】对话框中将【名称】设置为【圣诞树】，将【类型】设置为【影片剪辑】，单击【确定】按钮，如图 9-79 所示。

图 9-78　设置素材图片的位置和大小

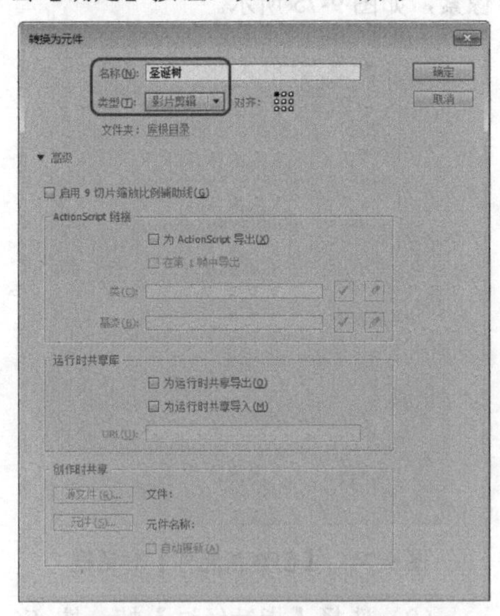

图 9-79　将图片转换为元件

（13）在【属性】面板的【显示】区域中将【混合】设置为【滤色】，如图 9-80 所示。

（14）新建【图层 3】，使用【矩形工具】，在【属性】面板中将其填充颜色设置为白色，并确认填充颜色的 Alpha 值为 100%，将其笔触颜色设置为无，在舞台中绘制一个宽为 80 像素、高为 100 像素的矩形，如图 9-81 所示。

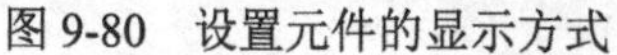

图 9-80　设置元件的显示方式　　图 9-81　绘制矩形

（15）新建【图层 4】，在【库】面板中将【蓝色按钮】元件拖动到舞台中，并调整其位置，在【属性】面板中将【实例名称】设置为【B】，如图 9-82 所示。

（16）使用同样的方法，将【红色按钮】元件和【绿色按钮】元件拖动到舞台中，并在【属性】面板中将【实例名称】分别设置为【R】和【G】，如图 9-83 所示。

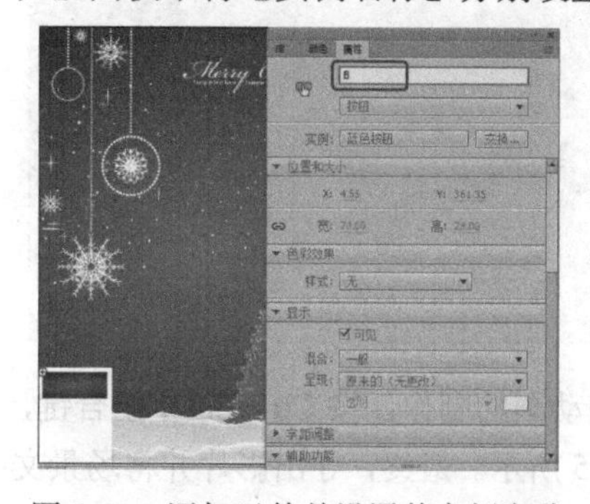

图 9-82　添加元件并设置其实例名称　　图 9-83　设置其他元件的实例名称

（17）新建【图层 5】，按 F9 键，在打开的【动作】面板中输入代码，如图 9-84 所示。

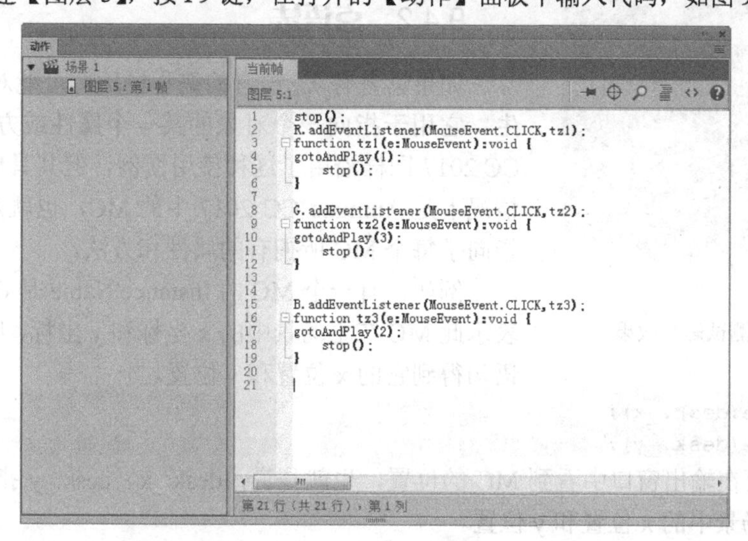

图 9-84　输入代码

知识链接：

在此输入的代码如下。

```
stop();
R.addEventListener(MouseEvent.CLICK,tz1);
function tz1(e:MouseEvent):void {
  gotoAndPlay(1);
  stop();
}

G.addEventListener(MouseEvent.CLICK,tz2);
function tz2(e:MouseEvent):void {
  gotoAndPlay(3);
  stop();
}


B.addEventListener(MouseEvent.CLICK,tz3);
function tz3(e:MouseEvent):void {
  gotoAndPlay(2);
  stop();
}
```

（18）至此，完成该动画的制作。按 Ctrl+Enter 组合键，测试影片效果，如图 9-85 所示。最终，导出影片并将场景文件保存起来即可。

图 9-85　测试影片效果

9.4.2　点语法

如果读者有 C 语言的编程经历，可能对"."不会陌生，它用于指向一个对象的某一个属性或方法，Animate CC 2017 同样沿用了这种使用惯例，但其具体对象大多数情况下是 Animate CC 2017 中的 MC，也就是说，这个点指向了每个 MC 所拥有的属性和方法。

例如，有一个 MC 的 Instance Name 是 desk，_x 和_y 表示此 MC 在主场景中的 x 坐标和 y 坐标，则可以用如下语句得到它的 x 位置和 y 位置。

```
trace(desk._x);
trace(desk._y);
```

这样即可在输出窗口中看到 MC 的位置，也就是说，desk._x、desk._y 指明了 desk 这个 MC 在主场景中的 x 位置和 y 位置。

又如，假设有一个 MC 的实例名为 cup，在 cup 这个 MC 中定义了一个变量 height，那

么可以通过如下代码访问 height 变量并为其赋值。

```
cup.height=100;
```

如果 cup 又放在一个叫作 tools 的 MC 中，那么，可以使用如下代码对 cup 的 height 变量进行访问：

```
tools.cup.height=100;
```

对于方法的调用也是一样的，下面的代码调用了 cup 的一个内置函数 play()。

```
cup.play();
```

这里有两个特殊的表达方式，一个是_root.，另一个是_parent.。

_root.：表示主场景的绝对路径，即_root.play()表示开始播放主场景，_root.count 表示在主场景中的变量 count。

_parent.：表示父场景，即上一级的 MC，如前面的 cup，如果在 cup 中写入 parent.stop()，则表示停止播放 tool。

9.4.3 斜杠语法

在 Animate CC 2017 的早期版本中，“/”被用于表示路径，通常与“:”搭配用于表示一个 MC 的属性和方法。Animate CC 2017 仍然支持这种表达，但是它已经不是标准的语法。例如如下代码完全可以用“.”来表达，而且“.”更符合习惯，也更科学。所以建议用户在今后的编程中尽量少用或不用“/”表达方式。例如：

```
myMovieClip/childMovieClip:myVariable
```

其可以替换为如下代码：

```
myMovieClip.childMovieClip.myVariable
```

9.4.4 界定符

在 Animate CC 2017 中，很多语法规则沿用了 C 语言的规范，最典型的就是“{}”语法。在 Animate CC 2017 和 C 语言中，都是用“{}”把程序分成一个一个的模块的，可以把括号中的代码看作语句。而“()”则多用于放置参数，如果括号中是空的，则表示没有任何参数传递。

1. 大括号

ActionScript 的程序语句被一对大括号“{}”结合在一起，形成一个语句块，如下面的语句：

```
onClipEvent(load)
{
    top=_y;
    left=_x;
    right=_x;
    bottom=_y+100;
}
```

2. 小括号

小括号用于定义函数中的相关参数，例如：

```
function Line(x1,y1,x2,y2){…}
```

另外，可以通过使用括号来改变 ActionScript 操作符的优先级顺序，或对一个表达式求值，以及提高脚本程序的可读性。

3. 分号

在 ActionScript 中，任何一条语句都是以分号来结束的，但是即使省略了作为语句结束标志的分号，Animate CC 2017 同样可以成功地编译这个脚本。

例如，下列两条语句有一条采用分号作为结束标记，另一条则没有分号，但它们都可以由 Animate CC 2017 编译。

```
html=true;
html=true
```

9.4.5 关键字

ActionScript 中的关键字是在 ActionScript 程序语言中有特殊含义的保留字符，如表 9-5 所示，不能将它们作为函数名、变量名或标号名来使用。

表 9-5 关键字

关键字	关键字	关键字	关键字
break	continue	delete	else
for	function	if	in
new	return	this	typeof
var	void	while	with

9.4.6 注释

可以使用注释语句对程序添加注释信息，这有利于帮助设计者或程序阅读者理解这些程序代码的意义，例如：

```
function Line(x1,y1,x2,y2){…}
//定义Line()函数
```

在动作编辑区中，注释在窗口中以灰色显示。

9.5 上机练习——制作放大镜效果

下面将介绍如何制作放大镜效果，其制作过程如下：先制作影片剪辑元件，再将其添加到舞台中并设置其属性，最后添加脚本代码。完成的放大镜效果如图 9-86 所示。

（1）启动 Animate CC 2017，打开【制作放大镜效果.fla】文件，按 Ctrl+F8 组合键，在弹出的【创建新元件】对话框中，将【名称】设置为【小画】，将【类型】设置为【影片剪辑】，单击【确定】按钮，如图 9-87 所示。

（2）在【库】面板中将【1.jpg】素材图片添加到舞台中，在【属性】面板中将【X】、【Y】都设置为 0 像素，如图 9-88 所示。

图 9-86　完成的放大镜效果

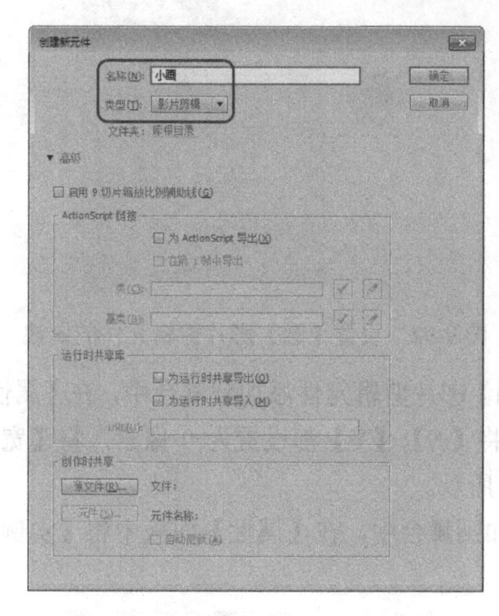

图 9-87　【创建新元件】对话框

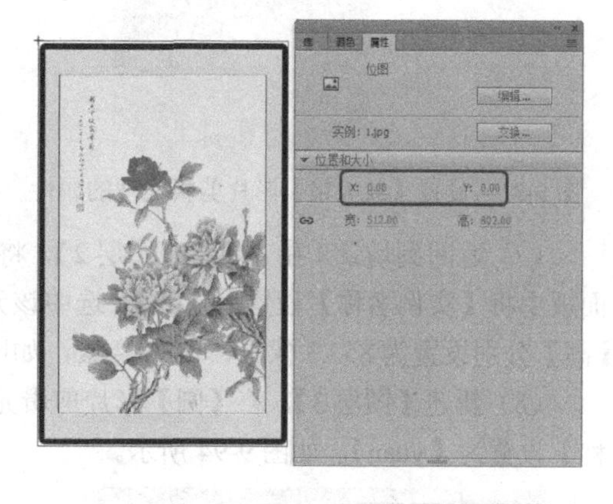

图 9-88　设置素材图片的属性

（3）返回到场景 1 中，在【库】面板中将【小画】影片剪辑元件添加到舞台中，并将其调整到舞台中央，将其【实例名称】设置为【xh】，如图 9-89 所示。

（4）按 Ctrl+F8 组合键，新建【大画】影片剪辑元件，在【库】面板中将【1.jpg】素材图片添加到舞台中，在【属性】面板中将【X】、【Y】都设置为 0 像素，如图 9-90 所示。

（5）按 Ctrl+F8 组合键，新建【放大镜】影片剪辑元件，在【库】面板中将【放大镜】素材图片添加到舞台中，在【属性】面板中将【X】、【Y】都设置为-12 像素，如图 9-91 所示。

（6）按 Ctrl+F8 组合键，新建【圆】影片剪辑元件，使用【椭圆工具】在舞台中绘制一个圆形，在【属性】面板中将其笔触颜色设置为无，将其填充颜色设置为任意颜色，将【X】、【Y】都设置为 0 像素，将【宽】、【高】都设置为 66.8 像素，如图 9-92 所示。

图 9-89　设置【小画】影片剪辑元件的属性

图 9-90　设置【大画】影片剪辑元件的属性

提示：在此绘制圆形时，因为圆形需要作为遮罩图层，所以圆形的颜色可以忽略不计，即将其设置为任何颜色都可以。

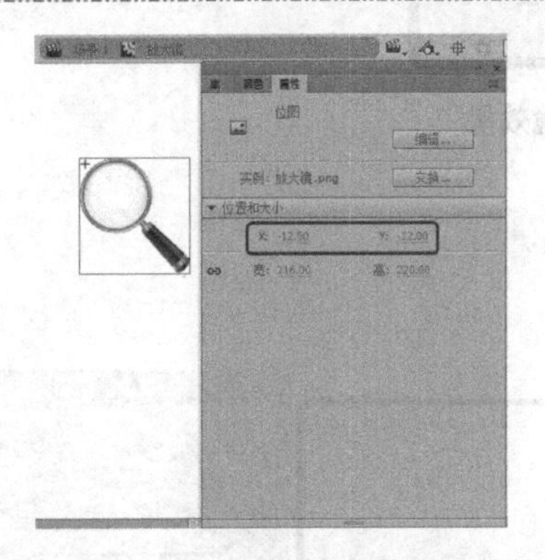

图 9-91　设置【放大镜】影片剪辑元件的属性

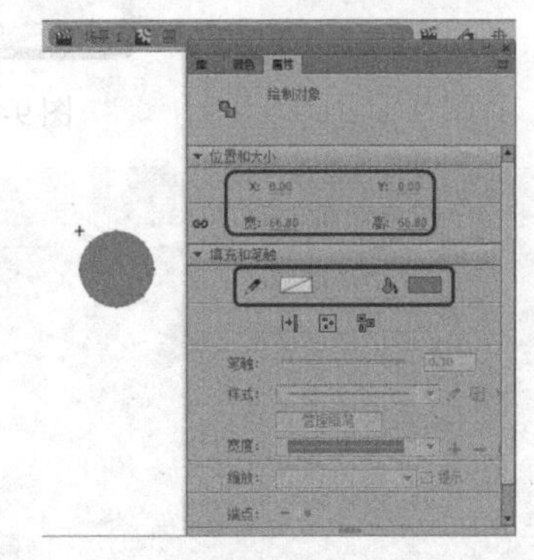

图 9-92　设置【圆】影片剪辑元件的属性

（7）返回到场景 1 中，新建【图层 2】，将【大画】影片剪辑元件添加到舞台中，在【属性】面板中将【实例名称】设置为【dh】。选中该元件，将【X】、【Y】都设置为 0 像素，将【宽】、【高】分别设置为 852.3 像素、1335 像素，如图 9-93 所示。

（8）新建【图层 3】，将【圆】影片剪辑元件添加到舞台中，在【属性】面板中将【实例名称】设置为【yuan】，如图 9-94 所示。

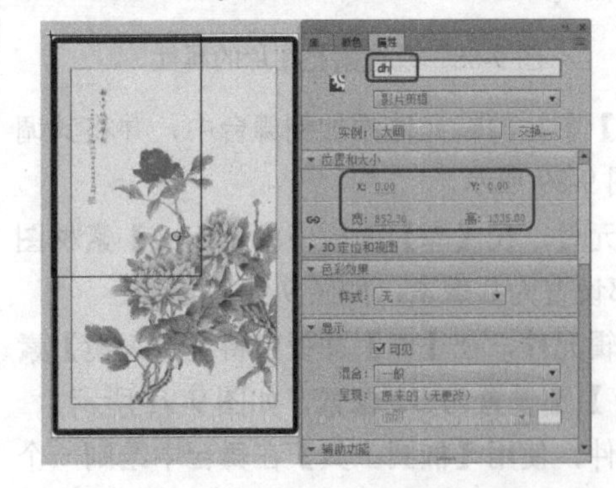

图 9-93　添加【大画】影片剪辑元件并设置其属性

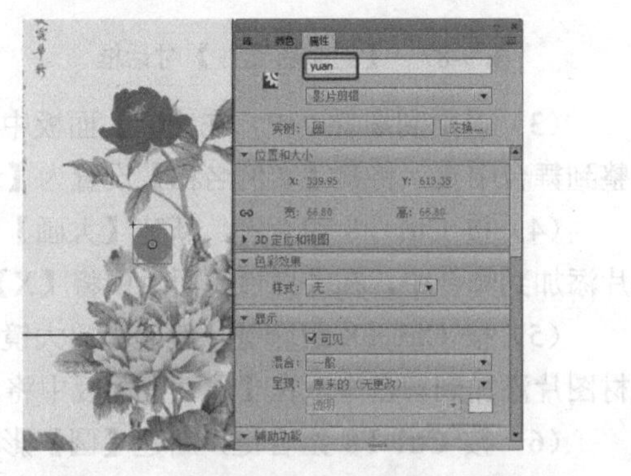

图 9-94　添加【圆】影片剪辑元件并设置其实例名称

（9）新建【图层 4】，将【放大镜】影片剪辑元件添加到舞台中，在【属性】面板中将【实例名称】设置为【fdj】，将【宽】、【高】分别设置为 118.8 像素、121 像素，并调整其位置，如图 9-95 所示。

提示：在调整放大镜的位置时，需要将放大镜调整到与圆形重叠的位置。

（10）在【时间轴】面板中选择【图层 3】并右击，在弹出的快捷菜单中选择【遮罩层】命令，将其转换为遮罩层，新建【图层 5】，如图 9-96 所示。

图 9-95　添加【放大镜】影片剪辑元件并设置其属性

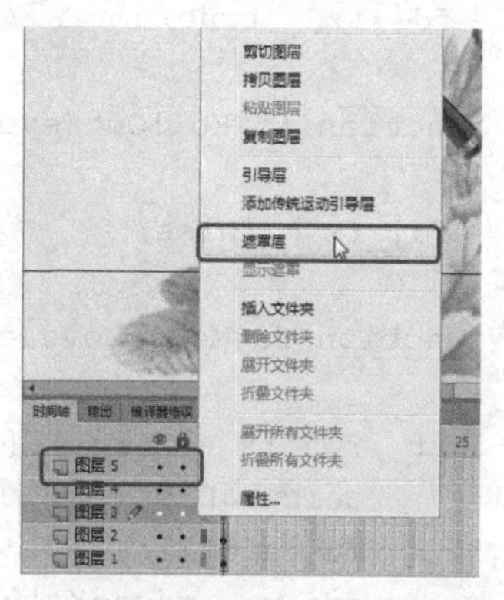

图 9-96　将【图层 3】转换为遮罩层并新建图层

（11）选择【图层 5】的第 1 帧，按 F9 键，在打开的【动作】面板中输入代码，如图 9-97 所示。

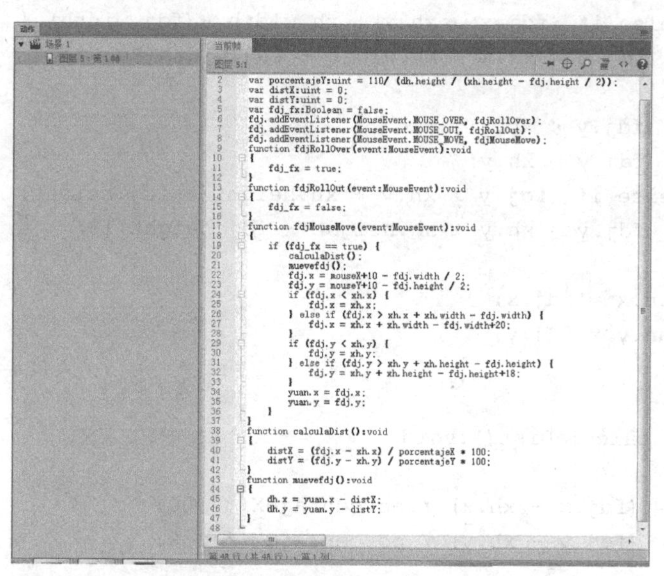

图 9-97　输入代码

知识链接：

在此输入的代码如下。

```
var porcentajeX:uint = 110 / (dh.width / (xh.width - fdj.width / 2));
var porcentajeY:uint = 110/ (dh.height / (xh.height - fdj.height / 2));
```

```
var distX:uint = 0;
var distY:uint = 0;
var fdj_fx:Boolean = false;
fdj.addEventListener(MouseEvent.MOUSE_OVER, fdjRollOver);
fdj.addEventListener(MouseEvent.MOUSE_OUT, fdjRollOut);
fdj.addEventListener(MouseEvent.MOUSE_MOVE, fdjMouseMove);
function fdjRollOver(event:MouseEvent):void
{
  fdj_fx = true;
}
function fdjRollOut(event:MouseEvent):void
{
  fdj_fx = false;
}
function fdjMouseMove(event:MouseEvent):void
{
  if (fdj_fx == true) {
      calculaDist();
      muevefdj();
      fdj.x = mouseX+10 - fdj.width / 2;
      fdj.y = mouseY+10 - fdj.height / 2;
      if (fdj.x < xh.x) {
          fdj.x = xh.x;
      } else if (fdj.x > xh.x + xh.width - fdj.width) {
          fdj.x = xh.x + xh.width - fdj.width+20;
      }
      if (fdj.y < xh.y) {
          fdj.y = xh.y;
      } else if (fdj.y > xh.y + xh.height - fdj.height) {
          fdj.y = xh.y + xh.height - fdj.height+18;
      }
      yuan.x = fdj.x;
      yuan.y = fdj.y;
  }
}
function calculaDist():void
{
  distX = (fdj.x - xh.x) / porcentajeX * 100;
  distY = (fdj.y - xh.y) / porcentajeY * 100;
}
function muevefdj():void
{
  dh.x = yuan.x - distX;
  dh.y = yuan.y - distY;
}
```

（12）关闭【动作】面板，保存文件，按 Ctrl+Enter 组合键，测试影片效果。

【课后习题】

1. 【动作】面板中有哪几种模式可以选择？
2. 变量命名主要遵循的 3 条规则是什么？
3. 动作脚本中有哪 3 种类型的变量范围？

【课后练习】

项目练习　制作餐厅网站动画

<table>
<tr>
<td>效果展示：

</td>
<td>操作要领：
（1）导入素材文件，使用形状补间与传统补间动画制作图片展示动画。
（2）将导入的素材制作为按钮元件，将其添加到舞台中，并设置其实例名称。
（3）新建一个图层，按 F9 键打开【动作】面板并输入相应的代码即可</td>
</tr>
</table>

附录A　Animate CC 2017常用快捷键

工具		
箭头工具【V】	部分选取工具【A】	线条工具【N】
套索工具【L】	钢笔工具【P】	文本工具【T】
椭圆工具【O】	矩形工具【R】	铅笔工具【Y】
画笔工具【B】	任意变形工具【Q】	填充变形工具【F】
墨水瓶工具【S】	颜料桶工具【K】	滴管工具【I】
橡皮擦工具【E】	手形工具【H】	缩放工具【Z】
菜单命令		
新建文件【Ctrl+N】	打开文件【Ctrl+O】	作为库打开【Ctrl+Shift+O】
关闭【Ctrl+W】	保存【Ctrl+S】	另存为【Ctrl+Shift+S】
导入【Ctrl+R】	导出影片【Ctrl+Shift+Alt+S】	发布设置【Ctrl+Shift+F12】
发布预览【Ctrl+F12】	发布【Shift+F12】	打印【Ctrl+P】
退出 Animate【Ctrl+Q】	撤销【Ctrl+Z】	剪切到剪贴板【Ctrl+X】
复制到剪贴板【Ctrl+C】	粘贴剪贴板内容【Ctrl+V】	粘贴到当前位置【Ctrl+Shift+V】
复制所选内容【Ctrl+D】	全部选取【Ctrl+A】	取消全选【Ctrl+Shift+A】
剪切帧【Ctrl+Alt+X】	复制帧【Ctrl+Alt+C】	粘贴帧【Ctrl+Alt+V】
选择所有帧【Ctrl+Alt+A】	编辑元件【Ctrl+E】	首选参数【Ctrl+U】
转到第一个【HOME】	转到前一个【PGUP】	转到下一个【PGDN】
转到最后一个【END】	放大视图【Ctrl++】	缩小视图【Ctrl+-】
100%显示【Ctrl+1】	缩放到帧大小【Ctrl+2】	全部显示【Ctrl+3】
按轮廓显示【Ctrl+Shift+Alt+O】	高速显示【Ctrl+Shift+Alt+F】	消除锯齿显示【Ctrl+Shift+Alt+A】
消除文字锯齿【Ctrl+Shift+Alt+T】	显示/隐藏时间轴【Ctrl+Alt+T】	显示/隐藏工作区以外部分【Ctrl+Shift+W】
显示/隐藏标尺【Ctrl+Shift+Alt+R】	显示/隐藏网格【Ctrl+'】	对齐网格【Ctrl+Shift+'】
编辑网络【Ctrl+Alt+G】	显示/隐藏辅助线【Ctrl+;】	锁定辅助线【Ctrl+Alt+;】
对齐辅助线【Ctrl+Shift+;】	编辑辅助线【Ctrl+Shift+Alt+G】	对齐对象【Ctrl+Shift+/】
显示形状提示【Ctrl+Alt+H】	显示/隐藏边缘【Ctrl+H】	显示/隐藏面板【F4】
转换为元件【F8】	新建元件【Ctrl+F8】	新建空白帧【F5】
新建关键帧【F6】	删除帧【Shift+F5】	删除关键帧【Shift+F6】

续表

显示/隐藏场景工具栏【Shift+F2】	修改文档属性【Ctrl+J】	优化【Ctrl+Shift+Alt+C】
添加形状提示【Ctrl+Shift+H】	缩放与旋转【Ctrl+Alt+S】	顺时针旋转 90°【Ctrl+Shift+9】
逆时针旋转 90°【Ctrl+Shift+7】	取消变形【Ctrl+Shift+Z】	移至顶层【Ctrl+Shift+↑】
上移一层【Ctrl+↑】	下移一层【Ctrl+↓】	移至底层【Ctrl+Shift+↓】
锁定【Ctrl+Alt+L】	解除全部锁定【Ctrl+Shift+Alt+L】	左对齐【Ctrl+Alt+1】
水平居中【Ctrl+Alt+2】	右对齐【Ctrl+Alt+3】	顶对齐【Ctrl+Alt+4】
垂直居中【Ctrl+Alt+5】	底对齐【Ctrl+Alt+6】	按宽度均匀分布【Ctrl+Alt+7】
按高度均匀分布【Ctrl+Alt+9】	设为相同宽度【Ctrl+Shift+Alt+7】	设为相同高度【Ctrl+Shift+Alt+9】
相对舞台分布【Ctrl+Alt+8】	转换为关键帧【F6】	转换为空白关键帧【F7】
组合【Ctrl+G】	取消组合【Ctrl+Shift+G】	分离对象【Ctrl+B】
分散到图层【Ctrl+Shift+D】	字体样式设置为正常【Ctrl+Shift+P】	字体样式设置为粗体【Ctrl+Shift+B】
字体样式设置为斜体【Ctrl+Shift+I】	文本左对齐【Ctrl+Shift+L】	文本居中对齐【Ctrl+Shift+C】
文本右对齐【Ctrl+Shift+R】	文本两端对齐【Ctrl+Shift+J】	增加文本间距【Ctrl+Alt+→】
减小文本间距【Ctrl+Alt+←】	重置文本间距【Ctrl+Alt+↑】	播放/停止动画【Enter】
后退【Ctrl+Alt+R】	单步向前【>】、单步向后【<】	测试影片【Ctrl+Enter】
调试影片【Ctrl+Shift+Enter】	测试场景【Ctrl+Alt+Enter】	启用简单按钮【Ctrl+Alt+B】
新建窗口【Ctrl+Alt+N】	显示/隐藏工具面板【Ctrl+F2】	
显示/隐藏属性面板【Ctrl+F3】	显示/隐藏解答面板【Ctrl+F1】	显示/隐藏对齐面板【Ctrl+K】
显示/隐藏混色器面板【Shift+F9】	显示/隐藏颜色样本面板【Ctrl+F9】	显示/隐藏信息面板【Ctrl+I】
显示/隐藏场景面板【Shift+F2】	显示/隐藏变形面板【Ctrl+T】	显示/隐藏动作面板【F9】
显示/隐藏调试器面板【Shift+F4】	显示/隐藏影版浏览器【Alt+F3】	显示/隐藏脚本参考【Shift+F1】
显示/隐藏输出面板【F2】	显示/隐藏辅助功能面板【Alt+F2】	显示/隐藏组件面板【Ctrl+F7】
显示/隐藏组件参数面板【Alt+F7】	显示/隐藏库面板【F11】	

附录B　课后习题参考答案

第1章

1. 答：在使用【线条工具】绘制图形时，按住Shift键可以绘制出垂直、水平的直线，或者45°的斜线，这给绘制特殊的直线提供了方便；按住Ctrl键可以暂时切换到【选择工具】，对工作区中的对象进行选取，当释放Ctrl键时，又会自动切换回【线条工具】。

2. 答：使用【椭圆工具】，按住Shift键的同时拖动鼠标即可绘制正圆。

3. 答：使用【多角星形工具】，在【属性】面板中，在【工具设置】区域中单击【选项】按钮，在弹出的【工具设置】对话框中将【样式】设置为【星形】，将【边数】设置为5，单击【确定】按钮，即可绘制五角星。

第2章

1. 答：选择【文件】|【导入】|【导入到舞台】命令，在弹出的【导入】对话框中选择所需要的位图即可。

2. 答：在音频图层中任意选择一帧（含有声音数据的），打开【属性】面板，在【效果】下拉列表中选择一种效果即可。

3. 答：在【属性】面板的【声音】下拉列表中可设置【重复】参数，以设置音频重复播放的次数。如果要连续播放音频，则可以选择【循环】选项，以便在一段持续时间内一直播放音频。

第3章

1. 答：它们的相同点是都可以对图形进行选择，不同点是【选择工具】可以对图形的某一部分进行修改，【任意变形工具】可以对图形整体进行缩放操作。

2. 答：按住Shift键对控制点进行拉伸，即可对图形进行等比缩放。

3. 答：优化曲线通过减少用于定义这些元素的曲线数量来改进曲线和填充轮廓，能够减小Animate文件的体积。

第4章

1.答：使用【颜料桶工具】可以给工作区中有封闭区域的图形填色；【滴管工具】就是吸取某种对象颜色的管状工具，在Animate中，【滴管工具】用于采集某一对象的色彩特征，并应用到其他对象上。

2. 答：中心点主要用于使用【任意变形工具】对图形进行调整时，以中心点为中心进行调整，当中心点的位置发生变化时，调整图形时也会发生变化。

3. 答：使用【渐变变形工具】，将其笔触颜色设置为黑色，将其填充颜色设置为线性渐变，在舞台中绘制一个图形。将鼠标指针移动到绘制的图形上，当鼠标指针的右下角出现一个具有梯形渐变填充的矩形时，单击绘制的图形，将鼠标指针移动到右上侧的旋转按钮上，按住鼠标左键进行旋转，此时渐变就会发生变化，将鼠标指针移动到图标上，按住鼠标进行拖动即可。

第5章

1. 答：文本字段分为静态文本字段、动态文本字段、输入文本字段3种类型。

2. 答：能为文本添加的滤镜效果有投影滤镜、模糊滤镜、发光滤镜、斜角滤镜、渐变发光滤镜、渐变斜角滤镜、调整颜色滤镜。

3. 答：颜色滤镜可以调整对象的亮度、对比度、饱和度和色相。

4. 答：模糊滤镜可以柔化对象的边缘和细节。

5. 答：替换缺少字体的具体操作步骤如下。

（1）选择【编辑】|【字体映射】命令，弹出【字体映射】对话框，此时可以从计算机中选择系统已经安装的字体进行替换。

（2）在【字体映射】对话框中，选择【缺少字体】栏中的某种字体，在用户选择替换字体之前，默认替换字体会显示在【映射为】栏中。

（3）在【替换字体】下拉列表中选择一种字体。

（4）设置完毕后，单击【确定】按钮。

第6章

1. 答：Animate CC 2017中可以制作的元件类型有图形元件、按钮元件及影片剪辑元件3种。

2. 答：在舞台中选中要转换为元件的图形对象，选择【修改】|【转换为元件】命令或按F8键，在弹出的【转换为元件】对话框中设置要转换为的元件类型，单击【确定】按钮。

3. 答：要将一种元件转换为另一种元件，可以在【库】面板中选中该元件并右击，在弹出的快捷菜单中选择【属性】命令，在弹出的【元件属性】对话框中选择要改变的元件类型，单击【确定】按钮。

第7章

1. 答：选择【修改】|【时间轴】|【分散到图层】命令，可以自动地为每个对象创建并命名新图层，并将这些对象移动到对应的图层中。如果对象是元件或位图图像，则新图层将按照对象的名称命名。

2. 答：通过快捷菜单可以对帧进行删除、复制、转换与清除操作，通过鼠标拖动操作可以移动帧。

3. 答：删除帧表示此帧被删除，清除帧则表示此帧变为空白帧。

第 8 章

1. 答：（1）开始关键帧与结束关键帧缺一不可。

（2）应用于动作补间的对象必须具有元件或者群组的属性。

2. 答：引导层有普通引导层和运动引导层两种类型。

3. 答：（1）创建一个普通图层【图层 1】，并在此图层中绘制出可透过遮罩层显示的图形与文本。

（2）新建一个图层【图层 2】，将该图层移动到【图层 1】的上面。

（3）在【图层 2】中创建一个填充区域和文本。

（4）在【图层 2】上右击，在弹出的快捷菜单中选择【遮罩层】命令，这样即可将【图层 2】设置为遮罩层，而其下面的【图层 1】变为了被遮罩层。

第 9 章

1. 答：【动作】面板中有两种模式可以选择，分别是普通模式和脚本助手模式。

2. 答：（1）变量名必须以字母或者下画线开头，其中可以包括$、数字、字母或者下画线。例如，_myMC、e3game、worl$dcup 都是有效的变量名，但是!go、2cup、$food 不是有效的变量名。

（2）变量不能与关键字同名（注意，Animate 是不区分字母大小写的），且不能是 true 或者 false。

（3）变量在自己的有效区域中必须唯一。

3. 答：（1）本地变量，即在其自己的代码块（由大括号界定）中可用的变量。

（2）时间轴变量，即可以用于任何时间轴的变量，条件是使用目标路径。

（3）全局变量，即可以用于任何时间轴的变量（即使不使用目标路径）。